新能源学科前沿丛书之四

邱国玉 主编

环境与能源微生物
Environmental and Energy Microorganisms

陶虎春 张丽娟 朱顺妮 等 著

科 学 出 版 社
北 京

内 容 简 介

环境和能源微生物学是一门具有广阔发展前景的学科，在推动我国新能源事业蓬勃发展、环境保护工作的持续进步方面均发挥着重要作用。本书从微生物基础知识着手，系统地介绍了微生物的形态结构、生理代谢以及产能调控等基本内容，应用微生物学的理论、方法和技术探讨如何治理环境污染，提供清洁能源和绿色化学品。作者力图让读者能够深入地理解微生物，了解不同种类微生物对生态环境的影响，微生物在生态环境恢复中的作用，以及微生物在新能源产业中的主要应用。

本书为环境与能源微生物的学习提供了一本基础教材，适于相关专业的初学者阅读，能够帮助读者在信息爆炸的时代里快速地对该领域知识形成系统的概念。

图书在版编目（CIP）数据

环境与能源微生物／陶虎春等著 . —北京：科学出版社，2020. 1
（新能源学科前沿丛书）
ISBN 978-7-03-062228-0

Ⅰ. 环⋯　Ⅱ.①陶⋯　Ⅲ.①生物能源–转化–微生物学–研究　Ⅳ. TK62

中国版本图书馆 CIP 数据核字（2019）第 195544 号

责任编辑：刘　超／责任校对：樊雅琼
责任印制：吴兆东／封面设计：无极书装

科 学 出 版 社 出版
北京东黄城根北街 16 号
邮政编码：100717
http://www.sciencep.com
北京建宏印刷有限公司印刷

科学出版社发行　各地新华书店经销
*
2020 年 1 月第 一 版　开本：720×1000　1/16
2025 年 1 月第三次印刷　印张：30 1/4
字数：615 000
定价：**288. 00 元**
（如有印装质量问题，我社负责调换）

致 谢

本书在实验、资料收集、数据解析、案例研究和出版等方面得到深圳市发展和改革委员会新能源学科建设扶持计划"能源高效利用与清洁能源工程"项目的资助,深表谢意。

作者简介

陶虎春

男，1974年4月生，教授，博士生导师。主要从事水污染治理研究，致力于探寻污染成因机理，基于微生物的基础研究成果将高能耗、高成本的传统环境污染处理过程转变为可再生的能源和资源转化过程。主持和参加了国家自然科学基金，国家水体污染控制与治理科技重大专项，中国博士后基金，广东省自然科学基金，深圳市科学计划等项目20余项。已发表学术论文90余篇，参编专著2部，获国家发明专利6项，省部级科技奖励4项。

张丽娟

女，1986年7月生，博士。主要从事环境微生物在污染控制与能源回收领域的应用研究，包括微生物驱动的重金属迁移转化、有机污染物降解和生物质产能等。主持和参与多项国家自然科学基金、教育部重大科技专项和省市级课题。已发表学术论文20余篇，参编专著1部。

朱顺妮

女，1981年8月生，博士，研究员，广州市珠江科技新星获得者。从事生物质能源研究，主要包括能源微藻生理生化及代谢调控、微藻生物炼制、微藻生态修复技术等。主持有国家自然科学基金面上项目、国家自然科学基金青年基金项目、广东省自然科学基金自由申请、广东省自然科学基金博士启动、广州市科技计划等项目。发表学术论文30余篇，参编专著6部，授权专利9项。

著 者 名 单

主　　笔：陶虎春（北京大学深圳研究生院）

撰写人员：（以姓氏笔画为序）

丁凌云（北京大学深圳研究生院）

孔晓英（中国科学院广州能源研究所）

朱顺妮（中国科学院广州能源研究所）

刘云云（中国科学院广州能源研究所）

许敬亮（中国科学院广州能源研究所）

李　东（中国科学院成都生物研究所）

李世杰（东北农业大学）

李鹏松（北京林业大学）

张　宇（中国科学院广州能源研究所）

张丽娟（北京大学深圳研究生院）

苗长林（中国科学院广州能源研究所）

尚常花（中国科学院广州能源研究所）

徐惠娟（中国科学院广州能源研究所）

梁翠谊（中国科学院广州能源研究所）

总　序

至今，世界上出现了三次大的技术革命浪潮（图 1）。第一次浪潮是 IT 革命，从 20 世纪 50 年代开始，最初源于国防工业，后来经历了"集成电路—个人电脑—因特网—互联网"阶段，至今方兴未艾。第二次浪潮是生物技术革命，源于 70 年代的 DNA 的发现，后来推动了遗传学的巨大发展，目前，以此为基础上的"个人医药（Personalized medicine）领域蒸蒸日上。第三次浪潮是能源革命，源于 80 年代的能源有效利用，现在已经进入"能源效率和清洁能源"阶段，是未来发展潜力极其巨大的领域。

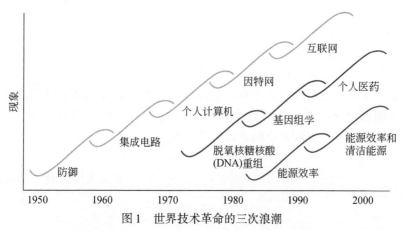

图 1　世界技术革命的三次浪潮

资料来源：http://tipstrategies.com/bolg/trends/innovation/

在能源革命的大背景下，北京大学于 2009 年建立了全国第一个"环境与能源学院（School of Environment and Energy）"，以培养高素质应用型专业技术人才为办学目标，围绕环境保护、能源开发利用、城市建设与社会经济发展中的热点问题，培养环境与能源学科领域具有明显竞争优势的领导人才。"能源高效利用与清洁能源工程"学科是北大环境与能源学院的重要学科建设内容，也是国家未来发展的重要支撑学科。"能源高效利用与清洁能源工程"包括新能源工程、节能工程、能效政策和能源信息工程 4 个研究方向。教材建设是学科建设的基础，为此，我们组织了国内外专家和学者，编写了这套新能源前沿丛书。该丛书包括 13 本专著，涵盖了新能源政策、法律、技术等领域，具体名录如下：

基础类丛书

《水与能：蒸散发、热环境与能量收支》

《水环境污染和能源利用化学》

《城市水资源环境与碳排放》

《环境与能源微生物学》

《Environmental Research Methodology and Modeling》

技术类丛书

《Biomass Energy Conversion Technology》

《Green and Energy Conservation Buildings》

《城市生活垃圾管理与资源化技术》

《能源技术开发环境影响及其评价》

《绿色照明技术导论》

政策管理类丛书

《环境与能源法学》

《碳排放与碳金融》

《能源审计与能效政策》

众所周知，新学科建设不是一蹴而就的短期行为，需要长期不谢的努力。优秀的专业书籍是新学科建设必不可少的基础。希望这套新能源前沿丛书的出版，能推动我国在"新能源与能源效率"等学科的学科基础建设和专业人才培养，为人类绿色和可持续发展社会的建设贡献力量。

北京大学教授　邱国玉

2013 年 10 月

前　言

　　自从步入工业化社会之后，人类社会的高速发展已经引发一系列的环境问题，深刻影响到人类的生存与社会经济的可持续发展。其中，资源的过度消耗、生态环境的污染破坏和气候的灾害性变化等已经成为人类社会存在与发展的重大威胁。当前，生态环境保护不仅是人与自然、人与社会发展的简单关系，还与政治、经济、文化、外交和社会稳定等紧密地结合在一起。作为人类利用最广泛与最重要的资源，化石能源也是环境污染的主要来源，严重危害着河流、大气和土壤等生态环境健康。因此，新型可再生清洁能源的开发与利用，不但可以缓解化石能源不足带来的能源危机，而且可以减少温室气体的排放、有效保护生态环境，对于人类的发展和社会的进步有着至关重要的意义和作用。

　　微生物作为在自然界广泛存在且数量巨大的生物，不但是地球生物圈稳定持续的基本保障，在人类社会的发展中也具有巨大潜在的经济价值。近年来，微生物能源作为一种经济、高效、可再生、无污染的新能源被大量研究及开发利用。微生物能源是微生物通过自身的生命活动，将环境中的生物质、水和其他无机物转化为沼气、氢气等可燃气体或燃料酒精、生物柴油等可燃液体的新型无污染可再生能源。这是一个由高碳到低碳、由低效到高效、由不清洁到清洁、由不可持续到可持续的能源生产过程，是缓解生态环境污染与促进新能源开发综合利用的理想系统。学科发展总是相伴而生，环境和能源微生物学作为一门研究环境、能源和微生物相互关系的学科，日渐发展，成为交叉学科研究的前沿。

　　环境和能源微生物学是一门新兴的具有广阔发展前景的学科，在推动我国新能源事业蓬勃发展、环境保护技术的推陈出新等方面均有举足轻重的贡献。本书从微生物基础知识着手，系统地讲解微生物的基本形态结构、生理代谢以及产能调控，力图让读者能够清晰地理解微生物，进而分析不同种类的微生物对生态环境的影响和制约，及其在生态环境恢复中所起的作用，重点关注能源微生物的最新研究状况及其在新能源产业中的应用。

　　本书撰写任务分工如下：绪论，第1章绪论，由北京大学深圳研究生院陶虎春编写；第2章微生物分类，由北京大学深圳研究生院陶虎春、丁凌云编写；第3章微生物营养与代谢，由北京大学深圳研究生院陶虎春、清华大学李鹏松编写；第 4 章微生物生态学，由北京大学深圳研究生院陶虎春、张丽娟、丁凌云编写；第 5 章微生物与地球化学循环，由北京大学深圳研究生院陶虎春、张丽娟、丁凌云编写；第 6 章 微生物与环境污染，由北京大学深圳研究生院陶虎春、张丽娟、丁凌云编写；第 7 章 环境污染治理微生物，由北京大学深圳研究生院陶虎春、张丽娟、丁凌云编写；第 8 章微生物与绿色化学品，由东北农业大学李世杰、北京大学深圳研究生院陶虎春编写；第 9 章生物质原料的微生物转化，由中国科学院广州能源研究所的张宇、梁翠谊、刘云云编写；第 10 章产乙醇及丁醇微生物，由中国科学院广州能源研究所的许敬亮、徐惠娟、朱顺妮编写；第 11 章产油脂及油脂转化微生物，由中国科学院广州能源研究所的朱顺妮、尚常花、苗长林编写；第 12 章产甲烷微生物，由中国科学院成都生物研究所的李东编写；第 13 章生物制氢微生物，由清华大学李鹏松编写；第 14 章生物电化学系统，由中国科学院广州能源研究所孔晓英、北京大学深圳研究生院张丽娟、陶虎春编写；第 15 章 微生物学实验基础，由北京大学深圳研究生院丁凌云、陶虎春编写。

本书旨在推动环境和能源微生物学的发展，立足于向读者介绍基础知识和最新的科学动态。编撰过程中，编写组人员孜孜不倦、辛勤工作，在此特别感谢参与编写的课题组研究生李金波、邢亚娟、李鹏松、苏捷、孙晓楠、彭智文、石刚、魏雪艳、雷涛。衷心希望《环境与能源微生物》一书能成为本领域科研人员的工具和桥梁，为我国生态环境的可持续发展与新能源的开发利用提供助力。由于时间仓促、水平有限，如有疏漏和不当之处，敬请读者不吝指教。

著　者

2018 年 7 月 10 日

目　录

第1章 绪 论

本章简要介绍了微生物的定义、命名和分类，微生物的特点以及环境与能源微生物学的主要研究对象和研究内容。

1.1 微生物概述

1.1.1 什么是微生物？

微生物是一切肉眼看不见或看不清的微小生物，其个体微小、结构简单；通常，需要借助光学显微镜或电子显微镜才能看清楚的生物，统称为微生物（吴相钰等，2009）。按照有无细胞结构，微生物可分为非细胞型微生物和细胞型微生物（包括原核微生物和真核微生物），其主要类群如图 1-1 所示。

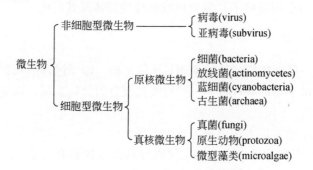

图 1-1 微生物的主要类群

环境中常见的原核微生物有细菌、放线菌、蓝细菌、古细菌等；真核微生物有真菌（如霉菌、酵母菌）、原生动物和微型藻类等；非细胞型微生物常见有病毒、亚病毒（如类病毒、拟病毒、朊病毒）（沈萍和陈向东，2006）。

1.1.2 微生物分类、鉴定和命名

微生物分类是按微生物的亲缘关系相似程度把微生物归入各分类单元或分类群（taxon），得到一个反映微生物进化的自然分类系统、可供鉴定用的检索表和可给出符合逻辑名称的命名系统（沈萍和陈向东，2006）。具体内容包括分类（classification）、鉴定（identification）和命名（nomenclature）。

1. 微生物分类

分类工作原则上是解决从个别到一般或从具体到抽象的问题，即通过收集大量有关个体描述的资料，经过科学的归纳，整理成一个科学的分类系统。理想的分类系统应该是反映生物进化规律的自然分类系统。从大到小，微生物的主要分类单位依次是域（domain）、界（kingdom）、门（phylum 或 division）、纲（class）、目（order）、科（family）、属（genus）、种（species）。在主要分类单位之间，还经常加进次要分类单位，如亚门（subphylum）、亚纲（subclass）、亚目（suborder）、亚科（subfamily）、亚种（subspecies 或变种 variety）。

此外，在微生物学上常用菌株（strain）这个概念，但菌株并不是分类单位。种的特征常用一个典型菌株（type strain）来代表。菌株是指任何一个独立分离的单细胞（或单个病毒粒子）繁殖而成的纯种群体及其后代。

2. 微生物鉴定

鉴定是从一般到特殊或从抽象到具体的过程，即通过详细观察和描述一个未知名称的纯种微生物的各种特征，然后查找现有的分类系统，以达到对该微生物知类辨名的目的。

目前的微生物鉴定方法可分为 4 个水平。

1）细胞形态和习性水平。其主要以经典微生物研究方法，观察微生物的形态特征、运动性、酶反应等进行鉴定。

2）细胞组分水平。其主要以化学分析技术，测定微生物细胞壁、细胞膜、细胞质等结构组分信息。

3）蛋白质水平。其主要采用氨基酸序列分析、凝胶电泳、免疫标记等手段获得相关信息。

4）核酸水平。其主要采用（G+C）mol% 值测定、核酸分子杂交、16S（18S）rRNA 序列分析等手段获得相关信息。

3. 微生物命名

命名是为一个新发现的微生物确定一个新学名。目前，在国际上对生物进行命名采用的统一命名法是"双名法"。被誉为近代生物分类法鼻祖的瑞典生物学家林奈（Linné，1707~1778 年）在 1753 年发表的《自然系统》一书中首先提出了双名法（binomial nomenclature）。

一个生物的名称（学名）由两个拉丁字（或拉丁化形式的字）表示，第一个字是属名（名词，主格单数），第一个字母大写；第二个字是种名（形容词或名词），第一个字母小写；出现在分类学文献上的学名，往往还要再加上首次命名人的姓氏（外加括号）、现名命名人的姓氏和现名命名年份，但往往忽略这三项；在出版物中，学名排成斜体；在书写或打字时，在学名之下加横线，以表示斜体（周德庆，2002）。

学名=属名+种名+（首次命名人，命名年份）+现名命名人+命名年份

例如，枯草芽孢杆菌（简称枯草杆菌），其学名为 *Bacillus subtilis*（EHRENBERG 1835）COHN 1872；铜绿假单胞菌的学名为 *Pseudomonas aeruginosa* MIGULA 1900。再如，大肠杆菌的学名为 *Escherichia coli*（MIGULA 1895）CASTELLANI & CHALMERS 1919，简称 *E. coli*。

属名被缩写，一般发生在或是该属名十分常见（如 *Escherichia* 属），或是在文章的前面已经出现过该属名的情况下。如果某细菌只被鉴定到属，没鉴定到种，则该细菌的名称只有属名，没有种名，这时可以用 sp. 或 spp. 代替种名表达。sp. 或 spp. 为种（species）的缩写，如 *Bacillus* sp. 或 *Bacillus* spp. 表示该细菌为芽孢杆菌属中的某一个种。

在少数情况下，当某菌株归入一个亚种［subspecies，简称 subsp.（正体）］或变种［variety，简称 var.（正体）］时，学名应按"三名法"命名。即

学名=属名+种名+subsp. 或 var. +亚种或变种名

例如，苏云金芽孢杆菌蜡螟亚种的表达方式为 *Bacillus thuringiensis* subsp. *galleria*；椭圆酿酒酵母（或酿酒酵母椭圆变种）的表达方式为 *Saccharomyces cerevisiae* var. *ellipsoideus*。

1.1.3　微生物特点

（1）个体微小、种类繁多

微生物个体细胞小，一般以 μm 和 nm 计算。如细菌以 μm 为计量单位，需借助光学显微镜才能进行观察。以细菌中的杆菌为例，杆菌的宽度是 0.5μm，80

个杆菌 "肩并肩" 地排列成横队，也只有一根头发丝的宽度；杆菌的长度约 2μm，1500 个杆菌头尾衔接起来仅有一颗芝麻长。而病毒不具备基本的细胞结构，个体更加微小，其大小需用 nm 度量，用电子显微镜才能观察到。亚病毒的个体比病毒还要小。

微生物种类繁多。据估计，目前被人类培养并利用的微生物种类至少有 10 万种，其所占比例不足自然界存在微生物总数的 1%。近年来，由于分离培养方法的改进，不断有新的微生物种类被发现和报道。

（2）代谢活跃、类型多样

微生物代谢活跃。由于其个体小，比表面积大，具有巨大的营养物质吸收和代谢废物排泄能力。微生物能从环境中快速摄取各种营养物质，并将大量代谢产物排出体外。例如，乳酸杆菌每小时产生的代谢产物（乳酸）可多达其自身质量的 1000 ~ 10 000 倍。

由于微生物种类繁多，其营养要求和代谢途径也各不相同。微生物能对自然界中多种有机物和无机物发生作用，利用它们作为营养物质。有以无机物为碳源，光为能源的光能异养型微生物，如红螺菌科的细菌（紫色无硫细菌）；有以二氧化碳为碳源，无机物为能源的化能自养型微生物，如硝化细菌、硫化细菌、铁细菌、氢细菌、硫黄细菌等；有以有机物为碳源和能源的化能异养型微生物，如绝大多数细菌和全部真菌。

（3）繁殖迅速、数量巨大

微生物繁殖速度很快。多数微生物以简单的分裂方式进行繁殖，如细菌的繁殖呈指数级数增加。因此，环境中微生物的数量大得惊人。例如，大肠埃希氏菌（*E. coli*）12.5 ~ 20.0min 就可以繁殖一代。如以 20min 分裂一次计，24h 可以繁殖 72 代，即 2^{72} 个后代，大约有 4722t 重。由于自然环境中生存条件的限制，这种几何级数的增殖速度最多仅能维持几个小时。有些微生物（如放线菌、霉菌）以产生孢子的方式进行繁殖，单个体可以产生成千上万个孢子，每个孢子从理论上讲都是一个未来的个体，这种繁殖的潜力更加惊人。

（4）适应性强、分布广泛

微生物对环境条件尤其是恶劣的 "极端环境" 具有极强的适应力，这是高等生物所无法比拟的（张甲耀等，2008）。例如，科学家在大西洋海床以下 1626m 处发现了微生物活体，该处沉积物有 1.11 亿年的历史，温度为 60 ~ 100℃。科学家还发现多数细菌能耐受-196 ~ 0℃的低温；在海洋深处的某些硫细菌可在 250 ~ 300℃的高温条件下正常生长；一些嗜盐细菌甚至能在饱和盐水中正常生活；产芽孢细菌和真菌孢子在干燥条件下能保藏几十年、几百年甚至上千年。此外，耐酸碱、耐缺氧、耐毒物、抗辐射、抗静水压等特性在微生物中也极为常见。

微生物分布极广。凡有生命的地方都有微生物的存在；即使是不利于一般生物生存的极端恶劣环境，如干旱沙漠、冰川极地、深海底、热泉口、火山口、盐湖以及酸性矿水等不良环境中，亦可以发现微生物的踪影。

（5）容易变异、快速转化

微生物与高等生物相比更容易发生变异。一些物理、化学因素（如紫外线、某些化学药品等）很容易使微生物出现变异或者产生变异的后代。根据这一特性，可以按照不同要求来不断改良在生产上应用的微生物，如青霉素生产菌的发酵水平由每毫升 20 单位上升到近 10 万单位。利用变异和育种得到如此大幅度的产量提高，在动植物育种工作中则是无法实现的。

微生物转化速度快。利用微生物这一特性可以发挥"微生物工厂"的作用，使大量基质在短时间内转化为大量有用的化工、医药产品或食品，为人类造福，使有害物质化为无害，将不能利用的物质转化为能源。

1.2　环境与能源微生物学

1.2.1　环境与能源微生物学的定义

微生物学（Microbiology）是在分子、细胞、个体或群体水平上研究微生物的形态构造、生理代谢、遗传变异、生态分布和分类进化等生命活动的基本规律，并将其应用于工业发酵、农业生产、医疗卫生、生物工程和环境保护等领域的学科（张甲耀等，2008）。该学科的根本任务是发掘、利用或改善有益微生物，控制、消灭或改造有害微生物。

环境微生物学（Environmental Microbiology）是研究微生物与环境之间的相互关系和作用规律，并将其应用于污染防治的科学。通俗地说，环境微生物学就是利用微生物学的理论、方法和技术来探讨环境现象，解决环境问题的学科。环境微生物学主要涉及微生物在环境及人类生存、健康、安全领域的应用研究，特别关注环境污染物的微生物净化机理和污染控制工程的微生物应用技术。环境微生物学是由环境科学与微生物学相结合孕育而成的一门交叉性学科，通过利用有益微生物控制有害微生物来改善环境状况、控制环境污染、挖掘生物资源和循环利用废物，从而促进经济和社会的可持续发展。

随着人类社会的不断发展，其生产与生活活动对自然环境的破坏愈演愈烈。近代，这种破坏突出表现为环境质量恶化和能源供给危机。伴随着"能否利用微生物学的理论、方法和技术为解决环境与能源危机提供有效途径"这一强烈需求，孕育并诞生了环境与能源微生物学。

环境与能源微生物学（Microbiology for Environment & Energy）是以解决人类环境与能源危机为目标，应用微生物学的理论、方法和技术来探讨环境与能源问题，治理环境污染，提供清洁能源和绿色化学品的一门新兴交叉学科。

1.2.2　环境与能源微生物学的主要研究内容

自然界有着丰富的微生物资源，环境与能源微生物学的研究对象即为遍布环境介质中的微生物，主要包括大气、土壤、地表水、地下水、饮用水及食品等各种影响人类生活和发展的环境要素中的微生物（王家岭，2004）。研究的主要内容包括以下4个方面。

1）研究环境介质中的微生物群落、结构功能与动态变化；探讨微生物对不同环境介质中的物质转化和能量变迁的作用机理，考察其对环境质量的影响。

2）研究各种污染环境条件下微生物的特性，以及由微生物活动导致的环境质量的变化。具体内容又包括：①研究由于微生物的作用而导致的环境质量下降的规律；②研究微生物对污染物质的降解与转化机理；③利用掌握的微生物作用规律开展污染治理，以达到保护环境的目的。

3）应用微生物作为环境监测的指标与手段。

4）应用微生物生产能源和其他绿色化学品。

目前，应用微生物生产的能源形式包括燃料乙醇、生物柴油、沼气、生物制氢等。相应的能源微生物是指以甲烷产生菌、乙醇产生菌和氢气产生菌为代表的微生物（李铁民等，2005）。

1.3　编写本书的目的

本书的编写目的是为环境与能源微生物教学提供一本基础教材，同时能为从事相关研究的科研人员提供一本参考书，使大家在信息爆炸的当今社会里，能快速地对相关领域知识形成系统的基本概念。本书分4个部分：①微生物的基础知识；②微生物研究的基本方法；③微生物在环境领域的应用；④微生物在能源领域的应用。

思　考　题

1. 微生物有哪些特点？如何利用这些特性为人类造福？

2. 什么是环境与能源微生物学？它的研究内容主要有哪几方面？

3. 环境与能源微生物学的发展趋势如何？

参 考 文 献

李铁民，马溪平，刘宏生，等．2005．环境微生物资源原理与应用．北京：化学工业出版社．

沈萍，陈向东．2006．微生物学．北京：高等教育出版社．

王家岭．2004．环境微生物学．北京：高等教育出版社．

吴相钰，陈守良，葛明德．等．2009．普通生物学（第三版）．北京：高等教育出版社．

张甲耀，宋碧玉，陈兰洲，等．2008．环境微生物学．武汉：武汉大学出版社．

周德庆．2002．微生物学教程（第二版）．北京：高等教育出版社．

第 2 章 微生物分类

环境中的微生物种类繁多，数量巨大，它们不仅对生物地球化学循环以及物质的转化有着十分重要的作用，而且对人类的生存以及环境保护、能源开发都有着不可忽视的作用。微生物无处不在，我们不但能从身边的大气、土壤和水体环境中发现不计其数的微生物，而且还能在我们难以想象的极端环境中发现微生物的存在。本章从系统分类角度，先将微生物依据当前公认的三域（three dominants）学说进行分类，再对不同种类的微生物的结构功能特点进行分述，并列举介绍各类中的代表微生物，最后依照环境分类，介绍不同环境条件下的代表微生物。

2.1 微生物分类

2.1.1 分类学发展

从人类对生物界进行研究开始起，就在不断尝试对环境中的生物进行分类。Linné 的两界学说是早期的比较系统的分类学说。该学说将整个生物界分为了植物界和动物界，此分类系统流行了 200 年。随着研究手段的不断丰富和提高，人类对生物的认识也不断加深，分类的方式也随着认识的加深而不断进行修饰，甚至改变。在 Linné 之后，1886 年，德国生物学家 E. Haeckel（1834～1919 年）提出了三界学说，他认为将整个生物界分为植物界，动物界以及原生生物界。原生生物界包括了简单的单细胞生物及一些简单的多细胞动物和植物。进入 20 世纪以来，生物学的发展更加迅速，对于生物的分类已不是三界就能够分清楚的。1967 年美国生态学家 Whittaker 提出了五界系统：原核生物界、原生生物界、真菌界、植物界和动物界。这个分类系统至今在很多地方都在沿用。通过细胞结构将原核生物与其他四个生物界分开，系统保留了原生生物界，区分依据是生物细胞的数量，最后再根据营养方式的差异将真菌界、植物界和动物界区分开来（刘志恒，2008）。

随着生物学的进一步发展，尤其是分子生物学的发展，人类对于生物的分类系统又有了新的认识（孙兰英等，2005）。之前的分类系统多数情况下是通过表征的相似程度进行分类，而表征却不一定是最合适的区分标准，美国学者C. Woese 于 20 世纪 70 年代率先提出了将 16S rRNA 作为区分标准，而后得到广泛的认同。这是因为 16S rRNA 普遍存在于各种生物体中（真核生物的是 18S rRNA），而且它具有相对分子质量适中、序列高度保守等特点。通过新的判别分类标准，我们也发现了新的生命形式——古生菌，从而再一次改变了分类的方法，C. Woese 也由此提出了三域学说。本书采用的分类体系即为三域系统。

2.1.2 三域系统

随着 C. Woese 等人的研究不断加深，提出了系统树的概念（图 2-1）。系统树认为当今的生物是具有共同的祖先的，分析比对 rRNA 序列表明，生命的共同祖先最初分为两支，一支发展为今天的细菌，而另一支是古生菌与真核生物的共同分支（孙兰英等，2005）。这个分支在进一步进化的过程中逐步分化出古生菌和真核生物两大类群。也就是说，真核生物与古生菌之间的关系比与细菌更近，我们可以形象地把它们叫作"姊妹群"。

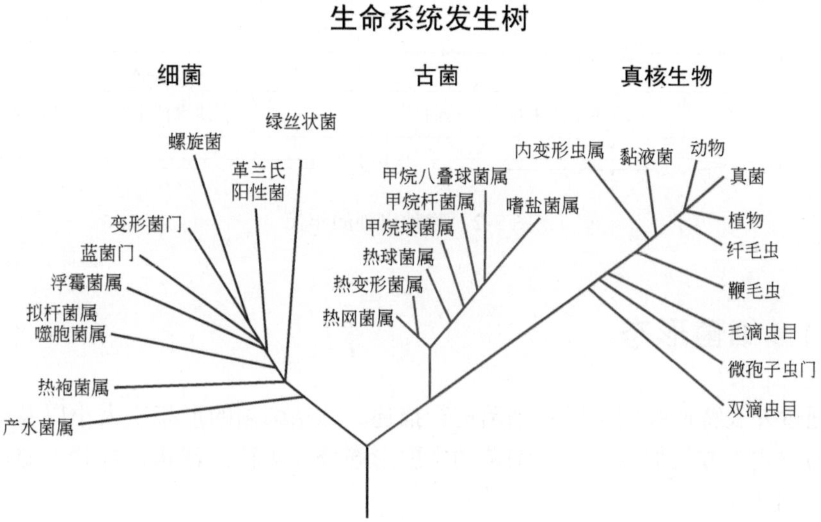

生命系统发生树

图 2-1　微生物的分类

关于三域学说，可阐述为"细胞生物一共分为三域，细菌、古生菌及真核生物。它们是生物系统树的 3 个分支"。关于三域中各类生物的具体相关知识，将在接下来的章节中进行详细介绍。

2.2 细　菌

细菌域一共分为 23 门、31 纲、71 目、14 亚目、201 科、781 属。其中包括我们熟知的细菌、蓝细菌、放线菌、螺旋体、衣原体、立克次氏体，以及无细胞壁的支原体等（吴相钰等，2009）。目前，地球上发现的存在最早的细菌化石距今约 35 亿年。发现于加拿大冈弗林特燧石层中的球状微生物，被认为是最早的真核单细胞化石。该发现表明，在真核生物出现之前，细菌已在地球上存在了至少 15 亿年。从图 2-2 可以看出，现在发现的最早的多细胞的动植物化石距今约 6 亿年，进一步说明细菌（原核生物）统治地球的优势至少持续了近 30 亿年。

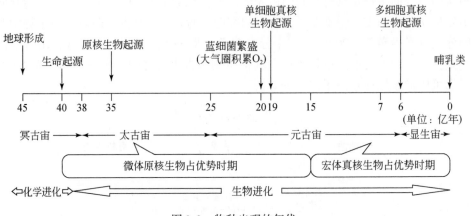

图 2-2　物种出现的年代

2.2.1　细菌形态

通过外表特征我们可以对细菌进行描述。即从细菌的形态、大小以及细胞间的排列方式等方面加以描述。细菌的主要形态分为 4 种：球状、杆状、螺旋状和丝状（图 2-3）。

球菌即细胞形状呈圆球状或者椭球状的细菌。根据其分裂之后的细胞排列以及连接方式又可以分为单球菌、双球菌、四联球菌、八叠球菌、链球菌和葡萄球菌等。外形呈杆状的细菌被称为杆菌。杆菌较球菌而言外形相对复杂一些，常见的有短杆状（又称球杆状）、棒杆状、梭状和竹节状等形状；依照排列方式可以分成链状、栅状等形状。呈卷曲螺旋状的细菌被称为螺旋菌，螺旋形状不足一整

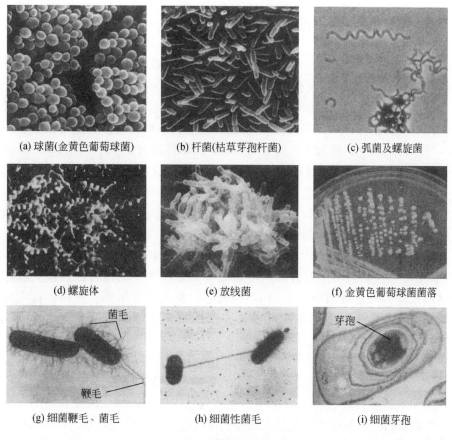

(a) 球菌(金黄色葡萄球菌)　　　(b) 杆菌(枯草芽孢杆菌)　　　(c) 弧菌及螺旋菌

(d) 螺旋体　　　(e) 放线菌　　　(f) 金黄色葡萄球菌菌落

(g) 细菌鞭毛、菌毛　　　(h) 细菌性菌毛　　　(i) 细菌芽孢

图 2-3　代表性细菌形态

环的细菌也被称作弧菌，螺旋 2~6 环的螺旋菌也称作螺菌，超过 6 环的螺旋并且长而柔软的螺旋菌专门被称作螺旋体。长的细丝状的细菌被称作丝状菌，多分布在潮湿的环境中。

　　总体来说，自然界中杆菌的存在量最多，其次是球菌和螺旋菌，而丝状菌更少一些。通常度量细菌的长度单位采用微米（μm），而度量其细胞器的长度单位通常选择纳米（nm）。例如，典型的大肠杆菌（*Escherichia coli*）的平均长度为 2μm，宽度约为 0.5μm。值得注意的是，该标准非绝对数值，科学家们已相继发现了大型细菌以及更加微小的纳米细菌。

　　因为细菌微小而透明，所以想要辨识细菌，一般要经过染色才能通过显微镜观察辨识。

2.2.2　革兰氏染色法

革兰氏染色法是细菌学中广泛使用的一种鉴别染色法，1884 年由丹麦医师、细菌学家 C. Gram 创立（何健民，2003）。

革兰氏染色法的基本步骤为：细菌先经碱性染料结晶紫染色，再经碘液媒染后，用酒精脱色。在一定条件下，有的细菌紫色不被脱去，有的可被脱去。据此，可以将细菌分为两大类，前者叫作革兰氏阳性菌（G⁺），后者为革兰氏阴性菌（G⁻）。为观察方便，脱色后再用一种红色染料（如碱性蕃红、稀释复红等）进行复染。阳性菌仍带紫色，阴性菌则被染上红色。有芽孢的杆菌和绝大多数的球菌，以及所有的放线菌和真菌都呈革兰氏阳性反应；弧菌，螺旋体和大多数致病性的无芽孢杆菌都呈现阴性反应。

在治疗上，大多数革兰氏阳性菌都对青霉素敏感（结核杆菌对青霉素不敏感）；而革兰氏阴性菌则对青霉素不敏感（奈瑟氏菌中的流行性脑膜炎双球菌和淋病双球菌对青霉素敏感），而对链霉素、氯霉素等敏感。所以，首先区分病原菌是革兰氏阳性菌还是阴性菌，在选择抗生素方面意义重大（Odenholt，2001）。

革兰氏阳性菌和革兰氏阴性菌在化学组成和生理性质上差别诸多，染色反应各异。一般认为，革兰氏阳性菌体内含有特殊的核蛋白质镁盐与多糖的复合物，它与碘和结晶紫的复合物结合很牢，不易脱色；革兰氏阴性菌复合物结合程度低，吸附染料差，易脱色，被认为是染色反应的主要依据。另外，革兰氏阳性菌菌体等电点较革兰氏阴性菌为低，在相同 pH 条件下进行染色，革兰氏阳性菌吸附碱性染料较多，因此不易脱去，革兰氏阴性菌则相反。所以染色时的条件要严格控制。例如，在强碱的条件下进行染色，两类菌吸附碱性染料都多，都可呈阳性反应；pH 很低时，则可都呈阴性反应。此外，两类菌的细胞壁等对结晶紫–碘复合物的通透性也不一致，革兰氏阳性菌透性小，故不易被脱色，革兰氏阴性菌透性大，易脱色。因此，脱色时间和脱色方法应严格控制。

2.2.3　细菌细胞结构

典型的细菌为单细胞结构，属于原核细胞。图 2-4 为细菌的模式结构图，图中包含的细菌全部具有的结构叫作一般构造，在特殊条件下或者少数细菌才具有的结构叫作特殊构造。一般构造通常包括细胞壁、细胞质膜、细胞质和核区等，而特殊构造一般分为鞭毛、菌毛、性毛和芽孢等（布莱克，2007）。

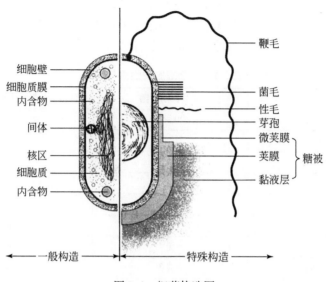

图 2-4　细菌构造图

1. 细菌的一般构造

（1）细胞壁

细胞壁（cell wall）细胞壁是位于细胞最外层的一层厚实的物质，其主要成分为肽聚糖。细胞壁的主要功能是：固定细胞外形，提升细胞的机械强度，避免环境中渗透压的改变造成对细胞的损害；具有一定选择性质，阻挡某些分子进入和保留在间质中；为鞭毛运动提供支点，支持鞭毛的运动（图 2-5）。

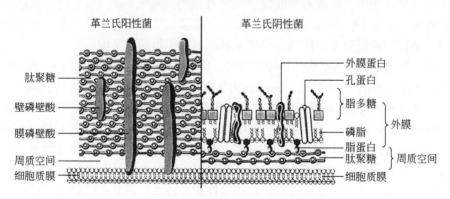

图 2-5　细菌细胞壁的一般构造

除了肽聚糖作为细胞壁的基本成分之外，革兰氏阳性菌和革兰氏阴性菌的细胞壁成分存在一定差别。革兰氏阳性菌细胞壁的肽聚糖和磷壁酸含量较高，且几乎不含类脂质和蛋白质；革兰氏阴性菌细胞壁的肽聚糖和磷壁酸含量很低，而类脂质和蛋白质含量较革兰氏阳性菌偏高，具体成分组成见表2-1。

表 2-1　细菌细胞壁性质与成分

项目	革兰氏阳性菌	革兰氏阴性菌
厚度	厚（20~80nm）	薄（8~11nm）
层次	1	2
肽聚糖厚度	厚	薄
磷壁酸	有	无
外膜（LPS）	无	有
孔蛋白	无	有
脂蛋白	无	有
周质空间	窄或无	有
溶质通透性	强	弱

（2）细胞质膜

细胞质膜（plasma membrane），或称细胞膜（cell membrane），是一层紧贴在细胞壁内、富有弹性的选择透过性薄膜。细胞质膜是细胞与外界环境相互接触的主要部位，其厚度约为7~8nm，由磷脂和蛋白质共同构成。

细胞质膜的主要成分为磷脂，即质膜由双层磷脂分子整齐地排列而成。每一个磷脂分子由一个带电荷、亲水的极性磷酸端和不带电荷、疏水的非极性烃端构成。在双层磷脂中，疏水的非极性"头"在里边（疏水端），亲水的"尾巴"排列在外面。常温下，质膜通常呈液态。部分质膜分子中还存在整合蛋白或者外在蛋白，通过与磷脂分子共价结合构成了最基本的细胞质膜结构。

对于细胞质膜基本结构和功能的解释，目前广泛认同的是 J. S. Singer 提出的流动镶嵌模型（Singer，1977）。Singer 认为细胞质膜不是固定不变的结构，而是处于不断流动的变化状态。磷脂双分子层具有流动性，脂质分子可以自由流动，膜蛋白分子以各种镶嵌形式与磷脂双分子层相结合，有的镶在磷脂双分子层表面，有的全部或部分嵌入磷脂双分子层中，有的贯穿于整个磷脂双分子层，膜蛋白分子在脂质分子中自由横向流动，使细胞膜的结构处于不断的变动状态（图2-6）。

细胞质膜的最大特点为具有选择透过性或半透性，即有选择地允许物质通过扩散、渗透和主动运输等方式进出细胞质膜，从而保证细胞进行正常的代谢活动。细胞质膜的表面还存在很多激素结合受体、抗原结合位点以及一些和免疫识别有关的位点，在免疫和细胞通信中起到重要作用。

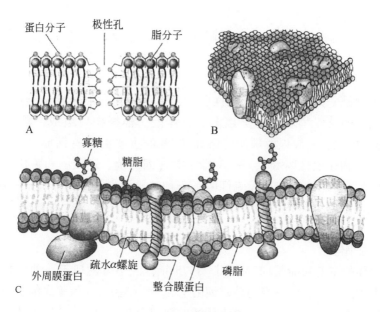

蛋白分子　极性孔　脂分子

A　　　　　　　　　　　　B

寡糖

糖脂

外周膜蛋白

疏水α螺旋

整合膜蛋白

磷脂

C

图 2-6　细菌细胞膜结构

细菌的细胞质膜具有以下功能：能选择性控制细胞内外物质的浓度和代谢产物的运送，维持细胞正常的渗透压；是合成细胞壁和糖被的主要场所；膜上富含多种和氧化磷酸化等能量代谢反应相关的酶，是细胞产生能量的重要部位；是鞭毛等细胞器的生长部位，为细胞特殊结构的生长提供场所（Yeagle，1989）。

对于不同微生物，细胞膜的不同组成详见表 2-2。

表 2-2　不同微生物的细胞质膜组成

项目	细菌	古生菌	真核生物
蛋白质含量	高	高	低
类脂结构	直链	分支	直链
类脂成分	磷脂	硫脂、糖脂、非极性类异戊二烯脂、磷脂	磷脂
类脂连接	酯键	醚键（二醚和四醚）	酯键
甾醇	无	无	有

（3）细胞质

细胞质（cytoplasm）是指被细胞膜所包围的，除核区以外的一切半透明、胶状、颗粒状物质的总称。除去坚硬的细胞壁，包裹在内部的柔软近透明的物质称之为原生质体。细菌细胞质的主要成分为核糖体、质粒、中间代谢产物和各种大分子营养物质。细胞质含水量超过 80%，与真核生物细胞质不同的是，细菌的细胞质是不流动的。

内含物是指细胞内一些较大的颗粒状物质，主要有贮藏物、磁小体、羧酶体以及气泡等。

　ⅰ. 贮藏物

贮藏物是一大类不溶的沉淀性颗粒，由不同化学成分在细胞内积累而成，贮存了大量的营养物质，种类繁多。总体上，根据物质组成，贮藏物分为三类：碳源/能源、氮源以及磷源。碳源/能源的主要类型有糖原（如大肠杆菌、克雷伯氏菌和芽孢杆菌等）、聚-β-羟丁酸（固氮菌、产碱菌和肠杆菌）和硫粒（紫硫细菌、丝硫细菌和贝氏硫杆菌）三种。氮源主要包括藻青素和藻青蛋白，均贮藏在蓝细菌细胞内。磷源又称异染粒，主要存在于迂回螺菌和白喉棒杆菌中。

　ⅱ. 磁小体

磁小体的主要功能是向导作用。1975 年，磁小体发现于一种折叠螺旋体的趋磁细菌中。目前，已发现的趋磁细菌主要为磁螺菌属。该菌属细胞中含有大小均匀、数量不相等的磁小体。磁小体的主要成分是 Fe_3O_4，外层由磷脂、蛋白质或者糖蛋白所包裹，每个细胞有 2~20 颗磁小体，排列方式有链状、正八面体、平行六面体或六棱柱等。

　ⅲ. 羧酶体

羧酶体又称羧化体，是存在于一些自养细菌中的多边形（或六角形）内含物，直径大约是 100nm。羧化体内含有 1,5-二磷酸核酮糖羧化酶，在自养细菌固定 CO_2 过程中起重要作用。

　ⅳ. 气泡

气泡多存在于很多光合营养型、无鞭毛运动的水生细菌中，它是充满气体的内含物，呈囊泡状，部分气泡还有蛋白质包被。气泡的作用是调节细胞密度，使细胞能漂浮在合适的水层中，以更好地获得 O_2、光能以及各种营养物质。

（4）核区

核区又称核质体、拟核或者称为核基因组。是指细菌等原核生物细胞中无核膜包被且无固定形态的原始细胞核。使用富尔根染色法染色之后，可以观察到呈紫色且不定形区域即为核区。核区是一个大型环状双链 DNA 分子，并且与少量蛋白质相结合。通常来说，每个细菌的细胞都含有一个核区。但也有多核区细胞存在，核区的数量与细胞的生长速度有很大关系。核区是细菌遗传物质的重要载体和主要物质基础。

（5）糖被

糖被是存在于部分细菌细胞壁外侧的一层物质，主要成分为多糖，其次是多肽和蛋白质。通过背景染色法，可以在光学显微镜下清楚地看到糖被。糖被的厚度不确定，其有无以及厚度差异除了与细菌的遗传性质相关外，还和环境营养条件密切相关。

荚膜是最常见的糖被。荚膜的含水量十分高，通过脱水和特殊染色处理后可以在显微镜下看到。相比荚膜而言，黏液层更加疏松，不能通过背景染色法进行显色。荚膜的主要作用包括：①保护作用；②储存养料；③通透性屏障；④表面附着；⑤细菌之间的识别作用；⑥堆积代谢废物。

（6）S 层

S 层存在于原核微生物细胞壁外，其中的蛋白质或糖蛋白以方块或六角形式连续排列。S 层不仅可见于革兰氏阳性细菌、革兰氏阴性细菌中，还可以在古生菌中见到。有的学者认为，S 层是糖被的一种。

2. 细菌的特殊构造

（1）鞭毛

鞭毛是生长在某些细菌体表的长丝状蛋白质附属物，是细菌重要的运动结构。鞭毛的数目不定，从一根到数十根都有可能。典型原核生物的鞭毛一般长度为 $15 \sim 20\mu m$，直径为 $0.01 \sim 0.02\mu m$。原核生物（包括古生菌）的鞭毛结构基本分为基体、钩型鞘和鞭毛丝三部分，具体组成见图 2-7。

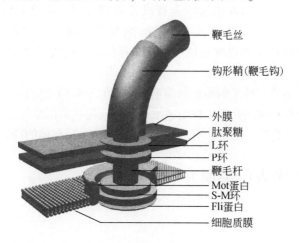

图 2-7 鞭毛的组成

关于鞭毛的运动机理，曾有过"挥鞭论"和"旋转论"的争论。直到 1974 年，美国学者 M. Silverman 的"栓菌实验"证明了"旋转论"的正确性。"栓菌实验"中，单毛菌的鞭毛游离端被相应抗体牢牢地固定在载玻片上。通过光学显微镜对细胞的运动情况进行观察发现，细胞是在载玻片上不断打转而非伸缩运动，由此证明了"旋转论"的正确性。鞭毛菌的运动速度极快，比如螺旋鞭毛菌的转速可以达到40周/秒。一般来说，具极生鞭毛的鞭毛菌的运动速度明显高于具周生鞭毛的鞭毛菌。

鞭毛普遍存在于各类细菌中，如弧菌和螺菌普遍存在鞭毛，杆状菌有一半都有鞭毛，而球菌有少量几个属生有鞭毛。根据着生方式的不同，可以将鞭毛菌分为单端鞭毛菌、端生丛毛菌、两端鞭毛菌和周毛菌等几大类。

不同于游离型鞭毛，螺旋体细胞的表面生长着一种独特固定的鞭毛，被称作周质鞭毛。通常情况下，每个细胞生长有两条鞭毛，也有一个细胞生长数十条鞭毛的情况。以最典型的两鞭毛为例，两条对生的鞭毛都固着在细胞的一端，随后从细胞的两端开始，以螺旋的方式缠绕在细胞上，至细胞中部会合。值得注意的是，周质鞭毛都会被细胞壁的外膜层所覆盖。

关于周质鞭毛的运动机理，猜测可能是通过鞭毛的快速旋转，使细胞表面的螺旋纹不断移动，推动细胞向前运动。对于生活在污泥等半固态环境中的螺旋体，这种运动方式很好适应。

（2）菌毛

菌毛是一种生长在细菌体表的纤细中空、数量较多、长度较短的蛋白质物质。菌毛可以使细菌附着于物体表面，结构相对于鞭毛更为简单。菌毛着生于细胞膜上，穿过细胞壁后可在细胞的全身或者两端看到。菌毛的直径大约为3nm，长度可以达到几个微米。一般具有菌毛的细菌多和致病菌相关，因为附着能力好，它们可以很好地固着在呼吸道、消化道等位置，引发严重的病症。

（3）性毛

性毛又称性菌毛。性毛的构造与菌毛相同，但是较菌毛更粗更长，数量较菌毛而言也更少，只有一根或几根。性毛多见于革兰氏阴性菌的雄性菌株，其功能是向雌性菌株传递遗传物质。另外，有的性毛是某些 RNA 噬菌体的特异性吸附受体。

2.2.4 细菌代表门类简介

1. 蓝藻门

蓝藻门（Cyanophyta）为原核生物界的一门，旧称蓝绿藻门或蓝细菌，是地球上最原始、最古老的一种植物类群，约有150属。常见的属主要有色球藻属、微囊藻属、颤藻属、念珠藻属及鱼腥藻属等。

（1）蓝藻的细胞结构

蓝藻为单细胞个体、群体或细胞成串排列成藻丝的丝状体，不分枝、假分枝或真分枝，不具鞭毛，不产游动细胞，一部分丝状种类能伸缩或左右摆动。蓝藻细胞结构如图 2-8 所示。蓝藻细胞壁主要由两层组成，内层为肽聚糖层，外层为脂蛋白层，两层之间为周质空间，含有脂多糖和降解酶，胞壁外往往包有多糖构成的黏质胶鞘或胶被。胞壁内有原生质膜，膜内原生质较稠，可分为两个主要区域，即周围的有光合色素的色质区和中央的无色的中心质区。中心质区有 DNA 微丝，但无碱性蛋白（组蛋白），无核膜和核仁。核糖体在整个细胞中均有分布，但在中央区周围较为密集。原生质中常具有大小不等的强反光颗粒，如多磷酸体、多面体（羧化酶体）、蓝藻体（天门冬氨酸和精氨酸聚合体的结晶，又称结构颗粒）和多聚糖体（又称蓝藻淀粉或糖原）等。浮游蓝藻往往有伪空胞（又称气泡），为两端呈锥形的具单层蛋白质膜的空管成束排列所组成，有遮强光和漂浮的功能。细胞色素不包在质体内，而是分散在细胞质的边缘部分。藻体因所含色素的种类和多寡不同而呈现不同的颜色。蓝藻的光合色素是叶绿素 a、藻胆素（藻蓝素、别藻蓝素、藻红素和藻红蓝素）以及多种类胡萝卜素。它们能采收光能，以水作为电子来源进行光合作用，固定 CO_2，放出氧气，像植物一样进行自养生活。念珠藻目和真枝藻目的许多种类，丝状体中有异形胞，比营养细胞稍大，由个别营养细胞在化合氮不足的条件下分化形成。它们不能进行光合作用固定 CO_2 或释放 O_2；呼吸作用较营养细胞强，具强的还原条件，是固氮酶固氮的主要场所。

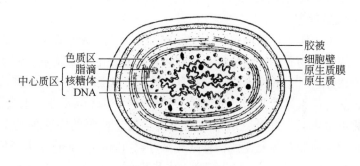

图 2-8　蓝藻细胞结构

（2）蓝藻的繁殖

细胞以直接分裂增殖。分裂时，细胞中部的膜和内胞壁向内增生，将细胞一隔为二。细胞分裂方式，大体可分为 3 类：第一种是三向分裂，成单细胞群体，如微囊藻属，或立方形群体，如立方形藻；第二种是两向分裂，成平板状群体如平列藻属，或假薄膜组织状，如石囊藻属；第三种是单向分裂，成单细胞个体，或成丝状的蓝藻，如念珠藻目的种类。丝状蓝藻往往断裂成短的细胞列（大约 5～15 个细胞），称为段殖体（或称连锁体、藻殖段），有较大的滑动能力，可以继续分裂而成新的丝状体。某些种类则由于藻丝体中个别细胞溶解和脱水成为分离盘，藻丝在此处断裂而形成段殖体。

蓝藻除细胞分裂增殖外，也进行无性生殖，形成内生孢子，又称小孢，如皮果藻属；有些形成外生孢子，如管孢藻属；有些丝状蓝藻则形成厚壁孢子，或称孢子，如念珠藻目。厚壁孢子有各种形状和产生的部位，为分类的重要标准之一，它一般比营养细胞大，细胞壁厚，孢子内贮存大量的蓝藻体、多肽和糖原，贮存内含物丰富，有较强的抵抗外界不良环境的能力。厚壁孢子的细胞质可分裂产生新的藻丝。

(3) 蓝藻对地球生物圈的作用及影响

蓝藻分布极广，主要生活在含有机质较多的淡水中，部分生活在湿土、岩石、树干和海洋中，有的同真菌共生形成地衣，或生活在植物体内形成内生植物。少数种类能生活在85℃以上的温泉内或终年积雪的极地。本门的念珠藻属和管孢藻属等在自然界氮素平衡中起了重要作用。据估计，每公顷热带水稻田可固氮1~70kg/a，可以作为水稻田肥源，改良土壤结构，提高土壤保肥保水能力。蓝藻含有较高的蛋白质（20%~25%）、较完备的氨基酸和多种维生素，能够作为食物，如中国传统食品发菜（产自中国北部和西北部半干旱地区）、葛仙米（产自华中南山区稻田湿地）、地耳（普生）等。在水环境保护中，可利用蓝藻吸收工业废水中氮、磷和其他化合物，起到一定的水质净化作用（乐毅全和王士芬，2005）。

(4) 蓝藻的危害

蓝藻在淡水水体中过量增殖，往往形成"水华"。城市的池塘、湖泊、水沟中含有较多的营养物质，特别是氮、磷容易导致蓝藻的大量增殖，使水色蓝绿而浓浊；其死亡分解时，散发出腐臭、腥臭气味，严重影响水质。在富营养化海水水体中，蓝藻大量繁殖可形成"赤潮"，导致鱼浮头甚至死亡，也会影响紫菜、蛏、蛤等的正常生长。此外，水华和赤潮发生时，蓝藻的突变种甚至含有毒物质，如铜绿微囊藻的有毒突变种含有微囊藻毒素（microcystin）、水华鱼腥藻的有毒突变种含有鱼腥藻毒素（anabaenin）、水华束丝藻的有毒突变种含有束丝藻毒素（aphanizomenin）。当接触一些含蓝藻水时，会引发人体皮炎。人畜饮用大量繁殖水华蓝藻的水时，往往导致中毒、痉挛等，甚至死亡。

2. 放线菌门

放线菌（Actinobacteria）是一类革兰氏阳性细菌，曾经由于其形态被认为是介于细菌和霉菌之间的物种。它们具有分支的纤维和孢子，依靠孢子繁殖，表面上和属于真核生物的真菌类似，从前被分类为"放线菌目"（Actinomycetes）（图2-9）。但是，放线菌没有核膜，且细胞壁由肽聚糖组成，和其他细菌一样。

目前通过分子生物学方法，放线菌的地位被肯定为细菌的一个大分支。放线菌用革兰氏染色可染成紫色（阳性），和另一类革兰氏阳性菌——厚壁菌门相比，放线菌的 G（鸟嘌呤）C（胞嘧啶）含量较高。

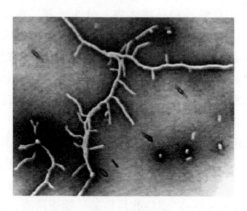

图 2-9 放线菌

放线菌大部分是腐生菌，普遍分布于土壤中，一般都具好气性，有少数和某些植物共生，也有的是寄生菌。寄生菌一般是厌气菌，可致病。放线菌有一种土霉味，使水和食物变味，有的放线菌能和霉菌一样，使棉毛制品或纸张霉变。放线菌在培养基中形成的菌落比较牢固，长出孢子后，菌落有各种颜色的粉状外表，不同于细菌的菌落，但不能扩散性地向外生长，和霉菌的也不同。放线菌有菌丝，菌丝直径约为 1μm，和细菌的宽度相似，但菌丝内没有横隔，这和霉菌又不同。放线菌主要能促使土壤中的动物和植物遗骸腐烂，结核分枝杆菌和麻风分枝杆菌是最主要的致病放线菌，可导致人类的结核病和麻风病。放线菌最重要的作用是可以产生、提炼抗生素。目前世界上已经发现的 2000 多种抗生素中，大约 56% 由放线菌（主要是放线菌属）产生，如链霉素、土霉素、四环素、庆大霉素等。有些植物用的农用抗生素和维生素等也由放线菌中提炼而来。另有说法，雨后空气中清新的味道也是由放线菌产生的。

3. 螺旋体门

螺旋体（Spirochaeta）是一种细长、柔软、弯曲呈螺旋状、运动活泼的单细胞原核生物。全长 3～500μm，具有细菌细胞的所有内部结构。由核区和细胞质构成原生质圆柱体，柱体外缠绕着一根或多根轴丝。轴丝的一端附着在原生质圆柱体近末端的盘状物上，原生质圆柱体和轴丝都包以外包被，轴丝相互交叠并向非固着端伸展，超过原生质圆柱体，类似外部的鞭毛，但具外包被。用暗视野显微镜观察含活菌的新鲜标本，可看到运动活跃的螺旋体，其运动有三种类型：绕螺旋体的长轴迅速转动、细胞屈曲运动以及沿着螺旋形或盘旋的线路移动。螺旋体采用横断分裂的繁殖方式,进行化能异养,属于好氧、兼性厌氧或厌氧微生物,可以自由生活、共栖或寄生。

螺旋体广泛分布在自然界和动物体内,分5个属:疏螺旋体属(*Borrelia*),密螺旋体属(*Treponema*),钩端螺旋体属(*Leptospira*),脊螺旋体属(*Cristispira*)和螺旋体属(*Spirochaeta*)。前三属具有致病性,后二属不致病。

疏螺旋体属(*Borrelia*),又名包柔氏螺旋体属,有5~10个稀疏而不规则的螺旋,其中对人致病的有回归热螺旋体及奋森氏螺旋体,前者引起回归热,后者常与棱形杆菌共生,共同引起咽喉炎,溃疡性口腔炎等。

密螺旋体属(*Treponema*)有8~14个较细密而规则的螺旋,对人有致病的主要是梅毒螺旋体、雅司螺旋体、品他螺旋体,后二亦通过接触传播,但不是性病。

钩端螺旋体属(*Leptospira*)螺旋数目较多,螺旋较密,比密螺旋体更细密而规则,菌体一端或两端弯曲呈钩状,本属中有一部分能引起人及动物的钩端螺旋体病。

螺旋体与螺旋菌的区别:螺旋菌较坚挺,弯数较少,一般为1~6周;而螺旋体较柔软,弯数较多。

2.3 古 生 菌

近几十年的研究表明,原核生物并不是一个统一的大类,而是在很早时期就分化为两大类:古生菌和真细菌。古生菌可能是细胞生存的更原始类型(图2-10)。因而也有学者称其为古核生物。

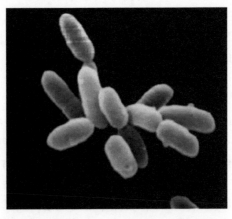

图2-10 古生菌 *Halobacterium* sp. Strain NRC-1(NASA)

2.3.1　古生菌的发现

古生菌的说法大约出现在 20 世纪 80 年代。在显微镜下，古生菌与细菌有很多相似之处。由于其形态结构、DNA 结构及基本生命活动方式与原核生物相似，曾将它们归属于原核生物。但是，根据 16S rRNA 核苷酸序列的同源性测定分析，发现古生菌和原核生物相差甚远；相反，古生菌 16S rRNA 的同源性却和很多真核细胞更加接近。最先发现的古生菌是产甲烷菌类，随着不断发现硫氧细菌、热原质体细菌等上百种新的古生菌，研究者们对其进行较为细致的分类。

1986 年 Husyman 和 Wacher 对古生菌、真细菌和真核生物的 5S rRNA 进行比对分析，发现古生菌和真核细胞的关系更加接近，与真细菌比较遥远。

古生菌一般生活在高温、高酸和高盐等极端环境中。目前，已知最耐热的微生物"121 株"，发现于太平洋底部的热泉喷口附近，是一种能够在 121℃ 条件下生长繁殖的古生菌。由于其生存于恶劣环境中，人们一直认为古生菌和人类的关系不大。随着近 30 年分子生物学以及进化生物学的兴起，古生菌的研究热潮又一次高涨起来。尤其深海热泉喷口嗜热古生菌的发现，不禁让人联想到生命形成初期地球的极端环境。因此，科学家提出了古生菌在生命进化过程中角色扮演的各种设想。

2.3.2　古生菌的基本特征

从细胞壁结构来看，真细菌细胞壁主要成分是磷壁酸和肽聚糖，古生菌也具有细胞壁，但是细胞壁成分和真细菌完全不同，相反却和真核生物一样。因此，抑制真细菌细胞壁合成的物质对于古生菌毫无作用。

从核糖体比较来看，真核细胞的核糖体为 80S，含有 70~84 种蛋白质，多数真细菌的核糖体为 70S，含有 55 种蛋白质。而古生菌的核糖体介于真核细胞与真细菌之间，且相比真细菌有增长趋势（朱玉贤等，2007）。另外，抗生素可以作用于真细菌并抑制其核糖体亚基结合合成蛋白质，但抗生素对真核细胞核糖体毫无作用，对古生菌也同样无效。

从 DNA 结构来看，古生菌的环状 DNA 存在大量重复序列，且含有内含子，不具核膜，一般有操纵子结构。而真细菌细胞 DNA 不含有重复序列，也没有内含子。从这一点看，古生菌和真核细胞是一致的。1996 年，产甲烷球菌的基因组全序列测定完成，为研究古生菌的分子进化提供了良好的基础。

以上这些证据或多或少地说明了古生菌的地位和其与真核生物的关系，但究竟真核细胞产生于哪里，是否和古生菌有直接联系，这些都还是推论，还需要进一步研究证实。

2.3.3 古生菌的基本分类

随着分子生物学研究的不断发展，研究者们根据 16S rRNA 序列分析绘制出了古生菌的系统发育树来表现古生菌的进化关系。《伯杰氏系统细菌手册》将古生菌分为广生古生菌和泉生古生菌两大门类。一般我们可以将古生菌分为 5 大类群。

1）超嗜热古生菌，包括硫还原球菌属、硫化叶菌属、热变形菌属、热网菌属以及热球菌属等菌属。超嗜热古生菌属于泉生古菌门，其寡核苷酸标记为 UAACACCAG 和 CCCACAAG。

2）产甲烷古生菌，包括产甲烷球菌属、产甲烷杆菌属、产甲烷嗜热菌属、产甲烷八叠球菌属和产甲烷螺菌属，其标记为 AUUAAG。

3）极端嗜盐的古生菌，包括嗜盐杆菌属、盐球菌属、嗜盐碱球菌属。AAUAG 是这类古生菌的标记。

4）嗜酸、热的热原体，独立成群，AAACUG 和 ACCCCA 是热原体的标记。

5）还原硫酸盐类的古生菌，只包括古生球菌属，可以从硫代硫酸盐和硫酸盐中形成 H_2S，并产生少量 CH_4。

2.4 真核微生物

原生生物和真菌中有大量的菌种。该类菌种不但能在实验室里观察到，而且能在环境中发挥巨大的作用。其中，很多菌种可以为人类提供食品和抗生素，或者在污水处理工艺中发挥重要的作用，然而，也有一部分菌种会致病、会传染疾病。只有认识和了解这部分微生物，才能有效地控制它们给人类带来的危害，同时能够合理利用这部分微生物资源。

真核微生物的细胞比原核微生物细胞更大，结构更加复杂，分化出的细胞器种类更多，有的细胞器还被膜包被，功能也更加专一。此外，真核微生物还发展出具有核膜包裹着的细胞核，里面存在着更加精巧的遗传物质——染色体，可以更加有效地执行遗传功能（翟中和等，2007）。表 2-3 是原核微生物同真核微生物的比较。

表 2-3　原核微生物与真核微生物比较

内容	真核生物	原核生物
细胞大小	较大，通常大于 2μm	较小，通常小于 2μm
细胞壁成分	纤维素，几丁质	多为肽聚糖
细胞核	有核膜包被的细胞核	无
细胞器	有，种类多	无
鞭毛	9(2)+2 型	简单
细胞质流动性	有	无
有丝分裂	有	无
减数分裂	有	无
光合作用部位	叶绿体	细胞膜
氧化磷酸化部位	线粒体	细胞膜
化能合成	无	有
鞭毛运动	挥鞭式	旋转马达式
遗传重组方式	有性生殖	转化，转导，接合
繁殖方式	有性生殖，无性生殖	无性生殖，如二分裂

2.4.1　真核微生物的细胞结构

真核生物的细胞结构如图 2-11 所示。

(1) 细胞壁

真核微生物中具有细胞壁的主要是真菌和藻类。真菌的细胞壁主要成分是多糖，也含有少量的蛋白质和脂质。多糖是细胞壁的物质基础，不同的真菌，其细胞壁所含的多糖的种类和含量也不一样。即使是同一种真菌，在其不同的生长时期，其细胞壁的组成成分也有所不同。纤维素为主的是低等真菌，酵母菌主要是葡聚糖，而高等陆生真菌则是以几丁质作为细胞壁的主要成分。真核微生物的细胞壁的主要功能和原核生物的类似，保护支撑整个细胞结构，避免细胞受渗透压、病原物质等外界因素影响。

ⅰ. 酵母菌细胞壁

作为真菌的代表，酵母菌的细胞壁厚度为 25～70nm，占细胞干重的 25%。按照由外向内的次序，其主要成分在细胞壁上的排列为：甘露聚糖、蛋白质、葡聚糖。不同种属酵母菌的细胞壁成分差异很大（图 2-12）。

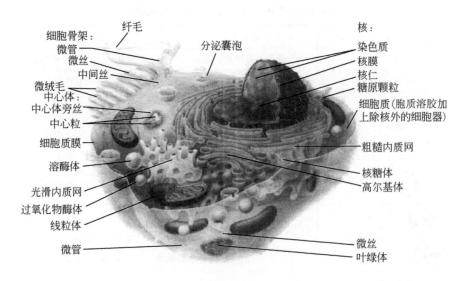

图 2-11　真核生物的细胞结构

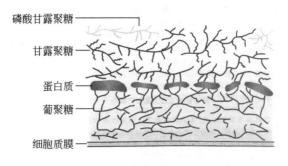

图 2-12　酵母菌的细胞壁结构

ⅱ. 藻类细胞壁

一般藻类的细胞壁厚度为 10～20nm，其结构骨架主要由纤维素组成。一般情况下，纤维素以微纤丝的形式层层排列，大约占细胞干重的 50%～80%。

(2) 鞭毛和纤毛

在有些真核微生物的表面，生长着不同长度的毛发状细胞器，其中较长的为鞭毛，较短的为纤毛。鞭毛和纤毛是具有运动功能的细胞器。虽然都是运动器官，但是真核微生物的鞭毛和纤毛与原核微生物的有很大差别。

鞭毛和纤毛基本由向外伸出的鞭杆、嵌在细胞膜上的基体以及连接鞭杆和基体的过渡区域组成（图 2-13）。鞭杆的结构特点是 9(2)+2 的模式，即处于鞭杆中心的是两条独立的中央微管，环绕着中央微管的是 9 个微管二联体，故称

9(2)+2模式。微管二联体是由 A、B 两个亚结构组成，其中 A 由 13 个微管球蛋白组成，B 是由 10 个微管球蛋白组成，另外 3 个与 A 共用。A 亚基上存在一种可以被 Ca^{2+} 和 Mg^{2+} 激活的 ATP 酶，可以通过水解 ATP 释放出能量使鞭毛做弯曲运动。基体的结构与鞭杆较为接近，为 9(3)+0 模式，外周是微管三联体，中心部位没有微管。

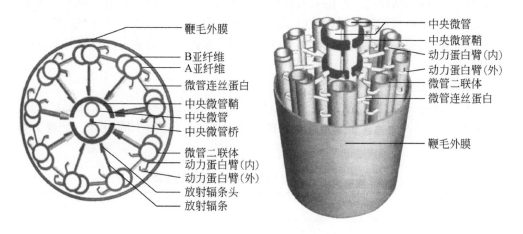

图 2-13　鞭毛和纤毛的结构

（3）细胞质膜

真核微生物的细胞质膜同原核微生物的细胞质膜十分接近，主要区别在于组成膜的物质种类及含量。需要注意的是，原核微生物的细胞质膜上没有具有识别受体功能的糖脂，且原核微生物的细胞质膜不具有胞吞功能。这些都是真核微生物所特有的。

（4）细胞质和细胞器

真核细胞的细胞质由细胞基质、细胞骨架以及各种细胞器构成。

ⅰ．细胞基质

在真核细胞的细胞质中，除了可辨认清楚的细胞器以外的胶状物质就是细胞基质，其主要成分是水，富含各种物质，是细胞代谢活动的主要场所。

ⅱ．细胞骨架

细胞骨架是由微管、微丝和中间纤维构成的细胞支架。其主要功能是支撑整个细胞的形态结构，并能保证真核细胞有规则地运动。

值得一提的是，秋水仙素可以有效抑制微管的两个亚基的结合，常春藤碱可以抑制微管的解聚。此外，细胞松弛素 B 可以使微丝蛋白解聚，而鬼笔环肽能抑制微丝的解聚，进而使微丝变形，破坏细胞骨架。

iii. 高尔基体

高尔基体由意大利人 Golgi 在 1898 年于神经细胞中首先发现。典型的高尔基体在电镜下很容易被识别，由一串扁平的小囊和小泡组成。分泌旺盛的细胞，一般富含高尔基体。

高尔基体是将内质网中合成的蛋白质进行加工的场所。由内质网形成的运输小泡移动至高尔基体区，小泡会与高尔基体融合，在此进行蛋白质的加工。加工完的蛋白质再由高尔基体以出芽的方式向外形成分泌泡，分泌泡再与细胞膜融合向外运输。需要注意的是，高尔基体本身没有合成蛋白质的能力，只能自身合成多糖。

iv. 核糖体

核糖体是一种具有蛋白质合成功能的颗粒状无膜细胞器，其主要成分是蛋白质和 RNA，两者结合在一起。关于原核生物和真核生物核糖体的比较，如表 2-4 所示。

表 2-4　原核生物和真核生物核糖体的比较

核糖体	亚基	rRNA	r蛋白
细菌 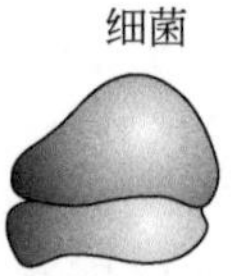 70S 相对分子量：2.5×10^4 66% RNA	50S 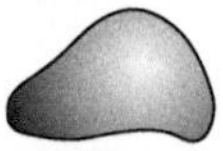	23S=2904碱基 5S=120碱基	31
	 30S	16S=1542碱基	21
哺乳动物 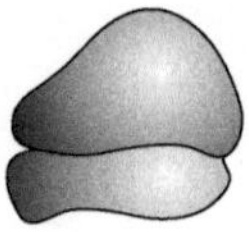 80S 相对分子量：4.2×10^4 60% RNA	60S 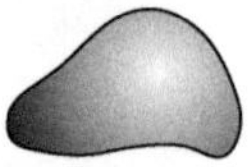	28S=4718碱基 58S=160碱基 5S=12碱基	49
	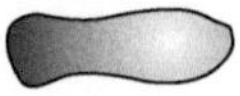 40S	18S=1874碱基	33

v. 溶酶体

溶酶体是一类由单层膜包裹的内含多种酸性水解酶的小泡，数量、大小都不确定。溶酶体源于高尔基体，内含有 60 种以上的水解酶，这些酶在 pH=5 时活性最高。因此，溶酶体里的酶又被称为酸性水解酶。溶酶体的主要功能是消化从外界吞入的颗粒以及细胞本身产生的废弃成分，甚至当细胞坏死的时候，溶酶体会使细胞发生"自溶"。

根据溶酶体所结合的对象不同，可以将溶酶体分为吞噬溶酶体（与吞噬泡结合）、多泡体（与胞饮泡结合）或自噬溶酶体（与内源性结构结合）。而根据溶酶体与吞噬泡的结合程度，又可以将其分为初级溶酶体、次级溶酶体和后溶酶体等。

vi. 微体

微体是一种和溶酶体类似的细胞器。微体也由单层膜包裹，但其中所含有的酶和溶酶体中的不同。微体大致分为两种，一种叫作过氧化物酶体，是动植物细胞都含有的微体，大约有 20% 的脂肪酸是在过氧化物酶体中被氧化分解的。氧化反应会产生 H_2O_2，过氧化物酶体中的酶可以将 H_2O_2 分解生成 H_2O 和 O_2，从而达到解毒作用。过氧化物酶体在细胞中的数量、大小是随着生物种类和环境的不同而改变的。例如，在糖液中培养的酵母菌，其过氧化物酶体十分小，而在脂肪酸中的就十分发达，并能迅速将脂肪酸分解成乙酰辅酶 A。

另一类微体叫作乙醛酸循环体，主要存在于植物体中，其功能是将脂肪转化为糖，在萌发的种子和植物幼苗中十分常见。

vii. 线粒体

线粒体是细胞的"动力工厂"，是细胞中极其重要的细胞器。线粒体主要将贮存在糖类或脂质中的化学能转化成细胞代谢中可以直接利用的能量通货——腺苷三磷酸，也就是 ATP。

在光学显微镜下，我们看到的线粒体呈棒状短杆或椭球形（图 2-14）。线粒体的横径大约是 $0.5 \sim 1\mu m$，相当于一个细菌的大小。不同细胞内的线粒体含量不同，代谢旺盛的细胞所含的线粒体数量会很高；相反，代谢不旺盛的细胞的线粒体数量会很少。线粒体的结构比较复杂，它是由双层膜包裹的囊状细胞器，内部由基质填充。外膜平整，内膜向内突起形成嵴。嵴的存在大大增加了内膜的表面积，便于更多的酶附着在内膜上进行生化反应。如果使用电镜观察，能看到线

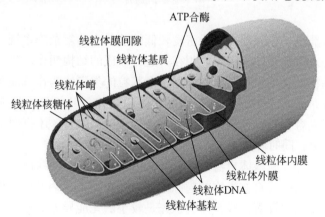

图 2-14　线粒体

粒体内膜表面上有很多带柄的小球，这些小球就是 ATP 合成酶复合体，直径约10nm。线粒体基质中除 ATP 外，还有 DNA 和核糖体分子。也就是说，线粒体自有一套遗传系统，能按照自身的 DNA 合成一些蛋白质。但是，绝大多数蛋白质的合成都是按照细胞核 DNA 编码合成的。

viii. 叶绿体

叶绿体是细胞器中除线粒体外另一个具有双层膜结构的细胞器。叶绿体是真核微生物光合作用的重要场所，其主要功能是将光能进行转化，以化学能的形式在淀粉等物质中储存起来。如果说线粒体是细胞的"动力工厂"，那么，叶绿体就是细胞的"食品工厂"。不同种类微生物的叶绿体形状、大小以及数量不尽相同。而叶绿体在细胞中的位置往往与光照的分布有关。一般地，光照时叶绿体会移动到细胞表面，黑暗时会移动到细胞的内部。

叶绿体的构造包括叶绿体膜（分为外膜、内膜和类囊体膜）、类囊体以及基质。通过膜将叶绿体内部的结构分成彼此独立的区域（图 2-15）。

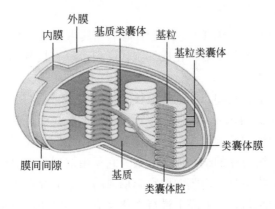

图 2-15　叶绿体

叶绿体内部是一个悬浮在电子密度较低的基质上的复杂膜系统。通过如同摞硬币一样的方式将类囊体一层层堆积在一起，形成的结构叫作基粒。构成基粒的类囊体叫作基粒类囊体，在基质中连通各个基粒的类囊体叫作基质类囊体。在类囊体的膜上分布着大量的光合色素和电子传递载体。叶绿素是最典型的光合色素，主要进行光合作用，利用光能产生的 ATP 和 NADPH（还原型辅酶Ⅱ）来固定空气中的 CO_2，同时释放出 O_2。

同线粒体一样，叶绿体自身也有一套遗传系统。基于叶绿体和线粒体的相似性，研究者再一次探讨真核生物的起源问题，并提出了"内共生假说"。

假说的主要内容推测，线粒体的祖先是较小的化能异养的原核生物，而叶绿体的祖先是光能自养的原核生物，它们寄生在较大的异养型原核生物体内，或被这些生物吞噬，但它们本身不易消化，有可能在大型细胞中存活下来，通过进化共生一体，形成了线粒体和叶绿体。真核生物的形成，是生命史上一次重大转折，其自形成开始的进化潜力，是原核生物所无法比拟的。

ix. 液泡

液泡是许多真菌和藻类所具有的细胞器，具有单层膜结构。液泡的形态、数量以及大小随着细胞的年龄以及生理状态而改变。通常，老龄细胞有大而明显的液泡。真菌的液泡中含有各类有机营养物质、酶类以及代谢产物。液泡的主要功能是储存营养物质以及代谢产物、维持细胞的渗透压以及储存酶类等。

x. 内质网

内质网是指在细胞基质中与细胞基质相隔离开，但内部中空的彼此相连的网管系统。内质网由磷脂双分子层构成，其内侧与核膜的外侧相连通。内质网分为两类，一类为光面内质网，另一类为糙面内质网。关于两类内质网的区分，说法不一。近年来得到认同较多的是"信号假说"，即所有的蛋白质均在游离的核糖体上开始合成，其中输出细胞外的蛋白质会先合成一段由十几个氨基酸组成的疏水性信号肽。借助这段信号肽，核糖体附着到内质网上来继续合成蛋白质。合成结束后，蛋白质会进入内质网的囊腔中，而信号肽被酶水解下来，从而使蛋白质分子通过内质网的囊腔转运到细胞外。

（5）细胞核

细胞核是真核微生物与原核微生物之间最明显的区分特征。细胞核是生物遗传信息储存、复制和转录的主要场所，对于细胞的生长、发育、繁殖等生命活动有决定性的调控作用。一般说来，一个细胞只有一个核，最多含有两个，也有个别属种的真核微生物含有多个细胞核或者找不到细胞核。真核生物的细胞核一般由核被膜、染色质、核仁和核基质组成（图 2-16）。

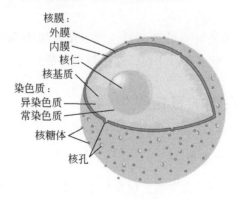

图 2-16　细胞核结构

ⅰ. 核被膜

核被膜包裹在细胞核外层，由核膜和核纤层组成。核被膜上有很多孔，被称为核孔。核纤层在有丝分裂时周期性的消失重现行为，是判别有丝分裂阶段的重要特征。核孔是细胞核同核外的各种细胞器、物质交流的重要选择性通道。

ⅱ. 核基质

核基质是充满细胞核的网状结构，由蛋白纤维组成，具有支撑细胞核的作用，同时能为染色质提供附着位点。

ⅲ. 染色质

当细胞处于分裂间期的时候，细胞内的 DNA、组蛋白和其他一些大分子物质（如蛋白质、RNA 等）组成一种复合结构，这种结构可以通过苏木精等碱性染料进行染色，由此得名染色质。光学显微镜下的染色质主要呈网状交织物，显微镜下染色较深、块状的染色质，被称为异染色质。

染色质中的蛋白质分为组蛋白和非组蛋白两类。组蛋白呈碱性，富含碱性氨基酸，易于同富含磷酸基团的 DNA 相结合构成核小体。关于组蛋白的种类，目前已知的包括 H2A/H2B/H3/H4 和 H1，前四种组蛋白各有一对，与大约 200bp 的 DNA 分子紧密结合构成核小体，核小体之间是由组蛋白 H1 和连接 DNA 进行连接，再经过一级一级地压缩缠绕，在被压缩到原来的 1/8400 之后，形成了显微镜下可见的染色体。染色质中的非组蛋白主要是和 DNA 复制转录相关的一些酶类，如 DNA 聚合酶等。

ⅳ. 核仁

在显微镜下看到细胞核中染色最深的椭球型小体，即核仁。核仁在有丝分裂的前期消失，后期重现，周期性变化。核仁的数量不一，和蛋白质合成的强弱有一定关系。核仁是细胞中合成 rRNA 和装配核糖体的场所。

(6) 膜边体

膜边体是一种真菌所特有的细胞器，位于菌丝细胞四周的质膜和细胞壁之间，由单层膜包裹，形状多种且不定，功能尚不清楚。

2.4.2 具有代表性的真核微生物

1. 真菌界及其代表生物

真菌是真核生物中的一大类群，包含酵母、霉菌之类的微生物，及最为人熟知的菇类。真菌自成一门，和动物、植物和细菌相区别。真菌和其他三种生物最大的不同之处在于，其细胞含有甲壳素为主要成分的细胞壁，且不同于植物细胞壁的纤维素组成。卵菌和黏菌在构造上和真菌相似，却都不算是真菌。虽然分析表明，真菌和动物之间的关系比和植物之间更亲近。但是，真菌学通常被视为植物学的一个分支。

真菌门的物种之间不论是在生态、生命周期及形态（从单细胞水生的壶菌到巨大的菇类）上都有很大的差别。目前，人们对真菌门的生物多样性知之甚少。真菌门预估约有 150 万个物种，而之中被正式分类的物种仅有约 5%。自从 18、19 世纪，Carl von Linné、Christiaan Hendrik Persoon 以及 Elias Magnus Fries 等人在分类学上有了开创性的研究成果之后，真菌便已依其形态（如孢子颜色或微观构造等特征）或生理被分类。随着分子遗传学的发展，DNA 测序加入了分类学领域，这有时会挑战依形态及其他特征分类的传统类群。近年来，亲缘关系学方面的研究进展，已帮助真菌界重新分类为一个亚界、7 个门及 10 个亚门。依据生殖结构的特征，真菌主要分成 7 个门：微孢子虫门、壶菌门、芽枝霉门、新丽鞭毛菌门、球囊菌门、子囊菌门及担子菌门。现将大家熟知的酵母菌作为代表进行介绍。

酵母菌，即子囊菌、担子菌等几科单细胞真菌的通称。酵母菌在自然界分布广泛，主要生长在偏酸性的潮湿的含糖环境中，可在缺氧环境中生存。有的可用于酿造生产，有的却为致病菌，是遗传工程和细胞周期研究的模式生物。酵母菌是一些单细胞真菌，并非系统演化分类的单元。酵母菌是人类文明史中最早被应用的微生物。目前，根据其产生孢子（子囊孢子和担孢子）的能力，可将已知的 1000 多种酵母菌分成三类：形成孢子的株系属于子囊菌和担子菌，不形成孢子但主要通过出芽生殖来繁殖的称为不完全真菌，或者叫"假酵母"（类酵母）。

（1）酵母菌的细胞结构

酵母菌是单细胞真核微生物，细胞形态通常有球形、卵圆形、腊肠形、椭圆形、柠檬形或藕节形等（图 2-17）。单细胞个体比细菌大得多，一般为 1~5μm

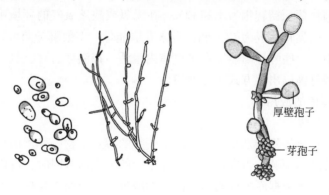

图 2-17 酵母菌细胞形态

或 5 ~ 20μm。酵母菌无鞭毛，不能游动，具有典型的真核细胞结构，包括细胞壁、细胞质膜、细胞核、细胞质、液泡、线粒体等，有的还具有微体。

ⅰ. 细胞壁

酵母菌的细胞壁厚度约为 25 ~ 70nm，分为三层：外层为甘露聚糖；中层为蛋白质，其中多数是酶，少数是结构蛋白；内层为葡聚糖，有助于细胞保持一定的机械强度。此外，细胞壁还含有少量脂类和几丁质（芽痕）。有些种属的酵母菌细胞壁不含甘露聚糖。

ⅱ. 细胞质膜

酵母菌的细胞质膜由磷脂双分子层构成，中间嵌有甾醇和蛋白质。

ⅲ. 细胞质和细胞器

细胞质位于细胞质膜内，是一种黏稠液体，内含各种细胞器，如线粒体、内质网、核糖体、微体、液泡。大多数酵母菌的菌落特征与细菌相似，但比细菌菌落大而厚，菌落表面光滑、湿润、黏稠，容易挑起，菌落质地均匀，正反面和边缘、中央部位的颜色均一，菌落多为乳白色，少数为红色，个别为黑色。

ⅳ. 细胞核

通常，每个酵母菌细胞只有一个核，但也有一些含有两个核甚至多个核。细胞核由核被膜、染色质、核仁和核基质组成。细胞核由双层膜包被，核膜上有许多核孔。染色质的基本单位是核小体，由 DNA 与组蛋白结合而成。酵母菌的遗传物质包括细胞核 DNA、线粒体 DNA 以及特殊的质粒 DNA。

ⅴ. 染色体外 DNA

这类 DNA 主要有两类，即线粒体 DNA 和 2μm 质粒 DNA。线粒体 DNA 为双链结构，编码大量呼吸酶；2μm 质粒 DNA 为闭合的环状超螺旋分子。

（2）酵母菌的生理特征

酵母菌是专性或兼性好氧生物，目前未知专性厌氧的酵母菌。在有氧气的环境中，酵母菌将葡萄糖转化为水和 CO_2。在无氧或缺乏氧气的环境中，发酵型的酵母菌通过将糖类转化成为 CO_2 和乙醇来获取能量。多数酵母菌可以分离于富含糖类的环境中，一些酵母菌能够在昆虫体内生活。在温度适宜、氧气和养料充足的条件下，酵母菌以出芽方式迅速增殖。

（3）酵母菌的应用

ⅰ. 模式生物

作为高等真核生物特别是人类基因组研究的模式生物，酵母菌最直接的作用体现在生物信息学领域。当发现一个功能未知的人类新基因时，可以迅速地到任何一个酵母基因组数据库中检索与之同源的酵母基因，获得其功能方面的相关信息，从而加快对该人类基因的功能解析（周群英和王士芬，2008）。研究发现，许多涉及遗传性疾病的基因均与酵母基因具有很高的同源性。该类基因编码的蛋白质的生理功能及其与不同蛋白质之间的相互作用，将有助于加深对相关遗传性疾病的了解。此外，人类许多重要的疾病，如早期糖尿病、小肠癌和心脏疾病，均是多基因遗传性疾病，揭示这些疾病涉及的所有基因是一个困难而漫长的过程。酵母基因与人类多基因遗传性疾病相关基因之间的相似性，将为人类提高诊断和治疗水平提供重要的帮助。

酵母作为模式生物的最好例子，体现在通过连锁分析、定位克隆然后测序验证而获得的人类遗传性疾病相关基因的研究中。后者的核苷酸序列与酵母基因的同源性，为其功能研究提供了极好的线索。例如，人类遗传性非息肉性小肠癌相关基因与酵母的 *MLH1* 和 *MSH2* 基因、运动失调性毛细血管扩张症相关基因与酵母的 *TEL1* 基因、布卢姆氏综合征相关基因与酵母的 *SGS1* 基因，都有很高的同源性。遗传性非息肉性小肠癌基因在肿瘤细胞中具有核苷酸短重复顺序不稳定的细胞表型。在该人类基因被克隆以前，研究工作者已从酵母中分离到具有相同表型的 *MSH2* 和 *MLH1* 突变。受该结果启发，人们推测小肠癌基因是 *MSH2* 和 *MLH1* 的同源基因，二者在核苷酸序列上的同源性则进一步证实了该推测。布卢姆氏综合征临床表现为性早熟，病人的细胞在体外培养具有生命周期缩短的表型。该遗传性疾病相关基因与酵母中编码蜗牛酶的 *SGS1* 基因具有很高的同源性，两者细胞均表现出显著缩短的生命周期。Francoise 等研究了 170 多个通过功能克隆得到的人类基因，发现其中有 42% 和酵母基因具有明显的同源性。这些人类基因的编码产物大部分与信号转导途径、膜运输或者 DNA 合成与修复有关，而与酵母基因没有明显同源性的人类基因主要编码一些膜受体、血液或免疫系统组分，或人类特殊代谢途径中某些重要的酶和蛋白质。

ⅱ. 发酵工程

单细胞真核生物的酵母菌具有比较完备的基因表达调控机制，以及对表达产物的加工修饰能力。酿酒酵母（*Saccharomyces cerevisiae*）在分子遗传学方面最早被人们认识，也是最先作为外源基因表达的酵母宿主。1981 年，酿酒酵母表达了第一个外源基因——干扰素基因，随后又有一系列外源基因在该系统得到表达。虽然干扰素和胰岛素已经利用酿酒酵母大量生产并被广泛应用，但是只有实验室的制备结果令人满意。当由实验室扩展到工业规模时，培养基中维持质粒高拷贝数的选择压力消失，质粒变得不稳定，拷贝数下降。拷贝数是高效表达的必备因素，其下降直接导致外源基因表达量的下降。同时，实验室用培养基成分复杂且昂贵，当采用工业规模能够接受的培养基时，表达产物明显减少。为克服酿酒酵母的局限，美国的 Wegner 等人于 1983 年最先发展了以甲基营养型酵母（*Methylotrophic yeast*）为代表的第二代酵母表达系统。甲基营养型酵母包括

Pichia，*Hansemula*，*Torulopsis*，*Candida* 等。其中以 *Pichia pastoris*（毕赤巴斯德酵母）和 Hansemula polymorpha（汉逊多形酵母）为宿主菌建立的外源基因表达系统，近年来发展最为迅速、应用最为广泛。该系统的突出特点是易于高密度发酵、培养基廉价、外源基因在宿主细胞中稳定存在、能适度糖基化，从而得到高表达量的外源活性蛋白。

iii. 污水处理

酵母菌不但能够在日常生活、科学研究中起到重要作用，在改善环境质量方面也有很好的前景。早期研究中，主要通过酵母菌细胞体的吸附作用，进行污水处理。这种方法成本低、效果较好，但缺乏处理污染物的特异性。随着分子生物学和基因工程的不断发展，有学者开始采用分子生物学手段对酵母菌进行改良，从而实现污水吸附处理的特异性和高效性（韩伟，2009）。日本京都大学的 Kurbota 等人尝试将较多数量的金属硫蛋白表达在酵母菌的细胞表面，从而提高酵母对重金属的吸附效率。北京大学的 Tao 等人在改善酵母对于特定污染物的吸附特异性上取得了一定进展（王曙光等，2008）。面对传统处理污水方法成本高、效率低等情形，以酵母为代表的生物处理手段将会具有光明的应用前景。

2. 原生生物界及代表生物

原生生物（protist/protoctists）主要是单细胞生物，亦有部分是多细胞的，但不具组织分化，因此常被认为是最原始、最简单的一群真核生物（刘燕明，1991）。它们比原核生物更大、更复杂，直径一般为 $5\mu m \sim 5mm$。与原核生物的最大区别就是，原生生物是真核生物，具有完整的细胞结构，即细胞具有真正的细胞核和具有膜包被着的各种细胞器。

原生生物在 15 亿年前即已存在，由原核生物演化来。不论在五界系统还是三域系统中，都将单细胞的真核生物归在原生生物界，是五界中在形态、解剖、生态和生活史上变异最大的一界。原生生物界至少包含 5 万种的生物，此界的界限不很明确，有些原生生物的演化分支很显然地延伸入植物界、真菌界和动物界中。有些原生生物的细胞非常复杂，虽然只是单细胞的个体，但必须像植物体或动物体一样执行所有的新陈代谢。从这些演化的进程来看，真核生物的起源是生物演化史上的重要突破。20 世纪七八十年代，生物学家又扩充了原生生物界的界限，纳入了原本在五界中属于植物界和菌物界的多细胞生物。此种分类转移是基于细胞构造和生活史的比较。例如有证据指出，多细胞的海藻比较接近单细胞藻类，而比较不接近植物。此种膨胀的分类法中，使原生生物界包含了类似植物的藻类、类似菌类的原生菌类和类似动物的原生动物类。

单细胞的原生生物集多细胞生物功能于一个细胞，包括水分调节，营养，生殖等。营养的方式繁多,有些似真菌,吸收外间营养;也有部分既可进行光合作用,亦可进食有机食物。原生生物对人类和环境的贡献是十分重要的。它们不仅是食物链的重要环节,也是生物地球化学循环中不可缺少的一部分。自养型原生生物可以从阳光获取能量,而异养型原生生物可以从其他生产者那里获取食物能量,也可以通过消化分解死的有机物来获得能量。而且,原生生物本身也可以作为更高级消费者的食物,在食物链中进行传递。

原生生物给人类带来经济效益的同时,也引发危害和问题。水华的出现就是典型的例子。当某些水体中无机营养过剩时,一些自养型原生生物便会迅速生长。这些原生生物会遮挡阳光,使阳光无法到达水面以下。同时,大量、快速消耗氧气,使大量的水生生物死亡,鱼类因缺乏氧气和食物而相继死亡,既严重影响经济生产,又极大地破坏水体的生态环境。此外,很多原生生物为寄生,通过损害寄主来产生和传染多种疾病,例如疟疾、阿米巴痢疾等。尤其在经济不发达的国家和地区,由于缺少资金和相应的医疗支持,这类疾病一旦暴发就会造成大量的人员死亡。

2.5 非细胞结构生物

在环境中,还会存在非细胞形式的微生物,关于它们的界定,很多尚未有准确的结论。本节将以病毒为主要对象,对三域系统之外的非细胞形式的微生物进行介绍。

2.5.1 病毒

病毒和其他生物一样,是具有基因,可以进行复制、进化等生命活动的生物实体。但是,病毒又十分特殊,因为其结构极其简单,甚至因不具备完整的细胞形式,在寄主体外不具备生命特征而不被人们认为是生命的一种形式(黄祯祥,1990)。

1. 病毒的特点

关于病毒的定义,研究者们至今无法给出一个满意的定论。2006 年,沈萍和陈向东(2006)在总结前人定义的基础上,提出了如下定义:病毒是有一个或数个 RNA 或 DNA 分子构成的感染性因子,通常(但非必须)覆盖有由一种或数种蛋白质构成的外壳,有的外壳还有更为复杂的膜结构;这些因子通常能将其核酸从一个宿主细胞传递给另一个宿主细胞;它们能利用宿主的酶系统进行细胞内复制;有些病毒还能将其基因组整合入宿主细胞 DNA,依靠这种机制或是导致持续性感染发生，或是导致细胞转化，肿瘤形成（图2-18）。

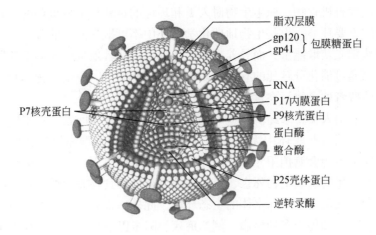

脂双层膜
gp120
gp41 } 包膜糖蛋白
RNA
P17内膜蛋白
P9核壳蛋白
蛋白酶
整合酶
P7核壳蛋白
P25壳体蛋白
逆转录酶

图2-18 病毒结构

　　在细胞外环境中，病毒以毒粒形式存在，即成熟的病毒颗粒形式。毒粒具有一定的大小、形态以及理化性质，甚至可以结晶，与化学大分子的表现没有区别。然而，病毒毒粒具有感染性，即具备在一定条件下进入宿主细胞的能力。毒粒一旦进入宿主细胞，便会解体释放出具有繁殖性的病毒基因组，利用宿主细胞内的生物大分子进行装配、复制以及表达，进而发生遗传进化等生命过程，体现出生命特征。因此，病毒具有极其简单的结构以及绝对的细胞内寄生性的特点，可以区分于其他生命形式（莽克强，2007）。

　　2. 病毒宿主

　　病毒的宿主具有广泛性，即病毒几乎可以感染所有细胞类型的生物。同时，病毒的宿主又具有特异性，这是指对于某一种病毒而言，它仅仅能感染一定种类的微生物、植物或者动物。从这个角度来说，根据宿主的不同，可以将病毒分为如下几类。

　　噬菌体是指从原核生物中分离到的病毒，例如支原体噬菌体、感染细菌的噬菌体等。

　　植物病毒是以植物为宿主的病毒，也是目前发现最多、分布最普遍的病毒，已经鉴定的植物病毒有1000多种。

　　藻类病毒和真菌噬菌体是指在藻类和真菌中发现的病毒。

　　动物病毒包括原生动物病毒、无脊椎动物病毒和脊椎动物病毒。在脊椎动物病毒中能感染人并引起人类疾病的病毒称为医学病毒。

3. 毒粒性质

毒粒是病毒的细胞外形式，同时也是病毒的感染性形式。

不同毒粒的大小差别很大，已知最小的双粒病毒（geminiviruses）直径仅为18～20nm，大的病毒例如动物病毒直径可以达到几百纳米。虽然大小各异，但形状可以进行一些归纳，大致可分为球形颗粒、杆状颗粒和复杂状颗粒（如蝌蚪形）等。

毒粒的基本组成是核酸和蛋白质。核酸是毒粒的遗传物质。一种毒粒只含有一种核酸，即 DNA 或者是 RNA，也就是说，绝大多数病毒基因组是单倍体。只有逆转录病毒的基因组是二倍体。构成毒粒的蛋白质主要包括衣壳蛋白和包膜蛋白。衣壳蛋白是由一条或者数条多肽折叠成的亚基排列构成。简单的衣壳蛋白仅有几种亚基组成，复杂的衣壳蛋白含有数十种亚基。大量统一的衣壳蛋白单体分子以次级键相结合，并以螺旋体或者二十面体两种主要形式组成的对称结构，被称作衣壳，或者壳体。衣壳能够保护核酸，无膜病毒的衣壳还会参与病毒的其他活动，如侵染宿主，作为表面抗原等。包膜蛋白分为包膜糖蛋白和基质蛋白两类。包膜糖蛋白是病毒的主要表面抗原，还可以与寄主细胞表面发生相互作用从而启动病毒感染的发生。基质蛋白位于包膜与衣壳之间，具有支撑包膜、维持病毒结构的作用。同时，基质蛋白可以介导包膜糖蛋白之间的识别。包膜病毒中还会含有脂质和糖类：脂质中 50%～60% 为磷脂，其余主要为胆固醇；糖类主要以寡糖和黏糖形式存在，主要是由细胞合成，且合成过程同宿主有关。

4. 病毒侵染细胞过程

病毒的复制过程如图 2-19 所示，包括吸附、侵入、脱壳、大分子合成、装配和释放 6 个步骤，是利用细胞自身的生命物质生成新病毒的过程。

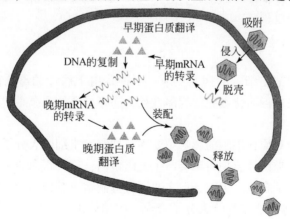

图 2-19　病毒复制过程

（1）吸附

病毒感染细胞的第一步是吸附。吸附是病毒表面与细胞受体的特异性结合，从而导致病毒附着在细胞表面。病毒通过病毒吸附蛋白（viral attachment protein，VAP）特异性地识别细胞受体并与之结合。当一个 VAP 分子与一个受体结合时，通常是非紧密性结合，且结合过程可逆。随着越来越多的 VAP 同细胞受体结合，吸附过程随即变为不可逆，结合也愈发紧密。整个吸附过程会受环境因素影响，不同种类病毒的吸附速率有所不同。

（2）侵入

侵入又称作病毒内化，几乎与吸附反应同时发生。侵入过程需要能量的支持。动物病毒有多重侵入方式，包括完整病毒穿过细胞膜、利用细胞内吞作用进入细胞、毒粒与细胞膜相融合并将毒粒内部组分释放进细胞、依赖抗体进入细胞等。植物细胞主要是通过外力导致的机械损伤形成伤口而使病毒进入，或者是通过昆虫口器等外媒将其送入细胞。

（3）脱壳

这一步是指病毒侵入后，病毒包膜或衣壳除去并释放出病毒基因组的过程。脱壳是病毒成功感染受体的必需步骤，该过程的具体内容不甚清楚。

（4）大分子合成

侵入宿主的病毒基因组利用宿主体内的物质进行自身大分子的合成与复制。根据大分子合成的时间不同，可以将这个过程分为三个阶段：病毒早期的基因表达、病毒基因组的复制和病毒晚期基因的表达。

（5）装配和释放

装配是指在宿主细胞之中装配新的毒粒，也称作成熟。释放是指新装配好的毒粒再以一定的途径释放到细胞外。由图 2-20 可以清楚看到附着在宿主细胞表面的噬菌体侵染过程。

5. 病毒与宿主的作用

病毒会引起宿主细胞的病变反应：一种是由于病毒的毒性作用导致细胞坏死；另外一种是病毒活化细胞的程序性死亡途径导致细胞凋亡，这两种作用可能同时发生。

噬菌体感染对原核细胞的影响主要为：抑制宿主细胞大分子合成和改变宿主限制系统。很多噬菌体感染时都会产生关闭蛋白，这种蛋白会不同程度地抑制宿主细胞中的大分子合成。关闭蛋白主要通过抑制宿主基因转录、抑制宿主蛋白质以及 DNA 合成等方法来影响大分子合成。噬菌体编码的酶类往往能破坏宿主的限制性酶系统，从而保护噬菌体 DNA 不受损害。例如 T-偶数噬菌体的基因产物

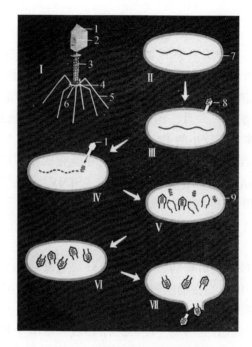

图 2-20 噬菌体侵入宿主细胞

1 蛋白质外壳；2 核酸；3 尾鞘；4 尾板；5 尾丝；6 尾刺；7 宿主细胞；8 蝌蚪形噬菌体；9 噬菌体核酸
Ⅰ 蝌蚪形噬菌体；Ⅱ 吸附；Ⅲ 侵入；Ⅳ 脱壳；Ⅴ 大分子合成；Ⅵ 装配；Ⅶ 释放

可以直接抑制宿主的抗 T-偶数噬菌体的限制性酶活性。多数情况下，噬菌体通过裂解的形式从宿主细胞释放。以裂解方式释放的噬菌体颗粒会使宿主细胞失去稳定性，使细胞壁受到损坏。

真核细胞对于病毒感染会有不同的反应：细胞或无任何反应；或由于病毒导致细胞病变，最终导致细胞受到损伤甚至死亡。细胞不正常增生引起的死亡或失控生长转化为癌细胞。病毒影响真核细胞的途径主要分为三种：抑制宿主细胞的转录、抑制宿主细胞的翻译和抑制宿主细胞 DNA 的复制。

2.5.2 亚病毒因子

亚病毒（subviruses）是一类比病毒更为简单的微小病原体，包括卫星病毒、卫星 RNA、朊病毒。它们不具有完整的病毒结构，仅具有某种核酸不具有蛋白质，或仅具有蛋白质而不具有核酸，能够侵染动植物细胞。

1. 卫星病毒

卫星病毒是一类基因组缺损的亚病毒。它们不单独存在，需要依赖辅助病毒，才能复制和表达基因、完成增殖过程。卫星病毒常伴随着其他病毒一起出现。例如，大肠杆菌噬菌体 P4 缺乏编码衣壳蛋白的基因，需辅助病毒大肠杆菌噬菌体 P2 同时侵染细胞。并且，P4 依赖 P2 合成的壳体蛋白，装配成含 1/3 左右 P2 壳体的 P4 壳体，与较小的 P4 DNA 组装成完整的 P4 颗粒。丁型肝炎病毒（HDV）必须利用乙型肝炎病毒的包膜蛋白，才能完成复制周期，常见的卫星病毒还有腺联病毒（AAV）、卫星烟草花叶病毒（STMV）、卫星玉米白线花叶病毒（SMWLMV）、卫星稷子花叶病毒（SPMV）等。

2. 卫星 RNA

卫星 RNA 是一种伴随植物病毒（如烟草环斑病毒）的自剪接 RNA 小分子，约 350 个碱基对。它们包裹在辅助病毒的壳体中，依赖辅助病毒进行复制，但与辅助病毒没有明显同源性，本身对辅助病毒不是必需的。

卫星 RNA 大小可以分为两类。较长的有 1372～1376 个核苷酸，大小与卫星病毒基因组类似，多数含有 300 个左右的核苷酸。许多卫星 RNA 有 5′端的帽子，但无 3′端的 poly（A）尾巴，在分子内部通过碱基作用形成复杂的二级结构。较小的卫星 RNA 不具有 mRNA 的功能，仅是在辅助病毒颗粒中以线性形式存在。

不同的卫星 RNA 复制方式也是不同的。小一些的卫星 RNA 以对称滚环的方式进行复制；而大一些的卫星 RNA 复制方式是与其所在的辅助病毒相一致。

卫星 RNA 主要能显著影响其辅助病毒在其宿主中的活性，如南芥菜花叶病毒（ArMV）的卫星 RNA 能加重 ArMV 引起的花叶褪绿症状。病毒对不同的卫星 RNA 影响作用不同，同一种卫星 RNA 在不同宿主内对辅助病毒引起的症状也不同。

3. 朊病毒

朊病毒又称蛋白质侵染因子，是一类无免疫性的疏水蛋白质小分子，能侵染动物并在宿主细胞内复制。朊是蛋白质的旧称，朊病毒意为蛋白质病毒，即只有蛋白质而无核酸的病毒。

朊病毒是一类能引起哺乳动物和人的中枢神经系统病变的传染性病变因子。1997 年，美国生物学家 Prusiner 凭借研究朊病毒所作出的卓越贡献，获得了诺贝尔生理学或医学奖殊荣。Prusiner 认为，朊病毒是一种蛋白质侵染颗粒。它不仅与人类健康、家畜饲养关系密切，而且可为与痴呆有关的疾病研究提供重要信息。人类已发现的与朊病毒相关的疾病现有四种，即库鲁病、克雅氏综合征、格斯特曼综合征和致死性家族性失眠症，其病症与病理变化的主要特征与患病动物十分相似。其中，针对库鲁病的研究最早。就生物理论而言，朊病毒的复制并非以核酸为模板，而是以蛋白质为模板，这使得生物理论很难解释。

2.6　不同环境下的微生物

2.6.1　微生物与生态系统之间的关系

当前，全世界面临的资源与环境问题，归根结底是人类对于生态系统动态平衡的破坏。因此，现代生态学的主要研究对象是生态系统。生态系统的动态平衡中，任何一个组成部分受到扰动都会影响整个生态系统的功能，并带来一系列的问题（池振明等，2010）。微生物是生态系统中十分"不起眼"的组成部分，却又扮演非常重要的角色。

生态系统的三大组成部分是生产者、消费者和分解者。虽然微生物充当的最重要角色是分解者，但是也有不同微生物充当着生产者和消费者的角色。生产者与外界系统相连产生能量，消费者在系统内部进行能量消耗与转化，分解者将消费者的残余进行分解转化，其产物可以对生态系统进行调节。从生产到分解，微生物贯穿于整个生态系统。可以说，微生物对于生态系统是至关重要的。

生态系统的三大功能是能量流动、物质循环和信息传递。能量的流动需要生产者的固定、消费者的传递以及分解者的分解。物质循环更加需要分解者的矿化作用，从而使有机物分解为无机物，维持生态系统的动态平衡。近期研究表明，很多微生物具有趋光、趋磁等特性，这类特性需要依靠微生物的信号传导和应答系统来完成。从上述生态系统的各种功能来说，微生物的作用必不可少（袁振宏，2012）。

此外，微生物还具备其他大型生物不具备的特点和优势，例如遗传信息少、易变异、极强的环境适应性等。在许多大型动植物不能涉足的极端环境中，不论是冰盖下层，还是大洋深处的热泉喷口，都会有微生物的存在。因此，微生物是群落演替的先锋物种，在推动群落的演替发展进程中，起到非常大的作用。如果从更大的尺度来说，微生物对于地球生命的进化发展，起了不可替代的作用。

2.6.2 微生物在生态系统中的作用

(1) 微生物是能量的关键生产者

光能和化能自养微生物是生态系统中的生产者，例如蓝藻（蓝细菌）、红螺菌、真核藻类等光能自养微生物，以及硝化细菌、铁细菌等化能自养微生物（宋福强，2008）。它们既可以利用太阳能，又可以利用无机物进行能量合成，使积累下来的能量通过食物链或食物网在生态系统中进行流动。

(2) 微生物是物质的主要分解者

物质分解是微生物在生态系统中最显著的作用。它们通过分解高级消费者的食物残渣或者是其他生物的残体，将残存在生态系统中的有机物分解为便于生产者吸收的小分子无机物。这个过程也叫作矿化，完成该功能的类群叫作异养微生物。矿化是生物地化循环中极其重要的一步。试想如果没有这一步，生物圈中的有机物堆积成山，后果将不堪想象。

(3) 微生物是物质和能量的重要储存者

微生物和动物、植物一样，是生命的有机体。在不同的环境中都存有大量的微生物，即大量的物质和能量。虽然微生物个体小，所含生物质少，但是微生物在环境的总量很大。因此，微生物所积累的生物质数量十分惊人。据报道，在农业生产土壤中微生物所含的 C、N 量达到总量的 5% 和 15%。某些微生物对于关键元素的固定能力是不可替代的（袁振宏等，2004）。例如，每公顷固氮微生物的生物量中，N 含量可以达到 100kg。

(4) 微生物是地球生命演化的关键

早期的地球环境并不像现在这样，温度和含氧量都比现在恶劣得多。而这一切的演化，都是由微生物推动的。由于蓝细菌早期的产氧作用，地球的大气组分被逐渐改变。而生命的起源亦是从单细胞微生物开始的，经过逐渐的演化，形成了我们眼前如此多样性的世界。在生态系统的某个组成群落中，扰动发生后最先进驻的依然是微生物，通过它们的作用，推动群落不断演替至顶级。

微生物在环境中的作用，还在不断丰富。当今科学技术不断发展，使人们有机会更加合理高效地利用微生物，从生产活动到环境保护，微生物也越来越被重视。

思　考　题

1. 请阐述三域学说的基本内容。
2. 请比较原核微生物细胞与真核微生物细胞的异同。

3. 酵母菌是一个物种的称谓吗？酵母菌都有哪些实际应用意义？

4. 为什么湖泊海洋中，温跃层处于较深的位置，却还会有很多微生物生存？

5. 古生菌主要分为几大类，各有什么特征？

参 考 文 献

布莱克 . 2007. 微生物学原理与探索（第六版）. 蔡谨主译 . 北京：化学工业出版社 .

池振明，王祥红，李静 . 2010. 现代微生物生态学（第二版）. 北京：科学出版社 .

韩伟 . 2009. 环境工程微生物学 . 哈尔滨：哈尔滨工业大学出版社 .

何健民 . 2003. 细菌革兰氏染色辅助鉴别技术的实验研究 . 现代检验医学杂志，18（4）：38-39.

黄祯祥 . 1990. 医学病毒学基础及实验技术 . 北京：科学出版社 .

刘燕明 . 1991. 原生生物的系统分类 . 生物学通报，（8）：3-5.

刘志恒 . 2008. 现代微生物学（第二版）. 北京：科学出版社 .

莽克强 . 2005. 基础病毒学 . 北京：化学工业出版社 .

沈萍，陈向东 . 2006. 微生物学 . 北京：高等教育出版社 .

宋福强 . 2008. 微生物生态学 . 北京：化学工业出版社 .

孙兰英，刘娜，孙立波，等 . 2005. 现代环境微生物技术 . 北京：清华大学出版社 .

王曙光，林先贵，刁晓君 . 2008. 环境微生物研究方法与应用 . 北京：化学工业出版社 .

吴相钰，陈守良，葛明德，等 . 2009. 普通生物学（第三版）. 北京：高等教育出版社 .

袁振宏，吴创之，马隆龙，等 . 2004. 生物质能利用原理与技术 . 北京：化学工业出版社 .

袁振宏 . 2012. 能源微生物学 . 北京：化学工业出版社 .

乐毅全，王士芬 . 2005. 环境微生物学 . 北京：化学工业出版社 .

翟中和，王喜忠，丁明孝 . 2007. 细胞生物学（第三版）. 北京：高等教育出版社 .

周群英，王士芬 . 2008. 环境工程微生物学 . 北京：高等教育出版社 .

朱玉贤，李毅，郑晓峰 . 2007. 现代分子生物学（第三版）. 北京：高等教育出版社 .

Odenholt I. 2001. 22-7 曲伐沙星和格帕沙星对革兰氏阳性菌和阴性菌的体外药效学研究 . 国外医药（抗生素分册），22（1）：47-48.

Singer J S. 1977. The Fluid Mosaic Model of Membrane Structure//Abrahamsson S, Pascher I. 1977. Structure of Biological Membranes. Boston：Springer.

Yeagle P L . 1989. Lipid regulation of cell membrane structure and function. Faseb Journal, 3（7）：1833-1842.

第 3 章 | 微生物营养与代谢

在生命活动中，微生物不断地从外界环境吸收营养物质，通过代谢获取能量并合成自身所需的有机物，用以维持生长和繁殖。微生物所吸收营养物质的化学组分与其他生物大致相同，来源于自然环境中各种无机物和有机物；酶在微生物的物质代谢过程中具有重要的调节作用，并伴随着能量的转化。本章主要介绍微生物生长繁殖过程中所需要的碳源、氮源和生长因子等营养物质来源及功能；代谢过程中酶的调节机制以及重要的代谢途径。

3.1 微生物营养

所有微生物均由化学物质组成，微生物的特性也是由其组成成分所决定的。微生物化学成分分析表明：微生物细胞中含量最多的是 H_2O，约占细胞鲜重的 70%~90%。细胞干重中，95% 以上为 C、O、H、N、S、P、K、Ca、Mg 和 Fe 几种主要元素，且 C、O、H 和 N 四种元素占全部干重的 90%~97%，其余 3%~10% 为矿质元素或称无机元素（王镜岩等，2002）。

活体微生物与外界不停地进行物质与能量交换，微生物的生存、生长和繁殖离不开化学物质。微生物的生长统称为发育，这是一个复杂的生命过程。生长是指微生物从外界吸收物质后，通过合成代谢作用，合成细胞物质，使菌体质量增加，菌体体积长大的现象；生长是有限度的，当细胞生长到一定程度，便开始分裂，从而使菌体数量增多，这种现象称为繁殖。生长和繁殖相互区别，相互联系。生长是繁殖的基础，繁殖是生长的结果。简单来说，微生物的生长与繁殖是将外界物质转化成自身所需能量与合成自身细胞物质的过程，这个过程中微生物所需要的外界物质称为微生物的营养物质（nutrient），所发生一系列化学反应称为微生物的代谢（metabolism）。

微生物从外界环境中摄取营养物质以满足其生理活动的生理功能称为微生物的营养（nutrition）。营养物质是微生物进行各种生理活动的基础。微生物的生理活动需要一种平衡的营养元素组合，任何一种必需营养元素的缺乏都将使其生理活动受到限制。同时，微生物周围的环境因素也会影响其生理活动，如温度、pH 等条件会影响微生物对所需营养元素的吸收代谢。

值得注意的是，微生物细胞中矿质元素的含量可随生理活性与代谢途径的不同而有较大变化，从而产生一些特殊的营养需求。例如，硫细菌细胞利用硫化物作为电子供体，并且可在细胞中积存大量的 S；硅藻则需要硅酸来合成其富含二氧化硅 $[(SiO_2)_n]$ 的外壳；大多数微生物细胞并不需要大量的 Na，而海洋或盐湖微生物细胞中含有较高浓度的 NaCl。另外，不同的微生物在不同的生长阶段及不同的生长环境下，其细胞中各元素的含量也会发生改变。

3.1.1 微生物的营养需要

微生物的营养物质包含了微生物进行生理活动所需要的所有化学元素以及能源。微生物所需的营养物质可分为六大类：碳源、氮源、矿质元素、生长因子、水和能源。

1. C、H、O 和 N

（1）碳源

碳源是一类可以为微生物的代谢提供含碳化合物的营养物质。常见的碳源包括糖类、有机酸、油脂和 CO_2 等。碳元素形成的碳骨架是所有有机分子骨架或主链所必需的构架基础。一般来说，含碳化合物也会为微生物提供 H、O 原子，其还原过程还会释放电子给其他分子，既是碳源又是微生物的能源。由于 CO_2 分子处于氧化态并且缺少 H 元素，无法为微生物提供能量。所以，只有自养型微生物可以把 CO_2 作为唯一碳源，利用光源或其他无机物获取能量。碳源来源丰富，所有的天然有机物都可以被微生物利用。但是，不同种类的微生物对碳源的需要差异巨大：有些微生物可以利用许多种类的有机碳化合物作为碳源，如假单胞菌可以利用多达 90 种以上的含碳化合物（杨建斌等，2010）；有些微生物种类只能利用一种或者少数几种含碳有机物，如纤维素分解菌只能利用纤维素（陈红歌等，2008）；有些微生物甚至可以利用一些人工合成的有机高分子作为碳源。

（2）氮源

氮源是菌体构成物质中或代谢产物中氮素的来源。氮元素对微生物的生长发育有重要的作用，主要用于合成氨基酸、蛋白质和核酸等。除硝化细菌可以利用铵盐、硝酸盐作为氮源外，氮源一般不被微生物作为能量来源。微生物可利用的氮源分为分子态氮、无机态氮和复杂的含氮有机物。只有少数具有固氮能力的微生物可以利用分子态氮，如固氮菌、根瘤菌等（Illman et al.，2000）；大多数寄生性微生物和一部分腐生性微生物需要蛋白质等有机氮化合物。可以利用有机氮源的微生物称为氨基酸异养型微生物。人类和部分动物无法自身合成某些蛋白质和氨基酸，需要外界提供。除了向绿色植物或者食用动物索取外，人类还可以培养微生物，将分子态氮或廉价的铵盐、硝酸盐和简单有机态氮（如尿素）转化成菌体蛋白或含氮代谢物，制造丰富的食物，部分程度上解决粮食危机。因此，对微生物所需的氮源作此分类，具有重要的实践意义。

2. 矿质元素

微生物生长需要多种矿质元素。矿质元素通常以无机盐形式（如 SO_4^{2-}、PO_4^{3-} 和 NaCl）供给微生物。由于微生物细胞对 P、S、Mg、K、Ca、Na 和 Fe 等矿质元素需求量较大，这些元素被称为大量元素（macroelement）（Liu et al., 2008）；对另一些矿质元素需求量较少，如 B、Mn、Cu、Zn、Mo 和 Co 等，这些元素被称为微量元素（microelement）。微量元素一般作为酶或辅助因子的组分辅助催化反应，维护蛋白质结构的稳定。例如，Mn、Cu 和 Zn 等一般作为酶的激活剂，Co 是维生素 B_{12} 的组成部分。一般情况下，水、玻璃容器和多种培养基组分中含有的微量元素可以满足微生物的生长需求，在培养过程中无须单独添加。但是，一方面，如果微生物在生长过程中缺乏微量元素，会导致微生物细胞生理活性降低甚至无法生长（Khozin-Goldberg and Cohen, 2006；Roessler, 1988）。另一方面，许多微量元素是重金属，过量供给会对细胞产生毒害作用。此外，对某一种微量元素来说，不同微生物的需求量常会有较大差别，如革兰氏阴性菌对 Mg 的需求量比革兰氏阳性菌高 10 倍。因此，微量元素的量应该控制在正常范围（$10^{-8} \sim 10^{-6}$ mol/L）内，并注意适当调节各种微量元素的比例。

在生物大分子核酸、蛋白质、高能量化合物三磷酸腺苷（adenosine triphosphate, ATP）以及生物体内糖代谢的某些中间体中，都有 P 元素的存在。几乎所有的微生物都可以直接利用无机磷作为磷源，但只有某些微生物可以直接吸收有机磷，有些微生物则是先将有机磷酸盐水解生成无机磷酸盐再加以利用。

S 是蛋白质的重要组成元素之一，也是许多酶的辅助因子（辅酶和辅基）结构成分。大多数微生物利用硫酸盐来满足对硫的需求，少数则利用还原态硫。

3. 生长因子

通常情况下，微生物在碳源、氮源、P 和 S 等营养元素充足的条件下，可以合成自身细胞所需的组分，正常地进行生长和繁殖。但是，也有些微生物缺乏合成某些细胞必需组分的能力，必须依靠外界环境的供给才能正常生长。这些微生物生长所必需的，但自身细胞无法合成或合成量不足以满足细胞生长繁殖的有机化合物，称为生长因子。一般来说，生长因子的需求量很小。生长因子主要分为三类：维生素、氨基酸、嘌呤和嘧啶。维生素类生长因子主要作为辅酶或者辅基参与细胞新陈代谢；有些微生物缺乏合成某些氨基酸的能力，需要在培养基中额外添加特定的氨基酸来帮助细胞必需的蛋白质合成；嘌呤和嘧啶主要作为酶的辅酶或辅基，或参与核苷酸等物质的合成。

4. 水

水是细胞生长不可或缺的物质，其生理功能主要表现在以下几个方面：水是细胞的主要化学成分，对于维持细胞内正常的生理活动起着重要的作用；水参与细胞内一系列生化反应；水是细胞内外良好的溶剂与运输介质；水的比热较大，可以有效地吸收细胞代谢过程中产生的热量，并且可以迅速地释放多余的热量，很好地控制细胞内温度的变化；微生物通过水合作用与脱水作用来控制由多亚基组成的结构，如酶、鞭毛以及病毒颗粒的组成与解离。

3.1.2 微生物的营养类型

微生物的种类繁多，代谢类型多种多样，其营养类型也十分复杂。营养类型的划分通常为复合形式，不同分类方法可将微生物分成不同的营养类型。根据微生物获取碳源、能源以及电子供体的不同，可以对微生物的营养类型进行如下分类（表3-1）。

表 3-1　微生物的营养类型分类

划分依据	营养类型	特点
碳源	自养型	以 CO_2 作为唯一或者主要碳源
	异养型	以还原性有机物为碳源
能源	光能营养型	以光为能源
	化能营养型	以有机物或者无机物氧化释放的化学能为能源
电子供体	无机营养型	以还原性无机物为电子供体
	有机营养型	以有机物为电子供体

根据碳源的不同，可以将微生物分为自养型和异养型两类。根据利用能源的不同，光能营养型微生物利用光能，而化能营养型利用有机物或无机物氧化时释放的能量。根据电子供体的不同，可将微生物分为无机营养型和有机营养型（王建龙和文湘华，2000）。一般来说，自养型微生物利用无机物作为电子供体，异养型微生物利用有机物作为电子供体。所以，结合碳源、能源和电子供体的不同，可将大部分微生物分为四种营养类型：光能无机自养型、光能有机异养型、化能无机自养型和化能有机异养型（表3-2）。

表 3-2　微生物的四种营养类型

营养类型	碳源	能源	电子供体	代表性微生物
光能无机自养型 （photolithoautotroph）	CO_2	光能	无机物	藻类、绿硫菌、红硫菌、蓝细菌
光能有机异养型 （photoorganoheterotroph）	有机物	光能	有机物	红螺菌、紫色非硫细菌
化能无机自养型 （chemolithoautotroph）	CO_2	化学能	无机物	硝化菌、铁细菌、产甲烷菌
化能有机异养型 （chemoorganoheterotroph）	有机物	化学能	有机物	真菌、原生动物

光能无机自养型微生物能利用光能作为能源，以 CO_2 作为碳源，以某些还原态的无机化合物为电子供体还原 CO_2，合成碳水化合物。这类微生物的细胞中含有一种或者几种光合色素，它们在缺氧条件下进行光合作用，并释放出 O_2，在早期地球环境的演化过程中起重要作用（吉海平和李君，1997）。例如，蓝细菌含有叶绿素 a，利用 H_2O 作为电子供体，还原 CO_2 并生成 O_2；而另一些光合细菌（如绿硫菌）将 H_2S 作为电子供体，还原 CO_2，生成细胞所需要的有机物并产生 S。

光能有机异养型微生物主要利用有机物作为碳源和电子供体，利用光源作为能源。例如，红螺菌属的某些细菌可以利用异丙醇，还原 CO_2 并生成丙酮。光能有机异养型微生物一般生长在被污染的水域中，这些微生物在生长时，大多需要外源生长因子。

化能无机自养型微生物以氧化无机物释放的能量为能源，以 CO_2 为碳源，可以在完全无机以及无光的环境下生长。例如，硝化菌和亚硝化菌、氢细菌和铁细菌等，均是化能无机自养型微生物中的主要代表类型。通常，化能无机自养型细菌代时长、生长缓慢，并且一种细菌只能利用某一种无机物作为能源。这类微生物广泛分布于土壤及水环境中，在地球圈层的物质循环中起着至关重要的作用。

化能有机异养型微生物的碳源、能源以及电子供体通常都来自于有机物。一般情况下，同一种有机物即可以同时满足多种营养需求。这类微生物在分解某种有机物的过程中产生能量，同时又可以利用部分该种有机物进行自身细胞合成。这些有机化合物主要包括淀粉、糖类、纤维素和有机酸等（余响华等，2006；Bartholomew et al.，1995；Hodge，2009）。目前已知的所有致病微生物、大部分细菌、真菌和原生动物都属于化能有机异养型。根据利用的有机物性质不同，这类微生物又被分为两大类：腐生型和寄生型。腐生型微生物利用无生命的有机物，例如死亡或者腐烂的动植物尸体；寄生型则寄生在宿主体内吸收营养物质。

介于寄生型和腐生型两者的中间类型，称为兼性腐生或兼性寄生，例如结核杆菌就是一种以腐生为主、兼营寄生的细菌。化能有机异养是微生物最普遍的代谢方式，该类微生物广泛存在于地球环境中。

根据研究目的不同，微生物的营养类型还可以有各种不同的划分方式。例如，某些菌株发生自然突变或人工诱变后，失去合成某种或某些必需生长物质的能力，必须依靠外界提供相应的物质才能正常生长繁殖，这种菌株称为营养缺陷型，相对应的野生型菌株称为原养型。营养缺陷型菌株通常用来进行微生物遗传学方面的研究（Latifian et al., 2007；Li et al., 2010；Kars et al., 2009）。

事实上，无论采取哪种营养类型的分类方式，不同营养类型之间的界限并非绝对。异养型微生物并非不能将 CO_2 作为碳源，只是不能以之作为唯一或主要碳源。在有机物存在的条件下，异养型微生物亦可将 CO_2 还原成为自身的细胞物质。同样，自养型微生物也可以利用有机物作为碳源。例如，氢细菌为化能无机自养型，却也可以利用环境中的有机物碳源（毛宗强，2004）。这种随着外界环境的改变而发生代谢类型改变的微生物，有时称为兼性微生物。代谢方式的灵活性可以让微生物更好地适应环境的变化。

3.1.3　微生物摄取营养物质的方式

微生物体积微小、结构简单，没有摄取外界营养物质的专门器官，需要通过细胞膜来完成营养吸收。由于所需营养物质的复杂性和多样性，不同微生物的细胞膜具有不同的功能。因而，随微生物种类和营养物质类型的不同，微生物从外界摄取营养物质的方式有所不同。

根据微生物的类群和营养物质的种类，微生物摄取营养物质的方式可归纳为两大类型：吞噬胞饮和渗透吸收（翟中和等，2007）。①大多数的原生动物可以依靠细胞质膜包围并吞食营养物质，对固体颗粒状营养物质的摄取称为吞噬，对液体或胶体状小液滴营养物质的摄取称为胞饮。②除原生动物外，其他各大类微生物通过细胞膜的渗透和选择吸收作用从外界摄取营养物质。对于大分子营养物质，如蛋白质、多糖等，需要在细胞膜外通过酶解或水解作用分解成单糖或双糖等小分子后，才能跨膜运输进入细胞内被吸收。以渗透吸收方式从外界环境中摄取营养物质的微生物有细菌、放线菌、蓝细菌、藻类、真菌、原生动物中的孢子虫和鞭毛虫等。微生物具有较大的比表面积，能高效率地进行细胞内外的物质交换。

微生物对营养物质的摄取机制分为四种：被动扩散、促进扩散、主动运输和基团转移。

1）被动扩散（passive diffusion）是利用细胞膜内外浓度差，营养物质由细胞外的高浓度向细胞内的低浓度区域进行扩散的方式。被动扩散属于物理扩散，为非特异性扩散，不耗能、速度慢，扩散速度取决于营养物的浓度差、分子大小、溶解性、极性、pH、离子强度和温度等因素。一些小分子物质如 Na^+、CO_2 和 O_2 都通过被动扩散进入细胞。营养物的扩散使得细胞内外的浓度差不断减小，直至两者相等并达到动态平衡。在被动扩散形式中，膜上载体蛋白不参与营养物质运输，该过程不能逆浓度梯度发生。

2）促进扩散（facilitated diffusion）是营养物质通过与细胞质膜上载体蛋白可逆结合的扩散过程。载体蛋白进出细胞时，营养物质也跟随进出细胞，可以将营养物质从高浓度到低浓度运送，不需要能量的消耗。促进扩散过程具有 3 个特点：①特异性，即特定的载体蛋白只能与特定的营养物质相结合。②载体蛋白与所运送的营养物质亲和力在膜外表面高，而在膜内表面低，从而提高营养物质的运输速度，提前达到动态平衡。③当膜外营养物质浓度过高时，因载体蛋白的数量有限而表现出饱和效应。促进扩散的运输方式多见于真核微生物，例如酵母菌。微生物通过促进扩散过程，主要完成各种糖、氨基酸和维生素等营养物质的吸收或者自身代谢产物的分泌。

3）主动运输（active transport）是指在能量的推动作用下，微生物利用细胞质膜上的特殊载体蛋白，进行逆浓度梯度吸收营养物质的过程。主动运输广泛发生于细胞内，是微生物吸收营养物质的主要机制，其主要特点包括：①特异性，即营养物质与载体蛋白间存在着专一对应的关系。②能量消耗，在促进扩散中，载体蛋白通过与运输物质发生相互作用而改变分子构型，完成营养物质转运时不需要能量；但在主动运输中，载体分子构型变化是以消耗能量为前提。③逆浓度梯度运输。④能改变养料运输反应的平衡点。微生物在生长与繁殖过程中所需要的多数营养物质，如氨基酸、无机离子、有机离子和一些糖类（乳糖、蜜二糖及葡萄糖）等，主要通过主动运输的方式运输。主动运输的具体方式有多种，包括初级主动运输和次级主动运输等。

初级主动运输（primary active transport）指由电子传递系统、ATP 酶或细菌嗜紫红质引起的质子运输方式。从物质运输的角度考虑，该方式是一种质子的主动运输。由于呼吸能、化学能和光能的消耗，引起胞内质子（或其他离子）外排，导致原生质膜内外建立质子浓度差（或电势差），使原生质膜处于充能状态，形成能化膜（energized membrane）。不同微生物的初级主动运输方式不同，当有氧存在时，好氧型和兼性厌氧微生物胞内的物质被氧化并释放电子，在原生质膜上形成电子传递链，伴随质子外排；厌氧型微生物利用发酵过程产生 ATP，在原生质膜上 ATP 酶的作用下，ATP 水解生成 ADP 和磷酸，同时伴随质子向胞外分泌；光合微生物吸收光能后，光能激发产生的电子在传递过程中也伴随质子外排；嗜盐细菌紫膜上的细菌嗜紫红质吸收光能后，引发蛋白质分子中某些化学基团 pK 值的变化，导致质子迅速转移，在膜内外建立质子浓度差。

通过初级主动运输建立的能化膜在质子浓度差（或电势差）消失过程中，往往偶联其他物质运输方式，即次级主动运输（secondary active transport）：①同向运输（symport）是指某种物质与质子通过同一载体按同一方向运输。除质子外，其他带电荷离子（如 Na^+）建立起来的电势差也可引起同向运输。在大肠杆菌中，通过这种方式运输的物质主要有丝氨酸、甘氨酸、谷氨酸、半乳糖、岩藻糖、蜜二糖、阿拉伯糖、乳酸、葡萄糖醛酸及某些阴离子（如 HPO_4^{2-}、HSO_4^-）等。②逆向运输（antiport）是指某种物质（如 Na^+）与质子通过同一载体按相反方向运输。③单向运输（uniport）是指质子浓度差在消失过程中，可促使某些物质通过载体进出细胞，通常导致胞内阳离子（如 K^+）积累或阴离子浓度降低。

4）基团转移（group translocation）是一种需要特异性载体蛋白和消耗能量的运输方式。在运输前后，因营养物质分子结构发生改变，而不同于主动运输。基团转移主要用于葡萄糖、果糖、甘露糖、核苷酸、丁酸和嘌呤等物质。目前，仅在原核微生物中发现该过程。

3.2　微生物代谢

微生物与外界环境进行物质和能量的交换时，所发生的一系列化学反应过程被称之为代谢。代谢是微生物维持其生理活动，进而生长繁殖的基础。根据物质的转换方式，可将代谢分为分解代谢（catabolism）与合成代谢（anabolism）。分解代谢是微生物分解有机物，使其发生氧化和降解，并生成能量的过程；合成代谢是微生物利用能量合成有机物，满足自身生理活动需要的过程。分解代谢过程中产生的能量、小分子物质及中间代谢产物，作为合成代谢的原料；合成代谢为分解代谢准备了物质，贮存了能量；二者相互影响，相互联系，相互作用。在微生物的代谢过程中，微生物以酶为催化剂促进生物化学反应，使代谢能够顺利进行。可以说，代谢是一系列酶促反应的集合体，酶是代谢的主要调控机制（Hasan et al., 2006）。

3.2.1　酶

酶是由活细胞产生的具有催化功能的高分子有机化合物，可以成百万倍地提高化学反应的速率而自身不发生变化（Crabb et al., 1997）。大多数的酶是蛋白质，少数被称为核酶的 RNA 分子也具有催化作用。

1. 酶的分类

1）根据酶的化学组成，可将酶分为单纯酶和结合酶。

单纯酶分子是由氨基酸组成的肽链；结合酶分子中除了由肽链形成的蛋白质，还有非蛋白成分，例如铁卟啉、金属离子和含 B 族维生素的小分子有机物。结合酶分子中的蛋白质部分称为酶蛋白（apoenzyme），非蛋白质部分称为辅（助）因子（cofactor），酶蛋白和辅因子构成具有催化活性的全酶（holoenzyme）。若非蛋白质部分与酶蛋白以共价键相连称为辅基（prostheticgroup），不能通过透析或超滤等方法与酶蛋白分离；若非蛋白质部分与酶蛋白以非共价键相连称为辅酶（coenzyme），可以通过透析或超滤等方法与酶蛋白分离。

2）根据酶产生和作用的部位，可将酶分为胞内酶和胞外酶。

绝大多数种类的酶在细胞内产生并发挥催化作用，如 DNA 聚合酶、乳酸脱氢酶等，这类酶称为胞内酶（endoenzyme）；也有一些酶产生后被排出到细胞外起催化作用，例如蛋白质水解酶、纤维素水解酶，这类酶称为胞外酶（ectoenzyme）（Kamini et al., 2000）。

3）在微生物细胞中，始终存在着一定数量和种类的酶，这类酶称为固有酶（constitutive enzyme）；另外有一些酶，并非微生物所固有，但是在一定的条件或者在某些物质存在时，可以经过诱导产生，这类酶称为诱导酶（induced enzyme）。

4）国际酶学委员会（International Enzyme Commission，IEC）规定，根据催化反应的类型，可以将酶分为六大类：氧化还原酶、转移酶、水解酶、裂解酶、异构酶和合成酶（Lin et al., 2006；Bouvier-Navé et al., 2000）。

氧化还原酶（oxidoreductase）是催化底物进行氧化还原反应的一类酶，主要有氧化酶（oxidase；oxydase）和还原酶（reductase），如细胞色素氧化酶、乳酸脱氢酶。氧化酶催化反应的公式为：$A-H_2+1/2O_2 \rightarrow A+H_2O$；还原酶催化反应的公式为：$A-H_2+B \rightarrow A+B-H_2$。

转移酶（transferase）是催化底物之间某些基团交换或者转移的一类酶，如转氨酶、己糖激酶。这类酶作用的公式为：$A+B-C \rightarrow A-C+B$。

水解酶（hydrolase）是催化底物发生水解反应的一类酶。这类酶作用的公式为：$A-B+H_2O \rightarrow A-OH+B-H$。

裂解酶（lyases）是催化一个底物分解为两个化合物，或者两个化合物合成一个化合物的一类酶，如醛羧酶、柠檬酸合成酶。这类酶作用的公式为：$A \rightarrow B+C$。

异构酶（isomerase）是催化各种同分异构体之间相互转化的一类酶。这类酶作用的公式为：$A \rightarrow A_1$。

合成酶（synthase；synthetase）是催化两种底物合成一种化合物，同时偶联有 ATP 磷酸键断裂的一类酶。这类酶的作用公式为：$A+B+ATP \rightarrow AB+ADP+Pi$ 或 $A+B+ATP \rightarrow AB+AMP+PPi$。

2. 酶的特性

酶具有蛋白质的一般特性：属于两性化合物，具有较大的相对分子质量。通常，酶以胶体状态存在，对外界环境条件（pH、温度和抑制剂等）比较敏感，容易变性而失去活性（Demirijan et al., 2001）。

同时，酶具有普通催化剂的一般性质：能够降低反应的活化能，提高反应速率，缩短反应到达平衡点的时间，但在反应前后本身并不发生变化。

除了具有蛋白质和普通催化剂的一般性质，酶还具有以下特性：①高效性，酶能够降低反应的活化能，使反应能够更加容易到达平衡状态，与无机催化剂相比，具有更高效的催化能力；②专一性，酶的催化作用具有高度的专一性，即一种酶只能催化一种或者一类化学反应（Kuriki and Imanaka，1999）；③易失活，酶的本质是蛋白质，所以活性容易受到外界条件和环境变化的影响，与无机催化剂相比，酶更容易失去活性而失去催化能力（Roessler，1988）。

3. 酶促反应的作用机理

对于酶作用的基本原理，有以下几种学说。

(1) 活化能学说

该学说认为，酶作为一种催化剂，能够降低反应的能阈。例如，在某一个反应中，在由底物到产物的中间过程，经过了一个过渡的阶段，即 S（反应物）→ B（过渡分子）→P（产物）。可见，只有当过渡分子具有的能量超过反应的活化能，反应才有可能发生。

(2) 中间产物学说

中间产物学说能够对酶降低反应的活化能做出很好的解释。该学说认为：E（酶）+S（底物）→ES（中间产物）→E（酶）+P（产物）。酶在催化反应的时候，首先与底物结合生成中间产物，中间产物不稳定，极易分解释放出酶和产物。

(3) 锁钥学说

最初，人们对酶的认识还不够深入。有些人认为，酶的活性中心结构与底物结构必须完全吻合，就像锁和钥匙一样结合生成中间产物，继而分解转变为产物。但是，该学说认为酶的结构是固定不变的。

（4）诱导契合学说

该学说在锁钥学说的基础上做了一定的补充和发展。近些年的研究发现，酶的活性中心结构并不是固定不变的。酶的活性中心与底物起初并非完全吻合，但是当底物与酶的活性中心接触时，可以诱导酶的活性中心发生构象变化，从而与底物完全吻合，结合生成中间产物，进而分解转变为产物。

4. 酶促反应的影响因素

（1）底物浓度对酶促反应速率的影响

在酶浓度保持不变的情况下，底物浓度较低时，在一定范围内，增加底物浓度，酶促反应速率增加；继续增加底物浓度，酶促反应速率并不是一直呈增加状态，而是最终会维持在恒定值（Kristensen et al.，2009）。出现这一现象的原因是，酶的数量是有限的，当底物浓度增加到某一浓度时，所有的酶都与底物结合，即此时酶已经发挥了最大的催化能力。

Michaelis 和 Menten 根据中间产物学说，推导出了底物浓度与反应速率关系的方程式，称为米–门方程式：

$$v = V_m S / (K_m + S)$$

式中，v 代表酶促反应的初始速率，V_m 代表酶促反应的最大反应速率，S 为底物浓度，K_m 为米氏常数。

由上述方程式可见，当底物浓度很低时，$v = V_m S / K_m$，即此时的反应速率与底物浓度成正比，属一级反应；当底物浓度很高时，$v = V_m$，即此时的反应速率与底物浓度无关，属零级反应；当 $v = 1/2 V_m$ 时，$V_m = S$。所以，K_m 的物理意义是：酶促反应速率为最大反应速率一半时的底物浓度。值得注意的是，米氏常数是酶的特征常数，与酶的种类、性质有关，而与酶的浓度无关。

（2）酶的浓度对酶促反应速率的影响

在底物浓度保持不变的情况下，酶促反应速率与酶的浓度成正比。实际上，这里所说的酶的浓度是指酶的初始浓度。当酶的浓度增加到某一浓度时，酶促反应的速率保持在恒定值不再增加。

（3）pH 对酶促反应速率的影响

酶的本质是蛋白质，pH 会影响蛋白质的空间构型和活性，进而影响酶促反应速率。对于某一种酶，存在某一特定的 pH，使其具有最高的催化能力。当 pH 比这一定值高或者低时，酶的空间构型会发生变化，导致酶的活性不断减小，酶促反应速率逐渐降低，从而失去催化能力（陈林林等，2010）。

（4）温度对酶促反应速率的影响

在某一温度时，酶具有最高的催化能力，酶促反应速率最大，此时的温度称为最适温度。当温度降低时，酶的活性降低，酶促反应速率变慢。当降低到一定温度时，酶的活性趋于零。此时，酶的空间构型并不发生变化。当温度升高时，酶的活性就会恢复。当温度升高时，酶的活性逐渐降低，温度过高会使酶的结构被破坏，从而使酶永久失去活性。通常情况下，在适宜温度范围内，温度每变化（升高）10℃，酶促反应速率可提高 1~2 倍。

（5）酶的抑制剂对酶促反应速率的影响

酶的抑制剂是能够降低或者停止酶促反应，但本身并不引起酶蛋白变性的物质。抑制剂主要有氢氰酸、生物碱、重金属离子和表面活性剂等（Roessler，1988；Bramlett et al.，2003）。

根据抑制剂对酶促反应的作用，可以分为竞争性抑制剂和非竞争性抑制剂。竞争性抑制剂可以结合到酶的活性中心，与底物竞争酶的活性中心，如丙二酸是琥珀酸脱氢酶的竞争性抑制剂；非竞争性抑制剂可以与酶活性中心以外的部位结合，改变酶的构型，从而降低酶的活性或者使酶失去活性，例如重金属毒物汞。竞争性抑制作用是可逆抑制作用，可以通过增加底物浓度解除抑制作用。而非竞争性抑制作用是不可逆抑制作用，不能通过增加底物浓度解除抑制。

（6）激活剂对酶促反应速率的影响

酶的激活剂是指能够激活酶的物质。有些酶只有在激活剂存在时，才能表现出催化活性或者增强催化活性。激活剂主要包括有机化合物和无机离子等。

需要注意的是，抑制剂与激活剂并没有绝对的界限，某物质对一种酶可能是抑制剂，但是对另一种酶可能是激活剂（Subrahmanyam and Cronan，1998）。

3.2.2 物质代谢和能量代谢

在微生物的合成代谢和分解代谢过程中，都伴随着物质与能量之间的转化，合成代谢的本质是微生物利用简单小分子化合物及能源 ATP 合成生物大分子化合物的过程；分解代谢的本质是物质在生物体内经过一系列连续的氧化还原反应，逐步分解生成简单小分子并释放能量的过程，释放的能量以 ATP 形式被生物细胞所利用。分解代谢也称生物氧化，是一个产能代谢过程。在代谢过程中，微生物本身不能创造能量，它们可以利用太阳能，或是储存在营养物质中的化学能来进行自身的生理活动。因此，能量代谢是微生物代谢的基础。

所谓能量代谢，即微生物体内能量的输入、转变和利用的过程。该过程的核心是微生物把外界环境中多种形式的能源转换成高能分子 ATP。ATP 是一切生命活动都能使用的通用能源。其中，异养微生物可通过底物水平磷酸化和氧化磷酸化，将营养物质氧化而释放的能量储存于 ATP 中，自养微生物则可通过光合磷酸化将光能转变为化学能储存于 ATP 中。

1. 糖代谢

对于绝大多数的微生物来说，葡萄糖是它们生命活动中的主要能源物质。糖酵解（glycolysis）是所有好氧和厌氧微生物开始分解葡萄糖所采用的代谢途径。糖酵解是指微生物分解葡萄糖生成丙酮酸的过程，此过程中伴有少量 ATP 生成，是微生物体内最重要的无氧代谢过程。它主要包括 4 个途径：糖酵解途径（EMP途径）、戊糖磷酸途径（HMP 途径）、2-酮-3-脱氧-6-磷酸葡萄糖酸途径（ED 途径）和磷酸解酮酶途径。

（1）EMP 途径（Embden-Meyerhof-Parnas pathway）

绝大多数种类的微生物都通过 EMP 途径把葡萄糖降解成丙酮酸。整个 EMP 途径大致可分为两个阶段：第一阶段可认为是不涉及氧化还原反应及能量释放的准备阶段，只生成两分子的主要中间代谢产物，即甘油醛-3-磷酸；第二阶段发生氧化还原反应、合成 ATP 并形成两分子的丙酮酸。

EMP 途径的第一阶段中，葡萄糖在消耗 ATP 的情况下被磷酸化，形成葡萄糖-6-磷酸（图3-1）。葡萄糖-6-磷酸进一步转化为果糖-6-磷酸，然后再次被磷酸化，形成果糖-1,6-二磷酸。在醛缩酶催化下，果糖-1,6-二磷酸裂解成两个三碳化合物：3-磷酸甘油醛与磷酸二羟丙酮。此阶段的反应不涉及电子转移。

在 1,3-二磷酯甘油酸的合成过程中，两分子 NAD+（nicotinamide adenine dinucleotide）被还原成为 NADH。然而，细胞中的 NAD+ 供应是有限的，假如所有的 NAD+ 都转化为 NADH，葡萄糖的氧化即刻停止，因为甘油-3-磷酸的氧化反应只有在 NAD+ 存在时才能进行。这一路径可以通过将丙酮酸还原，使 NADH 被氧化重新成为 NAD+ 而得以持续进行。例如在酵母细胞中，丙酮酸被还原成为乙醇，并伴有 CO_2 释放。而在乳酸菌细胞中，丙酮酸被还原成乳酸。对于原核生物细胞，丙酮酸的还原途径是多样的，但有点是一致的：NADH 必须重新被氧化成 NAD+，使得酵解过程中的产能反应得以进行。

EMP 途径是生物体内葡萄糖-6-磷酸转变为丙酮酸的最普遍反应过程，该途径的关键酶是磷酸己糖激酶和果糖二磷酸醛缩酶。许多微生物都具有 EMP 途径。EMP 途径可为微生物的生理活动提供 ATP 和 NADH，其中间产物又可为微生物的合成代谢提供碳骨架，并在一定的条件下可逆转合成多糖。EMP 途径的总反应式为

$$C_6H_{12}O_6+2NAD+2ADP+2Pi \rightarrow 2CH_3COCOOH+2NADH+2H^++2ATP+2H_2O$$

在 EMP 过程中产生的丙酮酸可被进一步代谢。在无氧条件下，不同的微生物分解丙酮酸会产生不同的代谢产物。生长在厌氧或相对厌氧条件下的许多细菌

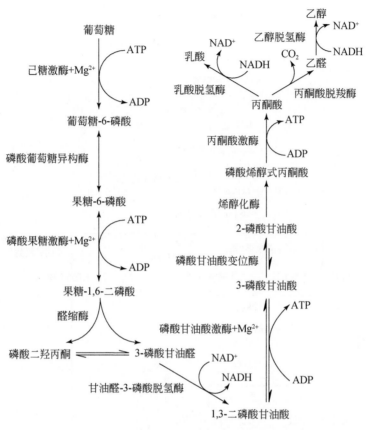

图 3-1　EMP 途径

以乳酸为最终产物，还有许多微生物可以将丙酮酸转化为乙醇。以乙醇为终产物的过程即为乙醇发酵。丙酮酸形成乙醇的过程包括脱羧反应和还原反应，反应式如下：

$$丙酮酸 \xrightarrow{\text{丙酮酸脱羧酶}} 乙醛 \xrightarrow{\text{乙醇脱氢酶}} 乙醇$$

（2）HMP 途径（hexose monophosphate pathway）

HMP 不是一个产能的途径，而是为生物合成提供大量的还原力（NADPH）和中间代谢产物的途径。HMP 途径从葡萄糖-6-磷酸开始，以 1 分子葡萄糖-6-磷酸转变成 1 分子甘油醛-3-磷酸、3 分子 CO_2 和 6 分子 NADPH 结束一个循环（图 3-2）。HMP 途径的总反应式为：

6 葡萄糖-6-磷酸+12NADP$^+$+6H$_2$O→5 葡萄糖-6-磷酸+12NADPH+12H$^+$+6CO$_2$+Pi

HMP 途径的关键酶系是 6-磷酸葡萄糖酸脱氢酶和转酮–转醛酶系，其中 6-磷酸葡萄糖酸脱氢酶催化磷酸己糖酸的脱氢脱羧，而转酮–转醛酶系则作用于三碳

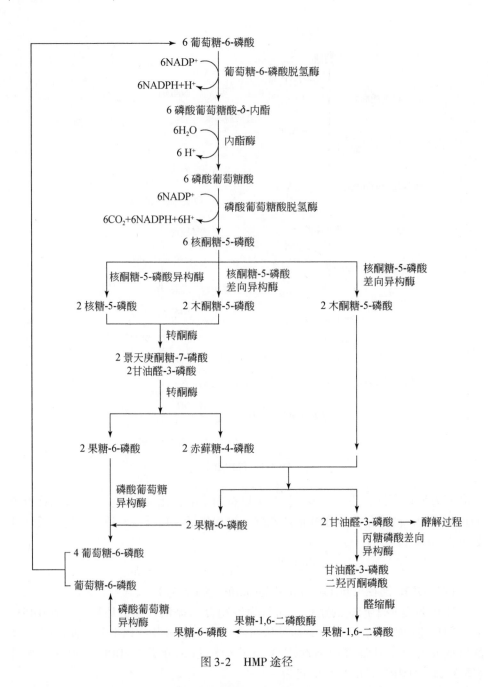

图 3-2　HMP 途径

糖、四碳糖、五碳糖、六碳糖及七碳糖的相互转化。HMP 途径中产生的核酮糖-5-磷酸，还可以转化为核酮糖-1,5-二磷酸，在羧化酶作用下固定 CO_2，对于光能自养菌、化能自养菌具有重要意义。HMP 途径可以只有 NADP 参与反应，在有氧条件下，HMP 途径所产生的 NADPH$_2$ 在转氢酶的作用下，可将氢转给 NAD，形成 NADH$_2$，经呼吸链，将电子和 H 交给分子态氧形成水，并由电子传递磷酸化作用形成 ATP。大多数好氧和兼性厌氧微生物中都有 HMP 途径，而且在同一微生物中往往同时存在 EMP 和 HMP 途径，以 EMP 或 HMP 途径作为唯一降解途径的微生物极少。

（3）ED 途径（Entner-Doudoroff pathway）

1952 年，N. Entner 和 M. Doudoroff 在研究嗜糖假单胞菌时发现 ED 途径。在某些缺乏完整 EMP 途径的微生物中，ED 途径是一种替代性代谢过程。在 ED 途径中（图 3-3），葡萄糖-6-磷酸首先脱氢产生葡萄糖酸-6-磷酸，接着在脱水酶和醛缩酶的作用下，产生 1 分子甘油醛-3-磷酸和 1 分子丙酮酸。然后甘油醛-3-磷酸进入 EMP 途径转变成丙酮酸。1 分子葡萄糖经 ED 途径最后生成 2 分子丙酮酸、1 分子 ATP、1 分子 NADPH 和 NADH。ED 途径总反应式为

$$C_6H_{12}O_6+ADP+Pi+NADP^++NAD^+\rightarrow 2CH_3COCOOH+ATP+NADH+NADPH+2H^+$$

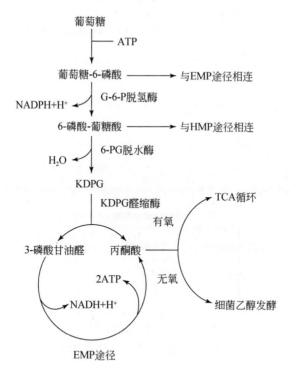

图 3-3 ED 途径

ED 途径是一个厌氧降解途径，在革兰氏阴性菌中分布广泛，特别是假单胞菌属的一些细菌中，如嗜糖假单胞菌（*Pseudomonas saccharophila*）、铜绿假单胞

（*Ps. aeruginosa*）、荧光假单胞菌（*Ps. fluorescens*）和林氏假单胞菌（*Ps. lindneri*）等；但是在好氧微生物中分布较少。ED 途径可不依赖于 EMP 和 HMP 途径而单独存在，但对于靠底物水平磷酸化获得 ATP 的厌氧菌而言，ED 途径不如 EMP 途径。

（4）磷酸解酮酶途径（phosphoketolase pathway）

磷酸解酮酶途径是少数细菌独有的途径。此途径能降解戊糖和己糖，特征酶是磷酸解酮酶（陈艳萍等，2001）。根据解酮酶的不同，具有磷酸戊糖解酮酶的称为 PK 途径（phospho-pentose-ketolase pathway），具有磷酸己糖解酮酶的称为 HK 途径（phospho-hexose-ketolase pathway）（图 3-4）。PK 途径降解 1 分子的葡萄糖只产生 1 分子的 ATP，其产能相当于 EMP 途径的一半，并且产生几乎等量的乳酸、乙醇和 CO_2。

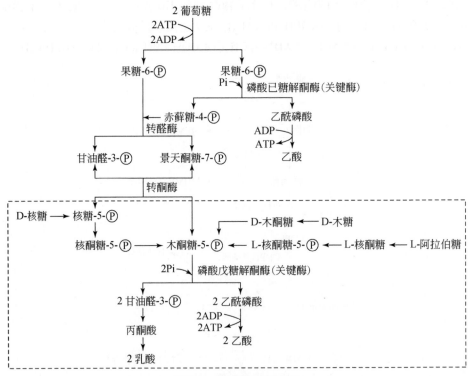

图 3-4　磷酸解酮酶途径

整个过程为 PK 途径，虚线框部分为 HK 途径

2. 三羧酸循环

在糖酵解过程中生成的丙酮酸可被进一步代谢。在无氧条件下，不同的微生物分解丙酮酸后会积累不同的代谢产物。例如，多种微生物可以发酵葡萄糖产生

乙醇，能进行乙醇发酵的微生物包括酵母菌、根霉、曲霉等。在有氧条件下，大部分微生物通过三羧酸循环降解丙酮酸，从而获得大量 ATP。

三羧酸循环（tricarboxylic acid cycle，TCAcycle）又称为柠檬酸循环（citric acid cycle），是指在有氧的情况下，葡萄糖酵解产生的丙酮酸氧化脱羧形成乙酰 CoA，乙酰 CoA 经一系列氧化、脱羧，最终生成 CO_2 和 H_2O 并产生大量 ATP 的过程（图 3-5）。

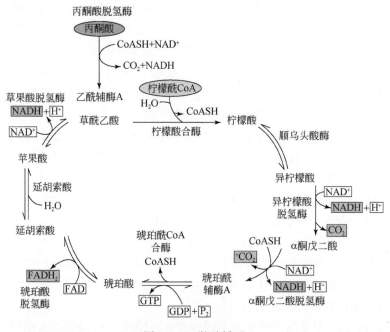

图 3-5　三羧酸循环

糖酵解后的丙酮酸通过丙酮酸脱氢酶复合体转变为乙酰 CoA。乙酰 CoA 不仅是连接糖酵解和三羧酸循环的纽带，也是此反应过程中最重要的中间产物（Kozaki，2000）。乙酰 CoA 进入由一连串反应构成的循环体系，标志着三羧酸循环的开始。三羧酸循环主要包括以下几个步骤。

1）乙酰 CoA 与草酰乙酸合成柠檬酸：乙酰 CoA 具有硫酯键，乙酰基有足够能量与草酰乙酸的羧基进行醛醇型缩合。首先，柠檬酸合酶的组氨酸残基作为碱基与乙酰 CoA 作用，使乙酰 CoA 的甲基失去一个 H^+，生成的碳阴离子与草酰乙酸的羧基碳进行反应，产生柠檬酰 CoA 中间体。其次，高能硫酯键水解放出游离的柠檬酸，该反应由柠檬酸合酶（citrate synthase）催化，是大量放能的关键步骤，草酰乙酸的供应有利于循环顺利进行。

2）异柠檬酸的形成：柠檬酸的叔醇基不易氧化，转变成异柠檬酸（isocitric

acid）而使叔醇变成仲醇，易于氧化，此反应由顺乌头酸酶催化，为可逆反应。

3）异柠檬酸氧化脱羧生成 α-酮戊二酸：在异柠檬酸脱氢酶作用下，异柠檬酸的仲醇氧化成羰基，生成草酰琥珀酸（oxalosuccinic acid）的中间产物，后者在同一酶表面，快速脱羧生成 α-酮戊二酸（α-ketoglutarate）、NADH 和 CO_2。

4）α-酮戊二酸氧化脱羧成为琥珀酰 CoA：在 α-酮戊二酸脱氢酶系作用下，α-酮戊二酸氧化脱羧生成琥珀酰 CoA（succinyl CoA）、NADH、H^+ 和 CO_2，反应过程完全类似于丙酮酸脱氢酶系催化的氧化脱羧，属于 α 氧化脱羧。氧化产生的部分能量储存于琥珀酰 CoA 的高能硫酯键中，此反应不可逆。α-酮戊二酸脱氢酶复合体受 ATP、GTP、NADH 和琥珀酰 CoA 抑制，但其不受磷酸化/去磷酸化的调控。

5）底物磷酸化生成 ATP：在琥珀酸硫激酶（succinate thiokinase）的作用下，琥珀酰 CoA 的硫酯键水解，释放的自由能用于合成三磷酸鸟苷（guanosine triphosphate，GTP），在微生物细胞内进一步生成 ATP。

6）琥珀酸脱氢生成延胡索酸：琥珀酸脱氢酶（succinate dehydrogenase）催化琥珀酸氧化成为延胡索酸（fumarate）。该酶含有铁硫中心和共价结合的黄素腺嘌呤二核苷酸（flavin adenine dinucleotide，FAD），来自琥珀酸的电子通过铁硫中心和 FAD 后，进入电子传递链到 O_2。丙二酸是琥珀酸的类似物，是琥珀酸脱氢酶强有力的竞争性抑制物，可以阻断三羧酸循环。

7）延胡索酸水化生成苹果酸（malate）。

8）草酰乙酸的再生：在苹果酸脱氢酶（malic dehydrogenase）作用下，苹果酸仲醇基脱氢氧化成羰基，生成草酰乙酸。

三羧酸循环具有以下几个特点：

1）乙酰 CoA 与草酰乙酸缩合形成柠檬酸，使两个 C 原子进入循环。在以后的两步脱羧反应中，有两个 C 原子以 CO_2 的形式离开循环，相当于乙酰 CoA 的 2 个 C 原子形成 CO_2。

2）循环过程中产生了大量的 ATP，并且循环中的一些中间产物也是一些重要物质生物合成的前体。

3）循环过程中不需要氧，但是离开氧无法进行反应。

由此可见，糖酵解和三羧酸循环相连构成的糖有氧氧化途径，是微生物利用糖氧化获得能量的最有效方式，也是微生物产生能量的主要方式。

3. 脂肪和蛋白质代谢

对于大多数微生物来说，糖类是其能量的主要来源。然而，微生物可以对几乎所有的有机物进行代谢和能量转化。脂肪和蛋白质也是微生物的主要代谢物质，可以被分解并提供 ATP。

脂肪在微生物体内可以被水解成甘油和脂肪酸，甘油通过糖酵解转化为 CO_2 和 ATP。脂肪酸通过一个称为 β-氧化的代谢途径分解成二碳单位，之后进入三羧酸循环代谢（Mansour et al., 2003）。

蛋白质首先被蛋白酶水解成氨基酸，氨基酸发生脱氨基反应，脱去氨基的分子同样进入三羧酸循环进行代谢，并产生能量。

4. 光合磷酸化

光能自养型微生物不但可以利用营养物质进行物质与能量代谢，还可以通过光合作用合成自身所需的有机物。光合作用是自然界一个极其重要的生物化学过程，其本质是生物体通过光合磷酸化（photophosphorylation）作用将光能转变成化学能，同时使用 CO_2 合成有机物供细胞生长发育。能进行光合作用的生物体除了绿色植物外，还包括光合微生物，如藻类、蓝细菌和光合细菌（包括紫色细菌、绿色细菌、嗜盐菌等）。光合微生物利用光能维持生命，合成自身新陈代谢所需的有机物，同时也为其他生物提供了赖以生存的有机物。

光合磷酸化是利用叶绿素（chlorophyll）或菌绿素（bacteriochlorophyll）的光反应中心接受光能被激发而放出电子。在循环或非循环的电子传递系统中，一部分能量被用于合成 ATP。非循环式光合磷酸化电子传递是一个开放的通道，其产物除 ATP 外，还有 NADPH（绿色植物）或 NADH（光合细菌）；循环式光合磷酸化电子的传递是一个闭合回路，只有 ATP 生成。在光合作用中，光合微生物通过光合磷酸化获得能量的过程与机制是不一样的，下面介绍几种重要的光合微生物的光合磷酸化特点。

（1）蓝细菌的光合磷酸化

蓝细菌的光能电子传递是非循环式的，它含有作为主要光捕获色素的新藻胆蛋白，并在氧化水的同时放出氧。蓝细菌在光合磷酸化过程中的主要特点是：电子传递一般不成闭合途径，并且由外源电子供体提供。蓝细菌中的非循环式电子传递，不但能产生 ATP，而且还能提供 NADPH，在这类光合细菌中，具有对 ATP 和 NADPH 合成的调节功能。当体内需要还原型 NADPH 时，在外源供氢体帮助下进行非循环式电子传递作用。当细菌不需要还原型 NADPH 时，则按循环式电子传递方式为细胞提供 ATP。

（2）绿色和紫色硫细菌的光合磷酸化

绿色和紫色硫细菌的光合磷酸化途径与绿色植物以及蓝细菌有所不同。绿色和紫色硫细菌通常是专性厌氧微生物，只能在无氧环境中生存，并且光合作用的产物不是释放 O_2；绿色和紫色硫细菌用来还原 CO_2 的含氢化合物是 H_2S 而不是 H_2O，其原因是它们色素中的电子所处能级不足以分解 H_2O，而只能达到分解

H_2S 的程度。

思 考 题

1. 分析微生物的营养代谢类型对环境变化的适应能力。
2. 比较营养物质进入微生物细胞的几种方式的特点。
3. 与动植物相比，微生物的代谢有什么特点？
4. 微生物的代谢过程在生物圈的物质循环中扮演何种角色？
5. 微生物的营养和代谢有哪些特殊之处？

参 考 文 献

陈红歌，张东升，刘亮伟. 2008. 纤维素酶菌种选育研究进展. 河南农业科学，8：5-7.

陈林林，辛嘉英，张颖鑫，等. 2010. 粗状假丝酵母产脂肪酶发酵条件的优化. 食品工业科技，(1)：183-185.

陈艳萍，勇强，刘超纲，等. 2001. 戊糖发酵微生物及其选育. 纤维科学与技术，9（3）：57-61.

吉海平，李君. 1997. 光合细菌应用动态. 生物工程进展，17（4）：46-50.

毛宗强. 2004. 氢能——21 世纪的绿色能源. 北京：化学工业出版社.

王建龙，文湘华. 2000. 现代环境生物技术. 北京：清华大学出版社.

王镜岩，朱圣庚，徐长法. 2002. 生物化学（下册）. 北京：高等教育出版社.

杨建斌，杜传林，徐振业，等. 2010. 固定化荧光假单胞菌脂肪酶用于催化低酸值餐饮废油的酯交换反应. 中国粮油学报，25（11）：69-73.

余响华，张华山，李亚芳，等. 2006. 原生质体融合构建直接转化淀粉生产燃料酒精的新型菌株. 酿酒科技，(5)：25-29.

翟中和，王喜忠，丁明孝. 2007. 细胞生物学（第 3 版）. 北京：高等教育出版社.

Bartholomew N O, Lewis I E, Charles N M. 1995. Production of raw starch digesting amylase by *Aspergillus niger* grown on native starch sources. Journal of the Science of Food and Agriculture, 69（1）：109-115.

Bouvier-Navé P, Benveniste P, Oelkers P, 2000. Expression in yeast and tobacco of plant cDNAs encoding acyl CoA: diacylglycerol acyltransferase. European Journal of Biochemistry, 267（1）：85-96.

Bramlett M R, Tan X S, Lindahl P A. 2003. Inactivation of acetyl-CoA synthase/carbon monoxide dehydrogenase by copper. Journal of the American Chemical Society. 125（31）：9316-9317.

Crabb W D, 1997. Mitchinson C. Enzymes involved in the process of starch to sugars. Tibtech. 15（9）：349-352.

Demirijan D, Moris-varas F, Cassidy C. 2001. Enzymes from extremophiles. Curr. Opin. Chem. Biol. 5（2）：144-151.

Hasan F, Shah A A, Hameed A. 2006. Enzyme Microb Technol, 39（2）：235-251.

Hodge D B, Karim M N, Schell D J, et al. 2009. Model-Based Fed-Batch for High-Solids Enzymatic Cellulose Hydrolysis. Appled Biochemistry and Biotechnology, 152 (1): 88-107.

Illman A M, Scragg A H, Shales S W. 2000. Increase in *Chlorella* strains calorific values when grown in low nitrogen medium. Enzyme and Microbial Technology, 27 (8): 631-635.

Kamini N R, Fujii T, Kurosu T, et al. 2000. Production, purification and characterization of an extracellular lipase from the yeast *Cryptococcus* sp. S-2. Process Biochemistry, (36): 317-324.

Kars G, Gündüz U, Yücel M, et al. 2009. Evaluation of hydrogen production by *Rhodobacter sphaeroides* OU001 and its hupSL deficient mutant using acetate and malate as carbon sources. International Journal of Hydrogen Energy, 34 (5): 2184-2190.

Khozin-Goldberg I, Cohen Z. 2006. The effect of phosphate starvation on the lipid and fatty acid composition of the fresh water eustigmatophyte Monodus subterraneus. Phytochemistry, 67 (7): 696-701.

Kozaki A, Kamada K, Nagano Y, et al. 2000. Recombinant carboxyltransferase responsive to redox of pea plastidic acetyl-CoA carboxylase. Journal of Biological Chemistry, 275 (14): 10702-10708.

Kristensen J B, Felby C, Jorgensen H. 2009. Yield-determining factors in high-solids enzymatic hydrolysis of lignocellulose. Biotechnology for Biofuels, 2009, 2 (1): 11-20.

Kuriki T, Imanaka T J. 1999. The concept of the α-amylase family: structural similarity and common catalytic mechanism. Biosci. Bioeng. (87): 557-565.

Latifian M, Hamidi-esfahani Z, Barzegar M. 2007. Evaluation of culture conditions for cellulase production by two *Trichoderma reesei* mutants under solid-state fermentation conditions. Bioresources Technology, 98 (18): 3634-3637.

Li Y. Han D, Hu G, et al. 2010. *Chlamydomonas* starchless mutant defective in ADP-glucose pyrophosphorylase hyper-accumulates triacylglycerol. Metabolic Engineering, 12 (4): 387-391.

Lin H, Castro N M, Bennett G N, et al., 2006. Acetyl-CoA synthetase overexpression in *Escherichia coli* demonstrates more efficient acetate assimilation and lower acetate accumulation: a potential tool in metabolic engineering. Applied Microbiology and Biotechnology, 71 (6): 870-874.

Liu Z Y, Wang G C, Zhou B C. 2008. Effect of iron on growth and lipid accumulation in *Chlorella vulgaris*. Bioresource Technology, 99 (11): 4717-4722.

Mansour M P, Volkman J K, Blackburn S I. 2003. The effect of growth phase on the lipid class, fatty acid and sterol composition in the marin dinoflagellate, *Gymnodinium* sp. in batch culture. Phytochemistry, 63 (2): 145-153.

Roessler P G. 1988. Changes in the activities of various lipid and carbohydrate biosynthetic enzymes in the diatom *Cyclotella cryptica* in response to silicon deficiency. Archives of Biochemistry and Biophysics, 267 (2): 521-528.

Roessler P G. 1988. Effects of silicon deficiency on lipid composition and metabolism in the diatom *Cyclotella Cryptica*. Journal of Phycology, 24 (3): 394-400.

Subrahmanyam S, Cronan J E Jr. 1998. Overproduction of a functional fatty acid biosynthetic enzyme blocks fatty acid synthesis in *Escherichia coli*. Journal of Bacteriology, 180 (17): 4596-4602.

第 4 章 | 微生物生态学

在生物圈中，微生物是无所不在的。一些特殊的微生物甚至能在酸性湖泊、深海、火山热泉口和冰冻区等极端严酷的环境中生存。微生物生态学是研究微生物与周围生物和非生物环境之间相互关系的科学。研究微生物生态学的目的在于了解微生物在自然界中所起的作用，合理开发和利用微生物为人类服务，维护和谐健康的生态环境和生态平衡，维持人类社会与自然环境的和谐发展。本章主要介绍的内容是：自然环境中，微生物的种类、分布及其随着不同环境条件的变化而发生的变化规律；微生物之间的相互关系、微生物与动植物之间的相互关系、环境因素对微生物生活状态的影响规律；极端自然环境中微生物的种类及其生命活动的机理；研究微生物生态学所用的传统方法和现在分子生物学方法。

4.1 微生物生态学概述

4.1.1 微生物生态学的定义

1. 生态学

1869 年，德国生物学家 Ernest Haeckel 首次提出生态学（ecology）这个名词，将其定义为"研究生物有机体与周围环境（包括生物环境与非生物环境）相互关系的科学"（池振明等，2010）。生物环境（biotic environment）包括微生物、植物和动物，生物之间存在种内与种间关系，如共生、竞争和捕食等。非生物环境（abiotic environment）包括水、空气、土壤、岩石和光等非生命物质。

随着生态学理论研究和社会应用的不断发展，人们对生态学的定义产生了不同的见解，但各种定义与 Ernest Haeckel 最初的定义并无本质区别。近年来，人们也将生态学称为环境生物学（environmental biology）。

2. 微生物生态学

微生物生态学（microbial ecology）是生态学的一个分支，是研究微生物与其周围生物环境与非生物环境之间相互关系的一门科学。

　　微生物生态学以微生物学知识作为基础，包括微生物遗传学、微生物生理学和微生物分类学等。同时，由于微生物生态学是研究微生物与环境之间相互关系的科学，不仅要有土壤微生物学和土壤学的知识，而且还要有气象学、生态学、植物学、森林学、环境学、发酵工艺学和动物学等方面的知识。而作为应用科学的污染控制微生物生态学，更是与社会科学有着广泛的联系。微生物生态学广泛和丰富的研究内容可概括为以下几个方面：微生物群落生态学、微生物行为生态学、微生物种群生态学、微生物生态系统生态学、土壤微生物生态学、水域微生物生态学、草原微生物生态学、农业微生物生态学、工业微生物生态学、石油微生物生态学、医学微生物生态学、污染环境微生物生态学、水处理微生物生态学和极端微生物生态学等分支（宋福强，2008）。微生物生态学是一门综合性很强的学科。

　　微生物生态学主要研究微生物的种群组成、分布、活力和数量等与环境的关系，以及微生物之间及其与高等有机体之间的相互关系。微生物生态学研究的任务是阐明微生物在不同环境中的分布及其活动和生活的规律，探求微生物与高等动植物之间以及微生物相互之间的关系，探索微生物的代谢功能和在自然界物质循环和转化中的作用，探索微生物对污染物质降解和在环境修复中的机制。随着现代物理、化学与生物技术的发展，微生物生态学的研究手段也得到了极大地丰富。

4.1.2　微生物生态学发展简史

　　微生物生态学正式形成的时间不长，是在 20 世纪后半叶才发展起来的一个学科，相比于其他基础学科，是一门新兴学科。到 20 世纪 60 年代，由于人们对环境科学的关注，微生物生态学得到了飞速发展。

　　在微生物生态学早期发展历程中，Kuyver、Van Niel、Roger Stanier 和 Gause 这四位科学家做出过许多开创性的工作。他们为微生物生态学的发展做出了重要贡献。Kuyver 通过研究发现在微生物世界中，微生物的各种代谢过程都相互关联。Van Niel 通过研究发现，光合细菌和绿色植物的光合作用过程有许多相似之处。Roger Stanier 利用假单胞菌研究好氧微生物的代谢时，发现这些假单胞菌能降解多种结构复杂的有机化合物。在 1934 年，Gause 设计了一个实验，证明原生动物纤毛虫中存在捕食关系，这也成为生态学方面的经典实验。在同一时期，人们将载玻片埋在土壤或沉积泥中，然后小心地取出这块载玻片并在显微镜下观察，发现可以观察到微生物在自然环境中生长和相互作用的情况。这种将载玻片当作土壤颗粒为微生物提供生长表面的方法，为微生物生态学研究做了重要贡献（张瑜斌，2002）。

到了 20 世纪 50 年代末和 60 年代初，由人口增长和各种工业迅速发展所带来的环境污染问题日趋严重。人们发现，排放到自然环境中的污染物对土壤和水中微生物的生命和代谢产生很大影响，同时发现，许多微生物能降解各种天然污染物和多数人工合成污染物。例如，微生物可以降解石油，90 年代起，各国政府开始使用微生物基因工程菌去除海洋石油污染，取得很好的效果（Ratledge and Wynn，2002）。由于各种合成洗涤剂、农药和化肥的使用，农业水体也受到了严重污染并引发许多水体富营养化现象。这些问题涉及人们基本生活，引起了许多科学家对微生物生态学的浓厚兴趣，从而推动微生物生态学迅速发展。

近年来，人们发现各种极端环境中微生物的生命机理以及一些能在特殊条件下保有活性的酶，能够为人们的更好生活和一些特殊问题的解决提供一个很好的途径，使得科学家对极端微生物的研究产生了浓厚兴趣，推动其迅速发展。

最近几十年来，分子生物学技术和 PCR 技术的飞速发展，给微生物生态学提供了新的研究方法和技术，为微生物生态学向分子水平的发展创造了良好的基础。到近年，微生物分子生态学的概念也已经提出。随着国际社会对环境问题重视程度的增加，微生物生态学的迅速发展将会再上一个台阶，希望随着微生物生态学研究的发展，能够较好地解决当前环境问题，还人们一个美好的生活环境。

4.1.3　微生物生态学研究意义

微生物生态学与环境保护、工业、农业、医学和社会科学有着十分密切的关系，是这些领域的良好补充与重要发展。由于微生物体积小、代谢力强、生理生化功能多样等特点，在环境保护中，利用微生物筛选出的具有高降解能力的菌株处理污染物，能较好且生态友好地净化诸多难降解的污染物，具有重要的实际和经济意义。微生物生态学作为生物学的一部分，其研究还有助于解释生物学上问题，如生物基因的进化、基因和酶的代谢调控和生物适应环境的机理等问题（Lee，2001；Lin et al.，2006；Bouvier-Navé et al.，2000）。就生物多样性和微生物资源的保护而言，利用微生物生态学中的 PCR 扩增技术研究自然样品中的微生物及相关基因，有利于发现微生物的多样性和保护微生物资源及基因库。微生物还参与纤维素等特殊化合物的分解、氮气的固定等过程，这些转化、循环、分解作用对保持生态平衡起着非常重要的作用（Cajthaml et al.，2008；Hodge et al.，2009；Jorgensen et al.，2007；Kamasaka et al.，2002；Tornabene et al.，1983）。研究各种生态环境的微生物种类和生理功能，将极大地帮助工农业发展和环境保护等。随着科学技术的飞速发展，各种生物技术与微生物生态学交叉融合，微生物生态学的研究为环境医学及其保护对策等提供了充分的科学理论依据。所以说，研究微生物生态学有着重要的理论和现实意义。

我国地域广阔，包括高温、低温、高辐射和强酸碱等丰富多样的自然环境，为我们提供了很多特殊的微生物资源。其中，大量微生物资源至今仍未开发，潜在价值不可估量。

4.2 微生物生态学基本原理

4.2.1 环境与生态系统

1. 环境、生境与生态位

我们将某一特定生物体或群体以外的空间，以及影响该生物体或群落生存与生活的外部条件的总和称为环境（environment）。这些空间由无机的化学、物理因素以及有机的生物因素构成。无机的化学、物理因素包括土壤、水分、光、温度、气候、酸碱度和压力等；有机的生物因素指来自研究对象以外的其他生物的作用和影响。

生境（habitat）是生态学环境的简称，是指生物个体、种群或群落所在的具体地段环境，也称为生物生活的地方。生态位（niche）的范围要比生境更大，不仅指生物生长的空间范围，还包括生物在这一生境内的活动、功能作用及其与其他生物的相互作用。

2. 生态系统

生态系统（ecosystem）是生物群落与其周围环境相互作用的自然系统。生物群落包括动物、植物和微生物，环境条件包括非生物环境和生物环境。非生物环境包括土壤、大气、水及温度、光、湿度等气候因素。生物环境包括生物种内和种间的相互关系。生物群落通过物质循环、能量流动和信息传递与其生存环境相互作用，形成具有一定结构和功能的相对稳定的生态系统。生态系统由能源、生物间的关系和营养物质循环三大要素组成。生态系统是生物圈的基本结构和功能单元。海洋、草原、森林、湖泊和荒漠都是典型的生态系统。

从结构上看，生态系统主要由生产者、消费者和分解者组成。微生物一般作为生产者和分解者，是生态系统的重要组成部分。在生态系统中，微生物不仅与其他物种相互依赖和制约，而且在特定的生态环境条件下的微生物生态系统，可以起到有效环境净化作用。

微生物生态系统是微生物与其生存环境构成的生态系统，是生态系统的一部分，与其他生态系统存在共性，具有一定的稳定性和适应能力。各种微生物在生态系统中的各个阶段都能稳定地保持一定的物种数量与比例。

除了基本共性，微生物的生态系统与高等植物的生态系统相比，又存在自己的个性，在共性上也存在不同的特点。

(1) 微环境

微环境（microenvironments）指某一类群微生物所处的微小环境。对于微生物来说，微环境的概念往往更为重要。与大环境相比，微环境是紧密围绕微生物细胞的环境。一块土壤、一片树叶或是一小摊水都有很多微环境，这些微环境间的差异可以很大。每一个微环境适合某些特定的微生物生活。同一大环境中存在许多不同类型的微小环境，使不同种类的微生物能够栖息生长。总的来说，由于微生物个体微小，使得与之密切相关的环境也相对微小，人们在进行研究时，需从微环境入手，这是微生物生态学的一个基本特点。

(2) 稳定性

在微生物生态系统的生物群落中，一般可分两大类微生物。一类是个体数量大的优势种群；另一类则个体数量少，但种类多。前者是这一生态系统中能量流和物质流的主要承担者；后者是群落中生物多样性的主要体现者。群落的微生物多样性是稳定性的主要因素，多样性强的群落能够在一定程度上较好地应对环境的变化。

(3) 适应性

微生物生态系统与森林、草原等植物生态系统很不相同。森林、草原等高级的生态系统，改变了环境并使自身演化到适应高度变化的陆地环境，所以其保持自身不受外界环境剧烈变化干扰的能力更强，即具有更大的稳定性。微生物生态系统群体相对较小，改变环境的能力较弱，较难抗拒环境的改变。当遇到环境改变时，通常是通过环境诱导产生新的酶或酶系（Chen and Blaschek, 1999）；或者是发育出新的微生物优势类群（Daeschel and Mundt, 1981）；或者是通过改变群体结构形成新的生态系统，以适应新的生态环境。这是微生物生态系统的重要特点。

(4) 多样性

在不同环境条件下，微生物生态系统的组成、活动强度、数量和转化过程等均有所不同，可以反映生态系统的多样性。例如，水域环境中与陆地环境中的微生物生态系统不相同；即使同是水域，由于淡水环境与海水环境中的基质成分和理化因素不一样，使得环境对微生物的选择性存在很大不同，结果组成的微生物生态系统有着各方面的差异（Klein et al.，2002；Singh et al.，2005；Kendall et al.，2007）。因此，每个特定的生态环境，都有一个与之相适宜而有别于其他生态环境的微生物生态系统。

4.2.2　种群

1. 种群的定义

在特定空间内，分布在同一区域的同种生物个体的集合称为种群（population）。种群是物种的存在单位、繁殖单位和进化单位。在自然界中，同种生物的个体通常生活在同一生境中，以群体的方式存在。微生物的个体生长具有从个体长大、质量增加、结构复制到分裂的一个细胞周期，而微生物种群的增长周期则具有迟缓期、指数期、稳定期和死亡期等几个不同的时期。在地球上的各种生态系统中，任何物种的个体都不可能单一地存在，生物个体必然在特定的时期与同种及其他种类的许多个体联系形成一个相互依赖、相互制约的群体才能生存。

种群虽然是由个体组成的，但不是个体的简单叠加，而是有规律地组成一个整体，并表现出个体所不具有的一些群体属性。一般认为，每个种群具有三个特征：空间特征，种群具有一定的分布区域；数量特征，种群数量是随时间变动的；遗传特征，种群具有一定的遗传组成。

2. 种群密度

单位体积空间内的生物个体数量称为种群密度（density）。在一个稳定的生态系统中，各成员生物种群都有最适的种群密度。超过这一密度时，就会产生激烈的营养和空间竞争，或是由于该生物自身和代谢物、排泄物所引起的环境污染，使得该种群的生存发展受到限制，此时的种群称为过密种群。

一般来说，在相对最适种群密度低的种群密度下，正的关系起主要作用，种群增长速度随种群密度的升高而逐渐加快；在相对最适种群密度高的种群密度下，负的关系占优势，种群增长速度随种群密度的增加而逐渐下降，在种群密度达到最适种群密度时，种群增长速度达到最大。正负关系的相互作用，最后形成一个最适的种群密度。种群密度过大将导致竞争加剧，对种群的稳定性不利。相反，种群密度过低，将导致种群内部协作关系削弱，对种群的稳定性产生负作用。例如，病原性微生物能成功侵染寄主需要达到一个最低限度的种群密度，低于此密度时难以侵染成功，这个最低限度的种群密度称为侵染剂量；当细菌种群密度低于一定程度时，各个细胞发育至能分裂增殖的成熟阶段所需的时间将明显延长（傅霖和辛明秀，2009）。

4.2.3　群落

1. 群落的定义

一定生境中或一定区域内各种动物、植物及微生物种群之间相互松散结合的一种结构单位称为群落（community）。这种结构单位虽然结合松散，却是有规律的结合，而并非是杂乱的堆积。任何生物群落都是由一定数量的微生物种群所组成，而各个种群的个体都有一定的地位、功能和大小，它们对周围的生态环境都有一定的需求和影响。所有这些都是群落的结构基础。

2. 群落演替

在一个特定环境内，生物群落随着时间的变化顺序出现或被相继取代，最终形成一个比较稳定的群落结构，该发展过程称为群落演替（cession of community）。

一个微生物群落在微生物生态系统中的稳定是对环境适应的结果，即自然选择的结果。自然选择的压力导致了不同微生物种群在生态系统中各自占据着特定的生态类型，对群落结构的变化和发展以及群落的稳定性也具有深刻的影响。群落演替是有顺序的，其发展趋势也具有一定的规律性。群落演替的过程按先后顺序大致可分为先锋时期、过渡时期和顶级时期。在一个微生物生态系统中，群落演替达到稳定阶段之后，各生物种的种群密度和物种数都将达到一个最稳定的状态，此时的群落称为顶级群落（climax community）。

根据演替发生的情况，可以将演替归纳为6个类型：①原生演替，即微生物种群以前没有在该生境中存在过，从零开始演替，如新生动物的胃肠道微生物种群演替过程。②次生演替，发生在被占用过的生境或具有演替历史的生境，一般在某些突然大变动事件引起的原生演替或是前面的次生演替瓦解之后发生。③自发演替，是由微生物群落修饰生境，引起生境改变，新种群可能得以发展而产生的演替。④异发演替，是由与群落成员生命活动无联系的环境因子改变而发生的演替，是自发演替的反义词。⑤自养演替，是随着无限制提供太阳能的供给情况而发生的演替，自养微生物不断积累有机物，演替结果是环境营养由一般或者贫瘠转变为富营养，主要在先驱群落中发生，如在新爆发的火山岩上面。⑥异养演替，随着营养的供给情况而发生，异养微生物不断消耗环境中的有机物，演替结果是环境中营养基质由丰富转为正常或是消耗殆尽（池振明等，2010）。

演替具有定向性，随着环境条件的改变，群落也必然发生演变，在此过程中会表现出一定的序列和交替过程，因而可以推断群落演替的发展变化。如在水域中的藻类种群，常常随着由季节改变而带来的温度和光线强度的变化，而产生明显的演替（Li et al.，2009）；在森林中，大型真菌的群落结构明显地随季节而变化；在夏季，某个生态位由中温性微生物占据，到了冬天，则可能被耐冷或嗜冷种群所取代（Franzmann et al.，1992；Franzmann et al.，1997）。

严重或是灾难性的环境改变，能够破坏生态系统内自我平衡的调节，破坏群落的自我调节能力，使原来的微生物群落结构崩溃，从而引起次生演替。例如，污染物大量侵入生态系统，会超出群落的自我平衡与调节能力；森林火灾引起土壤有机物急剧减少，使其营养匮乏；抗菌药物经口服进入肠道，积累有害物质等，结果都会引起群落次生演替。如果干扰不十分严重，遭到一定程度破坏的微生物群落能够逐渐恢复原状。

3. 群落的主要特征

（1）种多样性

一个群落中种的数量和各个种的个体数量及其均匀度的关系称为种多样性（species diversity），表示群落中种的相对丰度（relative abundance）和丰富度（species richness）。

$$(H') = C/N(N \lg N - En_i \lg n_i)$$

式中，(H') 是指种多样性指数；C 为参数取值为 3.3219；N 是所有种的个体总数；E 指自然常数；n_i 是第 i 种的个体数。

一般在复杂群落中，组成群落的种类数多而各个种的个体数少，表现出种多样性高；在单纯群落中，组成群落的种类数少而各个种的个体数多，表现出种多样性低。在自然生境中，被感染的动植物组织内群落的种多样性很低，而土壤中群落的种多样性通常很高。在受物理因子控制的生态系统内，如温泉、酸塘、盐湖和北极海洋等极端生境内，只有少数菌种能适应这样的环境，群落的种多样性趋向于降低；而在受生物因子控制的生态系统内，如一般水域或陆地生境内，群落的种多样性趋向于升高（Klein et al.，2002；Simankova et al.，2001）。在具有高多样性的群落内，种类数多，相应的优势种也多，个体分配均匀，没有一个种总是占据主要地位，甚至假若一个种消失了，整个群落结构将不会被扰乱，反映出群落的种多样性直接与群落的稳定性相关。高种多样性的群落有较强的能力抵抗较宽范围的环境波动。

多样性指数能够用来表示施加于群落上的环境压力强度，能用于了解群落的演变。从低多样性的先锋群落到高多样性的顶级群落，多样性指数值不断增加，且在此期间某些初始种群会消失。

（2）垂直结构

不同种的个体彼此在空间垂直方向的排列情况称为垂直结构。不同种群在生境内的垂直分布是种群间及种群与环境间相互关系的一种特定形式。因此，生境中任何一个群落均有其本身的垂直结构。垂直结构具体到种群的分布，可以用垂直分布来表述。垂直分布相当于成层现象，通常是种间为了竞争光、氧、温度和营养等外在资源以及相互作用的结果，垂直分布利于微生物在自然界更好地发展。

（3）优势种

优势种是对群落和环境具有决定性意义的种群。在群落中，由于组成群落的各个成员都表现出不同的作用，所以各种群不具有同等的群落重要性。其中，必定会有部分种群，因其大小、数量和活性而在群落中起主要的控制作用，成为优势种。优势种有能力同化和代谢生境中唯一或主要的碳源和能源基质。其余种群无能力直接利用生境中的主要基质，仅能同化或代谢优势种的代谢产物和细胞分裂产物作为自己的碳源和能源，需要依赖优势种而生存。例如，在甲烷作为唯一碳源和能源的富集培养体系中，只有能氧化甲烷的假单胞菌能代谢和同化生境中的甲烷，成为群落中的优势种（Chong et al., 2002）。

4.3　自然界中的微生物

4.3.1　土壤环境中的微生物

1. 微生物分布

土壤为微生物的生长提供了良好的生态环境，是天然优良的微生物培养基。土壤中含有丰富的 P、S、K、Fe、Mg、Ca 等无机元素和 B、Mo、Zn、Mn、Cu 等微量元素，土壤中存在大量的动物和植物残体、人畜粪便等，为微生物提供了足够的碳源、氮源等，为微生物的生长繁殖提供了丰富的营养物质。

土壤的其他理化特性如 pH、渗透压、氧气、水和温度等也十分适宜微生物的生长。土壤 pH 大多为 5.5～8.5，是适合微生物生存的酸碱区间，pH 变化会影响土壤中的微生物种类和数量，中性土和偏碱性土适合细菌和放线菌生长，酸性土适合霉菌和酵母菌生长；土壤渗透压通常为 0.3～0.6MPa，而革兰氏阴性杆菌和革兰氏阳性杆菌的体内渗透压分别为 0.5~0.6MPa 和 2.0~2.5MPa。相对微生物而言，土壤是一个等渗或低渗环境，有利于微生物摄取营养；土壤的团粒结构可有助于通气和持水（毛细管作用），利于微生物生长；土壤温度随季节变化不大，具有较好的保温性，利于微生物生长（Thauer，1977）。

土壤中微生物的种类和数量因土壤类型、季节、土层深度而不同，如肥沃土壤，每克干土可培养微生物浓度可达 10^8 个，而贫瘠土壤每克也可含几百万至几千万个微生物（高晨光等，2009）。土壤中存在种类繁多、数量巨大且相对稳定的微生物群落，其中的微生物包括细菌、放线菌、真菌、藻类和原生动物等，且以细菌量最大，放线菌次之，真菌再次之，藻类、原生动物和微型动物等由多到少依次排列，数量依次减少。

2. 微生物类型

土壤微生物主要分为土壤细菌、土壤真菌、土壤放线菌、土壤藻类和土壤原生动物 5 大类群。

（1）细菌

细菌占土壤微生物总量的 70%~90%。土壤细菌种类有几百种，其中杆菌最多，其次是弧菌、球菌，螺旋菌较少，还有极少数黏细菌。

土壤细菌大部分为革兰氏阳性，且革兰氏阳性菌的数目比淡水和海水生境中的要高。利用糖类的土壤细菌数目也比水生境中的多。土壤细菌多为异养菌，少数为自养菌；多为中温型好氧菌，或是兼性厌氧菌。土壤细菌中主要的光合自养细菌群体是蓝细菌种，它们能在没有植物生长的土壤表面生长形成表面壳，对土壤有稳定作用。固氮菌是土壤中的自生固氮菌，能将大气中的氮气转化为氮化合物。根瘤菌和某些植物进行共生固氮（吉海平和李君，1997）。这些都对维持土壤肥力是必要的。

常见的土壤细菌属包括：农杆菌属（*Agrobaterium*）、不动杆菌属（*Acinetabacter*）、节杆菌属（*Arthrobacter*）、产碱杆菌属（*Alcaligenes*）、短杆菌属（*Brevibacterium*）、芽孢杆菌属（*Bacillus*）、柄杆菌属（*Caulobacter*）、梭状芽孢杆菌属（*Clostridium*）、纤维单胞菌属（*Cellulomonas*）、棒杆菌属（*Corynebacterium*）、黄杆菌属（*Flavobacterium*）、分枝杆菌属（*Mycobacterium*）、假单胞菌属（*Pseudomonas*）、黄单胞菌属（*Xanthomonas*）、微球菌属（*Micrococcus*）、葡萄球菌属（*Staphylcoccus*）、鱼腥藻属（*Anabaena*）和眉藻属（*Calothrix*）等。不同的土壤中，它们的相对比例差别很大。

（2）真菌

大部分真菌可以在土壤中找到，其生物量巨大。土壤真菌以菌丝及孢子的状态存在，可以游离生存，也可以和植物的根形成菌根共存（Reese，1977）。真菌好氧，大量分布于含氧量高的土壤表层。

土壤真菌常分布于酸性土壤，主要功能是降解土壤中的有机残体。大部分土壤真菌营腐生生活，可以代谢多糖等碳水化合物，少数几种真菌还会降解纤维素、果胶质和木质素。少部分土壤真菌营寄生或兼性寄生生活，是许多农作物的病原菌（Wynn et al.，1999；Huang et al.，2009）。

常见的土壤真菌包括：曲霉属（Aspergillus）、地霉属（Geotrichum）、青霉属（Penicillum）、假丝酵母属（Candida）和红酵母属（Rhodotorula）等。

（3）放线菌

每克土壤中的放线菌孢子量有几十万至几百万个，占土壤细菌群体的10%～30%。链霉菌属和诺卡菌属在土壤放线菌中占的比例最大，其次是微单胞菌属、放线菌属和其他放线菌等数量很少的土著微生物（杨建斌等，2010）。

放线菌适于生活在中性至微碱性环境中，对酸性条件敏感。当有机质丰富、较高温时，其行为活跃。由于大多数为好氧性，放线菌的数量随土壤深度的增加而减少。土壤放线菌常在有机质腐解的后期出现，具有分解纤维素、木质素和几丁质等有机质的能力，其代谢产物中常含有生物活性物质，有利于植物的生长，但对细菌和真菌多有拮抗作用。一半以上的土壤放线菌种类能产生抗生素，是主要的抗生素形成类群（Skalova et al.，2009；Zhang et al.，1995）。

（4）藻类

在土壤中，藻类一般分布于表层或上表层的数毫米处，其中大部分为单细胞藻类，丝状绿藻和裸藻。表层的土著藻类可以进入土壤亚表层，这些藻类又称为外来藻类，有可能被其他土壤微生物吞噬。藻类是自养微生物，进行光合作用，能够将 CO_2 和水分合成供自身生长的有机物质（Molina et al.，2001）。所以，藻类在土壤中的主要作用是防止土壤中有机矿质的流失，并利用有机矿质合成必需物质，增加有机物质含量（Pyle et al.，2008）。

（5）原生动物

土壤中，原生动物是细菌和藻类的捕食者。土壤原生动物主要是鞭毛虫、跟足虫和纤毛虫等单细胞、能运动的低等微小动物，其中鞭毛虫数量最多。

原生动物需要相对高浓度的氧气，大部分分布在土壤表层15cm处。土壤原生动物的数量随土壤类型的不同，差异很大。当土壤偏酸性或盐浓度较高时，土壤原生动物的活动会受到抑制，形成休眠孢囊；在潮湿、富含有机质的土壤中，土壤原生动物较为活跃，数量可达几十万个；在干燥土壤中，原生动物活动变缓甚至停止，每克砂质土壤中的生物量仅为几百个。土壤原生动物以有机质为食料并吞食放线菌、细菌、单细胞藻和真菌孢子类。因此，在有机质丰富、菌类多的土壤中，原生动物也多（Simankova et al.，2001）。例如，农田土壤中原生动物比在荒地中多，根际内比在根际外生物量大。

除以上的五大类群之外，土壤中还存在噬菌体。它们分布广泛，但数量不多，其数目随相关寄主数目的增加而增加、减少而减少。

3. 土壤环境对微生物分布的影响

土壤中的微生物种类和数量综合反映了土壤的环境质量。土壤自身条件、气候情况等诸多因素，都可以影响微生物群落的数量、组成和分布。此外，土壤具很高的异质性，其内部包含有很多不相同的微生境。因而，在微小土壤颗粒中也可能存在着不同的生理类群。

土壤微生物的分布可以分为水平分布与垂直分布，主要受土壤中的无机物（氧气、水分）、有机物（营养物质）以及温度、pH 等影响。

（1）氧气

空气中的氧气直接与土壤表层接触，氧气也可以通过不饱和土壤的孔隙进入土壤内部，与土壤形成实际接触。高浓度的氧气对好氧微生物生长有利。一般情况下，土壤上层生长有较多的好氧菌，真菌和大部分原生动物是需氧生物。随着土壤的深度增加，氧气含量呈总体递减趋势。低浓度氧或者厌氧环境对厌氧菌有利，好氧菌则逐渐减少。另外，土壤水分能吸收氧气，影响氧气在土壤中的分布。

（2）水分

一般情况下，土壤富含足量的水分供微生物生长所需。土壤水分通常是稀薄的溶液，溶解大量的有机物质和矿质元素，其比例随土壤类型和层次的不同而变化。土壤水分的存在又影响土壤中氧气的含量，进而影响土壤中好氧与厌氧菌的分布情况。土壤中也存在独立的水饱和区域，这些隔离区域能够形成"微型"水生环境。带有鞭毛的微生物对水能做出快速的反应而向有水的环境游动。所以，在有水的地方，带有鞭毛的微生物生长迅速。在干燥的土壤中，许多微生物可以以休眠的形式存在。

（3）养分

土壤中含有丰富的动植物和微生物残体，可供微生物作为碳源、氮源等。其中还含有大量而全面的矿质元素，供微生物生命活动所需。土壤微生物间存在各种捕食关系，如土壤原生动物以细菌为食，其数量取决于细菌的数量。一些土壤微生物本身就是重要的营养成分。一般情况下，肥沃的土壤所含的微生物数量多，而在贫瘠土壤中数量少。

对于所有异养菌和真菌来说，土壤中有机物的数量和质量对它们的生长起着关键作用。土壤中大多数有机物是不溶性的，并且不均匀地分布在土壤中。细菌和真菌的数量与土壤有机物的分布直接相关。对于藻类和其他自养菌来说，土壤中无机营养物的分布与变化情况对其生长有较大影响（勇强等，2004）。通常，有机物对专性自养细菌和藻类有抑制作用。特别地，某些藻类如皱溪藻（*Prasiola crispa*），却特别喜欢生长在富含有机物（如鸟粪）的环境中。

（4）温度

温度影响着酶的活性。土壤温度变化缓慢、幅度小，这一特性十分利于土壤微生物的生长、代谢和繁殖。夏季土壤温度高，土壤微生物活动强度较大；在雪覆盖土壤的严寒时期，土壤温度通常不会低于-2℃，能保证微生物微弱的生命活动。低温土壤微生物一般存在于南极、北极和终年积雪的高山地区。高温土壤微生物一般存在于热带土壤中。当土壤中的温度超过微生物生长温度范围时，许多微生物能以孢子或孢囊的形式存在，从而得以继续存活。

（5）pH

土壤的 pH 范围为 3.5~10.0，其中大部分为 5.5~8.5，与大多数微生物适宜生长的 pH 范围一致。在较酸或较碱性的土壤中，也有少量较耐酸、嗜酸或较耐碱、嗜碱的微生物生长繁殖（郭晓慧等，2011；李长春，2006；Prakash et al.，2009）。

pH 对于土壤中微生物分布的影响相当复杂。真菌生长所需的最适 pH 较低，而细菌生长所需的最适 pH 则相对较高。因此，在大多数酸性（pH 低于 5.0）土壤中，真菌数量比细菌数量大，可以发挥较大的作用。在偏碱的土壤中，某些细菌和放线菌数量较多，所起作用也相对较大。藻类能适应比较宽的 pH 范围，不同的藻类能适应不同的 pH 环境。

（6）其他

土壤中的微生物数量会随着四季气候的轮换而变化，一天中温度、光照的不同也会对土壤微生物的数量和分布起着一定程度的影响。人类活动和生产方式如施肥、耕作等，亦会作用到土壤微生物种类和群落特征等多方面。

土壤微生物的数量和分布还受到土壤深度的影响。土壤表层由于水分的散失和阳光的照射易造成微生物死亡。表层土一般只有几毫米，含量少但具有重要的保护作用，能够吸收大部分太阳所辐射的紫外线，形成微生物的天然保护伞。从深度来看，3~25cm 土壤表层中微生物数量最多，集中分布于土壤颗粒表面；另外，植物根系附近类似于土壤表层，此处微生物数量也很多。自 25cm 以下，土壤微生物数量随土壤深度增加而减少；100cm 以下，水分、空气和营养成分慢慢减少，土壤微生物的数量下降为原来的约 1/20。

4.3.2　水体中的微生物

自然界的水圈分为淡水圈和海水圈，其中海水的水量约占地球水量的 97%，冰川和极地水量约占 2%，剩余的水量分别存在于湖泊、河流中。因为水中含有可溶性无机盐、有机物等营养物质以及具备微生物生长繁殖的其他条件，所以水体成为微生物栖息的第二大天然场所。习惯上，将水体中的微生物分为淡水微生物和海水微生物。本书将从淡水环境和海水环境两个方面对水体中的微生物进行阐述。

1. 淡水环境

（1）淡水环境中的微生物

ⅰ. 细菌

在河流和湖泊中，由于许多非生物因素（光、温度和氧气浓度）在垂直方向上存在较大变化，造成细菌在垂直方向上的分布存在很大差异。通常在水面到水下 10cm 处，光穿透有利于蓝细菌的光能需氧自养代谢，蓝细菌的数目在该处很高。一般在 20～30cm 的中层水体中，由于氧气含量随着深度增加而下降，水体中硫化氢含量增高，光能厌氧自养类的细菌数目增多，如厌氧绿菌科和红硫菌科细菌。在 30cm 以下的淡水水体中，则主要分布着厌氧光合细菌以及厌氧异养细菌。

生活在湖底沉积泥中和沉积泥表面的微生物存在差别。在沉积泥中，专性厌氧细菌是主要的细菌，这些微生物包括梭状芽孢杆菌、产甲烷细菌和产生硫化氢的脱硫弧菌。在浅层池塘、湖泊的沉积泥表面，生活着厌氧光合自养细菌，使水体表现出不同的特征性颜色；该处也生活着能进行厌氧呼吸的细菌，其中的碱单胞菌能进行反硝化作用。在沉积泥表面上的一些植物碎片上，生长有降解纤维素的真菌。

在湖泊的营养物循环过程中，自养细菌起着非常重要的作用，它们能利用光能将水体中的无机物转化成有机物（Wood et al., 1991）。在不存在高等植物的湖泊中，自养细菌通常作为湖泊生态系统中的初级生产者，是维系生态系统稳定的关键物种。在湖泊中常见的自养细菌是蓝细菌、紫色和绿色厌氧光合细菌。蓝细菌包括微囊藻属、念球藻属和束丝藻属，它们是淡水生境中主要的水生微生物。湖泊中化能自养菌在 N、S 和 Fe 的循环中起着重要的作用，特别是硝化单胞菌、硝化杆菌和硫杆菌，它们是淡水微生物群落中重要的成员。

在淡水中具有代表性的细菌有：无色细菌、黄杆菌、短杆菌、芽孢杆菌、微球菌、诺卡氏菌、假单胞菌、链霉菌、噬纤维菌、小单胞菌、螺旋菌和弧菌。许多有柄细菌，如生丝微菌和柄杆菌则生长在水中的一些固体表面上。

ⅱ. 真菌

在河流、淡水湖和溪流中，许多真菌与外来的有机物存在关系，这些真菌可被看作该生态系统中的外来微生物。在湖泊和河流中，常常可以在木头和死亡的动物残体上见到半知菌和子囊菌。当这些动植物残体被降解后，有关的真菌便会消失。由于可被真菌利用的有机物和其他因素经常发生变化，真菌种属也会随着水质改变而改变。在河流、湖泊和溪流中常见的酵母有假丝酵母、红酵母、球拟酵母和隐球酵母。

ⅲ. 藻类

藻类是淡水生态系统中很重要的原生微生物。在大面积深水湖中，水生藻类植物通过光合作用合成大部分的有机物，淡水生态系统中的异养菌才能以此为基础进行生长。在淡水环境中存在的藻类有绿藻类植物、裸藻类植物、甲藻类植物、拟裸藻类植物和红藻类植物。在大部分淡水生态系统中，甲藻类和硅藻是主要的绿藻。

ⅳ. 原生动物

淡水环境中的原生动物以水生植物和细菌为食。在淡水生态系统中，常见的原生动物有草履虫属、钟虫属、节毛虫属、变形虫属和腊八虫属。在受到污染或是氧气浓度很低的水体中，带鞭毛的原生动物是较常见原生动物。

除上述的几种微生物外，水体中还分布着大量病毒，其量随其他生物数量的变化而变化，其中大部分是噬菌体。

（2）淡水环境条件对微生物分布的影响

控制水体中微生物种类和数量的因素有：营养成分、温度、光强度、光照延续时间、季节变化和其他水体性质。例如，水中 CO_2 浓度会造成碳酸氢盐平衡发生变化，进一步影响到 pH，对藻类的光合作用影响很大。

在平静的淡水中，微生物在平面上的分布是有规律的。在与陆地相毗邻的水中，有机物含量高，微生物的数量也多；反之，离岸较远处微生物的数量减少。河流中微生物的种类和数量主要受其流经区域的影响。在远离人们居住地区的未受污染水域，有机质的含量低，微生物的数量较少，一般每毫升水中只含有几十个到几百个。处于城镇等人口聚集地区的淡水中，大量外来的病原菌和腐生微生物进入流水，其中的有机物和含菌量都比较高，每毫升水中可多达几千万个甚至几亿个微生物。在入海的河口处，由于海水盐分的影响，淡水微生物逐渐被海洋微生物取代。

水体较深的湖泊中微生物具有明显的垂直分布带。总体来说，细菌数量以

0～20cm 深处最多，随深度的增加而减少，到湖底的沉积物表层又再增多。该变化反映了这一生境中温度、光线透入状况和氧气浓度等理化因素的差异。

2. 海水环境

（1）海水环境中的微生物

ⅰ．细菌

细菌是海水环境中最为重要的微生物类型，其含量高，主要是革兰氏阴性细菌。最常见的海水细菌类型有弧菌属、假单胞菌属、无色杆菌属、黄色杆菌属和芽孢杆菌属等。在海水中，部分细菌附着在动植物体上，为异养菌，包括附着在鱼体上的发光细菌和有色杆菌；另有部分细菌附着在海底、岩礁海岸和沙砾海岸底部，包括溶胶杆菌、产芽孢杆菌、腐败芽孢杆菌和固氮菌等。海水中的浮游性细菌一般具有鞭毛，能够自主运动，包括变形杆菌、荧光假单胞菌属和纤维弧菌等。

海水环境中的细菌主要分为光能自养细菌、化能自养细菌和化能异养细菌等几大类。光能自养细菌又分为不放氧光合作用的细菌（如红螺菌目的紫细菌和绿细菌）和放氧光合作用的细菌（主要是原绿菌目）。化能自养细菌分为硝化细菌、无色硫氧化细菌和甲烷氧化细菌。化能异养细菌以革兰氏阴性菌为主，主要有球菌和杆菌，革兰氏阳性菌所占比例小，有节杆菌属、芽孢杆菌属和梭状芽孢杆菌属等。

ⅱ．真菌

海洋环境中真菌主要包括两个类群，即高等真菌（子囊菌类、半知菌类和担子菌纲）和低等真菌（藻状菌类）。海洋中子囊菌类超过 2000 种，是最大的一个真菌类群，大多数的海洋真菌属于此类。它们经常出现在浅水区，分解藻类和其他含纤维素的物质。低等真菌在海洋环境中比较常见，它们作为病原体能够导致成许多海洋无脊椎动物、海草和藻类的疾病。

ⅲ．古生菌

古生菌是原始进化的原核微生物，栖息在极端环境中，包含自养和异养等不同类型。海洋中存在大量古生菌，其类型包括高温嗜酸菌、嗜盐菌和甲烷菌等。高温嗜酸菌能在高温、低 pH 条件下生活，有些能在高达 90℃ 和 pH<1.0 的极端环境下（如海底热泉）生长。嗜盐菌至少需要 12%～15% 的 NaCl 才能正常地生长繁殖，其细胞中因具有高含量类胡萝卜素而显红色，在盐田和盐湖等高盐环境中占生长优势（Dworkin and Falkow，2006）。甲烷菌绝对厌氧，广泛分布在海洋和一些高盐环境中，能够还原 CO_2 和乙酸、甲酸盐、甲醇等简单有机物产生甲烷（Garcia et al.，2000）。

ⅳ. 藻类

藻类是海洋中主要的初级生产者，它们通过固定 CO_2 来合成有机物，进而被其他生物利用。硅藻和甲藻是海洋浮游植物的构成主体。硅藻是海洋浮游藻类中最大的类群，它们在缺少高等植物的大洋中是主要初级生产者；甲藻在海洋环境中分布普遍，它们游离生活或者与一些海洋无脊椎动物共生。

ⅴ. 原生动物

原生动物分为三类：鞭毛虫、纤毛虫和变形虫。它们是通过吞噬食物颗粒获得营养的单细胞真核生物。鞭毛虫在海洋环境中分布广泛，是浮游动物的重要组成部分。纤毛虫种类超过 6000 种，是海洋中常见的原生动物。它们吞食细菌，并将其转化为可被高等动植物利用的物质形式，在海洋环境生态系统中有很重要的作用。

（2）海水环境条件对微生物分布的影响

由于海洋环境具有盐度高、温度低、有机物含量少和深海静水压力大等特点，所以海洋微生物多是需盐、嗜冷和耐高渗透压的微生物。它们在盐浓度 2%~4% 时才能生长，典型海洋微生物的最适生长盐浓度为 3.3%~3.5%，并且在缺乏氯化钠时不生长。海洋中的细菌多具鞭毛，能运动，多为革兰氏阴性菌，具有色素，以抵抗太阳的强光。全球 90%~95% 海域温度低于 5℃，导致多数海洋细菌必须能在低温下生长。但是，海底火山和热泉喷口附近温度很高，生活着极端嗜热细菌。在海洋底部沟壑中的细菌处于很大的静水压力下，耐压细菌是土著海洋微生物的重要成员。

海洋水体的有机质含量对微生物的水平分布有很大影响。在远海，受人类活动的影响小，有机质的含量少，含菌数也随之下降。在近海，由于沿海人类活动，来自陆地上的各种污物、工农业废水进入海洋，使海洋中含有大量的有机物和无机盐，含菌数随之猛增。特别地，在港口内每毫升海水可含有 100 万个细菌，在近岸每毫升海水含有 40 万个细菌。无机营养盐可以引起单细胞藻类的大量繁殖，在夏秋季很容易发生赤潮。

海水中微生物的数量分布还受到气候、水深、纬度、雨量和潮汐等影响。在距海面 0~10m 处，因阳光照射，细菌数量较低，浮游藻类的数量较高；在 5~10m 以下至 25~50m 处，微生物数量较多，而且随海水深度增加而增加；在水面 50m 以下，微生物数量随深度的增加而减少（Dunahay et al., 1995）。在海洋深处，由于水温低和含盐量高，存在着嗜冷、嗜盐菌，有的深海微生物还能够耐受很高的静水压或嗜压（Prakash et al., 2009）。在赤道及其附近热带海域中，异养细菌比两极及亚寒带海域的多。在洋流交界处，细菌的数量也较多。另外，在海洋动物的体内外，还栖息着大量发光细菌。

4.3.3　空气中的微生物

不同于土壤和水体，空气不能够为微生物提供可直接利用的营养物质和足够水分。因此，微生物无法在空气中生长繁殖，空气不是微生物生活的自然环境。大部分微生物不能够在空气中长时间存活，有的几秒钟内即可死亡，有的可存活几个星期或几个月。加之紫外线的辐射、空气中大气污染物浓度的升高等，使微生物生存环境更加恶劣。为了适应并抵抗这种恶劣的生存环境，微生物往往可产生某种特殊的抵抗机制。许多空气中的微生物能产生各种休眠体以适应不良环境，例如细菌形成芽孢、霉菌形成孢子、原生动物形成胞囊等，进而可以在空气中存在一段相当长的时间而不至于死亡。由于不能在空气中长时间驻留，微生物没有在空气中形成固定的类群。但是，空气中的微生物种类很多，常见的有芽孢杆菌属、产碱菌属、八叠球菌属、微球菌属、放线菌的孢子、霉菌的孢子、酵母菌、原生动物和微型后生动物胞囊等。

（1）空气中微生物的来源

空气中的微生物来源于水体、土壤和其他外力作用。进入大气的土壤尘粒、人和动物体表的干燥脱落物、污水处理厂曝气产生的气溶胶、水面吹来的小水滴、呼吸道呼出的气体等都是空气中微生物的来源。真菌孢子很容易通过像风这样的外力被释放到空气中；海洋的蒸汽可以携带微生物进入海洋上空。人类活动如耕地、开车都能使微生物进入大气中。

（2）空气中微生物的存在形式

空气中的微生物主要以气溶胶的形式存在。微生物气溶胶以液体、固体或者两者混合物为分散相，微生物结合在分散的颗粒上或包含在分散的颗粒之中。细菌、病毒、致敏花粉、霉菌孢子、蕨类孢子、寄生虫卵和原虫卵等都能作为微生物气溶胶的粒子。

微生物气溶胶的大小和组分根据其中所含的微生物粒子种类、所结合的尘或物的类型而有所不同，但一般直径为 $0.02 \sim 100 \mu m$，按照大小分为：核型（$<0.1 \mu m$）、聚集型（$0.1 \sim 2 \mu m$）和粗型（$>2 \mu m$），一般认为前两者为细颗粒，后者为粗颗粒。粒子大小会影响微生物在空气中的沉降、扩散和传输过程，甚至会影响其在人体呼吸系统中的沉积过程。粒子的危害随其进入人体呼吸系统的不同位置而有所差异，一般而言，$10 \sim 30 \mu m$ 的粒子可以进入鼻腔和上呼吸道，$6 \sim 10 \mu m$ 的粒子能沉积在支气管内，而 $1 \sim 5 \mu m$ 的离子能进入肺的深部。微生物气溶胶粒子的直径越小，其潜在危害越大。

微生物气溶胶具有一般气溶胶物理性质、生物学特性和感染性等。一般气溶胶的物理性质包括沉降、凝聚、撞击、带电荷和扩散等；生物学特性主要是指微生物自身的存活、衰亡及突变过程；感染性是指空气中某些病原微生物若进入到人体呼吸系统中后，病原体粒子停留在呼吸系统中任意位置都有可能引发该处的感染。

（3）空气中微生物的分布特点

空气中的微生物在垂直空间上具有明显的分层现象。由于尘埃的自然沉降作用，越靠近地面空气微生物污染越严重，而在远离地面的大气上层中几乎没有微生物。气流是空气中微生物传播的主要因素，有些种类可以借气流跨过大洋，造成世界性的分布。

微生物在大气中的种类和数量随地区的不同、时间的不同而有很大的差异，所含数量取决于所处环境和飞扬的尘埃量。凡含尘埃较多的空气，其中所含的微生物种类与数量亦较多。一般在海洋、高山、森林地带、终年积雪的山脉或极地上空的空气中，微生物的含量就极少，在畜禽舍、某些公共场所、医院、厕所、宿舍、城市繁华街道和居室内的空气中，微生物的含量较高。在农村，每立方米空气中含数百个细菌。在城市上空，有时每立方米可以含数千个细菌，甚至还经常出现病原微生物。

空气中的微生物还与空气的温度、湿度等因素密切相关。这些因素每天每年都在发生着周期性变化，微生物的种类和数量随着季节的更替和气候的变化而有所不同。南方梅雨季节，空气湿度大，霉菌含量高，衣服等日常用品极易发霉；夏季降水可以将微生物从空气中移走；而在秋冬季节，空气中的霉菌含量很少。

4.3.4 其他环境中的微生物

（1）活性污泥中的微生物

活性污泥是具有活性的微生物胶团或絮状泥粒状的微生物群体。以活性污泥为主体的废水处理法被称为活性污泥法。活性污泥法利用某些微生物在生长繁殖过程中形成表面积较大的菌胶团来吸附和絮凝废水中悬浮的胶体或溶解的污染物，并将这些物质完全氧化为二氧化碳和水等简单物质。

活性污泥中的微生物主要有细菌、真菌和原生动物。细菌的种类随活性污泥的来源不同而有所变化，比较多的有产碱杆菌、芽孢杆菌、丛毛单胞菌、微杆菌、假单胞菌、球衣菌、柄杆菌、动胶菌和黄杆菌等。在活性污泥中，细菌以菌胶团的形式存在。菌胶团是一个很复杂的微生物群落，许多微生物的相互配合，能够有效地降低废水中的化学需氧量和生物需氧量。

活性污泥中的真菌有霉菌和酵母菌。在废水处理中应用的真菌种类并不多，常见的为假丝酵母、啤酒酵母、青霉菌和镰刀霉菌。它们能在酸性条件下生长繁殖，且需氧量比细菌少，所以在处理某些特种工业废水及有机固体废渣中有重要作用（左剑恶和邢薇，2007）。

在活性污泥处理系统中，有大量的原生动物和微型后生动物，它们以游离的细菌和有机微粒作为食物，可以提高出水水质。原生动物和微型后生动物可以作为指示生物来推测废水的处理效果和系统运行是否正常。如果运转正常，出水良好，原生动物则以纤毛虫为主，并有线虫和后生动物轮虫出现；如果活性污泥系统运转不正常，出水水质差，则原生动物以草履虫为主。

（2）粮食和食品中的微生物

自然界存在的各种微生物，凡接触空气、水和土壤的食品易受这些环境中微生物的污染。在农产品的收割、运输、加工和储藏过程中，如果不注意保存，就很可能遭到各种微生物的污染。在某一特定的食品上常形成一定的微生物群，如含水量高、pH 中性的蛋白质食品比较容易繁殖细菌。在食品表面优先生长的是好氧型细菌或霉菌，然后厌氧型细菌侵入生长，最终导致食品腐败，产生恶臭和有毒物质。霉菌在适宜条件下就会大量生长繁殖致使粮食霉变，如有些黄曲霉在生长过程中会产生对人和动物有剧烈毒性的黄曲霉素，它是一种强致癌剂。酵母在含糖的酸性食品中生长，霉菌能在含水量低的食品上生长。保藏食品常采用低温、干燥、酸性、高渗透压（高盐、高糖）或添加防腐剂等措施来防止微生物的生长。

4.4　极端环境中的微生物

极端环境是指高等动植物不能生长，大多数微生物不能生活的高温、低温、强碱（pH>10）、强酸（pH < 1）、高压（1000 个标准大气压①）、高盐（饱和盐溶液）、缺氧、高辐射和营养匮乏等特殊环境。能够在其中一项或多项极端条件中正常生长繁殖的微生物，如嗜热菌、嗜冷菌、嗜碱菌、嗜酸菌、嗜盐菌、嗜压菌、耐辐射菌和厌氧菌等，称为极端环境微生物，它们多数属于古生菌（Simankova et al., 2001；Chong et al., 2002）。由于它们具有不同于一般微生物的遗传机制、特殊的细胞结构、特殊的酶系统和调节机制，使它们能在一些恶劣环境中正常生长繁殖。

极端环境下微生物的研究有三方面的重要意义：首先，为微生物遗传、生理和分类乃至生命科学及相关学科许多领域，如生物电子器材、功能基因组学等的

---

①　1 标准大气压 ≈ 1.01×10⁵Pa

研究提供新的材料和课题；其次，开发利用新的微生物资源，包括特异性的基因资源；最后，为生命起源、生物进化的研究提供新的材料。

4.4.1 高温环境下的微生物

嗜热微生物（extremophilic microorganisms）广泛分布在草堆、厩肥、温泉、煤堆、火山地、地热区土壤及海底火山附近等处。一般嗜热微生物可以分为三类：①超嗜热微生物，其最适生长温度为 75 ~ 110℃。②专性嗜热微生物，其最适生长温度为 55 ~ 75℃，当温度低于 35℃时，生长停止。③兼性嗜热微生物，其生长温度低于专性嗜热微生物，最适生长温度为 40 ~ 55℃，在 25 ~ 40℃时一般也能够缓慢生长。一般我们将能在 40℃以上生长发育及繁殖的微生物都称为嗜热微生物，不同的高温环境存在不同种类的嗜热微生物，主要包括细菌、古生菌、真菌和藻类，其中细菌的种类和数量都是最多的。嗜热性微生物种类多样，不仅形态各异，而且营养类型和代谢方式也多种多样。

现在发现的超嗜热微生物仅包含有细菌和古生菌，它们主要生活在陆地和海洋地热环境中，其合成的酶具有很高的热稳定性，酶作用的最适温度在 70℃以上，在 40℃以下丧失活力。

原核嗜热微生物包括光合细菌、化能自养菌和一些异养菌。如酸热性硫化叶菌既嗜热又嗜酸，是一种兼性化能自养菌，广泛存在于酸性温泉和火山岩浆的热土壤中，生长温度 65 ~ 75℃，最高生长温度为 85 ~ 90℃。在酸性泉水中，还存在氧化硫硫杆菌、嗜热硫球菌、嗜热放线菌和嗜热硫杆菌。在一些污泥、温泉和深海地热海水中，存在产甲烷的嗜热细菌，包括詹氏甲烷球菌和炽热甲烷嗜热菌，它们是绝对厌氧的古生菌。当温度超过 80℃时，环境中存在的细菌主要是古生菌。层状鞭枝蓝细菌能进行光合作用，同时在 50℃以上可以固氮。

嗜热真菌一般存在于如堆肥、干草堆、碎木堆和谷仓等高温环境中。在堆料过程中，嗜热真菌可以降解塑料。温泉红藻是耐高温的嗜热藻类，最高生长温度 55 ~ 60℃，广泛分布在酸性温泉和温度比较高的陆地中。

嗜热微生物的核酸、蛋白质和类脂等生物大分子的热稳定结构以及存在的热稳定性因子是其嗜热的生理基础（Petrova et al., 2000）。嗜热菌蛋白质热抗性的主要原因有：①一些特定氨基酸的存在，如疏水性氨基酸和能形成二硫键的半胱氨酸，能形成更稳定的蛋白结构和更强的疏水性，从而提高蛋白质的热稳定性。②苯环与苯环之间的相互作用能提高蛋白质的热稳定性。③大量氢键对蛋白质的热稳定性有重要影响。④超嗜热蛋白质中离子对百分含量高。⑤嗜热菌本身可以合成热抗性蛋白。⑥分子伴侣对蛋白质的热稳定性具有重要贡献等。新近研究还表明，专性嗜热菌株的质粒携带与热抗性相关的遗传信息。

嗜热微生物有广阔的应用前景。例如，极端热稳定性淀粉水解酶可以明显地改进工业淀粉转化工艺；具有分解结晶纤维素能力的热稳定性纤维素酶、几丁质降解酶等能够为资源的利用和新能源的发展提供方向；嗜热细菌的耐高温 DNA 聚合酶使 DNA 体外扩增的技术得到突破，为 PCR 技术的广泛应用提供基础；高温发酵可以避免污染和提高发酵效率，其生产的酶在高温时有更高的催化效率，高温微生物也易于保藏。在环境治理方面，处理废物的高温性厌氧反应器能把有机物较快地转化为 CH_4 燃料，在提高工作效率的同时，抑制致病菌和病毒生长。此外，高温下培养基黏度下降，减少了混合所需能量。

4.4.2 低温环境下的微生物

能在低温环境下生长的微生物称为嗜冷微生物（psychrophilic microorganisms），分为专性嗜冷微生物和兼性嗜冷微生物两类。专性嗜冷微生物最适生长温度为 5 ~ 15℃，最低生长温度为 –12℃，最高生长温度不超过 20℃；兼性嗜冷微生物最适生长温度为 10 ~ 20℃，最低生长温度为 –5 ~ 0℃，最高生长温度为 25 ~ 30℃。

嗜冷微生物的主要生境有极地、寒冷水体、深海、阴冷洞穴、冷冻土壤和保藏食品的低温环境。从深海中分离出来的细菌不仅嗜冷，而且耐受高压（Franzmann et al.，1997）。

专性嗜冷微生物有真菌、细菌和藻类。专性嗜冷微生物很难分离，因为它们对热极为敏感，室温中迅速死亡。兼性嗜冷菌包括有细菌、真菌、藻类和原生动物等类群。兼性嗜冷菌的分布要广泛得多，温和地方的土壤或海洋都可分离得到。它们虽可在0℃生长，但生长缓慢，往往要数周后方可在培养基上看到。目前得到的主要嗜冷菌有假单胞菌属（*Pseudomonas*）、无色杆菌属（*Achromobacter*）、弧菌属（*Vibrio*）、噬纤维菌属（*Cytophaga*）和黄杆菌属（*Flavobacterium*）。

嗜冷菌能抗低温的机制复杂。嗜冷微生物通过改变细胞组成、合成组成型蛋白质和酶来适应低温环境。嗜冷菌细胞膜内具有较高含量的不饱和脂肪酸，不饱和脂肪酸的熔点低，在低温下能保持膜的流动性，有利于物质的运输。嗜冷菌可以合成能帮助细菌在低温下存活和生长的热激蛋白。虽然抗低温机制的研究很多，但仍有很多问题需要找寻答案。

研究开发最适反应温度低的嗜冷微生物酶，在日常生活和工业中都有应用价值。例如，将从嗜冷微生物中获得的低温蛋白酶用于洗涤剂，不仅能节约能源，而且去污效果良好。另外，低温酶在食品工业和生物修复等领域都有很好的前景。

4.4.3　酸性环境下的微生物

自然界中存在许多强酸环境，有些是天然的极端酸性环境，有些是人工造成的强酸环境，如酸性温泉、废铜矿及其排水、废煤堆及其排水。一般情况下，自然环境的 pH 接近 7，大多数微生物都生活在 pH 为 6～7 的环境中。强酸对于大多数微生物具有毒害作用，在 pH 小于 3 的强酸环境中，大多数的微生物都不能存活。酸性环境下的微生物可以分为两类：必须在 pH 小于或等于 3 的环境中生长，中性条件下不能生长的微生物称为专性嗜酸微生物（obligate acidophiles）；能在高酸条件下生长，但最适 pH 在 4～9 的微生物称为耐酸微生物（acidotolerant microorganisms）。专性嗜酸微生物有嗜酸细菌、嗜酸真菌、嗜酸酵母、嗜酸原生动物和嗜酸藻类。

嗜酸细菌包括自养型和异养型。大部分氧化铁和硫的嗜酸细菌为自养菌，某些也有同化有机物的能力，一些是兼性自养型菌。例如，一些氧化亚铁硫杆菌可以利用甲酸；嗜酸硫杆菌是一种能进行化能自养和异养生长的细菌，最适 pH 为 3.0～3.5；嗜酸硫杆菌是兼性自养型，最适 pH 在 3.0 左右。专性嗜酸异养微生物包括古生菌、细菌、真菌、酵母和原生动物。细菌有嗜酸亚铁微菌（*Ferromicrobium acidophilus*），古生菌有酸热硫化叶菌等。

嗜酸酵母在酸性环境存在很多，如生长 pH 为 2.5 的椭圆酵母、生长 pH 为 1.9 的酿酒酵母、生长 pH 为 2.0 的点滴酵母和红酵母。在强酸环境中能分离到如鞭毛虫、阿米巴虫和纤毛虫等专性嗜酸原生动物，它们以嗜酸细菌为食。前文提到过的温泉红藻（*Cyanidium caldarium*）既嗜热又嗜酸，其最适生长 pH 为 2～3，pH 超过 5 以上不能生长。其他嗜酸光合微生物包括裸藻（*Euglena* spp.）、绿藻（*Chlorella* spp.）、嗜酸衣藻（*Chlamydomonas acidophila*）、漂浮克里藻（*Klebsormidium fluitans*）和环丝藻（*Ulothrix zonata*）。

嗜酸微生物能在酸性条件下生长繁殖，需要维持胞内外的 pH 梯度。嗜酸菌细胞表面上存在有大量的重金属离子如 Cu^{2+}，这些重金属离子可以与周围的 H^+ 进行交换，从而阻止 H^+ 对细胞的损伤；嗜酸细菌的细胞壁和细胞膜具有排斥 H^+、对 H^+ 不渗透或把 H^+ 从胞内排出的机制。嗜酸微生物的外被需要高 H^+ 浓度来维持其结构（郭晓慧等，2011）。

嗜酸菌在矿业和环境治理上的应用前景十分广阔。嗜酸细菌可以用于冶金，如通过微生物沥取法，可以利用氧化亚铁硫杆菌从低含量的矿物中大量提取 Cu^{2+}。嗜酸嗜热的酸热硫化叶菌能分解无机硫和有机硫化合物，转化成 SO_2 或 SO_3，从而除去煤和石油中的硫。利用氧化硫硫杆菌提高磷矿粉的速效性，可提高农作物的产量。一些嗜酸细菌可作为生物吸附剂，去除酸矿水中的有毒金属。具有还原铁和硫酸能力的嗜酸细菌还可以用于酸性矿水的生物修复。

4.4.4　碱性环境下的微生物

在自然条件下，存在着许多碱性环境的碳酸盐沙漠和碳酸盐湖。例如，埃及的 Wady Natrun 湖和肯尼亚的 Magadi 湖均为极端碱性湖，碳酸盐是这些湖泊水质呈碱性的主要原因，其 pH 可达 10.5 ~ 12.0，我国青海湖也是碱性环境的湖泊。近年来，随着人类工业化的发展，石灰水等碱性污水被大量排放，人为地造成了大量碱性环境，无论是在自然碱性环境还是人为造成的碱性环境下，都有嗜碱微生物的存在。

一般情况下，最适生长 pH 在 8.0 以上的微生物被称为嗜碱微生物（alkalophilic microorganisms）。嗜碱微生物除古生菌外，还有细菌、放线菌和一些真菌菌种，它们既有好氧类型，也有厌氧类型，可以划分为两个主要的生理类群：盐嗜碱微生物和非盐嗜碱微生物。盐嗜碱微生物的生长需要碱性和高盐度（达 33% $NaCl+Na_2CO_3$），代表性种属有甲烷嗜盐菌、嗜盐碱杆菌、外硫红螺菌和嗜盐碱球菌等。非盐嗜碱微生物比较突出的有地衣芽孢杆菌（最适 pH 为 8 ~ 10），嗜碱芽孢杆菌（*Bacillus alcalophilus*）（最适 pH 为 8.5 ~ 11.5）以及从土壤中分离出的一株放线菌（最适 pH 为 8.0 ~ 11.5）等（Demirijan et al., 2001）。

虽然嗜碱微生物的最适生长 pH 在 8 以上，但其胞内 pH 都接近中性。细胞外被是胞外碱性环境和胞内中性环境的分隔，是嗜碱微生物能在碱性环境下正常生长的重要基础。在嗜碱菌的细胞膜上，有一种 Na^+/H^+ 反向载体蛋白，细胞主动运输时，能迅速催化细胞将 Na^+ 从胞内排出，并将胞外的 H^+ 摄入胞内，经过这一离子交换过程，使 H^+ 积累于细胞质内，保证了细胞质内 pH 相对稳定。Na^+/H^+ 反向载体是维持嗜碱菌的细胞质处于正常 pH 范围的关键因素之一。

嗜碱微生物产生大量的碱性酶，包括蛋白酶（活性 pH 为 10.5 ~ 12）、脱支酶（活性 pH 为 9.0）、果胶酶（活性 pH 为 10.0）、淀粉酶（活性 pH 为 4.5 ~ 11）、纤维素酶（活性 pH 为 6 ~ 11）和木聚糖酶（活性 pH 为 5.5 ~ 10）。这些碱性酶被广泛用于洗涤或作为其他用途。例如，造纸、制革和麻纺等诸多工业过程中产生的大量碱性废水将会严重污染环境，利用嗜碱菌胞外酶对天然多聚物的降解能力，可以将废水简单、经济地进行处理。

4.4.5　高盐环境下的微生物

在自然界中，有些环境中的盐浓度会高于海水所含的盐浓度，这种环境称为高盐环境。盐湖是主要的自然高盐环境，如青海湖（中国）、死海（西亚地区）、大盐湖（美国）和里海（亚欧交界），此外还有盐场、盐矿和腌制食品等人工制造的高盐环境。高盐环境中存在的微生物称为嗜盐微生物（halophilic microorganisms）。

根据对盐浓度的不同需要，嗜盐微生物可分为中度嗜盐微生物和极端嗜盐微生物。中度嗜盐微生物的最适生长盐浓度为 0.5~2.5mol/L NaCl，能生长的盐浓度为 0.1~4.5mol/L NaCl；极端嗜盐微生物最适生长盐浓度为 3.0~5.0mol/L NaCl，能生长的盐浓度为 1.5~5.0mol/L NaCl。

嗜盐微生物主要有微藻和嗜盐细菌。中度嗜盐微生物包括某些真细菌、蓝细菌和微藻，如存在于盐湖和死海中的专性厌氧发酵细菌，盐拟杆菌属（*Halobacterioids*）、盐厌氧细菌属（*Haloanaerobium*）和生孢盐细菌属（*Sporohalobacter*）。极端嗜盐微生物包括盐球菌和盐杆菌等古生菌、外硫红螺菌属（*Ectothiorhodospira*）和个别杜氏藻属。

目前，人们对嗜盐微生物的嗜盐机制已经有所了解。其中，杜氏藻、中度嗜盐菌和嗜盐杆菌的抗盐机制不同：杜氏藻通过激发细胞中甘油的合成达到抗盐生长；盐杆菌和盐球菌有吸收 Na^+ 和浓缩 K^+ 等能力，K^+ 作为一种相容性溶质，可以调节渗透压达到胞内外平衡，其浓度高达 7mol/L，以此维持胞内外同样的水活度。

嗜盐微生物的产物多样，可以用于生产食品、合成特种材料（用于医药的多聚 β-羟丁酸）和生产特殊表面活性剂等。嗜盐细菌的紫膜由细菌视等红质组成，具有合成 ATP 的独特特性，许多科学家正在积极探索其作为电子元件和生物芯片的可能性。

4.4.6　高压环境下的微生物

高压环境主要存在于海洋、深油井、湖泊、某些工业加压设备和地下煤矿等。太平洋马里亚纳海沟中的"挑战者深渊"（Challenger Feep）海底的压力达到1160个大气压。在压力大于40MPa的条件下生长最好的微生物称为嗜压微生物（barophilic microorganisms），在40MPa的压力下生长最好、在大气压下良好生长的微生物称为耐压微生物（barotolerant microorganism）。

从海洋深处10 000m分离的菌在700~800个大气压下生长最快，甚至高达1035个大气压时仍可以同样良好生长，但气压降至500个大气压时便不能生长了。实验室培养这类嗜压菌时，在2.5℃、1000个大气压条件下长出的菌数，比在1个大气压培养的菌数高10~1000倍。耐压微生物在1个大气压和400个大气压下生长的速度几乎相等，但代谢速度在 1 个大气压时比 400 个大气压时快；耐压菌在 500 个大气压以上就不能生长。

现在报道的嗜压微生物主要是细菌。研究已经证实，压力能影响微生物的生物化学和生理活动。压力的增加会降低酶与底物结合的能力，因此嗜压菌的酶的折叠结构需要更特殊，使其能承受压力的影响。其他如蛋白质合成及细胞膜的运输功能，在高压下速度减慢，这被认为是嗜压菌生长速度缓慢的原因。

嗜压菌的一些特殊功能，已经为我们工业用酶的设计提供了新的思路。总的来说，嗜压菌的研究相对较少，随着研究的深入和扩大，将会有很多有价值的蛋白产品、嗜压机制和功能应用于我们的生产生活中。

4.4.7　抗辐射的微生物

环境中的辐射作用可以分为电离辐射和非电离辐射，电离辐射包括 X 射线、γ 射线和宇宙射线，非电离辐射包括紫外线、可见光和红外线辐射。另外，还有核试验、核电站、电离辐射诊断仪和治疗仪等人为辐射源。

抗辐射微生物对辐射具有抗性或耐受性。环境中不同的微生物，其抗辐射能力差异很大，对于同一种微生物在不同的生长时期和生长条件不同时也有不同的抗辐射能力。在经过 γ 射线处理的罐头中，存在抗辐射能力强大的抗辐射微球菌；嗜辐射微球菌能产生橙色色素，是一种极端辐射抗性的微球菌，其抗 γ 射线的能力要比抗辐射微球菌的能力强。抗辐射微球菌抗辐射机制可能为：利用色素和酶等物质保护 DNA 不受损伤；通过 DNA 的修复系统使损伤的 DNA 复原；通过菌体内 DNA 代谢调控系统使损伤的 DNA 不复制，以便 DNA 链的修复。

抗辐射球菌有极强的 DNA 修复能力，如能克隆其相关的修复基因并转导于其他生物细胞中，可大大提高其抗辐射能力。通过基因工程的方法，可以制备抗辐射蛋白质作为辐射防护剂。另外，针对耐辐射球菌的研究能对抗放疗癌细胞治疗有积极促进作用，为重大医学问题提供新的思路和灵感。

4.5　生物群体的相互关系

自然界中某一种微生物很少以纯种的方式存在，而是不同种类的微生物常以种群的方式聚居在一起。生活在同一生境中的微生物种群之间及微生物与其他生物之间存在很复杂的相互关系，这些关系构成了生物之间的关系网，彼此相互独立又互相制约，促进了生物圈内的物质循环、能量流动和自然界各物种的进化。

对某一特定的微生物来说，周围对它产生影响的生物便成为一个很重要的生态因素了。微生物之间以及与其他生物之间的关系十分复杂，有种内关系和种间关系，有直接影响和间接影响，还有有利的与不利的作用等。正是各种相互关系使得生物群落保持生态平衡。

4.5.1 微生物群体之间的相互关系

1. 种内关系

在一个单一种微生物组成的群体中不同个体之间也存在正负作用，即协同作用（cooperation）和竞争（competition）。在通常情况下，群体密度较大时，以竞争作用为主；群体密度较低时，协同作用为主。

（1）协同作用

协同作用在人工生产实验中是经常可见的。如用纯种微生物接种时，接种量大，延迟期短；接种量小，延迟期长。其原因可能是群体密度大时，每个微生物细胞个体能相互提供所需的代谢产物和生长因子，相互促进生长。

在自然界中，微生物对重金属和抗生素的抗性、毒素的产生以及对一些异常化合物的利用等都存在协同作用，与这些特性相关的基因表达需要高群体密度。在一个微生物群体中，细胞可以形成凝集块（菌膜），从而促进有关的基因表达（Alvarez et al., 2009）。例如，较低密度的沙门氏菌通常不致病，当达到一定密度时，形成菌膜则可以诱导毒素的产生；有时整体菌体密度虽然较高，但不形成菌膜，局部菌体密度达不到一定数量，也不能诱导毒素产生。这就是为什么同一种致病菌，其致病剂量有较大波动范围的原因。

（2）竞争

微生物群体中负的相互作用叫作竞争。竞争是微生物个体之间对自身赖以生存的环境、营养物质之间的争夺，甚至会通过产生有毒的次级代谢产物抑制竞争对手的生存。在一个高密度的群体中，某些有毒代谢产物如低分子量脂肪酸等积累到一定浓度，便可以导致抑制效应，结果是有效地限制了这一环境中微生物群体的进一步生长。在微生物的培养中，生长曲线的稳定期，以及此后的衰亡期都反映了这样一种竞争关系。

2. 种间关系

不同的微生物群体之间存在许多种不同的相互作用，但基本上也可以归为两类：负的相互作用和正的相互作用。微生物共同占据这一生境，在正的相互作用下，这些微生物能更有效地利用现有资源，而不是被其中之一群体占据。微生物群体之间的互惠关系使得有关微生物群体的生长速率加快，增加群体密度。反之，在负的相互作用下，群体密度受到限制，这是一种生态系统的调节机制。从长远来看，通过抑制机制、生境改变和灭绝作用使有些物种得到好处，同时淘汰或削弱一些物种，这些相互作用对于群落整体结构的进化是一种推动力。

微生物和微生物之间可存在如下 8 种关系。

（1）中立关系

两个微生物种群之间仅存无关紧要的相互作用或甚至是没有相互作用称为中立关系（neutralism）。中立关系往往发生在代谢能力和营养需求相差极大的微生物种群之间，也会存在一个物种十分稀少、代谢水平很低的生态环境中。如极端环境中处于休眠状态的芽孢或厚垣孢子与其他微生物种群之间的关系，还有代谢水平很低的空气微生物皆是中性关系（Khyami，1996）。

（2）偏利共生关系

两种微生物群体生活在一起时，其中一种微生物群体受益，而另一种微生物群体不受影响的现象称为偏利共生关系（commensalism）。这是微生物种群间普遍存在的相互关系，一方无意地为另一方提供合适的生态条件、营养，或去除对另一方有害的物质，未受影响的微生物群体不仅不受益，而且也不受另一个群体的不利影响。如污泥中，脱硫弧菌在厌氧条件下能将乳酸盐和硫酸盐转化为氢气和乙酸盐，乙酸盐可为甲烷菌所利用，产生的甲烷又能被甲烷氧化菌利用产生甲醇，甲醇有利于甲醇菌的生长；又如兼性厌氧微生物在微氧环境中优先消耗了环境中的氧气，从而为厌氧微生物提供了合适的生产条件，而其自身也能在无氧环境中继续生存，不受任何影响（Wang and Wan，2008）。

（3）协作关系

协作关系（synergism）也可被称为互养作用（syntrophy），是指两个或两个以上微生物种群之间在生长过程中相互受益，但又彼此独立的松散关系，其中的任何一个种群都可以被其他种群所取代。处于这种关系的微生物种群之间能协作完成对某一种微生物不能完成的物质的转化，如诺卡氏菌和假单胞菌混合生活在一起时，能降解环己烷，而各自单独生存时，便无此能力。诺卡氏菌能代谢环己烷，形成的产物是假单胞菌的底物，假单胞菌在生长过程中向诺卡氏菌提供生长所必需的生物素和其他生长因子（Rogers et al.，1982）。在某些协作关系中，其中一种微生物群体能加快另一种微生物群体的生长速率。某些农用杀虫剂以及一些有毒物质的降解途径也与协作关系有关。

互养作用的本质有些像遗传学上的遗传互补现象，即利用各微生物种群中特有的几种关键酶的互相组合，在某一物质转化过程中各自受益，达到共同生长的目的。

(4) 互惠共生关系

具有共生的特殊形态功能和结构，并相互受益的两类微生物之间的相互关系称为互惠共生关系（mutualism）或简称共生。它与协作关系的不同在于：两个种群的关系更加密切，共同生活，互相接触，密不可分，并且两者之间的结合具有专一性和选择性，其中任何一个群体都不能被其他群体所代替。

藻类或蓝细菌与真菌共生形成的地衣，是互惠共生关系的典型代表。在地衣中，藻类和蓝细菌进行光合作用合成有机物，继而为真菌提供碳源，而真菌则能保护藻类或蓝细菌，同时向这些微生物提供水、生长因子、无机营养并牢固附着在基质上（Bothe et al.，2008）。这一互惠共生关系使地衣具有极强的环境适应力和生命力。

(5) 竞争关系

竞争关系（competition）是指两个微生物种群之间因需要占有相同的生长环境，利用相同的营养物质和生长基质而发生的相互竞争。竞争的结果势必要降低双方的种群增长速率，最终导致优胜劣汰。如亲缘关系较近的草履虫和双小核草履虫一起培养，最后只有双小核草履虫通过较快的生长速度、更强的营养物竞争能力存活下来。

竞争关系使两个种群的生长速度受到影响，而其他因素如温度、光、氧、pH、毒物的产生、抗性等都会对两个种群的竞争结果产生影响。例如在海洋生境中，嗜冷菌和低温菌虽能长期生活在一起，但在较高温度下（20~30℃），低温菌则以较大的生长速率抑制嗜冷菌；而在较低的温度下（0~10℃），嗜冷菌则以极强的生长速率抑制低温菌。在温度可变的环境中，随着温度的变化，两类微生物也会随之发生交替变化（Kendall et al.，2007）。

(6) 偏害关系

某一微生物种群通过产生某种特殊的代谢产物或改变环境条件，来抑制或杀死另一微生物种群的现象称为偏害关系（amensalism），又称拮抗作用（antagonism）。拮抗作用分为非特异性和特异性两种方式。非特异性拮抗方式主要是通过改变氧分压、产酸和产有机溶剂等方式使得另一些不适应环境变化的微生物种群自然衰亡，如酵母菌发酵葡萄糖产生乙醇，以抑制其他微生物的生长；乳酸菌产生乳酸，可以抑制腐败性微生物的生长。特异性拮抗方式是指一种微生物在代谢活动中专门产生一些特殊的次生代谢产物，特异性抑制或杀死其他微生物，如灰色链霉菌产生的链霉素特异性地抑制原核生物；产黄青霉产生的青霉素特异性地抑制革兰氏阳性菌（Richard et al.，2003）。

(7) 寄生关系

一种微生物（称为寄生物）生活在另一种微生物（称为寄主）的表面或体

内，自身生长而对后者产生危害的相互关系称为寄生关系（parasitism）。寄生物分为外寄生物和内寄生物。寄生物包括细菌、真菌、原生动物和病毒，可从寄主体表或体内获取营养物；寄主包括细菌、真菌、原生动物和藻类。最典型的寄生关系是病毒对活体细胞的专性寄生，病毒利用宿主细胞的营养物质、能量和代谢机器复制自身，最终使宿主细胞裂解或受到伤害。又如蛭弧菌可以定位在大肠杆菌表面，然后进入宿主细胞的周质空间进行生长繁殖，最终裂解大肠杆菌；另外有些藻类能被真菌感染，导致大批藻类的死亡。有些微生物本身是寄生物，但它们自己也可能被其他寄生物感染，例如寄生在细菌中的蛭弧菌可以受到噬菌体的感染。

寄生关系是自然界控制种群大小和节省营养物的主要途径，一种微生物种群数量增大，也更易受到寄生物的攻击，一旦受到侵染，导致种群数量下降，从而使自然界中许多营养物因不会被过度利用而节省。同时随着种群数量大量减少，寄生物由于难以找到适合的宿主，数量也会明显下降。

（8）捕食关系

一种微生物直接吞食并消化另一种微生物的关系称为捕食关系（predation）。捕食者可从被捕食者中获取营养物，并降低被捕食者的群体密度。绝大多数原生动物、黏菌、变形虫和某些黏细菌以捕食为生。原生动物节毛虫可以吞噬原生动物草履虫，原生动物袋状草履虫可以吞噬藻类和细菌。捕食者可导致被捕食者种群大量减少甚至灭绝，但总有部分生命力强的或获得抗吞食功能的被捕食者得以逃脱，并在捕食者因食物减少而数量消减时重新繁殖起来，使捕食者和被捕食者数量之间呈现周期性交替消长，但实际情况还受环境和其他相互关系的制约。

微生物之间的捕食关系和寄生关系一样，是生态系统控制某一种群数量过度增长的重要机制。在双方长期的捕食关系中，因双方产生的选择压力使得捕食者和被捕食者优胜劣汰，自动调节种群大小。因此根据这一原理可人为地调节自然界中各种群的比例，快速改变某一特定区域的生态关系，以达到生态平衡。

在自然界中，微生物之间的相互关系是十分复杂和微妙的，其相互关系也很少是单一的，在特定的生态环境中，微生物种群间可同时存在两种以上的相互关系。此外，微生物种群间的相互关系对某些微生物种群也是相对的。如在整个生物界中，还有一些处于过渡性质的寄生和共生，实际上是一个密不可分、互相联系的连续统一体，根据营养状况和环境条件变化时而共生，时而寄生。微生物之间的多种关系并存，且微生物种群间相互促进、相互制约的态势，最终促进了微生物种群的进化，达到稳定、平衡。

4.5.2 微生物与植物之间的相互关系

植物的表面和内部都有附生微生物，植物根部存在很多微生物种群，和植物关系密切。有的植物根际微生物可以促进植物生长，抑制根际病原微生物，还可以与植物共生固氮，为植物生长提供氮素；也存在病原微生物进入植物形成寄生关系，可以导致植物的病害与死亡。因此，正确地认识微生物与高等植物间的相互关系，对农业生产、抵御病虫害、作物增收和减少化学农药的指导有重要意义，对人类及整个生态系统均有积极意义。

1. 植物附生微生物

某些微生物能在植物茎叶和果实表面只含有少量分泌物和水分的微生境中生活，我们将生活在植物的茎叶和果实表面的微生物称为附生微生物。附生微生物以植物分泌到表皮外的营养物质为营养，合成维生素、氨基酸和生长素等，并可分泌黏液和色素，为植物提供一定程度的保护。已知能在叶面上生存的细菌主要有黄单胞菌、假单胞菌和葡萄球菌等；真菌主要有隐球酵母和红酵母等。它们的传播途径主要靠孢子、风和昆虫等，最终传播效果与植物种属和部位等有关。有些附生微生物还能够固氮，而植物叶片、花和果实则吸收这些营养，促进植物生长。最新的研究发现，一些植物体表的微生物与植物的冻害有关，如丁香假单胞菌（*Pseudomonas syringae*）可在叶面产生能量，并可加速冰晶的形成。还有地衣和某些藻类常见于这些好气的植物表面。

2. 根际微生物

根际是邻近植物根的土壤区域，其中的微生物称为根际微生物，多为革兰氏阴性菌。由于植物新组织的不断产生和旧组织的不断脱落，以及植物分泌物的产生，这样的特殊环境为微生物提供了丰富的营养，使得根际微生物数量大、活性强、种类组成简单。根际微生物以各种不同的方式有益于植物，包括增加矿质营养的溶解性，去除 H_2S 降低对根的毒性，合成氨基酸、维生素、生长素和能刺激植物生长的赤霉素，从而形成正的相互作用。另外由于竞争关系，根际微生物对潜在的植物病原体具有拮抗性，产生的抗生素能抑制病原菌的生长，有利于植物的正常生长。一些根际微生物可能成为植物病原体，或者与植物竞争可利用的生长因子、水和营养物，从而有害于植物，产生负的相互作用。

3. 植物内生微生物

生活在植物组织内，但与植物不能形成特定共生结构的微生物称为植物内生微生物。植物内生微生物包括内生细菌和内生真菌。

能够定植在健康植物细胞间隙或细胞内，并与寄主植物建立和谐联合关系的一类细菌称为内生细菌。根据内生细菌与植物的关系可以将其分为兼性内生细菌和专性内生细菌，大部分内生菌属于兼性内生菌。内生菌主要通过产生植物生长激素、抗植物致病菌和固氮等途径促进植物生长。如联合固氮菌除了生活在植物根系表面之外，还能进入植物细胞进行固氮作用，但是不能像豆科根瘤那样形成共生结构；多数内生细菌对于黄萎病的病原菌有强烈的抑制作用；许多假单胞菌能分泌吲哚乙酸或赤霉素促进植物生长；巴西固氮螺菌（*Azospirillum brasilense*）是一种专性内生菌，可以随植株传播进行固氮作用（Rubio and Ludden，2005）。

在植物生活史中的某一段时期生活在其组织内，并且对植物没有引起明显病害的一类真菌称为植物内生真菌。植物内生真菌大部分与植物形成一种互惠共生关系，它们在植物体内吸取营养，产生植物激素促进植物生长并吸收矿质成分，或赋予植物抗病虫害的能力，从而在植物生长发育和系统演化中起重要作用。麦角菌（*Claviceps purpurea*）能进入黑麦等禾本科作物形成麦角，产生的麦角碱能防止昆虫和病原微生物取食和感染。近年来，发现紫杉内生有某种真菌，紫杉为真菌提供营养，而内生真菌能分泌珍贵的抗癌药物——紫杉醇，这方面的研究将为新型抗癌药物的开发应用提供广阔前景。

4. 菌根微生物

一些真菌的菌丝在植物根的表面或侵入根组织内部与植物根以互惠关系建立起来的共生体称为菌根（mycorrhizae）。其中的真菌称为菌根菌，包括子囊菌和担子菌。菌根分为两大类，外生菌根和内生菌根。内生菌根特征是真菌的菌丝体进入根组织，在表层的间隙和细胞内发育，但不进入中柱部分，在根外较少。内生菌根分为两种类型，一种是由有隔膜真菌形成的菌根，另一种是无隔膜真菌所形成的菌根，后一种一般称为 VA 菌根，即"泡囊–丛枝菌根（vesicular-arbuscular mycorrhizae）"。外生菌根的特征是真菌的菌丝体紧密包围着植物的根，在根外形成致密的鞘套，植物失去根毛，少量菌丝虽然侵入根内，仅限于外表层细胞的间隙，而不进入细胞内部。外生菌根主要见于森林树木，内生菌根存在于草、林木和各种作物中。陆地上97%以上的绿色植物具有菌根。

植物根为真菌的生长提供营养和能源；菌根菌为植物提供矿物质和水等。通过这种共生关系，植物能获得很多好处：增长根的寿命；增强了从土壤中吸收营养的速率；增加对毒素的抗性；增大植物对温度、干旱和酸碱性等不良环境的抗性；增强对植物致病微生物的抗性；选择性地从土壤中吸收某些离子等。

真菌和植物形成的共生体增强了它们对环境的适应能力，使它们能占据原本所不能占据的生境。结合以后的共生体不同于单独的根和真菌，它们除保留各自原有的特点外，还会产生原来所没有的优点，体现了生物种间的协调性。

5. 固氮微生物

(1) 根瘤菌和豆科植物的共生固氮

根瘤菌和豆科植物经过一系列的相互作用过程而形成具有固氮能力的成熟根瘤，是微生物和植物之间最重要的互惠共生关系。

根瘤中含有特有的豆血红蛋白，可以作为电子载体给根瘤菌提供 O_2 以便合成 ATP，同时保护对 O_2 高度敏感的固氮酶。豆血红蛋白球蛋白部分必须在根瘤菌诱导下由植物细胞基因编码合成，而血红素部分由根瘤菌基因编码合成。

宿主为根瘤菌提供良好的居住环境、碳源和能源以及其他必需营养，而根瘤菌则为宿主提供氮素营养。根瘤菌和植物根共同创造一个有助于固氮的生态位。

(2) 放线菌和非豆科植物共生固氮

放线菌目中的弗兰克氏菌可与200多种非豆科植物共生形成放线菌根瘤共生固氮。弗兰克氏菌较根瘤菌易生长，固氮持续时间长，固氮酶活性高（Hoffman et al., 2009）。放线菌根瘤植物多为木本双子叶植物，如桤木、杨梅和沙棘等，它们种类多、分布广并且抗逆性强。

(3) 蓝细菌和植物的共生固氮

蓝细菌（蓝藻）中的许多属种除能自生固氮外，部分蓝细菌（如念珠藻属和鱼腥藻属等属）能与部分苔类植物、蕨类植物、藓类植物、裸子植物和被子植物建立具有固氮功能的共生体。例如，红萍与鱼腥藻共生，当它们在稻田中生长时，不仅能提高稻田肥力，还能抑制其他杂草的生长。

6. 植物病原微生物

细菌、病毒、真菌和原生动物能作为植物病原微生物引起植物的病害。植物病害是微生物对植物的负相互作用，真菌是最主要的病原微生物。病原微生物引起植物病害大致可分为接触、侵入、转移和发病四个步骤，通过产生毒素、水解酶和生长调节因子使被感染植物产生各种形式上和代谢上的异常，有的植物会快速死亡，或经历缓慢的变化过程而走向死亡。植物病原菌与患病植物间大多具有专一性，不同病原微生物的植物寄主范围不同，在没有合适宿主的时候，有的微生物在土壤中营腐生生活，继而增加了消除植物病原微生物的难度。植物病原微生物能引起多种严重的植物病害，如由烟草花叶病毒引起的烟草花叶病；由水稻黄单胞菌引起的水稻白叶枯病；由担子菌中的锈菌引起的许多禾谷类作物的锈病等。每年，我国因植物病原微生物导致植物的病害造成的经济损失十分严重。

4.5.3 微生物与动物之间的相互关系

生长在人和动物体上的微生物是一个数量庞大、种类复杂并且生理功能多样的群体。总体上，此类微生物可以分为有益和有害两个方面。对动物有益的微生物通常是通过互养关系和互惠共生关系存在的，如皮肤、肠道与微生物的互养关系，微生物和昆虫的共生，海洋鱼类和发光细菌的共生，瘤胃共生等。对动物有害的微生物称为病原微生物，包括细菌、病毒、真菌以及原生动物的一些种类。

1. 互养关系

人与动物体表和体内含有大量正常的生理菌群，如在正常人体皮肤、黏膜及与外界相通的各种腔道，口腔、鼻咽腔、肠道和尿道等部位，存在着种类较稳定、数量大且一般是有益无害的微生物群，通常称之为正常菌群。这些正常的生理菌群从动物和人的分泌物、脱落的细胞和食物消化物中摄取营养而生长，并帮助人和动物消化食物，提供人和动物不能合成的某些维生素和氨基酸，也能一定程度上抑制和排斥外来病原菌的入侵。人和动物本身还能为微生物提供合适的湿度、温度、pH 和水分等良好的生活环境，并对微生物起保护作用，因此二者之间呈现良好的互养关系。

在长期进化过程中，正常菌群内部及其与宿主之间相互制约、相互依存关系，形成一个能进行物质、能量等交流的动态平衡的微生物生态系统。正常菌群的生理作用包括：生物拮抗作用、刺激免疫应答、合成维生素和降解食物残渣。

2. 捕食关系

微生物是重要的初级生产者，一些水生无脊椎动物可通过捕食方式摄取微生物。如水体中的腕足纲和甲壳纲采用特殊的“滤食”方式取食蓝细菌、光合细菌、藻类和真菌，甚至是原生动物；水生海胆、蜗牛等可取食水底沉积物表面的微生物。

3. 共生关系

（1）瘤胃微生物与反刍动物共生

纤维素等不溶性多糖需要特定的酶，如纤维素酶才能催化分解，哺乳动物体内缺少这样的酶，因此无法利用纤维素。食草性反刍动物自身也没有分解纤维素的能力，但具有一个生存着大量能分解各种大分子不溶糖类的微生物消化器官——瘤胃，因此能直接利用纤维素等不溶性糖类。这是微生物与动物之间形成的典型互惠共生关系。

反刍动物有 4 个胃，前两个胃叫瘤胃和网胃，瘤胃的体积一般较大，后两个胃叫瓣胃和皱胃。瘤胃和网胃是草料暂时贮存、分解和加工的场所，pH 为 5.8 ~ 6.8，有大量的纤维素、淀粉和脂肪分解菌，适宜原核生物、厌氧真菌和纤毛虫等微生物生长。当草料到达瘤胃和网胃时，首先是纤维素菌将纤维素分解为纤维素二糖和葡萄糖，继而被其他微生物吸收利用转化，产生乳酸、丁酸、脂肪酸等有机酸和 CO_2、CH_4 等气体。有机酸进入动物血液或其他组织器官，转化为动物营养，免除了对微生物的毒害。前两个胃没有消化完的草料及菌体进入后两胃，由其分泌蛋白酶消化分解产生氨基酸和维生素等，被动物体吸收利用。此外，瘤胃中的微生物还可以大量合成动物不能合成的某些必需氨基酸及维生素，为动物提供必需的营养物质。

总的来说，瘤胃为微生物提供了一个稳定的中温、厌氧和偏酸性的良好生态环境。瘤胃微生物通过它们各自的代谢活动，将半纤维素、纤维素、淀粉和植物蛋白等大分子化合物转化为乙酸、丙酸、丁酸、CH_4、CO_2、H_2 和 H_2O 等小分子物质以供反刍动物利用。

（2）光合细菌与动物之间的共生

一些无脊椎动物行动欠敏捷，不能靠自身运动进行捕食摄取营养，借助光合细菌的光合作用而获得有机营养物质，同时无脊椎动物为光合细菌提供光合作用或是其生长所需的其他物质，从而形成互惠共生关系。有的互惠共生体在进化过程中，形态更为接近，便于进行有效的营养物质的交换。如海绵可与蓝细菌共生，海绵向蓝细菌供应尿酸和 CO_2，并提供合适的生长环境，蓝细菌通过光合作用给海绵提供有机营养物质。

（3）发光细菌与海洋生物共生

某些深海鱼类长有一个囊状的器官，其内生活着发光细菌，常见的有发光杆菌属（*Photobacterium*）和发光弧菌属（*Photovibrio*）等。正常情况下，鱼类给发光细菌提供良好的营养和栖身场所，使其免受其他原生动物捕食，而发光细菌不断发光，使这些鱼类能在漆黑深海环境中寻找到捕食目标，发光细菌还能控制发光强弱和发光周期，引诱其他海洋生物向鱼类靠近，以利于捕食。通过这样的互惠方式，一些海洋鱼类和无脊椎动物能与发光细菌建立起独特的共生关系。

（4）微生物与节肢动物的共生

在自然界中，微生物与节肢动物存在多种形式的共生关系。常见的有蚁类与真菌的共生，蚁类可将真菌带至植物组织碎片上，并为真菌创造一个生存环境，而蚁类则取食真菌纤维素分解的副产物，并获得纤维素酶，该酶类在蚁类肠道继续分解纤维素。这样的共生关系对营养物质的循环利用具有重要的生态学意义。

另外，一些以食木材为主的甲虫在头部有储藏真菌的袋囊，它们为真菌提供合适的生存环境和一些必要的营养，当需要时将真菌"接种"至木材上分解木材，甲虫则可以取食木材的分解产物。

4. 寄生关系

(1) 人和动物的病原微生物

寄生在人和动物体内，并引起病害的微生物称为寄生菌（parasite），也称为病原菌（pathogen）或病原微生物。当寄主免疫能力低下时，就会在某一局部定居，营寄生生活，继而发病，严重时可导致寄主死亡。一般情况下在水体和土壤等自然环境中生存、遇到特殊条件才感染寄主致病的微生物称为兼性寄生菌，如引起破伤风的破伤风梭菌（*Clostridium tetani*）等。只生活在人和动物体内或体表的病原微生物称为专性寄生菌，如衣原体、病毒和多数病原微生物等。有些微生物是生物体中的正常菌群，但在特定时期却能感染或是致病，如大肠杆菌是人肠道的正常菌群，但若经泌尿系统进入感染也会导致炎症，这类微生物称为条件致病微生物。

病原微生物寄生在经济动物体内会给人们造成损失，寄生在有害动物体内则对人类是有益的。例如，利用寄生于害虫的微生物来防止虫害，具有重要的农业生态学意义和经济价值。在自然条件下，害虫幼虫通过取食而感染核型多角体病毒（nucleopolyhedrosis virus，NPV）或颗粒体病毒（granulosis virus，GV），在其肠道内，碱性消化液将病毒包含体溶解，释放活性病毒来侵染中肠上皮细胞或脂肪体等敏感组织细胞，病毒复制而导致幼虫死亡。苏云金芽孢杆菌（*Bacillus thuriengiensis*）是另一种优良的生物农药，其产生的伴胞晶体被昆虫幼虫吞食后，在其肠道内转化为杀虫毒素，对鳞翅目（如蛾、蝴蝶幼虫）、双翅目（如蚊子）、鞘翅目（如马铃薯瓢虫、棉象虫）和膜翅目等多种害虫有良好的防治效果。另外，丝孢木的白僵菌（*Beauveria bassiana*）能分泌白僵菌素，侵染直翅目、同翅目、鳞翅目、鞘翅目，以及螨虫幼虫等宿主，是应用最广的昆虫病原真菌。用生物农药进行以菌治虫不仅效果好，而且生态友好，不存在环境污染。

(2) 冬虫夏草

冬虫夏草（*Cardyceps sinensis*）产于我国云南、四川、青海、甘肃和西藏等地区，是我国特有的一种名贵中药，具有很高的健脾、补肾和强身等药用价值。冬虫夏草是一种虫草真菌，是由中华被毛孢（*Hirsutella sinensis*）寄生在鳞翅目蝙蝠蛾科昆虫幼虫中，经过一定时间的转变而共同形成的产物。在夏季，蝙蝠蛾将卵产于花叶上，随叶片落到地面。大约一个月后，卵孵化变成幼虫，钻入土层。土层里中华被毛孢的子囊孢子侵入蝙蝠蛾幼虫体内，随后孢子在幼虫体内萌发生长，幼虫的内脏被慢慢消耗直至消失，体内变成充满菌丝的一个躯壳，埋于土壤内。到来年春天，菌丝开始再次生长，到夏天时长出地面，如一棵小草。这样，幼虫的躯壳与小草状的真菌菌丝共同组成了一个完整的冬虫夏草。

4.6　微生物生态学研究方法

目前，微生物生态学研究主要集中在微生物活性和微生物多样性两个方面：通过对微生物活性的研究，可以了解微生物在生态环境中的作用；通过对多样性研究，可以了解不同生态环境中的微生物特征及其在进化过程的相互关系。因此，需要利用先进准确的研究方法，直接对微生物活性和种类进行测定。在此，我们将微生物生态学研究方法分为传统方法和分子生物学方法两个方面来进行介绍。

4.6.1　微生物生态学研究的传统方法

1. 直接观察

直接观察即利用光学和电子显微镜，对样品中的微生物进行直接观察，计算微生物数目或测定丝状微生物的长度，其结果可以用每单位面积、每单位体积或质量的微生物数目来表示，以此来估计微生物量。所用的计数器有血细胞计数板、Hawksley 计菌器和 Peteroff-Hauser 计菌器，这些计数器可以用于细菌、酵母菌和霉菌孢子的计数。有时为了方便观察，还需对样品进行染色或适当稀释。通过直接观察，人们能够了解到天然样品中微生物的形态和状态，该类方法比较快速、直观，并且操作简单。但是，直接观察法只取用少量样品，可能无法反映微生物所在整个自然环境的真实情况，具有一定的局限性。

2. 培养方法

对环境中的微生物进行培养的完整过程包括样品的采集、富集培养和最后进行的分离培养。培养微生物的方法有很多，为了达到不同的目的需要采取不同的方法，平时最常用到的是平板菌落计数法。此法是将含有单细胞微生物的菌悬液充分混合均匀后，根据情况进行必要的适当稀释，取一定稀释度的菌悬液涂布于合适培养基平板上，在合适条件下进行培养，最后计算每个平板上的微生物菌落。这种方法可以计算自然样品中的活微生物数目，并可以分辨细菌、放线菌和真菌。但造成这种方法计算误差的因素很多，如实验室所用的培养条件暂时不可能满足所有微生物的生长，很多微生物无法培养，不能真实反映环境中微生物情况；有些微生物在平板上只能形成微菌落，不利于肉眼观察；自然中的许多微生物细胞成群黏接在一起，用普通的方法很难将其分开，这样形成的单菌落是由多个细胞增殖而来的；对于平板上形成的丝状微生物菌落，不知是从孢子而来的还是从菌丝而来的。尽管如此，这种方法还是被广泛用于微生物生态学研究中，根据其优缺点，主要将其用于细菌和酵母菌生态学的研究。

3. 代谢活力

代谢活力测定的方法很多，针对不同的微生物有不同的方法。此处主要介绍常见的 5 种。

1）利用带有放射性标记的各种污染物作为微生物生长的底物，以测定这些污染物的分解速率而推测它们的代谢途径，从而获得所需的代谢活力信息。

2）通过紫外分光光度法监测酶催化产生的特定产物的变化，分析某些特殊酶类的活力，以此表征微生物的代谢活力。

3）测定自然样品中的 ATP 含量变化，以此表征微生物的代谢活力。

4）最广泛使用的测定代谢活力的方法是通过测定 O_2 和 CO_2 量的变化，从而估计整个微生物群体的呼吸作用和藻类的光合作用。

5）测定叶绿素的含量和其他光合色素的含量，用以估计藻类和其他光合生物的生物量和代谢活力。

代谢活力测定的一个最大不足是，无法从所得结果中知道自然样品中存在哪些微生物种类以及数量的分布情况。

微生物多样性的传统研究方法是从环境中收集尽量多的样品，然后利用不同的培养基和不同的培养条件从中分离纯化微生物。由于微生物生理功能多种多样，用这种方法很难分离得到样品中所有的微生物。另外，许多微生物的营养需求尚不清楚，用现有的方法根本无法培养它们。传统方法的局限性已经很难满足当代微生物学研究的需要，分子生物学方法的引入给微生物生态学的研究带来了强劲的推动力。

4.6.2 微生物生态学的分子生物学方法

最近几年，许多分子生物学方法被引入到自然环境中微生物多样性的研究中。这些新技术为用现有方法无法培养微生物的研究提供了良好契机。分子生物学方法是先收集环境样品，然后测定样品中的核酸，对该核酸进行序列分析，与数据库中现有核酸序列进行比较，如果发现从自然环境提取到的核酸序列与数据库中的核酸序列有很大差别，则认为该自然样品中存在新的微生物物种。在同源性序列的基础上，进一步分析其生理和生化特性。

1. 核酸杂交技术

核酸杂交技术是基于核酸分子的碱基互补配对原理，用特异性 cDNA 探针与待测 DNA 或 RNA 形成杂交分子的过程。通常情况下，需要对探针进行非放射性标记和放射性标记，且已发生杂交的核酸要容易进行检测（Jako et al., 2001）。根据所用靶核酸和探针的不同，杂交可分为 DNA-DNA 杂交、DNA-RNA 杂交和 RNA-RNA 杂交三类。根据标记的不同可进行多种分类，如间接标记、多标记等。由于高度特异性和灵敏性，核酸杂交技术被广泛应用于微生物生态学的各种研究中。下面介绍两种常用的杂交技术。

点杂交是将从样品中提取到的 DNA 或 RNA 直接点在尼龙膜或硝酸纤维素膜上，用预先设计好的探针与之杂交，检测有无目的核酸的方法。该方法简便易行，结果准确，在实际应用中范围广。

荧光原位杂交技术由原位杂交技术发展而来。该技术根据已知微生物种群特异的 DNA 或 RNA 序列构建荧光标记的特异寡聚核苷酸片段探针，将探针与环境基因组中 DNA 分子杂交，检测该特异微生物种群的存在与丰度。荧光原位杂交技术的主要步骤包括：样品固定、样品预处理、预杂交、探针和样品变性、杂交、漂洗去除未结合的探针、检测杂交信号。此方法被广泛应用于环境微生物多样性的研究，现已成为微生物分子生态学研究的重要方法。将荧光原位杂交技术应用于环境中特定微生物种群鉴定、种群数量分析及其特异微生物跟踪检测，可提供数量、形态学、空间分布与细胞环境方面的信息，探秘自然菌群的生态学和组成以及群落对人为因素和自然动态变化的应答。

2. DNA 指纹图谱技术

DNA 指纹图谱技术是基于聚合酶链反应（polymerase chain reaction，PCR）的分子生物学技术，具有高度的变异性和稳定的遗传性。该新技术遵循孟德尔遗传原理，依据独特核酸物质的分离来提供微生物群落多样性的图案或轮廓，在分析时有直观、快速和高通量的特点。

PCR 是 DNA 指纹图谱技术的核心技术，是体外快速扩增特定基因的方法。PCR 技术由引物、模板和扩增条件三个部分组成，通过对这些组成部分的改变，可以衍生出多种微生物群落多样性检测分析方法。PCR 技术包括变性、退火和延伸三个基本过程，在微生物分子生态学研究中扮演着十分重要的角色，是微生物分子生态学研究不可缺少的技术。

此处介绍 8 种常用的 DNA 指纹图谱技术。

(1) 限制性片段长度多态性（PFLP）

限制性片段长度多态性（restriction fragment length polymorphism，PFLP）方法是用限制性内切核酸酶将细胞基因组 DNA 进行切割，然后在琼脂糖凝胶上电泳分离，通过指纹图谱来分析基因组中限制性内切核酸酶限制性切点的变化，从而比较不同基因组之间的核苷酸序列的差异，以显示不同种群基因组 DNA 的限制性片段长度多态性。RFLP 产生的指纹图谱适用于种内分型鉴定。RFLP 的结果反映的是整个基因组的遗传信息，区分能力强，可以直接研究基因的组成，其变异比形态学变异更稳定，其表现不受环境条件的影响（汤彦翀等，2009）。

由于 RFLP 产生的 DNA 指纹图谱比较复杂，在分析菌群时耗时费力。另外，该技术依赖 Southern blot 技术，需要克隆基因探针，DNA 用量大且纯度要求很高。因此，在应用 RFLP 技术时，常与 PCR 技术结合，即 PCR-RFLP 技术。PCR-RFLP 技术可以使图谱的带型简单化，易于分析，常用于检测某种环境中微生物的群落结构。

(2) 末端限制性片段长度多态性（T-RFLP）

末端限制性片段长度多态性（terminal restriction fragment length polymorphism，T-RFLP）技术是进行微生物种类定性分析的重要技术，同时也可进行相对的定量分析。

T-RFLP 技术的基本过程包括：首先，根据细菌 16S rRNA 保守区设计通用引物，其中一个引物的 5′端用荧光物质标记；其次，提取待分析样品的总 DNA，并以此为模板进行 PCR；再次，将 PCR 产物用合适的限制性内切核酸酶消化，从而得到许多不同长度的限制性片段；最后，用自动测序仪检测消化产物，只有末端带荧光标记的片段能检测到。不同长度的末端限制性片段必然代表不同种的细菌，即一种末端限制性片段至少代表一种细菌。在基因扫描图谱上，每个峰面积占总面积的百分数就代表了这个末端限制性片段的相对数量，即哪种细菌对应的末端限制性片段峰面积大，它的数量相对就大。

T-RFLP 技术可以检测到环境中的所有细菌，包括可培养和难培养的活细菌和未降解的死细菌，有灵敏度高、工作量少等优点。

(3) 随机扩增多态性 DNA（RAPD）

随机扩增多态性 DNA（randomly-amplified polymorphic DNA，RAPD）以 PCR 技术为基础，以人工随机合成的 DNA 分子为引物，以需检测的基因组 DNA 为模板，通过 PCR 技术对多态性 DNA 片段随机合成。当引物分子与某一片段的 DNA 模板存在足够长的互补核酸序列时，该引物分子就会结合到单链的模板 DNA 上。而后，在聚合酶催化下，合成一段新的互补 DNA 链，对扩增产物进行电泳，观察新合成的 DNA 分子条带。这种随机放大的多态性 DNA 片段，即可作为分子图谱中的一个位点（Hamada and Hirohashi，2001）。

相比于 RFLP 法，RAPD 法所需的模板和样品量少、获得基因图谱的速度快且引物价格低，无须知道 DNA 序列信息和对每种微生物进行鉴定，是一种更为简单的研究微生物多样性的方法。

（4）扩增片段长度多态性（AFLP）

扩增片段长度多态性（amplified fragment length polymorphism，AFLP）是测定基因组限制性片段的 DNA 指纹法。该技术是利用 PCR 技术选择性地扩增基因组 DNA 双酶切的限制性片段，基因组 DNA 经限制性内切核酸酶消化后，将一双链 DNA 接头与限制性酶切片段的两端连接。然后，根据接头序列和限制性酶切位点邻近区域的碱基序列，设计一系列 3′端含数个随机变化的选择性碱基，扩增能够匹配的片段。扩增产物经变性聚丙烯酰胺凝胶电泳分离，显示多态性。AFLP 技术可用于大小不同的基因组指纹分析，具有灵活性高、重复性好和分辨率高的特点（王乐乐等，2009）。

（5）变性梯度凝胶电泳系统（DGGE）/温度梯度凝胶电泳（TGGE）

根据 PCR 扩增核苷酸序列的不同，DGGE（denaturing gradient gel electrophoresis）和 TGGE（temperature gradient gel electrophoresis）对基因进行片段分离。DGGE 能够以同一套 PCR 引物，从混合微生物中扩增 DNA 片段，只要存在碱基的差异，解链特性就会有差异。DNA 片段在含有化学变性剂尿素（urea）和甲酰胺（formamide）梯度的聚丙烯酰胺凝胶中泳动时，在相应的变性剂浓度下在解链点（melting domain）发生部分解链，造成各片段构象的不同，最终导致迁移率的不同并形成一定的带型。TGGE 使用固定浓度的尿素和甲酰胺以促进 DNA 解链，电泳时 PCR 产物是在线性温度梯度的凝胶中迁移，而造成不同 DNA 片段解链时间的差异。理论上，DGGE 能够将只存在单碱基差异的小片段 DNA 分开。

PCR-DGGE/TGGE 的主要步骤是：首先提取微生物环境样品的总 DNA，其次通过 PCR 扩增特定类群的保守基因，对扩增产物进行 DGGE/TGGE 凝胶电泳分析，再次观察电泳图谱的条带差异，获得环境微生物的群落结构及其变化等信息。PCR-DGGE/TGGE 技术对于环境中不能培养微生物的分析鉴定有重要意义，能快速同时对比分析大量样品，跟踪检测细菌的富集和分离，还可以辅助筛选克隆文库以及检测 PCR 和克隆过程中的偏差。

（6）单链构象多态性分析（SSCP）

单链构象多态性分析（single-strand conformation polymorphism，SSCP）的基本原理为：单链 DNA 片段呈复杂的空间折叠构象，这种立体结构主要是由其内部碱基配对等分子内相互作用维持的；当有一个碱基发生改变时，会影响到其空间构象，使构象发生相应的改变；空间构象有差异的单链 DNA 分子在聚丙烯酰胺凝胶中所受阻力大小不同，因此，可以通过非变性聚丙烯酰胺凝胶电泳非常灵敏地将构象上有差异的分子，即序列不同的分子分离开。SSCP 的基本步骤包括：首先，提取样品基因组 DNA；其次，利用真细菌通用引物扩增 16S rDNA；再次，将扩增后的产物变性，形成单链 DNA；再用聚丙烯酰胺凝胶电泳将不同的片段进行分离；最后，回收 DNA 测定不同条带的序列，同基因文库的 16S rDNA 序列比较来确定微生物的种属（Timmins et al.，2009）。其优点是操作简单、价格低且电泳可回收利用。

（7）重复片段 PCR 基因指纹分析（rep-PCR）

重复片段 PCR 基因指纹分析（repetitive-element PCR genomic fingerprinting，rep-PCR）是由 Versalovic 于 1996 年发展出的一种细菌基因组指纹分析方法，是扩增细菌基因组中广泛分布的短重复序列，通过电泳条带比较分析，揭示基因组间的差异。细菌基因组中广泛分布的短重复序列（repetitive sequence），常用的包括 35~40bp 的重复基因外回文序列（repetitive extragenic palindromic，REP）、124~127bp 的肠细菌重复基因基准序列（enterobacterial repetitive intergenic consensus，ERIC）和 154bp 的 BOX（box element）序列。它们在菌株、种和属水平上分布有差异，且在进化过程中有相对保守性。目前，rep-PCR 可自动化分型，并可建立各种细菌的 REP 和 ERIC-PCR 分型标准数据库。rep-PCR 分辨效果好、可重复性强，比 RFLP、生化分型和核糖体分型要好。rep-PCR 发展迅速并被广泛应用于多种细菌基因分类，此方法操作方便，可以大样本进行。

（8）环境宏基因组学技术

广义的宏基因组学是以特定环境下所有生物遗传物质的总和为研究对象。狭义的宏基因组学则以生态环境中全部细菌和真菌基因组 DNA 作为研究对象，即环境宏基因组学。

环境宏基因组学研究的基本思路是：首先，直接提取环境中所有微生物的基因组 DNA；然后，通过细菌人工染色体（bacterial artificial chromosome，BAC）和寄主（大肠杆菌）构建宏基因组文库，将环境中全部微生物核酸收集起来；其次，通过对重组克隆子大规模测序，获得微生物的群落结构信息，进行微生物生态学的基础研究；同时，运用序列筛选或功能筛选功能从文库中获得有用产物或基因，用于微生物资源的应用研究（Palmieri et al.，1996）。

环境宏基因组学技术有助于阐明微生物在生物地球化学循环过程中的生态作用，增进了人们对自然生境中微生物群落结构的了解，揭示了若干具有重要生态功能的微生物基因的分布特征。

3. rDNA 同源性分析

rDNA 在所有的微生物中进化和功能上是同源的，同源物种之间 rDNA 序列和结构是相对保守的。因此，不同种微生物的核苷酸序列相似程度越高，说明它们的系统发育关系越密切。根据这个原理，从不同微生物中直接提取 rDNA 或通过 PCR 技术扩增 rDNA，测定其序列，然后比较它们序列的相似性，即可判断它们之间的亲缘关系。这样，能够省去微生物的培养步骤，通过直接研究对比样品中的遗传物质，就可以获得微生物的多样性信息。

4. 核酸提取

从自然样品中抽提细胞或核酸是微生物分子生态学技术的首要步骤。从环境样品中提取核酸的方法分两种：直接裂解法和转移后裂解法。直接裂解法是在土壤中直接裂解微生物菌体后提取 DNA；转移后裂解法是先将微生物菌体与土壤颗粒分开，再提取 DNA。相比之下，直接裂解法可以提取出沉积物样品中近乎所有的微生物种群，且 DNA 产量大。而转移后裂解操作会损失一部分微生物菌体。在高效裂解细胞的同时，对已释放出的 DNA 不予破坏是提高 DNA 产生率的决定因素。目前已报道的裂解法有超声波裂解法、变性剂热裂解法、液氮冻融法、研磨法和酶解法等（Long et al., 1987；Nakajima et al., 1986；陈英，2010）。

上述分子生物学方法，代表了现代微生物生态学领域较为成熟的研究方法。分子生物学技术比传统方法复杂得多，普遍存在着一些局限性：每次提取 DNA 的效率不同，造成结果重复性差；核酸提取前微生物的存放条件，不可避免地导致其中微生物的变化；某些原核生物细胞比其他细胞容易裂解，而不易裂解细胞的丰度过低，引起裂解程度不均一；引物对不同样品的扩增效率不同，引起丰度估计偏差。因此，在进行微生物群落结构及微生物多样性研究时，往往将多种方法组合应用，以确保实验结果的真实可靠性。同时，通过技术之间的互补利用，也可以有效地控制研究成本，提高研究的效率。值得强调的是，微生物分子生态学研究方法并不能完全代替纯培养法。事实上，微生物分子生态学研究方法建立在传统纯培养法基础之上，才能对分离得到的众多纯培养微生物核酸序列进行比较分析。分子生态学研究方法探测到的未培养微生物，也要通过传统的纯培养法得到纯培养后，才能对其进行更好的分类学和其他理论研究，也才有可能进行更好的应用和开发。

思 考 题

1. 微生物生态学有何意义？
2. 举例说明微生物与植物间的共生关系。
3. 简述三种微生物生态学的分子生物学研究方法。
4. 传统微生物学方法和现在分子生物学方法研究微生物生态学的优缺点？

5. 极端环境中的古生菌和细菌有什么异同之处？

6. 极端环境中的微生物有哪些潜在用途？

参 考 文 献

陈英. 2010. 脂肪酶基因的克隆表达、酶学性质研究和分子改造. 南宁：广西大学硕士学位论文.

池振明，王祥红，李静. 2010. 现代微生物生态学（第二版）. 北京：科学出版社.

傅霖，辛明秀. 2009. 产甲烷菌的生态多样性及工业应用. 应用与环境生物学报, 15 (4): 574-578.

高晨光，杨君，王威威. 2009. 吉林省西部稻田土壤微生物区系的测定. 白城师范学院学报, 23 (3): 48-50.

郭晓慧，吴伟祥，韩志英，等. 2011. 嗜酸产甲烷菌及其在厌氧处理中的应用. 应用生态学报, 22 (2): 537-542.

吉海平，李君. 1997. 光合细菌应用动态. 生物工程进展, 17 (4): 46-50.

李长春. 2006. 碱性脂肪酶高产菌株 Serratia sp. SL-11 的筛选及酶的分离纯化与部分性质研究. 重庆：西南大学硕士学位论文.

宋福强. 2008. 微生物生态学. 北京：化学工业出版社.

汤彦翀，卢亚萍，吕凤霞，等. 2009. 腐生葡萄球菌 M36 耐有机溶剂脂肪酶基因的克隆与原核表达. 生物工程学报, 25 (12): 1989-1995.

王乐乐，喻晓蔚，徐岩，等. 2009. 华根霉（Rhizopus chinensis）前导肽脂肪酶基因的克隆及其在 Pichia pastoris 中的表达. 高技术通讯, 19 (1): 105-110.

杨建斌，杜传林，徐振业，等. 2010. 固定化荧光假单胞菌脂肪酶用于催化低酸值餐饮废油的酯交换反应. 中国粮油学报, 25 (11): 69-73.

勇强，姜镇河，余世袁，等. 2004. 碳源和氮源对白腐菌 Sarcodon asparatus 合成脂肪酶的影响. 林产化学与工业, 24 (4): 1-6.

张瑜斌. 2002. 九龙江口红树林土壤微生物及藻体异养固氮菌的某些生态学研究. 厦门：厦门大学博士学位论文.

左剑恶，邢薇. 2007. 嗜冷产甲烷菌及其在废水厌氧处理中的应用. 应用生态学报, 18 (9): 2127-2132.

Alvarez J M, Canessa P, Mancilla R A, et al. 2009. Expression of genes encoding laccase and manganese-dependent peroxidase in the fungus Ceriporiopsis subvermispora is mediated by an ACE1-like copper-fist transcription factor. Fungal Genetics and Biology, 46 (1): 104-111.

Bothe H, Winkelmann S, Boison G. 2008. Maximizing hydrogen production by cyanobacteria. Zeitschrift Fur Naturforschung Section C-a Journal of Biosciences, 63 (3-4): 226-232.

Bouvier-Navé P, Benveniste P, Oelkers P, et al. 2000. Expression in yeast and tobacco of plant cDNAs encoding acyl CoA: diacylglycerol acyltransferase. European Journal of Biochemistry,

267 (1): 85-96.

Cajthaml T, Erbanova P, Kollmann A, et al. 2008. Degradation of PAHs by ligninolytic enzymes of Irpex lacteus. Folia Microbiologica, 53 (4): 289-294.

Chen C K, Blaschek H P. 1999. Acetate enhances solvent production and prevents degeneration in *Clostridium beijerinckii* BA101. Appl. Microbiol. Biotechnol., 52 (2): 170-173.

Chong S, Liu Y, Cummins M, et al. 2002. *Methanogenium marinum* sp. nov., a H_2- using methanogen from Skan Bay, Alaska, and kinetics of H_2 utilization. Antonie van Leeuwenhoek, 81 (1): 263-270.

Daeschel M A, Mundt J O, McCarty I E. 1981. Microbial changes in sweet sorghum (*sorghum bicolor*) juices. Applied and Environmental Microbiology, 42 (2): 381-382.

Demirijan D, Moris-varas F, Cassidy C. 2001. Enzymes from extremophiles. Curr. Opin. Chem. Biol. 5: 144-151.

Dunahay T G, Jarvis E E, Roessler P G. 1995. Genetic transformation of the diatoms *Cyclotella cryptica* and *Navicula saprophila*. Journal of Phycology, 31 (6): 1004-1012.

Dworkin M, Falkow S. 2006. The prokaryotes, Volume 3. New York: Springer.

Franzmann P D, Liu Y T, Balkwill D L, et al. 1997. *Methanogenium frigidum* sp. nov., a psychrophilic, H_2-using methanogen from Ace Lake, Antarctica. International Journal of Systematic Bacteriology, 47 (4): 1068-1072.

Franzmann P D, Springer N, Ludwig W, et al. 1992. A methanogenic archaeon from Ace lake, Antarctica: *Methanococcoides burtonii* sp. nov. Systematic and Applied Microbiology, 15 (4): 573-581.

Garcia J L, Pate B K, Ollivier B. 2000. Taxonomic, phylogenetic, and ecological diversity of methanogenic archaea. Anaerobe, (6): 205-226.

Hamada N, Hirohashi K. 2001. Cloning and transcriptional analysis of exocellulase I gene from Irpex-lacteus. Jural of Tokyo University o f Tisheries, (87): 39-44.

Hodge D B, Karim M N, Schell D J, et al. 2009. Model-Based Fed-Batch for High-Solids Enzymatic Cellulose Hydrolysis. Appled Biochemistry and Biotechnology, (152): 88-107.

Hoffman B M, Dean D R, Seefeldt L C. 2009. Climbing Nitrogenase: Toward a Mechanism of Enzymatic Nitrogen Fixation. Accounts of Chemical Research, 42 (5): 609-619.

Huang S T, Tzean S S, Tsai B Y, et al. 2009. Cloning and heterologous expression of a novel ligninolytic peroxidase gene from poroid brown-rot fungus *Antrodia cinnamomea*. Microbiology-Sgm, 155 (2): 424-433.

Jako C, Kumar A, Wei Y, et al. 2001. Seed-specific over-expression of an Arabidopsis cDNA encoding a diacylglycerol acyltransferase enhances seed oil content and seed weight. Plant Physiology, 126 (2): 861-874.

Jorgensen H, Vibe-Pedersen J, Larsen J, et al. 2007. Liquefaction of lignocellulose at high-solids concentrations. Biotechnology and Bioengineering, 96 (5): 862-870.

Kamasaka H, Sugimoto K, Takata H, et al. 2002. *Bacillus stearothermophilus* neopullulanase selective hydrolysis of amylose to maltose in the presence of amylopectin. Appl Environ Microbiol. 68 (4): 1658-1664.

Kendall M M, Wardlaw G D, Tang C F, et al. 2007. Diversity of archaea in marine sediments from Skan Bay, Alaska, including cultivated methanogens, and description of *Methanogenium boonei* sp. nov. Applied and Environmental Microbiology, 73 (2): 407-414.

Khyami H. 1996. Thermotolerant strain of *Bacillus licheniformis* producing lipase. World Journal of Microbiology and Biotechnology, 12: 399-401.

Klein D, Arab H, Völker H, Thomm M. 2002. *Methanosarcina baltica*, sp. nov., a novel methanogen isolated from the Gotland Deep of the Baltic Sea. Extremophiles, 6 (2): 103-110.

Lee Y K. 2001. Microalgal mass culture systems and methods: their limitation and potential. Journal of Applied Phycology, 13 (4): 307-315.

Li D, Yuan Z H, Sun Y M, et al. 2009. Hydrogen production characteristics of the organic fraction of municipal solid wastes by anaerobic mixed culture fermentation. International Journal of Hydrogen Energy, 34 (2): 812-820.

Lin H, Castro N M, Bennett G N, et al. 2006. Acetyl-CoA synthetase overexpression in *Escherichia coli* demonstrates more efficient acetate assimilation and lower acetate accumulation: a potential tool in metabolic engineering. Applied Microbiology and Biotechnology, 71 (6): 870-874.

Long C M, Virolle M J, Chang S, et al. 1987. α-Amylase gene of *Streptomyces lomosus*: nucleotide sequence, expression motifs, and amino acid sequence homology to mammalian and invertebrate α-amylases. J. Bacteriol. (169): 5745-5754.

Molina E, Fernández J, Acién F, et al. 2001. Tubular photobioreactor design for algal cultures. Journal of Biotechnology, 92 (2): 113-131.

Nakajima R, Imanaka T, Aiba S. 1986. Comparison of amino acid sequences of eleven different α-amylases. Appl. Microbiol. Biotechnol., (23): 355-360.

Palmieri L, Palmieri F, Runswick M J, et al. 1996. Identification by bacterial expression and functional reconstitution of the yeast genomic sequence encoding the mitochondrial dicarboxylate carrier protein. FEBS Letters, 399 (3): 299-302.

Petrova S D, Live S Z, Bakalova N G, et al. 2000. Production and characterization of extracellular a-amylase from the thermophilic fungus *Thermomyces lanuginosus* (wild and mutant strains). Biotechnology Letter, (22): 1619-1624.

Pleiss J, Fischer M, Peiker M, et al. 2000. Lipase engineering database: understanding and exploiting sequence-structure-function relationships. Journal of Molecular Catalysis B: Enzymatic, (10): 491-508.

Prakash B, Vidyasagar M, Madhukumar M S, et al. 2009. Production, purification, and characterization of two extremely halotolerant, thermostable, and alkali-stable α-amylases from *Chromohalobacter* sp. TVSP 101. Process Biochemistry, (44): 210-215.

Pyle D J, Garcia R A, Wen Z. 2008. Producing docosahexaenoic acid (DHA) - rich algae from biodiesel-derived crude glycerol: effects of impurities on DHA production and algal biomass composition. Journal of Agricultural and Food Chemistry, 56 (11): 3933-3939.

Ratledge C, Wynn J P. 2002. The biochemistry and molecular biology of lipid accumulation in oleaginous microorganisms. Advances in Applied Microbiology, 51: 1-51.

Reese E T. 1977. Enzymatic hydrolysis of the walls of yeasts cells and germinated fungal spores. Biochimica et Biophysica Acta (BBA), 499 (1): 10-23.

Richard P, Verho R, Putkonen M, et al. 2003. Production of ethanol from L-arabinose by *Saccharomyces cerevisiae* containing a fungal L-arabinose pathway. Fems Yeast Research, 3 (2): 185-189.

Rogers P L, Lee K J, Skotnicki M L. 1982. Ethanol production by *Zymomonas mobilis*. Advances in Biochemical Engineering/Biotechnology, (23): 37-84.

Rubio L M, Ludden P W. 2005. Maturation of nitrogenase: a biochemical puzzle. Journal of Bacteriology, 187 (2): 405-414.

Simankova M V, Parshina S N, Tourova T P, et al. 2001. *Methanosarcina lacustris* sp. nov., a new psychrotolerant methanogenic archaeon from anoxic lake sediments. Systematic and Applied Microbiology, 24 (3): 362-367.

Singh N, Kendall M M, Liu Y T, et al. 2005. Isolation and characterization of methylotrophic methanogens from anoxic marine sediments in Skan Bay, Alaska: description of *Methanococcoides alaskense* sp. nov., and emended description of Methanosarcina baltica. International Journal of Systematic and Evolutionary Microbiology, (55): 2531-2538.

Skalova T, Dohnalek J, Ostergaard L H, et al. 2009. The structure of the small laccase from *Streptomyces coeli* color reveals a link between laccases and nitrite reductases. Journal of Molecular Biology, 385 (4): 1165-1178.

Thauer R, Jungerman K, Decker K. 1977. Energy conservation in chemotrophic anaerobic bacteria. Bacteriological. Reviews, 41 (1): 100-180.

Timmins M, Thomas-Hall S R, Darling A, et al. 2009. Phylogenetic and molecular analysis of hydrogen-producing green algae. Journal of Experimental Botany, 60 (6): 1691-1702.

Tornabene T G, Holzer G, Lien S, et al. 1983. Lipid-composition of the nitrogen starved green alga *Neochloris oleoabundans*. Enzyme and Microbial Technology, 5 (6): 435-440.

Wang J L, Wan W. 2008. Comparison of different pretreatment methods for enriching hydrogen-producing bacteria from digested sludge. International Journal of Hydrogen Energy, 33 (12): 2934-2941.

Wood H G, Ljungdahl L G. 1991. Autotrophic character of acetogenic bacteria. // Shively J M, Barton L L. 1991. Variations in Autotrophic Life. SanDiego: Academic Press.

Wynn J P, Bin Abdul Hamid A, Ratledge C. 1999. The role of malic enzyme in the regulation of lipid accumulation in filamentous fungi. Microbiology, 145 (8): 1911-1917.

Zhang M, Eddy C, Deanda K, et al. 1995. Metabolic Engineering of a Pentose Metabolism Pathway in Ethanologenic *Zymomonas mobilis*. Science, 267 (5195): 240-243.

第 5 章　　微生物与地球化学循环

自然界中的物质通过能量在生物之间、生物与非生物之间转化和循环，从而保障自然界中的生态平衡，这种循环过程称为生物地球化学循环（biogeochemical cycling）。绿色植物和自养微生物通过利用光能或者是矿物质元素的化学能，将自然界中的 C、H、O、N 和 P 等化学元素，合成生物生命活动所需的各种有机物，并在有机物中储存了能量；同时，生物又通过代谢活动将有机物彻底地分解为简单的无机物，如 CO_2 和 H_2O 等，释放到自然界中，维持自然界中物质的循环与平衡，使得生命可以在自然界中不断地延续。所有的生物都参与了地球化学循环，其中微生物由于种类繁多、数目庞大、代谢能力超群，参与了 90% 以上有机生物质的无机质化（生物分解），在生物地球化学循环中起了重要的推动作用。对生物地球化学循环的认识，能够帮助我们了解和预测微生物群落在自然环境中的活动和发展、微生物生命活动对生态圈的重要影响和贡献。本章中，我们着重介绍 4 种重要化学元素，即 C、N、S 和 P 的生物地球化学循环。

5.1　生物地球化学循环概述

根据化学元素循环介质的不同，生物地球化学循环可分为水循环、气体循环和沉积质循环。根据循环的主要化学元素的不同，又可分为碳循环、氮循环、硫循环和磷循环等。实际上，各种化学元素的生物地球化学循环都不是独立的，而是相互伴随、交织和影响的。以碳循环为例，地球上光合生物通过光合作用所产生的大量有机物，被消费者消费、被分解者降解，使碳元素得以保持精确的全球平衡；光合作用固定大气中的 CO_2，呼吸作用又将 CO_2 释放回大气之中。碳元素在生物质形式（如糖、脂肪或其他细胞组分）和非生物形式（如 CO_2）之间进行循环（赖力，2010）。

5.1.1　生物地球化学循环的能量流动

物质的转化伴随着能量的交换，二者密不可分。能量是物质运动转换的量度，是生命活动的基础。在生物地球化学循环中，生物体本身不能创造能量，地球生态系统中的能量直接或间接地来自太阳的辐射能，这些能量被生态系统中的初级生产者所利用，转化为化学能储存到有机物中，并通过食物链层层传递。这种能量由一种生物传递到另一种生物的现象，叫作能量流。

5.1.2 Gaia 假说

英国大气学家 James Lovelock 于 20 世纪 60 年代末提出理论认为，地球上不仅有一些与生物体构成较为相像的地理结构，其整个生态环境的维持也似乎能表现出类似于生命活动的特质。这一理论进一步发展成为现在的 Gaia 假说，地球表面的一些适宜生物居住的环境是由地球上所有生物共同调节并保持动态平衡。Gaia 假说认为，地球上的各种生物有效地调节着大气的化学构成，使大气的温度保持稳定，从而保障生物圈的稳定；地球上各种生物体的生命活动改变自然环境，而自然环境又反过来制约生物进化过程，两者共同演化；地球表面的温度、酸碱度和氧化还原电位势是由所有生物的生命活动所控制，从而使得地球环境能够维持在适合于生物生存的状态。Gaia 假说的最重要的观点是：地球是一个能够实行自我调节的"超生命体"。Gaia 假说得到很多事实的支撑（陈海滨和唐海萍，2014）。

Lovelock 指出，在地球形成后的 46 亿年中，太阳的辐射强度增加了约 30%，如果没有生命，那么今天地球的表面温度大约是 290℃。地球刚形成时，大气中富含 CO_2，这是一种吸热能力极强的温室气体，但是微生物和后来出现的植物通过光合作用，已经将最初富含 CO_2 的熔炉般的大气变成现在的贫 CO_2 的大气，这使得地球表面的平均温度维持在 13℃，有利于生命的生存与繁衍。

在过去的 46 亿年间，太阳活动导致地球缓慢变暖，生物活动使得地球大气做出反应，造成主要大气组成发生改变。46 亿年前地球形成时，大气组成形式为还原态（厌氧）。最初参与有机碳形成的反应是非生物反应，是紫外线作用的结果。当时形成的有机物质被早期的厌氧异养的微生物所利用。随后发展的是固定 CO_2 的光合作用微生物，光合作用至少在 35 亿年前就已经产生。光合生物的进化将太阳能固定下来，提供了碳循环机制，即最早的碳循环（图5-1）。

图 5-1　自养生物固定 CO_2 和异养生物呼吸生成 CO_2 的碳循环

5.2 碳 循 环

地球上的碳元素存在于生物体和无机环境之中，是生物体中最重要的一种化学元素，在生物体的物质和能量代谢中起着核心作用，同时也是生物体的最大组成成分，占细胞干重的40%~50%。在自然界中，自养生物，主要是绿色植物以及一些自养微生物，通过同化作用利用 CO_2 和水合成有机碳化物。这些有机碳化物构成生物的机体或在机体内贮存。自养生物同时通过异化作用把摄入体内的一部分碳转化为 CO_2 释放到大气中。自养生物合成的有机碳化物经过食物链传递进入异养生物体内，成为异养生物生长的基质。生物死后，残体中的碳通过微生物的分解作用转化为 CO_2，最终排入大气，完成碳元素的生物地球化学循环。碳素循环是最重要的生物地球化学循环，与能量流动密切相连，并可推断其他的循环。微生物既参与了有机物的合成，又作为对生物残体最重要的分解者，在碳元素的地球化学循环中起了重要的作用，使得碳元素在生态系统中得以良好地循环流通。

5.2.1 碳库

碳库是指在碳元素的地球化学循环过程中，地球生物圈中储存碳的各个部分，包括生物体内的有机碳以及自然界中的无机碳。按照碳元素所处的状态方式的不同，可以分为大气碳库、水体碳库和陆地碳库。自然界中含碳物质主要有 CO_2、碳酸盐、糖类、脂肪和蛋白质等。地球上存在着形式多样且大小各异的全球碳库（表5-1）。在陆地、水体和大气中，最小的碳库是大气中的 CO_2，但却是最重要的碳库，在碳循环中 CO_2 能被光合作用利用产生有机物。我们考察以 CO_2 或碳酸盐（H_2CO_3、HCO_3^- 和 CO_3^{2-}）形式存在的无机碳发现，这个最小的库循环最活跃，是生物地球化学循环的基础。

表5-1 全球碳库

碳库		碳含量（t）	活跃循环
大气中的碳库	CO_2	6.7×10^{11}	是
水体中的碳库	生物量	4.0×10^9	否
	碳酸盐	3.8×10^{13}	否
	溶解和颗粒性有机物	2.1×10^{12}	是

碳库		碳含量（t）	活跃循环
陆地中的碳库	生物群	5.0×10^{11}	是
	腐殖质	1.2×10^{12}	是
	化石燃料	1.0×10^{13}	是
	地壳*	1.2×10^{17}	否

* 包括陆地和海洋环境中的全部岩石圈

海洋中的碳酸盐库在大气和沉积物碳库间起着缓冲作用，平衡方程式如下：

$$H_2CO_3 \rightleftharpoons HCO_3^- \rightleftharpoons CO_2$$

如此一来，大气中过量的 CO_2 就会部分被海洋吸收。但由于大气中碳库的总含量相对较小，过量 CO_2 释放入大气，就会改变大气中碳库的平衡，从而影响碳元素的生物地球化学循环，带来很多环境问题。在过去的 100 多年中，人类活动所释放的过多 CO_2 使大气中 CO_2 含量增长了 28%。目前认为，大气中 CO_2 含量增加是导致全球变暖的主要原因。

5.2.2　碳的固定

地球上的光合生物能够通过光合作用固定并贮存太阳能，这一过程中，光能被转化成化学能通过 CO_2 被固定在有机物中。光合生物又称为生产者，包括绿色植物、具有光合作用的微生物（如藻类、蓝细菌和光合细菌）和某些原生动物（吉海平和李君，1997）。藻类的光合作用方式与高等植物类似；蓝细菌的光合色素主要是叶绿素 a 和蓝藻素，分布在蓝藻的类囊体上，能够固定 CO_2 并产生 O_2；光合细菌的光合作用是在厌氧条件下进行的，利用自然界中的有机物作为碳源进行光合作用，其细胞内不含叶绿素，根据光合色素的不同分为紫色细菌和绿色细菌（Kawata et al.，1998）。

地球上的生物对于太阳能的固定效率是很低的，如图 5-2 所示，照射到地球上的光能仅不足 0.1% 被利用。这些被固定的光能通过各级食物链流动时，由于呼吸消耗，绝大部分能量不能有效传递。尽管这种碳固定如此低效，但光合自养的生产者为地球上的大多数重要生态系统提供能源。从整个生物圈中有机物的形成来看，微生物的作用不容忽视，水环境中的单细胞藻类和光合细菌等微生物提供了绝大部分的初级生产力。

另外，产甲烷古细菌在厌氧 CO_2 还原中起着重要作用（Deppenmeier et al.，1999）。产甲烷古细菌的代谢基本途径为

$$4H_2 + CO_2 \rightarrow CH_4 + 2H_2O \quad \Delta G^{0\prime} = -130.7 \text{kJ}$$

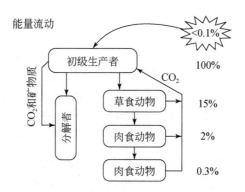

图 5-2　光能从初级生产者流向消费者的效率模式图

这是一个放热反应，CO_2 是电子受体，H_2 是电子供体，为 CO_2 的固定提供能量。因此这一类微生物是化能自养的。

仅有限的微生物能利用产生的甲烷，这些利用甲烷的甲烷营养菌可减少甲烷进入大气的量，这在生态上也是极为重要的。

5.2.3　有机碳的分解

自然界中的有机碳化物种类繁多，如烷烃化合物、纤维素、木质素和淀粉等，对有机碳化物的分解作用主要依靠微生物的代谢过程进行。在有氧条件下，有机碳化物被好氧或兼性厌氧的异养微生物分解，将碳元素以 CO_2 的形式释放回大气，剩下不可降解或难降解的含碳有机物组成腐殖质。在厌氧条件下，有机碳化物通过厌氧菌或兼性厌氧菌的发酵或无氧呼吸过程，分解为有机酸、醇、H_2 和 CO_2 等（Cajthaml et al., 2008）。自然界中参与有机碳化物分解的微生物主要是细菌、真菌和放线菌。这些微生物除了能对葡萄糖、脂肪和蛋白质等营养物质进行降解外，还能对自然界各种复杂有机物，甚至是一些人工合成的有机物和难降解的有机物进行转化和分解。下面介绍几种常见含碳化合物的转化过程（Tuomela et al., 2000）。

1. 烃类物质的转化

许多微生物能够代谢烃类物质，可以氧化烃类的微生物在不同的土壤以及水体中都被发现（赵一章，1997；Thauer，1998）。许多烃类物质的降解是一个共代谢过程，如能够利用甲烷的 *Pseudomonas mechanica* 在对甲烷进行代谢的同时，还可以将乙烷、丙烷和丁烷氧化成相应的醇、醛和酸（左剑恶和邢薇，2007）。共代谢对于烃类物质，尤其是难降解的烃类，是一种重要的降解途径，许多物质的降解过程中都发现过此类现象。

(1) 烷烃的分解

生物体内或多或少都含有或产生少量烷烃，能够分解烷烃类的微生物有细菌、放线菌和霉菌等的 100 余属。微生物对烷烃分解的一般过程是逐步氧化，生成相应的醇、醛和酸。甲烷是最简单的烷烃，甲烷的氧化有两条途径，一条是通过氧化乙醛到丝氨酸的途径，另一条是甲醛结合在磷酸核糖上生成 6-磷酸阿洛酮糖的途径，总反应式如下：

$$CH_4 \rightarrow CH_3OH \rightarrow HCHO \rightarrow HCOOH \rightarrow CO_2$$

能够分解甲烷的微生物大多为专一的甲基营养型细菌，如甲烷氧化弯曲菌属（*Methylosinnus*）、甲基胞囊菌属（*Methylocystis*）、甲基单胞菌（*Methylomonas*）属和甲基球菌属（*Methylococcus*）等。甲基营养型细菌在森林、草地、垃圾填埋厂、湖泊、海洋等各个环境中都有存在，多数为喜中性菌，但是在许多极端环境中如高温、高酸和高盐等条件下也能存活（傅霖和辛明秀，2009）。

对其他烷烃，如乙烷、丙烷和丁烷的转化，可以通过依靠甲烷营养型细菌进行共氧化，转化成相应的醛类或酸类（Nagase and Matuo，1982）。也有一些微生物可以直接对乙烷和丙烷进行转化。高级烷烃的转化过程较为复杂，主要降解途径是在有氧条件下，烷烃末端的甲基生成伯醇后，再先后转化成相应的醛和酸，后者再进入三羧酸循环，最后降解成 CO_2 和水（Blaut，1994；Jiang，2006）。

(2) 芳香烃化合物的降解

自然界中广泛存在芳香烃化合物，这类化合物的分子结构中含有苯环，它们是煤炭、石油等化石燃料的天然组成成分，人类在工业生产中也会产生大量结构复杂的芳香烃化合物。芳香烃化合物具有较强的毒性且不易被降解，并可在生物体内富集。芳香烃化合物独特的化学结构与难溶于水的性质使得它在自然界中很难被降解，只有一些特定微生物可以分解并利用芳香烃化合物。如假单胞菌属（*Pseudomonus*）、蓝黑色杆菌属（*Chromobacterium*）、不动杆菌属（*Acinetobacter*）和白腐真菌（*Phanerochaete chrysosporium*）等微生物可以产生多种类型的降解芳香烃化合物的酶系，分解芳香族化合物（杨建斌等，2010；Deanda et al.，1996；Zhang et al.，1995）。微生物分解代谢降解芳香烃化合物不但是碳循环的一个基本环节，也是对芳香烃化合物环境污染治理的一条有效途径。

微生物对芳香烃化合物的降解分为 5 个步骤：芳香烃化合物进入微生物细胞→微生物产生苯环裂解的前体→苯环裂解→转化为两性中间产物→两性中间产物被微生物利用。不同结构的芳香烃化合物在不同条件下，被不同种类的微生物分解。根据微生物对芳香烃化合物作用环境的不同，可分为好氧降解和厌氧降解。

在有氧的条件下，苯环的裂解主要是由单、双加氧酶来调控，而分子氧是这两种酶具有活性的关键因子。同时，分子氧也会参与反应，通过间位或邻位裂解途径致使苯环裂解。大多数的氯代多环芳烃、杂环类芳香烃化合物聚合物和含氮的芳香烃化合物等都可通过好氧途径降解。在根本机制上，芳香烃化合物的厌氧降解与好氧降解是不同的。厌氧条件下，不同的芳香烃化合物在苯环裂解前，首先要对苯环的其他官能团进行修饰，如脱卤、脱羟基、脱氨基、脱烷基等，从而使苯环被转化为两种重要的中间产物：苯甲酸和 4-羟基苯甲酸，之后对这两种中间产物进行苯环裂解等一系列的降解，直到可以被微生物所利用（羊依金等，2006）。

2. 生物多聚物的转化

生物多聚物是环境中有机碳的主要组成形式，这一类物质主要包括三类最常见的植物多聚物——纤维素、半纤维素和木质素，以及淀粉、果胶、几丁质和腐殖质等多聚物。从结构上说，它们大多是多糖类多聚物以及以苯基丙烷（phenyl-propane）为亚单位的多聚物（木质素）。

（1）纤维素的转化

纤维素是葡萄糖的高分子聚合物，是地球上最丰富的多聚物。每个纤维素分子含 $1000 \sim 10\,000$ 个葡萄糖基，分子式为 $(C_6H_{10}O_5)_n$（$n = 1000 \sim 10\,000$）。微生物通过释放胞外酶来进行细胞外多聚物的降解（陈红歌等，2008）。如图 5-3

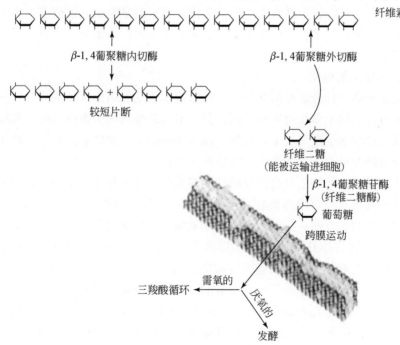

图 5-3　纤维素胞外酶作用下的降解过程

所示，β-1,4-葡聚糖内切酶和β-1,4-葡聚糖外切酶负责启动纤维素的降解过程。葡聚糖内切酶在多聚物内随机水解纤维素分子，将纤维素分子不断减小；葡聚糖外切酶从纤维素的还原端开始连续水解出两个葡萄糖单位，释放出纤维二糖。随后，纤维二糖经β-葡萄糖苷酶或纤维二糖酶的水解生产葡萄糖。纤维二糖酶可存在于细胞内外。纤维二糖和葡萄糖可被微生物细胞所吸收，继续转化成水和CO_2（Kristensen et al.，2009；Masayuki and Kumakura，1989）。

降解纤维素的微生物主要是真菌和细菌。其中真菌包括曲霉属、镰孢属、茎点霉属和木霉属的成员；细菌则包括噬纤维菌属、纤维单胞菌属、链霉菌属、多囊菌属、梭菌和弧菌属的成员。这些微生物广泛分布在好氧、厌氧、低温、高温、土壤、水体以及某些动物肠道内等多种环境中。

（2）半纤维素的转化

半纤维素是仅次于纤维素的最常见的多糖类多聚物，存在于植物细胞壁中。半纤维素的组成比纤维素更加异质，由戊糖（木糖和阿拉伯糖）、己糖（半乳糖和甘露糖）及糖醛酸（葡萄糖醛酸和半乳糖醛酸）聚合而成。半纤维素比纤维素要易于分解，因此土壤微生物分解半纤维素的速度比分解纤维素要快。许多真菌和细菌都可以产生木聚糖酶以降解半纤维素。半纤维素经木聚糖酶的降解产生单糖和糖醛酸，继而经好氧或厌氧作用分解为CO_2或有机酸等。一般降解纤维素的微生物大多能够降解半纤维素。许多芽孢杆菌、假单胞菌、生孢噬纤维素菌和放线菌能分解半纤维素；一些霉菌也能分解半纤维素，如根霉、小克银汉霉、曲霉、镰刀霉和青霉等。

（3）木质素的转化

木质素是第三种最常见的多聚物，是植物木质化组织的重要成分。木质素在结构上和所有的糖类多聚物明显不同，其基本构架是两种芳香氨基酸，酪氨酸和苯丙氨酸，这些氨基酸形成苯基丙烷（phenylpropane）亚单位，500～600个苯基丙烷亚单位随意聚合，形成无定型芳香环多聚物。

由于木质素在结构上是高度异质性的多聚物，还含有芳香基而不是糖基，因此其降解速度比其他有机多聚物要慢（Blodig et al.，2001）。木质素的降解主要依赖非专一性的胞外酶——木质素过氧化氢酶和胞外氧化酶。胞外氧化酶可产生H_2O_2，过氧化物酶和H_2O_2系统产生以氧为基础的自由基，自由基和木质素多聚物反应释放出能够被微生物细胞吸收和降解的苯丙烯（phenylpropane）残基。由木质素释放出苯丙烯残基的反应是需氧的，但当苯丙烯残基释放出后，它们能在厌氧条件下被降解（Cajthaml et al.，2008）。苯丙烯残基被微生物降解的过程如图5-4所示。能降解木质素的微生物有很多，包括细菌、放线菌和真菌。其中真菌起主要作用，包括有担子菌亚门中的干朽菌属（*Merulius*）、多孔菌属

（*Polyporus*）和伞菌属（*Agaricus*）等的一些种。此外，厚孢毛霉（*Mucor chlamydosporus*）和松栓菌（*Trametes pini*）以及假单胞菌的个别种也能分解木质素（Tuomela et al., 2000）。

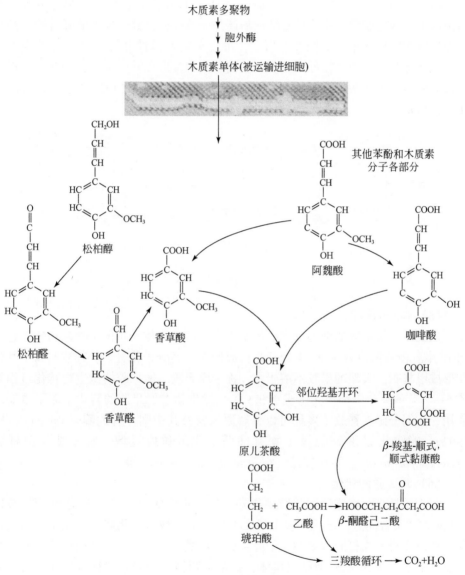

图 5-4　木质素的降解

（4）淀粉的转化

淀粉广泛存在于绿色植物的种子和果实之中，是人类的主要食物来源之一。

淀粉由葡萄糖分子脱水缩合而成，分子式为 $(C_6H_{10}O_5)_n$，分为直链淀粉和支链淀粉两类。直链淀粉以 α-D-1,4 葡萄糖苷键组成不分支的链状结构，支链淀粉除了以 α-D-1,4 葡萄糖苷键结合外，还以 α-D-1,6 葡萄糖苷键结合，构成分支的链状结构（Takata et al.，1992）。淀粉厂、酒厂、印染厂、抗生素发酵等废水及生活污水中均含有淀粉。无论是直链淀粉还是支链淀粉，其微生物的降解途径都可分为好氧和厌氧两种，如图 5-5 所示，最终碳元素都被分解成 CO_2 释放到大气中。能转化淀粉的微生物种类繁多，它们之间常常形成互生关系，如曲霉、根霉可将淀粉水解为乙醇，之后酵母菌对乙醇进行发酵，生成 CO_2 和水（Kamasaka et al.，2002）。

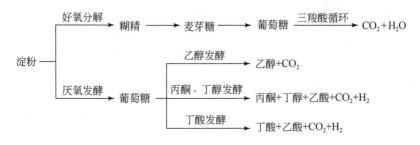

图 5-5　淀粉的降解途径

（5）果胶的转化

果胶存在于植物的细胞壁和细胞质之中，占植物体干重的 15%～30%，它是由 D-半乳糖醛酸以 α-D-1,4 糖苷键构成的直链高分子化合物，其羧基与甲基脂化形成甲基脂。天然的果胶不溶于水，称为原果胶。原果胶的微生物转化过程如图 5-6，其最终产物都被转化成水和 CO_2，微生物在原果胶的转化中起了重要的作用，它们分泌并释放了多种可以分解原果胶及其中间产物的酶（Takata et al.，1992）。能转化原果胶的微生物有细菌、真菌和放线菌，如多黏芽孢杆菌（*Bacillus polymyxa*）、费氏梭菌（*Clostridium felsinneum*）等。

（6）几丁质的转化

几丁质是真菌细胞壁和节肢动物外骨骼的主要成分，它由 N-乙酰葡糖胺以 β-1,4 方式聚合而成。陆地环境中的几丁质大部分被微生物降解。几丁质酶从还原端或以任意方式打断多聚物，最终生成二乙酰壳二糖单位，继而被乙酰氨基葡萄糖苷酶水解成 N-乙酰葡糖胺单体，氨基葡萄糖苷酶降解葡糖胺单体。另一种水解方式是几丁质去乙酰而生成壳聚糖，再被脱乙酰多糖酶解聚而生成壳二糖亚单位。许多真菌、细菌和放线菌都可以解聚并利用几丁质。某些动物的肠道微生物可降解几丁质。

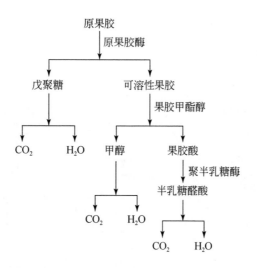

图 5-6   原果胶的微生物转化

（7）腐殖质的转化

如图 5-7 所示，腐殖质是多种多聚物的降解产物和核酸、蛋白质分子等经过聚合或缩合而形成的复杂有机物，是土壤中最复杂的有机分子，因而也是最稳定的有机分子。腐殖质释放残基的方式同木质素相似。因不同的气候条件，腐殖质每年的转化率为 2%～5%，因此可以为土壤中土著微生物提供缓慢释放的碳源和能源。土壤中腐殖质的形成速率和降解速率基本相等，可认为它是一种处于动态平衡状态的分子，其含量在大部分土壤中不发生改变。

3. 脂肪的转化

脂肪广泛存在于动植物体内，是动物的能量来源，也是许多微生物的碳源和能源。脂肪是由甘油和高级脂肪酸形成的酯，不溶于水，可溶于有机溶剂。由饱和脂肪酸和甘油组成的，常温下为固态的称为脂；由不饱和脂肪酸和甘油组成的，常温下为液态的称为油。毛纺厂、油脂厂和制革厂等废水中含有大量油脂。

脂肪是比较稳定的化合物，它被微生物分解的反应方程式如下：

$$脂肪 + 3H_2O \xrightarrow{脂肪酶} 甘油 + 高级脂肪酸$$

甘油可以被进一步转化为丙酮酸，之后进入三羧酸循环后完全氧化为 CO_2 和 H_2O；高级脂肪酸可以被氧化为乙酰辅酶 A，同样进入三羧酸循环后完全氧化为 CO_2 和 H_2O。

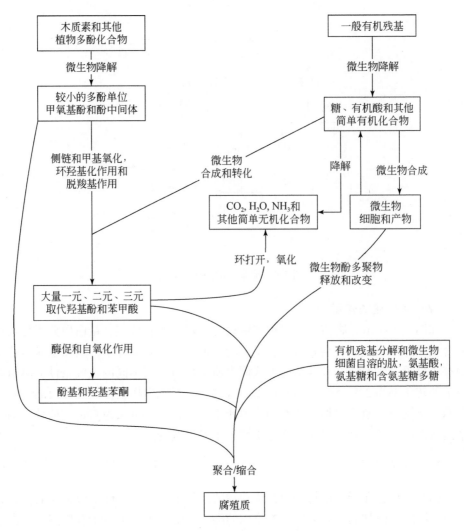

图 5-7　土壤腐殖质形成的途径

5.3　氮素循环

　　氮元素是生物有机体的必要组成元素，是核酸和蛋白质的主要成分，约占细胞干重的 12%。在自然界中，大气中的氮元素含量最为丰富，它们以分子态（N_2）的形式存在，在其他生物圈中，氮元素通常以有机氮化合物（核酸、蛋白质）和无机氮化合物（铵盐、硝酸盐）的形式存在。在碳元素的生物地球化学循环中，绿色植物在生物固碳过程中起了决定性的作用，与碳元素的生物地球化学循环不同，绿色植物无法直接利用分子态和有机氮化物中的氮元素，它们只能吸收无机态的氮化合物，生物固氮主要依靠微生物来完成。非生物圈的氮元素，主要是大气中的 N_2，可以被微生物转化为化合态的氮化合物，植物可以吸收无机氮化物，通过同化作用转变为自身的有机氮化合物，有机氮化合物通过食物链传递到动物，转变为动物蛋白。动植物的排泄物以及它们死后的残体中含有的有机氮化合物又被微生物分解转化为 N_2 或者是硝酸盐，N_2 被释放到空气中，硝酸盐可以被植物重新吸收，这样循环往复构成了氮元素的生物地球化学循环。在氮元素循环中，微生物既是氮元素的固定者，又是氮化合物的分解者，在氮元素的地球化学循环中起决定性的作用（安慧和上官周平，2006）。

参与氮循环的氮单质和含氮化合物及价态分别是：–3 价（NH_4^+、NH_3 和有机氮化物）、0 价（N_2）、+1 价（N_2O）、+2 价（NO）、+3 价（NO_2^-）和+5 价（NO_3^-）。氮循环由这 5 种含氮化合物的转化过程所组成，包括固氮作用、铵同化作用、氨化作用、硝化作用和硝酸盐还原作用。

5.3.1 氮库

自地球形成起，N_2 从火山和岩浆喷发活动中持续释放进入大气，氮元素以气体 N_2 的形式积累到地球大气中，到目前为止，N_2 约占大气总量的78%（体积分数）。在地壳中，氮元素通常是以铵盐的形式存在，但由于温度、压力等原因，不存在能利用铵盐的生物。因此，地壳中的氮元素是不参与生物地球化学循环的。地球氮库的组成如表 5-2 所示，参与生物地球化学循环的最大氮库是大气中的 N_2，此类 N_2 被少数微生物固定后才能被生物利用，这种固氮过程是特别耗能且相对缓慢的。较小的氮库包括活着的和死亡生物体中的有机氮化合物以及可溶性无机氮盐。由于氮在环境中通常是限制性营养物，这些小氮库趋向于积极循环。

表 5-2　全球氮库

氮库		氮含量（t）	活跃循环
大气中的氮库	N_2	3.9×10^{15}	否
海洋中的氮库	生物量	5.2×10^8	是
	溶解和颗粒性有机物	3.0×10^{11}	是
	可溶性盐（NO_3^-、NO_2^-、NH_4^+）	6.9×10^{11}	是
	溶解性 N_2	2.0×10^{13}	否

氮库		氮含量（t）	活跃循环
陆地中的氮库	生物群	2.5×10^{10}	是
	有机物	1.1×10^{11}	缓慢
	化石燃料	1.0×10^{13}	是
	地壳*	1.2×10^{17}	否

﹡包括陆地和海洋环境中的全部岩石圈

5.3.2 固氮作用

分子态的氮被转化为氨和其他含氮化合物的过程被称为固氮作用（nitrogen fixation）。在生物中，只有微生物可以通过固氮酶固定氮元素，固定后的氮元素通过同化作用合成各种含氮有机物，从而被生物所利用（Hoffman et al., 2009）。所有固定形式的氮，包括 NH_4^+、NO_3^- 和有机氮，均来源于大气中的 N_2。陆生和水环境中的微生物在固氮量中的相应贡献与人类输入的对比见表5-3。每年大约65%的固氮来源于包括自然系统和管理的农业系统的陆地环境。海洋生态系统占固氮量的小部分，约为20%。

表5-3 生物源的固氮输入

来源	每年固氮量（t）
陆地环境	1.35×10^8
水环境	4.0×10^7
肥料制造	3.0×10^7

固氮作用的总反应式为

$$N_2 + 8e^- + 8H^+ + 16ATP \rightarrow 2NH_3 + 16ADP + 16Pi + H_2$$

催化固氮过程的固氮酶是一种复合酶，由两个亚基组成，分别是双固氮还原酶（dinitrogenase reductase）（一种铁蛋白）和双固氮酶（dinitrogenase）（一种铁-钼蛋白）。在某些固氮生物的基因组中，固氮作用所需的催化蛋白、辅因子和其他成分的基因紧密成簇，另外一些生物的固氮基因则分散在染色体及其他遗传物质中（Seefeldt et al., 2009）。

固氮作用受两个因素的制约：一个制约因素是固氮产物氨，它是固氮反应的抑制物；另外一个制约因素是氧。固氮酶对氧气极其敏感，一些游离的好氧细菌只能在还原性氧压条件下固定 N_2；由于已经进化出保护固氮酶的机制，另外一些细菌（如固氮菌属和拜叶林克氏菌属）能够在正常氧压条件下固定 N_2。

如上所述，微生物固氮的过程非常耗能。直到近年，才发现部分细菌、放线菌和蓝细菌能够固氮，如光合细菌中的红螺菌属（*Rhodospirillum*）和绿菌属（*Chlorobium*）、蓝细菌中的鱼腥藻属（*Anabaena*）和念珠藻属（*Nostoc*）。固氮微生物表现出极端的异质性，包括自养的、异养的、好氧的、兼性的、厌氧的、光合作用的、单细胞的、丝状的、游离的和共生的。由于所有生物体都需要固定的氮，因此固氮生物分布十分广泛，存在于大部分环境的生态位中。固氮菌的固氮能力在很大程度上取决于固氮系统以及环境条件的影响（表 5-4）。不和植物根相邻的游离菌固氮能力有限，而生长于营养丰富的根际环境中的微生物则能固定较多的氮。蓝细菌由于能进行光合作用，其固氮速率比游离的非光合细菌高出 1~2 个数量级，是水环境中的优势固氮菌。植物和微生物协同发展了能够最大限度固氮的共生进化策略。豆科植物和根瘤菌是研究最多的共生关系，这种共生对植物和微生物都有利。

表 5-4　不同固氮系统的固氮能力

固氮系统	每年固氮能力（kg/hm^2）
根瘤菌-豆科植物	200~300
鱼腥藻-满江红	100~200
蓝细菌-藓类植物	30~40
根际共生	2~25
游离	1~2

5.3.3　铵同化作用（固定化）

铵（NH_4^+）是氨分子与一个氢离子配位结合形成的一种阳离子。由于化学性质类似于金属离子，故命名为"铵"。铵是固氮作用的末端产物，它被细胞同化成氨基酸，氨基酸再形成蛋白质和细胞壁成分（如 N-乙酰胞壁酸），铵也可被同化成嘌呤及嘧啶，并进一步形成核酸（Kozaki et al., 2000）。这个过程称为铵同化或固定化。微生物进行铵同化的途径有两条，第一个是可逆反应，氨掺入形成谷氨酸或氨从谷氨酸中移去，反应式为

$$谷氨酸 + H_2O \underset{\substack{\\ NAD \quad NADH}}{\overset{谷氨酸脱氢酶}{\rightleftharpoons}} \alpha\text{-酮戊二酸} + NH_3$$

这一反应受铵的可利用性所推动，在存在还原性等效物（如还原性辅酶 II，

$NADPH_2$）的条件下，铵的浓度高时（>0.1 mmol 或>0.5mg/kg，以土壤中含 N 计），铵掺入 α-酮戊二酸形成谷氨酸。然而在大部分土壤和许多水环境中，铵的浓度较低。因此，微生物有第二条依赖于能量的铵吸收途径。这种反应受 ATP、谷氨酰胺合成酶和谷氨酸合成酶所推动。第一步反应把铵加到谷氨酸而形成谷氨酰胺，第二步反应从谷氨酰胺上将铵转移到 α-酮戊二酸形成两个谷氨酸分子。铵同化作用发生在细胞内，在好氧和厌氧条件下均可进行，如图 5-8 所示。

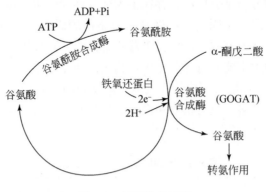

图 5-8　铵同化的过程

5.3.4　氨化作用（矿化）

氨化作用（amonification）是微生物将蛋白质、核酸和几丁质等含氮的有机物分解，并将其中的氮转化为 NH_3 的过程，是铵同化作用的逆反应过程，又被称为有机氮的矿化作用（mineralization of organic nitrogen）。能够进行氨化作用的微生物被称为氨化微生物，主要有芽孢杆菌、变形杆菌、放线菌、曲霉、青霉和毛霉等。

氨化微生物利用自身释放出的包括蛋白酶、溶菌酶、核酸酶和尿素酶在内的一系列胞外酶，对胞外含氮分子如细胞壁、蛋白质、核酸和尿素等进行降解。这些单体中的一部分可被细胞吸收或进一步降解，另一部分单体在胞外酶的作用下向环境释放 NH_3。在酸性或中性环境中，NH_3 以 NH_4^+ 的形式存在；在碱性环境中，氨化作用产生的部分 NH_3 以无法被生物利用的氨气的形式释放到大气中去。

（1）蛋白质的氨化作用

蛋白质是一类由氨基酸组成的高分子化合物。氨基酸之间通过肽键相连，按照不同的组合方式组成不同的蛋白质。在蛋白质的氨化作用中，蛋白质首先被蛋白酶分解为氨基酸，蛋白酶具有专一性，分解不同的蛋白质需要不同的蛋白酶；

氨基酸可以作为氮源在生物体内被重新利用，也可以通过脱羧作用和脱氨作用被分解，生成 NH_3，同时也产生有机酸、醇和 CO_2 等。

（2）核酸的氨化作用

核酸是由核苷酸聚合成的生物高分子化合物，存在于所有动植物细胞和微生物体内，常与蛋白质结合形成核蛋白。根据化学组成不同，核酸可分为核糖核酸（RNA）和脱氧核糖核酸（DNA）。核酸是动植物及微生物尸体的主要成分之一。在核酸的氨化过程中，首先降解为单核苷酸，然后通过脱磷酸作用转化为嘌呤和嘧啶，嘌呤和嘧啶进一步分解为氨基酸、尿素和氨气。

尿素是核酸的分解产物，也是农业中的一种重要氮素肥料，土壤中的尿素一般很快会被分解成为 NH_3 和 CO_2。

$$\underset{\text{尿素}}{\underset{H_2N \qquad NH_2}{\overset{\overset{O}{\parallel}}{C}}} + H_2O \xrightarrow{\text{脲酶}} NH_3 + 2CO_2$$

能分解尿素的微生物包括芽孢杆菌、小球菌和假单胞菌等。

（3）几丁质的氨化

几丁质是一种含氮的多聚糖，广泛存在于自然界中，昆虫翅膀和许多真菌的细胞壁中都含有几丁质。微生物可以分泌几丁质酶，将几丁质分解为短链寡糖胺或葡萄糖胺，短链寡糖胺由几丁二糖酶转化为葡萄糖胺，葡萄糖胺最后脱氨基变为葡萄糖和氨。能分解几丁质的微生物多数为放线菌，包括小单孢菌属（Micromonospora）、游动放线菌属（Actinoplanes）和诺卡菌属（Nocardia）等。

5.3.5 硝化作用

微生物催化铵转化成硝酸盐的过程称为硝化作用（nitrification）。硝化作用一般在有氧条件下由化能自养微生物完成（表5-5），一些甲基营养微生物能利用甲烷加单氧酶氧化铵，少量异养微生物也能进行这一过程。硝化作用分两步进行，第一步反应如下：

$$NH_4^+ + 3/2\ O_2 \xrightarrow{\text{亚硝化单胞菌}} NO_2^- + H_2O + 2H^+ 能量$$

这是一个两步产能反应，所产生的能量用于固定 CO_2。该反应效率低下，固定 1mol CO_2 需要固定 34mol 铵。第二步如下：

$$NO_2^- + 1/2\ O_2 \xrightarrow{\text{硝化菌}} NO_3^- + 能量$$

第二步反应与第一步反应相比效率更低，需要氧化约 100mol 亚硝酸盐才能固定 1mol CO_2。

第一步反应主要由亚硝化单胞菌属（*Nitrosomonas*）、亚硝化球菌属（*Nitrosococcus*）及亚硝化螺菌属（*Nitrosospira*）、亚硝化叶菌属（*Nitrosolobus*）和亚硝化弧菌属（*Nitrosovibrio*）等起作用。第二步反应由硝化杆菌属（*Nitrobacter*）、硝化球菌属（*Nitrococcus*）起作用。这些细菌都是好氧菌，适宜在中性或偏碱性环境中生长，不需要有机营养。

表 5-5　化能自养的硝化细菌

属	种	属	种
亚硝化单胞菌属	欧洲亚硝化单胞菌	亚硝化弧菌属	亚硝酸盐氧化菌
亚硝化单胞菌属	富营养亚硝化单胞菌	亚硝化弧菌属	纤细亚硝化弧菌
亚硝化单胞菌属	海洋亚硝化单胞菌	硝化杆菌属	汉堡硝化杆菌
亚硝化球菌属	活动亚硝化球菌	硝化杆菌属	维氏硝化杆菌
亚硝化球菌属	海洋亚硝化球菌	硝化杆菌属	普通硝化杆菌
亚硝化螺菌属	白里亚硝化螺菌	硝化球菌属	活动硝化球菌
亚硝化叶菌属	多形亚硝化叶菌	硝化刺菌属	纤细硝化刺菌

通常，硝酸盐不会在自然界的生态系统中积累，主要是因为硝化细菌对环境压迫相当敏感，且自然生态系统中没有过量的氨。然而，在大量使用肥料的农业生态系统、养殖业、化粪池和填埋场等环境中，硝化作用成为一个重要过程，能够产生大量硝酸盐。由于硝酸盐易于在水体中自由流动，导致硝酸盐进入地下水和地表水，造成硝酸盐污染和水体的富营养化。

5.3.6　硝酸盐的还原作用

自然界中的土壤、水体中都含有硝酸盐，硝酸盐可以作为植物、微生物的氮源被吸收利用。植物和一部分的微生物可以将硝酸盐还原成铵，进而被用于合成生物的氨基酸、蛋白质、核酸等含氮有机化合物，同时需要消耗大量的能量，这个过程被称为同化硝酸盐还原作用（assimilatory nitrate reduction）。还有一部分微生物可以将硝酸盐还原为亚硝酸盐和 N_2O，最终生成 N_2。在这个代谢过程中，硝酸盐作为为微生物提供能量的无机化合物而非氮源，被称为异化硝酸盐还原作用（dissimilatory nitrate reduction），也称为反硝化作用。

（1）同化硝酸盐还原作用

植物和一部分微生物可以直接吸收硝酸盐，但硝酸盐中的氮元素呈高度氧化态，无法直接被利用，硝酸盐一般经过以下步骤被还原成铵后被生物所利用。

硝酸→亚硝酸→次亚硝酸→羟氨→铵

（2）反硝化作用

反硝化作用是指在微好氧或厌氧条件下，兼性化能异养微生物利用硝酸盐作为末端电子受体来氧化有机化合物，产生气态氮化物 N_2O 或 N_2 的过程。反硝化作用反应如下：

$$2NO_3^- + 5H_2 + 2H^+ \rightarrow N_2 + 6H_2O + 能量$$

以转移 8 个电子所产生的能量计，反硝化作用还原 1mol 硝酸盐所能提供的能量远多于产铵异化硝酸盐还原过程。在碳源有限、电子受体丰富的环境中，反硝化作用成为优势过程。

图 5-9 显示出反硝化作用的过程。首先，硝酸盐还原酶催化硝酸盐还原成亚硝酸盐。这种酶是一种结合在膜上的钼-铁-硫蛋白，它不仅存在于反硝化细菌中，也在异化硝酸盐还原生物体内发现。硝酸盐还原酶的合成和活性都受到氧气的抑制。这一过程的第二个酶是亚硝酸盐还原酶，它催化亚硝酸盐转换成氧化氮。亚硝酸盐还原酶是反硝化细菌独有的，存在于周质之中，有含铜和血红素两种形式，这两种形式都广泛分布于环境中。亚硝酸盐还原酶的合成受到氧的抑制，但其受硝酸盐的诱导（Skalova et al., 2009）。氧化氮还原酶是这一过程的第三种酶，它催化氧化氮转化为氧化亚氮。这种酶的合成也受到氧的抑制，受各种

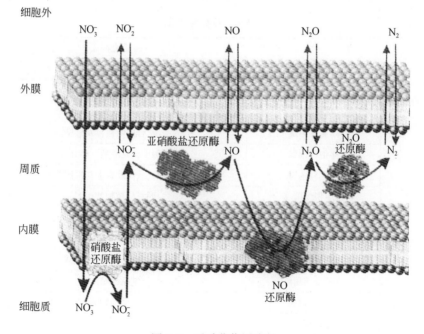

图 5-9　反硝化作用途径

氮氧化物诱导。氧化亚氮还原酶是这一过程的最后一种酶，它将氧化亚氮转换成 N_2。这种酶受到低 pH 抑制，与另外三种酶相比，对氧更加敏感。

虽然反硝化作用受氧的抑制，但又依赖于氧，如果没有氧的参与则不能形成反硝化作用所需的硝酸盐。反硝化的底物硝酸盐可以是硝化作用的产物，也可以来自沉积物和化肥。在很多环境中，硝化作用和反硝化作用存在着一种镶嵌关系，在厌氧区产生的氨扩散到好氧区被氧化成硝酸盐，硝酸盐又可达到厌氧区被还原。在反硝化过程中，有机物作为电子供体起重要作用，反硝化能力和土壤中的水溶性有机碳具有高度相关性。反硝化微生物可以降解多种芳香化合物，因而在环境污染修复方面有重要作用。反硝化过程释放的 N_2O 可以破坏臭氧层，但研究表明产生的 N_2O 在进入大气之前就被还原成 N_2，大多数野外监测表明 N_2O 的量不到全部气体释放的 10%。在高硝酸盐和有机物浓度的环境中，有更多的 N_2O 产生。反硝化作用会造成氮损失从而降低氮肥的利用率，N_2O 的释放又会破坏臭氧层，所损失的氮可以平衡固氮过程所增加的氮。

反硝化微生物广泛分布于环境中，并展现出各种不同的代谢和活动特征。大部分反硝化微生物是异养的，其通过呼吸作用代谢有机物，这一点和异养的异化硝酸盐还原菌不同，后者是发酵方式。然而，如表 5-6 所示，某些反硝化细菌是自养的，一些则是发酵型的，一些同氮循环其他方面有联系，例如可以固定 N_2。

表 5-6　反硝化细菌

属		重要特征
有机营养型	产碱细菌	常见土壤细菌
	土壤杆菌属	一些种是植物病原体
	水螺菌属	一些有趋磁性，寡营养
	固氮螺菌属	联合固氮菌，发酵型
	芽孢杆菌属	形成孢子，发酵型，部分种嗜热
	芽生杆菌属	发芽细菌，系统发育上与根瘤菌属相连
	慢生根瘤菌属	同豆科植物共生固氮
	布兰汉氏球菌属	动物病原体
	色杆菌属	紫色素
	噬纤维菌属	滑动细菌，纤维降解菌
	黄杆菌属	常见土壤细菌
	屈挠杆菌属	滑动细菌
	盐杆菌属	嗜盐
	生丝微菌属	在一碳基质上生长、寡营养型

续表

属		重要特征
有机营养型	金氏菌属	动物病原体
	奈瑟氏球菌属	动物病原体
	副球菌属	嗜盐，无机营养
	分枝杆菌属	发酵型
	假单胞菌属	常从土壤中分离出来，非常多样化的属
	根瘤菌属	同豆科植物共生固氮
	沃林氏菌属	动物病原体
光营养型	红假单胞菌属	厌氧，硅酸盐还原者
无机营养型	产碱菌属	利用 H_2，也异养，常见的土壤分离菌
	慢生根瘤菌属	利用 H_2，也异养，和豆科植物共生固氮
	亚硝化叶菌属	NH_3 氧化菌
	副球菌属	利用 H_2，也异养，嗜盐
	假单胞菌属	利用 H_2，也异养，常见的土壤分离菌
	硫杆菌属	S 氧化菌
	硫微螺菌	S 氧化菌
	硫球菌属	S 氧化菌，异养硝化菌，好氧反硝化作用

5.4 硫素循环

球上的硫主要以有机态硫（有生命和无生命的有机物质）、溶解性硫酸盐（主要存在于海洋中）、硫化物矿石（硫沉积物和矿物燃料）的形式存在。硫是生物有机体的重要组成部分，约占细胞干重的1%。硫是生物体氨基酸（如半胱氨酸和甲硫氨酸等）的重要组分，也是某些维生素、辅酶和激素的组分，如半胱氨酸所形成的二硫键有助于蛋白质折叠，这对影响蛋白质的活性相当重要。硫在生物体内以还原态或硫化物的形式存在，细胞中也含有以氧化态形式存在的有机硫化物。在硫元素的生物地球化学循环中，溶解性的硫酸盐和硫化氢可以被动物、植物和微生物所吸收，转化为含硫的有机化合物，通过食物链传递到动物体内。动植物死亡后，残体可以被微生物分解，产生硫化氢和单质硫，重新被释放到非生物环境中，完成硫元素的生物地球化学循环。目前，由于人类工业化生产的废气废水中含有大量的硫化物，硫循环与酸雨、酸矿水和金属腐蚀等重大环境问题关系密切，在地球化学循环中极为重要。微生物参与了循环的各个过程，在其中发挥着重要的作用。

5.4.1 硫库

生物圈中含有丰富的硫，一般不会成为限制性营养。然而，在某些作物生长茂盛的农业生态系统中，硫也会成为限制性营养。地球上的硫库如表 5-7 所示。地壳是最大的硫库，主要是不活跃的含硫沉积物、金属硫化物以及矿物燃料中的硫。第二大硫库是海洋中的 SO_4^{2-}，其循环缓慢。陆地和海洋中的生物和有机物所构成的硫库循环更加活跃。目前，地球硫库已受人类活动影响，大面积矿山裸露于大气，导致酸矿水的形成。另外，矿物燃料的使用造成 SO_2 进入大气，以酸雨的形式返回陆地和水体之中。

表 5-7 地球上的硫库

硫库		硫量（t）	活跃循环
大气	SO_2/H_2S	$1.4×10^6$	是
海洋	生物量	$1.5×10^8$	是
	溶解性无极离子（以 SO_4^{2-} 为主）	$1.2×10^{15}$	慢
陆地	活生物量	$8.5×10^9$	是
	有机物	$1.6×10^{10}$	是
	地壳*	$1.8×10^{10}$	否

＊包括陆地和海洋环境中的全部岩石圈

5.4.2 硫素矿化

生物尸体、残留物等含硫有机物在微生物的作用下释放出硫化物气体 ［如 H_2S、CH_3SH 和（CH_2）$_3$］等的过程称为硫矿化（脱硫作用）。一般的腐生细菌在好氧和厌氧条件下都具有硫矿化能力。例如丝氨酸硫化氢酶和半胱氨酸硫化氢酶都可以从半胱氨酸中脱下硫化物。

$$\text{L-半胱氨酸+乙酸盐+}H_2O \xrightarrow[\text{半胱氨酸硫化氢酶}]{\text{丝氨酸硫化氢酶}} \text{O}^-\text{乙酰-L-丝氨酸+}H_2S$$
半胱氨酸 丝氨酸+H_2S

海洋环境中藻类的主要代谢产物之一是 dimethylsulfoniopropionate（DMSP），其可作为细胞的渗透调节剂，DMSP 的主要降解产物是 dimethylsulfide（DMS），H_2S 和 DMS 作为气态化合物进入大气后又被光氧化生成硫酸（Skjanes et al.，

2008；Tolstygina et al.，2009；Tsygankov et al.，2006）。

$$H_2S/DMS \xrightarrow{\text{紫外光}} SO_4^{2-} \xrightarrow{+H_2O} H_2SO_4$$

生物产生的挥发性硫化物最后产生的硫酸大约为每年 1kg SO_4^{2-}/hm²。在城市地区形成的硫酸大约为每年 100kg SO_4^{2-}/hm²。酸性化合物溶解在雨水中，形成的酸雨可使水体 pH 降低到 3.5，酸雨对环境产生严重污染，造成生态破坏。

5.4.3 硫素氧化

还原态的无机硫化物（如 H_2S、S^0、FeS_2、$S_2O_3^{2-}$ 和 $S_4O_6^{2-}$ 等）被微生物从低价硫氧化成高价硫，直至形成硫酸的过程，称为硫素氧化。具有硫氧化能力的微生物主要来自两个不同的生理类群，好氧的自养细菌和厌氧的光自养细菌（表 5-8）。此外包括细菌和真菌（曲霉、节杆菌、分枝杆菌、放线菌、芽孢杆菌和微球菌等）在内的许多好氧异养微生物也能氧化硫氧化物生成硫代硫酸盐或硫酸盐。异养的硫氧化不能产生能量，代谢途径仍不清楚。在大多数环境中，化能自养的硫氧化菌被认为是主要的硫氧化菌。但是，由于许多化能自养硫氧化菌的最适 pH 较低，故异养氧化菌在好氧、中性或碱性环境中更加重要。而且，正是由于异养硫氧化菌能够降低环境 pH，故能够为化能自养的氧化提供条件。

表 5-8 硫氧化细菌

类群	硫的转化	生境特征	生境	属
专性或兼性菌	$H_2S \to S^0$		淤泥、热泉、矿山表面、土壤	硫杆菌属、硫微螺菌属、无色菌属、嗜热丝菌属
化能自养菌	$S^0 \to SO_4^{2-}$ $S_2O_3^{2-} \to SO_4^{2-}$	H_2S-O_2 界面		
厌氧光自养菌	$H_2S \to S^0$ $S^0 \to SO_4^{2-}$	厌氧、H_2S、光	浅水、厌氧沉积物中层或次中层、厌氧水体	绿菌属、着色菌属、外红螺菌属、板硫菌属、红假单胞菌属

（1）化能自养氧化

化能自养菌的硫氧化中，大部分 H_2S 被氧化成单质硫。单质硫沉积在细胞外成为特征性颗粒，所产生的能量用于固定 CO_2 维持细胞生长。

$$H_2S+0.5O_2 \to S^0+H_2O \quad \Delta G = -50kcal/mol$$

从反应过程可见，化能自养菌需要氧和硫化物。在还原性硫化物存在的区域，氧气量通常不足，因而这些菌是微好氧的，它们在低氧压调节下生长得最好。此部分细菌多呈丝状，易于在沉积了硫化物细菌的黑色淤泥沉积物中发现，H_2S 的存在会散发出"臭鸡蛋"气味。

某些化能自养菌（如氧化硫硫杆菌，*Thiobacillus thiooxidans*）能氧化单质硫生产硫酸盐。

$$S^0+1.5\ O_2+H_2O{\rightarrow}H_2SO_4+能量$$

这是个产酸反应。因此，氧化硫硫杆菌有较强的酸耐受性，其最适生长的 pH 为 2，可用于低品位硫的富集冶炼，称为生物冶金。其他的硫杆菌也具有不同程度的酸耐受能力。氧化硫硫杆菌可以和耐酸的化能自养铁氧化菌、氧化铁硫杆菌协同氧化 FeS_2 而产生酸矿水。

虽然大部分硫氧化化能自养菌是专性好氧的，但脱氮硫杆菌（*Thiobacillas denitrificans*）这种兼性厌氧菌能以硝酸盐作为末端电子受体，代替氧进行硫氧化反应，形成的硫酸与钙结合形成 $CaSO_4$ 沉淀。

$$S^0+NO_3^-+CaCO_3{\rightarrow}CaSO_4+N_2$$

（2）光自养硫氧化

硫的光自养氧化过程限于绿色硫细菌和紫色硫细菌，这些细菌能利用光能固定 CO_2，可从光解水中取得氧（但光合过程不产氧）。

$$CO_2+H_2S{\rightarrow}[\,CH_2O\,]+2S^0+H_2O$$

这些细菌生长于淤泥、不流动水体、硫泉水、盐湖等硫化物和光照同时存在的环境中。尽管与好氧的光合作用相比，其对初级生产力的贡献微不足道，但在硫循环中却发挥重要作用。这一过程可以消除周围环境中的硫化物，使硫作为金属硫化物沉积而不进入大气。

5.4.4　硫素还原

硫素还原包括同化硫酸盐还原（assimilatory sulfate reduction）和异化硫还原（dissimilatory sulfur reduction）。因末端电子受体的不同，后者又分为硫呼吸（sulfur respiration）和异化硫酸盐还原（dissimilatory sulfur reduction）。

同化硫酸盐还原时，微生物吸收硫酸盐形成的硫在细胞内还原成还原态硫（reduced sulfur），再把它们掺入氨基酸和其他含硫分子中。这个过程在好氧和厌氧条件下均可发生。硫酸盐是最适于微生物利用的硫形式，而还原产物硫化物（sulfide）却是有毒性的。这是因为硫化物可以和细胞中的金属反应，形成金属硫化物沉淀（metal-sulfide），从而损害细胞质的活性。然而，在细胞内硫酸盐被还原的控制条件下，硫化物可以被快速移去，并被整合到有机物中。其反应过程如下。

$$硫酸盐(胞外) \xrightarrow{\text{主动运输}} 硫酸盐(胞内)$$

$$ATP+硫酸盐 \xrightarrow{\text{ATP 硫酸化酶}} APS(腺苷磷酸硫酸盐)+P_{pi}$$

$$ATP+APS \xrightarrow{\text{APS 磷酸激酶}} PAPS(3\text{-}磷酸腺苷\text{-}5\text{-}磷酸硫酸盐)$$

$$2RSH(还原型硫氧还原蛋白)+PAPS \xrightarrow{\text{PSPS 还原酶}} 亚硫酸盐+PAP(AMP\text{-}3\text{-}磷酸)+$$
$$RSSP(氧化型硫氧还原蛋白)$$

$$亚硫酸盐+3NADPH \xrightarrow{\text{亚硫酸盐还原酶}} H_2S+3NADP$$

$$O\text{-}乙酸\text{-}L\text{-}丝氨酸+H_2S \xrightarrow{\text{O-乙酰硫化氢酶}} L\text{-}半胱氨酸+乙酸+H_2O$$

异化硫酸盐还原是以无机硫化物作为电子受体，硫还原仅发生在厌氧条件下。以单质硫作为末端电子受体的异化硫还原称为硫呼吸，以硫酸盐作为末端电子受体的异养硫还原称为异化硫酸盐还原。

乙酸氧化脱硫单胞菌（*Desulfuromonas acetoxidans*）是硫呼吸代谢的代表性菌，其利用单质硫作为末端电子受体，用来氧化小分子碳化合物（如乙酸、乙醇和甲醇等）。

$$乙酸+2H_2O+4S^0 \rightarrow 2CO_2+4S^{2-}+8H^+$$

异化硫酸盐还原是非常重要的环境过程，参与该过程的细菌称为硫酸盐还原菌（sulfate-reducing bacteria，SRB），它们广泛分布于环境中，主要属有脱硫菌属、脱硫叶菌属、脱硫球菌属、脱硫线菌属、脱硫八叠球菌属、脱硫肠状菌属和脱硫弧菌属等。它们可利用 H_2 作为电子供体推动硫酸盐的还原。

$$4H_2+SO_4^{2-} \rightarrow S^{2-}+4H_2O$$

一般情况下，大部分硫酸盐还原菌不固定 CO_2。因此，它们大多利用低分子量的有机碳化合物（如乙酸或甲醇等）作为碳源。总反应式可表示如下。

$$4CH_3OH+3SO_4^{2-} \rightarrow 4CO_2+3S^{2-}+8H_2O$$

硫和硫酸盐还原菌都是严格厌氧化能异养菌，均倾向于利用低分子量的有机碳化合物。这些化合物大多数为动植物和微生物在厌氧区发酵的副产物。实际上，在厌氧区可以形成发酵菌、硫酸盐还原菌和产甲烷菌的耦合菌群，它们协同完成有机物到 CO_2 和甲烷的矿化过程。最新研究表明，某些硫酸盐还原菌也能代谢大分子的复杂碳化合物（如芳香族化合物和长链脂肪酸等）。它们在厌氧区的生物修复作用已引起广泛的关注。

除厌氧性的硫酸盐还原菌外，某些芽孢杆菌、假单胞菌和酵母也能还原 SO_4^{2-} 而释放 H_2S。硫酸盐还原和硫矿化中产生的 H_2S，可以被化能自养和光能自养菌吸收利用，被认为是硫的同化作用。此外，H_2S 还有再氧化、挥发到大气及与金属结合形成金属硫化物等多种归宿。硫酸盐还原及 H_2S 的产生还会带来地下管道腐蚀的问题。

5.5 磷素循环

5.5.1 磷库

磷在地壳中几乎都以磷酸盐（PO_4^{3-}）的形式存在。尽管磷在地壳中高度丰富（据测定为 10^{15} kg），但在生物圈中磷不是丰富的成分，并且常常是限制生长的营养物。大部分磷以磷石灰的形式存在，磷酸盐大部分与钙结合，少部分与镁、铝和铁结合。矿物形式的磷难以被生物所利用。

地壳中磷库主要有两个，最大且缓慢循环的是地壳和沉积物中的无机磷酸盐，另一个是活跃循环的环境中的溶解性磷和含磷有机物，含量相当少。

与碳、氮、硫的循环不同，磷循环不改变磷的价态（+5 价），而基本上是在有机磷和无机磷之间的转化。微生物在磷的转化中起着关键作用。

微生物可以直接或间接作用于磷的循环，包括三个基本过程：第一，有机磷转化成溶解性无机磷（有机磷的矿化）；第二，不溶性无机磷转化成溶解性无机磷（磷的有效化）；第三，溶解性无机磷变成有机磷（磷的同化）。

5.5.2 磷的同化

溶解性无机磷化合物通过生化反应转变成为有机磷或成为细胞组成成分的过程，称为磷的同化。微生物对磷有很高的亲和力，具有很强同化磷的能力，在细胞膜、细胞核中都有丰富的磷。在微生物和植物之间存在着对可用磷源的竞争，在磷不足以同时满足微生物和植物的需要时，微生物的竞争能力高于植物，往往有害于植物的生长。另外，很多真菌和植物形成的菌根共生体却可以促进植物根对磷的吸收同化。这主要得益于微生物对磷的矿化和植物根表面积的增加。在水体中，藻类能固定大量的磷，过量的磷供应是造成水体中藻类过量生长的重要原因。此外，微生物滋生也是一种磷源，其磷含量约占干重的3%。微生物可被其他生物捕食，磷在食物链中的迁移也可以看出是磷的一种同化方式。某些微生物对磷的超强富集能力是污水处理中生物除磷的基础。

尽管磷酸盐一般不被微生物还原，但在缺乏氧气、硝酸盐和磷酸盐的厌氧环境中，磷酸盐也可以作为末端电子受体而被还原成次磷酸盐（PO_2^{3-}，+3 价）、亚磷酸盐（PO_3^{3-}，+1 价）和 PH_3（−3 价）。

5.5.3　有机磷的矿化

有机磷的矿化是从有机磷到溶解性无机磷的转化过程。生物吸收的磷主要是溶解性无机磷,因此有机磷的矿化能够使土壤、水体中的有机磷重新为生物所利用。有机磷的矿化主要发生在土壤中,也见于水体。土壤中有机磷的组成复杂,磷脂占1%,核酸及其降解物占5%~10%,肌醇六磷酸盐(植素)占60%,另外还有其他形式的有机磷。

微生物对有机磷的矿化主要有以下途径:第一,微生物在对碳有机物的同化代谢和异化代谢过程中,释放出溶解性无机磷;第二,微生物产生一系列胞外酶——磷酸(酯)酶,这种酶能够裂解和溶解颗粒性有机磷并释放出无机磷酸盐(于殿宇等,2008)。碱性和酸性磷酸(酯)酶已被广泛研究,并且能有效剪切化学键。这些酶能够水解有机磷酸盐酯、无机焦磷酸和其他的无机磷酸盐。具有矿化能力的微生物种类繁多,包括细菌(节杆菌、链霉菌、假单胞菌、芽孢杆菌)和真菌(曲霉、青霉、根霉和克银汉霉)等(任世英和肖天,2005)。

5.5.4　磷的有效化

在许多生境中,磷酸盐以不溶性的钙、铁、锂和铝盐的形式存在,不能被植物和很多微生物所利用。磷的有效化是使不能被生物所利用的磷酸盐转变成溶解性可被利用的形式。

许多异养微生物分解有机物产生的有机酸(如草酸、柠檬酸和葡萄糖酮酸等)和化能自养菌硝化作用、硫氧化作用所产生的硝酸和硫酸都能溶解不溶性磷酸盐,释放出来的溶解性无机磷酸盐可被微生物和其他生物所利用(Khozin-Goldberg,2006)。以钙盐为例,

$$Ca_3(PO_4)_2 + 2H^+ \rightarrow 2CaHPO_4 + Ca^{2+}$$

在厌氧条件下,铁还原菌可以将三价铁离子还原成二价铁离子,使不溶性的磷酸铁盐转化成可溶性磷酸铁盐。同样条件下发生的硫酸盐还原所产生的H_2S可以和磷酸铁等发生转换,释放出可溶性的磷酸。因此,在渍水土壤这样的厌氧环境中,铁还原菌可以促进可溶性磷酸盐的释放。

思　考　题

1. 为什么说微生物在地球化学循环中起着至关重要的作用?
2. 为什么说碳循环是最重要的循环?

3. 微生物在硫的循环中起了哪些特殊作用?

4. 微生物的地球化学循环对环境产生了什么样的影响?

参 考 文 献

安慧, 上官周平. 2006. 植物氮素循环过程及其根域调控机制. 水土保持研究, 1: 83-85.

陈海滨, 唐海萍. 2014. 盖娅假说: 在争议中发展. 生态学报, 34 (19): 5380-5388.

陈红歌, 张东升, 刘亮伟. 2008. 纤维素酶菌种选育研究进展. 河南农业科学, 8: 5-7.

傅霖, 辛明秀. 2009. 产甲烷菌的生态多样性及工业应用. 应用与环境生物学报, 15 (4): 574-578.

吉海平, 李君. 1997. 光合细菌应用动态. 生物工程进展, 17 (4): 46-50.

赖力. 2010. 中国土地利用的碳排放效应研究. 南京: 南京大学博士学位论文.

任世英, 肖天. 2005. 聚磷菌体内多聚物的染色方法. 海洋科学, 29 (1): 59-63.

羊依金, 李志章, 张雪乔. 2006. 微生物降解塑料的研究进展. 化学研究与应用, (9): 1015-1021.

杨建斌, 杜传林, 徐振业, 等. 2010. 固定化荧光假单胞菌脂肪酶用于催化低酸值餐饮废油的酯交换反应. 中国粮油学报, 25 (11): 69-73.

于殿宇, 罗淑年, 王瑾, 等. 2008. 海藻酸钠–明胶固定化磷脂酶的研究. 食品工业, (3): 9-10.

赵一章. 1997. 产甲烷细菌及其研究方法. 成都: 成都科技大学出版社.

左剑恶, 邢薇. 2007. 嗜冷产甲烷菌及其在废水厌氧处理中的应用. 应用生态学报, 18 (9): 2127-2132.

Blaut M. 1994. Metabolism of methanogens. Antonie van Leeuwenhoek, 66 (1-3): 187-208.

Blodig W, Smith A T, Doyle W A, et al. 2001. Crystal structures of pristine and oxidatively processed lignin peroxidase expressed in Escherichia coli and of the W171F variant that eliminates the redox active tryptophan 171. Implications for the reaction mechanism. Journal of Molecular Biology, 305 (4): 851-861.

Cajthaml T, Erbanova P, Kollmann A, et al. 2008. Degradation of PAHs by ligninolytic enzymes of Irpex lacteus. Folia Microbiologica, 53 (4): 289-294.

Deanda K, Zhang M, Eddy C, et al. 1996. Development of an arabinose- fermenting Zymomonas mobilis strain by metabolic pathway engineering. Applied and Environmental Microbiology, 62 (12): 4465-4470.

Deppenmeier U, Lienard T, Gottschalk G. 1999. Novel reactions involved in energy conservation by methanogenic archaea. FEBS Letters, (457): 291-297.

Hoffman B M, Dean D R, Seefeldt L C. 2009. Climbing Nitrogenase: Toward a Mechanism of Enzymatic Nitrogen Fixation. Accounts of Chemical Research, 42 (5): 609-619.

Jiang B. 2006. The effect of trace elements on the metabolism of methanogenic consortia. Wageningen: Thesis Wageningen University.

Kamasaka H, Sugimoto K, Takata H, et al. 2002. Bacillus stearothermophilus neopullulanase selective hydrolysis of amylose to maltose in the presence of amylopectin, 68 (4): 1658-1664.

Kawata M, Nanba M, Matsukawa R, et al. 1998. Isolation and characterization of a green alga *Neochloris* sp. for CO_2 fixation. Studies in Surface Science and Catalysis, 114: 637-640.

Khozin- Goldberg I. Cohen Z, 2006. The effect of phosphate starvation on the lipid and fatty acid composition of the fresh water eustigmatophyte *Monodus subterraneus*. Phytochemistry, 67 (7): 696-701.

Kozaki A, Kamada K, Nagano Y, et al. 2000. *Recombinant carboxyltransferase* responsive to redox of pea plastidic acetyl- CoA carboxylase. Journal of Biological Chemistry, 275 (14): 10702-10708.

Kristensen J B, Felby C, Jorgensen H. 2009. Yield-determining factors in high-solids enzymatic hydrolysis of lignocellulose. Biotechnology for Biofuels, 2 (11): 1-10.

Masayuki T, Kumakura M. 1989. Properties of a reversible soluble-insoluble cellulase and its application to repeated hydrolysis of crystalline cellulose. Biotechnol Bioeng, 34 (10): 1092-1097.

Nagase M, Matuo T. 1982. Interactions between amino- acid degrading bacteria and methanogenic bacteria in anaerobic digestion. Biotechnology and Bioengineering, 24 (10): 2227-2239.

Seefeldt L C, Hoffman B M, Dean D R. 2009. Mechanism of Mo-Dependent nitrogenase. Annual Review of Biochemistry, (78): 701-722.

Skalova T, Dohnalek J, Ostergaard L H, et al. 2009. The structure of the small laccase from *Streptomyces coelicolor* reveals a link between laccases and nitrite reductases. Journal of Molecular Biology, 385 (4): 1165-1178.

Skjanes K, Knutsena G, Källqvistb T, et al. 2008. H-2 production from marine and freshwater species of green algae during sulfur deprivation and considerations for bioreactor design. International Journal of Hydrogen Energy, 33 (2): 511-521.

Takata H, Kuriki T, Okada S, et al. 1992. Action of neopullulanase: *Neopullulanase* catalyzes both hydrolysis and transglycosylation at alpha- (1-4)- and alpha- (1-6)- glucosidic linkages. J. Biol. Chem. (267): 18447-18452.

Thauer R K. 1998. Biochemistry of methanogenesis: a tribute to Marjory Stephenson. Microbiology, (144): 2377-2406.

Tolstygina I V, Antal T K, Kosourov S N, et al. 2009. Hydrogen production by photoautotrophic sulfur- deprived *Chlamydomonas reinhardtii* pre-grown and incubated under high light. Biotechnology and Bioengineering, 102 (4): 1055-1061.

Tsygankov A A, KosourovaIrina S N, Tolstygina I V, et al. 2006. Hydrogen production by sulfur-deprived *Chlamydomonas reinhardtii* under photoautotrophic conditions. International Journal of Hydrogen Energy, 31 (11): 1574-1584.

Tuomela M, Vikman M, Hatakka A, et al. 2000. Biodegradation of lignin in a compost environment: a review. Bioresource Technology, 72 (2): 169-183.

Zhang M, Eddy C, Deanda K, et al. 1995. Metabolic Engineering of a Pentose Metabolism Pathway in Ethanologenic *Zymomonas mobilis*. Science, 267 (5195): 240-243.

| 第 6 章 | 微生物与环境污染

微生物污染是指对人和生物有害的微生物污染大气、水体、土壤和食品，进而影响生物产量和质量，危害人类健康的现象。根据污染对象的差异，微生物污染可以分为大气微生物污染、水体微生物污染、土壤微生物污染和食品微生物污染四类；根据其危害方式的差异，可以分为病原微生物污染、水体富营养化和微生物代谢污染三类（周群英和王士芬，2008）。本章主要介绍土壤、大气和水体中存在的微生物，以及它们的理化特性和对环境的危害。

6.1 环境中的病原微生物

病原微生物是指能够引起人、禽畜和植被等感染甚至引发传染病的微生物，又可称为致病微生物或病原体，包括朊毒体、寄生虫、真菌、细菌、螺旋体、支原体、立克次体、衣原体和病毒等，其中又以细菌和病毒的危害最大。病原微生物可以在土壤、空气、水体和食物中驻留并造成污染，还能以此为媒介传播疾病。

6.1.1 土壤微生物污染

土壤微生物污染是指有害微生物种群从外界环境进入到土壤，破坏了土壤原有的生态平衡，并对人体健康或生态系统产生负面影响的现象。

1. 土壤中病原微生物的来源与危害

人类或其他生物的活动会将某些病原微生物引入到土壤中，土壤中的病原微生物来源包括：①利用未经彻底无害化处理的污物施肥，如使用人畜粪便、生活垃圾、屠宰场废弃物和医院废弃物等。②利用未经处理的污水进行农田灌溉，如使用城市生活污水、屠宰场饲养场污水和医院污水等进行污灌。③病畜尸体处理不当，随意丢弃至土壤中。④有意识地直接引入细菌，作为生物控制剂或生物降解剂（Cajthaml et al., 2008）。

这些污水和污物中含有大量的有害微生物，甚至部分微生物还是传染性病原微生物，一旦条件适宜，它们就会大肆繁殖。人畜粪便作为肥料进入土壤中后，在蠕虫、线虫、甲虫以及其他一些种类生物的腐烂和去除作用下得到降解。在此期间，粪便中夹杂的大量病原微生物就会对土壤造成危害。其他污物通常要经过除杂、干燥、杀菌甚至除臭等复杂过程方可被利用。然而，实际过程中这些污物往往未经彻底处理就被排入到土壤中，同样引发上述问题。病畜残体也是重要的病原体来源。土壤中的某些病原微生物可能会引发某些土源性疾病的发生，如线虫感染、钩虫性皮炎、破伤风、稻田性皮炎和菜田性皮炎等。以炭疽病为例，炭疽病死畜引入土壤后对周围环境造成污染，炭疽杆菌暴露于空气中形成芽孢，在土壤中能存活数十年，成为威胁人畜健康的疫源地。倘若遇到洪涝灾害，土壤深层的炭疽杆菌就容易被冲刷出地表，不断造成感染发病。

上述病原微生物的引入，影响了原有土著菌群的数量和分布，破坏其原有的动态平衡，进而造成土壤的微生物污染，不仅会破坏土壤自身的微环境，影响其他微生物的生存，而且会危害人类健康、危害植物生长造成农业减产。病原微生物进入土壤后，随后还能进入空气或者水体等其他潜在传播途径（张甲耀等，2008）。例如，风蚀作用使土壤颗粒携带病菌进入大气，导致病菌的空气传播；暴雨冲刷使大量致病菌进入河流或者供水系统，污染水源和市政水体；农业耕作使病原体污染农作物，引起食源性疾病的流行等。

2. 土壤病原微生物的传播与防治

土壤中病原微生物的传播方式主要有两种。

1）"土壤-人"：天然土壤中存在某些致病菌，当人接触这类土壤时，可能会染病。例如，破伤风杆菌的芽孢可以在土壤中长期存在，当人受损皮肤接触该土壤时，破伤风杆菌就有可能会侵入人体，进而导致人体感染破伤风；肉毒杆菌可引发严重的中毒性疾病，该菌可在土壤和动物粪便中存在，从而污染食物；某些生长在土壤或蔬菜中的真菌也可能会引发霉菌病，当人们赤脚在田中劳作时，有可能会被真菌感染而患脚气病。

2）"人或动物-土壤-人"：土壤中可能原本并不含病原微生物，但当将染病的人和动物排出的粪便作为肥料施入土壤，其中携带的病原微生物也将随之进入土壤中。以炭疽芽孢杆菌为例，其芽孢对各种环境和化学因素都有很强的抵抗力，在牲畜的皮毛中能存活多年，在土壤中甚至可以存活60年以上，很容易使人感染致病并不断传播。污水灌溉也可能会使其中夹杂的某些病原微生物污染土壤。而当人体接触受污染后的土壤或者食用这些土壤中收获的蔬菜瓜果时，均可被感染致病。

为了防治病原微生物污染土壤，必须从严控制污染源。对施入土壤中的人畜粪便、污水灌溉、生活垃圾等要严格进行无害化处理，方可施入土壤。常用的无害化处理方法主要包括：药物灭菌法、高温堆肥法和沼气发酵法等。其中高温堆肥法可使堆料的温度高于55℃，持续5天以上，可使蛔虫卵死亡率达95%以上，粪大肠菌群值大于0.01，并能有效控制苍蝇滋生。沼气发酵法使物料保持密封30天以上，可使寄生虫卵沉降率高于95%，粪大肠杆菌群值大于0.0001，也能有效控制苍蝇滋生。对上述污染源的无害化处理，各地区需要结合当地的施肥习惯和卫生要求等，因地制宜。

6.1.2 空气微生物污染

空气微生物污染是指由于病原微生物进入空气中，导致空气质量恶化，并影响人类活动、人体健康和生物生存的现象。

1. 空气中的微生物分布特点

依据不同地区的人口密度、流通情况、土壤和地面状况、温度、湿度、日照、卫生情况和绿化情况等，空气中微生物在水平空间的分布呈现明显不同。城市人口密度较大，因而空气微生物数量明显高于农村；室内空气的微生物种类和数量都远远超过室外空气，特别是当室内的空气流通差、人员拥挤的情况（如集体宿舍）下，且室内空气中也容易出现大量病原微生物，如结核杆菌、脑膜炎球菌和感冒病毒等；在卫生情况相对较差的畜舍、医院等环境中，空气中除微生物种类和数量明显增多外，病原微生物的含量也明显偏高；雨雪过后，空气中的微生物也随之沉降，空气得到净化；而对于环境卫生相对良好、环境绿化程度较高的地区，如海洋、森林等，其空气微生物的含量明显较少。有资料显示（表6-1）（王家玲，2004），畜舍和宿舍空气中的微生物数量可以达到1万~2万个/立方米空气；城市街道通风相对良好，微生物数量较低，大约为5000个/立方米空气；市区公园中空气的微生物也较少，约为200个/立方米空气。

表6-1　一些场所上空的微生物数量　　（单位：个/立方米）

场所	微生物数量	场所	微生物数量
畜舍	1百万~2百万	医院	700~1 100
集体宿舍	20 000	实验室	200
城市街道	5 000	市区公园	200
教室	2 500	住房	180
办公室	1 400	海洋上空	2

2. 空气微生物的来源与危害

空气中微生物的来源广泛，包括土壤、水体表面、人和动物、人类日常活动和生产活动过程、污水污物的处理过程等。

(1) 土壤

由于外界活动（风、人和动物的活动等）将地面灰尘扬起，夹杂着微生物的尘埃颗粒会被卷入空气中并随之扩散。

(2) 水体表面

水体表面常有气泡破裂，气泡破裂时形成的小水滴也可能携带着水体中的微生物进入空气中。

(3) 人和动物

人和动物体内和体表都含有大量的微生物，体表的皮肤、毛发等附着的微生物与空气直接接触，有可能扩散到空气中，而体内的微生物则可以通过呼吸、排泄物和分泌物等多种形式排入空气中。

(4) 人类的日常活动和生产活动

室内织物（如地毯等）空隙大，特别容易积聚尘埃。据调查，屋尘、床尘、沙发尘和地毯尘中均夹杂有尘螨，尘螨已经成为重要的过敏源。在某些发酵、酿造类的工厂中，常有微生物气溶胶逸出至大气中。例如，制革或毛纺制造工厂可能被炭疽杆菌芽孢气溶胶污染，屠宰场可能被布鲁氏菌气溶胶污染等。

(5) 污水污物处理

在生活污水和生活垃圾等处理过程中，其中的微生物可能会大量逸出至大气中。例如，在污水处理厂曝气过程中，液滴飞散或气泡上浮破裂，均可能会造成水体中的微生物向空气中扩散；污水喷灌也会造成同样的问题。

空气中微生物污染对人类健康、工农业、畜牧业生存都会造成影响。当空气中出现病原微生物时，会对人体（表6-2）、植物（表6-3）和动物（表6-4）造成极大的危害。

空气微生物污染对人体健康的影响主要表现为：某些病原微生物可能会导致人类患呼吸道传染病或者引发与之接触的伤口的感染；而某些微生物气溶胶颗粒本身是过敏源，有可能导致人体发生过敏反应；微生物是一种常见的吸入性过敏源，以真菌为粒子的微生物气溶胶通过食入、接触等方式会导致人体过敏，引发病人鼻塞、流鼻涕、喷嚏发作，甚至呼吸困难、喘息不止，若病人发病后不及时治疗，则会发展成鼻息肉、肺气肿和肺心病等；而对某些由于微生物毒素引发的空气微生物污染中，微生物毒素的传播可引起不同的呼吸窘迫综合征甚至致死，如革兰氏阴性菌的脂多糖、肉毒杆菌产生的肉毒杆菌毒素等。特别地，军团菌是空调病病原菌之一，主要通过空气传播疾病，轻者可使人感染非肺炎型军团菌病，重者可引发肺炎型军团菌病，重症病人可能会出现肾功能衰竭、神经紊乱和脏器损害等症状。

表6-2　空气传播的重要人类病原体

细菌性疾病	病原体	真菌性疾病	病原体	病毒疾病	病原体
布鲁氏杆菌病	马耳他布鲁式杆菌	曲霉病	烟曲霉	流感	流感病毒
肺结核	结核分歧杆菌	酵母病	皮炎芽生菌	出血热	本扬病毒
鼻疽病	鼻疽不动杆菌	球孢子菌病	粗球胞菌	汉坦病毒肺症	汉坦病毒
肺炎	肺炎杆菌	隐球菌病	新型隐球菌	肝炎	肝炎病毒
肺炭疽	炭疽芽孢杆菌	组织胞浆菌病	荚膜组织胞浆菌	鸡痘病	胞痛病毒
葡萄球菌呼吸感染	金黄色葡萄球菌	诺卡氏放线菌病	星状诺卡氏菌	感冒	小核糖酸病毒
链球菌呼吸感染	酿脓链球菌	孢子丝菌病	申克氏孢子丝菌	黄热病	黄病毒
军团病	军团菌属的一些种			登革热	黄病毒
脑膜炎球菌感染	脑膜炎奈瑟氏球菌			狂犬病	狂犬病病毒
肺鼠疫	鼠疫耶尔森氏菌			胸膜痛	柯赛基病毒群
伤寒	伤寒沙门氏菌			裂谷热	静脉病毒
百日咳	副百日咳杆菌			风疹	风疹病毒
白喉	白喉棒杆菌			麻疹	麻疹病毒

空气微生物污染对工农业的影响主要表现为：导致受污染的食品腐烂、霉变；在制药、发酵和电子元件生产过程中，产品受到空气微生物污染而报废；病原微生物还会污染农作物，导致种植业减产。例如，空气中禾谷类锈病和黑粉病孢子可随气流漂移很远，引发谷物病害。在美国得克萨斯州收割冬小麦时，由南到北的风将小麦锈病传播给远在堪萨斯州的成熟作物，每年给农业造成高达数十亿美元的经济损失。

表6-3　空气传播的重要植物病原体

真菌病害	病原体	真菌病害	病原体	真菌病害	病原体
荷兰榆病	榆树长喙壳	叶锈病	隐匿柄锈菌	马铃薯后期枯萎病	蔓延疫霉
苹果锈病	胶锈菌属	燕麦冠锈病	禾冠柄锈菌	南方玉米叶枯萎病	玉蜀黍长蠕孢
大麦白粉病	禾白粉病	南方松纺锤状的锈病	柱锈菌	小麦和黑麦茎锈病	禾柄锈菌
香蕉叶斑	香蕉球菌	小麦黑穗病	胞果黑粉菌	烟草蓝霉	烟草霜霉
花感染	宽松核盘菌	牛肉霜霉病	霜霉属	雪松锈病	胶锈菌属

空气微生物污染对畜牧业的影响主要表现为：使动物感染呼吸道疾病；感染家畜，导致养殖业损失；空气携带的病原微生物会严重影响动物养殖业的发展。例如，伤寒沙门氏菌是一种通过生物气溶胶传播的肠胃病原菌，被伤寒沙门氏菌感染的骆驼可将疾病传染给其他分开饲养于不同圈栏内的骆驼。表 6-4 中列举了空气传播的重要动物病原体。

表 6-4　空气传播的重要动物病原体

细菌性疾病	病原体	真菌性疾病	病原体
结核病	牛分歧杆菌	曲霉病	曲霉菌属的一些种
马鼻疽	鼻疽不动杆菌	隐球菌病	隐球菌属的一些种
布鲁氏杆菌病	布鲁氏杆菌属的一些种	球孢子菌病	球孢子菌
沙门氏菌病	沙门氏菌属的一些种	禽瘟症	病原体
病毒性疾病	病原体	狂犬病	弹状病毒科
犬疱疹	疱疹病毒	犬瘟热	麻疹病毒
东方型马	阿尔法病毒	传染性支气管炎	流感病毒及其他
猪霍乱	瘟病毒属	口蹄疫	口腔病毒
流感	流感病毒	鼻炎	麻疹病毒
猫瘟热	麻疹病毒		

3. 空气病原微生物的传播

空气微生物主要的传播过程包括：生物气溶胶被发射到空气中，然后其颗粒通过扩散和分散转移，最后沉积下来，即发射、转移扩散和沉积三个过程（张甲耀等，2008）。例如，含有流感病毒的液体气溶胶通过咳嗽、打喷嚏甚至讲话发射到空气中，这些结合有病毒的气溶胶通过咳嗽或喷嚏而分散开来，再经空气输送，最后被附近人吸入并沉积到肺中，造成新一轮感染。

1）发射：微生物气溶胶的发射是指含微生物的颗粒进入和悬浮到空气中，导致空气微生物污染发生的过程。微生物气溶胶的发射机制多种多样，常见的发射机制包括：①自然机械过程（如风雨等）直接作用于固体、液体废物表面，将含有病原微生物尘埃或泡沫发射到空气中。②自然界的真菌孢子自己释放出来。③人、动物和机械运动产生漩涡，使病原微生物从废物贮存点、处理处置过程中产生并发射到空气中，如污水处理或者污水灌溉过程中，由于液滴的飞散或者污水中气泡上浮至表面破裂，都可能会产生携带病原微生物的气溶胶，并随风扩散。有实验证明，上浮气泡表面所含的菌数要比原污水中所含菌数多 10~1000 倍。④寄生于人体和动物体内的病原微生物，可从呼吸道直接进入空气，或通过排泄物排至地面，随灰尘飞扬进入空气。

2）转移扩散：微生物气溶胶的转移是指流动空气将动能传递给微生物气溶胶颗粒，使其从一个地方迁移到另一个地方的过程。根据其持续时间和迁移距离的不同，可以将迁移过程分为四种：亚小范围传播、小范围传播、中等范围传播和大范围传播。①亚小范围传播，一般持续时间在 10min 内，迁移距离在 100m 以下，这种方式通常局限于建筑物或有限空间内；②小范围传播，持续时间为 10min 至 1h，迁移距离为 100m 到 1km，是最常见的一类转移；③中等范围传播，时间为几天，距离达 100km；④大范围传播，其转移时间和距离更长。迁移时间和迁移距离决定了空气病原微生物的污染范围。在空气中，由于微生物的存活能力受限，大多数微生物的主要迁移方式是超微距和微距转移。然而，某些病毒、真菌孢子和细菌芽孢可以中距甚至长距转移。据研究，来自污水处理厂的气溶胶大肠菌群转移距离可以大于 1.2m；另据测定，口蹄疫通过风力传播能够超过 60km，1967 年英格兰博阿法的口蹄疫传播历时 4 个月，波及 2300 个农场，45 万头牲畜死亡；流行性感冒的传播与盛行信风相一致，可以从东半球传到西半球，遍及全世界。

3）沉积：微生物气溶胶的沉积是指微生物颗粒通过重力作用、分子扩散、表面碰撞、降水冲洗和静电絮凝等机制沉积于物质表面的过程。在上述机制中，重力作用是最主要的沉降机制；分子扩散是由自然气流和漩涡引起，可以促进空气中颗粒的向下运动，是一个随机发生的过程；表面碰撞是由于粒子和沉降表面发生非弹性碰撞，导致动能损失；降水冲洗主要是微生物气溶胶凝集在雨滴表面，随雨滴下落，加速自身的沉积过程；微生物气溶胶是一种自身带负电荷的气溶胶，可以与带正电荷的粒子相结合，发生静电絮凝过程进而沉降。

4. 空气病原微生物的防治

为防止空气发生微生物污染，可以从其传播环节（发射、传播和沉降）入手，通过切断其传播过程中某一环节，实现对空气中病原微生物的控制（乐毅全和王士芬，2005）。最有效的措施包括：控制发射环节（空气消毒、搞好室内卫生）、控制传播环节（通风、隔离）和控制沉降环节（环境绿化）等。

1）灭菌消毒。空气消毒的主要目的是灭菌，常用的方法包括超热、超脱水作用、紫外线消毒和臭氧氧化作用等，这种方式主要是根除空气中携带的所有微生物，以确保这些微生物不再存活或引起感染。在室外环境中影响存活的主要因素（温度、相对湿度、紫外照射和臭氧等）都可以被用于控制室内环境中传染性病原微生物的传播。①紫外线照射法，如紫外光照射的强度和时间得当，紫外光可以杀死几乎所有的传染因子，它更适用于手术室、病房和无菌实验室等处消毒之用。应用这种方法时,注意定期检测灯管照射强度,并注意人体的防护。②化学消毒剂消毒。化学消毒剂喷雾或熏蒸可以明显减少室内空气中微生物,其机理是化学消毒剂被分散成气溶胶,与微生物气溶胶接触。常用的空气消毒化学药品有过氧乙酸、过氧化氢、乳酸、三乙烯乙二醇、丙二醇、次氯酸和甲醛(福尔马林)等。目前过氧乙酸是一种优良的广谱消毒剂,对于细菌及其芽孢、病毒真菌等都有灭杀作用。过氧乙酸的分解产物是乙酸、过氧化氢、水和氧,这些都对人体无害。其缺点是已稀释的过氧乙酸易分解,宜临用时稀释配置,高浓度过氧乙酸溶液还会对金属和纺织品有一定的腐蚀作用。

2)保持室内外环境卫生。对室外的空气污染应采取预防为主,防治污染源扩散,控制污水回用和生物固体利用中的生物气溶胶传播,如在污水曝气池上安装隔离塑料膜,改喷灌为滴管,以减少含菌气溶胶的传播。搞好室内外环境卫生,减少微生物滋生,减少空气中微生物的来源。此外,适当的环境绿化能够净化空气中的微生物,具有除尘杀菌的功能。

3)通风。通风是防止空气携带微粒积累的最常用方法,主要是使气流通过发生空气携带污染的区域,包括有自然对流通风、空调湍流通风和过滤层流通风三种形式。①自然对流通风利用开窗通风以排除空气中微生物,简单易行,但效率不高。特别地,单侧开窗没有空气对流,影响通风效果。有研究表明,单靠自然对流通风可能会造成负面效果,反而使室内空气中病原体浓度高于室外。因此,在大多数公共建筑物中,特别是医院,不能单靠通风,还需要使用其他控制措施。②空调湍流通风效果优于自然通风,但远不及过滤层流通风。③过滤层流通风的过滤介质多为粗纤维,空气穿过滤过层后,能除去小于 $0.3\mu m$ 的粒子。过滤后的空气沿平行线以均匀速度流动,根据需要可设计成垂直式或水平式层流,用于微生物操作的超净工作台、洁净病房和手术室。单向的气流过滤是控制空气携带污染相对简单而有效的方法。据报道,一些高效专用的微粒空气过滤器(high efficiency particulate air filter, HEPA)能滤除所有的感染性微粒,可被用作生物安全罩。但由于价格太高,HEPA 不常用于建筑物过滤系统。通常,依赖于袋滤室的过滤系统被广泛应用。典型的空气过滤器采用尘点百分比计算效率,即微粒被过滤器有效去除的比例,数值越高表示过滤效率越高。研究证明,尘点百分比达到97%可以滤去空气中病毒微粒,大多数建筑物中使用的过滤器效率为30%~50%。环流系统类型及其对建筑物内空气运动的推动程度,以及所选用的袋滤室类型、过滤器材料和过滤器标准孔隙度等,共同影响着生物气溶胶微粒的去除和空气的过滤效率。尽管多数过滤装置效率很高,许多系统仍然不能终止空气携带微生物,特别是病毒的环流,要保证安全呼吸空气,有必要做另外的处理。

4）隔离。隔离是通过正或负的空气压力梯度和气密封箱的环境隔离。当负压存在时，累积的气流会流入隔离区。例如，为了防止其他人受到病原体（结核分歧杆菌）感染，医院采用隔离的结核病房以防止来自负压区域内的感染。运用相反的原理，正压隔离间把空气迫出室外，由此保护室内居住者免受室外的污染。例如，为人类免疫缺陷病毒（HIV）感染以及化疗病人而设立的医院特殊护理病房。

5. 空气中病原微生物的检测

空气是人类和动物赖以生存的重要环境，也是传播疾病的媒介。为了控制由于空气微生物污染给人类和动物造成的伤害，需要对其中的微生物含量进行检测和控制。

空气中的细菌总数和绿色链球菌常作为表示空气微生物污染程度的指标，必要时需要测定病原微生物含量。通常用细菌总数作为指标，根据我国《室内空气中细菌总数卫生标准》（GB/T 17903—1997）中的规定，室内空气卫生标准为每平方米空气中的细菌总数不大于 4000 CFU（菌落形成单位，colony-forming unit）（撞击法）或不大于 45 CFU（沉降法）。由于绿色链球菌在上呼吸道和空气中比溶血性链球菌易发现，且有规律性，因而也可以作为空气污染物指示菌。为了评价空气的清洁程度，需要测定空气中的微生物数量和空气污染微生物，空气微生物卫生标准可以浮游细菌数为指标或以降落细菌数为指标，常用的空气微生物的检测方法有固体法和液体法两大类。

1）固体法。包括有撞击法、自然沉降法和过滤法三种，是以降落细菌数为指标，但也可通过公式换算出空气中浮游细菌数。①撞击法。根据采样器的不同，分为缝隙采样器、筛板采样器和针孔采样器三种。以缝隙采样器微粒为例，其主要原理是：用吸风机或真空泵将含菌空气以一定流速穿过狭缝（0.15mm、0.33mm 和 1mm 三种）而被抽吸到营养琼脂培养基平板上。狭缝长度为平皿的半径，平板与缝的间隙为 2mm，平板以一定的转速（1r/min、5～60r/min 和 60r/min）旋转。通常平板旋转一周，取出置于 37℃恒温箱中培养 48h，根据空气中微生物的密度可调节平板转动的速度。采集含菌高的空气样品时，平板转动的速度较含菌量低的空气样品转速快。根据取样时间和空气流量计算出单位空气中的含菌量。②自然沉降法。将营养琼脂培养基融化后导入直径 90mm 的无菌平皿中制成平板，将它放在待测点（通常设 5 个），打开皿盖暴露于空气 5～10min，以待空气微生物降落在平板表面上，盖好皿盖，置于培养箱中培养 48h 后取出，对菌落计数。自然沉降法比较原始，一些悬浮在空气中的带菌小颗粒在短时间内不易降落在培养皿内，因此无法确切进行定量测定。但由于检测方法比较简便，比较适用于不同条件下空气中微生物数量的相互比较。③过滤法：又称滤膜法，是将定量的空气通过支撑于滤器上的特定滤膜，如硝酸纤维滤膜，使带有微生物的尘粒附着在滤膜表面，然后将截留在滤膜上的尘粒洗脱在合适的无菌溶液中，再吸取一定量的该溶液进行细菌数测定。

2）液体法。以浮游细菌数为指标，也称吸收管法，主要是利用特质的吸收管，将定量的空气快速吸收到管内的吸收液内，然后取一定量的此液体，稀释并进行平板培养，计菌落数或分离病原微生物。该法将一定体积的含菌空气通入无菌蒸馏水或无菌液体培养基中，依靠气流的洗涤和冲击使微生物均匀分布在介质中，然后取一定量的菌液涂布于培养基琼脂平板上，或取一定量的菌液于无菌培养皿中，导入 10mL 融化（45℃）的营养琼脂培养基，混匀并待冷凝后制成平板，置于 37℃ 恒温箱中培养 48h，取出计菌落数。再以菌液体积和通入的空气量计算出单位体积空气中的细菌数。例如，将 $10m^3$ 的含菌空气通入 100mL 的无菌水中，使 $10m^3$ 空气中的微生物全部截留在 100mL 水中。然后取出 1mL 菌液涂布于平板上，若长出 100 个菌落，100mL 水共含菌 10 000 个，即 $10m^3$ 空气中含有 10 000 个细菌，则 $1m^3$ 空气中含有 1000 个细菌。

而日本建议的评价空气清洁程度的标准如表 6-5 所示（王曙光等，2008）。

表 6-5　以细菌总数评价空气的卫生标准

清洁程度	细菌总数（CFU/m^3）
最清洁空气	1～2
清洁空气	<30
普通空气	31～125
临界环境	约150
轻度污染	<300
严重污染	>301

6.1.3　水体微生物污染

水体微生物污染是指致病微生物进入水体，或某些藻类大量繁殖，造成水质恶化，直接或间接危害人类健康或影响渔业生产的现象。

1. 水体中的微生物

水生生境主要包括湖泊、池塘、溪流、河流、港湾和海洋。水体中的微生物的分布和数量受到营养物含量、温度、光照、溶解氧、盐分、微生物拮抗作用、雨水冲刷、工业和生活废水的排放量等因素的影响。

1）营养物含量。含有较多营养物质或受生活污水、工业有机污水污染的水体中有相应多量的细菌，如港湾具有较高的营养水平，其水体中也有较高的微生物数。在水体中，特别是在低营养浓度水体中，微生物倾向于生长在固体的表面和颗粒物上，它们要比悬浮和随水流动的微生物能吸收利用更多的营养物质，常常有附着器和吸盘，有助于附着在各种表面上。

2）光照。在光线充足、好氧的沿岸带和浅水区分布着大量光合藻类和好氧微生物，如假单胞菌、噬纤维菌、柄细菌和生丝微菌等；深水区位于光补偿水平面以下，光线稍暗、溶解氧低，可见紫色和绿色硫细菌及其他兼性厌氧菌。

3）溶解氧。湖底区包含厌氧的沉积物，分布着大量厌氧微生物，主要有脱硫弧菌、甲烷菌、芽孢杆菌和梭菌等。

4）盐分。海洋或某些高盐度的湖泊中，水中含盐量越大，渗透压也越大。海水中生存的微生物大多数是耐盐或嗜盐的，并能耐受高渗透压，如盐生盐杆菌。微生物在较深的水体中具有垂直层次分布的特点。不同种类的微生物有其特有的性质，例如大小和功能，这些特点决定了它们在水生环境中的活动、生存的能力以及在不同水体和废水处理过程中的易感性。

水体中的微生物种类繁多，按照其来源可以分为以下几种。①水体中固有微生物。如荧光杆菌、产红色和产紫色的灵杆菌、不产色的好氧芽孢杆菌、产色和不产色的球菌、丝状硫细菌、球衣菌及铁细菌等。②来自土壤的微生物。雨水对地表的冲刷，会将土壤中的微生物带入水体中，如枯草芽孢杆菌、氨化细菌、硝化细菌、硫酸还原菌和霉菌等。③来自生活和生产的微生物。各种工业废水、生活污水和牲畜的排泄物夹杂多种微生物进入到水体中。这些微生物有大肠杆菌、肠球菌、产气荚膜杆菌、腐生性细菌和厌氧梭状芽孢杆菌等，还有部分病原微生物。④来自空气的微生物。雨雪降落时，会把空气中的微生物带入水体，空气中尘埃的沉降，也会直接把空气中的微生物带入水体。

2. 水体中病原微生物来源与危害

水中的病原微生物来源于空气、土壤、废水、垃圾和死亡的动植物等，种类很多，主要包括：①肠道疾病粪便或尸体。某些患病的人或动物的排泄物和尸体等若不妥善处理，其中携带的病原微生物可能会进入到周围水体中，对水源造成污染。②污水排放。如医院废水、家庭废水、城市街道废水、屠宰场废水、肉食加工厂废水、制革厂废水和洗毛厂废水等中存在着大量的病原菌，这些污水若不经过妥善处理而排放到水体中，也会污染水源。如猪丹毒、副伤寒、马鼻疽、布鲁氏菌病、炭疽病、钩端螺旋体病和土拉菌病等，均为重要的水体传染疾病。

病原微生物进入水体后，某些可能因为不适应水环境而逐渐死亡，也有部分可长期的生活在水环境中，并以水作为它们生存和传播的媒介。水体中的病原微生物主要包括细菌、病毒、原生动物三大类。它们都有自己的独特的生理特征、生存能力和制度效应。而且在长期的环境压迫下，已进化出一套可以抵抗环境压力的生理机制（沈萍和陈向东，2006）。

（1）细菌类

沙门氏菌属。沙门氏菌属来源广泛，如沙门氏菌病患者的粪便、牲畜粪污和屠宰场污水中都含有沙门氏菌。伤寒沙门氏菌和副伤寒沙门氏菌可以引发人体伤寒病和副伤寒病，一些沙门氏菌可能会引起细菌性食物中毒，造成急性肠胃炎、腹泻与腹痛等病症，某些沙门氏菌还可能会引发动物患败血症（孙杨青等，2009）。肠胃炎的病原菌可由人或动物粪便传入，而伤寒病人与恢复期带菌者是伤寒唯一的污染源，与动物无关。其在水中存活时间因各种因素差异而有所不同，在15℃以上天然水体中大部分7日内即可死亡，但是低温水体中可能会存活数年。

志贺氏菌属。志贺氏菌属主要来源于痢疾患者和短时带菌者的粪便，家畜粪便中较少发现。志贺氏菌属是大肠杆菌的近缘，分为痢疾杆菌、副痢疾杆菌、痢疾杆菌和宋内氏杆菌，可引起人体的细菌性痢疾，主要通过取食受污染的食物或饮用受污染的水进行传播。其存在周期较短，志贺杆菌属细菌在 $9.5 \sim 12.5℃$ 淡水中的半生存期为 $22.4 \sim 26.8h$。

霍乱弧菌属。主要包括霍乱弧菌和 El Tor 弧菌两种，可分别引发霍乱和副霍乱等烈性传染病，危害极大。其主要传播方式是饮水传播，历次大的霍乱暴发流行均与饮用水污染有关。1991 年秘鲁发生霍乱爆发流行，并蔓延至中美洲和南美洲各国，共出现病例 104 万个，致死近万人。El Tor 弧菌对外界抵抗力较强，对营养要求甚低，故可在水中存活较长时间。

致病性大肠杆菌。大肠埃希氏菌通常称为大肠杆菌，是人类和大多数温血动物肠道中的正常菌群。某些大肠杆菌会引发病症，根据其不同的生理学特性将致病性大肠杆菌分为五类：致病性大肠杆菌（EPEC，如粪便中存在的某些血清型大肠杆菌，可引起腹泻、呕吐等病症）、肠产毒性大肠杆菌（ETEC，能产生肠毒素，引起强烈腹泻）、肠侵袭性大肠杆菌（EIEC）、肠出血性大肠杆菌（EHEC，如大肠杆菌 O157：H7 血清型，能引起肠出血性腹泻，$2\% \sim 7\%$ 的病人会发展成溶血性尿毒综合征）、肠黏附性大肠杆菌（EAEC）。致病性大肠杆菌可通过食品、饮水和娱乐水体等进行传播，可引起疾病暴发性流行，严重者可危及生命。

结核杆菌。主要来源于医院或疗养院排放的污水，该菌也能致人生病。

（2）病毒类

水中的病毒主要来自粪便和尿，有抵抗力较强的肠道病毒和其他肠道内病毒等总计 140 种以上，如甲型肝炎病毒、轮状病毒、诺沃克病毒、呼肠孤病毒、腺病毒和小 DNA 病毒。水中出现的主要肠道内病毒以及可能引起的疾病肠道内病毒，以与寄主直接接触的传播方式为主，但也能通过饮水、游泳、气溶胶和食物传播。

肠道病毒属。主要包括：脊髓灰质炎病毒、考克赛基病毒 A、考克赛基病毒 B 和埃可病毒等。其主要在肠道内生活繁殖，可长期由粪便排出，经常可在污水、污水处理厂出水和受污染的地表水中检出，是发展中国家相应疾病发生与流行的重要原因。

肝炎病毒。包括甲型肝炎病毒和戊型肝炎病毒等，前者为小 RNA 病毒科肝炎病毒属，该病毒患者的粪便中可较长时间地存在此种病毒，并可以通过饮水与食物进行传播；后者为单股正链 RNA 病毒，通过食物污染进行传播。1988 年，上海地区因为居民食用不洁毛蚶而引发了甲型肝炎大流行，30 多万人患病；1986 年，新疆地区发生了水源性戊型肝炎病毒流行，近 12 万人患病。目前，甲型肝炎可通过接种疫苗或注意饮水、食品和环境卫生等措施加以预防，而戊型肝炎目前尚无特异性预防措施。

呼肠孤病毒。具有一定的传染性，并可引发轻度发热、上呼吸道感染及腹泻等症状。该科病毒分布极广，其中能使人、畜致病的主要成员有：轮状病毒、鸡传染性法氏囊病病毒、羊蓝舌病病毒、非洲马瘟病毒等。

轮状病毒。是引发人和动物急性腹泻的主要病原体，迄今发现有 ABCDE 等群，其中 A 群是非细菌性婴幼儿腹泻的主要病原，B 群轮状病毒主要导致成人腹泻。

(3) 原生动物类

痢疾内变形虫。又名溶组织阿米巴，其孢囊具有抵抗不良环境能力，当药物进入肠道时，它们会形成孢子而随粪便排出体外，经人、畜饮水后再进入寄主体内。

蓝氏贾第鞭毛虫。蓝氏贾第鞭毛虫是一种常见的寄生于十二指肠和小肠的多鞭毛虫，主要通过粪便排出的包囊污染水体、食物或食具而经口感染，一旦摄入，会阻塞肠道对水和养分的吸收，导致吸收障碍和腹泻。贾第鞭毛虫的感染剂量非常低，水体中少数几个该类原生动物就能对健康造成威胁。

隐孢子虫。是一种肠道原虫，其卵囊通过人类和动物排泄物进入环境中，如果污染了饮水或水源，寄主吞噬环境中的卵囊则会感染隐孢子虫，进而会导致该病的爆发流行。1993 年，美国威斯康星州由于自来水厂处理不当而爆发了该病，导致 40 多万人感染。因为卵囊对氯气消毒的抵抗力很强，能够在经过氯气消毒处理的饮用水中存活，人类对此病易感，对于该病流行区域可通过提倡饮用煮沸的开水来避免感染。

除此之外，某些危害人体健康的寄生虫也借水散播，如蛔虫、血吸虫等。但此类寄生虫在水厂中经过砂滤和消毒，可将虫卵完全消除。

3. 水体中病原微生物的传播与防治

水中病原微生物的主要传播方式有三种：饮水传播、皮肤黏膜接触传播和食物传播。

（1）饮水传播

饮水传播是水传播疾病的典型方式。相对于人与人传播，水中传播疾病更易造成大规模传染病例的暴发。饮水传播是感染源传播给大部分人群的一条高效途径，通过被污染的水源作为载体，各种传染源通过对水的摄取或接触而传播，引起包括轻度不适到有生命危险的疾病（表6-6）。饮水性传播途径有赖于三个方面：水中病原体的浓度（该浓度取决于区域内的感染人数、水中粪便污染量及水中微生物的生存能力）、微生物的感染剂量和人体对污染水的摄取。

表6-6　通过水传播的主要病原微生物及其引起的传染病

	病原微生物	潜伏期	临床症状
细菌	空肠弯曲杆菌	2~5 d	肠胃炎，常伴有发热
	产肠道毒素大肠埃希氏菌	6~36h	肠胃炎
	沙门氏菌	6~48h	肠胃炎，常伴有发热；伤寒或肠外感染
	伤寒沙门氏菌	10~14 d	伤寒，发热、厌食、不适、短暂疹、脾肿大
	志贺氏菌	12~48h	肠胃炎，常伴有发热和血样腹泻
	霍乱弧菌	1~5 d	肠胃炎，常有明显的脱水
	小肠结膜炎耶尔森氏菌	3~7 d	肠胃炎，肠系统淋巴结炎或急性末端回肠炎
病毒	A行肝炎病毒	2~6w	
	诺沃克病毒	24~48h	肝炎、恶心、厌食、黄疸和黑尿
	轮状病毒	24~72h	肠胃炎，短期
原生动物	痢疾内变形虫	2~4w	急性爆发性痢疾，有发热和血样腹泻
	表吮贾第虫	1~4w	慢性腹泻，上腹部疼痛，胃胀，吸收不良和消瘦

通过饮用被污染后的水，水中的病原微生物经口进入肠道，致使肠道感染。这类病原体包括：伤寒沙门氏菌、痢疾杆菌、霍乱弧菌、沙门氏菌、致病性大肠癌埃希氏菌、空肠弯曲杆菌、小肠结肠炎耶尔森氏菌、甲型肝炎病毒、轮状病毒和诺瓦克病毒等。其中，蓝氏贾第鞭毛虫和志贺杆菌是饮水性传播疾病暴发的两大原因；通过摄入粪便污染的水源，肠道微生物导致寄主病变，引发流行性霍乱

和伤寒；麦地那线虫病是典型的饮水性传染疾病，由摄入了麦地那线虫的污染水而导致。

上述许多通过摄取被粪便污染水而传播的肠道病原体，同样也可以通过皮肤黏膜接触传播，或经由食物传播等方式进行扩散。

（2）皮肤、黏膜传播

某些疾病是通过皮肤、黏膜接触侵入的水传性疾病，当人体接触这些被污染的水时，接触部位容易感染患病。某些长期从事触水性劳作、游泳或划船等活动的人容易感染患病。例如，接触带有铜绿假单胞菌的水体，易造成外耳感染；接触带有创伤弧菌的水体，易造成皮肤炎症；接触带有嗜水气单胞菌的水体，易造成外伤感染；接触带有葡萄球菌的水体，易造成皮肤化脓；接触带有沙眼衣原体的水体，容易导致沙眼；接触带有肠道病毒 70 型的水体，容易导致急性出血性结膜炎；接触带有钩端螺旋体的水体，容易导致钩端螺旋体病；接触带有血吸虫的水体时，自由游动的血吸虫幼体可能会侵入皮肤，寄生到人体，同时引发人体病变。另外，许多水传播疾病是通过某些昆虫来传播的，这些昆虫在水中繁殖（如传播痢疾的蚊子）或者靠近水边生活（如传播丝虫病和盘尾丝虫病的苍蝇）。有些病原微生物本身是在水体中生存和繁殖的，但是却能够通过浮质或者微粒的形式传播。比如军团菌、分期杆菌等，这类微生物通常能够在供水系统中定居和繁殖，并且可能最终变成空气中传播的病原体，引起肺炎、结核等病症。

城市中最常见的水接触疾病类型与接触受污染的消遣娱乐用水有关，大量的海水、淡水湖、江水和游泳池等地都可能成为潜在的污染源，在这些区域，常常引发大量的耳、眼和皮肤病病例。

（3）食物传播

有些水产品会受病原菌污染，例如鱼虾贝类、莲藕、荸荠和菱角等水生食品。非水性植物经过污水灌溉后也会有污染。当人们食用这些受病原微生物污染的食品时，便会被病原微生物所感染。

鱼虾等双壳类软体动物对于肠道疾病的病原体而言是很理想的媒介，因为他们能将被粪便污染水体中的微生物浓缩在他们的组织内。无数次疾病的蔓延都已归结于食用未煮熟或者生的牡蛎、蛤和蚌类。许多致病菌，包括 A 型和 E 性肝炎病毒、诺沃克病毒、致病的大肠杆菌、痢疾杆菌、霍乱弧菌和产气单胞菌都包含在甲壳类生物体内。同时，甲壳类和某些鱼类也同样适合作为藻类毒素的载体，一些有毒的藻类能够被滤食性软体动物富集，食用这些贝类的人产生麻痹性中毒反应。

防治水体病原微生物污染的主要措施包括。

1）加强污水处理。主要是加强医院、畜禽场、屠宰场、禽蛋厂和制革厂废水的处理，必须达标排放。对某些娱乐场所（如游泳池）中的用水，其循环系统也要进行消毒。

2）加强饮用水处理。保证生活饮用水负荷水质标准，对农村分散式积水，应通过煮沸或加漂白粉等方式，灭杀水中可能存在的微生物。

对饮用水的处理，除了要对水源水进行预处理和深度处理外，还需要对处理水进行消毒，以杀死其中的病原微生物（韩伟，2009）。目前对饮用水消毒的方法主要包括物理方法和化学方法两种。物理方法主要包括紫外线、超声波以及加热等；化学方法主要是使用气态氯和含氯物质（漂白粉、氯胺、二氧化氯、次氯酸盐）、臭氧和重金属离子等化学药剂对水进行消毒，其中应用最为广泛的是氯化消毒。近年发现，许多氯化副产物有致癌致突变的副作用，促使人们开始重新考虑其他消毒剂。

4. 水体中病原微生物的检测

监测水体、水源地或给水中的病原微生物含量，对于保护人群和家畜家禽的健康，具有十分重要的意义。但是，病原菌在水体中存在的数量较少，检测技术比较复杂。因此，常常不是直接检测水中的病原菌，而是采用间接指标，即以粪便污染指示菌作为代表。常用肠道正常细菌作为粪便污染的指示菌，用以表示水体受粪便污染的情况、废水处理厂处理效率以及给水配水系统的安全性，只有在特殊情况下才直接检测水中的病原菌。

常用的水质微生物学标准有两个，细菌总数和大肠菌群。现对这两种标准的检测计算方法进行简单介绍。

（1）细菌总数

将定量水样（原水样或一定稀释后水样）1mL 接种到营养琼脂培养基平板内，于37℃培养24h后观察结果，计算平板上生长出的细菌菌落数，结果以每毫升原水样所含的细菌数表示。

细菌总数反映的是检样中的活菌的数量，水中大多数细菌病不致病，不能直接说明水样中是否有病原菌存在，更不能说明污染物的来源，但可反映水受污染的程度。细菌数越高，表示水体受有机物或粪便污染越严重，被病原菌污染的可能性也越大。

细菌总数指标具有相对的卫生学意义，可用来评估不同处理过程的效率，监测处理水在贮水池和配水系统中的质量，测定细菌在材料表面生长情况等。一般认为，在天然水中细菌总数 10~100 个/mL，为极清洁的水；100~1000 个/mL 为清洁的水；1000~10 000 个/mL 为不太清洁的水；10 000~100 000 个/mL 为不清洁的水；大于 100 000 个/mL 为极不清洁的水。我国生活饮用水水质标准中规定，细菌总数不得超过 100 个/mL。

还需指出，针对水污染的现状和城乡差别的现实，我国卫生部（现为国家卫生健康委员会）分别制定了《生活饮用水卫生规范》和准则。《生活饮用水卫生规范》适用于城市生活饮用集中式供水及二次供水，自 2001 年 9 月 1 日起实施，细菌总数限制为 100 个/mL；农村实施《生活饮用水卫生标准》准则，由 1997 年 7 月 1 日实施。细菌总数限值一般为一级 100 个/L、二级为 200 个/L、三级为 500 个/L（张甲耀等，2008）。

（2）大肠菌群

目前认为，总大肠菌群和粪大肠菌群是较理想的水体受粪便污染的指示菌。总大肠菌群是对一群需氧及兼性厌氧、在 37℃ 条件下培养 24h 分解乳糖产酸、产气的革兰氏阴性无芽孢杆菌的统称，它们大量存在于人及温血动物的粪便中，作为水体粪便污染指示菌。然而，总大肠菌群细菌除在人及温血动物的肠道中生活外，在自然环境的水和土壤中也常有分布。因此，只检测总大肠菌群数尚不能确切地证明污染来源及危害程度。在自然环境中生活的大肠菌群培养的适宜温度为 25℃，在 37℃ 培养时仍可生长，但若将温度提高到 44.5℃，则不再生长。而直接来自粪便的大肠菌群细菌，习惯于 37℃ 左右生长，将培养温度提高到 44.5℃ 仍可继续生长，据此，凡在 44.5℃ 仍可继续生长的大肠菌群细菌称为粪大肠菌群。若在饮用水中检出粪大肠菌群，则表明此饮用水已被粪便污染，可能存在肠道致病微生物。可用提高温度的方法将自然环境中生长的大肠菌群与粪便中的大肠菌群分开。

我国一般将 1 L 水中所含大肠菌群数目，称作为大肠菌群数。有时也使用大肠菌群值，系指水样中检出 1 个大肠菌群细菌的最小水样体积，以 mL 表示。此值越大则表示水中大肠菌群数越少。

大肠菌群数与大肠菌群值之间的关系，可用下式表示：

$$大肠菌群值 = 1000/大肠菌群数$$

6.2　微生物与水体富营养化

6.2.1　水体富营养化的概念和进程

水体富营养化是指湖泊、水库、缓慢流动的河流以及海湾等缓流水体中，营养物质（一般指氮和磷的化合物）过量而引起藻类及其他浮游生物恶性繁殖、水体透明度和溶解氧量下降、水质恶化、鱼类及其他生物大量死亡的现象。这种现象出现在湖泊等地表淡水系统中时，被称作水华（water bloom），出现在海水中时被称作赤潮（red tide）。赤潮覆盖面积从几十平方千米到数千平方千米不等，持续时间短为数日，长为数十日。

湖泊的形成、发展和衰亡过程中，其自身完成了从贫营养型到富营养型再到沼泽化的生态演变。①贫营养型。湖泊形成初期，处于贫营养状态，湖泊中水生生物种类和数量较少，溶解氧和透明度较高，水质比较好。②富营养型。随着外部环境营养物质的大量输入，湖泊由贫营养状态过渡到富营养状态，导致藻类和浮游生物的大量繁殖，造成溶解氧的急剧下降、水体透明度降低，甚至在底层形成缺氧区，水质恶化，进而导致鱼类等大量死亡，从而破坏了整个湖泊的生态平衡。③沼泽化。水体生物死亡后通过腐烂分解可以将体内的 N、P 等释放出来，供下一代利用，而死亡残体则沉入水体并一代又一代地堆积，加之流入湖体的泥沙一起，使湖泊逐渐变浅直至形成沼泽。

水体富营养化的过程中，常常伴随着以下变化。①营养物质含量增多。当大量的营养元素输入到水体中，超过了水体的自净能力时，就会造成大量营养元素的积累。②藻类大量增殖。大量营养元素的积累，特别是 N、P 等限制性因素含量的提高，加上水体表层充足的阳光和溶解氧，为藻类生长提供了有利条件，造成藻类爆炸性地大量增殖。③水体透明度下降。大量增殖的藻类会覆盖在水体表层，使得光线不易透下，造成水体下层光照强度减弱，水体透明度降低。④水体溶解氧下降。藻类属于自养型微生物，藻类的大量繁殖会释放出大量的溶解氧，使得水体表层的溶氧甚至达到过饱和状态，但同时造成了中下层水体中光照不足导致光合作用弱，而呼吸作用很强，进而消耗大量的溶解氧。整体的结果是水体的溶解氧下降。⑤生物多样性下降。贫营养型湖泊中的微生物的种类多，含量少；但富营养型湖泊中的微生物则种类少，含量多。⑥生物群落结构发生改变。伴随着水体透明度下降、溶解氧下降等，浮游动物、鱼类等大量死亡，从而改变水体的生物群落结构，进而破坏了整个水体的生态平衡。

6.2.2　水体富营养化的成因和影响因素

水体营养物质的积累，是造成水体由贫营养型向富营养型生态演变的诱因。当大量的营养物质输入水体，并且超过水体自净能力时，就会造成营养物质的积累（乐毅全和王士芬，2005）。这可能是自然环境因素的改变（称为"自然富营养化"），也可能是受到人类活动的影响（称为"人为富营养化"）。自然条件下，这种生态演变的进程相当缓慢，需要几千年或上万年；而人类活动的影响，则大大加速了这一生态演变的进程。适度的营养物质增加，有利于鱼虾贝类等的养殖，但是"人为富营养化"很难像"自然富营养化"那样适度，往往产生不良的后果。

藻类的原生质可用化学式 $C_{106}H_{263}O_{110}N_{16}P$ 来表示，其合成依赖于水体中的 C、H、O、N、P 等营养元素，据测定，每增殖 1g 藻类大约消耗 P 0.009g、N 0.063g、H 0.07g、C 0.358g、O 0.496g，以及 Mn、Fe、Cu、Mo 等多种微量元素。藻类生长会因湖水中某种元素不足而受到抑制，该规律称为最低量定律，这种元素称为限制性元素。藻类属于自养型微生物，依靠水体中的 H_2O 和空气中的 CO_2 作为 C、H、O 来源，但由于 N、P 在水体中的含量相对较小，因而往往成为藻类繁殖的限制因素。据计算，每 1g N 可增殖 10.8g 藻类，每 1g P 可增殖 78g 藻类。由此可见，水体中 N、P 含量直接决定了藻类的繁殖速度，因而影响到湖泊富营养化进程。但若水体中存在固氮蓝细菌，则 P 往往成为限制因素。一般而言，形成藻类原生质的 N：P 浓度比为 7：1，这一比值可以作为评定限制元素的界限，N：P 低于 7：1 时，认为氮是主要限制元素，而 N：P 高于 7：1 时，认为磷是主要限制元素。而经济合作与发展组织（Organization for Economic Cooperation and Development，OECD）则提出了可溶性氮：可溶性磷的比值作为评定标准，该比值小于 5 认为氮是限制性元素，高于 12 认为磷是限制性元素，介于两者之间则认为两者都有作用。

水体中营养元素的含量主要受到内源性因子和外源性因子两方面的控制，且"自然富营养化"主要是受内源性因子控制，而"人为富营养化"主要受外源性因子控制。内源性因子主要是指湖泊内部的 N、P 等营养盐被微生物吸收、释放、随残体沉积等过程中，营养元素不断完成从有机形式到无机形式再到有机形式的循环，营养元素得到固定积累，不断为新的微生物提供营养物质。外源性因子主要是指人类活动向水体中输入大量营养物质的过程，具体包括：①人类生产生活中向水体中排放富含氮磷等营养组分的生活废水和工业废水。②过量施肥导致多余的营养组分随地表径流进入到水体中。③破坏水体周围的植被，促使大量地表物质进入到水体中。④土地侵蚀、淋溶出的营养盐。⑤养殖生物的粪便，尤其在水交换缓慢、大量养殖的海区贡献较大。⑥大气中的 NO_3^- 随降雨进入水体等。

其他影响水体富营养化的因素还包括水体的流动状态、光照强度、水温、pH 和微生物种类等。①水体流动状态。水体富营养化一般更容易发生在湖泊、水库和内海等流动性差的内陆水域或者海湾等外海区域。一般来讲，对流动性好的水体，水气混合充分，不易发生富营养化。而对于缓流水体而言，水体流动性较差，对于瞬间涌进的大量营养物质无法及时得到疏散，因而营养物质更容易积累，更易发生富营养化。②光照强度。水体富营养化过程中，大量繁殖的藻类属于自养型微生物，其进行光合作用过程中需要阳光的照射。光照强度越大，藻类的光合作用越强，其自身繁殖也越加旺盛。表层水体中阳光充足，藻类会大量疯长覆盖在水体表层，并形成一个富氧层；但中下层水体则由于表层水体中藻类的遮挡作用，导致光照强度较弱，无法进行光合作用释放氧气。相反地，中下层的微生物主要进行自养菌的呼吸作用和异养菌的分解有机物作用，该过程均消耗大量的氧气，从而形成了一个缺氧区。因而，水体富营养化主要发生在光照强度较大的地方。③气温会影响藻类的生长。一方面，藻类适宜中温，过高和过低的温度都不适宜其生长；另一方面，气温过高会导致水体发生分层现象，上层温度高密度较小，下层温度低密度较大，没有外界扰动（如无风）时，两层水体不发生混合，进而导致上下层水体中的藻类、营养元素、氧气含量等差异。20~30℃是赤潮发生的最适温度，一周内的水温突然升高2℃是赤潮的先兆。④pH 主要影响藻类的活性。藻类最适宜的 pH 范围是 7~9，蓝细菌在很高的 pH 下可以很好地生长。我国大部分湖泊的 pH 处于该范围内，较容易发生富营养化。蓝细菌进行光合作用吸收 CO_2 释放 O_2，会导致水体 pH 升高，过高的 pH 会抑制底泥中的磷、铁等的溶出，可以限制藻类生长。⑤微生物种类。一方面，在自养型和异养型微生物的双重作用下，水体中营养元素处于从有机形式变为无机形式，再从无机形式到有机形式的循环中。微生物的作用加速了该循环，进而加剧了水体富营养化的程度；另一方面，若水体中存在某些寄生病原微生物，也会有利于藻类的生长繁殖，进而加剧水体富营养化。

上述因素以复杂的方式相互影响，其中某个因素的变化，会牵动其他因素的改变，造成整个群体的连锁反应。水华大多发生在春夏季节，赤潮大多发生雨过天晴、风和日丽的日子。这是因为陆地上的大量营养物质随径流入海，充足的阳光为藻类的生长提供了繁殖条件，相对稳定的水体使营养物没有得到很好的稀释，大量繁殖的藻类聚集不散。

6.2.3 水体富营养化的微生物

正常情况下，水体中多个微生物种群共存，且数量分布均匀。但水体发生富营养化后，原本相对稳定的生态系统遭到破坏，蓝藻和某些耐污性微生物等成为优势菌群，个体数目大增，而其他微生物菌群个体数量减少甚至消失，导致整个水体的多样性降低。造成水体富营养化的微生物主要是微型藻类，但是造成水华和赤潮的微生物种类又有所不同。

1. 引起水华的微生物种类

天然水体中的藻类主要是以绿藻和硅藻为主，蓝藻的大量涌现是水体发生富营养化的征兆。湖泊藻类涉及蓝藻门（Cyanophyta）、绿藻门（Chlorophyta）、甲藻门（Pyrrophyta）、硅黄藻门（Xanthophyta）、裸藻门（Euglenophyta）、金藻门（Chrysophyta）、黄藻门（Xanthophyta）和隐藻门（Crytophyata）等近百个品种。引起水华的微生物种类主要是蓝藻（以蓝细菌为主）和绿藻，常见能引起水华的微生物有 20 余种，包括蓝藻中的微囊蓝细菌（Microcystis flos-aquae）、铜绿微囊蓝细菌（Microsystis aeruginosa）、鱼腥蓝细菌（Anabaena flos-aquae）、束丝蓝细菌（Aphanizomenon flos-quae）和颤蓝细菌，绿藻中的平裂藻（Merismopedia）、小环藻、纤维藻和隐藻等（周宇光，1997）。其中，微囊蓝细菌等具有气泡，能够为蓝细菌提供浮力，以使其分布在水体中的不同层次；而鱼腥蓝细菌、束丝蓝细菌等体内具有异形胞结构，具有固氮作用。

2. 引起赤潮的微生物种类

能引起赤潮的微生物有 260 余种，而我国形成赤潮的微生物主要有 30 种左右，包括甲藻中的裸甲藻属（Gymnodinium）、短裸甲藻、夜光藻属（Noctiluca）、原甲藻、角甲藻（Ceratium hirundinella）等，硅藻中的骨条藻属（Skeletonema）、蓝细菌束毛蓝菌属（Trichodesmium）、卵形隐藻、无条多沟藻，原生动物中的缢虫属（Mesodinium）和腰鞭毛虫等。

发生水华的水体中会出现蓝细菌演替的现象，这是因为每种蓝细菌的旺盛繁殖持续时间不同，一种蓝细菌的过度繁殖后，会造成水体缺氧，导致自身的繁殖速度降低，释放出 N、P 等营养元素，供给另一种蓝细菌繁殖利用。水体不断进行着营养元素从有机物到无机物再到有机物的循环过程，不断供给新一代的蓝细菌利用。

微生物种类不同，也会导致引发水华和赤潮的限制性营养元素的差异。引起水华的微生物中往往含有固氮微生物（如固氮蓝细菌），它能够直接固定空气中的氮气作为藻类繁殖所需要的 N 元素，因此在发生水华的水体中，磷元素往往是限制性元素。对于海水系统而言，磷含量相对充足，因此氨氮和硝酸盐则成为总生物量的限制因素（Khozin-Goldberg and Cohen，2006）。

除此之外，富营养化水体中还会出现具有以下特征的微生物。①产生臭味化合物的微生物。蓝细菌中的某些种类，如颤藻、鱼腥藻、鞘丝藻和束丝藻等，会产生土臭味的化合物。而微囊藻则会释放出带有臭味的硫化物。②使水体产生颜色的微生物。对于不同的微生物而言，其自身所含色素的差异会导致其所在水体表观颜色的不同。在发生水华的水体中，蓝藻和绿藻发挥主要作用，使水体大多呈现绿色或蓝绿色；而发生赤潮的水体中，其中的微生物主要含有红色素，导致水体呈现红色或褐色。③能释放毒素的微生物。富营养化水体中的某些微生物能够产生毒素（朱顺妮等，2011），毒害水体生物和其他动物。如甲藻可分泌双鞭甲藻毒素和其他毒素，某些赤潮生物还能分泌一种腹泻型贝毒，定鞭金藻也能产生毒素，这种毒素会在藻类细胞死亡时释放出来。④固氮微生物。某些富营养化水体中含有某类能够固氮的微生物，如固氮蓝藻。若水体中磷元素含量充足，固氮微生物会导致水体富营养化持久存在，这也是富营养化难以处理的重要原因之一。⑤生物群落组成发生改变。水体中营养元素的改变，会导致其中优势菌群的改变，进而通过食物链和食物网作用来改变整个水体的生态平衡，使水体中浮游动植物和底栖动物组成发生明显变化。浮游动物群落表现出小型化的趋势，底栖动物中耐污性动物（如摇蚊幼虫和寡毛虫类等）数量呈现上升趋势。

6.2.4　水体富营养化的危害与评价

1. 水体富营养化的危害

水体发生富营养化后，会破坏原有的水体生态平衡，导致整个水体的污染加剧，使其原有的水体功能遭到破坏。水体富营养化的危害主要表现为以下几方面。

1）水体的颜色、气味、透明度异常。发生富营养化的水体，根据其中优势菌群所含色素的种类，可使水体呈现出与其相同的颜色，通常发生水华的水体多呈现绿色或蓝绿色，而发生赤潮的水体则多呈现红色或褐色，部分还会呈现乳白色、蓝色等。这些优势藻类的爆炸性繁殖，可使水体在几天内呈现异样颜色，严重影响水体的观感。同时，大量繁殖的藻类会使水体透明度下降，水体变得浑浊。此外，在发生水华或赤潮的水体中，部分微生物还会释放出多种有气味的化合物，加上部分浮游生物和鱼类的残体腐败过程，使得水体散发出土腥味和腐败味，严重影响水体的气味。例如，鱼腥藻、组囊藻、束丝藻和角藻等大量繁殖时会产生腐烂味，星杆藻、锥囊藻、黄群藻、平板藻和团藻等大量繁殖时会产生鱼腥味，而栅藻、水绵藻和丝藻等大量繁殖时会产生草味。

2）破坏水体的生态平衡，物种多样性下降。藻类的交替繁殖，从多种途径严重影响了水体中其他生物的生存，主要包括溶解氧和释放有毒物质两方面。一方面，藻类的大量繁殖，造成了水体中的溶解氧浓度分布的差异。表层水体中藻类光合作用释放氧气形成了过饱和氧区，而中下层水体则主要进行呼吸作用，消耗大量溶氧而形成缺氧区。无论是过饱和氧还是缺氧状态，都不利于其他水体生物的生存。另一方面，藻类在生长繁殖过程中，会释放出大量的毒素，其腐败后的残体分解也会产生硫化氢等有毒物质，严重危害其他水体生物的生存

（Mansour et al.，2003）。其综合效果就是，水体生物组成由原来的"种类多、数量均衡"演变为"种类少、数量悬殊"，整个水体生态平衡遭到严重破坏，生物多样性下降。

3）危害人和动物健康。造成水体富营养化的微生物中，分泌的毒素可能会通过食物链的富集作用，间接地危害人体和动物健康（Dunahay et al.，2003）。造成水华的微生物中，微囊蓝细菌、鱼腥蓝细菌和束丝蓝细菌等都能够分泌一种内毒素（指当微生物死亡后才从体内释放出的毒素）。其中，铜绿微囊蓝藻产生的毒素是一种环肽化合物，束丝蓝细菌产生的毒素是一种生物碱，这些内毒素会导致人和动物出现肠胃炎等；造成赤潮的微生物大多能分泌贝毒。根据人和动物的中毒症状，这些贝毒分为麻痹性贝毒、腹泻性贝毒、神经性贝毒、记忆缺失性贝毒和西加鱼毒等。

4）加速水体的衰亡，促进其沼泽化。发生富营养化的水体生态平衡一旦遭到破坏，便很难得到恢复。水体中积累的营养元素，构成了其内源性来源。即使切断了外部的营养元素输入，新一代藻类依旧可以利用上一代藻类残体释放出的氮磷等元素，合成自身原生质来生长繁殖。藻类不断完成着世代更替，水体富营养化不断反复。而逐代的微生物残体则沉积在水体底部，慢慢积聚形成底泥，使水体变浅，逐步形成沼泽。

5）影响供水系统。若水源地（如水库等）发生富营养化，会严重影响自来水的供给。一方面，大量繁殖的藻类有可能会使过滤系统发生阻塞，使其效率降低；另一方面，富营养化水体中的硝酸盐和亚硝酸盐含量超标，水体底部的铁、锰等元素往往会被某些厌氧微生物释放出来，使得原水水质严重下降（Liu et al.，2008）。

2. 水体富营养化的评价

如何判断水体是否发生了富营养化，需要考虑的因素很多。评价水体富营养化的指标有多种，具体指标包括：光合作用（photosynthesis）强度与呼吸作用（respiration）强度的比值（P∶R）、光合作用产氧能力、水中二氧化碳的利用速度、藻类生产潜力（algal growth potential，AGP）、物种多样性指标、蓝细菌指示性生物指标、营养盐、水体溶解氧浓度、叶绿素 a 浓度和水体透明度。现对上述指标进行简单介绍。

（1）光合作用强度与呼吸作用强度的比值（P∶R）
光合作用是指水中藻类原生质的合成作用，呼吸作用主要是指藻类被动物性浮游生物和鱼所捕食、藻类和有机底物被微生物所降解的呼吸作用的总和（Molina et al.，2001）。在正常水体中，初级生产者的光合作用和以藻类为基质的异养生物的呼吸作用相平衡,此时 P∶R=1。在富营养化水体中,下层弱光区,光合作用强度较弱,异养生物分解有机物的呼吸作用较强,此时 P∶R<1;表层透光区光合作用强度超过呼吸作用强度,P∶R>1;当藻类繁殖过量时,营养物质和光受到了限制,此时光合作用强度将有所下降,呼吸作用有所增强,造成的结果是 P∶R<1。对于典型的富营养化水体,P∶R 值往往会大幅度波动于 P∶R>1 和 P∶R<1 之间。该现象是由于:起初,丰富的营养物质和光照刺激了藻类生物量高产;但反过来,过高的生物量争夺营养物质和光照,造成了营养物质和阳光供应的不足,进而造成生物量的下降;最终,生物量的下降又缓解了供应不足的状况,不断地进行着上述过程的反复循环。

(2) 光合作用产氧能力

在自然光照条件下,该法测定的是由于藻类光合作用而增加的水体含氧量。产氧量越多,说明藻类活动越旺盛。

(3) 二氧化碳利用速度

在有光照的条件下,藻类利用水中的氢来还原 CO_2 并合成有机物质(Tornabene et al., 1983;Kawata et al., 1998),通过光合作用来增加藻类生物量。因而,水中 CO_2 的利用速度,可以指示水体的富营养化程度。

(4) 藻类生产潜力(AGP)

在自然水、废水或处理后排出水的水样中,接种特定藻类(一般是蓝细菌、绿藻和硅藻等),然后置于一定光照和温度条件下培养,使藻类生长达到稳定期,最后用测定藻类细胞数或干重的方法,来计算藻类在某种水体中的增殖量。因为水体中的氮、磷含量决定着藻类生长的潜在能力,所以 AGP 指标可以表征藻类生物量与营养物浓度之间成正比关系。一般贫营养湖的 AGP 在 1mg/L 以下,中营养湖为 1~10mg/L,富营养湖为 5~50mg/L。

(5) 物种多样性指标

在富营养化水体中,菌群多样性较正常水体有所下降,可以利用物种多样性指数来指示水体的富营养化程度。不同富营养化阶段,水体中的优势菌群随之改变,可以利用水体生物群落组成来反映水环境的富营养化进程。

(6) 蓝细菌指示性微生物

水体富营养化时,蓝藻将大量繁殖,可以根据测定蓝藻的数量,预测富营养化的发生和评价富营养化的程度。

(7) 营养盐

藻类生长所需要的营养成分中,氮、磷往往是限制性因素(Takagi et al., 2006;Roessler, 1988a, 1988b)。因此,可以将氮、磷含量作为水体富营养化程度的指标,并对水体富营养化的状态进行分类(表6-7)。

表 6-7　水体富营养化状态的分类

营养状态	总磷 (mg/L)	无机氮 (mg/L)
极贫营养	<0.005	<0.2
贫–中营养	0.005 ~ 0.010	0.20 ~ 0.40
中营养	0.010 ~ 0.030	0.30 ~ 0.65
中–富营养	0.030 ~ 0.100	0.50 ~ 1.50
富营养	>0.100	>1.50

(8) 水体溶解氧浓度

藻类大量繁殖分泌的代谢产物、死亡的藻类尸体为水体中的异养微生物提供了丰富的养料，这些异养微生物的活动会大量消耗水体中的溶解氧，甚至造成水体缺氧。因此，水体中的溶解氧含量可以作为水体富营养化程度的指标。

(9) 叶绿素 a 浓度

叶绿素 a 可以表征藻类的现存量，叶绿素 a 的含量越多，其水体富营养化的程度越严重。

(10) 水体透明度

富营养化的水体中，藻类大量繁殖，部分藻类则悬浮在水中，还有部分藻类的代谢产物也会分泌到水中，导致水体的透明度下降 (Livne and Sukenik, 1990; Roessler, 1988b)。一般而言，水体的富营养化程度与其透明度成比例关系，亦可作为评价水体富营养化的指标之一。

水体富营养化成因复杂，是多种因素综合作用的结果。在实际评价过程中，往往综合以上多种指标参数或建立数学模型，进行全面的综合评定。以下将就指标参数综合评定的方法，进行简单介绍。

1) 美国环保局判定基准。依据总磷、叶绿素 a、透明度和深水层溶解氧等综合判断指标，美国环保局 (Environmental Protection Agency, EPA) 把水体营养状况分为三个等级 (表 6-8)。

表 6-8　水体营养状况

营养状态	总磷 (mg/m³)	叶绿素 a (mg/m³)	透明度 (m)	深层溶解氧饱和度 (%)
贫营养	<10	<4	>3.7	>80
中营养	10 ~ 20	4 ~ 10	2.0 ~ 3.7	10 ~ 80
富营养	20 ~ 25	>10	<2.0	<10

2) 数学模型判断法。多样性指数：以 Simpson 多样性指数公式：$d = 1 - \sum\limits_{i=1}^{n}$

$\left(\dfrac{n_i}{N}\right)^2$ 为例，其中 n_i 为 i 种藻类的个体数，N 为总个体数，n 为藻类种类数。

根据多样性指数公式，藻类的种类越少，细胞数目越多，则 d 值越小，表明水体富营养化程度越高。当只有一种藻类存在时，$d=0$。

营养状态指数（TSI）：营养状态指数（trophic state index，TSI）的值由 0 到 100，用以划分水体的富营养化程度。根据不同的指标，TSI 有不同的计算公式。

以透明度为基准，$\mathrm{TSI\,(SD)}=10\left(6-\dfrac{\ln\mathrm{SD}}{\ln2}\right)$，SD 为透明度（m）。

以叶绿素 a 为基准，$\mathrm{TSI\,(chl)}=10\left(6-\dfrac{2.04-0.68\ln\mathrm{chl}}{\ln2}\right)$，chl 为叶绿素 a 浓度（mg/m^3）。

以总磷为基准，$\mathrm{TSI\,(TP)}=10\left[6-\dfrac{\ln\,(48/\mathrm{TP})}{\ln2}\right]$，TP 为总磷浓度（mg/m^3）。

据统计，TSI<37 为贫营养型湖泊，TSI 为 38～53 为中营养型湖泊，TSI>54 为富营养型湖泊。

对于判断水体富营养化的各种方法，有的可以代表一般规律，有的只是根据某一地区的特定条件下提出的。在应用时，需要根据各地的实际情况选用，并进行必要的修改和补充。

6.2.5　水体富营养化的污染来源和防治

1. 污染来源

造成水体富营养化的主因是大量营养物质（特别是氮、磷等）的输入及积累。富营养化的防治是水污染处理中最为复杂和困难的问题。这是因为：①污染源的复杂性，导致水质富营养化的氮、磷营养物质，既有天然源，又有人为源；既有外源性，又有内源性，给控制污染源带来了困难。②营养物质去除的高难度，至今还没有任何单一的生物学、化学和物理措施能够彻底去除废水中的氮、磷营养物质。水体中氮磷的来源主要有点源污染、面源污染和内源污染等方面，其中点源污染包括生活污水、工业废水和水产养殖场含粪便水等，而面源污染则包括村落产生的有机垃圾和家禽粪便、农田大量施肥和雨水地表径流等，内源污染主要是指沉积在水体底泥中的大量的氮、磷元素。

（1）点源污染

未经处理或者处理不彻底的生活污水中含有大量的氨氮、硝态氮和磷盐等。调查表明，每人每天排入生活污水中的氮量约为 12～14g，磷量为 1.3～5.0g。随着合成洗涤剂使用量的增长，生活污水中磷含量逐年增加。有研究显示，生活污水中 16% ~35% 的磷来自于洗涤剂。洗涤剂的含磷量一般为 5% ~6%，其中的磷以三聚磷酸钠和焦磷酸四钠为主要形态。

某些企业（如化肥厂、磷肥厂、食品厂和制药厂等）产生的工业废水中富含大量的氮、磷，也是引发水体富营养化的重要污染源之一。

家畜养殖场中未经处理、利用的养殖业废物和未充分利用的含氮、磷养殖饵料，会直接排放到周围水体中。近年来，养殖业正逐渐成为引发水体富营养化的新污染源。

（2）面源污染

农田中使用的肥料含有大量的氨氮、硝酸盐和磷盐等营养元素，但是其利用率仅为 30%，大部分农田肥料随着地表径流或雨水径流进入到水体中。例如，太湖流域每年进入水体的氮肥量约为 2.5 万 t，导致太湖内的总氮量严重超标。

水体周围的村落产生的有机垃圾和家禽粪便，若管理不善，也会进入大量进入到水体中。在水体内微生物的分解作用下，有机垃圾或家禽粪便中的氮、磷从有机形式变为无机形式，在水体内部得到积累。

（3）内源污染

在还原状态下，水体中的底泥会释放出磷酸盐，增加水体含磷量。特别地，在一些富营养化湖泊的底部，多年沉积了大量富含磷酸盐的沉淀物。由于不溶性铁盐的保护层作用，磷酸盐通常不会参与混合。但是，当底层水含氧量低而处于还原状态时（通常在夏季分层时出现），保护层消失，磷酸盐便会重新释放入水中。此时，即使停止外部磷酸盐的输入，水体富营养化问题也不会解决。

氮肥和磷肥进入水体后，改变了原有的氮平衡和磷平衡，导致该水体的浮游植物群落发生改变，促使某些适应新条件的藻类（如水花生、水葫芦、水浮莲和鸭草等）疯长，覆盖在水面上。当这些水生植物死亡后，细菌的分解作用使得水体有机物含量骤增，溶解氧大量消耗，鱼类大批死亡。

2. 防治措施

水体富营养化是一个十分复杂的过程，是众多物理、化学、生物因素综合作用的结果。水体富营养化的控制，不仅要对已富营养化的水体进行治理，更要注重对未富营养化的水体进行预防控制。综合起来，要从以下三方面来进行富营养化的防治。①限制外源性营养物质的输入，即截外流。②加速已进入水体内环境中营养物质的去除，即除内源。③抑制藻类利用营养物，控制富营养化现象的发生，即断物流。其中，做好水体"截外流"工作是最根本的；而对已富营养化的水体的"除内源"工作十分困难，收效甚微；而"断物流"则是治标不治本的方法。因此，"截外流"是做好富营养化防治的重点。

目前国内外对于富营养化的防治措施有很多种，根据治理方法，分为物理措施、化学措施、生物措施和生态措施等；根据控制富营养化的发生途径，分为点源控制措施、面源控制措施、内源控制措施。

（1）截外流

1）污水分流和深度处理：生活污水和工业废水直接排放到水体中，是造成水体营养盐含量增加的重要原因。通过对排放管道的改造，将污水的排放引至别处，是防治湖泊富营养化重要的、有效的措施。若因实际情况无法实现污水分流，则必须加强对污水的脱氮除磷的深度处理，并加强排污总量控制，以减少氮、磷输入至水体中。

2）降低含磷洗涤剂使用量：逐步限制含磷洗涤剂的使用量，从源头上减少生活污水的含磷量。

3）加强农田和养殖场管理：合理施肥，加大农家肥使用量，减少化肥使用量，建立农村污水处理设施。加强养殖场的管理，控制养殖密度、数量和投饵量等。

4）设置生态缓冲带：要保护水体周围及上游的森林植被，在农田、养殖场等污染源和水体之间建立生态隔离缓冲带，缓冲带内土地应当退田还湿地、退田还草和退田还林，进行生态学管理，减少营养物质随径流进入水体。其中，前置库技术和湿地技术应用较为广泛。前置库一般需要较大的场地。该技术通过延长水力停留时间，使得河水中大量的泥沙或磷盐颗粒物等沉降下来，降低其进入湖泊的概率。同时，前置库中的大型水生植物或浮游植物具有吸附、吸收和拦截等作用，能够使氮磷营养盐沉积在前置库库底，降低进入湖泊的氮磷负荷。湿地技术是拦截非点源污染的重要有效措施，包括湖滨湿地和入湖河道堤岸湿地等。湿地中的水生植物、根系微生物及其组成的微环境，彼此之间的协同作用能够有效地拦截吸收氮磷营养盐，可有效降低进入湖泊的氮磷负荷。风车草是一种普遍应用于人工湿地的湿生植物，具有很强的吸收污染物及氮、磷的能力。

（2）除内源

1）稀释或深层排水：湖泊内营养盐含量过多，并且底层水的营养盐浓度高于表层水体。一方面，可以通过将氮磷浓度低的水引入湖泊，从而稀释降低水体内的营养盐浓度，并同步排除大量的营养盐；另一方面，为避免因水流逆转将大量营养盐卷入表层水体，可通过深层排水将底层水体中的大部分营养盐排出。一般认为，每天用于稀释湖泊的冲入水约占其体积的10%～15%。采用冲刷稀释的方法对小型浅水湖泊（如南京玄武湖）有效，而对于大型湖泊从技术和经济上（如引江济太）都有一定的难度。

2）挖泥：富营养化湖泊中的底部沉积物常是一个营养库，在一定条件下可不断地释放磷，这称为内部负荷。当外部负荷减少后，内部负荷可补偿，使富营养化现象继续存在。挖泥可以直接去除底泥中的营养盐含量，减轻内部负荷对湖泊的影响。

3）生物膜技术：该技术利用比表面积较大的天然材料或人工介质为载体，在其表面形成黏液状生物膜，对污染水体进行净化。载体上富集的大量微生物能有效拦截、吸附和降解污染物质（孙兰英等，2005）。此种方法通过在国家十一五期间重大科技专项"太湖梅梁湾水源地水质改善技术"中进行应用。初步的结果显示，生物膜技术在去除悬浮物、总氮、总磷和提高透明度方面效果显著。

4）水生植物修复技术：该技术是指利用适合相应水体环境的水生植物及其共生的微环境，植物和根区微生物产生协同作用，去除水体中的污染物质，经过植物直接吸收、微生物转化、物理吸附和沉降作用减少氮、磷和悬浮颗粒，同时对重金属离子也有一定控制作用。在其生长期间，水生植物可有效地吸收与富集水中和底质中的营养盐，起着"营养泵"和"营养库"的作用。当其生长到一定生物量时，利用机械收割装置收获该水生植物，即可将水体中的氮、磷等营养盐转移出去，从而直接改善水体的表层生态环境。通过合理构建并维持水生植物的生物量，利用各类漂浮植物、浮叶植物、挺水植物和沉水植物等水生植被的恢复和重建，可有效分配水体营养盐，避免单一优势种的过度滋生，保持水体净化能力。目前，有些国家已经开始使用大型水生植物污水处理系统净化富营养化的水体，包括凤眼莲、芦苇、狭叶香蒲、加拿大海罗地、多穗尾藻、丽藻和破铜钱等。此技术也是国内外治理湖泊水体富营养化的重要措施。

我国利用生态工程来修复富营养化湖泊也不乏案例，例如无锡太湖马山、无锡五里湖、南京玄武湖、南京莫愁湖、贵州红枫湖等水域。但人工建立的生态系统较为脆弱，在工程实施阶段随着水生植物的生长发展，水质得到明显改善，但工程结束后，特别是改善基础环境的软围隔撤除，该生态系统立即崩塌。

5）水生动物修复技术：该技术是指利用某些食草性鱼类、贝类等捕获水体中的藻类，借以转移水体中营养盐的技术。作为食物链的一环，水体中藻类受到了浮游动物和鱼类的控制。通过调控食物链的某一环节，可以达到改善水体水质的目的。大型枝角类浮游动物的食谱较广，通过其摄食可降低藻类生物量、改善水质，此种方式在营养盐富集不多、藻类以小型种类组成的湖泊中最为有效。而在藻类趋向于大型、浮游动物趋向小型的超富营养湖泊中，可以通过控制凶猛鱼类和放养食浮游生物的滤食性鱼类（如鲢、鳙）来直接摄食蓝藻。在武汉东湖中，利用鲢、鳙鱼的捕食压力，已成功地消灭了蓝藻水华。值得注意的是，在向水体引入物种前，需要进行生态风险评估，否则会造成新的生态灾难。

（3）断物流

1）抑制杀藻法：采用化学药剂来控制藻类的生长，对于水体面积小的水域、蓄水池和池塘等是很适用的。目前应用较为广泛的是利用 $CuSO_4$ 来防止藻类的过度增长，且 $CuSO_4$ 对蓝藻最为有效。有数据显示，当 $CuSO_4$ 投放量为 $0.1 \sim 0.5mg/L$ 时能达到杀藻目的，但不能除气味。而当漂白粉浓度为 $0.5 \sim 1.0mg/L$ 时，能起到同步杀藻和除气味的作用。此外，还可以通过投加明矾（主要除蓝藻）或者藻类病原菌、病毒等生物制剂来达到杀藻的目的。现已发现，藻类病原菌主要是黏细菌，它专一性小、寄生范围较广，能使藻类的营养细胞裂解，但对异形胞无效。蓝藻噬菌体是一种可以侵噬蓝藻的病毒，蓝藻接种该病毒后，个体数量明显降低，但此法目前在天然水体中尚未实验。

2）营养物钝化：通过投加铁盐、铝盐和黏土矿物等，与水体中的磷产生沉淀，使藻类无法吸收利用。钙盐也是相当有效的营养物钝化剂。

3）深水曝气或混合：营养盐类的大量注入，致使藻类及浮游生物异常繁殖，水体溶解氧急速下降，在水与底泥的交界面甚至出现厌氧现象。向深水进行人工曝气，在不改变水体分层的状态下，不但可以提高溶解氧浓度，还可以降低氨氮、铁、锰等离子性物质的浓度，有效改善厌氧状况。此外，采用机械搅拌、压缩空气、水泵和喷射泵等方法进行曝气和促进水的流动，可达到破坏水体分层的目的。一方面，该人工搅动会使水体变浑浊，影响表层透光度，降低浮游植物光合作用，藻类生长受到影响，并可改变水体中的优势种群，如经搅动后蓝细菌群体减少，而绿藻数目相对增加；另一方面，人工搅动可改善水体中的氧气状况，可以防止底泥释放磷。

综上，物理和化学方法对富营养化水体的治理具有一定作用，但都存在一些不足，有些方法如果使用不当，反而会对湖泊造成毁灭性的打击。例如：①底泥疏浚。对污染严重的水体进行底泥疏浚，容易引起底层的沉积物发生悬浮或扩散，促进了沉积物中的氮、磷营养盐及其所吸附金属离子的释放，使水体环境面临受沉积物中释放的重金属离子及氮、磷营养盐二次污染的风险。②投加化学药剂。虽然在一定程度上可以使水体透明，水质得到改善，但是长期使用可能会加速湖泊老化，引发新的生态问题。美国明尼苏达湖曾多年使用 $CuSO_4$，结果却造成水体溶解氧耗尽，增加了铜在底泥中的积累，提高了藻对铜的抗药性，对鱼类等食物链造成了不良影响。在国外，盲目使用高岭土、硅藻土和石灰等治藻，也不乏造成严重后果的反例。

湖泊等水体是一个复杂的生态系统，用单一的物理、化学或微生物方法治理水体富营养化不仅费用高，效果持续性短，而且若操作不慎，还会破坏整个生态系统。因此，最好的方法是采用生态工程，利用生态规律从根本上治理富营养化。相比较而言，生物调控和生物修复方法具有成本低、处理彻底且无二次污染的优点，已成为国内外普遍推行的方式。

6.2.6　我国水体富营养化的概况

我国是一个多湖泊、多海岸线国家，水华和赤潮等富营养化现象近年来频繁发生。据统计，全国共有面积 1 平方千米以上的湖泊 2759 个，总面积达 91 019 平方千米，约占国土面积的 0.95%。由于点源污染和面源污染得不到规范的治理，污水往往不经处理便直接排入湖泊中，流域水土保持较差，大量污染物随径流流入湖中，每年输入湖泊中的氮磷量很大。湖泊富营养化主要以城市湖泊为主，面积都比较小。2000 年以后，太湖、巢湖、滇池等大型天然湖泊出现大面积水华，导致全国湖泊的富营养化面积急剧增加。目前，发达地区的湖泊富营养化已经比较严重，大城市的中心湖泊及一些小湖泊已基本富营养化甚至重度富营养化。

近年来，太湖水污染严重，20 世纪 80 年代还是以 Ⅱ 类水为主，到 2000 年以后水体已是以 Ⅴ 类至劣 Ⅴ 类为主，水华占到总面积三分之一。巢湖几乎每年都形成以铜绿微囊蓝菌为主的水华，犹如水面上的流动绿漆，被风吹到沿岸水域后，有时会形成数厘米厚的水华层，面积占巢湖的一半。现在五大淡水湖中，太湖、巢湖和洪泽湖已经富营养化，洞庭湖和鄱阳湖正在从中营养向富营养过渡（刘正文等，2003；金苗等，2010；杨广利等，2003；黄代中等，2013；胡春华等，2010）。

我国沿海赤潮面积也正在不断扩大，并出现了世界罕见的特大赤潮。20 世纪 90 年代至 21 世纪初，赤潮发生的范围也越来越广，持续时间越来越长，危害越来越严重（图 6-1）。我国近岸海域赤潮发生的特点是全年、全海域、多种类、高危害，具有显著的时间和区域特点。大面积赤潮主要集中在我国渤海和东南近海，高发区还有渤海湾、大连湾、长江口、福建沿海、广东和香港海域，主要赤潮生物种类为甲藻，有毒有害赤潮生物增多，灾害性赤潮以甲藻类赤潮为主。

与发达国家相比，我国富营养化具有以下明显特征：①营养物质浓度高。湖泊水体中氮磷浓度普遍偏高，有时甚至出现异常营养，湖泊初级生产力反而受到抑制，产量不高。②透明度与叶绿素 a 相关性不显著。③氮磷内负荷浓度高。尤其在城市湖泊中，底泥中氮磷对湖泊富营养化有着十分重要的作用。

根治湖泊的富营养化是一个国际难题，具有长期性和复杂性。过去我们总是将治理局限于湖泊本身，只是在设法降低湖泊中的总磷、总氮和化学需氧量等，没有系统地考虑到整个流域的治理，导致近年来我国治理湖泊耗资巨大但效果却不是很理想。

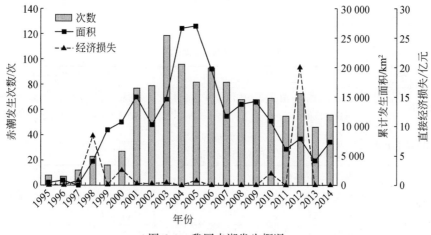

图 6-1 我国赤潮发生概况

6.3 微生物的代谢产物与环境污染

环境中的每种物质都会受一种或多种微生物的作用，产生复杂多样的代谢中间体与终产物。正常情况下，这些代谢产物不断地产生，也不断地转化，处于动态平衡中（朱顺妮等，2011）。然而，在特定条件下，有些代谢产物会大量积累，造成环境污染；有些代谢产物则是特殊的化合物，会对人类或其他生物产生不利的影响；更有甚者，有些代谢产物属于致癌、致畸、致突变物质。以上各类代谢产物长时间、低剂量地作用于人群，对人体健康构成了严重的威胁。

微生物代谢产物主要包括六大类：生物毒素、气味代谢物、酸性矿水、甲基汞、含硫化合物的代谢产物和含氮化合物的代谢产物等。

6.3.1 生物毒素

微生物毒素是一类由微生物产生的有机毒物，当它们被其他生物吸收，并进入体内之后，会破坏敏感宿主组织和干扰宿主的正常生理功能。微生物产生的毒素化学结构和化学成分十分复杂，具有抗原性质。微生物毒素是微生物的次级代谢产物，是一类具有生物活性、常在较低剂量时挤兑其他生物产生毒性的化合物的总称。它包括细菌毒素、放线菌毒素、真菌毒素、藻类毒素四大类。

1. 细菌毒素

某些细菌在生长繁殖过程中，能产生并向环境释放一些毒素，对环境和其他生命造成一定的危害（殷蔚申，1990）。根据毒素的释放情况，细菌毒素可以分为内毒素和外毒素两大类（表6-9）。

表6-9　内毒素和外毒素的主要区别

特征	外毒素	内毒素
化学特征	由 G-菌或 G+菌分泌的蛋白质，一般是热不稳定性的	脂多糖–脂蛋白复合物，细胞溶解释放的部分 G-菌外膜组分，极度耐热
作用模式和症状	特异性，细胞毒素、肠毒素或神经毒素，对细胞或组织具有明确的特定作用	普遍性，发烧、腹泻、呕吐
毒性	强毒性，常致死	微弱毒性，很少致病
免疫性	高度免疫原性，刺激中和抗体（抗体毒素）产生	相对缺乏免疫原性，免疫反应不足以中和毒素
类毒素潜能	用甲醛对毒素进行处理将破坏毒性，但处理后的毒素仍保持免疫原性	没有
发烧潜能	不会对寄主产生发烧	化脓，经常使寄主发烧

(1) 外毒素

外毒素是指由细菌生长代谢过程中产生并释放到环境中的毒素，大多为革兰氏阳性细菌，其化学本质为蛋白质，对热和某些化学物质极为敏感。外毒素是已知有毒物质中毒性最大的物质，它能特异地破坏机体细胞的某些成分或抑制细胞的某些代谢功能。这些毒素可以从感染集中位点向身体较远的部位进行扩散，造成损伤的区域也远离微生物生长的位点。常见的外毒素及可能引发的疾病如表 6-10 所示。

表6-10　某些外毒素及其引起的疾病

产生菌	生境	毒素	疾病
炭疽杆菌	土壤	复合型	炭疽
肉毒梭菌	土壤	神经毒素	肉毒
金黄色葡萄球菌	人皮肤	肠毒素	呕吐
白喉杆菌	人类	白喉毒素	白喉
霍乱弧菌	人胃肠道	毒素	霍乱
破伤风梭菌	土壤	神经毒素	破伤风
痢疾志贺氏菌	人胃肠道	神经毒素，肠毒素	痢疾
鼠疫耶尔森氏菌	鼠，蚤	鼠疫毒素	鼠疫

1）白喉毒素：由白喉棒杆菌（*Corynebacterium diphtheriae*）产生，是白喉的致病因子，也是第一个被发现的外毒素。因为能阻断氨基酸从 tRNA 分子转移到

延长的肽链上，干扰蛋白质的合成，所以白喉毒素的杀伤潜力很大。这种毒素能与细胞不可逆结合，杀死单个细胞只需一个分子，细胞在几个小时内就会失去结合蛋白质能力。白喉毒素对不同动物种属的作用会显著不同。白喉的传染源是白喉病人及恢复期带菌者。白喉棒杆菌存在于假膜及鼻咽腔或鼻分泌物内，经飞沫、污染物品或饮食而传播。

2）破伤风毒素：由专性厌氧菌破伤风梭菌产生，属于正常的土壤微生物，偶尔与动物疾病状态有关。破伤风梭菌生长在身体深部伤口部位，即成为厌氧菌。虽然不会从感染的起始部位侵入身体，但破伤风梭菌产生的毒素会扩散，造成严重的神经中毒症状，最后导致死亡。

3）肉毒毒素：由厌氧性梭状芽孢杆菌属中的肉毒梭菌产生，是一种极强的神经毒素。该毒素主要作用于神经和肌肉的连接处及自主神经末梢，阻碍神经末梢乙酰胆碱的释放，导致肌肉收缩不全和肌肉麻痹。肉毒杆菌为革兰氏阳性菌，产芽孢，专性厌氧，很少直接在身体内生长，但是在罐头食品及密封腌渍食物中具有极强的生存能力。肠道蛋白分解酶不能分解此毒素。若食用了含有肉毒毒素的食物，人体神经系统将遭到破坏，出现头晕、呼吸困难和肌肉乏力等症状，严重者可导致死亡。肉毒毒素对热较为敏感，经过80℃、30min 或 100℃、10～20min 的热处理，可被完全破坏。把食品保存在 pH>4.5、盐分>10% 或温度<3℃ 的任一条件下，能够预防肉毒中毒。罐头食品需经 121℃ 高压灭菌，以杀死芽孢。

根据肉毒毒素的抗原性，可分为 A、B、C、D、E、F 和 G 等 7 个菌系，引起人和动物中毒的主要是 A～F 型菌群，尚未见 G 型菌群引起人群中毒的报道。该毒素毒性很强，感染剂量很低。有数据显示，1mg 毒素可以杀死 100 万只豚鼠，一个人的致死量大概 1μg 左右。

4）肠毒素：是一种溶于水的蛋白质，相对分子质量约为 30 000，作用于小肠，一般会使大量的流体分泌物进入小肠内腔。该毒素耐热（目前有一种大肠杆菌不耐热肠毒素新兴突变体），食品中的毒素不因加工而灭活。根据抗原性，肠毒素分为 A～E、G～I 共 8 个血清型。不经过抗原递呈细胞的处理，抗原能非特异性激活 T 细胞增殖并释放过量细胞因子致病。肠毒素可以由各种各样的细菌产生，包括金黄色葡萄球菌、产生荚膜梭菌、蜡状芽孢杆菌、霍乱菌和大肠杆菌等。金黄色葡萄球菌为革兰氏阳性、不产芽孢的球状菌，其产生的肠毒素称为葡萄球菌肠毒素。此种毒素被肠道吸收后，可作用于肠道神经受体，刺激呕吐神经中枢，往往 2～6h 即可引起恶心呕吐等急性肠胃病症状，极幼儿童因此种急性肠胃病可以致死。葡萄球菌肠毒素属于超抗原，有类似丝裂原的作用，其刺激淋巴细胞增殖的能力比植物凝集素更强。食品被污染后，其外观、结构、气味等各方面均无异样，且该毒素耐热，一般的烹饪方法不能将其破坏，需经 $100°C$、2h 处理方可破坏。切断一切污染该菌的机会，是预防此种毒素中毒的方法。

（2）内毒素

在生长代谢过程中，有些细菌产生的毒素并不立即释放到周围环境中，只有当细胞死亡解体后才进入环境，这类毒素称为内毒素，其毒性要比外毒素小，大多为革兰氏阴性细菌产生，其化学本质是脂多糖。几乎所有细菌内毒素都是在动物循环系统内释放时才产生毒效。因为内毒素可以刺激寄主细胞释放一种内源性热源蛋白，这种蛋白可以影响大脑温度控制中心。所以，不同细菌内毒素引起的疾病症状基本相同，发烧是普遍症状。除此之外，动物体还有可能发展成为腹泻，并可能会造成淋巴细胞、白细胞及血小板数目的迅速减少，引发炎症。

能产生内毒素的细菌有：沙门氏菌、痢疾杆菌、大肠杆菌、奈氏球菌和苏云金杆菌等。以苏云金杆菌为例，其伴胞晶体广泛分布于土壤中，不会引起人和高等动物产生疾病，只会引起某些昆虫产生疾病，对 100 多种鳞翅目幼虫具有很强的杀伤力，利于工业化生产。该细菌在形成芽孢的过程中产生内毒素，在形成芽孢的后期，细胞发生解体，这时孢子和内毒素同时被释放到周围介质中。在食物中毒事故中，由沙门氏菌属的一些种所产生的毒素所占的比例较大。

2. 放线菌毒素

放线菌最突出特性是能够产生大量的、种类繁多的抗生素。全世界共发现4000 多种抗生素，其中绝大多数是由放线菌产生的。然而，放线菌中的某些种类在代谢过程中可以产生毒素，一旦进入环境，就可能对其他生物体造成危害，甚至可能会引起肿瘤或致癌。例如，链霉菌属中不产色的链霉菌产生的链脲菌素，可使大鼠产生肿瘤；由肝链霉菌产生的洋橄榄霉素，具有很强的急性毒作用，可诱发肝、肾、胃、脑、胸腺等发生肿瘤。由于其结构类似于苏铁苷，故认为洋橄榄霉素的致癌作用也类似于苏铁苷。苏铁苷本身不具致癌性，在动物肠道内被微生物水解后即成致癌物。

3. 真菌毒素

真菌毒素主要是指以霉菌为主的真菌代谢活动所产生的次级代谢产物。至今为止发现的真菌毒素达到 300 多种，毒性较强的包括黄曲霉毒素、棕曲霉毒素、黄绿青霉毒素、红色青霉毒素 B 和青霉酸等。其中，黄曲霉毒素 B_1、黄曲霉毒素 G_1、黄天精、环氯素、柄曲霉素、棒曲霉素和岛青霉素等能使动物致癌。

真菌具有繁殖速度快、对不良环境抵抗力强和能够长时间保持生命活性的特点，因此很容易污染各种粮食、食品和饲料等。农作物的生长、收获、加工和储存过程中均有可能感染真菌，各种昆虫、老鼠等也是真菌传播的媒介。基质的含水率和周围环境的温度是影响真菌释放毒素的最主要的影响因素，如温度在22～30℃、空气相对湿度在85%～95%时，曲霉属和青霉属的不同霉菌等均能在各种食品上生长繁殖，并产生毒素。

真菌毒素的致病特点如下：①中毒常与食物有关。②发病有季节性或地区性。③真菌毒素是小分子有机化合物，而不是高分子蛋白质，在机体中不产生抗体，也不能免疫。④患者无传染性。⑤一次性大量摄入会引起急性中毒，长期少量摄入则发生慢性中毒和致癌。真菌毒素对人和动物的不同器官造成损害的程度不同，主要与摄入的有毒真菌种类和数量有关。中毒症状从急性到慢性不等，有些真菌毒素还可同时对几种器官造成损害。

1）黄曲霉毒素：由黄曲霉和寄生曲霉产生的一组代谢产物，而非一种简单的化合物，其基本结构为二呋喃环和香豆素。在各种真菌毒素中，黄曲霉毒素的毒性最大，其毒性为氰化钾的10倍、砒霜的68倍，且可致癌致突变，主要靶器官是肝脏。1960年，伦敦某养鸡场发生了数十万只火鸡死亡的事故，后查明起因是火鸡食用了受污染的花生粉，黄曲霉毒素由此被发现。除黄曲霉外，其他一些曲霉和许多青霉在一定条件下也可以产生黄曲霉毒素。黄曲霉毒素耐高温，在烹调加工温度下难以被破坏，耐酸性和中性，不耐碱性，在水中的溶解度较低。这些真菌大量存在于自然环境中，容易在储存的花生、花生油、玉米、大米、高粱和棉籽等粮油及其制品等基质上生长，并引起发霉。为了去除黄曲霉毒素，可在粮食作物贮存和加工过程中保持干燥，做好防潮措施；对已经感染黄曲霉的粮食作物，可利用高温蒸汽灭菌（120℃，4h），或用热碱洗、漂白土和活性炭处理植物油，降低或去除毒素。世界卫生组织规定，食品中黄曲霉毒素含量标准为<15μg/kg（1975年）；我国相应标准为玉米、花生油、花生及其制品：<20μg/kg；大米及其他食用油：<10μg/kg；其他粮食、豆类、发酵食品：<5μg/kg；婴儿代乳食品：不得检出。

2）青霉毒素：由青霉菌属微生物（包括岛青霉、荨麻青霉和桔青霉）产生，种类较多。岛青霉产生的岛青霉类毒素（如黄天精、岛青霉毒素、环氯素和红天精等）是一类烈性肝脏毒素，能造成肝脏损害和出血，其中岛青霉毒素若进入人体后，在2～3h内便可引起人死亡。荨麻青霉在湿润环境中能产生开放性青霉素，是一种烈性的植物毒素，能延缓植物的生长。若动物食用了荨麻青霉侵染的饲料，肾脏组织会坏死，严重者导致死亡。桔青霉能产生损害肾脏的桔霉素。青霉毒素容易感染刚收割的、水分较多的稻谷，引起米粒变黄。其预防方法是在稻谷收割之后，及时晾干、脱粒、干燥保存。

3）麦角菌毒素：麦角菌是一种寄生性真菌，可侵入禾本科植物的子房。麦角菌可产生三种生物碱，分别是麦角胺、麦角毒碱和麦角新碱。麦角生物碱可提高光滑肌的收缩，引起血管的压缩，导致四肢产生类似冻伤的坏死和坏疽，还可以抑制催乳激素的分泌，造成肺炎症的泌乳缺乏。麦角生物碱还可以刺激神经，引起超兴奋性和震颤，进而发展为阵发性的痉挛。麦角中毒也是最早记载的一种人类真菌中毒症，粮食中若混有 0.5% 的麦角，就会产生毒性，可引起急性或慢性中毒。麦角毒素性质稳定，虽经数年仍不失其毒性。

4. 藻类毒素

藻类毒素是指藻类产生的一些对多细胞生物具有毒性的化合物，包括氨、多肽和多糖等。对于不同的水体而言，其产生藻毒素的菌属有所差异：海洋中产毒素的主要是甲藻纲，其所产毒素是藻中对人类最具毒性者；淡水中产毒素的主要是蓝藻（蓝细菌），主要使鱼类、家畜和水鸟等致死；盐水中产毒素的主要是金藻纲，可使大量鱼类死亡。

表 6-11 总结了常见藻类毒素以及其引发的病症。其中，铜锈微囊藻产生的毒素具有两种不同的成分：快速致死因子（fast death factor，FDF）和慢致死因子（slow death factor，SDF）。FDF 是环状多肽，内毒素，分泌期在细胞生长的初期，当处于最适生长条件下时，某些细胞可以发生裂解和自溶，释放内毒素。通过覆膜内注射可以在 30 ~ 60min 内引起小白鼠死亡。SDF 只有与相应细菌共生时才产生，通过腹膜内注射于小白鼠体内，24 ~ 48h 才会引起死亡。鱼腥藻可产生超快速致死因子（very fast death factor，VFDF），对家畜、水鸟和鱼均有危害，注射小白鼠后 2 ~ 10min 便引起死亡。

表 6-11　常见藻类毒素及其病症

藻类	毒素	敏感宿主
铜锈微囊藻	微囊毒素-FDF/SDF	家畜，注射小白鼠30min便引起其死亡
束丝藻属	束丝藻毒素	家畜和鱼
鱼腥藻	鱼腥藻-VFDF	家畜、水鸟和鱼，注射小白鼠后 2 ~ 10min 便引起死亡
巨大鞘丝藻	皮肤炎毒素	人皮肤炎
链状膝沟藻	石房蛤毒素	人出现麻痹，水生贝壳类动物中毒
另一种膝沟藻	没有特征	引起鱼中毒
一种多甲藻	Glenodine 毒素	引起鱼中毒
短裸甲藻	神经毒素	引起水生贝壳类动物中毒

(1) 甲藻纲

有四种甲藻产生的毒素可以使人致死，其中三种为膝沟藻属，是发生赤潮时最为常见的藻属。藻类毒素可以在鱼虾贝类等体内积累，人若食用后可能会中毒，短期内（2~12h）可以致死。盐类或醇类可以减弱其毒性，但无有效的解毒药。

赤潮发生时，贻贝会将藻毒素积累在内脏中，蛤则积累于呼吸管中；当赤潮退去后，贻贝积累的毒素会在两周内消失，但是蛤则在一年内都未见消失。有人将贻贝和蛤中提取到纯毒素，命名为石房蛤毒素。石房蛤毒素是已知低分子毒物中的毒性最强者，对小鼠的半数致死量为10μg/kg体重，人口服1mg即致死，其毒力与神经毒气沙林相同，国际条约已将其列为化学武器。该毒素为水溶性物，对热稳定，罐头加工过程只能破坏70%。

（2）蓝藻

淡水水体中的蓝藻毒素很多，根据作用部位的不同，可以分为肝毒素和神经毒素。肝毒素包括微囊藻毒素（microcysin）、节球藻毒素（nodularin）和柱孢藻毒素（cylindrospermopsin）。神经毒素主要包括鱼腥藻毒素-a（anatoxin-a）、鱼腥藻毒素-a（s）［anatoxin-a（s）］、石房蛤毒素（saxitoxin）、新石房蛤毒素（neosaxitoxin）、和膝沟藻毒素（gonyautoxin），其中后三者统称为麻痹性贝毒。鱼腥藻毒素-a为仲胺碱，鱼腥藻毒素-a（s）为胍甲基磷脂酸，麻痹性贝毒为氨基甲酸酯类。

家畜及野生动物饮用了含藻毒素的水后，会出现腹泻、乏力、厌食、呕吐、嗜睡、口眼分泌物增多等症状，甚至死亡。病理病变有肝脏肿大、充血或坏死，肠炎出血，肺水肿等。微囊藻毒素具有很大危害性，其半致死剂量约为50~100μg/kg。人们在洗澡、游泳及其他水上休闲活动和运动时，皮肤接触含藻毒素水体可引起敏感部位（如眼睛）和皮肤过敏；少量饮入可引起急性肠胃炎；长期饮用则可能引发肝癌。医学部门已发现饮水中微量微囊藻毒素与人群中原发性肝癌的发病率有很大相关性。1996年，该毒素在巴西造成100多名急性肝功能障碍，7个月内至少50人死于藻毒素产生的急性效应，引起举世瞩目的关注。预防蓝藻中毒的主要措施是在蓝藻生长阶段将其消除，以避免其死后释放藻毒素。

（3）金藻纲

小定鞭金藻是报道最多的一种金藻，它产生的毒素为脂蛋白，在藻类细胞死亡后释放出来。此藻能在盐浓度大于0.12%的水中生长，在实验室中培养时，含盐浓度为海水的3倍的水中也能生长，其所产毒素能引起盐湖中鱼群大量死亡，此外，小定鞭金藻尚有溶血和溶菌作用（Livne and Sukenik，1990）。可以应用对其他生物无危害浓度的液氨使藻类膨胀而后溶，以去除此藻。

6.3.2　气味代谢物

气味是环境质量评价中一项常用指标，它可作为一种早期报警物质，指示环境中潜在毒物可能已达到有害浓度。环境中，特别是供水系统中，不良气味的存在是生物学家、水处理厂操作者和公共卫生学家都很关心的一个问题。世界上许多城镇，以河流、湖泊、水渠、港口水等为水源者，其饮水中常产生不良气味的危害。这类气味不仅使大气或水的感官性状恶化，而且可被水生生物吸收并蓄积于体内，影响水产品（如淡水鱼）的品质。

环境中的气味主要由工业生产以及微生物代谢作用所产生。曾报道过的各种不良气味包括土腥味、霉味、垃圾味、粪臭味、药品味和煤油味等。产生气味的微生物有细菌、放线菌、真菌及微小藻类。水生放线菌诸如小单孢菌属、诺卡菌属、链霉菌属等常产生气味物。特别是链霉菌属中的许多菌种，可生成多种挥发性代谢物。这类异养菌在土壤中无处不在，在河流域湖泊的浅底淤泥亦大量存在，花园土壤与某些蔬菜中的土腥味就是由于放线菌产生的气味代谢物所致。土腥素（或土臭味素，geosmin）从放线菌产生的土腥味物质中分离得到，是一种透明的中性油，相对分子质量为182，嗅阈值极低<0.2mg/L。具有土腥味的鱼肉中也可检出土腥素，鱼肉的味阈值为0.6μg/100kg鱼肉。某些链霉菌、放线菌、蓝藻等能释放一种挥发性的樟脑/薄荷醇气味的化合物，鉴定为2-甲基-异莰醇。其他引起环境污染的微生物气味代谢物有氨、胺、硫化氢、硫醇、（甲基）吲哚、粪臭素、脂肪、酸、醛、醇、脂等。

为了去除供水系统中的气味物质，曾采用臭氧、溴氯和高锰酸钾等多种方法，但收效甚微。二氧化氯虽然对去除未经处理的污水气味有一定的效果，但对于经过氯化处理水所需用的二氧化氯量是未经氯化水的5倍。同时，有些氯化物属于潜在危险物。到目前为止，活性炭吸附法是普遍认为去除气味的有效方法，但是该法费用极高。

6.3.3　酸性矿水

一些黄铁矿、斑铜矿等无机矿床内含有硫化铁。经化学氧化，矿水一般变酸（pH为4.5～2.5）。这种酸性条件促进了耐酸细菌的繁殖。氧化硫硫杆菌（*Thiobacillus thiooxidans*）将硫氧化为硫酸；氧化硫亚铁杆菌（*Ferrobacillus sulfooxidans*）和氧化亚铁亚铁杆菌（*Ferrobacillus ferrooxidans*）将硫酸亚铁氧化为硫酸铁。通过这些细菌的作用，加剧了矿水的酸化，有时pH能降至0.5。

黄铁矿、斑铜矿等无机矿床内都含有硫化铁，硫化铁暴露在空气中会发生自然氧化产生 $FeSO_4$ 和 H_2SO_4。

缺水时：$FeS_2+3O_2\rightarrow FeSO_4+SO_2$

有水时：$2FeS_2+7O_2+2H_2O\rightarrow 2FeSO_4+2H_2SO_4$

通过氧化硫亚铁杆菌和氧化亚铁亚铁杆菌等铁氧化细菌的作用，使硫酸亚铁氧化成硫酸高铁。

$$4FeSO_4+2H_2SO_4+O_2\rightarrow 2Fe_2（SO_4）_3+2H_2O$$

硫酸高铁是强氧化剂，它与黄铁矿继续作用，产生更多的 H_2SO_4 和 $FeSO_4$。

$$FeS_2+7Fe（SO_4）_3+8H_2O\rightarrow 15FeSO_4+8H_2SO_4+2S$$

产生的元素硫在氧化硫硫杆菌（*Thiobacillus thiooxidans*）作用下生成硫酸。

$$2S+3O_2+3H_2O\rightarrow 2H_2SO_4$$

通过上述生物氧化和化学氧化的相继反复作用，形成大量硫酸，使矿水极度酸化。酸化的矿水渗漏入附近的河道，毒害鱼类和其他高等生物。

控制酸矿水的方法主要有：①加入石灰提高 pH。②利用硫酸盐还原菌作用于矿物使硫还原成硫化物。③在矿山中加入杀毒剂或抑菌剂，杀死产酸细菌或抑制产酸细菌的活动。④利用酸矿水进行细菌浸矿，提取有用金属。

6.3.4 甲基汞

在微生物作用下，汞、砷、镉、碲、硒、锡和铅等重金属离子，均可被甲基化而生成毒性很大的甲基化合物。震惊世界的日本水俣病，以及瑞典马群的大量死亡，均为甲基汞中毒所致。汞经过一系列生物化学反应形成甲基汞，毒性增强，使汞的危害也大大加剧。

自然条件下，汞可发生非酶促甲基化和酶促甲基化。汞的非酶促甲基化是指在中性水溶液中，以甲基钴胺素作为甲基供体，汞可被转化为甲基汞。是一种纯化学反应的转化，快速、定量。汞的酶促甲基化主要在微生物的作用下进行。微生物作用分为直接作用和间接作用。直接作用是指在微生物酶的催化下发生的甲基化过程。间接作用是指在微生物体外发生的甲基化过程。

环境因素对微生物形成甲基汞的影响因素主要包括：①培养基成分。在鱼体表面黏液中存在的汞甲基化微生物对培养基有选择作用。在含有鱼浸提液的培养基中，能合成甲基汞；在肉汤培养基中，不能合成甲基汞。②O_2。对于必须在好氧条件下才能合成甲基汞的微生物来说，需要 O_2，否则相反。③硫化物。缺氧时，硫化物阻碍甲基化；氧气充足时，硫化物也会使甲基化速度慢得多。④pH。pH 较高时，主要导致（CH_3）$_2Hg$ 的形成；pH 较低时，主要导致 CH_3Hg^+ 的形成。

⑤沉积泥中动物的活动。动物搅动给污泥提供 O_2。

鱼类体内甲基汞的形成途径如下：①鱼直接从水中吸收甲基汞；②鱼从水中吸收无机汞，在鱼体内，细菌将其转化为甲基汞；③鱼从水中吸收无机汞，自身将无机汞转化为甲基汞；④细菌产生甲基汞，经食物链传递，鱼从食物中获得甲基汞。

6.3.5　含硫化合物的代谢产物

(1)　硫化氢

硫化氢（H_2S）是与氰化氢具有同样水平的毒性物质，是一种强烈的神经毒素，对黏膜有强烈刺激作用。水中含 H_2S 达到 $0.15mg/m^3$ 时，即影响鱼苗的生长和鱼卵的存活。H_2S 对高等植物根的毒害作用也很大，含量达到 $3.0 \sim 4.5mg/m^3$ 即对柑橘类树根产生影响。

H_2S 对环境的污染主要表现为三方面：第一，能引起急性中毒。其特点是立即虚脱，常常伴有呼吸停止，若不及时治疗则可能会导致死亡。第二，气体对眼睛和呼吸道黏膜具有刺激性作用。角膜结膜炎和肺气肿是两种最严重局部刺激的结果。第三，难闻的臭味。当水体中藻类腐烂或有机质在艳阳条件下分解时，可使沼泽、池塘、阴沟、底泥、工业废水中产生大量臭鸡蛋气味，并且可以传播很远。

H_2S 在不同生态条件下均能产生，每年由于陆地有机质腐烂分解而产生的 H_2S 达到 11.2×10^7 t，且不断地释放到大气中。微生物作用产生的 H_2S 远比工业产生量要大。微生物产生 H_2S 主要通过两种方式：第一，脱硫弧菌还原硫酸根产生硫化氢。该菌广泛分布于污泥、沼泽地和供氧不足的土壤中。第二，微生物通过分解有机物产生硫化氢。包括好氧菌和厌氧菌、嗜冷菌和嗜热菌、放线菌和真菌。

(2)　二氧化硫

二氧化硫（SO_2）对环境和其中生活的生命体造成严重伤害，它不仅可以经过化学反应产生，还可以在微生物作用下形成和释放。例如，粗糙链孢霉、大肠杆菌和粪产碱杆菌等微生物可以降解土壤和水中的半胱氨酸，形成二亚砜胱氨酸和亚磺酸半胱氨酸，而亚磺酸半胱氨酸进一步分解即可释放 SO_2。

(3)　有机硫化合物

甲硫醇（CH_3SH）有极强烈的臭味，为植物性毒素。有许多微生物（如无色杆菌、假单胞菌、放线菌和酵母菌等）能合成甲基硫醇。

(4) 氧硫化碳

自然环境中，有许多细菌在厌氧条件下可产生氧硫化碳（S=C=O），此物对真菌和哺乳动物的中枢神经系统具有毒性。有些农药，如代森纳杀虫剂在土壤中，经微生物降解也会产生氧硫化碳。

6.3.6 含氮化合物的代谢产物

(1) 氨

自然环境中存在着大量含氮化合物，在异养微生物的作用下可通过多种形式脱氮而转化为氨态氮（NH_3），随后释放到大气中，其释出量为其他 NO_x 释出总量的 9 倍。此外，尿素在被微生物尿素酶的水解作用中，会使土壤 pH 上升，从而促进氨的挥发。

氨能直接被微生物或植物所利用，并同化为有机体的组成物质。过量的氨不仅污染大气，对周围环境中的其他生命体造成伤害；而且有可能会被自然水体吸收并转化为铵态或硝态氮，加速水体富营养化，影响该水域功能。一般情况下，氨不致造成大面积环境污染，但在某些大量使用有机氮肥的农田区域，特别是施肥方法不当，有可能会出现局部地区氨含量明显高于邻近地区的现象。此外，若水源水中的氨浓度过高，则会增加后续消毒剂处理成本。

(2) 硝酸盐和亚硝酸盐

经脱氮作用产生的 NH_3，在有氧条件下被硝化细菌转化为硝酸盐（NO_3^-）。而亚硝酸盐（NO_2^-）的产生来自两个过程：硝化细菌氧化 NH_3 和硝酸盐还原菌还原 NO_3^-。

人体摄入过高的 NO_3^- 或 NO_2^- 都有可能会对自身健康造成伤害，成年人对 NO_3^- 耐受浓度较高，每天 0.4mg/kg 的摄入量也不会产生明显的毒性效应。但婴幼儿耐受力较低，90~140mg/L 的摄入量即可能导致婴儿高铁血红蛋白症。这是因为婴幼儿胃内酸度低于成年人，这一条件有利于硝化还原细菌的生长繁殖，导致大量的 NO_3^- 被还原为 NO_2^-。NO_2^- 可将血红蛋白中的 Fe^{2+} 氧化为高价的 Fe^{3+}，使血红蛋白失去输氧能力而引起组织缺氧，当血液中高铁血红蛋白质量分数达到 70% 时，便会引起窒息。NO_2^- 是剧毒物质，成人摄入 0.2~0.5g 即可引起中毒，3g 即可致死。亚硝酸盐同时还是一种致癌物质，据研究，食道癌与患者摄入的亚硝酸盐量呈正相关性，亚硝酸盐的致癌机理是：在胃酸等环境下亚硝酸盐与食物中的仲胺、叔胺和酰胺等反应生成强致癌物——亚硝胺。

人体摄入 NO_3^- 或 NO_2^- 的途径主要有三种。第一，饮用水。由于农田退水、生活污水和工业废水排放量越来越大，进入环境中的含氮化合物越多，则有可能会

导致饮水中的 NO_3^- 或 NO_2^- 达到致毒浓度。第二，腌制食物。食用硝酸盐或亚硝酸盐含量较高的腌制肉制品、泡菜及变质的蔬菜。第三，工业生产。亚硝酸盐可作为还原剂广泛应用在工业生产中，长期接触有可能会造成 NO_2^- 中毒。

（3）羟胺

羟胺是一种强诱变剂，可致突变，对生物体具有毒性效应。在缺氧、含硝酸盐和铁盐的条件下，可经微生物作用产生羟胺。例如，从污水中分离得到的节杆菌菌株，在正常生长条件下，可以把 NH_4^+ 氧化成羟胺。这些微生物菌株还可以在转化乙酰胺、谷氨酸和谷氨酰胺过程中形成羟胺。在污泥、河流或湖泊样品中加入乙酸或琥珀酸之后，也可以通过一定的途径形成羟胺。

（4）亚硝胺

亚硝胺浓度达到 1×10^{-6} g/L 时，具致癌、致畸、致突变的作用。到 20 世纪 90 年代初，已经发现了 300 多种亚硝基化合物，其中大部分具有致癌性。农药、洗涤剂中有胺的组分，粪便中常含联苯胺及三甲基胺，藻类与高等植物体内也有不同的叔胺和仲胺，在污水中也能生成仲胺。这些胺类化合物受微生物作用被亚硝化，形成亚硝胺。微生物对氨的氧化和硝酸盐还原生成 NO_2^- 的作用，更是自然环境中广泛存在的反应过程。在酸性、中性，有时在碱性条件下，都可以从 NO_2^- 中形成亚硝胺。

6.3.7 农药代谢的毒性产物

微生物降解或转化农药，生成非毒性物质，是消除或减少农药残毒危害环境的可能途径。然而，在特定的条件下，微生物也可能将农药代谢转化形成新的毒物。此时，环境中除了存在原来的一种农药外，有可能增加其他的一种或几种毒物。有的毒性可能比原农药更强，也更难为微生物降解。又有一些产物，不仅作用于原来所抑制或毒害的生物种群，甚至作用于更广泛的包括人类在内的生物，造成更大的危害。

20 世纪 60 年代研究发现，除农药本身，其代谢产物也会出现残留毒性问题。1969 年，美国加州农场喷施对硫磷农药几天后，工人进入柑橘园发生了中毒事件。调查结果发现，对硫磷的代谢产物对氧磷具有比母体化合物更大的毒性。乐果也是一种相对低毒的有机磷农药，但当喷施到植物上 1～2 天后，会氧化成为氧乐果，其急性毒性将提高 10 倍以上。

农药代谢的基本形式主要包括：衍生、异构化、光化、裂解和轭合。

衍生：农药在动植物体内经过酶的作用，或受外界环境因子的影响，或受土壤中微生物的作用可氧化，还原为其他类似的衍生物。例如，DDT、杀螟松易衍生为其他类似物。

异构化：主要是有机磷杀虫剂中的硫代磷酸酯类，变化形式是硫原子和氧原子互换。例如，六六六的丙体异构体在一定条件下变成甲体。

光化：喷洒到田间的农药由于吸收光能，产生异构化、光水解或光氧化。如狄氏剂、艾氏剂能转化为更稳定、毒性更大的光化异构体。

裂解：农药在生物体内通过酶的作用产生水解或脱卤，导致农药分子的裂解，通过裂解可使农药从非极性化合物转化为极性强的化合物。

轭合：脂溶性农药在生物体内经过氧化、还原或水解而形成极性基团后，能与生物体内的糖类、氨基酸等结合成轭合物。植物体内最常见的是与葡萄糖轭合，动物体内最常见的是与葡萄糖醛酸轭合。

不同农药在环境和动植物体内具有不同的代谢特点。其中，有机汞农药可经微生物代谢为甲基汞，引起严重残留问题；有机磷农药的性质不稳定，易在动植物体内降解，如内吸磷在植物体内有一个增毒过程，硫醚键被氧化为毒性更高的砜和亚砜；有机氟农药如氟乙酰胺，既是杀鼠剂，又是高毒内吸杀虫剂，其水解后的代谢产物氟乙酸剧毒，残留问题突出。

6.3.8　腐殖质

腐殖质是一种分子复杂、抗分解性强的棕色或暗棕色无定形胶体，动植物残体（如植物组织、枯枝落叶，动物排泄物、皮毛和尸体等）经微生物分解转化又重新合成的一类有机高分子化合物。它是土壤特异有机质，也是土壤有机质的主要组成部分，约占有机质总量的50%～65%，对土壤肥力的发生与发展具有重要作用。

腐殖质形成是非常复杂的生化过程，有如下有三种学说。

1）木质素–蛋白质聚合学说，认为腐殖质由木质素、蛋白质及其分解中间产物，在微生物的作用下发生聚合而成；木质素由不饱和的酚苯丙醇组成，苯环上有羟基，在分解中可以形成脂类、酚类和醌类化合物等，这些化合物再与氨基酸、氨及其蛋白质发生聚合反应，形成腐殖质。

2）生化合成学说，认为土壤有机质分解的中间产物，如多元酚和氨基酸等，在微生物分泌的酚氧化酶作用下发生缩合聚合反应形成腐殖质。

3）化学催化聚合学说，认为土壤有机质分解的中间产物如酚类化合物、氨基酸等在蒙脱石、伊利石和高岭石表面吸附的铁、铝催化下能合成腐殖质。

思　考　题

1. 什么是水体富营养化，其诱因是什么？

2. 富营养化的形成条件是什么？

3. 怎样防治水体富营养化？

4. 分析评价富营养化的指标，它们和富营养化有什么关系？

5. 分析当前我国治理富营养化的措施，它们的效果如何？

参 考 文 献

韩伟. 2009. 环境工程微生物学. 哈尔滨：哈尔滨工业大学出版社.

胡春华，周文斌，王毛兰，等. 2010. 鄱阳湖氮磷营养盐变化特征及潜在性富营养化评价. 湖泊科学，22（5）：723-728.

黄代中，万群，李利强，等. 2013. 洞庭湖近20年水质与富营养化状态变化. 环境科学研究，26（1）：27-33.

金苗，任泽，史建鹏，等. 2010. 太湖水体富营养化中农业面污染源的影响研究. 环境科学与技术，33（10）：111-114, 124.

刘正文，钟萍，韩博平. 2003. 铜绿微囊藻中的紫外保护物质类菌孢素氨基酸（MAAs）与水华形成机制探讨. 湖泊科学，15（4）：359-363.

沈萍，陈向东. 2006. 微生物学. 北京：高等教育出版社.

孙兰英，刘娜，孙立波，等. 2003. 现代环境微生物技术. 北京：清华大学出版社.

孙杨青，吴吟涓，唐飞，等. 2009. 一起由沙门氏菌O₉引起细菌性食物中毒的调查分析. 中国基层医药，16（7）：1294-1295.

王家玲. 2004. 环境微生物学. 北京：高等教育出版社.

王曙光，林先贵，刁晓君. 2008. 环境微生物研究方法与应用. 北京：化学工业出版社.

乐毅全，王士芬. 2005. 环境微生物学. 北京：化学工业出版社.

杨广利，韩爱民，刘轶琨，等. 2003. 洪泽湖富营养化与环境理化因子间的关系. 环境监测管理与技术，15（2）：17-20.

殷蔚申. 1990. 食品微生物. 北京：中国财经出版社.

周群英，王士芬. 2008. 环境工程微生物学. 北京：高等教育出版社.

周宇光. 1997. 菌种目录. 中国普通微生物菌种保藏中心（CGMCC）. 北京：中国农业科技出版社.

朱顺妮，王忠铭，尚常花 等，2011. 微藻脂肪合成与代谢调控. 化学进展，23（10）：2169-2176.

张甲耀，宋碧玉，陈兰洲，等. 2008. 环境微生物学. 武汉：武汉大学出版社.

Cajthaml T, Erbanova P, Kollmann A. 2008. Degradation of PAHs by ligninolytic enzymes of Irpex lacteus. Folia Microbiologica, 53（4）：289-294.

Dunahay T G, Jarvis E E, Roessler P G. 1995. Genetic transformation of the diatoms *Cyclotella cryptica* and *Navicula saprophila*. Journal of Phycology, 31（6）：1004-1012.

Kawata M, Nanba M, Matsukawa R, et al. 1998. Isolation and characterization of a green alga *Neochloris* sp. for CO₂ fixation. Studies in Surface Science and Catalysis, 114：637-640.

Khozin-Goldberg I, Cohen Z. 2006. The effect of phosphate starvation on the lipid and fatty acid composition of the fresh water eustigmatophyte *Monodus subterraneus*. Phytochemistry, 67 (7): 696-701.

Liu Z Y, Wang G C, Zhou B C. 2008. Effect of iron on growth and lipid accumulation in *Chlorella vulgaris*. Bioresource Technology, 99 (11): 4717-4722.

Livne A, Sukenik A. 1990. Acetyl-coenzyme A carboxylase from the marine *prymnesiophyte Isochrysis galbana*. Plant and Cell Physiology, 31 (6): 851-858.

Mansour M P, Volkman J K, Blackburn S I. 2003. The effect of growth phase on the lipid class, fatty acid and sterol composition in the marin dinoflagellate, *Gymnodinium* sp. in batch culture. Phytochemistry, 63 (2): 145-153.

Molina E, Fernández J, Acién F, et al. 2001. Tubular photobioreactor design for algal cultures. Journal of Biotechnology, 92 (2): 113-131.

Roessler P G. 1988. Changes in the activities of various lipid and carbohydrate biosynthetic enzymes in the diatom *Cyclotella cryptica* in response to silicon deficiency. Archives of Biochemistry and Biophysics, 267 (2): 521-528.

Roessler P G. 1988. Effects of silicon deficiency on lipid composition and metabolism in the diatom *Cyclotella Cryptica*. Journal of Phycology, 24 (3): 394-400.

Takagi M, Yoshida T. 2006. Effect of salt concentration on intracellular accumulation of lipids and triacylglyceride in marine microalgae *Dunaliella* cells. Journal of Bioscience and Bioengineering, 101 (3): 223-226.

Tornabene T G, Holzer G, Lien S, et al. 1983. Lipid-composition of the nitrogen starved green alga *Neochloris oleoabundans*. Enzyme and Microbial Technology, 5 (6): 435-440.

|第 7 章| 环境污染治理微生物

　　随着人类生产、生活领域及其规模的不断扩大，生产废物、生活废水和垃圾的大量排放，特别是包括煤炭和石油等矿物能源及生物外源性有毒有害物质、生物难降解化学品的广泛开发和利用，排放的污染物数量突破了自然环境所固有的自净负荷，给自然环境造成了越来越严重的污染。环境污染的恶化不但给经济的可持续性发展带来滞后性，而且直接影响到人类的身体健康和生活环境。目前，环境问题的日益恶化引起了人类的高度重视。微生物作为生物界的主要降解类群，在水体污染、固体废弃物污染、重金属污染、化合物污染、石油及大气污染等治理过程中，均取得显著效果且不易造成二次污染，利用细菌、真菌、藻类和原生动物等微生物去除重金属离子、降解有机物、化学污染物等实际应用，已经在环境保护过程中发挥了巨大的作用（任南琪，2004；Nagase and Matuo，1982）。环境生物技术在环境治理领域中展现出越来越独特的优势和巨大的潜力，将是未来环境治理的主要方向。本章着重介绍微生物在环境污染治理中的应用，包括污水、废渣、废气的微生物治理方法以及生物修复。

7.1　污水的生物处理

　　目前，污水的生物处理是废水处理领域应用最广泛的技术之一。自 1914 年英国第一次使用活性污泥法处理废水以来，至今已有 100 多年的历史。废水的生物处理的原理是通过微生物胞外酶或胞内酶的作用，将废水中的污染物分解。废水生物处理过程包括絮凝作用、吸附作用、氧化作用和沉淀作用四个连续进行的阶段（图 7-1）。

　　1）絮凝作用。活性污泥或生物膜是废水生物处理系统中微生物群体（包括细菌、真菌、放线菌和原生动物等）的主要存在形式，它的形成与微生物的絮凝作用密不可分。废水处理过程中，产荚膜细菌分泌黏液性物质并粘连形成菌胶团，菌胶团又粘连在一起，絮凝成活性污泥或黏附在载体上形成生物膜。

　　2）吸附作用。在活性污泥系统中，吸附作用可以使废水与活性污泥在接触后的 3 ~ 5min 内就除去大部分有机物，是发生在微小粒子表面的一种物理化学过程。由于微生物个体很小，细菌表面一般带有负电荷，而废水中有机物颗粒常带

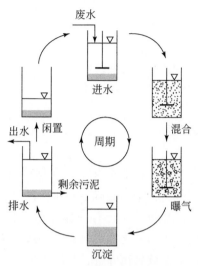

图 7-1　污水的微生物处理流程

正电荷，所以它们之间有很大的吸引作用。又因为活性污泥表面积很大，且表面具有多糖类黏质层，污水中的悬浮和胶体物质能黏附于活性污泥表面，通过固液分离的方法，可以将污染物从废水中迅速清除出去。对于悬浮固体和胶体含量较高的废水，吸附作用可使废水中有机物含量减少 70% ~80%。废水中的重金属离子也可被活性污泥和生物膜吸附，吸附率在 30% ~90%。

3）氧化作用。氧化作用是发生在微生物体内的一种生物化学代谢过程。在有氧条件下，一部分吸附的有机物被微生物氧化分解并释放能量，另一部分则合成新的细胞。从污水处理的角度看，无论是氧化还是合成，都能从水中去除有机物，只是合成的细胞必须易于絮凝沉降，最终从水中分离出来。相对于吸附过程，微生物对有机物的氧化分解所需时间较长，有的需要几小时甚至十几小时才能完成。

4）沉淀作用。废水中有机物质在活性污泥或生物膜的氧化分解并无机化后，往往排至自然水体中，这就要求排放前必须经过泥水分离。若泥水不经分离或分离效果不好，则会造成二次污染。因此，必须把形成的菌体有机物从混合液中分离出来，目前，多采用重力沉淀法进行固液分离。该工艺一般借助沉淀池来完成，在沉淀池中，具有良好沉降性能的活性污泥沉降至池底，而上清液可排出。

废水微生物处理的方法很多（左剑恶和邢薇，2007；郭晓慧等，2011），根据微生物与氧的关系，可分为好氧处理和厌氧处理。其中，好氧生物处理分为活性污泥法（标准法、高速法、吸附再生法、纯氧法、延时曝气法与氧化沟法等）、生物膜法（包括生物滤池、生物转盘、生物接触氧化法与生物流化床法等）和好氧氧化塘法；厌氧生物处理分为厌氧消化法（包括中温消化法、高温消化法与上流式厌氧污泥床等）（傅霖和辛明秀，2009）、厌氧生物膜法（包括厌氧生物滤池、厌氧流化床、厌氧附着床与厌氧生物转盘等）和厌氧塘法。根据微生物的存在状态，可分为悬浮生长系统和固定膜系统，附着生长型以生物膜法为代表，悬浮生长型以活性污泥法为代表。

7.1.1 好氧生物处理

好氧生物处理是指在有氧存在的情况下，利用好氧微生物（主要是好氧菌，包括兼性微生物）的作用进行污染物去除。在细菌的生长过程中，除吸入体内的一部分有机物被氧化并放出能量外，还有一部分细菌的细胞物质也在进行氧化，同时放出能量。这种细胞物质的氧化称为自身氧化或内源呼吸。作为好氧环境微生物的营养基质，有机污染物被氧化分解，其浓度下降，微生物量增加。被分解的污染物被摄入生物体后，一部分被环境微生物代谢后用于自身合成，另一部分有机物被分解为 CO_2 和 H_2O 等，产生的能量用于合成代谢。当有充足有机物时，内源呼吸不是很明显，但当有机物几乎耗尽时，内源呼吸就会成为供应能量的主要方式。最终，细菌由于缺乏能量而死亡。

通过好氧处理，废水中的一部分有机物转化成无机物，一部分合成微生物细胞物质。当废水中的有机物含量较高时，合成部分增大，微生物总量快速增加；当废水中有机物不足时，一部分微生物就会因缺乏营养而死亡，微生物总量将减少。虽然细胞物质也是有机物质，但微生物以悬浮态存在于水中，相对容易凝聚。通过沉淀池中的物理凝聚作用，微生物细胞物质可以同废水中的其他物质共同沉降。由此可见，好氧生物处理法特别适用于处理溶解性和胶体有机物，因为这部分有机物不能被物理沉淀法直接去除，而利用生物法则可以将其一部分转化成无机物，另一部分转化成微生物的细胞物质，从而达到与废水分离的目的。

1. 活性污泥法

(1) 基本工艺流程

活性污泥法（activated sludge process）是在人工充氧条件下，对废水和各种微生物群体进行培养和驯化，形成活性污泥。首先，利用活性污泥的吸附和氧化作用，分解去除废水中的污染物质，然后，在二次沉淀池中经过泥水分离，大部分污泥再回流到曝气池，多余部分则排出活性污泥系统。基本工艺流程如图 7-2 所示。

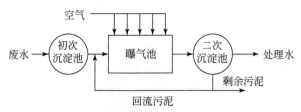

图 7-2　活性污泥法的基本工艺流程

1）初次沉淀池。废水先进入初次沉淀池，去除原废水中的悬浮固体、浮油，悬浮固体沉入池底，浮油上浮后经隔油回收。该过程又称为一级处理。

2）曝气池。曝气池是废水处理的核心部分。活性污泥来源于二次沉淀池，曝气池处于好氧状态，其中的有机污染物与活性污泥充分接触，完成吸附和氧化分解过程。通常，曝气生物处理过程被称为二级处理。

3）二次沉淀池。废水在曝气池中经过活性污泥吸附、氧化降解处理后，与活性污泥一起进入二次沉淀池。在二次沉淀池中活性污泥与水分离，污泥沉至池底，澄清水排放。

4）回流污泥。二次沉淀池分离出的活性污泥，经污泥泵回流至曝气池被循环利用，这部分活性污泥称作回流污泥。回流污泥主要作为接种菌，使曝气池中的活性污泥始终保持一定浓度（一般为 3～4g/L）。在废水生物处理中，常用回流比这一概念，即回流到曝气池的活性污泥体积和进入曝气池的废水体积之比。

5）剩余污泥。由于微生物的大量繁殖，曝气池中产生出过量的活性污泥。为保持曝气池内污泥浓度恒定，沉入二次沉淀池底部的多余污泥要经常排出，这部分污泥成为剩余污泥。排放剩余污泥不但可保持曝气池内污泥浓度恒定，还能将老化污泥及内源呼吸残余物质不断排除，从而提高活性污泥的活性。剩余污泥应妥善处理，否则将造成二次污染。

（2）活性污泥指标

活性污泥法处理废水的关键在于具有足够数量和性能良好的活性污泥。活性污泥的数量通常用污泥浓度表示，活性污泥的性能主要表现为絮凝性和沉淀性。絮凝性良好的活性污泥具有较大的吸附表面，废水的处理效率较高；沉淀性能好的污泥能很好地进行固液分离，二次沉淀池出水挟带的污泥量少，回流的污泥浓度较高。衡量活性污泥数量和性能的指标主要有以下几项。

1）污泥沉降比。又称污泥沉降体积（sludge volume，SV），是指一定量的曝气池混合液静置 30min 后，沉淀物泥与原混合液的体积比（以百分比或 mL/L 表示）。活性污泥混合液经 30min 沉淀后，沉淀污泥可接近最大密度，因此，以 30min 作为测定污泥沉淀性能的依据。沉降比同污泥絮凝性和沉淀性有关。当污泥絮凝性与沉淀性良好时，污泥沉降比的大小可间接表示曝气池混合液的污泥数量的多少，故可以用沉降比作为指标来控制污泥回流量及排放量。但是，当污泥絮凝沉淀性差时，污泥不能下沉，上清液浑浊，所测得的沉降比将增大。通常，曝气池混合液沉降比的正常范围为15%~30%。

$$污泥沉降比=\frac{混合液经30min静置沉淀后的污泥体积}{混合液体积}$$

2）污泥浓度。用于表示及控制混合液中活性污泥微生物量的指标，单位为g/L或mg/L，包括混合液悬浮固体浓度（mixed liquid suspended solids，MLSS）和混合液挥发性悬浮固体浓度（mixed liquor volatile suspended solids，MLVSS）。MLSS表示在曝气池单位容积混合液内所含有的活性污泥固体物的总质量。一般城市污水处理中，MLSS为2~3g/L，工业废水为3g/L左右，高浓度工业废水为3~5g/L。MLVSS表示混合液活性污泥中有机固体物质部分的浓度。原则上，采用MLSS表示微生物量并不十分准确，因为它包括了活性污泥吸附的无机惰性物质，在生活污水活性污泥法处理中，MLSS中只有30%~50%为微生物活体，而在延时曝气法中此比例降为10%以下；采用MLVSS表示微生物量，也不能排除非生物有机物及已死亡微生物的惰性部分。但在正常运转状态的废水处理系统中，MLSS与MLVSS之间以及MLSS与活性微生物量之间具有相对稳定的相关关系。因此，采用MLSS（使用最多）或MLVSS间接代表微生物浓度是可行的。

3）污泥容积指数（sludge volume index，SVI）。指曝气池混合液经30min沉淀后，1g干污泥所占有沉淀污泥容积的毫升数，单位为mL/g，但一般不标注。在一定的污泥量下，SVI反映了活性污泥的凝聚沉淀性。如SVI较高，表示SV值较大，沉淀性较差；如SVI较小，污泥颗粒密实，污泥无机化程度高，沉淀性好。但是，如SVI过低，则污泥矿化程度高，活性及吸附性都较差。通常，当SVI<100时，沉淀性良好；当SVI为100~200时，沉淀性一般；而当SVI>200时，沉淀性较差，污泥易膨胀。一般，SVI控制在50~150为宜，但根据废水性质不同，这个指标也有差异。如废水溶解性有机物含量高时，正常的SVI值可能较高；相反，废水中含无机性悬浮物较多时，正常的SVI值可能较低。

$$SVI=\frac{SV\%\times100}{MLSS}$$

式中，MLSS的单位采用g/L。

（3）活性污泥中的微生物

同所有生物处理过程一样，活性污泥系统中的微生物通过氧化分解作用，形成了一个具有不同营养水平的完整生态系统。活性污泥中的微生物主要有细菌、酵母菌、霉菌、放线菌、藻类、原生动物和某些微型后生动物。

细菌是活性污泥中最重要的成员，除一般的球菌、杆菌、螺旋菌外，还有许多比较高级的丝状细菌。细菌的种类随活性污泥的来源不同而有所变化，比较多的有产碱杆菌、微杆菌、丛毛单胞菌、芽孢杆菌、假单胞菌、柄杆菌和球衣菌等。在曝气池中，异养型细菌形成了池中生物絮体的主体，它们是个体细菌的凝聚或者因丝状菌的作用促使它们聚集在一起。絮体的生物条件决定了有机基质的去除率，其物理结构又决定了它们在二次沉淀池中的沉降效果。

原生动物是活性污泥的重要组成部分。活性污泥中原生动物的数量可达5000个/mL，可占混合液干重的5%～12%。在完全混合活性污泥曝气池内，原生动物的种类在空间上观察不到有什么差别。随着活性污泥的逐步成熟，混合液中的原生动物的优势种类也会发生变化，从肉足类、鞭毛类优势动物开始，依次出现游动型纤毛虫、爬行型纤毛虫、附着型纤毛虫。其他种群如剑水蚤属，甚至双翅目的幼虫也偶尔可见。

在混合液中也可见藻类，但很难持续生长。由于不断的人工充氧和污泥回流，使曝气池不适于某些水生生物生存，特别是比轮虫和线虫更大型的种类和生命周期较长的微生物。

（4）活性污泥法的净化过程

在活性污泥颗粒形成初期，菌胶团数量较少，细菌多以游离状态存在。随着菌胶团数量的增加，游离细菌逐渐减少，活性污泥不断成熟，净化水质效果会越来越好。活性污泥主要发挥催化作用，促使空气中的氧和水中的有机物发生各种生物化学反应，生成 CO_2、H_2O 或大分子生物物质，达到去除水中有机污染物的目的。一般情况下，活性污泥法除去水体中有机污染物的过程分为 3 个阶段：第一，吸附阶段。正常活性污泥的微生物表面覆盖有黏滞层，不仅具有物理、化学和生物吸附作用，还能形成具有絮凝、沉淀作用的生物絮凝体，悬浮于泥水混合液中。当废水与污泥在曝气池中充分接触时，废水中的污染物被比表面积巨大、表面含有糖被的菌胶团吸附。菌胶团对有机物的吸附时间一般为30min左右，但要进入微生物体内则需要较长时间。通常，处于饥饿状态的污泥微生物具有较强的吸附能力。第二，微生物代谢阶段。首先，在微生物分泌的胞外酶作用下，废水中的有机物分解成小分子的溶解性有机物。然后，在各种物质运输机制下，这些小分子有机物与溶解性有机物一起进入微生物细胞。最终，通过各种代谢反应途径，吸收进入细胞体内的污染物被降解，一部分转化为 CO_2 和 H_2O，另一部分转化为细胞的组成部分。第三，凝聚与沉淀阶段。在沉淀池中，活性污泥能形成大的絮凝体，使之从混合液中沉淀下来，达到泥水分离的目的。

在活性污泥法的运行中，最常见的故障是在二次沉淀池中泥水的分离问题。所有的活性污泥沉降性问题，都是由污泥絮体结构不正常造成的。活性污泥颗粒尺寸的差别很大，其幅度从游离个体细菌的 $0.5～5.0\mu m$，直到直径超过 $1000\mu m$

的絮体。污泥絮体的最大尺寸取决于其黏聚强度和曝气池中絮流剪切作用的大小。污泥絮体结构被分为两类：微结构与宏结构。微结构是较小絮体（直径小于 75μm），呈球形，相对较容易破裂。此类絮体多由"絮体形成菌"组成。在曝气池絮流条件下易被剪切成小颗粒。虽然这种絮体能很快沉淀，但从大凝聚体被剪切下的小颗粒需较长的沉淀时间，可能随沉淀池出水排出，使最终出水的 5 日生化需氧量（biochemical oxygen demand，BOD_5）上升，浊度大幅度上升。当丝状微生物出现时，即出现宏结构絮体，微生物凝聚在丝状微生物周围，形成较大的不规则絮体，这种絮体具有较强的抗剪切强度。造成污泥沉降问题的主要原因有不凝聚、微小絮体、起泡沫和污泥膨胀（包括丝状菌污泥膨胀和非丝状菌引起的污泥膨胀）。

1）不凝聚。是一种微结构絮体造成的现象，由于絮体不稳定而破裂、过度曝气形成的稳流将絮体剪切成碎块或因细菌自身不能凝聚成絮体，导致微生物成为游离个体或非常小的丛生块。它们在沉淀池中呈悬浮态，并随出水流出。微生物不凝聚是主要由于溶解氧浓度低、pH 低或存在冲击负荷。当污泥负荷小于 0.4kg/（kg·d）时，易出现不凝聚问题。若污泥为微结构型，则高污泥负荷就可能出现不凝聚。

2）微小絮体。含微小絮体的污泥不会在出水中形成高浓度。肉眼在出水中可观察到离散的絮体，微小絮体往往由于污泥龄较长（约 5~6d）和有机负荷较低（每天小于 0.2kg/kg）而形成，这种问题往往发生在延时曝气系统。

3）起泡沫。由于某些诺卡氏菌属丝状微生物的超量生长，曝气系统的气泡进入其群体而形成一种密实稳定的棕色泡沫，或以一层厚浮渣的形式浮在池面上。虽然这种丝状微生物在混合液中的种群密度也很高，却不会造成污泥沉降问题。有些情况下，诺卡氏菌属产生许多分支，使絮体成为坚固的宏结构，生成一种大而牢固、易沉降的絮体。

4）污泥膨胀。污泥膨胀是一种丝状菌在絮体中大量生长以致影响沉降的现象。开始时，尽管膨胀污泥比正常活性污泥的沉速慢，但延伸的丝状菌会过滤掉形成浊度的细小颗粒，因此出水水质仍然较好。随着污泥膨胀使污泥压缩性能变差，很多污泥回流到曝气池，使池中 MLSS 浓度下降，进而造成曝气池运行失败。由于沉降性很差，泥面上升就会导致大的絮体溢出沉淀池，同时出水中悬浮物（suspended solids，SS）和 BOD 升高，出水水质不达标。

从污泥结构角度来看，膨胀是由于絮体具有坚固的宏结构，以至于丝状微生物的数量猛增。理想絮体的沉降性能好，丝状菌都保留在絮体中，使絮体强度增加并保护固定的结构，出水中 SS 和浊度都很低。即使有少数丝状菌伸出污泥絮体，其长度有限亦不会影响污泥沉降。相反，膨胀污泥有大量丝状菌伸出絮体，会影响污泥的沉降性能。絮体形成及其对沉淀的影响等，皆取决于丝状微生物的种类。可辨别的膨胀污泥絮体有两种类型：第一类是长丝状菌从微小絮体伸出，此类丝状菌将各个絮体连结，形成丝状菌-絮体网；第二类具有开放的结构，由细菌沿丝状菌凝聚，形成相当细长的絮体。

造成膨胀的主要原因是溶解氧浓度低、污泥负荷率低、营养不足和低 pH（小于 6.5）。为防止发生污泥膨胀，目前主要采用控制运行条件的措施：第一，控制溶解氧浓度。为防止丝状微生物的过度增加，应将池中溶解氧浓度控制在 2.0mg/L 以上。第二，控制营养比例。通常，曝气池 C（以 BOD_5 表示）、N 和 P 的质量浓度比为 100:5:1。当 BOD_5:P 偏高时，丝状微生物能将多余部分储存在体内；当营养不足时，丝状微生物可利用储存物质，加大其存活率。第三，控制污泥负荷率。污水处理厂处理系统的正常负荷一般为 0.2~0.45kg/(kg·d)。当发生污泥膨胀时，要观察污泥负荷是否超出了此范围。第四，投加混凝剂。投加石灰、三氯化铁或者高分子絮凝剂能改善污泥的絮凝，同时也会增加絮体的强度。第五，加氯、臭氧或过氧化氢，有助于选择性地控制丝状微生物的过量生长。

5）非丝状菌引起的污泥膨胀。在不出现丝状微生物时，有时也会出现污泥膨胀。这种膨胀与散凝作用有关。由于絮体微结构中有大量胞外聚物（具有糊状或果冻样外观），当游离絮体遇到菌胶团基质时就会导致污泥膨胀，这种膨胀为菌胶团黏性膨胀。

（5）活性污泥法的典型工艺

1）普通活性污泥法。又称传统活性污泥系统，其工艺流程如图 7-3 所示。废水和回流活性污泥从曝气池的首端进入，呈推流式至曝气池末端流出。曝气池进口处有机物浓度高，沿池长逐渐降低，需氧量也沿池长逐渐减少。当进水 BOD 浓度较高时，进水端污泥处于对数增殖期；当进水 BOD 浓度较低时，则污泥处于停滞期。经 6~8h 曝气后，池末端污泥已进入内源呼吸期，这时污水中的 BOD

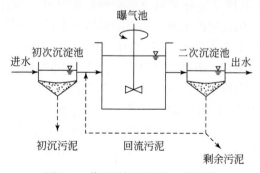

图 7-3　普通活性污泥法工艺流程

浓度很低，活性污泥微生物细胞内的贮藏物质也将耗尽，BOD 去除率一般为 90%～95%，出水水质好。活性污泥对有机物吸附、氧化和同化过程是在一个统一的曝气池内连续进行的。另外，进入内源呼吸期的活性污泥具有很好的沉淀性能，易于二淀沉次池进行固液分离，剩余活性污泥量约为处理水量的 1%～2%。

2）完全混合活性污泥法。与普通活性污泥法的流程相同，但废水和回流污泥进入曝气池时，立即与池内原有的混合液充分混合，整个处理系统中污泥微生物处于完全相同的负荷之中。当进水流量及浓度均不变时，系统的负荷也不变，微生物处于生长曲线对数生长期的某一点，代谢速率甚高。因此，该方法的废水水力停留时间较短，系统的负荷较高，构筑物占地较省。构筑物的曝气池和沉淀池可以合建，也可以分建。实际上，完全混合活性污泥法曝气池的出水近似于废水进入曝气池后，泥水混合液经沉淀后的上清液。混合液中的基质即废水中的有机污染物往往未完全降解，导致出水水质较差，系统的 BOD、COD 去除率往往较同种废水其他工艺的出水差。经实践应用，还发现其较易发生丝状菌过量生长的污泥膨胀等运行问题。

3）SBR 工艺。序批式活性污泥法（sequencing batch reactor，SBR），也称间歇曝气活性污泥法，是一种间歇运行的污水处理工艺。去除污染物的机理与传统的活性污泥法相同，只是运行方式不同。传统工艺采用连续运行方式，污水连续进入处理系统并连续排出，系统内每一单元功能不变，污水依次流过各单元，从而完成处理过程。SBR 工艺采用间歇运行方式，污水间歇进入处理系统并间歇排出。系统内只设一个处理单元，该单元在不同时间发挥不同的作用，污水进入该单元后按顺序进行不同的处理，最后完成全部处理被排出。一般来说，SBR 的一个运行周期包括 5 个阶段：进水期、反应期、沉淀期、排水期和闲置期。

4）AB 两段活性污泥法。简称 AB 法，是由德国亚琛大学宾克（B. Bohnke）教授于 20 世纪 70 年代开发的一种两段活性污泥法新工艺（图 7-4）。AB 两段活性污泥法是将活性污泥法系统分为两个阶段，即 A 段（吸附段）和 B 段（生物降解段）。它的工作原理是充分利用微生物种群的特性，为其创造适宜的环境，使不同的生物种群得到良好的增殖，每段能够培育出各自独特的适于本段水质特征的微生物种群。污水首先进入 A 段的吸附池，主要利用活性污泥的吸附功能对污水进行一定程度的处理，吸附池流出的混合液在中间沉淀池进行泥水分离，沉淀下来的污泥一部分回流至吸附池，一部分作为剩余污泥排放。中间沉淀池的出水流至 B 段曝气池做进一步的处理，此段充分利用活性污泥的生物降解作用，曝气池流出的混合液在二次沉淀池进行泥水分离，沉淀下来的污泥一部分回流至曝气池，一部分作为剩余污泥排放掉。二次沉淀池的出水达标排放。

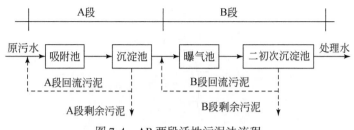

图 7-4　AB 两段活性污泥法流程

2. 生 物 膜 法

19 世纪末，由土壤自净作用原理引出土壤净化废水的洒滴滤池试验，20 世纪初，此试验得到公认，命名为生物过滤法。由于环境保护对水质要求的进一步提高及新兴合成材料的大量生产，生物膜法得到很快的发展。近年来，属于生物膜法的塔式生物滤池、生物转盘、生物接触氧化法和生物流化床得到了较多的研究和应用。

（1）生物膜的基本结构

成熟的生物膜一般分为三层，从水体到载体表面依次为外表层（好气层）、中间层和内层（厌气层）（图 7-5）。由于溶解氧的扩散阻力和微生物对溶解氧的利用，外表层一般为好氧，厚度约为 2mm，是有机物降解的主要部位，中间层为微好氧，而内层为兼性厌氧或厌氧。由于自然选择的结果，不同的层面生长着不同类型的微生物，并表现出跟活性污泥不同的特点。生物膜的组成与特性、厚度、分布均匀性与污水特点、环境条件等有关。随着生物膜的增厚，深入的氧被膜外层的微生物消耗殆尽，造成膜内出现厌氧层，并随时间加厚，最后生物膜在下列情况下脱落：微生物本身的衰老、死亡；内层生物膜的厌氧代谢，产生 CO_2 使生物膜黏附力变小；不断增厚的膜本身重量太重；曝气或水力冲刷剪切作用下，使生物膜的剥落力大于附着力，最终膜成片脱落。由于脱膜仅仅是在局部填料表面发生，并且裸露的填料很快就生长出新的生物膜。因此，整个膜处于增长、脱落和更新的生态过程。

生物膜载体对于生物膜的形成、稳定性和水体净化效果等有很大影响。选择载体时需要考虑以下几个要素：载体物理形态及机械强度好，无毒，不被微生物降解腐蚀；载体表面粗糙程度、空隙率和密度等要有利于挂膜；载体尽可能具有大的表面积；载体价格合理，利于循环利用。根据载体的性质可分为无机载体和有机载体。无机载体有砂石、碳酸盐类石、玻璃、沸石、陶瓷、碳纤维、矿渣、活性炭和金属等；有机载体有树脂、塑料和纤维等。

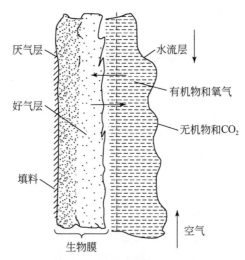

图 7-5 好氧生物膜的基本构造

（2）生物膜中的微生物

在生物膜法中，由于微生物固着生长于固体表面上，故生物膜中的微生物相当丰富，形成由各种微生物所构成的一个较稳定的生态系统。特别是生物膜上可以生长一些代谢能力强，但易导致污泥膨胀的丝状微生物。生物膜中的微生物与活性污泥相似，包括细菌、真菌、藻类、原生动物、后生动物等。生物膜中的微生物不是简单的种群间的聚集，而是按照系统的生理功能以及特定环境条件下的最优组合构成。

细菌是生物膜的主体，而其产生的胞外多聚物是生物膜形成的基础。细菌以化能异养型为主，包括好氧、兼性厌氧和厌氧菌，这主要是由生物膜的结构所决定的。生物膜由好氧生物膜层和厌氧生物膜层组成，好氧生物膜层的细菌可以直接从流经生物膜表面的水体中获取能量、养分和氧气，厌氧生物膜层多为各种自养菌，如动胶杆菌属、假单胞菌属、黄杆菌属、无色杆菌属和产检杆菌属等。

不同于活性污泥，生物膜中的真菌繁殖很快，在营养及生境方面和细菌有竞争关系。丝状真菌有瘤胞菌属、镰刀霉菌属、青霉菌属、曲霉菌属、毛霉菌属和地霉菌属等。

藻类是受阳光照射下的生物膜主要成分。尽管不是生物膜的主要微生物类群，但藻类是生物膜中可以将太阳能转化为生物能的微生物类群之一，对整个生物膜的形成与发展有重要作用。然而，由于藻类在生物膜中数量较低，对净化水体作用不是很大。

生物膜中的原生动物主要有鞭毛类、肉足类和纤毛类等，特别是纤毛类的比例超过 50%。原生动物对保持生物膜微生物的活性状态起了积极作用，因为原生动物在不断捕食活性下降的细菌和藻类。同时，原生动物也吞噬其他一些颗粒，对净化水体也有一定的作用。后生动物主要包括轮虫类、线虫类、寡毛类和昆虫类等。

（3）生物膜的净化机理

生物膜法是使环境微生物附着在载体表面，在污水流经载体表面的过程中，通过有机营养物的吸附、氧气向生物膜内部的扩散以及在膜中所发生的生物氧化等作用，对污染物进行分解。生物膜最外层是好氧环境，由于扩散作用制约了溶解氧的渗透，在好氧层的深部形成微氧环境，适于兼氧微生物在此生长；接近载体的生物膜内层属于厌氧环境，适于厌氧微生物在此生长。从净化过程看，生物膜作用可分为生物膜层和废水层。生物膜层是污染物转化的主要场所，污染物扩散至其表层或内部后被分解或转化。废水层是氧气、污染物进入生物膜的途径。废水层也分为两层，附着水层紧靠生物膜的好氧层，而流动水层直接与空气接触。空气中的氧由流动水层进入附着水层，再传递到生物膜外层。有机物氧化分解产生的 CO_2 等气体沿着相反方向，从生物膜经过附着水层，进入流动的废水及空气中去。

（4）生物膜法的典型工艺

1）生物滤池法。生物滤池是以土壤自净原理为依据，在污水灌溉基础上发展而成的人工生物处理技术，主要由池体、滤料、布水装置和排水系统组成。废水进入滤池后，流经滤料表面，有机物即从流动废水中转移到附着水中，并进一步被生物膜吸附。空气中的氧通过液相进入生物膜，参与膜内微生物将有机物分解成无机物的氧化反应。当生物膜较厚或废水中有机物浓度较大时，空气中的氧很快被膜表层的微生物所耗尽，使内层滋生大量厌氧微生物。膜内层微生物不断死亡并解体，降低膜与滤料之间的黏附力。老化膜脱落后，滤料又开始形成新的生物膜。曝气生物滤池的特点如下：占地面积小，通常为常规处理工艺的 1/5～1/10，厂区布置紧凑、美观；出水水质高，可达到中水或生活杂用水水质标准；在采用上向流或下向流运行方式时，均有一定的过滤作用；氧的传输效率高，供氧动力消耗低；抗冲击负荷能力强，受气候、水量和水质变化影响相对较小；具有多种净化功能，出水氨氮浓度≤0.5mg/L，SS 浓度≤5mg/L。

2）生物转盘法。生物转盘由固定在一根轴上的许多间距很小的圆盘或多角盘片组成，圆盘不到一半面积浸没在半圆形、矩形或梯形的氧化槽中，盘面作为生物膜支撑物。盘片上长着生物膜，在盘片转动过程中，生物膜不断生长、增厚；过剩的生物膜靠盘片在废水中旋转时产生的剪切力剥落下来，防止了盘片间的堵塞。生物膜在浸没状态时，废水中的有机物被生物膜吸附和吸收，并进行一定的厌氧消化，当转盘处于睡眠状态时，生物膜内吸附的有机物被完全氧化，生物膜恢复活性。生物转盘上的生物膜包括好氧生物膜、厌氧生物膜和活性退化的生物膜。好氧生物膜具有氧化有机物、硝化作用，厌氧生物膜具有反硝化、除氮等功能。生物转盘的盘面每转动一圈，即完成一个吸附、氧化周期。

转盘片应薄而轻、耐腐蚀，材料一般为聚丙烯、聚乙烯、聚氯乙烯、聚苯乙烯、不饱和树脂玻璃钢等，厚度为 0.5～2.0mm。盘片与盘片间的距离约为30cm，间距太小容易造成生物膜堵塞，影响通气进而影响处理效果，间距太大、盘片数量过少也会影响处理效果和效率。早期的生物转盘构造比较简单，处理废水的效果有限，随着工艺的不断改进，根据实际需要已开发出多种组合工艺，如一轴多段生物转盘或多轴多段生物转盘等，可根据水质情况，调整不同段的盘片大小、盘片间距等，多轴多段还可对不同段调节转速。总之，新工艺大大提高了污水的处理效果。生物转盘法的优点主要有：设备简单，操作简便，无须污泥回流系统，运转费用低；不发生污泥堵塞和污泥膨胀现象，可处理高浓度有机废水；生物量大，净化率高，适应性强；剩余污泥量少，污泥颗粒大，含水率低，沉淀速度快，易沉淀分离。然而，生物转盘法所需场地面积比活性污泥法大，投资相对较高。在室外情况下，转盘顶部需要覆盖材料，防暴雨冲刷生物膜。

3）生物接触氧化法。20 世纪 70 年代以来，各种微污染源水处理方法在许多国家和地区得到应用。其中，生物预处理工艺因其对氨、氮和有机物等污染物的去除效果好而备受瞩目。生物接触氧化法是生物预处理工艺中一种有代表性、研究较深入和应用较多的类型。该法是一种具有活性污泥法特点的生物膜法，也称浸没式生物膜法，兼具活性污泥法和生物滤池的特点。填料是固定不动的，部分微生物以生物膜的形式附着生长于填料表面，部分微生物悬浮生长于水体中，共同起到净化废水的作用（图 7-6）。填料形式各种各样，早期有板状、波纹状和管状等。由于比表面积小，容易堵塞，目前多采用半软性填料或弹性填料，这些新兴填料具有比表面积大、不易堵塞、易挂膜和运输方便等特点。

生物接触氧化池是该工艺的核心部分，其主要包括池体、支架、填料和曝气装置等。在生物接触氧化池前设置了初沉池，以去除悬浮物，减轻生物接触氧化池的负荷；在氧化池后设置了沉淀池，以去除水中夹带的脱落生物膜，保证系统出水水质。曝气装置设在填料底部，多为鼓风曝气系统，目的是增加池内的有效面积，填料层间紊流激烈，生物膜更新快、活性高、不易堵塞。整个接触氧化池可分为曝气区和接触氧化区两部分。废水先经曝气充氧，然后再进入填料区与生物膜相接触，有利于生物膜的生长。生物接触氧化法的优点包括：填料比表面积大，池内充氧条件好，生物接触氧化池里的生物量高于活性污泥法曝气池及生物滤池，具有较高的容积负荷，其污泥负荷可保持在一定水平，污泥产量可相当于

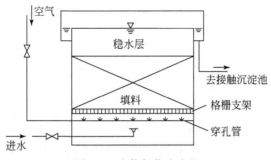

图 7-6 生物氧化法流程

或低于活性污泥法；许多微生物附着生长在填料表面，生物接触氧化池不需要污泥回流系统，可以避免污泥膨胀，运行管理更简便；生物氧化池内生物量多，水流属完全混合性，能适应水质、水量的骤变。但是，在填料层内水流冲刷较小时，生物膜不易脱落，容易发生堵塞现象，且其曝气装置在填料底部，出现故障不易检修。

4）生物流化床。即流态化的颗粒床，在流态化的颗粒表面长有生物膜，废水在流化床内与生物膜接触从而被净化。根据气、水和载体混合方式不同，生物流化床可分为两相式和三相式（图 7-7）。早期的生物流化床都是两相式的，通过水利循环使载体处于悬浮状态，并对循环水进行充氧，满足载体上微生物对氧的需求。现在的生物流化床都是三相式的，以向流化床直接充氧代替两相的外部充氧装置，它增加了废水、氧气和载体的接触、摩擦机会，提高了传质速度，易使生物膜表层自行脱落，可免除体外脱膜装置。生物流化床克服了污泥膨胀和生物膜法的污泥堵塞问题，其载体的优劣决定了废水处理的能力、能耗和经济上的

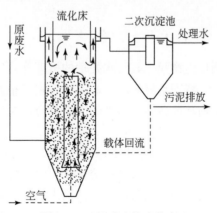

图 7-7 三相式生物流化床

可行性。最早使用的载体是沙粒和活性炭，后来是塑料颗粒、塑料球和丝状球形悬浮填料、陶粒等。流化床内生物固体浓度高，可缩短水力停留时间，提高容积负荷，适应不同浓度废水和较大的冲击负荷，具有占地面积小、基建费用低等优点。

3. 氧化塘法

氧化塘法（oxidation pond process），又称稳定塘法（stabilization pond process），始于20世纪初，是一种既简易又经济的废水生物处理法，不需要机械设备，基建投资少，运行管理方便，处理费用低廉，且能实现污水的综合利用。氧化塘由一种复杂的生态系统构成，其中包括好氧微生物、兼性微生物、厌氧微生物、藻类及其他水生生物。在许多环境因子的作用下，最终将废水中的污染物质无机化。由于其净化时间较长、处理效率低、占地面积大，若设计运行不当，可能造成二次污染。因此，氧化塘适用于山区和小城镇，不适宜在城市建设。

现以兼性塘为例，说明氧化塘的污水净化过程。污水进入池塘后，一些可沉淀的固体和可凝聚的胶体物质沉淀到池塘底部，形成污泥层，有机物在此进行厌氧分解。剩余的可溶性或悬浮有机物在表层被好氧或兼性厌氧菌氧化分解，释放出氮、磷和 CO_2。而存在于表层的藻类又利用这些无机物，以阳光为能源，进行光合作用，释放出 O_2。溶解氧又为好氧菌所利用，构成藻-菌共生体系。在塘下层和污泥层进行厌氧过程，形成 CH_4、CO_2、NH_3、H_2S 和许多可溶性降解产物。NH_3 和 H_2S 在好氧层可被氧化，减少臭味散发，有机酸等可溶性降解物继续在好氧层氧化成 CO_2。总体上，细菌对氧化塘内有机污染物的降解起到主要作用，其次是藻类和辅助性水生动植物。塘内的藻-细菌-原生动物共生系统共同作用，使污水得到净化。

4. 好氧环境微生物处理污水的影响因素

无论是活性污泥还是生物膜，其污水处理的机理都是建立在环境微生物对污染物的氧化还原基础上，特别是好氧环境微生物起到了很大的作用。因此，除了水体本身的特性外，影响环境微生物活性的因素都会影响好氧环境微生物处理污水的过程和效果。

1）溶解氧。活性污泥和生物膜中的微生物是以好氧菌为主体的微生物种群，因此，在应用好氧法时应保持一定浓度的溶解氧，以维持环境微生物的活性。溶解氧不足，会影响环境微生物的正常代谢，使污水的净化效果下降。但如果溶解氧浓度过高，有机物分解过快，会使微生物缺乏营养，活性污泥老化、结构松散，同时，溶解氧过高时，氧转移效率会下降，增加曝气所需要的动力费用。通常，曝气池出口处的溶解氧浓度应控制在 2mg/L 左右。

2）营养物质。活性微生物自身代谢较快，需要不断地从环境中摄取 C、N、无机盐及生长素等。一般情况下，污水中含有微生物生长所需要的营养物质，但对于特殊废水，需要注意养分含量的变化及比例（C∶N∶P=100∶5∶1）。

3）pH。水体 pH 不仅能使环境微生物细胞质膜上的电荷发生变化，改变吸收营养物质的功能，还可影响微生物酶系统的催化功能，对环境微生物影响较大。高浓度的 H^+ 还可使菌体表面蛋白质和核酸水解变性。活性污泥的最佳 pH 范围一般为 6.5~8.5。

4）水温。水温会影响环境微生物的活性。一般活性污泥最适温度范围为 10~45℃。

5）有毒物质。包括重金属、氰化物、H_2S、酚、醇、醛、燃料等，其浓度超过一定极限便会对环境微生物的生理功能产生影响。

7.1.2　厌氧生物处理

随着工业的飞速发展和人口的不断增加，能源、资源和环境等问题日趋严重。采用传统的好氧生物处理方法处理废水要消耗大量的能源，发达国家用于废水处理的能耗已占到了全国总电耗的 1% 左右。实质上，废水好氧生物处理方法是利用电能的消耗来改善废水品质的一种技术措施。所以，废水好氧生物处理是耗能型的废水处理技术。在众多的废水生物处理工艺中，人们已经认识到采用厌氧生物处理工艺处理有机废水和有机废物的重要性。若用厌氧生物处理替代好氧生物处理，则不仅节省能耗，还可以把有机物转化为沼气生物能（闵航，1986）。当水中有机污染物浓度大于 1000mg/L 或 BOD_5 大于 1500mg/L 时，氧的传递受阻严重，不再适合用好氧生物处理方法。此时，适宜采用耗能低、投入低、易管理的厌氧生物处理方法。

厌氧环境微生物可分为专性厌氧微生物和兼性厌氧微生物。专性厌氧微生物是指在无氧条件下才能生长的微生物，这类微生物只有脱氢酶系统，分子氧对它们具有致死作用。当环境中有氧时，从基质上脱下来的氢还原 NAD 产生 $NADH_2$，$NADH_2$ 和 O_2 直接作用生成 H_2O_2；或 O_2 分子直接进入菌体后转化成游离的 O_2^-。H_2O_2 和 O_2^- 均有强烈的毒害作用，而专性厌氧微生物又缺乏清除 H_2O_2 的过氧化氢酶和清除 O_2^- 的氧化物歧化酶。所以，专性厌氧微生物在有氧环境中容易死亡。与专性厌氧微生物不同，兼性厌氧微生物具有氧化酶和脱氢酶两套系统。有氧时，氧化酶系统活跃；无氧时，氧化酶系统钝化，脱氢酶系统工作。因此，兼性厌氧微生物在有氧和无氧条件下均能成活。

厌氧条件下，起作用的环境微生物主要有三类。第一，发酵型细菌，产生的胞外酶把有机物分解成简单的溶解性有机物并进入细胞内，由胞内酶分解成为乙酸、丙酸、丁酸、乳酸等脂肪酸和乙醇等醇类，同时产生 H_2、CO_2 和 NH_3 等（Abrini et al., 1994；Asghari et al., 1996；Becker and Boles, 2003；Dien et al., 2000；Rogers et al., 1982）。第二，产氢产乙酸细菌，把低分子酸如丙酸、丁酸等脂肪酸和乙醇转化为乙酸，有的还能利用 H_2 还原 CO_2 成乙酸，同时利用水解或发酵的产物进行生长繁殖（Drake et al., 2008；Tanner et al., 1993）。第三，产甲烷细菌，为古生菌，对氧敏感，严格厌氧，通过分解乙酸、H_2 还原 CO_2 产生甲烷（赵一章，1997；Blaut, 1994；Jiang, 2006；Garcia et al., 2000；Thauer, 1998）。产甲烷细菌只能从 C_2 化合物和乙酸与 H_2 产甲烷（Dimarco et al., 1990；Franzmann et al., 1992；Franzmann et al., 1997；Simankova et al., 2001；Chong et al., 2002；Von Klein et al., 2002；Singh et al., 2005；Kendall et al., 2007）。对于 C_2 以上的醇和 C_3 以上的酸，必须在与产甲烷细菌共生的非甲烷细菌作用下，转变为 C_1 化合物、乙酸或 H_2 后，才能被甲烷细菌利用（Nagase and Matuo, 1982）。

1. 厌氧反应器

厌氧反应器是一种集甲烷化去除有机污染物、脱硫、脱氮、除磷、除钙软化、原位沼气提纯等厌氧生物技术于一身的多重功能厌氧生物处理废水反应器。厌氧反应器可以分为普通厌氧反应器、厌氧接触反应器、上流式厌氧污泥床反应器和厌氧固定膜反应器等。

1）普通厌氧反应器。一种最简单的厌氧生物处理废水工艺用的反应器，也称普通消化池，已有一百多年的历史。1896 年，英国出现了第 1 座用于处理生活污水的厌氧消化池，所产生的沼气用于照明。随后的几十年中，厌氧处理技术迅速发展并得到广泛应用。普通厌氧反应器采用污泥与废水完全混合的模式，污泥停留时间与水力停留时间相同，厌氧微生物浓度低，处理效果差。一般容积负荷：中温 COD 为 $2 \sim 3 kg/(m^3 \cdot d)$；高温 COD 为 $5 \sim 6 kg/(m^3 \cdot d)$。一般水力停留时间为无辅助搅拌装置为 $30 \sim 60$ d，有辅助搅拌装置为 $6 \sim 30$ d。

2）厌氧接触反应器。与普通厌氧反应器相比，厌氧接触反应器增加了沉淀池，泥水经沉淀池澄清分离后，清水由上部排出，污泥回流至厌氧消化池（图 7-8）。该过程不但降低了出水悬浮物的浓度，改善出水水质，而且避免了污泥流失，提高了消化池中污泥的浓度和消化池容积负荷，大大缩短水力停留时间，水力停留时间为 $1 \sim 5$ d。该法适合处理 BOD_5 大于 1500mg/L 的废水，出水 BOD_5 在 $200 \sim 1000$mg/L。运行温度大多在中温范围，稳定处理效率在 $65\% \sim 90\%$，有机负荷 BOD 为 $2.1 \sim 5.9 kg/(m^3 \cdot d)$。

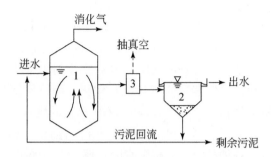

1—混合接触池(消化池)；2—沉淀池；3—真空脱气器

图 7-8　厌氧接触反应器

3）上流式厌氧污泥床（up-flow anaerobic sludge bed，UASB）反应器。该反应器内无载体，污水从底部经布水器进入反应器，使废水均匀通过污泥床的同时，还能起到搅拌作用，增加污水与污泥的接触机会。废水中的有机物被微生物分解为沼气，形成的小气泡在上升过程中相互碰撞结合成大气泡。絮状污泥在上升水流和气泡作用下处于悬浮状态，在上部形成悬浮污泥床，底部污泥浓度较高。如图 7-9 所示，反应器上部设有固、液、气三相分离器，含有大量气泡的混合液不断地上升。到达三相分离器后，气体首先被分离出来，进入气室由导管引出。沉淀下来的污泥返回反应区，使反应器内由足够的生物量去降解废水中的有机物。颗粒污泥的形成与保持是污水处理效果的关键影响因素，颗粒污泥越多，处理效率越高。UASB 反应器的有机负荷为 $15kg/(m^3 \cdot d)$ 以上，COD 去除率大于 90%。为了进一步增加污水与污泥的接触，更有效地利用反应器容积，可对

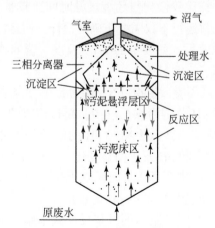

图 7-9　上流式厌氧污泥床反应器

UASB 反应器进行结构和参数优化，使其中颗粒污泥在高的液体表面上升流速下充分膨胀，不但使反应器具有更高的液体上升流速，而且减轻了底部污泥负荷过重状况，形成厌氧膨胀颗粒污泥床（expanded granular sludge bed，EGSB）。

与其他厌氧工艺相比，UASB 反应器具有以下独特的优点：①容积负荷率高，水力停留时间短，反应器可实现污泥颗粒化，固体停留时间长达 100 d，使得污泥床内有大量的生物存在。②处理同 COD 总量的废水，有耗能低、成本低、占地面积小等优点。③气、固、液的分离实现了一体化，具有很高的处理能力和处理效率，尤其适合各种高浓度有机废水的处理。④污泥可循环利用，不但污泥产量低，而且微生物种群较为稳定。⑤能回收沼气生物能。需要注意的是，UASB 反应器进水中的悬浮物浓度不宜过高，一般控制在 100mg/L 以下。此外，污泥床内可能有短流现象，会影响处理能力。

4）厌氧固定膜反应器。是一种装有固定填料的反应器，其结构与好氧生物滤池相似，但顶部密封。根据进水方向，可分为上流式、下流式和平流式。在填料表面，以生物膜的形式附着生长着大量厌氧微生物，废水淹没通过填料，在生物膜的吸附、微生物的代谢及填料的截流作用下，废水中的有机物被去除。由于微生物生长在填料上，不随水流失，所以微生物停留时间可超过 100d。当温度为 25 ~ 35℃时，有机负荷为 3 ~ 10kg/（m³·d），去除率可达 80% 以上。此外，厌氧固定膜反应器还具有产泥少、无须污泥回流、耐冲击负荷、能耗低和易管理等特点。缺点是容易发生堵塞，进水悬浮物含量一般不能超过 200mg/L。

2. 厌氧环境微生物处理污水的影响因素

厌氧环境微生物生长比较慢，与环境接触时间比较长，故受环境影响较大、较敏感。厌氧处理的正常运行不仅需要正确的设计，而且需要严格的管理，诸多因素会影响厌氧处理的效果，如废水的 pH、温度、营养物质与微量元素、污染物浓度、污泥停留时间、污泥量等。

1）pH。大多数厌氧环境微生物可在 pH 为 5.0 ~ 8.5 的范围内良好生长。特别地，产甲烷菌的最适 pH 范围为 6.6 ~ 6.7，超过该范围会影响其活性。尽管对 pH 的缓慢变化具有适应能力，微生物对 pH 的波动仍十分敏感，即使在适宜的 pH 范围内，生物活性也会随 pH 发生明显变化。在反应器启动阶段，由于产生大量的挥发性有机酸，pH 迅速下降，从而影响甲烷生成。为此，可以通过添加缓冲液（如碳酸氢盐）来保持反应器内 pH 的稳定性。

2）温度。温度能够影响细胞内的升华反应或细胞外部环境的化学、生物化学反应，进而影响厌氧消化过程。根据环境微生物生长的温度范围，厌氧消化可分为低（5 ~ 20℃）、中温（20 ~ 42℃）和高温（42 ~ 75℃）三类。在每个温度区间内，细菌生长速率随着温度的升高而逐渐增加；在某一定温度下，细胞生长速率到最大值；超过该温度，微生物生长和细胞活性会逐渐下降，直至死亡。低于温度下限时，微生物活性逐渐减弱，直至进入休眠状态。中温和高温厌氧处理最适合厌氧消化；高温处理的效率高，但启动时间长，对有机负荷的变化和污染物比较敏感。因此，进水温度应保持在一定范围内，温度浮动一般不超过 $1 \sim 2℃$。

3）营养物质与微量元素。厌氧环境微生物的生长需要各种营养盐，即大量元素（N、P、S）、微量元素（Fe、Cu、Zn）和离子（K、Ca、Na）。一般情况下，废水中含有上述营养物质，基本能满足环境微生物生长的需要。但对于一些特殊废水，可能缺乏某种营养盐，需要根据实际情况添加部分营养物质，以满足微生物的生长需求。

4）氧化还原电位。该值可表示厌氧环境的含氧浓度。一般而言，非产甲烷厌氧菌适宜氧化还原电位为 $+100 \sim -100mV$，产甲烷菌的最适氧化还原电位为 $-150 \sim -400mV$。因为产甲烷菌是严格的厌氧微生物，其培养初期的氧化还原电位应控制在低于 $-320mV$ 范围内。

5）环境微生物活性。环境微生物活性和微生物种类、生长状态和环境因素等有关。不同时期或不同种类的环境微生物对不同污染的降解、忍受和敏感程度不同，一般而言，处于对数期的微生物生长最快，代谢最旺盛，活性最强，分解或转化污染物的能力也最强。此外，也可通过驯化富集，提高微生物对污染物的降解、耐受能力。

6）污染物种类和浓度。通常，结构简单、分子量小的化合物比结构复杂、分子量大的化合物难降解，有环比无环、多环比少环难降解，支链比直链难降解，聚合物或复合物较难降解。金属类污染物只能被微生物改变价态，不能被降解或分解。污染物的浓度也是影响其生物降解的主要因素，低浓度污染物可以作为微生物代谢的基质，而高浓度的污染物会抑制微生物的活性，甚至导致微生物死亡。

此外，厌氧环境中的有机、无机毒物通过对微生物活性的影响，也会改变厌氧消化过程。例如，游离氨、H_2S、高浓度盐、重金属离子以及一些有机毒性物质、生物异型化合物（人造有机物如氯化物、芳香化合物、洗涤剂和抗生素等），都是常见的有毒物质。

7.2　废渣与废气的生物处理

7.2.1　废渣的生物处理

废渣指人类生产和生活过程中排出或投弃的固体、液体废弃物。按其来源，可分为工业废渣、农业废渣和城市生活垃圾等。同其他废物处理一样，废渣的生物处理遵循资源化、无害化和减量化原则。在获得有用的产物堆肥、回收能源的同时，生物处理法可以耗能和运行成本低，但处理时间长，占地面积大（Li et al.，1982）。

1. 堆制法（堆肥化）

从国外发展趋势来看，堆制法被认为是解决城市垃圾和污泥的重要途径（Tuomela et al.，2000）。在我国的农业发展中，需要大量的优质有机堆肥作为土壤改良剂，特别是高效的放线菌堆肥。每年，我国产生超过 1 亿 t 的生活垃圾，如果能将其中的有机垃圾用于生产堆肥，将会在我国农田培肥、作物增产、调整我国化肥工业 N、P、K 严重失调方面发挥巨大作用。因此，堆制法被称为垃圾处理的"最切合实际的生物处理法"。

堆制处理（composting）是在人工控制条件下，利用自然界广泛分布的细菌、放线菌和真菌等微生物，促进可生物降解的有机物向稳定的腐殖质转化的生物化学过程。有机固体废物经堆制处理后，其产物中含丰富的氮、磷营养物质和有机物质，故称为堆肥化（compost），有时也简单地称作堆肥。按其需氧程度，堆肥可区分为好氧堆制和厌氧堆制。基本上，现代化的堆制工艺都是好氧堆制。好氧堆制是有机固体废物的好氧分解方法，实际上是有机基质的微生物发酵过程。在堆制过程中，料温具有中温→高温→中温的阶段性变化。相应地，微生物的温度类型具有中温型→高温型→中温型的阶段性更替。在好氧堆制过程中，可溶性有机物质可透过微生物的细胞壁和细胞膜被环境微生物直接吸收，而不溶性胶体有机物质先被吸附在环境微生物体外，依靠环境微生物分泌的胞外酶分解为可溶性物质，再渗入细胞，最终微生物将有机物转化成为 CO_2、生物量、热量和腐殖质，其反应过程可以下式表示：

新鲜的有机废物+O_2→稳定的有机残渣+CO_2+H_2O+能量（微生物代谢）

根据堆制过程中的温度变化和微生物生长情况，可人为地把堆制过程分为潜育期、中温期、高温期和腐熟期四个时期。

1）潜育期。潜育期是有机物料堆制的首段时期。由于刚进入一个新的环境，从物料中带入的微生物需要一段调整适应时期。这一时期内，微生物基本不生长繁殖，堆温几乎无变化。

2）中温期。经过一段调整适应时期后，以中温型好氧微生物为主的各类微生物开始大量生长繁殖。无芽孢细菌、芽孢细菌和霉菌等是最常见的微生物，它们旺盛地代谢易降解有机物，产生大量的热量，使堆温不断升高至 50℃ 左右。这一过程为中温期（mesophilic phase），也称升温期，或称发热阶段。

3）高温期。进入中温期后，堆温进一步上升至 65~70℃甚至更高，即进入高温期（thermophilic phase）。这一阶段是有机质分解和有害生物杀灭最有效的时期。期间，除残留和新形成的可溶性有机质继续被分解外，纤维素、半纤维素和果胶等复杂的有机物也开始在这一阶段分解，出现与有机质分解相对立的过程，即腐殖化过程（humification），并开始生成能溶于弱碱的黑色物质，有机污染物逐渐趋于稳定。在高温阶段，高温型好氧微生物代替了中温型微生物成为优势种。它们主要是好热性细菌、放线菌和真菌的一些种群，如嗜热脂肪芽孢杆菌、高温单孢菌、嗜热放线菌、热纤梭菌、嗜热真菌、白地霉、烟曲霉、微小毛壳菌、嗜热子囊菌和嗜热色串孢。这些微生物在高温下能分解纤维素、半纤维素、果胶、木质素、淀粉、脂肪和蛋白质，有些甚至可以分解塑料，从而使固体废物得到净化。

高温不仅使堆肥快速腐熟，而且能杀灭病原生物。一般认为，在 50~60℃的堆温条件下维持 6~7 d，对虫卵和病原菌即可达到较好的致死效果。堆制操作可以维持 50℃以上的高温达 20 d 以上。如果降温早，高温期就短，表明堆制条件不够理想，植物性物质未被充分分解。

4）腐熟期：经历一段高温期以后，废物中包括较难分解的纤维素等大部分有机物已被分解，剩下的是木质素等难分解的有机物以及新形成的腐殖质，这一过程成为腐熟期（maturation phase）。这时，好热性微生物的活动减弱，产热量减少，温度逐渐下降。当堆温回复到中温水平时，中温型微生物又开始活跃并成为这一阶段占优势的微生物类型。该时期有机质的分解量较小，过程较缓慢，有利于腐殖化。一些复杂的有机质与铁、钙、镁等物质相结合，形成腐殖质胶体（humic colloids），从而完成有机质的分解和再合成过程。当堆温恢复到 40℃时，表示物料已经基本达到稳定，达到腐熟程度，可以使用或用于配置复合肥料的原料。腐熟的堆肥，表面呈白色或灰白色，内部呈黑褐色或棕黑色；秸秆和粪块等完全腐熟，质地松软，无粪臭，散发出泥土气味，不招引蚊蝇，pH 为 8~9。

现代化的堆肥生产过程，除了要经历上述四个主要时期外，通常还包括前处理、后处理、脱臭和贮存等工序。

1）前处理。该过程可为环境微生物提供适宜的发酵原料，包括①调节物料性状，通过分选、破碎、筛分和混合等使物料均匀化；②调节水分和养分，如添加腐熟堆肥和加膨松剂等。

2）后处理。腐熟的物料变形变细，体积也明显减少。然而，城市生活垃圾堆肥时，在前处理工序中还没有完全去除的塑料、玻璃、金属、小石块等杂物依然存在。因此，还需要再经一道分选工序以去除这些杂物，获得符合要求的高质量堆肥产品。

3) 脱臭。在整个堆肥过程中，因环境微生物的分解，会产生有味的气体，也就是通常所说的臭气。常见的臭气有氨、硫化氢等。去除臭气的方法主要包括投加化学除臭剂、生物除臭、熟堆肥和沸石吸附过滤等。

4) 贮存。腐熟的堆肥如暂不使用，应停止通气，并将其压实压紧，造成厌氧状态，使有机质的矿化作用减弱，避免肥效损失。因此，这一时期又称为腐熟保肥阶段。为了防止在厌氧条件下具有恶臭的硫醇、甲硫醚、二氧化物及二甲胺等生成物的挥发扩散，需在堆上覆盖一层熟化后的堆肥，厚度约为30cm。覆盖的堆肥层应疏松湿润，使之更好地吸收、降解和转化堆肥中逸出的恶臭气体。堆肥一般在春播、秋种两个季节使用，冬、夏两季生产的堆肥常需要贮存一段时间。因此，一般的堆肥厂都需要建立一个可贮存几个月生产量的仓库。

堆肥化的作用主要体现在两方面：一是将有机废弃物转变成有机肥料或土壤调节剂，实现废弃物的资源化转化；二是使有机废弃物稳定化，实现废弃物的无害化处理。作为有机肥料和土壤调节剂，堆肥具有如下作用和特点：①改善土壤的物理性能。增加土壤中腐殖质的含量，有利于土壤形成团粒结构，使土质松软，孔隙度增加，从而提高土壤的保水性、透气性，并有利于植物根系的发育和养分的吸收。②增加土壤中有益环境微生物。施用堆肥可增加土壤中微生物的数量，通过环境微生物的活动改善土壤的结构和性能，微生物分泌的各种有效成分还可直接或间接地被植物吸收，发挥有益的作用。③补充和调节土壤肥料养分。化肥的肥效高，但养分单一；堆肥的成分比较多样化，其中还含有多种植物生长所必需的微量元素，有利于满足植物生长对不同养分的需求。④延长肥效期限。堆肥属缓效性肥料，堆肥养分的释放缓慢、持久，故肥效期较长，有利于满足农作物长时间内对养分的需求，也不会出现施用化肥时短暂有效或施肥过头的情况；与化肥相比，堆肥的肥效较低，且体积大，运输和使用不方便。

2. 厌氧消化法（沼气发酵）

很早之前，巴斯德就提出沼气发酵只能在厌氧条件下进行，35℃时收集的沼气量最大。19世纪末，巴斯德的学生 Louist 和 Mourns 在法国建立了世界上第一座沼气池。此后，美国、英国等国家也相继建立了沼气池。目前，沼气池在我国农村已得到推广，尤其是在南方的广大地区。常见的是在房前屋后建一座 $6 \sim 8m^3$ 的沼气池，并与猪圈、厕所相连通，所产生的沼气可满足五口之家的烧饭、照明之用。现代沼气发酵技术的应用，已从农村沼气池发展到用沼气发酵法处理城市垃圾、剩余污泥和工业废水等。

厌氧生物处理产生的沼气由多种气体混合而成，其中包括 $60\% \sim 70\%$ 的 CH_4、$25\% \sim 35\%$ 的 CO_2 以及约 5% 的 H_2S 和 H_2 等。沼气中 CH_4 的含量在 50% 以

上便可燃烧。沼气发酵原料可以利用植物残体、动物排泄物、活性污泥及有机废水等。

沼气发酵工艺比一般工业发酵要复杂得多。通常，工业发酵使用单一菌种，而沼气发酵采用混合菌种（闵航，1986；Li et al.，2009）。沼气发酵混合菌种主要分为发酵细菌和产甲烷菌。由于不同微生物要求的生活条件不同，控制好沼气发酵的工艺条件，是维持正常发酵产气的关键。如果工艺条件失控，就有可能造成整个发酵系统运行的失败。例如，温度波动幅度太大，会影响产气；发酵原料浓度过高，将产生大量的挥发酸，使反应系统的 pH 下降，抑制产甲烷菌生长；原料的 C：N 比值变化，对产气量有明显的影响。研究证明，C：N 比为 20～30 较为适宜，最佳为 25。C：N>35 或 C：N<16，产气量明显下降。有的原料含 C 多，含 N 少，成为贫氮有机物，如农作物的秸秆等；有的原料含 N 多含 C 少，成为富氮有机物，如动物粪尿等。因此贫氮有机物和富氮有机物要合理搭配，才能得到较高的产气量。

目前在我国，沼气发酵应用于生态农业的主要模式主要由两种，即"三位一体"模式和"四位一体"模式。"三位一体"模式适合于南方生态农业，"三位"即养殖、沼气发酵和种植，其结构主要包括畜禽舍、沼气池和种植园，这类模式利用植物生产、动物转化和微生物沼气发酵的生态学原理，以沼气发酵为纽带，结合养殖和种植；种养殖业为沼气发酵提供原料畜禽粪便、农作物秸秆等；通过沼气发酵产生沼气作为炊事、照明和生产能源；沼渣沼液为优质的有机肥和饲料应用于种养殖业，形成了良好的生态循环系统。"四位一体"模式适合于北方生态农业，"四位"即在"三位一体"基础上加上温室（或塑料大棚），主要设施有畜禽舍、沼气池和日光温室（塑料大棚），其中日光温室是其主体结构，面积为 200～600m²，沼气池、畜禽舍和菜地都建在日光温室内，人畜粪便流入地下沼气池，日光温室起着增温、保温和保湿的功能。

3. 卫生填埋法

卫生填埋法是在传统的堆放和填埋处理基础上发展起来的，始于 20 世纪 60 年代，其原理与堆肥相同，都是利用好氧微生物、兼性厌氧微生物和专性厌氧微生物对固体废物中的有机物进行分解转化，使之最终达到稳定化。

卫生填埋场经防渗、排水、导气、拦挡和截洪等防护措施处理后，将固体废物分区，按填埋单元进行堆放。所谓填埋单元，是由一日一层（2.5～3.0m）的固体废物作业量和土壤覆盖层共同构成。单元内被填埋的废物需逐层压实，其表面于当日操作结束时用 20～30cm 厚度土壤覆盖，边坡为 2：1～3：1，使之形成规整的菱形"单元"。具有同样高度的一系列相互衔接的填埋单元构成一个填层，完整的卫生填埋场由一个或多个填埋层组成。当填埋场达到最终的设计高度之后，外表面再用 0.9～1.2m 厚的覆盖土封场，为最终场地开发利用创造良好的表面条件。为防止渗滤液渗漏造成二次污染，填埋场底部要构筑防水层、集水管和集水井等设施，将产生的渗滤液收集排出并进行处理。固体废物填埋后，由于微生物的厌氧发酵，会产生 CH_4、CO_2、NH_3、CO、H_2、H_2S 及 N_2 等气体。因此，填埋场内还需设置可渗透性排气或不可渗透阻挡层排气设施，将产生的填埋气体收集排出。

填埋的废物分解速度较为缓慢，一般需 5 年的发酵产气。填埋坑里的微生物活动过程一般可分为以下几个阶段。

1）好氧分解阶段。当废物刚埋入填埋场时，微生物利用夹带在废物当中的 O_2 对易降解有机物进行好氧降解，将可溶性糖类等转化为 CO_2、NO_3^-、SO_4^{2-}、H_2O 及简单有机物。此时，各种好氧微生物比较活跃，主要有好氧性蛋白质氨化细菌、好氧性脂肪分解菌、好氧性果胶分解菌及好氧性淀粉分解菌等。该阶段的时长取决于分解速度，由几天到几个月不等。

2）厌氧分解不产甲烷阶段。好氧分解将填埋层中的 O_2 耗尽以后，进入第二阶段。在此阶段，主要是兼性及专性厌氧微生物的活动。一部分菌进行厌氧发酵，将复杂有机物发酵转化为简单有机物；一部分菌进行无氧呼吸，如反硝化细菌与反硫化细菌可分别利用 NO_3^- 和 SO_4^{2-} 作为电子受体，产生硫化物、N_2 和 NH_3 等。本阶段最重要的两类菌是产氢产乙酸细菌与同型产乙酸细菌。前者可将丙酸等三碳以上有机酸和醇类等氧化，生成乙酸和 H_2 等简单物质；后者可利用不同基质，仅生成乙酸。

3）厌氧分解产 CH_4 阶段。随着高分子有机物的不断降解和有机酸的进一步分解，氧化还原电位的不断降低，产甲烷菌逐渐活跃，它们利用 CO_2/H_2 及有机的"三甲一乙"（甲酸、甲醇、甲胺、乙酸）化合物产生甲烷。随着产甲烷菌逐渐成为优势菌，甲烷产量逐渐增加，随后便进入稳定产气阶段，稳定地产生 CO_2 和 CH_4 等气体。填埋场气体一般含有 30%～50% 的 CO_2 和 50%～70% 的 CH_4 以及 H_2S、NH_3、H_2 等其他气体。因此，填埋场的气体经过处理后，可作为能源加以回收利用。

填埋处理与其他方法比较，主要优点体现在：适应性强，对生活废物的种类、性质和数量方面无苛刻的要求，对于突然的废物量增加，也只需增加少数的作业员与工具设备或延迟操作时间，运行管理相对简单；填埋后的土地有更大的经济价值，如作为运动或休憩场所等；是一种相对完全、彻底的最终处理方式，同时所需要的土地比露天弃置少；其一次性投资较低，设备和管理费与其他处理方法相比也较低，运行较为经济。同时，卫生填埋法也存在一些无法避免的缺点。例如，填埋场的渗滤液处理费极高；填埋地在城市以外常受到行政管辖区的限制，往往存在着高额的运输费；冬天或不良气候时的操作较困难。

7.2.2 废气的生物处理

大气污染物有颗粒物和气体污染物两类，其中气体污染物占主要部分，约为每年全世界排入大气污染物总量的 75% 以上。废气中的污染物又分为无机污染物和有机污染物。气态无机污染物包括 CO、CO_2 等碳氧化物，NO 等氮氧化物，SO_2 等硫氧化物以及 H_2S、NH_3 等；气态有机污染物包括苯及其衍生物、酚及其衍生物、醇类、醛类、酮类、脂肪酸等，主要来源于生活和工业生产等方面。生活污染源主要有粪便处理、生活垃圾和食品腐烂等；工业污染源主要有化学工业、石油化工、肉类水产加工、炼焦、制药、制革、造纸、火力发电、污水处理和垃圾处理等行业。这些污染物有的是"三致"（致癌、致畸、致突变）物质，有的具有恶臭、强刺激、强腐蚀性，有的易燃、易爆，若逸散到大气中，会严重危害人体健康和生态环境安全。

废气的处理方法主要有物理（吸附、吸收）、化学（氧化、等离子体转化）和生物净化法。如同废水处理一样，生物净化法是经济有效的方法。生物净化有植物净化法和微生物净化法。绿化就是利用植物吸收和转化大气中的污染物，如利用日益增多的 CO_2 进行光合作用，放出大量含 O_2 的清洁空气。微生物净化法可就地及时处理各种恶臭污染源的废气，起初对氨气、H_2S 等臭气研究较多，其次包括甲硫醇、二甲基硫醚、二甲基二硫醚、二甲基亚矾、二硫化碳和二氧化硫。目前，挥发性有机物（volatile organic compounds，VOCs）也成为研究的热点。与废水的生物处理不同，在废气的生物净化过程中，气态污染物首先要从气相转移到液相或固相表面的液膜中，然后才能被液相或固相表面的微生物吸附并降解。气态污染物的生物处理是利用微生物的生命活动将废气中的有毒有害物质转化成 CO_2、H_2O 等简单、无害的无机化合物及细胞物质（徐惠娟等，2010）。由于废气的组分较单一，不能满足微生物的全部营养要求，故需要额外添加营养物质。

1. 废气生物处理工艺

先进的污染控制已不仅仅是污染治理，还包括减少污染的排放，减少污染物对环境的负荷。具体来讲，大气污染控制包括三个方面：①尽可能地改变燃料结构，减少大气中污染物的排放；②实行水资源合理利用，提高水的循环利用率，减少废水排放；③改变传统的生产工艺，实行清洁生产。在此过程中，生物技术作为一种技术手段，必将发挥越来越大的作用。

1）生物吸收法。该法利用以悬浮态生长的环境微生物、营养物和水组成的吸收液处理废气。气体中的有机物与悬浮液接触后，转移到液体中被环境微生物降解（Alonso et al., 1997）。经处理的吸收液可重复使用，适合于吸收可溶性气态污染物。吸收设备通常采用喷淋塔、筛板塔和鼓泡塔等。涤气室的喷淋柱将细小水珠逆着气流喷洒，使废气中的污染物和氧气转入液相，实现物质的传递和形态变化。被吸收的气体废物通过微生物的氧化作用，被再生池中的活性污泥悬浊液从液相中去除。为了防止微生物污泥悬浊液沉积，可用搅拌或曝气方法进行混合。由于吸收过程很快，水在吸收设备中停留仅有几秒钟，而生物净化过程较慢，废水在再生池中一般停留几分钟至几时小时，所以，吸收系统和再生系统要分开。除了与污泥浓度、溶解氧和 pH 等因素有关外，微生物吸收法的除气效率还与污泥的驯化、营养物质投加量有关。当污泥活性浓度控制在 5000 ~ 10 000mg/L、气体流速小于 20m/h 时，装置的负荷与去除效果一般比较理想。

2）生物过滤法。环境微生物附着生长于固体介质上，废气通过由介质构成的固定床层时被吸附或吸收，最终被微生物降解。通常，采用土壤、堆肥等材料构成生物滤床。典型工艺除了生物滤池外，还有生物滴滤和土壤滤池等。

3）生物滴滤塔。生物滴滤塔是介于生物滤池与生物洗涤器之间的处理工艺。塔内有填料层，不仅为气体通过提供大量的空间，还可在一定程度上避免生物膜松动脱落造成的堵塞，也为环境微生物的生长、有机物的降解提供了载体。生物滴滤塔最显著的特点是在填料的上方喷淋循环液。启动初期，把驯化好的环境微生物接种到循环液中，环境微生物利用溶解于液相中的有机污染物进行代谢繁殖，并附着在填料表面，形成生物膜。挂膜后，当废气通过生物膜时，环境微生物进行好氧呼吸，将有机物分解，代谢产物则通过扩散作用外排（Bredwell et al., 1999）。

4）土壤滤池。土壤是有机物和无机物组成的多空混合物，其空隙率（40% ~50%）、比表面积（1 ~100m^2/g）较大，湿度、温度、容重等比较适合微生物的生长繁殖。因此，土壤中微生物含量丰富，生物活性较高，可以看作是天然滤池。为了增加土壤过滤的实用性和废气处理效果，通常对土壤结构进行改造，简称真正的土壤滤池。土壤滤池由气体分配层和土壤滤层两部分构成。气体分配层下部一般由粗石子、细石子或轻质陶粒骨料等组成，上部由黄沙和细沙骨料组成，总厚度约为 400 ~500mm；土壤滤层的组成一般为黏土 1.2%，有机沃土 15.3%，细沙 53.9%，粗沙 29.6%，厚度为 0.5 ~1m。影响土壤滤池的因素主要有温度、湿度、pH 和土壤养分。土壤中微生物的活性温度范围为 0 ~65℃，以 37℃活性最大；湿度一般保持在 50% ~70%，最佳为 60%；pH 一般控制在7 ~8。为了改善土壤通气性能，可向土壤中添加 3% 的鸡粪、2% 的珍珠岩等改性剂。

2. 处理废气的微生物

微生物是生物反应器废气处理的关键组分，其生物量和活性决定生物净化效果。生物反应器内的生物相主要由细菌组成，也含有放线菌和真菌。近年来，有学者认为生物净化器内存在微生物生态系统，含有降解污染物的微生物和大量非直接降解污染物的微生物种群，并提出构筑食物链来维持反应器内生物生态平衡的观点。

对于一般污染物，可以利用土壤、堆肥中的自然微生物或经过驯化的污水、污泥；对于难降解物质，则需要接种专门的菌种。例如，在净化芳香烃类的反应器中，常见的细菌有恶臭假单胞菌、铜绿假单胞菌和荧光假单胞菌等。在实际应用中，多数利用混合微生物，选用单一微生物的情况不多。这是因为：①废气多为混合成分，需要多种微生物分别降解。②有些废气成分需要几种微生物的相继作用，才能分解转化为无害物质。例如，氨需要先后经过硝化、反硝化作用，才能成为分子态氨。③一些难降解的成分需要由几种微生物联合作用，才能被完全降解。例如，卤代有机化合物先经厌氧微生物还原脱卤，再被好氧微生物彻底分解。④由于工艺需要，尽管废气成分能够被单一微生物分解，但还需利用其他微生物。例如，在硫化氢的氧化中，为了使自养型脱氮硫杆菌凝絮滞留于反应器内，需与活性污泥中的异养型微生物进行共培养。

3. 环境微生物处理废气的影响因素

对于生物滤池来说，影响其处理效果的因素主要有气体性质、环境微生物、养分、工艺参数、滤料、湿度、温度和 pH 等。

1）气体性质。一般来说，水溶解性好，易生物降解的气体被净化效率和被消除能力比较高。理论上，水溶解性差的气体会遇到传质能力的限制。但实际研究表明，即使对甲苯等不溶于水的物质，仍然可以达到很高的净化效率和负荷消除。对环境微生物有毒的物质会影响微生物的活性，影响其净化速度。

2）环境微生物。环境微生物活性和数量对气体净化非常重要。通常，经过筛选驯化后的微生物有较好的净化能力。但微生物的过度生长会影响设备的运行效率，主要原因是：空隙率下降，比表面积减少，产生沟流，靠近反应器内壁形成集聚的速度梯度。这些将会导致系统运行时出现一系列的问题，如降低系统的处理效率，系统压降升高，增加运行能耗，增加反应器的维护费用。情况严重时，填料床形成堵塞致使整个系统瘫痪，降低系统使用寿命。

3）养分。气态生物反应器中环境微生物的生长需要 N、P、S 以及丰富的碳源以形成新的细胞物质。其中，N 约为 12%（质量分数），为干细胞重量中的最大份额，是限制细胞生长和挥发性有机物降解的主要因素。随着降解反应的进行，碳源不断增加，可溶性无机氮迅速减少。虽有部分有机氮矿化后可得到补充，但仍会造成碳氮比例失衡。

4）工艺参数。首先，表观气速是最重要的操作因素之一。一般而言，表观气速增大有利于减少气膜阻力而加快传质过程。但表观气速增大会减少单位床层高度的停留时间，不利于净化。另外，表观气速较大时，会在设备内造成局部的高气速而导致局部滤料生物膜的干化和破裂，影响设备的整体效果。因此，表观气速应根据生物填充介质对污染物的消除能力、污染物的入口浓度及设备的允许阻力、占地要求等因素综合考虑来确定。其次，循环液流量也是主要的操作因素之一。生物滴滤器一般都可以在较为宽泛的流量范围内运行。对于易溶于水的气体，增大循环液流量能对提高处理效果；对于难溶或不溶于水的物质，增加循环液流量基本无助于提高处理效果。

5）滤料。滤料应满足以下条件：①适宜微生物生长，容易控制营养物、湿度和pH等；②较大的比表面积；③有一定的结构硬度，低密度；④能有高水分滞留能力；⑤高空隙率，使气体有较长的停留时间。用作废气生物净化的滤料可分为无机和有机两大类。无机类包括陶瓷环、不锈钢环、石灰石颗粒、火山岩颗粒、土壤和混凝土颗粒；有机物类主要有聚合物、泥炭和活性炭颗粒、木屑和塑料球等。

6）湿度。水分高，填料空隙率下降，气体停留时间下降，阻力增加；湿度过低，滤层容易老化，微生物活性下降，填料开裂易使气体短流，处理效率下降。最佳的湿度一般为40%~60%。这个湿度范围很难控制，受到诸多过程的影响，如生物氧化过程中释放的热量与周围环境的热交换等。目前，比较常用的方法是在生物滤池上方安装间歇喷洒装置。研究表明，泥炭湿度为57%时，能保持高去除率，但当湿度降到37%时，去除率降为零，而且重新加水也不能恢复到原来的高去除率。对于生物床层，50%~60%的湿度范围合适，但也与载体的体积密度、颗粒和空隙的大小、膨胀剂的性质和数量有关。

7）温度。温度对生物净化器内的传质和生物降解过程都有重要的作用。微生物净化有机废气过程取决于一些嗜中温性菌及部分嗜高温性菌的生命活动，温度升高有利于生物的降解代谢过程，但会影响污染物的气液分配系数，还会加速水分的蒸发。实际运行时，滤床温度不宜太高，以防止设备停运时嗜高温生物群落的消失，造成设备难再启动。生物反应器的温度一般为20~40℃，35℃是生物滤池中好氧微生物生长的最佳高温，高温气体需预先冷却。

8）pH。许多气态污染物的生物降解都会产生酸性副产物（HCl）或中间产物（有机酸），使体系pH下降。除了少数微生物（硫氧化杆菌）能适应的酸性生存条件（pH=2）外，大多数微生物均适宜在中性条件下发挥降解作用。pH下降不但会抑制微生物的降解能力，导致污染物去除率降低，而且还会腐蚀生物反应器和管道系统。通常，可通过添加石灰、大理石、贝壳等增加溶液的缓冲力。

7.3 生物修复

生物修复（bioremediation）的基本定义为利用生物，特别是微生物催化降解有机污染物，修复被污染环境或消除环境中污染物的一个受控或自发进行的过程，包括自然的和人为控制条件下的污染物降解或无害化过程。生物修复的基本原理是使污染低的环境条件得到调节，并促使原有微生物和投加微生物的降解作用完全进行。它的创新之处在于调节和选择设计待处理污染地的环境条件，促进并强化在天然条件下本来发生的很慢或者不能发生的降解转化的过程。

生物修复起源于有机污染物的治理，近年来也向无机污染物的治理发展。生物修复可以除去环境中的污染物，使污染物浓度降低至环境标准规定的安全浓度以下，同时可以降低污染物对生态系统和人类身体危害的风险。该技术已成功地被应用于土壤、地下水、废水、污泥、工业三废的处理领域。若要获得良好的生物修复效果，关键在于菌种的筛选和驯化。因此，寻找高效污染物降解菌是其研究重点。

7.3.1 生物修复的优缺点

同传统或现代的物理、化学修复技术相比，生物修复技术有许多优点：①可以在现场进行，从而降低了运输费用和避免了运输过程中污染物泄露的问题。②降解过程时间短，费用较低，相比传统物理、化学修复技术节省费用30%～50%。③主要以原位修复的方式进行，降低了对污染物周围环境的破坏和干扰，并且可在难以处理的地方进行，增加了技术的可操作性，进行生物修复的场地也可以照常进行生产。④降低了二次污染的可能性，处理效果明显。⑤可同时与多种处理技术结合使用，处理更复杂的复合污染物。

与其他所有处理技术一样，生物修复技术也有它的局限性，具体表现在：①无法处理所有的污染物，有些化学物品难以或不能被生物降解，如多氯代化合物和重金属。②有些化学物质被微生物降解后，其产物的毒性和移动性比原化合物更强。③对于一种技术含量较高的处理方法，它所处理的污染物浓度必须符合特异性要求。因此，在进行修复处理前，需要对修复地点进行生物可处理性研究和处理方案可行性评估，其测评费用与传统修复技术相比过高，且生物修复不适合被应用于一些低渗透性污染土壤中。④项目执行时的检测指标除化学检测项目以外，还需要包括微生物检测项目。

7.3.2 生物修复的主要方法

1. 原位生物修复

原位生物修复是指在污染的原地点进行生物修复，修复过程不能破坏原土壤和地下水自然环境，对受污染的环境不做搬运或运送。

原位生物修复主要适用于大面积、低污染负荷的地下水、土壤、石油以及海洋等的修复，主要技术手段有添加营养物质、生物通气、投加细菌微生物、酶或表面活性剂以及原位微生物-植物联合修复等。随着被处理对象的性质、污染物种类和环境条件等不同，所采用的修复技术也各异，营养物质的添加方式也分为生物注射、生物冲淋等。

2. 异位生物修复

异位生物修复是指采用挖掘土壤或抽取地下水等工程措施移动污染物到邻近地点或反应器内进行的生物处理方法。异位生物修复有两种途径：一是先挖出土壤暂时堆埋在某个地方，待原地进行工程化准备后再将污染土壤运回处理；二是从污染地挖出土壤运送到一个已进行工程化准备（包括底部构筑和设置通气管道）的地方堆埋，经生物处理后再将土壤运回原地。

目前，异位生物修复可分为预制床修复、对置式修复和反应器修复。与原位生物修复类似，根据处理对象、处理工艺的具体要求，处理过程中常需要添加各种物质促进有机物分解进行。其中，主要应用生物反应器技术，通过建造工程生物反应器，将受污染物质添加进生物反应器中进行处理。虽然增加了费用，但对一些难处理的污染物如有毒化合物、挥发性污染物或浓度较高的污染物，异位修复在严格控制反应器条件的前提下除污效率较高。

3. 原位-异位联合修复技术

顾名思义，原位-异位联合修复技术指为了提高处理效果和效率，将原位生物修复技术与异位修复技术结合应用于污染物的治理修复。其中包括水洗-生物反应器法（washing-bioreactor）和土壤通气-堆肥法（bioventing-composing）等。水洗-生物反应器法使用水冲洗污染场地中的污染物，并将含有该污染物的废水经回收系统引入附近的生物反应器中, 通过对降解菌的连续供营养和氧气来转化污染物。土壤通气–堆肥方式先对污染场地进行生物通气, 然后进行堆肥处理, 以除去难挥发的污染物。目前, 学者们对该技术的研究日益加深, 针对某些特定的污染物研究者采用不同的原位、异位修复技术相结合, 达到较好的祛除效果。

7.3.3 生物修复的影响因素

1) 环境因素。影响有机物生物降解性的环境因素有 pH、温度、湿度、盐度、孔隙率等。环境因素使生物修复受到限制, 且不能轻易调节或不易改变。例如, 一般微生物所处环境的 pH 应在 6.5~8.5 范围内, 被驯化的环境微生物适应了周围环境, 人工调控 pH 可能会破坏微生物生态, 不利于其生长; 温度是决定生物修复过程快慢的重要因素, 但温度在实际现场处理中不可控, 应从季节性变化方面去选择适宜的修复时间; 生物降解必须在一定的湿度条件下进行, 湿度过大或过小都会影响生物降解的进程, 与酸碱度和温度相比较, 湿度具有较大的可调性。

2) 营养物质。异氧微生物及真菌的生长除了需要有机物提供碳源及能源外, 还需要一系列营养物质及电子受体。在多数生物修复过程中, 需要添加氮、磷等无机营养物质以促进生物代谢。许多细菌及真菌还需要一些低浓度的生长因子, 包括氨基酸、维生素等有机分子。

3) 电子受体。土壤中污染物氧化分解的最终电子受体种类和浓度也极大地影响污染物降解的速度和程度。最终电子受体包括溶解氧、有机物分解的中间产物和无机酸根等三大类。为了增加土壤中的溶解氧, 可将空气压入土壤并添加产氧剂等; 厌氧环境中甲烷、硝酸根和铁离子等都是有机物降解的电子受体, 以硝酸盐作为电子受体时, 应注意地下水对硝酸盐浓度的影响。

4) 复合基质。污染环境中常存在多种污染物, 这些污染物可能是合成有机物、天然物质碎片、土壤或沉积物中的腐殖酸等。在多种污染物与多样微生物共存条件下, 生物降解过程与实验室进行的单一微生物分解单一化合物的情况区别很大。

5) 污染物的物化性质。污染物的物化性质主要指参与和影响生物修复的特性, 如有毒、有害化合物的物性、反应性、降解性以及与土壤有关的吸附、包埋、络合能力等。

7.3.4 生物修复技术的应用

1. 土壤污染的生物修复

环境微生物用于土壤有机污染的修复, 主要是基于环境微生物的去毒化作用，即将有毒有机物无害化。环境微生物对污染物的作用通常经过以下过程：第一，环境微生物向污染物靠近，这是环境微生物对污染物作用的基础。当污染物与环境微生物具备以下条件之一时，才可能发挥环境微生物的作用，即环境微生物处于这种物质的可扩散范围之内、胞外酶处于这种物质可扩散范围之内、环境微生物处于细胞外消化产物的扩散距离之内。也就是说，环境微生物与污染物具备接触的机会。有些环境微生物具有向污染物生长的趋向性，如原毛平革菌属对有机污染物的降解非常有利。第二，环境微生物对污染物吸附。当环境微生物与污染物接触之后，环境微生物会通过自身的作用把污染物吸附在体表，为接下来的吸收、降解等创造条件。第三，胞外酶的分泌。对于小分子污染物，环境微生物可直接通过各种形式将其吸收到体内，进行下一步的体内代谢；但对于一些大分子污染物来说，要进入环境微生物体内，必须经历"体外加工"过程，环境微生物通过分泌胞外酶将大分子物质分解为小分子物质后进入环境微生物体内，或直接在体外降解。但离开生物体微环境后，特别是进入复杂的土壤体系，酶活性容易受到影响，如被土壤颗粒吸附而不能扩散、因为 pH 过高或过低失活、被别的微生物降解等，进而影响环境微生物对大分子污染物的去毒化过程。这是实验室模拟修复与野外实地修复存在效果差异的原因。第四，基质的跨膜运输。被分解后的小分子物质会通过生物膜的作用进入生物体内，进入代谢途径。第五，基质细胞内代谢。

（1）原位生物处理

原位生物处理是在受污染地区直接采用的生物修复技术，不需要将土壤挖出和运输。一般采用土著微生物处理，有时也加入经过驯化和培养的微生物以加速处理。原位生物处理又包括土地处理、生物通风、光修复和生物冲淋法。

1）土地处理。天然土壤中存在丰富的微生物种群，它们具有多种代谢活性。因此，依靠土著微生物的作用将微生物分解或去除，是一个处理污染物的简单方法，即土地处理。当土著微生物不具有污染物降解能力或其数量较少时，可以在污染场地投加具有分解活性的微生物，这种方法为生物强化（bio-augmentation）。土著微生物经过长时间与污染物接触，最终可能获得降解能力。外加具有活性的微生物可以缩短污染物降解的滞后期。该法用于石油工业废弃物处理已有多年的历史，也被用于处置多种类型的污泥、石油厂的废弃物、含防腐油土壤及各类工业废物，如食品加工、鞣革业、造纸等废物。一些特殊污染物只可能被特异的工程菌所降解。应用此方法可以根据污染场地的实际情况进行调整，如加入具有某几种特征的微生物以克服不良环境（极端 pH 环境、含重金属的土壤和高温等）的影响。研究表明，添加低浓度表面活性剂（通常是阴离子或非离子表面活性剂）可以促进吸附于土壤中的碳氢化合物或滴滴涕的分解。但实际应用表面活性剂时应注意，有些表面活性剂在高浓度时有毒，有些可生物降解的表面活性剂会增加需氧量，还有一些由于价格原因难以被应用。

2）生物通风。在某些受污染地区，土壤中的有机污染物会增加 CO_2 浓度，降低 O_2 浓度，进而抑制污染物进一步生物降解。为了提高土壤中污染物的降解效果，需要排除土壤中的 CO_2 和补充 O_2。生物通风系统就是为改变土壤中气体成分而设计的，其具体措施是向不饱和层打通气井，通气井的数量、井间距离和供氧速率根据污染物的分布、土壤类型等而定（图 7-10）。

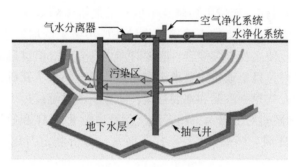

图 7-10　生物通风技术

3）光修复。指直接或间接利用高等植物分解有机物的生物修复技术。这项技术可用于土壤，某些情况下适用于浅层沉积物中化合物的生物修复。光修复过程包括植物对污染物质的吸收和植物根部及其附近土壤中微生物对污染物的分解。植物根部附近的土壤被称为植物根际（rhizosphere），大量微生物特别是细菌在此生长。根际环境的特别之处在于，其中含有大量由植物根系不断分泌的小分子化合物，微生物将这些化合物作为极易利用的碳源和能源促进自身生长。另外，根际环境中的氧浓度及无机营养物浓度等也与周围土壤不同。值得注意的是，对于生物修复而言，不同植物根际的微生物种群大小、活性、种类组成均有较大差异。不同的植物对生物降解作用的促进程度也不相同。因此，植物的正确选择非常关键。被选植物首先要能在目标化合物存在的环境中生长，并能适应污染场地的其他不利环境（高盐度、极端 pH 环境、有毒重金属和不良排水状态等）。生长速率快的多年生植物更有优势。

光修复技术的主要优点是其费用与其他生物处理技术相比较低，但光修复通常速率较低，需要时间较长。当污染土壤的深度在 $1 \sim 2m$ 或更深时，此技术有相当的保证性。该技术适用的污染物种类尚未清楚，但吸附力极强、已经老化或处于螯合状态的有机物不适于此技术。

4）生物冲淋法。又称液体供给系统，是将含氧和营养物的水补充到亚表层，促进土壤和地下水中污染物的生物降解。生物冲淋法大多在各种石油烃类污染的治理中使用。改进后也能用于处理氯代脂肪烃溶剂，如加入甲烷营养菌降解三氯乙烯和少量的氯乙烯。向污染层提供营养物和充氧时，可在位于或接近污染地带设置注入井，还可以由抽水井抽出地下水，经过必要的处理后添加营养物回用。所需氧可以用空气或纯氧气经喷射供给，也可以加入过氧化氢。由于水中氧溶解度的限制，向污染的亚表层环境供给大量溶解氧很困难，所以也可以供应硝酸盐、硫酸盐和三价铁盐等作为电子受体。

（2）异位生物处理

1）异位土地耕作。异位生物修复中也有土地耕作的方法，用于处理污水处理厂的污泥或石油产品污染的土壤等。将污泥或污染土壤均匀地撒到土地表面，然后用拖拉机作业使之与土壤混合，必要时加入营养物。但耕翻需要根据土壤的同期情况反复进行，且土地耕作要求土壤均匀，没有石头、瓦砾，土地平整，应有排水沟或其他方式控制渗漏和地表径流，防止土壤过湿或过干，必要时需要调整 pH。此外，须随时对土壤污染物含量、营养物含量、pH 和通气等状况进行监测，以决定加改良剂、调整 pH 等操作。通常，分析测定费用占处理费用的大部分。

2）土壤堆积。有时也称为生物堆积，是一种略微复杂的土壤修复技术。此方法将含污染物的土壤挖掘出来，堆放在不透水的衬层上，衬层可以截留渗滤液。在堆放的土壤中设置通气管道，通入空气或氧气以促进污染物的好氧降解。含有营养物质的液体施用于土壤表面，以促进微生物活性，需要采用活性炭吸附等方法收集释放气体。土壤堆积法已有成功应用的例子，如生物修复含碳氢化合物、五氯酚等污染物的污染土壤。

3）堆制处理。与普通堆肥相似，在堆制时除有待处理的污染物以外，还有易降解的固体有机物质，如稻草、木屑、树皮和畜牧场的垫草等，并补充氮和其他无机盐。一般使用条形堆，下面铺设通气管道并保持堆中的水分。堆制后由于微生物活动，有时堆温会上升到 $50 \sim 60\,^{\circ}\!C$，更有利于生物降解。通常，使用堆制方法处理高含量有机废物，也曾用此方法处理受氯酚污染的土壤。夏天堆温高可以使氯酚含量迅速下降，而在冬天则降解缓慢。

4）泥浆反应器。在某些条件下，尤其当土壤污染较为严重或污染物质较难控制和分解时，需要参用一些工程措施，如利用生物反应器等。和前面的固相处理不同，这类处理是在泥浆相中进行，系统内可以补充营养物。由于有机物溶解在水相中容易被微生物利用，而有机物吸附在固体颗粒上最不容易被利用，因此让污染的土壤以泥浆的形式在比较容易降解。泥浆相处理适用于下列基体：黏土或粉砂黏土、黏滞的含油污泥和土壤经洗涤处理后的残留微粒。该反应器的许多运行参数，如溶解氧、pH、温度和混合状态等均可以控制，还可以设置气体收集装置。许多实验研究表明，泥浆反应器可以有效地分解多环芳烃（polycyclic aromatic hydrocarbons，PAHs）、杂环化合物和杂酚油中的酚，但相对分子质量高的 PAHs 降解较慢。有时，也会向泥浆反应器中添加表面活性剂，以促进微生物与污染物的充分接触，加速污染物降解。

（3）可行性研究

在生物修复项目实施前，必须进行可行性分析，如调查污染物浓度与分布、环境微生物活性、土壤水环境特性和水文地质特征等，以比较和选择生物修复方案。除考虑处理效果、经费外，还要考虑健康、安全性、风险、监测和残留物管理等因素。

可行性分析大致包括以下四个步骤：

1）数据收集。采集污染物的种类和化学性质、在环境中的浓度及分布、环境受污染的时间长短和环境受污染前后微生物的种类、数量、活性及其在环境中的分布等数据，确定是否有完成生物修复的环境微生物类群；收集环境特性参数，包括土壤温度、空隙度、渗透率以及污染区域的地理、水文地质、气象条件和空间因素。

2）技术路线选择。掌握了当地情况后，查询有关生物修复技术发展应用现状，了解是否有类似情况和经验。进而提出各种修复方法和可能组合，进行全面客观的评价，筛选出可行的方案，并确定最佳技术路线。

3）可处理性试验。如果生物修复技术具有可行性，就需要进行实验室小试和现场中试，获得有关污染物毒性、温度、营养和溶解氧等限制因素的资料，为工程的实施提供必要的工艺参数。

4）实际工程设计。如果通过小试、中试均表明生物修复技术在技术上和经济上是可行的，就可以开始生物修复项目设计，包括设备、井位、井深、营养物和氧源（或其他受体）等。

2. 地下水污染的生物修复

目前，全世界许多地区的地下水受到了不同程度的污染。存在于土壤中的大量有机物或无机物经过土壤的渗漏作用会部分转移到地下水中，导致地下水资源受污染。对有机物污染的地下水大多采用原位生物处理，对无机物污染的地下水一般需要采用异位修复技术，即将被污染地下水抽至地面再行处理。地下水中的无机污染物主要有金属、放射性物质、硒化合物及无机营养物质。一般地下水生物修复技术可以分为三类：原位修复、异位修复（利用生物反应器）和物理阻拦。

（1）原位修复

一种有效的地下水原位生物修复方法是：在修复区分别钻掘注水井和抽水

井，接种微生物和投加营养物。同时，通过向地面上抽取地下水，造成地下水在底层中流动，促进微生物的分布和营养等物质的运输。通常，污染物的快速生物降解由好氧菌完成，因此必须提供充足的溶解氧，以维持其生物活性。营养盐的最佳加入量需要通过实验确定。营养盐过少，导致生物转化速率较慢；营养盐过多，则生物量剧增，导致含水层堵塞，生物修复作用停止。保证生物最佳活性的三种营养源是氮、磷及溶解氧。加入营养盐的方法是将营养液通过注射井注入饱和含水层，或利用人工渗渠加入到不饱和含水层或表面土层；也可以从取水井将水抽出，并在其中加入营养物质，然后从注射井注入含水层，形成循环。

（2）生物反应器

同常规废水处理一样，处理污染地下水的反应器类型有多种形式，主要包括：细菌悬浮生长的活性污泥反应器，串联间歇反应器，生物附着生长的生物滤池、生物转盘和接触氧化反应器，厌氧消化和厌氧接触反应器以及高级处理的流化床反应器、活性炭生物反应器。反应器的形式及操作方式可根据有机污染物负荷、进水的特性和稳定性、出水水质要求、产生的生物量、水力停留时间、反应器的体积、运行和建设费用等因素进行选择。一般来讲，低浓度污染地下水使用接触氧化反应器进行处理，高浓度污水使用厌氧消化反应器。反应器中的微生物有三个来源：驯化现有污水处理厂生物反应器中的微生物、反应器内自然驯化的微生物或在实验室筛选和培养的微生物。

（3）物理拦阻

使用暂时的物理屏障以缓解并阻滞污染物在地下水中进一步迁移的方法，称为物理拦阻。此方法无法作为彻底修复技术手段，但可以在受有毒有害污染物污染的地点使用，防止有毒有害物质的进一步扩散。

3. 海洋石油污染的生物修复

石油是重要的能源物质，在其开采、运输、加工和使用等过程中均可能对环境产生污染。据统计，由于战争、海难及其他事故，每年都有数千甚至上万吨石油泄漏到海洋中。这些污染源对海洋及海岸生态环境造成了严重的影响，在世界范围引起了科学界的广泛关注。

微生物降解是石油污染去除的主要途径。在许多情况下，生物修复可在现场处理，而对受污染的沉积物，则一般使用生物反应器治理。目前，主要采用三种方式处理石油污染：第一，投加表面活性剂，增加石油与海洋中微生物的接触表面积。第二，投加高效降解石油微生物菌，增加微生物种群数量。第三，投加N、P等营养盐，促进海洋中土著降解菌的繁衍。其中，以第三种方法最为简便实用，可使用缓释氮磷制剂、亲油性制剂，但需要控制氮磷比和投入量，避免投入后引起不良后果。

大量的研究表明，石油降解微生物广泛分布于海洋环境中。细菌是主要降解者，包括假单细胞菌属（*Pseudomonas*）、黄杆菌属（*Flavobacterium*）、棒杆菌属（*Corymebacterium*）、弧菌属（*Vibro*）、无色标菌属（*Achromobacter*）、微球菌属（*Micrococcus*）和放线菌属（*Actinomyces*）等，研究表明，环境中低含量的营养盐磷酸盐及含氧化合物，在很大程度上限制细菌对碳氢化合物的降解效率。石油污染物在环境中存在时间的长短与其数量、结构及环境因素等紧密相关。

4. 重金属污染的生物修复

金属有机污染物不能被生物所降解，会对人类造成严重的毒害作用。微生物只能通过带电荷的细胞表面吸附重金属离子，或通过摄取必要的营养元素主动吸收重金属离子，将重金属离子富集在细胞表面或内部，从而达到去除环境中金属污染物的效果。例如，大肠杆菌 K12 细胞外膜能吸附 30 多种金属离子。

（1）生物吸附法

这是一种利用廉价的失活生物细胞分离有毒重金属的方法，尤其适用于工业废水处理和地下水净化。生物吸附体为自然界中丰富的生物资源，如藻类、地衣、真菌和细菌等。

（2）生物积累法

生物积累法主要是利用生物细胞的新陈代谢作用，吸收金属离子并输送、累积到细胞内。自然界中，某些微生物和植物种类具有较强的生物累积作用，可用于重金属污染环境的治理。

7.4 微生物新技术与环境治理

人口数量的持续增加和各种资源的大量消耗，使人类发展面临巨大的资源紧缺压力。如何有效利用废物资源，变废为宝，引起了人们的极大兴趣和高度关注。作为自然界中最丰富的资源，微生物在废物资源化中发挥着重要的作用。

7.4.1 微生物单细胞蛋白生产技术

单细胞蛋白（single cell protein，SCP）是指利用各种基质大规模培养细菌、酵母菌、霉菌、微型藻等而获得的微生物蛋白，是现代食品工业和饲料工业中重要的蛋白来源。SCP 营养丰富，蛋白质含量为 40% ~80% 不等，如酵母菌蛋白质含量占细胞干物质的 45% ~55%，细菌蛋白质占干物质的 60% ~80%，霉菌丝体蛋白质占干物质的 30% ～ 50%，单细胞藻类如小球藻等蛋白质占干物质的 55% ～60%，而作物中含蛋白质最高的大豆的蛋白质含量也仅为35% ～40%。每千克 SCP 可使母牛产奶量增加 6 ～7kg，用含 10% SCP 的饲料喂蛋鸡，产蛋量提高 21% ～35%，1tSCP 可节约饲粮 5 ～7t。此外，SCP 所含氨基酸组分齐全，且有多重人体必需维生素。

SCP 最早是由美国麻省理工学院的 Carroll Wilson 教授于 1966 年提出，并于 1967 年在麻省理工学院召开了第一届世界单细胞蛋白会议，并将微生物菌体蛋白统称为单细胞蛋白。SCP 具有很多独特的特点：①营养丰富。与黄豆相比，蛋白质含量高达75%，而可利用氮比黄豆高 20%，如添加蛋氨酸，则可利用氮高达95%以上。②利用原料光，可就地取材，大量而廉价地解决原料问题。如利用工农业废料，还可实现环境保护，这是解决大规模生产 SCP 成本的主要因素。③生产速率高。一般蛋白质生产速度与猪、牛、羊等动物体重的倍增成正比。微生物的倍增时间比猪、牛等快千万倍，如细菌、酵母的倍增时间为 20 ～120 分钟，真菌和绿藻类为 2 ～6 小时，植物为 1 ～2 周，猪为 4 ～6 周，牛为 1 ～2 月。④劳动生产率高。生产不受季节气候制约，易于人工控制，并且在大型发酵罐中可立体培养，占地面积小。⑤单细胞生物易诱变，比动植物品种易改良。可采用物理、化学或生物学方法定向诱变菌种，获得蛋白质含量高、质量好、味美并易提取蛋白质的优良菌种（Hamacher et al., 2002）。因此，在当今世界蛋白质资源严重不足情况下，发展 SCP 愈来愈受各国重视，目前已经发展成为一项具有巨大经济效益的生物工程产业。

经过近十几年的研究，已经发现包括细菌、酵母菌、真菌、海藻和放线菌等在内的微生物可以生产单细胞蛋白。根据生产 SCP 的原料不同，可以分为以下几类：①利用碳水化合物为原料生产 SCP，如酿酒酵母、假丝酵母、木霉、青霉等。②利用碳氢化合物为原料生产 SCP，如假丝酵母等。③利用甲醇为原料生产 SCP，如甲烷单胞菌、假单胞菌等。④利用乙醇为原料生产 SCP，如假丝酵母等。⑤利用甲烷为原料生产 SCP，如甲烷假单胞菌等。⑥利用二氧化碳为碳源、氢为能源生产 SCP，如氢单胞菌。⑦利用光能生产 SCP，如小球藻、螺旋藻及光合细菌等。

由于生产单细胞蛋白的微生物种类较多，因此，可用于生产单细胞蛋白的原料种类也很多，从废水到固体废物、从天然物质到人工合成物质等。适合生产 SCP 的原料应价格低廉、易于被微生物利用、原料来源广泛且质量稳定可靠。目前，应用于单细胞生产的常见废物主要有固体废物，如农业秸秆、城市有机垃圾、工业有机固体肥废料等；烃类及其衍化产物，如石油烃、天然气、甲醇、乙醇及乙酸等；工业高浓度有机废水，如乳品业废水、制糖业废水等；气体，如

CO_2、CH_4 等。我国 SCP 生产，始于 20 世纪 20 年代初，但 20 世纪 80 年代后才有较大的发展，主要是利用工农业中各项可再生资源生产食用酵母或饲料酵母，如利用造纸废液、味精厂废液、糖蜜酒精废液、酒糟、淀粉厂废水废渣、油脂工业废水、果渣、石油和天然气等，筛选优良菌种，通过现代微生物发酵工程技术或基因工程技术，生产出等级不同的产品（Limtong et al., 2000；Lakkana et al., 2007；Nigam et al., 2002；Parekh et al., 1999；Shi et al., 2009；Wiedemann and Boles, 2008；Zhang et al., 1995；韩丽丽等，2008；李洁等，2009）。另一类 SCP 就是微型藻蛋白，目前主要是螺旋藻和小球藻。

SCP 之所以还没有被广泛大量使用或使用，主要是其还存在一些需要改进的地方：①SCP 中核酸含量高。由于人体不大容易消化核酸，核酸代谢会产生大量尿酸，人体内又没有尿酸氧化酶，因此，可能导致肾结石或痛风。②可能存在毒性物质。如重金属、微生物代谢毒素等，必须在质量检测上投入大量资金和人力。③由于微生物细胞在人消化管中消化比较慢，有些细胞壁组分不能被消化，可能会出现消化不良或过敏症状等。④SCP 的生产价格与来自鱼粉、大豆的蛋白质价格相比较高。此外，虽然有很多微生物能产生木质素分解酶，但酶活性很低，应用前景受限。从本质上看，利用纤维质发酵生产 SCP，都是利用还原糖来培养微生物，以纤维素为碳源生产 SCP 有两条路线：一是预处理-酶解-发酵路线，二是酸解-发酵路线，这两条路线的关键是酸解和酶解。酶解法条件剧烈，会生成糠醛等有毒的分解产物，而且成本高，对设备有腐蚀作用，所以不宜在发酵工业上使用。因此，纤维素酶解效率是作物秸秆发酵生产 SCP 的最主要的限制性因素。若要真正把 SCP 产业做大做强，还需要在技术、工艺、原料等各方面加大研究开发力度。

7.4.2　固定化技术（固定化酶和固定化细胞）

1916 年，Nelson 和 Griffin 发现蔗糖酶吸附在骨炭微粒上仍保持与游离酶相同的活性。现在所讲的固定化生物技术主要以此为开端，并在 20 世纪 60 年代以后得以迅猛发展。随着环境污染的日益严重，研究高效生物处理污染系统的要求日益迫切。目前，固定化微生物废水处理技术已经广泛应用于各种废水的处理，包括含重金属废水、含氨废水、印染与造纸废水、含酚废水与含醇类废水等，均取得了较好地处理效果。

酶作为一种生物催化剂，被广泛应用在酿造、食品、印染和医药等领域。由于可以在常温、常压和等温反应条件下高效、专一地使一些难以进行的化学反应顺利地完成，酶的开发利用在 20 世纪得到了巨大的发展（李俊奎等，2010；李相等，2009；盛梅和郭登峰，2005）。但是，在实际运用中，存在酶不稳定、易失活、回收困难、反应速率减慢等问题，影响和阻碍了酶制剂的开发和使用。在此种情况下，固定化酶技术应运而生。

酶的固定化就是通过化学或物理处理方法，使水溶性酶与非水溶性固态支持物相结合，以提高微生物细胞的浓度，使其保持活性、反应迅速并可反复利用。固定化方法有物理吸附法、交联、共价结合及包埋等方法。目前，较先进的方法是将酶固定在生物膜或超滤膜上，使生物膜反应器的生产能力明显提高。

固定化技术将有利细胞或酶定位于限定的空间区域内，不仅保持了普通生物法的优点，固定化微生物或酶还对废气负荷、pH、温度等变化的适应能力和对有毒物质的耐受能力大大增强（Hoffman et al.，20009；陈英，2010；陈志锋等，2006）。例如，采用活性吸附微生物方法去除 H_2S，可以减轻 H_2S 对细胞的毒害。利用固定化技术，可以将选择性地筛选出的优势菌种加以固定，构成一种高效、快速、耐受性强、能连续处理的废水处理系统，有效地减少二次污染。与传统的悬浮生物处理工艺相比，固定化微生物废水处理技术克服了微生物细胞较小，难于与水溶液分离，单位处理效率不高等缺点，具有运行稳定、可纯化和保持高效优势菌种、反应器生物量大、污泥产生量少以及固液分离效果好等优点。此外，在连续反应过程中，细胞不流失，沉降速率快，对温度、pH 等因素的适应性更强，且易于回收再利用，后处理过程简单。

思 考 题

1. 污水处理过程中的常见菌大致有哪些？你分离出了哪些菌？

2. 结合自己的实验，判断污水处理过程中有没有哪些菌在不同阶段都存在？如果存在，有哪些？

参 考 文 献

陈英. 2010. 脂肪酶基因的克隆表达、酶学性质研究和分子改造. 南宁：广西大学硕士学位论文.

陈志锋，吴虹，宗敏华. 2006. 固定化脂肪酶催化高酸废油脂酯交换生产生物柴油. 催化学报，27 (2)：146-150.

傅霖，辛明秀. 2009. 产甲烷菌的生态多样性及工业应用. 应用与环境生物学报，15 (4)：574-578.

郭晓慧，吴伟祥，韩志英，等. 2011. 嗜酸产甲烷菌及其在厌氧处理中的应用. 应用生态学报，22 (2)：537-542.

韩丽丽，赵秦，涂振东，等. 2008. 高效代谢葡萄糖产乙醇的酵母菌株的选育. 酿酒科技，11：36-38.

李洁, 李凡, 刘晨光, 等. 2009. 高效发酵木糖生产乙醇酵母菌株的构建. 中国生物工程杂志, 29 (6): 74-78.

李俊奎, 王芳, 谭天伟, 等. 2010. 固定化脂肪酶催化小桐子毛油合成生物柴油. 北京化工大学学报 (自然科学版), 37 (2): 100-103.

李相, 刘涛, 杨江科, 等. 2009. 响应面法优化洋葱伯克霍尔德菌固定化脂肪酶催化合成生物柴油工艺. 北京化工大学学报 (自然科学版), 36 (5): 78-83.

闵航. 1986. 沼气发酵微生物. 杭州: 浙江科学技术出版社.

任南琪. 2004. 厌氧生物技术原理与应用. 北京: 化学工业出版社.

盛梅, 郭登峰. 2005. 固定化酶催化菜籽油合成生物柴油稳定性研究. 中国油脂, 30 (5): 68-70.

徐惠娟, 许敬亮, 郭颖, 等. 2010. 合成气厌氧发酵生产有机酸和醇的研究进展. 中国生物工程杂志, 30 (3): 112-118.

赵一章. 1997. 产甲烷细菌及其研究方法. 成都: 成都科技大学出版社.

左剑恶, 邢薇. 2007. 嗜冷产甲烷菌及其在废水厌氧处理中的应用. 应用生态学报, 18 (9): 2127-2132.

Abrini J, Naveau H, Nyns E. 1994. *Clostridium autoethanogenum* sp. nov., an anaerobic bacterium that produces ethanol from carbon monoxide. Archives of Microbiology, (161): 345-351.

Alonso C, Suidan M T, Sorial G A, et al. 1997. Gas treatment in trickle-bed biofilters: biomass, how much is enough? Biotechnology and Bioengineering, (54): 583-594.

Asghari A, Bothast R J, Doran J B, et al. 1996. Ethanol production from hemicellulose hydrolysates of agricultural residues using genetically engineered *Escherichia coli* strain KO11. Journal of Industrial Microbiology, 16 (1): 42-47.

Becker J, Boles E. 2003. A modified *Saccharomyces cerevisiae* strain that consumes L- arabinose and produces ethanol. Applied and Environmental Microbiology, 69 (7): 4144-4150.

Blaut M. 1994. Metabolism of methanogens. Antonie van Leeuwenhoek, 66: 187-208.

Bredwell M D, Srivastava P, Worden R M. 1999. Reactor design issues for synthesis- gas fermentations. Biotechnology Progress, 15 (5): 834-844.

Chong S, Liu Y, Cummins M, et al. 2002. *Methanogenium marinum* sp. nov., a H_2- using methanogen from Skan Bay, Alaska, and kinetics of H_2 utilization. Antonie van Leeuwenhoek, 81 (1): 263-270.

Dien B S, Nichols N N, O'Bryan P J, et al. 2000. Development of new ethanologenic *Escherichia coli* strains for fermentation of lignocellulosic biomass. Applied Biochemistry and Biotechnology, 84 (6): 181-196.

Dimarco A A, Bobik T A, Wolfe R S. 1990. Unusual coenzymesof methanogenesis. Annual Review of Biochemistry, 59 (1): 355-394.

Drake H L, Gössner A S, Daniel S L. 2008. Old acetogens, new light. Annals of the New York Academy of Sciences, (1125): 100-128.

Franzmann P D, Liu Y T, Balkwill D L, et al. 1997. *Methanogenium frigidum* sp. nov., a psychrophilic, H$_2$-using methanogen from Ace Lake, Antarctica. International Journal of Systematic Bacteriology, 47 (4): 1068-1072.

Franzmann P D, Springer N, Ludwig W, et al. 1992. A methanogenic archaeon from Ace lake, Antarctica: *Methanococcoides burtonii* sp. nov. Systematic and Applied Microbiology, 15 (4): 573-581.

Garcia J L, Pate B K, Ollivier B. 2000. Taxonomic, phylogenetic, and ecological diversity of methanogenic archaea. Anaerobe, 6: 205-226.

Hamacher T, Becker J, Gardonyi M, et al. 2002. Characterization of the xylose- transporting properties of yeast hexose transporters and their influence on xylose utilization. Microbiology, 148 (9): 2783-2788.

Hoffman B M, Dean D R, Seefeldt L C. 2009. Climbing Nitrogenase: Toward a Mechanism of Enzymatic Nitrogen Fixation. Accounts of Chemical Research, 42 (5): 609-619.

Jiang B. 2006. The effect of trace elements on the metabolism of methanogenic consortia. Wageningen: Thesis Wageningen University.

Kendall M M, Wardlaw G D, Tang C F, et al. 2007. Diversity of archaea in marine sediments from Skan Bay, Alaska, including cultivated methanogens, and description of *Methanogenium boonei* sp nov. Applied and Environmental Microbiology, 73 (2): 407-414.

Lakkana L, Pornthap T, Prasit J, et al. 2007. Ethanol production from sweet sorghum juice in batch and fed-batch fermentations by Saccharomyces cerevisiae. World Journal of Microbiology and Bio-technology, 23 (10): 1497-1501.

Li Dong, Yuan Z H, Sun Y M, et al. 2009. Hydrogen production characteristics of the organic fraction of municipal solid wastes by anaerobic mixed culture fermentation. International Journal of Hydrogen Energy, 34 (2): 812-820.

Limtong S, Sumpradit T, Kitpreechavanich V, et al. 2000. Effect of acetic acid on growth and ethanol fermentation of xylose fermenting yeast and Saccharomyces cerevisiae. Kasetsart Journal (Natural Sciences), 34 (1): 64-73.

Nagase M, Matuo T. 1982. Interactions between amino- acid degrading bacteria and methanogenic bacteria in anaerobic digestion. Biotechnology and Bioengineering, 24 (10): 2227-2239.

Nigam J N. 2002. Bioconversion of water- hyacinth (Eichhornia crassipes) hemicellulose acid hydrolysate to motor fuel ethanol by xylose-fermenting yeast. Journal of Biotechnology, 97 (2): 107-116.

Parekh M, Formanek J, Blaschek H P. 1999. Pilot- scale production of butanol by *Clostidium beijerinckii* BA101 using a low-cost fementation medium based on corn steep water. Appl. Microbiol. Biotechnol. , 51 (2): 152-157.

Rogers P L, Lee K J, Skotnicki M L. 1982. Ethanol production by *Zymomonas mobilis*. Advances in Biochemical Engineering/Biotechnology, (23): 37-84.

Shi D J, Wang C L, Wang K M. 2009. Genome shuffling to improve thermotolerance, ethanol tolerance and ethanol productivity of *Saccharomyces cerevisiae*. Journal of Industrial Microbiology

Biotechnology, 36 (1): 139-147.

Simankova M V, Parshina S N, Tourova T P, et al. 2001. *Methanosarcina lacustris* sp. nov. , a new psychrotolerant methanogenic archaeon from anoxic lake sediments. Systematic and Applied Microbiology, 24 (3): 362-367.

Singh N, Kendall M M, Liu Y T, et al. 2005. Isolation and characterization of methylotrophic methanogens from anoxic marine sediments in Skan Bay, Alaska: description of *Methanococcoides alaskense* sp nov. , and emended description of Methanosarcina baltica. International Journal of Systematic and Evolutionary Microbiology, (55): 2531-2538.

Tanner R S, Miller L M, Yang D. 1993. *Clostridium ljungdahlii* sp. nov. , an acetogenic species in clostridial rRNA homology group I. International Journal of Systematic Bacteriology, 43 (2): 232-236.

Thauer R K. 1998. Biochemistry of methanogenesis: a tribute to Marjory Stephenson. Microbiology, 144: 2377-2406.

Tuomela M, Vikman M, Hatakka A, et al. 2000. Biodegradation of lignin in a compost environment: a review. Bioresource Technology, 72 (2): 169-183.

Von Klein D, Arab H, Völker H, et al. 2002. *Methanosarcina baltica*, sp. nov. , a novel methanogen isolated from the Gotland Deep of the Baltic Sea. Extremophiles, 6 (2): 103-110.

Wiedemann B, Boles E. 2008. Codon-optimized bacterial genes improve L-arabinose fermentation in recombinant Saccharomyces cerevisiae. Applied and Environmental Microbiology, 74 (7): 2043-2050.

Zhang M, Eddy C, Deanda K, et al. 1995. Metabolic Engineering of a Pentose Metabolism Pathway in *Ethanologenic Zymomonas mobilis*. Science, 267 (5195): 240-243.

第 8 章 | 微生物与绿色化学品

绿色化学品是指在生产和使用过程中，该化学品本身及其生产原料和降解产物不会危害生态环境和人体健康的环境友好型化学品。作为绿色化工的产品，绿色化学品具有以下特点：合理的使用功能及使用寿命；易于回收、利用和再生；报废后易于处置；自然环境条件下易于降解等。绿色化学品同微生物有着怎么样的联系呢？作为能量循环和物质循环的一个重要环节，微生物在绿色化工领域具有不可替代的重要作用。从原料生产到产物降解，微生物在绿色化工的多个环节中发挥着重要作用。在生产领域，微生物既可以作为绿色化学品取之不尽的生产原料，又可以是无害高效的"加工厂"；在降解方面，目前绿色化学品的降解途径多依赖于光触媒降解和微生物降解，微生物作为降解绿色化学品的主要途径发挥作用。本章将对微生物与绿色化学产品的关系加以论述。

8.1 绿色化学品与微生物的关系

化学品，尤其是有机化学品，已经成为现代社会人类生活不可或缺的一个组成部分。在十九世纪中叶之前，人类所使用的有机化合物主要是生物制品，随着近现代化工工业的发展，煤炭逐渐成为主要的有机化合物原料，而到了 20 世纪五六十年代，石油成了化工产品的主要原料。源自于石油化工的众多合成材料解决了人们在衣食住行上的诸多问题，极大地丰富了人们的生活，提高了生活质量，延长了人们的寿命。可以说，石油化工工业的发展，是现代生活的一个重要基础。但在为人类衣食住行和医疗保健做出贡献的同时，石油化工也给人们带来了一个新的问题——环境污染（刘长江，2001）。

在消耗了大量的不可再生资源——化石燃料后，石油化工产业生产过程中产生了许多原本在自然界不存在的有机化合物，它们在提高人类生活质量的同时，也使我们的生存环境出现恶化趋势。无法降解的塑料、破坏物种多样性的农药、损耗臭氧的氟利昂和哈龙等诸多的化学品既便利了人类的生活，也打乱了自然界原有的能量循环和物质循环。出于维护正常能量循环和物质循环的考虑，1998年耶鲁大学绿色化学和绿色工程中心主任 Paul Anastas 提出了前瞻性的绿色化工理论。他认为绿色化工能够将环境和人类健康保护一体化地整合到产品和工艺开发之中，使人们在享用绿色化工产品的同时保护自身的健康和自然生态环境（刘国辉和章文，2009）。

8.1.1　绿色化学品的定义

绿色化学品是指在生产和使用过程中，该化学品本身及其生产原料和降解产物都不会危害生态环境和人体健康的环境友好型化学品。绿色化学品除了具有合理的使用功能及使用寿命外，还应该具有易于回收、利用和再生，报废后易于处置，环境条件下易于降解等特点（吴宇峰等，2005）。也就是说，在从生产到降解的整个生命周期中，绿色化学品应该具有以下三个要素。

1）该产品的起始原料应来自可再生的原料，如农业废物。

2）产品本身必须不会引起环保或健康问题，包括不会对野生动物、有益昆虫或植物造成损害。

3）当产品被使用后，应能再循环或易于在环境中降解为无害物质。

目前人类已经合成了的化合物多达 600 多万种，其中工业化生产的已经超过 5 万种，这些化工产品，使我们的生活更加舒适：合成材料使人类有了更多的服装面料和建筑材料可以选择；化学农药和化肥的大规模使用解决了困扰人类几千年的温饱问题——"如何使用少量的土地养活更多的人口"；而层出不穷的新型化学药品则维护了人类的健康，延长了人们的寿命（刘万毅，2004）。既然已经有这么多优秀的化学产品，为什么还要发展绿色化学品呢？

现代化学工业在改善人类生活、创造社会财富的同时，也给人类带来了危难。在化学工业的探索与进步过程中，由于科学发展的不确定性，化学家在研究过程中不可避免地会合成出未知性质的化合物，只有经过长期的应用和研究才能熟知其性质，这时新物质可能已经对环境或人类生活造成了影响，即便最初合成该化合物的目的是改善人类的生活条件（訾俊峰，2011）。1962 年，由 Rachael Carson 所著的《寂静的春天》（silent spring）详尽地描写了化学农药对鸟蛋的影响。该书指出由于二氯二苯三氯乙烷（dichlorodiphenyltrichloroethane，DDT）及其他农药在食物链中的蔓延，给自然生态造成了无可挽回的损伤，其危害性无法预料。由此引发了公众对环境的关注，最终促使美国政府对农药的生产和使用进行官方控制。1961 年，一种旨在减轻孕妇妊娠反应症状的新药"反应停（thalidomide）"在欧洲上市，然而随着该药的使用，世界各地大约有 1 万名缺肢或肢体严重变形的婴儿出生。这一悲剧促使政府制定法律强迫药厂测定新药引起胎儿畸形的可能性。

除了这些无意识造成的危害外，环境中的化学品还存在一个很大的问题——

"持久性有机污染物"（persistent organic pollutants, POPs）的问题。简言之，就是在被使用、排放或抛弃到环境中以后，POPs 会在环境中保持原样或者被各种动植物吸收，并在他们的体内累积，甚至进一步通过食物链加以传递、富集，最终对相关的动植物产生直接或间接的毒害。由于这些化学品的设计之初，人们并没有考虑其被废弃后对人类和环境的影响，从而给人类带来了困扰和危害（王平，2016）。

目前，全世界每年产生的有害废物多达 3 亿 ~4 亿 t，不但给环境造成危害，而且威胁着人类的生存。严峻的现实使得人类必须寻找一条不破坏环境、不危害人类生存的可持续发展道路。在这个大前提下，人们对化学工业提出了疑问：能否生产出对环境无害的化学品？甚至开发出不产生废物的工艺？而这个问题的解答就是绿色化学。绿色化学的口号最早产生于美国。1991 年，美国化学会（American Chemical Society，ACS）提出"绿色化学"的理念，此后"绿色化学"成为美国环保署（Environmental Protection Agency，EPA）的中心口号，并立即得到了全世界的积极响应（李正启等，2011）。

绿色化学又被称为环境无害化学、环境友好化学、清洁化学。绿色化学的核心是用化学的技术和方法去减少或避免那些对人类健康、安全以及生态环境有害的原材料、催化剂、溶剂和试剂、产物、副产物等的产生和使用。绿色化学是一门从源头上阻止污染的化学，其最终目标是不再使用有毒、有害的物质，不再产生有害废物（付宁，2013）。绿色化学的目的在于以下几点。

1）降低废物排放量直至达到零排放。

2）发展安全的产品和工艺。

3）对化学品从生产到降解的整个生命周期过程进行评价，确保其始终无害。

4）提高原材料、水资源和能源的利用率，减少浪费，加强资源的循环再利用。

随着绿色化学理念被广为接受，越来越多的绿色化学品被研发以替代正在使用的、对人类健康和环境有危害的化学品。为了促进绿色化学及绿色化学技术的发展，1995 年 3 月 16 日，美国时任总统克林顿宣布设立"总统绿色化学挑战奖"，以奖励在绿色化学研究和应用领域优秀的化学家和企业。此外，英国从 2000 年开始颁发"绿色化学奖"；日本于 2002 年设立了"绿色和可持续发展化学奖"。我国从 1995 年确定《绿色化学与技术》的院士咨询课题开始，也在大力发展绿色化学及其技术。

8.1.2　微生物在绿色化学中的重要作用

在绿色化学品的生产和降解过程中，微生物都发挥着重要作用。美国能源部下属的太平洋西北国家实验室在其发表的"环境技术预测报告"中列出了10项有可能改变环境的新技术,其中有两项直接同微生物相关。

1)利用生物技术改变微生物和植物特性,以其作为"生物工厂"来加工有利于环境的化学物质以及生产用于制造药物和燃料的生物原料。

2)广泛应用和发展回收技术。生产能生物降解和回收的塑料、纸张、饮料容器、墨水瓶以及废弃的汽车和电脑。

这两项技术分别涉及了绿色化学品的生产和降解。绿色化学要求其产品在整个生命周期中都要对环境无害。针对于此,科研人员总结出了绿色化学的12条原则,这些原则作为指导方针和标准被用来开发新的化学合成以及评估一条合成路线、一个生产过程、一个化合物是否是绿色的(马特莱克,2012)。具体原则如下。

1)防止污染优先于污染形成后处理。

2)设计合成方法时应最大限度地使全部材料均转化到最终产品中。

3)尽可能使反应中使用和生成的物质对人类和环境无毒或毒性很小。

4)设计化学产品时应尽量保持其功效而降低其毒性。

5)尽量不用辅助剂,需要使用时应采用无毒物质。

6)能量使用应最小,并应考虑其对环境和经济的影响,合成方法应在常温、常压下操作。

7)最大限度地使用可更新原料。

8)尽量避免不必要的衍生步骤。

9)催化试剂优于化学计量试剂。

10)化学品应设计成使用后容易降解为无害物质的类型。

11)分析方法应能真正实现在线监测,在有害物质形成前加以控制。

12)化工生产过程中各种物质的选择与使用,应使化学事故的隐患最小。

根据这些原则,应用微生物生产绿色化学品,更多地采用了生物催化,是绿色化学品生产的一个重要途径。无论是利用微生物合成绿色化学品,还是利用微生物产物进行绿色化学品加工,甚至是直接把微生物本身作为绿色化学品使用,都有利于环境保护。

在降解方面,化学品在环境中的滞留是其对环境造成污染的主要方式之一。塑料是一种常见的化合物,曾经因为其耐久性而广受赞誉。但现在被称为"白色污染"的塑料因其物理特性带来了严重的环境问题,甚至在2016年我国科学家就出现在食盐中含有微塑料(塑料制造编辑部,2016);2018年10月,科学家在欧洲胃肠病学会上报道了在人类粪便中检测到多达9种微塑料。与其相类似的还有有机卤代农药(如DDT等),虽然它们可以高效地杀灭害虫,但由于其不易降解且在动植物中形成生物积累，进而影响到人类的健康，因此被列为环境污染物。对于这种情况，绿色化学提出：在设计化合物以获得其主要功能的同时，对于功能完成后的处置问题要加以解决。具体的解决方法就是在设计功能时，应当把可降解功能作为考虑的一个因素。目前绿色化学品一般采用两种降解方式：一种是添加一些易于被水解、光降解或其他断裂的官能团，保证该化学品在使用后不会在环境中长时间滞留；另一种是生物降解，将化学品设计成可以直接被环境微生物降解的形式，在使用后由环境中的微生物将其降解，重新进入自然界的物质循环。例如，Donlar 公司开发出一种生产聚天冬氨酸的可行方法，聚天冬氨酸是聚丙烯酸的一种替代品，可用来消除水垢。和聚丙烯酸不同的是，聚天冬氨酸可以被微生物降解，这一特性解决了使用聚丙烯酸需要面对的剩余残渣处置问题。因此，该成果于 1996 年获得了美国"总统绿色化学挑战奖"的小企业奖项（霍宇凝，2001；章凯捷，2013）。

人们通过在塑料制品的生产过程添加淀粉、改性淀粉和其他纤维素、光敏剂、生物降解剂等物质，使其稳定性下降，易于在环境中降解。这样生产出来的塑料被称之为可降解塑料。其主要分为光降解、生物降解和水降解途径。生物降解塑料是指利用环境中的微生物将其完全分解成低分子化合物的塑料。这一过程离不开环境中微生物的参与。相对于光降解塑料，生物降解塑料具有储运方便、不需要避光、应用范围广等优点，目前已经成为研究的热点。

8.2　利用微生物生产绿色化学产品

早在利用化学方法合成化学品之前，人类就已经掌握了利用微生物生产化学品的方法，包括酿酒、酿醋、制作奶酪和酸奶等。微生物也被用来帮助人们完成一些化学处理，例如，在化学方法被使用之前人们主要利用微生物来鞣制皮革。直到 1857 年，巴斯德（Pasteur）证实酒精发酵是由微生物——酵母引起的，人们才发现发酵的本质。此后，随着对微生物的进一步研究，人们开始更多地利用微生物生产某些化学品。从 19 世纪末到 20 世纪 30 年代，随着生物工程的发展，人们掌握了利用微生物大规模合成乳酸、丙酮、酒精、柠檬酸和淀粉酶等化学品的方法，从此真正开始了利用微生物工业化合成化学品。但是，这一时期的产品多是利用微生物厌氧发酵得到的初级代谢产物，生产规模相对较小。

1941 年，美英合作建立了大规模发酵制备青霉素的技术。此后，人们又相继开发出链霉素、新霉素和金霉素等抗生素。抗生素工业的兴起，标志着人们利用微生物生产化学品进入了一个新的阶段。此后，利用生产抗生素的经验，人们很快掌握了氨基酸发酵工艺（20 世纪 50 年代）和酶制剂工艺（20 世纪 60 年代)。同上一阶段相比,此时的微生物发酵产品类型更多,不但有初级代谢产物,还有次级代谢产物、酶和生物转化产品等;所利用的微生物也增添了需氧型的菌种;生产规模也有所增大。

到了 20 世纪 70 年代,随着基因技术、培养技术的进步,以及酶固化、生物反应器、生物制药等技术的迅猛发展,生物工程进入了一个新的发展阶段。利用基因工程技术,将外源基因与表达载体相连接后导入大肠杆菌或啤酒酵母,利用现代化的大规模发酵技术可以生产干扰素等多种细胞因子。此外,利用微生物对木质素的降解,还可以有效提高发酵生产中植物原料的利用率。

8.2.1 微生物拓展了化学品生产的原料范围

随着更多的微生物物种被应用到生物化工领域,许多矿物质原料和特定稀有原料被可更新的、易得到的原料所取代(戴住波等,2013)。

在石油化工产品的替代方面,美国的 Genomatica 公司采用 SimPheny 计算机模拟技术指导基因变异微生物的设计,可以生产出特定的终端产品。该公司已经开发出利用微生物发酵生产 1,4-丁二醇和甲乙酮的工艺流程,将其转让并应用于化学品生产(章文,2009)。其他的化学公司也正在进行类似的研发:美国杜邦公司和英国食品集团 Tate & Lyle 公司开发出生物基丙二醇;巴西石化集团 Braskerm 公司开发了生物基聚乙烯。通过微生物发酵技术,越来越多的化学品生产厂商致力于利用生物质原料来生产石油替代品的研究。

己二酸是合成尼龙、聚氨基甲酸酯、润滑剂等化学品的重要原料。传统合成方法是以苯为原料,催化加氢合成环己烷后,通过空气氧化合成环己酮或环己醇,最终用硝酸氧化制成己二酸。该反应所需要的原料是来自于石油的致癌物质-苯,不仅生产工艺过程长、反应条件苛刻、转化率低,还会产生很多有毒、有害副产物,是典型的石油化工生产模式,不符合绿色化工的理念。美国密西根大学的研究者利用微生物,开发出了新的己二酸生物合成工艺。新型工艺利用转基因酵母菌发酵,将蔗糖首先变成葡萄糖,再进一步生物转化为己二烯二酸,最后在温和条件下加氢制取己二酸。该工艺的原料蔗糖来源广泛,且无毒、无害,整个工艺条件简单、安全可靠,实现了用生物质资源代替矿物质资源的绿色工艺路线。

花生四烯酸(arachidonic acid,AA 或 ARA,全顺式-5,8,11,14-二十碳四烯酸)属于 ω-6 型不饱和脂肪酸,广泛应用于食品、化妆品、制药及农业等领域。在人体中,AA 是前列腺素、血栓烷和白三烯等重要的二十碳酸的前体物质,适量摄入有助于婴幼儿神经系统发育。作为大脑和眼中重要的脂肪酸组分,AA

可提高婴幼儿的感光和认知能力。2012 年，卫生部①正式批准 AA 可用于儿童奶粉及婴幼儿谷类辅助食品。在畜牧生产中，AA 可作为饲料添加剂，用于改善银狐等经济动物的皮毛光滑度和舒适度。传统生产工艺采用尿素包合法从动物组织中提取 AA，获得的粗产品中 AA 含量仅为 50%，且含有大量的、有毒副作用的二十碳五烯酸。因此，研究人员将目光转向微生物，谋求用发酵法大规模生产 AA。通过筛选，发现高山被孢霉（*Mortierella alpina*）可利用葡萄糖、淀粉等作为碳源，在有氧发酵的条件下，经过糖酵解途径、三羧酸循环途径、丙酮酸/苹果酸循环、脂肪酸合成途径等生化反应过程，使葡萄糖转化为 AA。在这一过程中（图 8-1），葡萄糖首先经糖酵解途径合成丙酮酸，丙酮酸一部分进入线粒体中的三羧酸循环，产生柠檬酸；柠檬酸穿过线粒体膜进入细胞液中，并在 ATP-柠檬酸裂解酶的作用下形成乙酰辅酶 A；在乙酰辅酶 A 羧化酶作用下，合成丙二酰辅酶 A；然后在一系列酶的催化作用下得到棕榈酰辅酶 A。棕榈酰辅酶 A 与乙酰辅酶 A 相互作用后得到硬脂酰辅酶 A；Δ9 脱饱和酶作用于硬脂酰辅酶 A，得到不饱和的油酸酰辅酶 A，在脂肪酸中引入第一个双键；接着在一系列脂肪酸延长酶、脂肪酸脱饱和酶作用下，最终得到 AA。利用高山被孢霉生产 AA，不但提高了产物的纯度，降低了有害副产物所占比例，还拓宽了原料的种类（周正雄等，2013）。

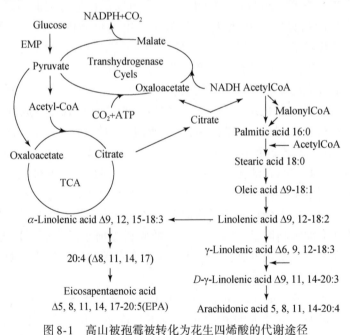

图 8-1 高山被孢霉被转化为花生四烯酸的代谢途径

---

① 现为国家卫生健康委员会。

　　类固醇激素又名甾体激素，是一种脂溶性激素，在分子结构上属于环戊烷多氢菲衍生物。在脊椎动物中，类固醇激素分为性激素和肾上腺皮质激素两大类。类固醇激素在维持生命、调节免疫反应、机体发育和性功能、控制生育以及治疗皮肤病方面，都具有明确的作用，目前是仅次于抗生素的第二类药物。由于类固醇激素的甾烷母核结构极其复杂（图8-2），利用化学方法全合成比较困难，在生产时通常利用具有甾体母核结构的天然产物做原料，采用半合成的方法改造后制得类固醇激素药物。早期，薯蓣皂甙（diosgenin）被用作类固醇激素类药物的生产原料。20世纪70年代以来，随着薯蓣资源日渐枯竭，制药公司着手开发新的原料用于类固醇激素药物生产。植物甾醇是一种活性成分，在植物的根、茎、叶、果实和种子中均广泛存在，是类固醇激素药物半合成的首选原料。微生物选择性降解甾体侧链技术的发展，使基于植物甾醇半合成类固醇激素的可能得以实现。该技术通过加入特殊的酶抑制剂或者利用诱变技术，对甾体底物的某一部位进行特定的化学反应，进而获得目标产物。目前已知，分枝杆菌、诺卡氏菌、假单胞杆菌和节杆菌等都能作为甾体微生物，将甾醇类化合物作为碳源进行降解转化（陶阿丽等，2012）。

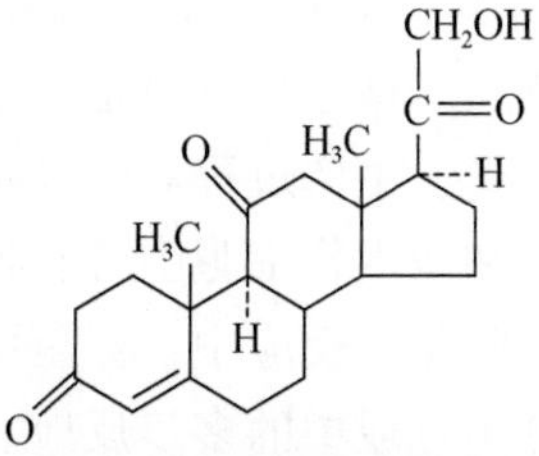

图8-2　类固醇母体结构图

　　木材加工下脚料、农作物秸秆和有机废弃物等生物质，正逐渐成为代替石油资源的可再生资源。经过微生物的发酵作用，这些生物质资源分解成酒精、甲烷和氢气等能源物质。目前，植物生物质中能够被利用的主要是淀粉类多糖，成分比例很大的木质素却很难被降解利用，极大地降低了原料的利用率。同时，在造纸工业中，人们为了得到优质的木浆而使用化学方法降解木质素，对环境产生很大危害。研究者发现，某些细菌和真菌中含有能降解木质素的酶。例如，绿色木霉可以产生木聚糖酶、果胶酶、纤维素酶、壳多糖酶和β-半乳糖苷酶等，这些酶对充分降解、利用植物生物质有很大帮助。对这些微生物进行进一步研究、提高所产酶的催化效率和耐热性，将有助于人们改良造纸工艺，具有很高的学术和应用价值。

8.2.2　微生物改进绿色化学品的生产方式

微生物发酵法可以改进污染性化学品的传统生产途径。半胱氨酸主要用于医药、食品或化妆品行业。在生产半胱氨酸的传统工艺中，使用大量的浓盐酸对毛发、猪鬃和羽毛进行酸降解后，从中制取氨基酸，每生产 1kg 半胱氨酸需要消耗27kg 浓盐酸。德国瓦克化学公司利用大肠杆菌对植物原料进行发酵后，从中每制取 1kg 半胱氨酸所耗浓盐酸量仅为 1kg。与传统的生产方法相比，植物发酵新工艺能够减排降耗，发酵剩余物质可全部用做肥料，特别适合在食品或医药产品的生产中使用。

催化剂可以降低反应物活化能，促进化学反应更加容易、高效地发生。在化工生产中，90% 以上的化学反应都需要使用催化剂。更为重要的是，催化剂还可以实现对反应程度、反应位置及立体结构方面的控制，提高目标产物的选择性。在绿色化学品的生产过程中，选择并使用高效、特异并且反应条件温和的催化剂，有助于提高生产效率、节约能源、保护环境。酶是由生物体合成的、具有催化功能的蛋白质。酶的催化过程具有反应条件温和、催化效率高、产物特异性强、反应在水溶液中进行等特点。这些特点决定了由酶催化的化学反应具有所需能量较少、生成副产物或废物少、生产过程对环境友好等优点，恰好符合绿色化学品的生产需求。动物、植物和微生物细胞中含有各种各样的酶，相对而言，酶更容易从微生物中获取。在有些化学反应中，甚至可以直接将微生物作为催化剂加入反应体系，以实现复杂分子合成中的多步反应。例如，微生物可以产生种类众多的细胞外水解酶，这些酶可以直接从微生物培养液中分离纯化，不必破坏微生物细胞结构。对于一些高等生物所特有的酶，可以利用生物信息技术在微生物中寻找其同工酶（两种或两种以上的酶，其氨基酸序列或三维结构不同，但具有相似的催化功能）；即使没有同工酶的存在，也可以利用基因工程技术将该酶的基因转入微生物（一般用大肠杆菌或酵母菌），制造基因工程菌来生产酶。因此，利用从微生物中获取的酶或者微生物本身来催化生产绿色化学品，具有切实的可行性和很高的商业价值。

作为一种蛋白质，酶的稳定性相对较低。但由于微生物种类的多样性，人们可以从极端条件下生长的微生物中找到适合工业生产用的酶。以脂肪酶为例，由于广泛的底物特异性和高化学区域的立体选择性，细菌产生的脂肪酶除了被应用于洗涤剂、添加剂、食品和造纸等行业外，还可以作为生物催化剂应用于精细化工品生产。然而，脂肪酶的热稳定性低，存在有机溶剂时容易反应失活，严重阻碍了其工业应用进程。随着来自于极端微生物（嗜热菌、嗜盐菌）的脂肪酶分离菌株的发现，意味着可以获得用于工业生产的高稳定性细菌脂肪酶。此外，蛋白酶是工业酶的一个最重要的成员，占目前全球酶销售的大部分。在工业生产过程中，嗜盐蛋白酶和嗜盐 α–淀粉酶等来自极端微生物的高稳定性酶已成为良好的工业催化剂。

生物素是多种羧化酶的辅酶，分子中含有 3 个手性结构，如果用化学方法合成，需要 13~14 个步骤，且收率很低，但如果使用基因工程菌，可以直接将葡萄糖转化成 D–生物素。类似的还有维生素 C 前体的加工等。

青霉素是人类最早发现、并利用微生物发酵大规模生产的抗生素。随着病原菌抗药性的增强，目前使用的青霉素类药物多为经过化学修饰的半合成青霉素，如杀菌活性强、毒性低、适应证广及临床疗效好的 β–内酰胺类抗生素。在半合成青霉素的加工过程中，青霉素酰基酶是一种重要的工业催化剂。青霉素 G 水解的最适温度为 50℃，但是来源于大肠杆菌的青霉素 G 酰基酶在 30℃ 时就会失去结构的稳定性。2012 年，Torres 等从嗜热栖热菌属中最适生长温度为 75℃ 的 HB27 菌株里分离得到一种青霉素酰基酶。该酶不但耐高温，还可以耐受有机溶剂、洗涤剂和 pH 变化等。利用生物工程技术，Torres 团队成功获得了可以在常温下表达并合成嗜热栖热菌青霉素酰基酶的大肠杆菌基因工程菌株，为其在制药领域工业化应用奠定了基础（Torres et al., 2012）。

通常，微生物可以将天然存在的底物转化为人们需要的化合物，但由于缺乏相应的酶或者需要的酶所占比例很小，微生物很难直接将其非天然底物转化为所需要的化合物。

在传统的化学加工过程中，将非活性位点的亚甲基催化氧化为酮的反应选择性很弱，会生成多种混合产物。若对活性位点的苄型亚甲基进行氧化，效果会稍微好一些，但需要使用有毒的氧化剂和金属催化剂。生物转化法可以选择性地对亚甲基进行氧化，但单一微生物参与的生物转化反应不完全，其产物是醇和酮的混合物。在此情况下，利用多种微生物在同一个发酵罐中对底物进行串联加工，不失为获得所需化合物的一个良好解决办法。例如，在同一个发酵罐中使用含单加氧酶的微生物和醇脱氢酶串联催化，能够选择性地将亚甲基氧化成酮类。在共同催化反应中，含单加氧酶的微生物可以选择性地催化羟基化反应，将亚甲基氧化成醇；而醇脱氢酶能够进一步发挥催化作用，将醇氧化为相对应的酮。整个体系是一个绿色、清洁、具有选择性的生物串联催化系统（Zhang et al., 2011）。

除了可以产生酶制剂以外，微生物还可以通过其代谢产物改善化学反应条件，促进化学品的绿色化生产。在化学品生产过程中，大量溶剂的使用是产生环境污染的重要原因之一。减少有机溶剂的使用、进行固态化学反应，是绿色化学品生产研发的一个重要方向。固态反应是指在无溶剂作用条件下进行的反应。

2012 年，Chatterjee 等报道了一个在固相发生的光化学氧化反应。该反应通过固相-固相转换，将一种含有硫基铁载体 2，6-二硫代羧酸吡啶（H_2L）的一氧化钒（Ⅳ）化合物 [$V^{IV}O(L)$] 氧化为顺式的二氧化钒（Ⅴ）化合物 [V^VO_2(HL)]，产率为 100%。其中，促进固态氧化反应的 H_2L 来源于假单胞菌属多种菌株的代谢产物（Chatterjee and Crans，2012）。

微生物除了用于化学品生产以外，还可以用于一些常规化学方法难以实现的材料加工。随着纳米科技的发展，人们对于纳米结构金属材料的合成与应用日益重视。例如，纳米金颗粒可以应用于纳米电子学、生物医学、传感和催化剂等领域，但很难使用化学方法进行生产。在十六烷基三甲基氯化铵存在的情况下，毕氏酵母可以很容易地生产纳米金，并且可以通过调整毕氏酵母的剂量来调节所生成纳米金颗粒的大小和结构（Wang et al.，2013）。

8.2.3　微生物生产的绿色化学品取代现有化学品

目前由于毒害、污染以及残留等问题，许多化学品的使用正逐步受到限制，并陆续被新研发的绿色化学品所取代。其中，农药和防腐剂是最引人注目的两大类产品。

1. 微生物与绿色农药

在人们认识到农药残留、富集对人类健康和环境的危害后，一方面开始限制农药的使用，另一方面正在努力开发新型的绿色农药以取代传统的化学农药（刘长令，2011）。所谓绿色农药，是指对病虫害具有高效的防治作用，同时对人类、家畜、野生动物以及农作物本身是安全的，且在农作物中低残留或无残留，在环境中容易分解的农药。绿色农药包括许多生物制品，从来源上可分为来源于植物的除虫菊素、印楝素、鱼藤酮、植物精油、烟碱和苦参碱等；来源于动物的昆虫性外激素、保幼激素和蜕皮激素等；来源于微生物的细菌、真菌、病毒及其代谢物等（宋晓君，2011；张龙，2011）。其中，生物杀虫剂约占生物农药市场份额的 93%，主要包括以下四种功能类型：

1）生物调节剂：利用生物活性物质来调节、改变和抑制有害生物体的生长、发育和繁殖，以达到防治病虫害的目的。例如，利用同昆虫蜕皮激素类似物诱导害虫提前蜕皮，从而使其停止进食、脱水、进而快速死亡的促蜕皮类杀虫剂以及双苯酰肼等。

2）昆虫信息素：与昆虫性外激素类似的、可干扰害虫繁殖的化合物。例如，Baker 公司合成的环氧十九烷等。

3）光活化农药：含有光敏剂，在有光和氧存在的条件下由光敏剂催化产生超氧自由基或单线态氧以杀灭害虫。

4）神经麻痹剂：对害虫产生神经综合症状，如疲惫、缺乏协调性、颤抖和肌肉抽搐，进而瘫痪和死亡。例如，陶氏（Dow）益农公司开发的多杀菌素（spinosad，又名多杀霉素）。

多杀菌素是土壤放线菌刺糖多孢菌发酵产生的次级代谢产物，是大环内酯类化合物，属于神经麻痹型杀虫剂。1999年，多杀菌素凭借着选择性杀灭害虫的优秀功能及其较高的环境安全性，荣获美国EPA颁发的总统绿色化学品挑战奖，2008年，通过对多杀菌素进行结构修饰得到的乙基多杀菌素也获得了总统绿色化学品挑战奖，成为唯一一个两次获得此奖的杀虫剂（唐林生，2007）。此外，阿维菌素也是微生物发酵获得的杀虫剂，是阿维链霉菌发酵产生的代谢产物。阿维菌素是一种广谱杀螨、杀虫剂，主要用于防治园艺作物、观赏性植物和草坪草的叶螨等害虫。目前，以阿维菌素为母体开发出的衍生物包括伊维菌素、道拉菌素、埃玛菌素和爱普力诺菌素，主要用于防治包括犬恶丝虫等人兽共患寄生虫在内的寄生虫感染。苏云金芽孢杆菌商品制剂是最早被研究的微生物源杀虫剂，也是世界上应用最为广泛、用量最大、效果最好的微生物杀虫剂。苏云金芽孢杆菌可产生一种或数种杀虫晶体蛋白（insecticidal crystal proteins，ICPs）。ICPs能够特异性地抑制鳞翅目、直翅目、双翅目、鞘翅目和膜翅目等多种害虫肠道的消化功能，使害虫因饥饿和血液及神经中毒致死。苏云金杆菌以色列亚种对传播致命性西尼罗河病毒的蚊子具有作用良好的防治作用。

病毒型杀虫剂可影响蛾类和叶蜂等昆虫。我国使用核型多角体病毒杀虫剂防治棉铃虫，其效果与化学农药相当，而成本低于化学农药。真菌作为生物杀虫剂可被用于防治蜚蠊，使其整个种群患病。白僵菌也是真菌类杀虫剂，主要防治鳞翅目、膜翅目、同翅目和直翅目等昆虫的幼虫，在我国主要用于防治大豆食心虫、玉米螟和松毛虫等害虫。值得注意的是，病毒型和真菌类杀虫剂在室外条件下并不稳定，长时间光照、大雨等均可导致药物失效，需要小心谨慎地采用喷雾法对植物进行施用，以期发挥最大杀虫功效。

目前，商品化的生物杀菌剂全部为发酵代谢产物，主要由土壤放线菌和芽孢杆菌产生，包括灭瘟素、春雷霉素、米多霉素、纳他霉素、土霉素、多氧霉素、链霉素和井冈霉素等（刘郁等，2013）。上海交通大学的许煜泉教授从甜瓜根际分离得到一个生防菌——假单胞菌M18，其次生代谢产物吩嗪-1-羧酸（PCA）能有效抑制多种农作物病原菌的生长，是一种安全、高效并对环境友好的新型微生物源绿色农药，其专利名为申嗪霉素。通过对申嗪霉素生物合成基因簇的分析研究和遗传改造，可将M18菌株的申嗪霉素产量提高25倍，大大降低其生产成本。2008～2009 年，农业部全国农业技术推广服务中心牵头进行了申嗪霉素防治水稻纹枯病实验。结果表明，申嗪霉素可以有效地防治水稻纹枯病，从而被列入 2011～2015 年推广产品（许煜泉，2011）。

双丙氨磷是第一个通过发酵生产的生物除草剂。该三肽除草剂是土壤放线菌吸水链霉菌的发酵产物，为非选择性芽后除草剂，对多年生杂草效果显著。它对包括哺乳动物在内的其他非靶标生物相对无毒，能够被土壤微生物快速降解而失活，对环境影响极小。此外，一些真菌可通过感染田间杂草达到除草的效果。例如，锈菌、紫色多孢锈菌、罗德曼尼尾孢和疫病菌被分别用于去除骼草、野黑莓、水葫芦和莫伦藤等杂草（招衡和张翼翾，2010）。

生物农药的使用间隔限制低、残留可以被接受，适用于利润较高的家庭、医院和花园等市场，已被广泛用于有机水果、蔬菜和粮食生产以及宠物害虫防治。

2. 微生物防腐

在中国，每年因果蔬采摘后腐烂而造成的经济损失，约占果蔬业总产值的 30% 以上。除了自身的生理失调、衰老和采收贮运过程中的机械损伤外，病原微生物侵染是采摘后果蔬腐烂变质的主要原因。果蔬采摘后病原微生物的防治方法可分为物理、化学和生物三大类。其中，化学方法具有成本低、杀菌谱广和见效快等优点，一直以来被广泛使用。但是，长期使用化学杀菌剂不仅会导致病原菌产生抗药性，逐渐降低防治效果，还会对人体健康不利，并可能对环境造成不良影响。因此，化学杀菌剂的使用正在逐渐受到限制。在这种情况下，果蔬腐坏的生物防治因其绿色环保的特点而受到人们的重视。

果蔬生物防腐的原理主要是利用微生物之间存在拮抗作用，即在果蔬表面创建促进拮抗作用的微环境，以达到抑制病原微生物生长和繁殖的目的。这些拮抗作用包括：①利用自身产生的抗生素杀灭病原菌；②通过与病原菌竞争水分、氧气、空间及营养抑制病原菌的生长；③通过缠绕、吸附、侵入和消解反应抑制病原菌；④直接诱导果蔬自身产生抗病性来防治采摘后病害。

常用的拮抗微生物有真菌、细菌和放线菌。真菌中常用的是酵母菌（黏红酵母、罗伦隐球酵母和季也蒙毕赤酵母等）以及木霉菌（康氏木霉、绿色木霉和哈茨木霉等）。细菌中生物防腐效果最好的是芽孢杆菌属（蜡状芽孢杆菌、多黏芽孢杆菌和枯草芽孢杆菌等）以及假单胞杆菌属（丁香假单胞杆菌和荧光假单胞杆菌等）。放线菌中主要使用的防腐菌是链霉菌（朱丽娅等，2013）。

多数试验发现，拮抗菌防治对象单一、稳定性差，无法在果蔬采摘后病害生物防治方面商品化使用。目前，只有哈茨木霉和枯草芽孢杆菌等少数菌株实现了商品化，但由于成本问题尚且无法大规模推广。为了降低生产成本，Motta 等人

（2012）以低成本的燕麦作为底物，用马铃薯蛋白胨作为氮源，采用深层发酵生产绿色木霉。木霉属的真菌可以产生热稳定的木聚糖酶、果胶酶、纤维素酶、壳多糖酶和 β–半乳糖苷酶等多种酶类。在发酵过程中，绿色木霉可以降解燕麦中的葡聚糖，生成葡萄糖作为碳源支持其生长。发酵 60h 后，可在显微镜下检测到孢子的出现；发酵 120h 后，孢子含量呈现最大值。该项研究成果，可为果蔬生物防腐菌株的商品化应用创造条件（Motta and Santana，2012）。

8.3 微生物对绿色化学产品的降解

目前，市场上已有多种可降解的绿色化学产品。Donlar 公司开发的聚天冬氨酸阻垢剂不但可以有效地阻止水垢生成，而且在发挥阻垢功能后还可以被环境微生物降解。聚丙烯酸是生产一次性纸尿布——"尿不湿"的重要化合物，很难被环境微生物降解。如果能够以聚天冬氨酸代替聚丙烯酸生产纸尿布，将会对固体废物填埋问题产生重大影响。此外，美国 Cargill 公司和日本帝人公司的合资企业 NatureWorks 公司推出的 Ingeo 聚乳酸聚合物，以及美国 Metabolix 公司与生物燃料公司 Archer Daniels Midland 生产的生物基 Mirel 聚合物，都是新型的生物可降解聚合物。

可降解塑料又称环境友好塑料，是指使用后可以在光、水、氧气和环境微生物（真菌、细菌、放线菌以及藻类）的作用下分解的塑料。根据其降解程度，可分为全降解塑料和部分可降解塑料，全降解塑料是在环境微生物的作用下，最终完全降解为水和二氧化碳等物质，对环境完全无污染；而部分可降解塑料是向传统塑料中添加可降解成分，使塑料可以很快降解成不会对环境产生较大影响的小分子。根据降解的方式不同，可降解塑料又可分为添加光敏剂的光降解塑料；添加预氧化剂的氧化降解塑料；添加或完全使用可以被环境微生物降解、利用物质的生物降解塑料等。由于各种降解方式都有一定的局限性，例如，掩埋的条件下光降解无法进行，而在干燥、缺乏土壤的区域生物降解很难发生，所以出现了光/生物双降解和氧化/生物双降解等混合降解型塑料。在所有的降解方式中，唯有生物降解可以完全彻底地将塑料降解，其他降解方式只是将高分子聚合物分子打断，使其利于生物降解。

生物降解塑料所使用的添加材料包括天然可降解物质和新型可降解聚合物两大类。添加的天然可降解物质多是天然高分子聚合物，包括动物来源的甲壳素和植物来源的纤维素、淀粉以及蛋白质等。其中纤维素和甲壳素在化学结构上都属于碱性多糖，可以完全生物降解。淀粉是多羟基化合物，可以同热塑性聚合物混合生产生物可降解塑料，甚至可以全部使用变性淀粉生产完全可降解塑料。虽然蛋白质的生物降解性能较好，但其热稳定性和机械性较差。目前，添加蛋白质和纤维素的可生物降解塑料还处于试验阶段。真正已经投入使用的是淀粉基塑料。淀粉基塑料根据制造工艺，又可分为填充型、共混型、全淀粉和光/生物双降解型塑料四大类。

1) 填充型淀粉塑料。填充型淀粉塑料制造工艺是在通用塑料中加入淀粉和其他少量添加剂，然后加工成型，该工艺由 Griffin 于 1973 年首次获得专利。填充型淀粉塑料生产工艺简单，技术成熟，只需对现有加工设备稍加改进即可进行生产，是国内生产可降解淀粉塑料的主要类型。

2) 共混型淀粉塑料。由于天然淀粉分子是极性分子，而合成树脂是非极性分子，所以填充型淀粉塑料中添加的淀粉较少，其淀粉含量不超过 30%。为此，研究者采用物理和化学方法对淀粉进行了表面处理，提高其疏水性和与高分子聚合物的相容性后，与合成树脂或其他天然高分子共混制成了共混型淀粉塑料，将淀粉含量提高到了 30%~60%，仅含少量的合成树脂、纤维素和木质素等。共混型淀粉塑料的特点是以淀粉为主要材料，生物降解的比例增大，部分产品可完全降解。

3) 全淀粉型塑料。顾名思义就是将淀粉分子进行无序化变构，形成具有热塑性的淀粉树脂，再添加极少量的增塑剂等助剂制成的。全淀粉塑料是真正的完全降解塑料，其淀粉含量在 90% 以上，其他添加剂也是无毒并且可以完全降解的。几乎所有的塑料加工方法均可应用于加工全淀粉塑料。全淀粉塑料在潮湿的自然环境中可完全降解。目前，德国 Battelle 研究所、日本住友商事公司、意大利的 Ferruzzi 公司和美国 Wanlerlambert 公司等都宣称研制成功淀粉含量在 90%~100% 的全淀粉塑料。这些产品可用于制造各种容器、薄膜和垃圾袋等，使用后能在 1 年内完全生物降解而不留任何痕迹，无污染。

4) 光/生物双降解塑料：光/生物双降解塑料是在共混型淀粉塑料的基础上再添加光敏剂制成的。光敏剂的添加使该产品在干燥、缺乏土壤的条件下也能借助光照切断高分子链，降解为小分子并促进微生物的进一步降解。

除了添加天然大分子促进塑料降解外，人们还积极研发可以被环境微生物降解的新型高分子聚合物。研究发现，聚合物对微生物侵蚀的敏感性同分子结构相关，主链中混有 C-O 和 C-N 键的聚合物比仅由 C-C 键构成的聚合物对微生物更加敏感。基于这个原理，人们研发了多种新型的可生物降解聚合物，包括利用微生物发酵将某些有机物合成高分子的微生物降解塑料，以及将发酵生产的氨基酸、聚酯和糖类用合成技术加工成高分子聚合物的合成高分子型生物降解塑料。

本质上，微生物降解塑料是在菌体内储存的备用能源物质，具有良好的生物降解性能。聚羟基脂肪酸酯（polyhydroxyalkanoates，PHA）是一种线性饱和聚酯，在微生物体系中普遍存在，许多原核微生物在碳过量而缺乏氮、磷、镁、氧等其他营养素的不平衡生长条件下，都会在胞内合成 PHA 作为能量和碳源储备（表 8-1）。PHA 的降解同其晶体结构相关，其降解速率可以通过控制共混合热处理工艺、改变晶体结构加以实现。PHA 不但很容易被细菌降解，还可以在体内水解为单体 β-羟基丁酸，最后通过酮代谢成为二氧化碳和水。因此，作为可降解的植入材料，PHA 在医疗领域拥有广阔的发展前景（羊依金等，2006）。

表 8-1　能生成 PHA 的微生物

菌名	中文名称	菌名	中文名称
Actinomyces	放线菌属	*Micrococcus*	微球菌属
Alcalienes	产碱杆菌属	*Nocardia*	诺卡式菌属
Azospirillum	固氮螺菌属	*Paracoccus*	副球菌属
Azotobacter	固氮菌属	*Protomonos*	原单胞菌属
Bacillus	芽孢杆菌属	*Pseudomonas*	假单胞菌属
Beggiatoa	贝日阿托氏菌属	*Rhizobium*	根瘤菌属
Chromobacterium	色杆菌属	*Rhodococcus*	红球菌属
Clostridium	梭菌属	*Rhodopseudomonas*	红假单胞菌属
Corynebacterium	棒杆菌属	*Rhodospirillum*	红螺菌属
Derxia	德克斯菌属	*Sphaerottilus*	球衣菌属
Ectothiorhodospira	硫红螺菌属	*Spirillum*	螺菌属
Ferrobacillus	亚铁杆菌属	*Streptotilus*	链霉菌属
Halobacterium	嗜盐杆菌属	*Vibrio*	弧菌属
Hydrogenomonas	氢单胞菌属	*Xanthobacter*	黄色杆菌属
Hyphomicrobium	生丝微菌属	*Zoogloea*	动胶菌属
Lampropnedia	生丝微球菌属		细球菌属
Methanomonas	甲烷单胞菌属		红色无硫菌属
Methylobacterium	甲基杆菌属		
Methylotrophs	甲基营养菌属		
Methylosinus	甲基弯曲菌属		

聚-3-羟基丁酸酯（polyhydroxybutyrate，PHB）是以单糖为原料，利用真养产碱菌发酵生产的热塑性树脂。PHB 具有优良的生物降解性和生物相容性，可用来制作药物缓释系统。PHB 的强度可以通过改变共聚酯中羟基戊酯的含量来调

节。当提高羟基戊酯含量时，共聚酯的熔点下降，柔软性提高，冲击强度改善，可以用来制造强韧的塑料薄膜。

除了天然聚合物外，还可以使用化学方法合成与天然高分子结构相似的生物降解塑料。合成型生物降解塑料的原料既可以是发酵产生的氨基酸、聚酯和糖类等产品，也可以是石油化工产品。同微生物合成的降解塑料相比，合成型生物降解塑料的生产更加灵活，产品的质量更容易控制。目前，已经实现商品化的合成型生物降解塑料主要有聚己内酯（polycaprolactone，PCL）、聚丁二酸丁二醇酯［poly（butylene succinate），PBS］和聚乳酸（polylactic acid，PLA）等。PCL 同聚乙烯、聚丙烯等多种树脂可以很好地相容，在海水及藻类的作用下可以被完全降解。PBS 对青菜和生菜的发芽、生长和叶绿素合成有一定的促进作用，适用于制造农用地膜等。PLA 由可食用性乳酸为单体聚合而成，可以水解成小分子后被微生物分解。在美国、意大利和新西兰等国家，都有饮料厂采用 PLA 作为包装瓶（杨双春等，2013）。

从生产到降解，在化学品的整个生命周期中都要考虑环保要求，这是绿色化学品的一个重要特征。也就是说，一个化学品是否是绿色的，不但要看它的生产和使用过程中是否安全无毒、不污染环境，还要评估其被使用后能否再循环或易于在环境中无害地降解，这将成为未来评估绿色化学品的一个重要指标。

思 考 题

1. 绿色化学品在未来生活工业当中的应用前景有哪些？
2. 微生物与绿色化学品之间的相互关系？
3. 哪些生物技术在绿色化学品生产中已得到应用？

参 考 文 献

阿尔贝特·马特莱克. 2012. 绿色化学导论. 郭长彬等译. 北京：科学出版社.

戴住波，朱欣娜，张学礼. 2013. 合成生物学在微生物细胞工厂构建中的应用. 生命科学，25（10）：943-951.

付宁. 2013. 催化技术对绿色化学的影响研究. 环境科学与管理，38（7）：192-194.

霍宇凝. 2001. 环保型水处理剂聚天冬氨酸及其复配物的研制与阻垢缓蚀性能的研究. 上海：华东理工大学博士学位论文.

李正启，谢恩，马良. 2011. 绿色化学与人类社会的可持续发展. 化学工业，29（4）：3-5.

刘长江. 2001. 生物技术与绿色化工. 2001 年中国国际农业科技年会论文集. 大连：中国农学会. 中华人民共和国农业部，中国科学技术协会，大连市人民政府.

刘长令. 2011. 绿色农药与工艺. 第十三届中国科协年会第 1 分会场——绿色化学科学与工程技术前沿国际论坛论文集. 天津：中国科学技术协会年会. 中国科学技术协会、天津市人民政府.

刘国辉，章文. 2009. 绿色化工发展综述. 中国环保产业，(12)：19-25.

刘万毅. 2004. 绿色有机化学合成方法及其应用. 银川：宁夏人民出版社.

刘郁，桑海旭，王井士，等. 2013. 春雷霉素 WP 和常规农药防治粳稻主要病害的比较研究. 农学学报，3（6）：31-33，78.

宋晓君. 2011. 农药未来的发展. 河南农业，(15)：25，19.

塑料制造编辑部. 2016. 海盐受塑料污染程度高，对人类本身造成伤害. 塑料制造，(7)：32.

唐林生，冯柏成. 2007. 从美国"总统绿色化学挑战奖"看绿色精细化工的发展趋势. 现代化工，(6)：5-9.

陶阿丽，苏诚，余大群，等. 2012. 微生物制药研究进展与展望. 广州化工，40（16）：17-19.

王平. 2016. 绿色化学理念在化学化工过程中的实施. 化工管理，(12)：24.

吴宇峰，曾凡亮，刘向东. 2005. 绿色化学品与无磷阻垢缓蚀剂. 化工时刊，(7)：44-48.

许煜泉. 2011. 微生物源绿色农药申嗪霉素研制与防治水稻纹枯病集成示范. 植保科技创新与病虫防控专业化——中国植物保护学会 2011 年学术年会论文集. 中国植物保护学会.

羊依金，李志章，张雪乔. 2006. 微生物降解塑料的研究进展. 化学研究与应用，(9)：1015-1021.

杨双春，邓丹，王晓珍，等. 2013. 环境友好型塑料的研究进展. 当代化工，42（3）：300-303.

张龙，李佳佳，刘天晴. 2011. 绿色农药氯氰菊酯微乳剂配方原料筛选. 安徽农业科学，39（34）：21063-21064，21084.

章凯捷. 2013. 绿色化学新世纪水处理剂发展战略. 科协论坛（下半月），(7)：129-130.

章文. 2009. 化学品生产商正在主攻绿色化学. 石油炼制与化工，40（7）：54.

招衡，张翼翱. 2013. 生物农药及其未来研究和应用. 世界农药，32（2）：16-24，30.

周正雄，卢英华，班甲等. 2013. 微生物发酵法生产花生四烯酸油脂的研究进展. 生物加工过程，11（4）：72-78.

朱丽娅，郜海燕，陈杭君，等. 2013. 拮抗菌防治果蔬采后病害的概况. 浙江农业科学，(7)：853-857.

訾俊峰. 2011. 绿色化学与现代生活. 武汉：武汉大学出版社.

Chatterjee P B, Crans D C. 2012. Solid-to-solid oxidation of a vanadium（IV）to a vanadium（V）compound：chemisty of a sulfur-containing siderophore. Inorganic Chemistry, 51（17）：9144-9146.

Motta F L, Santana M H. 2012. Biomass production from *Trichoderma viride* in nonconventional oat medium. Biotechnol Prog, 28（5）：1245-1250.

Torres L L, Ferreras E R, Ángel Cantero, et al. 2012. Functional expression of a penicillin acylase from the extreme thermophile *Thermus thermophilus*, HB27 in *Escherichia coli*. Microbial Cell Factories, 11（1）：105-116.

Wang M, Odoom-Wubah T, Chen H, et al. 2013. Microorganism-mediated synthesis of chemically difficult-to-synthesize Au nanohorns with excellent optical properties in the presence of *hexadecyltri-*

methylammonium chloride. Nanoscale, 5 (14): 6599.

Zhang W, Tang W L, Wang D I, et al. 2011. Concurrent oxidations with tandem biocatalysts in one pot: green, selective and clean oxidations of methylene groups to ketones. Chem Commun (Camb), 47 (11): 3284-3286.

第9章 生物质原料的微生物转化

由于化石资源的过度开发与利用累计的效应、化石资源储量的有限性，诱发了化石资源渐趋枯竭带来的能源危机。同时，化石资源转化过程中产生的环境污染物导致了区域性和全球性的环境、生态问题。为控制或减少化石资源的使用、降低环境和生态污染，各国政府纷纷颁布政策法规，鼓励开发利用可再生资源，尤其是生物质资源。因此，生物质原料的转化与利用成为当今各国生物化学化工领域研究的热点问题。生物质原料的微生物转化与利用条件比较温和，并能实现多级循环利用，不仅不会对环境造成危害，而且还有利于改善已经被破坏了的环境与生态。本章主要介绍生物质原料的微生物转化与利用，以及微生物在生物质能源开发、生物质材料制备等领域的研究与应用。

9.1 纤维质原料生物预处理

纤维质原料主要包括纤维素、半纤维素和木质素三种组分。在纤维乙醇的生产过程中，发挥主要作用的是纤维素和半纤维素（曲音波，2007）。木质素是一种具有三度空间结构的芳香族物质，是由香豆醇、（5-羟基）松柏醇和芥子醇等几种苯丙烷单体经过酶作用后发生任意偶联反应，脱氢聚合而成的无定形高聚物（图9-1）。它不易降解的性质严重制约着纤维素和半纤维素的转化。因此，必须对纤维乙醇的生产原料采取有效的预处理工艺，打破紧密的纤维素–半纤维素–木质素结构，降低纤维素的结晶度和聚合度，去除木质素的位阻，增大物料表面孔径和表面积（Alvira et al., 2010）。预处理效果的好坏直接关系到后续糖化和乙醇发酵的效果。目前，最常用的预处理方法有化学法和生物法等，其中生物预处理具有反应条件温和、能耗低和无污染等优势。生物预处理是指利用某种具有特殊机制的微生物产生酶系，选择性地降解木质素，并在一定程度上保留纤维素和半纤维素（张宇等，2009）。

9.1.1 木质素降解微生物分类

在自然界中，木质素的完全降解是真菌、细菌及相应微生物群落共同作用的

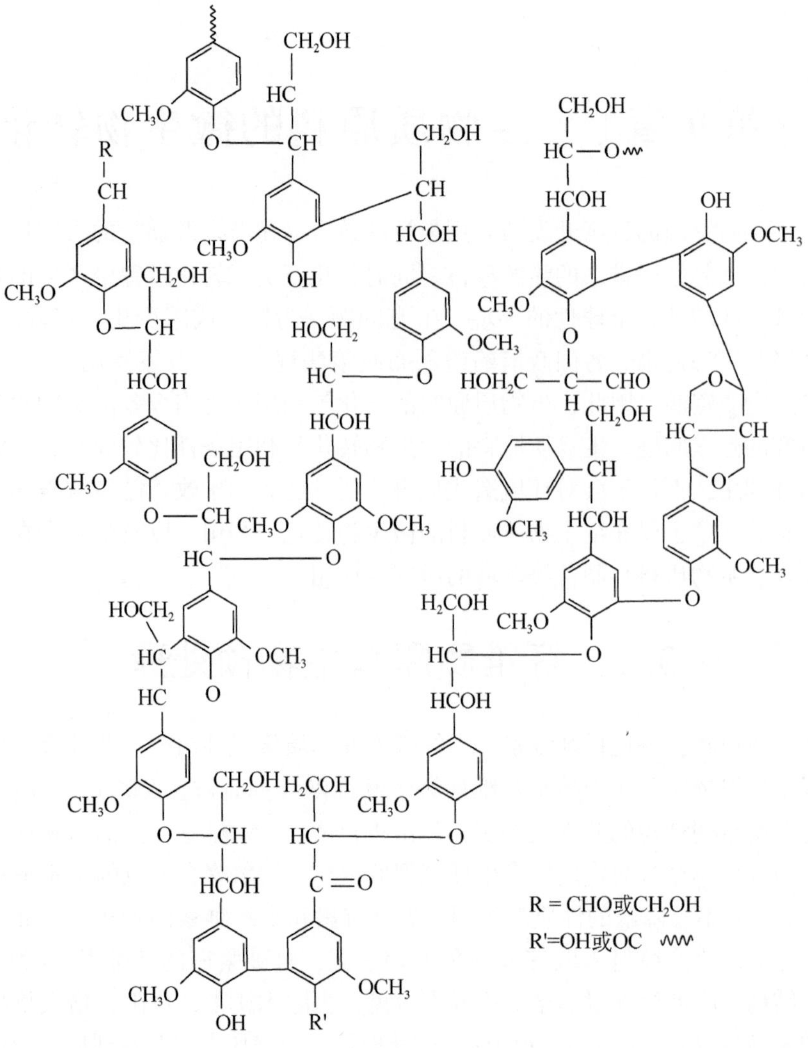

图 9-1　木质素的分子结构示意

结果（表 9-1）。其中，真菌是木质素降解的主要微生物类群。而细菌在木质素降解过程中主要起着间接的作用，即细菌与软腐真菌协作使木质素易于受到真菌的攻击，且可去除对腐朽真菌有毒性的物质。真菌在木质素降解中起主导作用，通过菌丝作用进入到木质材料中，同时分泌出特殊的胞外酶攻击植物细胞壁中的木质纤维素，导致木质素与纤维素的解聚和溶解。

表 9-1　木质素降解微生物的分类

微生物分类		代表性种（属）	
		拉丁名	中文名
真菌	白腐菌	*Phanerochete chrysosporium*	黄孢原毛平革菌
		Ceriporiopsis subvermispora	虫拟蜡菌
		Coriolus versicolor	彩绒革盖菌
		Trametes versicolor	变色栓菌
		Pleurotus ostreatus	糙皮侧耳
		Bjerkandera adusta	烟管菌
	褐腐菌	*Gloeophyllum trabeum*	密黏褶菌
		Echinodontium tinctorium	有色木齿菌
		Lentinus lepideus	豹皮香菇
		Postia placenta	绵腐卧孔菌
	软腐菌	*Chaetomium globosum*	球毛壳菌
		Ceratocystis pilifera	毛长喙壳霉
		Alternaria humicola	土生链格孢
		Trichosporium heteromorphum	无柄孢霉
细菌（放线菌）		*Streptomyces*	链霉菌
		Arthrobacter	节杆菌
		Micromonospora	小单孢菌
		Nocardia	诺卡氏菌

　　根据木材腐朽类型，降解木质素的真菌——木腐菌可分为白腐菌、褐腐菌和软腐菌。前两者都属于担子菌纲（Basidiomycetes），软腐菌属于囊菌纲（Ascomycetes）或半知菌类（Fungi Impecfecti）。白腐菌是一种丝状真菌，能够分泌胞外氧化酶，首先降解木质素而不产生色素，在木质材料中形成白色腐朽。它降解木质素的能力优于其降解纤维素的能力，被认为是木质素降解的最主要微生物。目前，研究得较多的白腐菌包括黄孢原毛平革菌（*Phanerochete chrysosporium*）、彩绒革盖菌（*Coriolus Versicolor*）、变色栓菌（*Thametes versicolor*）、糙皮侧耳（*Pleurotus ostreatus*）和烟管菌（*Bjerkandera adusta*）等。其中，黄孢原毛平革菌是木质素生物降解的模式菌种。褐腐菌使木质材料中的纤维素受到侵蚀而对木质素的影响却极小，致使降解产物含有褐色的木质素成分。软腐菌降解多聚糖的作用优于降解木质素的作用，它一般只能分解纤维素，木质素则被完整地保留下来。大多数软腐菌还可以从细胞腔向复合胞间层产生腐蚀。相比于白腐菌，褐腐菌和软腐菌降

解木质素的能力较弱。其他具有木质素分解能力的真菌中，较为常见的有绿色木霉、康氏木霉等。

关于细菌对木质素降解的研究开始较晚，二十世纪五六十年代证实木材腐朽与细菌相关，八九十年代的研究成果表明细菌可以降解代谢杨木二氧己烷木质素和低分子量的硫化木质素及 Kraft 木质素的片断。自此，细菌在木质素降解中的作用才日渐清晰，即细菌能在一定程度上使木质素结构发生改性，使其增加水溶性，从而产生一种可酸沉淀的多聚木质素，但极少矿化木质素产生 CO_2。降解木质素的细菌种类很多，放线菌类是公认降解能力较强的细菌，包括链霉菌属（*Streptomyces*）、节杆菌属（*Arthrobacter*）、小单孢菌属（*Micromonospora*）和诺卡氏菌属（*Nocardia*）等。其中，链霉属的丝状细菌（如栗褐链霉菌）对木质素的降解率最高可达20%；非丝状细菌也能降解木质素低分子量部分和木质素的降解产物，但其木质素降解率通常小于10%。研究表明，放线菌能穿透木质纤维素等不溶基质，在中性、微碱性土壤或堆肥中均参与有机质的初始降解和腐殖化，且在堆肥后期对木质素降解起着主要作用。

9.1.2　木质素降解酶及其作用机制

真菌是木质素降解的主要作用者，他们在木质素降解过程中能产生过氧化物酶，包括木质素过氧化物酶（lignin peroxidase，LiP）、锰过氧化物酶（manganese peroxidase，MnP）和漆酶（laccase，Lac）等（表9-2）（Blodig et al.，2001；Sundaramoorthy et al.，2005；Skalova et al.，2009）。

表 9-2　三种主要木质素降解酶的结构示意

	木质素过氧化物酶（LiP）	锰过氧化物酶（MnP）	漆酶（Lac）
结构示意			
菌种来源	*Phanerochaete chrysosprium*		*Streptomyces coelicolor*

1. 木质素过氧化物酶

LiP 是第一个从黄孢原毛平革菌（*Phanerochaete chrysosprium*）中被发现的木

质素降解酶，它在木质素降解中起着关键作用。LiP 的产生菌在自然界中分布相当广泛，许多腐朽木材的白腐菌、褐腐菌都可以产生 LiP。LiP 是代表一系列含 Fe^{3+}、卟啉环（IX）和血红素辅基的同工酶。它能氧化木质素中富含电子的酚型或非酚型芳香化合物，在通过电子传递体攻击木质素时，从酚类或非酚类的苯环上夺取一个电子，将其氧化成自由基，继而以链式反应产生许多不同的自由基，导致木质素分子中主要键断裂，然后发生一系列的裂解反应。LiP 能催化丙基侧链的 C_α–C_β 链断裂，该裂解反应被认为是在白腐菌降解木质素中最重要的一环（Zhang and Wang, 2018）。

2. 锰过氧化物酶

MnP 存在于大多数白腐菌中，分子结构与 LiP 相似，也是一种糖蛋白，活性中心由一个血红素辅基和一个 Mn^{2+} 构成。Mn^{2+} 在催化氧化中作为必需的电子供给者，使缺一个电子的酶中间体恢复到原来状态，产生 Mn^{3+}。在该反应中，需要有机酸螯合剂（如草酸盐和乙醇酸盐）固定产生的 Mn^{3+}，促进 Mn^{3+} 从酶的活性位点中释放出来。螯合的 Mn^{3+} 是可传播的氧化剂，可在离 MnP 活性位点较远的地方起作用，但是氧化性不强，不能氧化在木质素中占优势的非苯酚结构，只能通过 C_α–芳基开裂等反应降解木质素中约占 10% 的酚结构。重要的是，螯合的 Mn^{3+} 分子小，能够穿透木材启动降解反应，促进氧化性更强的 LiP 攻击木质素中主要的酚型和非酚型芳香化合物（Zhang and Wang, 2018）。

3. 漆酶

Lac 也是能够有效降解木质纤维素的一类蛋白酶。1883 年，日本科学家吉田首次在生漆中发现该酶。Lac 大多分布在担子菌（*Basidimycetes*）、多孔菌（*Polyporus*）和柄孢壳菌（*Podospora*）等微生物中。此外，一些动物的肾脏和血清中也含有 Lac。Lac 是一种含铜多酚氧化酶。它以 O_2 为电子受体，能催化酚类物质的氧化还原反应，在木质素的生物降解中发挥着重要作用。目前，Lac 催化多酚化物（如氢醌等）的作用机理已较为透彻。首先，底物氢醌向 Lac 转移一个电子，生成半醌–氧自由基中间体。而后，两分子半醌生成一分子氢醌和一分子苯醌，氧自由基中间体还能转变成碳自由基中间体，它们可以自身结合或相互偶联，产物中除醌外还有聚合物和 C–O、C–C 偶联产物。在菌体内，Lac 与其他氧化木质素酶系协同降解木质素。在菌体外的有氧条件下，Lac 发生聚合反应，还原态 Lac 被氧化，O_2 被还原成水。Lac 催化底物氧化和对 O_2 的还原是通过四个铜离子协同传递电子和价态变化来实现的。在反应中，Lac 从氧化底物分子中获取了一个电子形成一个自由基，该自由基不稳定可进一步发生聚合和解聚反应。

Lac 的氧化底物极为广泛，包括木质素中的酚类及其衍生物、芳胺及其衍生物、芳香羧酸及其衍生物等（Zhang and Wang，2018）。

除 LiP、MnP 和 Lac 外，其他多种微生物产生的纤维素酶、半纤维素酶等生物酶类也通过协同作用，参与了木质素的降解过程。有关每种酶在木质素降解反应中的具体作用，尚需深入研究。

4. 木质素降解的生化机制

微生物降解木质素主要发生在次级代谢阶段，依靠 LiP 和 MnP 等催化，靠酶触启动一系列的自由基链反应，先形成高活性的酶中间体，将木质素等有机物（RH）氧化成许多不同的自由基（R˙），其中包括氧化能力很强的羟基自由基（˙OH），产生具有化学不稳定性的木质素自由活性中间体，然后发生一系列自发的降解反应，实现对木质素的生物降解。在木质素降解过程中，氧化反应占主要地位，但同时也需要还原反应的辅助。图 9-2 为担子菌降解木质素的示意，具体包括以下反应。

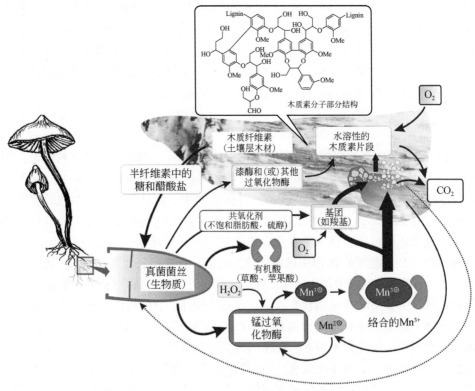

图 9-2　担子菌降解木质素的示意图

1）C_α-C_β断裂。木质素模型化合物的 C_α-C_β 断裂现已基本确定，通过单电子转移机制，LiP 催化氧化 β-1 非酚型木质素模型化合物为其芳香正离子自由基，经 C_α-C_β 断裂形成 3，4-二甲氧基苯乙醇自由基和质子化形式的藜芦醛。有氧存在时，前者加氧后再释放超氧离子形成羰基或醇，无氧存在时则由溶剂水参与而形成醇。

2）C_α-氧化。LiP 催化 β-O-4 木质素模型化合物的主要反应产物是 C_α-C_β 断裂形成的藜芦醛和2-甲氧基苯酚，后者在反应条件下易于聚合。同时，还有相当一部分的正离子自由基中间体失去质子或直接失去氢，形成 C_α 氧化产物。在活性氧存在时，后者更容易发生。

3）芳环取代。在催化反应中形成的芳香正离子自由基与溶剂水或其他亲和试剂作用，随底物的不同而发生不同类型的反应。例如，当苯环上的取代基是甲氧基时，发生脱甲氧基反应，氧化形成相应的醌。

4）氧活化。在木质素模型化合物氧化中，氧的活化是一种普遍现象。分子氧与羟基取代的苯自由基反应能引起氧的活化，氧被还原成超氧离子，又与氢质子反应生成 H_2O_2 与 O_2，该过程是发生在分子氧与苯基中间体之间的纯化学过程。这个反应也出现在木质素过氧化物酶的催化循环中，其结果是 O_2 成为最终的电子受体。

5）藜芦醇及其衍生物的氧化。藜芦醇是黄孢原毛平革菌的一个次级代谢产物，被木质素过氧化物酶分解后，主要产物是藜芦醛，其次是开环产物和醌，产物的分布受 pH 控制。

6）芳香环开裂。利用标记底物和反应物的方法对许多模型化合物进行芳香环的开裂反应研究表明，藜芦醇开环反应的机制也适用于木质素单体、二聚体和低聚体模型化合物，多数情况下得到多种产物的混合物。

7）单甲氧基芳香物的氧化。单甲氧基芳香环虽然可被 *Phanerochaete chrysosporium* 代谢，却不被 LiP 氧化。对于 3，4-二甲氧基芳香环，非但可被 *Phanerochaete chrysosporium* 代谢，而且可被 LiP 氧化。当加入少量的藜芦醇或其他的二甲氧基芳香物时，能够大大提高单甲氧基芳香物的反应速度。

8）醌/氢醌的形成。Lac 是一种含铜的酚氧化酶，它能催化酚型二聚体模型物 b-1 和 β-O-4 结构，经过 C_α-芳烃断裂，产生甲氧基取代的醌/氢醌。辣根过氧化物酶也能得到类似的结果。单体木质素模型物如香草酸、香草醛和香草醇等也能被氧化成醌/氢醌。

9.1.3　木质素降解微生物的选育

从自然界筛选木质素酶高产菌是获得高活力木质素酶的第一步。目前，通用的 Lac 产生菌初筛方法是 PDA（potato dextrose agar）- bavendamm 鞣酸平板法，其原理是利用菌株分泌的 Lac，使 PDA-bavendamm 平板中的鞣酸等酚类化合物聚合，从而在菌落周围形成棕褐色轮环显色圈，根据显色圈直径的大小和产生时间的长短，可判断其产 Lac 性能的高低。过氧化物酶产生菌初筛方法是 PDA-RB 亮蓝平板法，其原理是利用菌株分泌的过氧化物酶，使 PDA-RB 亮蓝平板中的 RB 转变为橙黄色，在菌落周围形成橙黄色轮环显色圈，根据显色圈直径的大小和产生时间的长短，亦可判断其产木质素过氧化物酶和锰依赖过氧化物酶的能力。Lac 活性的测定方法有 ABTS〔2，2′-azino-bis（3-ethylbenzothiazoline-6-sulphonic acid）〕-分光光度计法、丁香醛连氮-分光光度计法、愈创木酚-分光光度计法、微量热法和脉冲激光光声法等。其中，常用的是 ABTS-分光光度计法和丁香醛连氮-分光光度计法，其原理都是利用 Lac 氧化特定的底物，这种底物在某个波长处的吸光值与浓度成正比，测定单位酶促反应时间内该波长处吸收值的变化就得到底物浓度的变化值，从而计算出酶的活力值。木质素过氧化物酶与锰过氧化物酶活性测定办法分别是黎芦醇-分光光度计法和硫酸锰-分光光度计法，其原理与 ABTS-分光光度计法测定 Lac 活性相类似。

1. 木质素降解微生物的筛选

近年来，不断有木质素降解酶活性较高的真菌菌株被筛选出来。例如，粗毛栓菌的 Lac 活性为 0.894 U/mL，过氧化物酶活性为 0.185 U/mL（杜海萍等，2006）；食用菌中香菇菌株 Cr241 具有较高的木质素降解酶活性，其 Lac、LiP 和 MnP 的活力依次为 17.78、0.68 和 1.18 U/mL；白囊耙齿菌（*Irpex lacteus*）是一株能在合成培养基中高效降解寡环芳烃的菌株，主要产过氧化物酶，在多环芳烃底物存在时的锰依赖过氧化物酶活大大提高，在氮源限制性培养基中的木质素酶酶活性更高；白腐菌中烟管菌（*Bjerkandera adusta*）菌株的锰过氧化物酶酶活性最高，猪苓菌株（*Polyporus* sp.）的 Lac 酶活性最高；侧耳属真菌中杏鲍菇（*Pleurotus eryngii*）和阿魏蘑（*ferulae*）的 Lac 酶活性较高；不同的碳源和氮源对血红栓菌（*Pycnoporus sanguineus*）产 Lac 的水平有着强烈影响，当以天门冬酰胺作氮源时，其 Lac 活性最高可达 0.82 U/mL。

在细菌中，产木质素酶的新菌种也屡有报道。木质素具有强烈的抗酸解性，且不溶于水和中性有机溶剂，而在碱性条件下具有一定的可溶性。据报道，从内蒙古盐碱湖中分离得到一株嗜盐碱菌 F10，其所产酶能在碱性条件下降解木质素。如果采用某种方法提高该菌种的酶产量，则该菌极有可能取代黄孢原毛平革菌成为最有应用价值的木质素酶生产菌种。

2. 木质素降解微生物的改造

对野生木质素酶高产菌株进行改造是获得高木质素酶活力的第二步，常用的改造方法主要有两种。第一种是利用物理化学诱变剂单独或复合处理微生物孢子或细胞，再从中筛选出高产突变菌株。例如，以粗毛栓菌（*gallica*）为出发菌株，通过紫外诱变处理其担孢子，获得高产诱变株的 Lac 活力比出发菌株高 4 倍，可达 5.0026 U/mL，且产酶稳定。第二种方法是利用基因工程手段对野生菌株进行遗传改造从而获得高产菌株。例如，铜离子能显著地提高 Lac 和锰依赖过氧化物酶基因在虫拟蜡菌中的表达水平；从褐腐真菌牛樟芝里克隆出木质素过氧化酶基因并且在大肠杆菌中成功表达，表达产物有胞外过氧化酶活性。

9.2　生物质原料酶解转化

9.2.1　淀粉酶水解

淀粉作为一种资源丰富、可再生、价格便宜的天然高分子化合物，在自然界中能被微生物完全降解，不会对环境产生任何污染。与此同时，淀粉在可降解塑料的研制和开发利用得到广泛的应用，其生物降解性能是生物降解材料的最基本特性。对于淀粉降解的特异酶类——淀粉酶，其在制糖、酿造、烘焙和蒸馏等食品工业，纺织、造纸和制药行业等诸多工业生产过程中发挥至关重要的作用。因此，很有必要加强对淀粉酶性能的研究。

1. 淀粉水解相关酶的分类

淀粉酶是催化淀粉（包括糖原，糊精中糖苷键）水解的一类酶的统称。它是研究较多、生产最早、应用最广和产量最大的一种酶，其产量占整个酶制剂总产量的 50% 以上。由于淀粉和其相关多糖（如糖原和支链淀粉）的复杂结构，因此需要一系列水解酶才能将这些底物最终水解为葡萄糖，这样的酶一般称为淀粉水解酶和相关酶。

按照淀粉的水解方式，淀粉酶可为四大类。第一类是 α-淀粉酶 [EC 3.2.1.1]，以糖原或淀粉为底物，从分子内部切开 α-1,4 糖苷键而使底物水解，其终产物为葡萄糖、还原糖、极限糊精和含四个以上葡萄糖残基的低聚糖。第二类是 β-淀粉酶 [EC 3.2.1.2]，从底物非还原性末端每隔一个 α-1,4 糖苷键顺次水解，切下的是麦芽糖单位。第三类是葡萄糖淀粉酶 [EC 3.2.1.3]，习惯上简称糖化酶，从底物的非还原性末端顺次水解 α-1，4 糖苷键和分支的 α-1，6 糖苷键生成葡萄糖。第四类是解枝酶或异淀粉酶［EC 3.2.1.9］，只水解糖原或支链淀粉分支点 α-1，6 糖苷键，切下整个侧枝。此外，淀粉 α-1，6 葡萄糖酶在分支点的葡萄糖单位仅一个时起作用。根据催化途径和结构特征，淀粉酶还可被细分为 19 种（图 9-3）。

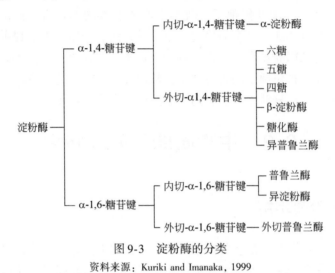

图 9-3　淀粉酶的分类

资料来源：Kuriki and Imanaka, 1999

随着研究的深入，陆续发现了各种新型的淀粉酶，如麦芽四糖淀粉酶、麦芽五糖淀粉酶等麦芽寡糖淀粉酶等。几乎所有生物都含有可水解糖苷键的基因。利用基因工程技术，人们相继从动物、植物、真菌和细菌中克隆出了各种淀粉酶基因 cDNA 序列。目前，已克隆到的淀粉酶基因有 3800 多种（Kamasaka, 2002）。淀粉酶多样性分析结果显示了淀粉酶在来源、产物功能、基因结构呈现多样性和功能区域呈现保守性的特性。

2. 淀粉酶的结构及结构域特征

尽管淀粉酶家族成员的活性不同，但均来自一个共同的祖先，由多结构域组成。所有成员的水解底物构型为 R-构型保留。在 Takata（Takata, 1992）最初提出的概念中，α-淀粉酶家族满足以下四个条件：第一，作用于 α-1，4-和 α-1，6 糖苷键；第二，水解 α-糖苷键产生 α-异头碳单或寡糖，或者通过转糖基作用形成 α-糖苷键；第三，有四个高度保守的包含所有催化位点和底物结合位点的序列区；第四，含有催化位点 Asp，Glu 和 Asp 残基（对应 Taka-amylase A 的 Asp206，Glu230 和 Asp297）。现在，这个家族中识别其他键型的有特殊性质的成员也大量增加。

所有淀粉酶（AAMY）家族成员都有 TIM 桶状结构作为催化结构域（Domain A）（Pujadas and Palau, 1999）。并且，所有酶都有一个结构域（Domain B）位于 Domain A 的第 3 个 β-折叠和 α-螺旋之间。结构域（Domain C）位于蛋白质的 C 端且与酶活性有关（Vihinen et al., 1994）。除了上述区域，某些淀粉酶（如 *Streptomyceslimosus* α-淀粉酶）在其 C 端拥有一额外结构域（Domain E）（starch binding domain, SBD），该区域被认为与生淀粉吸附有关（Long et al., 1987）。含有 SBD 的酶一般都有 4 或 5 个结构域。有 4 个结构域的一般是水解酶类，有 5 个结构域的一般为糖基转移酶类（分别命名为 Domain A、Domain B、Domain C、Domain D、Domain E）（图 9-4）。

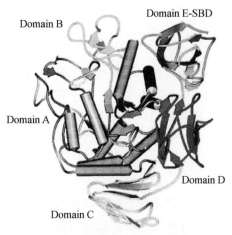

图 9-4　α-淀粉酶空间结构示意图

资料来源：Akemi et al., 2005

（1）催化结构域（Domain A）

Domain A 的长度在 233~317 不等，位于 β4，β5 和 L7（β7 后的 loop）处，有相同的催化残基 [Asp197, Glu233 和 Asp300]。大部分 AAMY 超家族的成员有相同的保守区段。位于 β2，β3，β4，β5，β7 和 β8 周边的序列非常保守。至少其中四个最保守片段可作为识别新的家族成员的标志。

（2）结构域 B（Domain B）

不同淀粉酶的 Domain B 的折叠类型差异较大，长度在 34~104 不等。Domain B 的序列为从高度保守的 β3 后的 His 到位于 α3 前面的与 Ca^{2+} 结合的 Asp，以及下游的 4 个残基（α3 后面是高度保守的 β4）。

（3）结构域 C（Domain C）

DomainC 的功能尚不清楚，但有报道指出，由 *B. subtilis* 与 *P. stutzeri* 产生且

于自然状态被去除部分 Domain C 尾端的 α-淀粉酶仍保有活性，甚至于去除约 25% C 端，酶仍然可维持与原先酶相当的活性与功能（Ohdan et al., 1999）。人为操作所产生的 Domain C 尾端被去除的实验结果也显示，大部分尾端被去除的酶仍保有与原来蛋白质相同程度的淀粉水解活性。

（4）生淀粉结合结构域（SBD）

SBD 是结合不溶性淀粉必需的结构域，其最重要的功能就是结合淀粉颗粒（Friedberg, 1983）。SBD 普遍存在于淀粉酶家族，但不是所有的家族成员都有该域。已经发现含有 SBD 结构域的淀粉酶约占淀粉酶家族的 10% 左右，包括环糊精葡萄糖基转移酶、α-淀粉酶、β-淀粉酶、寡麦芽糖形成淀粉酶和葡萄糖淀粉酶等。

3. 淀粉酶育种研究进展

目前，淀粉酶育种的来源主要有两条途径：第一，对现有淀粉酶的改性；第二，从微生物中寻找新的淀粉酶。近年来，分子育种技术的飞速发展为淀粉酶的高效制备开辟了新途径。淀粉酶 cDNA 基因文库的构建和基因改造符合新工艺的淀粉分解酶类学，是科学研究和应用领域面临的新挑战。以下简单介绍以下几种淀粉酶的分子育种技术。

（1）重组表达

作为重要的工业酶制剂生产菌株，枯草杆菌因其非致病性和分泌胞外蛋白的特点，成为极具潜力的基因工程宿主菌，已成功应用于多种工业酶制剂的研究与重组表达（Nakajima et al., 1986；Vihinen and Mäntsälä P, 1989；Janecek, 1994）。启动子是基因表达调控的重要顺式元件，也是基因工程表达载体的一个重要元件。适宜启动子的选择，是重组蛋白高效表达的关键因素之一。随着启动子改造方面研究逐渐深入，有很多启动子已被开发并应用于 α-淀粉酶基因的表达（表9-3）。为了进一步提高酶的表达量和酶活力，可以利用基因工程的手段，将去信号肽的枯草芽孢杆菌 BF7658 中温 α-淀粉酶基因（amy）克隆到枯草芽孢杆菌高效表达载体（pWB980）上，构建中温 α-淀粉酶的基因工程菌株 pWB-amy/WB600，实现重组质粒 pWB-amy 在枯草芽孢杆菌 WB600 中的高效表达（Lin et al., 1997）。

表9-3 部分真菌 α-淀粉酶的异源表达

基因来源	表达宿主	载体	启动子	表达量（发酵方式）
A. Kawachii	A. niger	p SL902	glaA	1 ～ 2mg/mL（采用 14L Biolafitte 发酵罐）

续表

基因来源	表达宿主	载体	启动子	表达量（发酵方式）
A. Kawachii	T. reesei	pTrex3g	cbhI	—
A. Kawachii	S. cerevisiae	pYcDE1	ADH1	-（IFO4308）
A. oryzae	B. bievis HPD31	pMK300	HWP	22mg/L（摇瓶法）
A. oryzae	S. kluyveri, S. cerevisiae	2μ plasmid	ACT1	320mg/L
A. oryzae	Baker's yeast	YIp and Yep	SUC2 or ACT1	109.5 或 3010.1mCU/mL（面粉水混合物）
A. niger	S. cerevisiae	pWHY	ADH1	0.5~1.8U/mL（摇瓶法）
R. pusillus	A. oryzae	pDAu71	NA2TP1	150~240NU/mL（摇瓶法）

资料来源：李松，2011

（2）定向进化

酶分子的定向进化不需要事先了解酶的空间结构和催化机制，人为地创造特殊的进化条件，模拟自然进化机制（随机突变、基因重组和自然选择），在体外改造酶基因，并定向选择（或筛选）出所需性质的突变酶。易错 PCR 技术是在采用 Taq 酶进行 PCR 扩增目的基因时，通过调整反应条件（如提高酶离子浓度、改变体系中4 种 dNTP 的浓度等），改变 Taq 酶的突变频率，从而向目的基因中以一定频率引入突变，构建突变库，然后选择或筛选需要的突变体。碱基类似物掺入诱变简便、快捷，成为基因体外定向进化的又一新策略。该方法优化淀粉酶基因的可行性已得到验证。例如，从环境微生物 DNA 文库中克隆到一系列可能来源于一种嗜热球菌属（Thermococcus）（Petrova et al.，2000）的高温酸性 α-淀粉酶基因后，通过定向进化技术筛选到几个高温酸性 α-淀粉酶的人工突变体，并在荧光假单胞菌 Pseudomonas fluorescens 中成功表达，其中 BD5088 基因的最适温度为95℃，最适 pH 为4.5，活性（不依赖于 Ca^{2+} 存在）和热稳定性等酶学特性均优于其他突变体基因，为研究 α-淀粉酶基因突变位点和酶功能的关系提供了材料，从而为深入研究 α-淀粉酶基因的进化和诱变育种打下了基础。

（3）蛋白质修饰

利用蛋白质工程对酶进行修饰及分子改造，可以达到提高抗氧化性和热稳定性的目的。例如，将碱性淀粉酶活性位点周围的甲硫氨酸（Met197）替换为丙氨酸，耐氧化性有极大提高。碱性淀粉酶分子改造与修饰，需要对其进行结构与功能关系、突变以及分子模型研究。

4. 淀粉酶的性质特征及其应用

淀粉的应用与研究有着悠久的历史。早在数千年前，人们就开始利用淀粉酶的水解作用从事酿酒和制饴糖等。但直到 19 世纪以后，才真正将酶提取出来使用。淀粉酶（diastase）是较早发现的酶类之一。1833 年，Payen 和 Persoz 首次从麦芽的水抽提物中用酒精沉淀分离得到淀粉酶。1894 年，高峰让吉从米曲霉（*Aspergillus oryzae*）中提取出作为消化剂的高峰淀粉酶（Taka-amylase）。1919 年，Boidin 和 Effront 首次用枯草杆菌生产淀粉酶，并最早实现了工业化，是迄今为止用途最广、产量最大的一个酶制剂品种。现有淀粉酶在耐热性、最适 pH 和钙离子依赖性三方面的性能，很少能很好地满足工艺改进的要求。因此，淀粉酶开发的主要目标为耐高温、适应高或低 pH、低或无钙离子依赖及具有生淀粉水解活性。此外，研发兼具耐受性质的淀粉酶，是工业应用的迫切需求。

（1）低温淀粉酶

低温酶的定义是最适催化温度为 30℃ 左右，且 0℃ 左右仍有一定催化效率的酶。一般认为，酶分子内基团之间相互作用的减弱以及酶和溶剂分子的相互作用加强，是低温淀粉酶对低温具有适应性的主要机制。酶分子结构的变化使其具有更好的柔韧性，增强与底物的作用范围，降低反应所需的活化能，从而提高其在低温下的催化活性。*Alteromonash aloplanctis* 是一种从南极地区分离的嗜冷菌，它所分泌的 α-淀粉酶（AHA）是研究较早、较透彻的一种嗜冷酶。AHA 是第一种成功获得结晶的低温酶，也是第一个进行三维分子结构分析的低温酶，活性中心是由 Asp174、Glu200 和 Asp264 三残基构成。与中温酶相同的是，AHA 也结合一个 Ca^{2+}，有三个结构域，其序列及结构与已知的多种来源的淀粉酶相似，与猪胰淀粉酶相似性达 66%。与其他相似的 α-淀粉酶比较，该酶（β/α）8 结构域表面缺少几个盐桥，芳香族氨基酸侧链减少，脯氨酸和精氨酸数量也减少，极性相互作用减弱，疏水氨基酸数量减少以至疏水区变小，连接二级结构的 loop 区中脯氨酸取代丙氨酸，这些都极可能与酶对低温的适应有关。将这一株菌得到的淀粉酶基因转移到 *E. coli* 中表达时发现，只要培养温度足够低以阻止不可逆变性，基因就可以正常甚至过量表达。

（2）耐热淀粉酶

在大多数工业应用中，酶都需要在高温下进行反应。因此，酶的热稳定性成为人们关心的焦点。嗜热古菌来源于陆地或海洋中的高温环境，一般能在 80～110℃ 的环境下生长良好，它们产生的耐热酶在高温下具有良好的稳定性。在淀粉水解工艺中，耐高温 α-淀粉酶极大地提高了淀粉液化的效率，是目前最重要的工业酶制剂之一，占淀粉水解酶制剂总产量的 40% 以上。现有研究表明

（Buonocore et al.，1976），不同菌株以及同一菌株的不同突变株所产生的耐高温 α-淀粉酶，在最适反应温度、最适 pH 方面均存在一定差异，可满足不同生产工艺条件下对酶的应用需求。表 9-4 列举了几种耐高温 α-淀粉酶及其酶学性质。

表 9-4 不同来源的耐高温 α-淀粉酶及其性质

菌株	最适反应温度（℃）	最适反应 pH
地衣芽孢杆菌（Bacillus liceniformis Z-8）	95	6.0
地衣芽孢杆菌（Bacillus liceniformis HM-3）	73～85	6.1～7.0
地衣芽孢杆菌（Bacillus liceniformis）	95	6.0～6.5
强烈火球菌（Pyrococcus furiosus）	>100	5.6
短小芽孢杆菌（Bacillus pumilus sp.）	80	5.0
链霉菌（Streptomyces sp. 1109）	85	6.5
基因工程菌（Bacillus licheniformis 21）	90	6.0～6.5

在生产应用中，耐热酶具有以下几方面优点：随着反应温度的升高，反应速率也相应升高。根据计算，温度每升高 10℃，反应速率可增加一倍；高温可以增加底物浓度降低底物黏度和搅拌成本；高温亦能抑制微生物的生长，减少微生物污染的概率；耐高温酶具有强的热稳定性的同时，对一些蛋白变性剂，如有机溶剂、去污剂也有很强的抗性。这些耐热酶不仅在生产应用方面具有极大的潜力，也是研究蛋白质热稳定性机制的理想材料。

自从 1973 年开始投入生产以来，耐高温 α-淀粉酶由于具有相当高的热稳定性，被广泛应用于啤酒、酒精及食品等行业（Eckert and Schneider，2003）。耐高温 α-淀粉酶尤其适合高温液化工艺，故在味精、饴糖、葡萄糖工业中使用时，可使液化更彻底，糖化更完全，糖化液葡萄糖值可达 98% 以上，提高出糖率。将耐高温淀粉酶应用于柠檬酸工业的预处理，有利于防止杂菌污染，简化操作程序，缩短糖化时间，完善糖化工艺。此外，耐高温淀粉酶在其他行业也有广泛用途。如在酿造工业中，可用于辅料液化，提高辅料用量，简化蒸煮程序；在甘蔗制糖工业中，用来把蔗汁中的淀粉分解，使粗糖中的淀粉含量减少，加快过滤速度；在纺织工业中，用来在染色前，把纺织物作高速高温退浆等。

（3）酸性淀粉酶

早在 1963 年，日本的研究者 Minoda 等就发现可以用真菌生产酸性 α-淀粉酶。此后，欧洲、美国、韩国和中国等都对酸性 α-淀粉酶进行了研究。根据文献报道，酸性 α-淀粉酶大多来源于微生物，产该酶的微生物主要是芽孢杆菌和曲霉（Morimura et al.，1999），如 Bacillus acidocaldarius A-2，Bacillus acidocaldarius ATCC2709，Bacillus lichenIiformis，Bacillus acillusdocaldarius 101，Alicyclobacillus acidocaldarius，Aspergillus niger，Aspergillus cinnamoneus，Aspeillus kawachii，

Thermomyoes lanuginosus 和 *Bacillus steorothermopilius* 等，不同种类的微生物产酶的酶活性以及酶的耐酸性和热稳定性各有不同（铃木浴治和小岛岩夫，1996）。同种微生物产生酸性 α-淀粉酶的耐酸性和热稳定性也会因个体差异而有所不同。

酸性 α-淀粉酶是淀粉酶系列的一种，其作用特点主要是在酸性条件下对淀粉类物质进行酶解作用，把淀粉颗粒酶解生成可溶性的小分子物质（Demirijan et al.，2001）。例如，黑曲霉酸性 α-淀粉酶适用于消化药物制造（Sudo et al.，1993）。由于该酶能在酸性条件下保持高活性，不仅可以简化液化、糖化过程，降低淀粉深加工的生产成本，还可用于高麦芽糖浆的生产、开发新型助消化剂、玉米淀粉酿酒行业、乳酸发酵行业、制糖行业和食品行业以及工业废液处理等多个领域，具有巨大的应用前景。

（4）碱性淀粉酶

碱性淀粉酶，即嗜碱性微生物在碱性条件（pH 为 9.0~13.0）下产生的酶，在碱性环境下具有高效催化活性和稳定性（Prakash et al.，2009）。在强碱性条件下，碱性淀粉酶具有水解淀粉的潜力，使其可以应用于淀粉加工、纺织退浆以及自动洗衣机的洗涤剂添加等工业领域。通过添加碱性淀粉酶，可以有效去除餐具和衣物上的淀粉类污垢，提高纺织品印染质量，有着良好的实际应用效果和广阔的市场需求，相关研究也因此受到广泛重视。1971 年，日本学者首先报道了产自嗜碱芽孢杆菌 A-40-2 的碱性 α-淀粉酶。此后，不断有研究者分离出耐热碱稳定性高的 α-淀粉酶，可用于生产具有不同物理和化学性质的食品和药品。例如，*Bacillus licheniformis* NH1 产生的 α-淀粉酶最适 pH 为 10.0，最适反应温度为 70℃，该粗酶表现出较高的稳定性，在各种商业液体洗涤剂和固体衣物的存在下，能有效去除血迹、巧克力、烤肉酱等顽固污渍（Hmidet et al.，2009）。

（5）嗜盐淀粉酶

在嗜盐微生物的所有分类中，中度嗜盐菌的可生长盐度范围是最广的，其产生的功能酶具有极高的盐耐受性、较高的热耐受性以及对有机溶剂较高的抗性。提高淀粉酶在极端环境下的稳定性，是改造淀粉酶的重要方向。在高盐碱环境下，嗜盐菌产生的淀粉酶具有较强的耐受性，这对于淀粉酶的工业化生产和基础研究都有很大的意义。一些中度嗜盐菌产生的酶能在高盐条件下发生作用，使一些特殊环境下的生物降解得以实现。例如，由某种 *Bacillus* sp. 产生的淀粉酶在60%（W/W）和 5 M NaCl 条件下能保持稳定，可用于处理含淀粉或纤维素的废水。在高温及高盐条件下，*Halobacillus* sp. MA. 2 菌株在 15% Na_2SO_4、pH 为 7.8 和30℃条件下分泌的淀粉酶量最大，而淀粉酶在 5% NaCl、pH 为 7.5~8.5 和50℃条件下有最佳活性，碳源（糊精>淀粉>麦芽糖>葡萄糖>蔗糖）也会影响该淀粉酶的产量。

（6）生淀粉酶与生淀粉酒精发酵

生淀粉具有结晶构造，难溶于水，一般很难被淀粉酶分解，必须糊化后才能为淀粉酶作用。一般来说，生淀粉酶是指可以直接作用、水解或糖化未经蒸煮的淀粉颗粒的酶类。因此，生淀粉酶所涉及的酶有多种，如 α-淀粉酶、β-淀粉酶、葡萄糖淀粉酶和异淀粉酶中都有对生淀粉作用的成分（Crabb and Mitchinson，1997）。20 世纪 70 年代，两次石油危机引起各国学者从节能和有效利用天然资源出发，重视对生淀粉酶的研究。其研究大致分两个方面：一是探讨对生淀粉不经蒸煮，直接用于酒精发酵的可能性；另一则是从自然界中分离筛选能生产生淀粉酶的微生物，进而研究生淀粉酶的酶学特性及其产生菌的微生物学特性。生淀粉酶具有将传统工艺的淀粉糊化、液化、糖化合并为一，直接进行糖化的优点（Okolo et al.，1995）。糖化性细菌淀粉酶具有较多的麦芽糖，可以制造低葡萄糖值糖浆。生淀粉酒精发酵工艺可以大大节省蒸煮淀粉所需的大量能源，而且能够进行浓醪发酵，简化酒精发酵工艺。由于具有开发价值和优良的节能前景，生淀粉酶一直受到国内外许多研究人员的关注。目前，已发现多种微生物存在生淀粉分解酶，如芽孢杆菌产生的细菌型生淀粉酶等，但一直受到酶活性低、产酶量不高的制约。因此，研制开发生淀粉酶直接进行无蒸煮生淀粉糖化，是乙醇生产过程中节能降耗的关键。

9.2.2 纤维素酶解糖化

纤维素生产乙醇及其他化工产品的关键是把纤维素水解为葡萄糖，即纤维素的糖化过程。目前，纤维素的糖化过程研究较多的是通过酸水解法和酶水解法得到单糖。在酸水解法中，稀酸水解的糖转化率低，而浓酸对设备有腐蚀，工艺条件要求高。酶法水解纤维素在常温常压条件下就可以进行，具有条件温和、能耗低、副产物少、对后续发酵影响小、环保友好等优点。近年来，通过生物转化即纤维素酶法生产燃料乙醇，已成为纤维素利用中的研究热点，并取得了重大进展。以下分别就纤维素酶解糖化过程涉及的纤维素酶分类及作用机制、纤维素酶的生产、纤维素酶解糖化工艺等概况做详细介绍。

1. 纤维素酶的分类

纤维素酶属于高度专一的纤维素水解生物催化剂，是降解纤维素原料生产葡萄糖的一组酶的总称，它不是单种酶，而是起协同作用的多组分酶系。自 1906 年 Seilliere 发现纤维素酶以来，人们对纤维素酶的组成、结构和水解作用机制已做过大量研究，其中以纤维素降解转化葡萄糖过程作为主要研究内容。

根据其中各酶催化功能的不同，纤维素酶系主要被分为三大类：第一，内切葡聚糖酶（1，4-β-D-glucan glucanohydrolase 或 endo-1，4-β-D-glucanase，EC 3.2.1.4，来自真菌简称 EG），该酶随机水解 β-1，4 糖苷键，将长链纤维素分子截短，产生大量带非还原性末端的小分子纤维素；第二，外切葡聚糖酶（1，4-β-D-glucan cellobiohydrolase 或 exo-1，4-β-D-glucanase，EC 3.2.1.91，来自真菌简称 CBH，来自细菌简称 Cex），它能从纤维素分子的还原或非还原端切割糖苷键，生成纤维二糖；第三，β-葡萄糖苷酶（β-1，4-glucosidase，EC 3.2.1.21，简称 BG），即纤维二糖酶，它可以把纤维二糖降解成单个葡萄糖分子。只有三类酶协同作用，才能把纤维素分子降解成葡萄糖（Hamada and Hirohashi，2001）。

2. 纤维素酶及其作用机制

(1) 纤维素酶的分子结构

1986 年，Tilbeurgh 等用木瓜蛋白酶限制性酶剪切里氏木霉（*Trichoderma reesei*）的 CBH I 分子得到具有独立活性的 2 个结构域，即具有催化功能的催化域（catalytic domain，CD）和具有结合纤维素功能的纤维素结合吸附域（cellulose binding domain，CBD）。随后，采用类似方法在多种细菌和真菌的纤维素酶中发现相似的结构，即由一段连接桥连接着一个催化活性的头部（CD）和楔形的尾部（CBD）组成的蝌蚪状分子（Reese，1977）。随着研究的不断深入，纤维素酶分子结构模型已经清晰化，即绝大多数纤维素酶成分多为糖蛋白，其分子的一级结构包括一个核心催化功能域（CD）、一个（或者多个）碳水化合物结合功能域（CBD）和将这两部分相连的链接区三部分组成（图 9-5）。也有仅含核心催化域 CD 而无 CBD 区的纤维素酶，其主要为水解水溶性纤维素酶（Reese，1977）。链接区的存在给予酶灵活的空间构象，并且使 CD 有更多机会接触纤维素链。连接桥高度糖基化且具有一定的可变性，通过纯化很难得到纤维素酶的结晶形式，但许多纤维素酶的连接桥可被蛋白酶水解成两个功能域，单个功能域相对容易实现结晶化。

不同来源的纤维素酶分子结构和大小不同，但其催化域 CD 的大小基本一致。根据其氨基酸序列，所有已知纤维素酶的 CD 区可以分为 70 个家族，同一家族内的纤维素酶具有相似的分子折叠方式和保守活性位点，因此它们也可能具有相同的反应机制。纤维素酶的结合结构域 CBD 通常位于酶肽链的 N 端或者 C 端，主要维持酶分子的构象稳定性，将酶分子连接到纤维素上。它对酶的催化活力是非必需的，具有调节酶对可溶性、非可溶性底物专一性活力的作用。连接桥可保持 CD 和 CBD 之间的距离，有助于不同酶分子间形成较为稳定的聚集体。虽然不同来源的纤维素酶基因有共同特征性结构，但就整体而言，不同纤维素酶基因的同源性很低。真菌的同一类型的纤维素酶基因有较高的同源性，但同一菌种不同类型的纤维素酶基因同源性相对较低（李素芬和霍贵成，1997）。

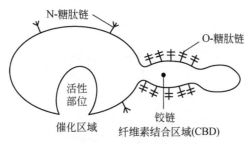

图 9-5　纤维素酶的蝌蚪状分子模型

资料来源：Reese，1977

（2）纤维素酶的作用机制

与淀粉酶相比，纤维素酶的分子转换率要低数十倍。长期以来，关于纤维素酶作用机制的研究都集中在内、外切纤维素酶怎样催化纤维素分子链的 β-1，4-糖苷键的水解作用方面。随着研究的不断深入，在对纤维素酶催化结构域的结晶情况进行序列分析和解析其三维结构等研究的基础上，已基本确定纤维素酶催化的水解反应与溶菌酶相似，即都遵循"酸/碱催化"的双置换作用机制。

目前，纤维素酶分解纤维素的分子机制大致有三种假说：改进的 C_1-C_x 假说、顺序作用假说和竞争吸收模型。这些学说都认为，纤维素酶降解纤维素时，先吸附到纤维素表面，然后其中的 EG（C_1）内切酶随机切断无定形区的葡聚糖分子链，使结晶纤维素出现更多的纤维素分子端基，为 CBH（C_x）外切葡聚糖酶水解提供条件。外切酶和纤维二糖酶从葡聚糖链的还原或非还原端进行水解产生纤维二糖，BG β-葡萄糖苷酶水解纤维二糖为葡萄糖，这三类酶通过"协同作用"最终将纤维素降解为葡萄糖。因而，纤维素酶水解结晶纤维素的过程可以简单表示为：EG→CBH→BG（周文龙，2002）（图 9-6）。纤维素的降解机制如图 9-7 所示。

更新的理论认为，天然纤维素首先在一种非水解性质的解链因子或解氢链酶作用下，使纤维素链间和链内氢键打开，形成无序的非结晶纤维素，然后在 3 种酶的协同作用下水解为纤维糊精和葡萄糖（高培基，2003）。对于纤维素酶作用机理，虽然目前有了比较一致的认识，但是新的现象不断被发现，有关纤维素酶的降解机理还有待进一步研究。

3. 纤维素酶的生产

（1）纤维素酶的生产菌株

微生物包括细菌、真菌和放线菌等，是纤维素酶的最主要来源，不同种类的

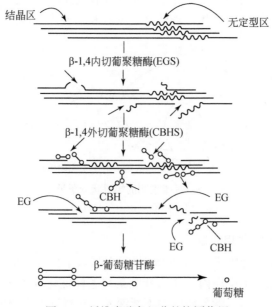

图 9-6　纤维素酶各组分的协同作用

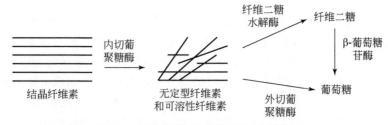

图 9-7　纤维素酶降解纤维素的机制模型

微生物形成的纤维素酶系在组分和性质上有很大差异。目前用于工业化生产纤维素酶的微生物大多属于真菌，研究较多的有木霉属、曲霉属、根霉属和漆斑霉属等丝状真菌。其中里氏木霉（*Trichoderma reesei*）具有优质高产纤维素酶、性状稳定和较好的"抗代谢阻遏"能力，被认为是最有工业应用价值的菌株。另外，绿色木霉（*Trichoderma viride*）和黑曲霉（*Aspergillus niger*）、康氏木霉（*Trichoderma koningii*）也是目前较好的纤维素酶生产菌（Latifian et al., 2007）。应用最多的木霉属虽然产酶量大，但其纤维素酶比活力较低，β-葡萄糖苷酶的比例偏低，其活性也较小，进一步筛选纤维素酶高产菌株是实现其工业化应用的关键。

（2）纤维素酶高产菌株选育

从自然界中直接分离筛选出来的野生型纤维素酶生产菌株其产酶性能一般较低，需要对原菌进行分子育种，以获得高性能的产酶菌株。常用的分子育种方法主要有诱变选育、原生质体融合育种、基因工程和分子改造高效产酶菌株等。

1）诱变选育。该技术利用物理和化学等因素使产酶菌株细胞内的遗传物质发生变化，引起突变，并通过筛选获得符合要求的变异菌株。对纤维素酶产生菌进行诱变是提高产酶量的一种简单有效的方法，能够大幅度改变菌种的遗传特性，从而获得高产突变菌株。

诱变育种的基本步骤包括：出发菌株的选择、诱变菌株的培养、诱变菌悬液的制备、诱变处理、后培养、突变株的筛选与分离等。常用的诱变剂有紫外线（UV）、^{60}Co-γ 射线、甲基磺酸乙酯、N-甲基-N'-硝基-N-亚硝基胍、亚硝酸和硫酸二乙酯等。纤维素酶作用的终产物葡萄糖会阻遏酶的进一步合成，被认为是天然菌株纤维素酶产量低的一个主要原因。因此，除传统的依据水解圈大小鉴别正向突变株的方法外，还可以通过筛选抗阻遏突变株的方法来获得高产纤维素酶菌株（李雪峰和侯红萍，2010）。

诱变育种技术获得的正突变率相对较高，可以得到多种优良的突变体和新的有益基因类型。但是，诱变育种存在一定的盲目性和随机性，在实际应用中，研究者应根据出发菌株及实验条件等具体情况，选择合理的诱变方法。

2）原生质体融合育种。原生质体融合技术起源于 20 世纪 60 年代，是基因重组技术的一部分。它通过一定的理化条件处理，使外源目的基因进入受体细胞，并得以表达，以期使受体细胞获得新的特殊性状。该技术可以在种间、属间及科间构建出新型菌株，是菌种改良、基因定位、外源 DNA 转化等的重要途径之一（Wang et al.，2009）。近年来，在产纤维素酶木霉菌株性能的改良研究中，已有一些种内间甚至属间的原生质体融合的报道。例如，里氏木霉能大量合成外切葡聚糖酶、内切葡聚糖酶，但是其 β-葡萄糖苷酶活力低，而黑曲霉（A. niger）的 β-葡萄糖苷酶活力很高，将里氏木霉和黑曲霉进行原生质体融合，可以筛选出具有两属优点的融合子，实现这两个远缘属种间的优势互补（陈红歌等，2008）。原生质体融合技术不受亲缘关系影响，可以有目的地选择理想的融合株，是一种有效的纤维素酶高产菌种改良方法，通过对各种融合因子最佳融合条件的探索，将会出现更多具有优良性状的融合子。

3）基因工程。该育种技术通过传统诱变与原生质体融合技术相结合，对微生物细胞进行基因组重排，大幅度地提高细胞的正向突变频率及速度，从而快速选育出高效的正向突变菌株。基因工程技术具有很好的定向性，极大地改良了菌株的生产性状，并缩短了育种周期，为构建高效纤维素酶生产菌开辟了新途径

（李义勇和张亚雄，2009）。作为一种新兴技术，尽管近年来基因工程育种技术发展较快，但还存在一定的技术难点。例如，通过基因工程技术获得异源表达的纤维素酶一般仅是纤维素酶复合体的单个或少数几个组分，无法实现出发菌株纤维素酶系的全部表达。目前的研究多以葡聚糖内切酶为主，然而外切酶是纤维素酶系中唯一可以作用于结晶纤维素的酶组分，因此基因工程纤维素酶很少能水解结晶状态的纤维素，也不能克服天然纤维素中木质素、半纤维素所形成的障碍，使得纤维素酶的基因工程菌在应用上还存在一定的局限性。

4）分子改造。20 世纪 80 年代兴起的蛋白质工程技术和随后产生的酶的体外定向进化技术，为天然纤维素酶分子的改造提供了有效的途径。人们可以在基因水平上，通过定点突变、易错 PCR、DNA 改组、交错延伸过程、杂合酶技术等手段产生各种各样的突变体，再从中筛选出符合人们需要的性质改善的突变酶，如耐碱性酶、比活力提高的酶、热稳定性提高的酶等。最后，将该突变酶的基因高效表达，或者引回原宿主同源置换野生型基因，即获得了经分子改性的高效纤维素酶生产菌（熊吉敏和武晋娴，2008）。

选育高酶活的纤维素分解菌是降低纤维素酶的生产成本、促使其能够应用于工业化生产的关键方法之一，利用原生质体融合、基因克隆、基因表达、定向化和纤维素酶蛋白分子改造等方法筛选到重组型高产、性能稳定和高比活力的纤维素酶，将解决纤维素酶工业化生产过程所存在的问题，具有实际应用前景。

(3) 纤维素酶生产的调控

纤维素酶的生物合成主要受诱导和阻遏两种方式的调节。许多微生物生产纤维素酶受诱导作用所调控，诱导作用是调控纤维素酶合成的主要因素。纤维素及其衍生物、木聚糖、槐二糖、果胶和乳糖等对纤维素酶生产有诱导作用。纤维素酶生产的另一种调控方式是阻遏，主要有末端产物阻遏和分解代谢产物阻遏。纤维素酶的合成更容易受到易于代谢的基质如葡萄糖、纤维二糖和甘油等的阻遏，只要培养基中含有一定量的阻遏物，菌株的代谢就不再进行酶的合成，这类阻遏作用被认为是发生在合成的转译或转译后的水平上。

(4) 生产纤维素酶的发酵工艺

微生物发酵生产纤维素酶的工艺有液态发酵和固态发酵（陈育如等，2003）。用于发酵的原料有麸皮、秸秆粉、玉米粉和废纸等。液态发酵法节省劳动力，适合于大规模工业化生产，是目前国际上纤维素酶的主要生产方式，但其培养周期长，产生的水分多，后处理成本较高；固态发酵以农作物秸秆等纤维废弃物为主要原料，具有投资少、工艺简单等优点，目前国内绝大部分纤维素酶生产厂家均采用固态发酵生产纤维素酶，但其所产生的纤维素酶很难提取和精制，存在容易染菌等缺点。

通过菌种改造和发酵工艺的改进，纤维素酶的生产能力得到了很大的提高。现在的生物床及固定化细胞等技术应用于纤维素酶的生产，这两种方法是固态发酵和液态发酵的融合，集聚了固、液发酵的优点，因此，更适合规模化生产。通过发酵生产的纤维素酶，经过盐析、离心、超滤和层析等方法，可得到纯化的纤维素酶。

（5）纤维素的酶解效率

近年来，以纤维素酶降解预处理后的纤维素类原料生产可发酵糖，进而发酵乙醇的研究已得到广泛应用。酶水解是生物转化木质纤维素类原料生产燃料乙醇的关键步骤。有关酶解木质纤维素过程中可能产生抑制或促进作用的研究报道，酶解转化率较低的原因有：木质纤维素底物中纤维素的接触面积少，降低了酶的可及度；酶解产物的反馈抑制作用；底物的孔道体积受到了限制；木质纤维素类原料中天然存在或预处理产生酶抑制剂；纤维素酶对结晶纤维素具有较低的酶促反应速度；纤维素结构上的障碍导致酶的不必要连接。其中，在酶解过程中产生的纤维二糖和葡萄糖对酶解产生的反馈抑制作用，是影响酶解效率的主要因素。

消除这些抑制因素的方法有生物、物理和化学的方法，比如离子交换、吸附、碱中和、分子筛、水洗、萃取以及在培养物中添加诱导物激活剂，如乳糖、龙胆二糖、醋酸酯及一些表面活性剂等。另外，许多物质对纤维素酶具有激活作用，如 Mg^{2+}、Ca^{2+}、Co^{2+}、中性盐和促进剂 H 等能使纤维素酶活化进而提高酶解效率。

4. 纤维素的酶解糖化工艺

一般认为酶水解包括三个基本过程：酶在固体原料上的吸附、酶催化水解和酶脱附。大部分纤维素物质存在一个酶水解转化率的上限，它反映了原料中可被酶到达的纤维素部分占全部纤维素中的比例。随着纤维素转化率的上升，纤维素中易水解部分被消耗，剩下难水解部分会导致酶水解速率下降。

酶水解糖化工艺的流程变化比较多，目前学者们开展了很多化学、生物技术及工艺耦合研究，以期提高纤维素酶解效率、降低纤维素酶成本等。

（1）酶水解糖化工艺

早期，纤维素酶法水解主要采用一次加料酶解法。对于底物浓度较高的水解系统，反应产物对整个过程产生明显的抑制作用，酶解效率很低。在获得高浓度酒精前提下，人们对酶解法进行工艺改进。通过分批加料，即在第一次加进反应体系的物料充分水解后再补加进新鲜的原料，将底物分批次加入反应系统进行酶解。此方法可以减少反应过程中由于底物浓度过高而引起的反应系统传质和传热受阻问题，同时相对增加反应底物的酶用量，特别是纤维二糖酶的用量，减少因纤维二糖积累产生的抑制，提高酶解效率。实验表明，同样底物浓度和酶用量下，分批加料比一次加料酶解效率提高很多，当底物浓度为15%时，分批补料酶解的效率提高10%（刘超纲，1996）。

(2) 同步产酶与酶解工艺

该工艺将纤维素酶的合成与纤维素的酶解糖化耦合在同一个反应器中进行。研究表明，在重复培养固定化里氏木霉菌丝细胞的过程中，控制适宜的培养条件，可以使纤维素酶的合成和纤维质原料的酶解糖化耦合在同一个反应器中进行，在间歇补料条件下，以120g/L秸秆为原料，反应7 d后糖化率达到89.2%（夏黎明和代淑梅，1998）。此工艺生产周期短，过程简单，易于实现连续操作。同时，由于固定化菌丝处于生长限制的稳定状态，用于菌丝生长的纤维素底物极为有限，且不必外加蛋白胨等氮源，成本大大降低。利用里氏木霉固定化培养过程中形成的纤维素酶，实现纤维质原料的同时糖化，其研究具有广阔的应用前景。

(3) 固定化酶糖化工艺

固定化酶是指在一定空间内呈闭锁状态存在的酶，能连续进行反应，反应后的酶可以回收重复使用。与游离酶相比，固定化酶具有更优良的酶学性质，在较长时间内可以反复利用，酶易于与底物和产物分离，增加产物收率，进而实现连续化大规模生产。固定化酶可根据需要制成不同的形状，从而缩小反应器体积，节省费用，减少占地面积，大大降低成本。在20世纪60年代初，国外就开始进行纤维素酶固定化方面的研究。1969年，日本学者利用固定化氨基酰胺酶从DL-氨基酸生产L-氨基酸，是世界上固定化酶大规模应用的首例（毛跟年等，2009）。随后，该技术不断发展。当以肠溶衣聚合物为载体固定化纤维素酶时，酶活力可保留60%以上，回收率达100%（Masayuki and Kumakura，1989），其水解效率明显高于游离酶。国内固定化酶始于20世纪70年代。研究成果包括以壳聚糖为载体的固定化纤维素酶等。固定化技术作为酶工程的核心有着不可限量的活力，利用固定化纤维素酶技术对促进纤维素酶解糖化有着十分重要的意义（陈盛等，1998）。

(4) 多酶复配优化

纤维素酶是一种复合酶系，各种纤维素酶通过互相提供新的可及部位、除去障碍、消除产物抑制等多种方式协同降解纤维素底物，从而提高酶解转化率。协同作用主要包括EG与CBH、不同CBH、不同EG、分子内协同作用、CBH或EG与BGL和纤维素–酶–微生物的协同作用等（Zhang and Lynd，2004；Gusakov et al.，2007）。多酶复配是提高纤维底物水解效率的重要途径之一。

除了各种纤维素酶之间存在协同作用外，纤维素酶与半纤维素酶、果胶酶等进行复配，也能提高木质纤维素水解糖化效率。因为木质纤维素组成和结构极为复杂，半纤维素及少量果胶的存在将影响纤维素的酶解。因此，通过添加半纤维素酶和果胶酶来降解半纤维素和果胶，可以减少对纤维素酶解的抑制作用。

(5) 工艺耦合

1) 酶膜耦合反应器。酶膜反应器以膜作为固定化酶的载体，在进行酶促反应的同时，利用膜的选择性透过作用，通过外推力（压差、电位差等）实现产品的分离、浓缩和酶的回收再利用。在利用酶膜耦合反应器的酶解反应过程中（Gan et al., 2002），葡萄糖和纤维二糖等小分子物质可透过一定截留分子量的膜而与体系分离，达到消除产物抑制，从而提高底物转化率的目的。通常，酶膜反应器由反应区域和分离区域组成，使用超滤膜可实现酶解反应和产物分离的同步进行。

膜反应器的优点是酶促反应具有较高的反应速率和选择性、反应产物能及时从反应区域移出，可有效消除产物抑制和副反应且酶可以重复利用，有利于降低成本，提高生产效率。膜污染是酶膜反应器应用中面临的主要问题。提高搅拌速度可防止膜污染，但能耗较大，同时剪应力作用可能引起酶失活。选择合适的膜组件以强化膜反应器内的酶解反应，是当前酶膜反应器研究的重点。

2) 同步糖化酶解发酵工艺。在同步糖化发酵过程中，酶解产生的单糖被酵母及时消化，系统内单糖浓度持续保持较低水平，可达到消除葡萄糖等产物抑制的目的。同时，酶解和发酵过程在同一反应器中完成，可减少设备投资，使酶解速率和产物转化率明显提高。此技术目前面临的主要问题是酶水解和酵母菌发酵的最适温度不一致，前者一般为 45~50℃，后者通常为 30~35℃。解决这一问题可采取以下措施：第一，采用与纤维素的酶解作用条件一致的发酵菌，如乳酸杆菌的发酵温度、pH，以及厌氧或微好氧的发酵特性与纤维素酶的作用条件很相似，而且发酵过程中不产生 CO_2，可将酶解糖化和乳酸发酵耦合进行。第二，采用分散、耦合、并行系统，使纤维素糖化与酒精发酵互不干扰，分别在各自所需的受控生物反应器中独立、同步进行，避免了同步糖化发酵法中反应条件难以协调的矛盾。通过在两个反应器之间构建循环输送系统，完成葡萄糖从糖化生物反应器到酒精发酵两个步骤的耦合。与此同时，将葡萄糖从糖化生物反应器中分离出来，同步实现纤维素酶解反应与其产物在线分离的耦合；而且，反应器中的葡萄糖浓度可以通过循环周期及循环液量进行调控。该技术的成熟对木质纤维素类生物质原料的高效转化具有重要意义。

3) 高固液比酶解糖化工艺。提高酶解体系中的底物浓度，能够提高终产物乙醇的产量，促进燃料乙醇的工业化进程。当乙醇浓度大于 4% 时，其蒸馏才具有经济性，这就要求酶解底物浓度必须大于 15%。利用高固含量底物酶解工艺，具有诸多优点：增大产物糖浓度及水解液发酵后乙醇的浓度，降低后续酒精蒸馏的成本；增加单位设备乙醇产能，能扩大生产规模，减少水的用量，节约生产成本并减少废水的排放（Hodge et al.，2009）。

但是，当底物浓度高于10%时，纤维质原料开始不能有效地转化，反应体系中存在"固体效应"，即由于水含量下降使物料混合不充分、基质传质传热效率降低、搅拌能耗增大；再者，水作为传质媒介，其含量减少直接影响纤维素酶的催化能力，再加上产物和其他抑制物（糠醛及其他糖类衍生物）浓度增大，影响酶的吸附和催化能力。随着底物浓度的增加，高浓度所引起的抑制作用逐渐增强，纤维素转化率便开始下降（Kristensen et al.，2009）。此时，可采取类似于酶水解糖化工艺中的分批补料法，提高反应底物浓度和总产物葡萄糖和酒精浓度。例如，利用分批补料方式酶解预处理后的小麦秸秆时，在获得高糖产量的情况下，底物浓度可达到40%，提高了酶解过程的技术经济性（Jorgensen et al.，2007）。需要指出的是，分批补料虽然很大程度上提高了糖浓度，但其原料转化率低的问题仍有待解决。

思 考 题

1. 是不是所有降解木质素的白腐菌，包括黄孢原毛平革菌，都能产生 LiP、MnP 和 Lac 三种酶？其降解木质素的机制是否依靠这三种酶的协同机制？
2. 木质素在燃料乙醇工业应用中，是不是一种毫无利用价值的废弃物？
3. 按照对淀粉水解方式的不同，淀粉酶的分类有哪几个？
4. 淀粉酶的分子育种技术有哪些，请简要概述这几种技术的原理。
5. 高效纤维素酶的生产除了发酵技术上的不断革新外，还需要那些方面的改进？
6. 纤维素酶解糖化效率的提高需要从哪些方面考虑？

参 考 文 献

陈红歌，张东升，刘亮伟．2008．纤维素酶菌种选育研究进展．河南农业科学，(8)：5-7.
陈盛，林曦，余桂春．1998．壳聚糖固定化纤维素酶在填充床式反应器中反应条件的研究．福建师范大学学报（自然科学版），14(1)：75-79.
陈育如，陈志芳，刘媛．2003．酶法水解麦麸制取功能性低降糖．南京师范大学学报（工程技术版），3(4)：21-23.
杜海萍，宋瑞清，王钰祺．2006．几种真菌产木质素降解酶的比较研究．林业科技，31(4)：20-24.
高培基．2003．纤维素酶降解机制及纤维素酶分子结构与功能研究进展．自然科学进展，13(1)：21-29.

李松. 2011. 米根霉 CICIMF0071 α-淀粉酶基因克隆、鉴定与异源表达. 无锡: 江南大学博士学位论文.

李素芬, 霍贵成. 1997. 纤维素酶的分子结构组成及其功能. 中国饲料, (13): 12-14

李雪峰, 侯红萍. 2010. 选育高产纤维素酶菌种的研究进展. 酿酒科技, (5): 92-94.

李义勇, 张亚雄. 2009. 基因重组技术在工业微生物菌种选育中应用的研究进展. 中国酿造, 1: 11-13.

铃木浴治, 小岛岩夫. 1996. New α-Amylases produced by *Bacillus licheniformis* is acid-tolerant and then no stable- acid- tolerant and thermostable α- amylase production. Jpn. Kokai Tokyo Jp, 101 (3): 69-79.

刘超纲. 1996. 分批添纤维素酶水解研究. 林产化学与工业, 16 (1): 58-61.

毛跟年, 李丽维, 齐凤. 2009. 固定化酶应用研究进展. 中国酿造, 8: 17-19.

曲音波. 2007. 纤维素乙醇产业化. 化学进展, 19 (7-8): 1098-1108.

夏黎明, 代淑梅. 1998. 应用固定化里氏木霉糖化玉米秆纤维素的研究. 微生物学报, 38 (2): 114-119.

熊吉敏, 武晋娴. 2008. 酶工程的新研究及应用进展. 科技信息, (26): 45, 68.

张宇, 许敬亮, 李东, 等. 2009. 木质素降解菌 *Ceriporiopsis subvermispora* 的研究进展. 武汉理工大学学报, 31 (10): 104-108.

周文龙. 2002. 酶在纺织中的应用. 北京: 中国纺织工业出版社.

Akemi A, Hiromi Y, Takashi T, et al. 2005. Complexes of *Thermoactinomyces vulgaris* R- 47 α-amylase 1 and pullulan model oligossacharides provide new insight into the mechanism for recognizing substrates with α-(1, 6) glycosidic linkages. FEBS J, 272 (23): 6145-6153.

Alvira P, Tomás- Pejó E, Ballesteros M, et al. 2010. Pretreatment technologies for an efficient bioethanol production process based on enzymatic hydrolysis: A review. Bioresource Technology, 101 (13): 4851-4861.

Blodig W, Smith A T, Doyle W A, et al. 2001. Crystal structures of pristine and oxidatively processed lignin peroxidase expressed in *Escherichia coli* and of the W171F variant that eliminates the redox active tryptophan 171. Implications for the reaction mechanism. Journal of Molecular Biology, 305 (4): 851-861.

Buonocore V, Caporale C, De Rosa M, et al. 1976. Stable inducible thermoacidophilic alpha-amylase from *Bacillus acidocaldarius*. J Bacteriol, 128 (2): 515-521.

Crabb W D, Mitchinson C. 1997. Enzymes involved in the process of starch to sugars. TIBTECH, 15 (9): 349-352.

Demirijan D, Moris- varas F, Cassidy C. 2001. Enzymes from extremophiles. Curr. Opin. Chem. Biol. , 5: 144-151.

Eckert K, Schneider E. 2003. A thermoacidophilic endoglucanase (CelB) from *Alicyclobacillus acido-caldarius* displays high sequence similarity to arabin of uranosidases belonging to family 51 of glycoside hydrolases. Eur J Biochem, 270 (17): 3593-3602.

Friedberg F. 1983. On the primary structure of amylases. FEBS Lett, (152): 139-140.

Gan Q, Allen S J, Taylor G. 2002. Design and operation of an integrated membrane reactor for enzymatic cellulose hydrolysis. Biochemical Engineering Journal, 12 (3): 223-229.

Gusakov A V, Salanovich T N, Antonov A I, et al. 2007. Design of highly efficient cellulase mixtures for enzymatic hydrolysis of cellulose. Biotechnology and Bioengineering, 97 (5): 1028-1038.

Hamada N, Hirohashi K. 2001. Cloning and transcriptional analysis of exocellulase I gene from Irpex-lacteus. Jural of Tokyo University of Tisheries, (87): 39-44.

Hmidet N, Ali N E-H, Haddar A, et al. 2009. Alkaline proteases and thermostable α-amylase co-produced by *Bacillus licheniformis* NH1: Characterization and potential application as detergent additive Biochemical Engineering Journal, (47): 71-79.

Hodge D B, Karim M N, Schell D J, et al. 2009. Model-based fed-batch for high-solids enzymatic cellulose hydrolysis. Appled Biochemistry and Biotechnology, (152): 88-107.

Janecek S. 1994. Sequences similarities and evolutionary relationships of microbial, plant and animal α-amylases. Eur. J. Biochem, (224): 519-524.

Jorgensen H, Vibe-Pedersen J, Larsen J, et al. 2007. Liquefaction of lignocellulose at high-solids concentrations. Biotechnology and Bioengineering, 96 (5): 862-870.

Kamasaka H, Sugimoto K, Takata H, et al. 2002. *Bacillus stearothermophilus* neopullulanase selective hydrolysis of amylose to maltose in the presence of amylopectin. Appl Environ Microbiol, 68 (4): 1658-1664.

Kristensen J B, Felby C, Jorgensen H. 2009. Yield-determining factors in high-solids enzymatic hydrolysis of lignocellulose. Biotechnology for Biofuels, 2 (1): 1-10.

Kuriki T, Imanaka T J. 1999. The concept of the α-amylase family: structural similarity and common catalytic mechanism. Biosci. Bioeng. (87): 557-565.

Latifian M, Hamidi-esfahani Z, Barzegar M. 2007. Evaluation of culture conditions for cellulase production by two *Trichoderma reesei* mutants under solid-state fermentation conditions. Bioresources Technology, (98): 3634-3637.

Lin L L, Hsu W H, Chu W S. 1997. A gene encoding for a α-amylase from thermophilic *Bacillus* sp. Strain TS-23 and its expression in *Escherichia* coli. J. Appl. Microbiol, (82): 325-334.

Long C M, Virolle M J, Chang S, et al. 1987. α-Amylase gene of *Streptomyces lomosus*: nucleotide sequence, expression motifs, and amino acid sequence homology to mammalian and invertebrate α-amylases. J. Bacteriol, (169): 5745-5754.

Masayuki T, Kumakura M. 1989. Properties of a reversible soluble-insoluble cellulase and its application to repeated hydrolysis of crystalline cellulose. Biotechnol Bioeng, 34 (10): 1092-1097.

Morimura S, Zhang W X, Ichimura Toshiharu, et al. 1999. Genetic engineering of white Shochu-Koji to achieve higher levels of acid-stable α-amylases and glucoamylase and other properties when used for Shochu making on a laboratory scale. The Insistute of Brewing, 105 (5): 309-314.

Nakajima R, Imanaka T, Aiba S. 1986. Comparison of amino acid sequences of eleven different α-amylases. Appl. Microbiol. Biotechnol, (23): 355-360.

Ohdan K, Kuriki T, Kaneko H, et al. 1999. Characteristics of two forms of α-amylases and structural implication. Appl. Environ. Microbiol, (65): 4652-4658.

Okolo B N, Ezeogu L I, Mba C N. 1995. Production of raw starch digesting amylase by *Aspergillus niger* grown on native starch sources. Journal of the Science of Food and Agriculture, (69): 109-115.

Petrova S D, Live S Z, Bakalova N G, et al. 2000. Production and characterization of extracellular a-amylase from the thermophilic fungus *Thermomyces lanuginosus* (wild and mutant strains). Biotechnology Letter, (22): 1619-1624.

Prakash B, Vidyasagar M, Madhukumar M S, et al. 2009. Production, purification, and characterization of two extremely halotolerant, thermostable, and alkali-stable α-amylases from *Chromohalobacter* sp. TVSP 101. Process Biochemistry, (44): 210-215.

Pujadas G, Palau J. 1999. TIM barrel fold: structural, functional and evolutionary characteristics in natural and designed molecules. Biologia (Bratislava), (54): 231-254.

Reese E T. 1977. Enzymatic hydrolysis of the walls of yeasts cells and germinated fungal spores. Biochimica et Biophysica Acta (BBA), 499 (1): 10-23.

Skalova T, Youngs H L, Gold M H, et al. 2009. The structure of the small laccase from *Streptomyces coelicolor* reveals a link between laccases and nitrite reductases. Journal of Molecular Biology, 385 (4): 1165-1178.

Sudo S, Ishikawa T, Takayasu-Sakamoto Y, et al. 1993. Characteristics of acid-stable α-amylase production by submerged culture of *Aspergillus kawachii*. Journal of Fermentation and Bioengineering, 76 (2): 105-110.

Sundaramoorthy M, Youngs H L, Gold M H, et al. 2005. High- resolution crystal structure of manganese peroxidase: Substrate and inhibitor complexes. Biochemistry, 44 (17): 6463-6470.

Takata H, Kuriki T, Okada S, et al. 1992. Action of neopullulanase: Neopullulanase catalyzes both hydrolysis and transglycosylation at alpha-(1-4) -and alpha-(1-6) -glucosidic linkages. J. Biol. Chem. (267): 18447-18452.

Vihinen M, Peltonen T, Iiti A, et al. 1994. C-terminal truncations of a thermostable *Bacillus stearothermophilus* a-amylase. Protein Eng. (7): 1255-1259.

Vihinen M, Mäntsälä P. 1989. Microbial amylolytic enzymes. Crit. Rev. Biochem. Mol. Biol. , (24): 329-418.

Wang C, Zhang X L, Chen Z, et al. 2009. Strain construction for enhanced production of spinosad via intergeneric protoplast fusion. Can J Microbiol, (55): 1070 -1075.

Zhang Y H P, Lynd L R. 2004. Toward an aggregated understanding of enzymatic hydrolysis of cellulose: Noncomplexed cellulase systems. Biotechnology and Bioengineering, 88 (7): 797-824.

Zhang Y, Wang Q. 2018. Microbial Biomass Pretreatment and Hydrolysis// Yuan Z H. 2018. Microbial Energy Conversion. Berlin/Boston: Walter de Gruyter GmbH: 109-156.

第 10 章 | 产乙醇及丁醇微生物

乙醇和丁醇既是基本的化工原料，又是新型可再生能源，其广泛用途中最重要的一项是作为车用燃料，即燃料乙醇和燃料丁醇。燃料乙醇和燃料丁醇可大大降低汽车尾气中一氧化碳和碳氢化合物的排放量，同时也可降低对有限化石资源的消耗和依赖。在世界能源危机日益凸显的今天，发展燃料乙醇、燃料丁醇产业，对于解决能源危机、减轻环境污染、解决"三农问题"具有积极意义。乙醇或丁醇的生物发酵是以淀粉类、糖类或纤维素类物质为原料，经过微生物的一系列代谢过程，最终生成乙醇或丁醇的方法。此外，还有部分微生物可以利用合成气进行乙醇发酵生产。本章就产乙醇微生物、合成气乙醇发酵以及产丁醇微生物的相关知识做概括介绍。

10.1 乙醇发酵生产

10.1.1 乙醇发酵微生物

目前，自然界中利用糖质、淀粉质或纤维质原料发酵生产乙醇的微生物很多，比如酵母、根霉、曲霉和部分细菌都能够进行乙醇发酵。然而，大多数乙醇发酵菌株都没有水解多糖物质的能力，或者能力低下，通常需要将淀粉或纤维素降解为单糖分子后发酵利用。一些细菌（如大肠杆菌、克雷伯菌、欧文氏菌、乳杆菌和梭状杆菌等）可利用这些混合糖产生少量乙醇，其余大部分产物是一些混合酸和有机溶剂。表 10-1 列举了几种常见的乙醇发酵微生物。

表 10-1 乙醇发酵微生物种类及底物

发酵微生物	可发酵的主要底物
酿酒酵母	葡萄糖、果糖、半乳糖、麦芽糖、麦芽三糖和木酮糖
鲁氏酵母	葡萄糖、果糖、麦芽糖和蔗糖
卡尔斯伯酵母	葡萄糖、果糖、半乳糖、麦芽糖、麦芽三糖和木酮糖
粟酒裂殖酵母	葡萄糖、木糖

续表

发酵微生物	可发酵的主要底物
脆壁克鲁维酵母	葡萄糖、半乳糖、乳糖
乳酸克鲁维酵母	葡萄糖、半乳糖、乳糖
嗜单宁管囊酵母	葡萄糖、木糖
休哈塔假丝酵母	葡萄糖、木糖
热带假丝酵母	葡萄糖、木糖、木酮糖
树干毕赤酵母	葡萄糖、木糖、甘露糖、半乳糖和纤维二糖
运动发酵单胞菌	葡萄糖、果糖和蔗糖
布氏热厌氧菌	葡萄糖、蔗糖和纤维二糖
乙酰乙基热厌氧杆菌	葡萄糖、蔗糖和纤维二糖
热纤梭菌	葡萄糖、纤维二糖和纤维素
热硫化氢梭菌	葡萄糖、木糖、蔗糖、纤维二糖、淀粉

在乙醇发酵生产过程中，菌种的产乙醇能力和耐乙醇能力起着决定性作用。现有的乙醇生产菌种的生产能力，包括乙醇产量、乙醇产率、利用单糖和双糖的能力、耐受极端环境的能力等有高有低，即使同一菌种的不同菌株，生产能力也参差不齐。虽然自然界能够用于乙醇发酵的微生物种类繁多，但真正能应用于大规模生产，具有重要工业生产价值的发酵菌株并不多。相对于其他乙醇发酵微生物的乙醇产量和产率而言，酿酒酵母（*Saccharomyces cerevisiae*）和运动发酵单胞菌（*Zymomonas mobilis*）都具有高产量、高产率以及高耐受性等特点，是目前工业应用和科学研究常用的两类菌。

1. 酿酒酵母

酿酒酵母是典型的六碳糖发酵菌种，工业应用历史悠久，发酵应用较为成熟，也是目前乙醇发酵工业广泛应用的生产菌种之一（刘贺等，2017）。酿酒酵母作为常用的乙醇发酵菌株，具有诸多的优点，比如发酵底物范围较广，可以利用葡萄糖、甘露糖和半乳糖；能够在厌氧条件下生长并进行发酵；对各种抑制物的耐受能力较强；能够耐受高浓度糖，实现浓醪发酵；耐乙醇能力较强，发酵醪中乙醇质量浓度可达15%~18%，可节约后续乙醇蒸馏浓缩的成本（尤亮等，2016）。

对于大多数野生型酵母或工业酿酒酵母而言，其在厌氧条件下只能发酵六碳糖生成乙醇，能够直接发酵木糖等五碳糖的酿酒酵母很少。酿酒酵母虽不利用木糖生长，也不发酵木糖产乙醇，但能够以极低的速度代谢木糖。通常认为是通过一些葡萄糖转运因子的介导进入细胞，木糖在酿酒酵母中的运输依赖于葡萄糖运输系统，葡萄糖对木糖的转运和利用有阻遏作用。关于木糖转运是否为酿酒酵母进行木糖发酵的限制因素，也存在着一些相对立的观点。Hamacher 等研究指出，去除所有 18 种戊糖转运相关基因后，细胞丧失了吸收和利用木糖生长的能力，但是过量表达木糖转运蛋白基因并不能使酿酒酵母利用木糖的生长加快或者木糖的发酵速率提高（黄俊等，2018；Sharma et al.，2018）。

酵母菌木糖代谢的第一步是由木糖还原酶（xylose reductase，XR）催化木糖转变为木糖醇，编码 XR 的基因为 *XYL1*。木糖代谢的第二步是由木糖醇脱氢酶（xylitol dehydrogenase，XDH）催化木糖醇转变为木酮糖，编码 XDH 的基因为 *XYL2*。酿酒酵母可以利用木糖异构体——木酮糖。据此，可以将木糖转化为木酮糖的代谢途径引入酿酒酵母，直接构建木糖发酵菌株。通过此方法构建重组酿酒酵母工程菌一般有两条途径：一是在酿酒酵母中克隆并表达天然代谢木糖酵母菌的两个基因，即 XR 基因 *XYL1* 和 XDH 基因 *XYL2*；二是在酿酒酵母中克隆并表达细菌或某些丝状真菌的木糖异构酶（xylose isomerase，XI）基因 *XYLA*，使其不经过木糖醇的代谢而直接生成木酮糖（图 10-1）。

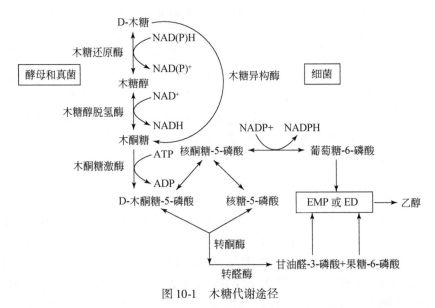

图 10-1　木糖代谢途径

在酿酒酵母中同时表达 XR 基因 *XYL1* 和 XDH 基因 *XYL2*，可使酿酒酵母获得利用木糖产乙醇的能力。但对于 *XYL1* 和 *XYL2* 基因供体菌而言，树干毕赤酵母 *Pichia stipitis* 的 XR 可以 NADH 或 NADPH 为辅酶（NADPH 的亲和力比 NADH 大），而 XDH 只能利用 NAD^+ 为辅酶才能使木糖醇氧化为木酮糖。但厌氧条件下，NAD^+ 不能再生，致使胞内氧化还原不平衡，进而造成木糖醇积累并向胞外分泌。后来，人们通过对 P. stipitis 的 XDH 基因 XYL2 进行定点诱变，得到的突变体 XDH 对 NADP⁺的亲和力比野生型大幅提高，催化效率与野生型 XDH 相当。当此酶与 P. stipitis 野生型 XR 共表达于酿酒酵母时，可以有效减少木糖醇的分泌，增加乙醇的产量（Kurylenko et al., 2016）。

在酿酒酵母中引入 XI 基因 XYLA 是使其获得代谢木糖能力的又一有效途径。该基因曾先后从包括大肠杆菌在内的多种细菌中克隆得到，并分别连接于酵母组成型启动子下转化酿酒酵母，但一直没有成功的报道。直到 1996 年，Walfridsson 等才克隆得到高温细菌 Thermus thermophilus 的 XYLA，并首次使该基因在酿酒酵母中得到活性表达。所得重组菌株表达 XI 的最适温度为 85℃，在乙醇发酵的常规温度（30℃）时，其活性仅为最适条件下酶活的 4%。由于通过 XI 将木糖转变为木酮糖仅需一步反应且不需任何辅酶，所以这一简化路径对于基因工程菌构建十分有益。此后，科研工作者不断尝试从各种细菌或者真菌中克隆 XYLA，以获得高效重组菌株，迄今已取得了诸多不错的成果（李云成等，2017）。

木酮糖激酶（xylulokinase，XK）催化木酮糖转化为 5-磷酸木酮糖，处于木糖代谢物进入磷酸戊糖途径的关键节点，是提高木糖代谢向下游进行的关键酶。酿酒酵母本身具有该酶，但表达量并不大。研究表明，在表达来自 P. stipitis 的 XYL1、XYL2 的同时，超表达酿酒酵母自身的 XK 基因（XKS1/XYL3），木糖利用水平和乙醇得率都得到大幅提高。在其自身启动子的控制下，将 P. stipitis 的 XKS1 基因适度表达于已含有 XYL1、XYL2 的酿酒酵母转化子中，构建出的重组菌生长良好，且木糖醇积累明显减少，乙醇产量增加。同时要注意的是，在含有 XYL1、XYL2 的酿酒酵母中超表达 XKS1，虽乙醇产量增加，但木糖总消耗量却大幅下降。这可能是由于过量的木酮糖激酶降低了胞内的 ATP 浓度，进一步对细胞生长产生毒性作用（彭炳银等，2011）。

2. 运动发酵单胞菌

1912 年，人们从富含糖的植物发酵汁中分离出了运动发酵单胞菌（Zymomonas mobilis）。自其被发现之日起，该菌便得到广泛关注和研究。运动发酵单胞菌是厌氧型革兰氏阴性菌，呈棒状，长约 2~6μm，宽为 1~1.4μm，周生鞭毛运动，不产生孢子和荚膜，泛酸盐是唯一需要的生长因子。与其他微生物相比，该菌代谢途径相对简单，没有多种可供选择的代谢途径，是目前唯一一种通过 Entner-Doudoroff（ED）途径专一代谢葡萄糖、果糖和蔗糖的微生物（吴赫川等，2015）。在利用葡萄糖和果糖作为碳源和能源时，能以接近理论值的转化率将底物转化为乙醇。但以蔗糖为底物时，由于副产物果聚糖和山梨醇等的形成，转化效率降低到 70%。Z. mobilis 耐高糖能力很强，最高耐受浓度可以达到400g/L。

在燃料乙醇生产方面，运动发酵单胞菌有很多优势：该菌株葡萄糖代谢生成乙醇的速度比酵母快3~4倍；在以葡萄糖或果糖为底物的发酵中，97.3%~98%的底物被转化为乙醇，只有剩下的一小部分被转化为生物量，所以发酵过程中细胞积累较少，葡萄糖乙醇产率较高（0.49~0.50g乙醇/g葡萄糖），底物利用效率高；与许多酵母不同，其生长不需要氧气，能在不含有机物的基础培养基中生长；具有高效的糖扩散转运系统、高效表达的丙酮酸脱羧酶基因（pyruvate decarboxylase，PDC）和乙醇脱氢酶基因（alcohol dehydrogenase，ADH），能够快速有效地转化葡萄糖生成乙醇；很多菌株可以在38~40℃生长，比酵母生存温度高6~7℃，有利于高温发酵；能忍耐高渗透压，大部分菌株可在40%葡萄糖溶液中生长；耐乙醇能力强，30℃发酵乙醇的质量浓度可达到12%，而很少有其他细菌能在如此高乙醇浓度的环境下生存；可以在低pH条件下发酵，对水解液中抑制物有较强耐受能力，而且其发酵醪的蒸馏残留物还可以作为安全的动物饲料。因而，运动发酵单胞菌被人们认为是发酵乙醇领域中一种很有发展潜质的微生物，已被应用于淀粉质原料的乙醇发酵生产工艺中（吴赫川等，2015）。

天然的运动发酵单胞菌因细胞内缺乏戊糖代谢途径，只能够利用葡萄糖、蔗糖和果糖，并不能利用五碳糖。但由于该菌株发酵的诸多优势，使其成为构建五碳糖产醇工程菌的优选宿主菌株之一。早在20世纪80年代，科研人员就开始尝试将木糖代谢途径转入运动发酵单胞菌，但均没有获得成功。将 *Xanthomonas campestris* 或 *Klebsiella pneumonia* 的 XI 基因 *XYLA* 和 XK 基因 *XKS1* 均转入运动发酵单胞菌并获得表达后，所得重组菌仍然不能在单一的木糖碳源上生长。重组运动发酵单胞菌酶活测定分析发现，其6-磷酸葡萄糖酸脱氢酶和转酮酶的活力较低，基本检测不到转醛酶活力，说明重组菌缺乏一个完整的磷酸戊糖途径（pentose phosphate pathway，PPP）。因此，在运动发酵单胞菌中转入并表达木糖异构酶基因（*XYLA*）、木酮糖激酶基因（*XKS1*）、转酮酶基因（*TKL*）和转醛酶基因（*TAL*）是完善其木糖代谢途径的必要条件，这样才有可能使它通过 ED 途径的偶联将木糖发酵为乙醇（吴赫川等，2015）。

10.1.2 乙醇发酵机理

乙醇发酵主要包括两个阶段：第一阶段，六碳糖经过各种酶类催化形成丙酮酸；第二阶段，丙酮酸在无氧条件下由脱羧酶催化还原为两分子乙醇，并释放出 CO_2。第一阶段在不同微生物中代谢可能有所不同，主要有四种途径：EMP 途径、ED 途径、HMP 途径和磷酸解酮酶途径，其中最主要的发酵代谢途径为 EMP

和 ED 途径（详见第 3 章微生物营养与代谢）。

10.1.3 乙醇发酵工艺

乙醇发酵原料包括淀粉、糖和纤维素类物质。对于淀粉质和糖质原料乙醇发酵而言，通行的工艺主要有三种，即间歇式发酵、半连续发酵和连续发酵。

1. 间歇式发酵

间歇式发酵是指全部发酵过程始终在一个发酵罐中进行。由于发酵罐容量和操作工艺的不同，间歇发酵有以下几种方法。

（1）一次加满法

将糖化醪冷却到 27 ~ 30℃ 后，接入大约为糖化醪量 10% 的酵母混合均匀，经 60 ~ 72h 发酵即成熟。此法操作简便，易于管理，但酵母用量大，适用于糖化锅与发酵罐容积相等的小型乙醇厂。

（2）分次添加法

将发酵罐容积 1/3 左右的糖化醪入罐后，接入 10% 酵母进行发酵；经过 2 ~ 3h 后，第 2 次加入糖化醪；再隔 2 ~ 3h 后，第 3 次加入糖化醪，直至加到发酵罐容积的 90% 为止。此法适用于糖化锅容量小而发酵罐容量大的工厂。

（3）连续添加法

先将一定量的酵母打入发酵罐，然后根据生产量，确定流加速度。流加速度与酵母接种量有密切关系。如果流加速度太快，则发酵醪中酵母细胞数太少，不能造成酵母繁殖的优势，易被杂菌所污染；如果流量太慢，会造成后加糖化醪中的支链淀粉不能被彻底利用。一般应在接种酵母 6 ~ 8h 后将罐装满。该法适合于采用连续蒸煮、连续糖化的乙醇生产厂。

（4）分割主发酵醪法

将处于旺盛主发酵阶段的发酵醪分出 1/3 ~ 1/2 至第 2 罐，然后加新料将两罐补满，继续发酵。待第 2 罐发酵正常，又处于主发酵阶段时，再分出 1/3 ~ 1/2 发酵醪至第 3 罐，并加新鲜糖化醪至第 2、第 3 罐。如此连续分割其他各罐，并将前面各罐发酵成熟的醪液送去蒸馏。该过程可以省去酵母的制作过程，但对无菌操作的要求高，适用于卫生管理好的工厂。

2. 半连续发酵

半连续发酵是在主发酵阶段采用连续发酵，而后采用间歇发酵的方法。在半连续发酵中，醪液的流加方式有两种。第一种方式，将数个发酵罐连接起来组为一组，使前 3 个罐保持连续发酵状态。开始投产时，第 1 只罐接入酵母，使该罐始终处于主发酵状态，连续流加糖化醪。待第 1 罐加满后，流入第 2 罐，此时可分别向第 1、第 2 两罐流加糖化醪，并保持两罐始终处于主发酵状态；待第 2 罐加满后，自然流入第 3 罐；第 3 罐加满后，流入第 4 罐；第 4 罐加满后，则由第 3 罐改流至第 5 罐；第 5 罐加满后，改流至第 6 罐，依次类推。第 4、第 5 罐发酵结束后，送去蒸馏。洗刷罐体后再重复以上操作。第二种方式，由 7~8 个罐串联组成一组，用管道将前罐的上部接通下罐的底部。投产时，先制备 1/3 体积的酵母，加入第 1 只发酵罐；在保持主发酵状态下，流加糖化醪至满罐，然后流入第 2 罐。待第 2 罐醪液加至罐容 1/3 时，糖化醪转流加至第 2 罐；第 2 罐加满后，流入第 3 罐。重复下一罐操作，直至末罐。

3. 连续发酵

连续发酵工艺方法分为如下三种。

(1) 循环连续发酵法

该工艺将 9~10 个罐串联组成连续发酵罐组，其流程是从前罐的上部流入下罐的底部。投产时，先将酵母打入第 1 只罐，同时加入糖化醪，在保持该罐处于主发酵状态下，流加糖化醪至满，自然流入第 2 罐，再依次流入下一罐，直至末罐。待醪液流至末罐并加满后，发酵醪即成熟。将末罐成熟的发酵醪送去蒸馏，洗刷末罐并杀菌，重新接种发酵，然后以末罐为首罐，以相反方向重复以上操作，进行循环连续发酵。

(2) 多级连续发酵法

多级连续发酵法也称连续流动发酵法。与循环法类似，该法也是用 9~10 个发酵罐串联组成发酵系统，各罐的连接也是由前一罐上部接至下一罐底部。投产时，先将酵母接入第 1 罐，然后在保持主发酵状态下流加糖化醪，满罐后流入第 2 罐；在保持两罐均处于主发酵状态下，同时向第 2 罐与第 1 只罐流加糖化醪；第 2 罐加满后，流入第 3 只发酵罐；在保持 3 只罐均处于主发酵状态下，同时向 3 只罐流加糖化醪；第 3 只罐加满后，自然流入第 4 罐；如此依次进行，直至流满末罐。这样，只在前 3 只发酵罐中流加糖化醪，并使其处于主发酵状态，从而保证酵母菌生长繁殖的绝对优势，抑制杂菌的生长。从第 4 只发酵罐起，不再流加糖化醪，使之处于后发酵阶段。当醪液流至末罐时，发酵醪成熟后即可送去蒸馏。发酵过程从前到后，各罐的醪液浓度、酒精含量均保持相对稳定的浓度梯度。从前面 3 只发酵罐连续流加糖化醪，到最后一罐连续流出成熟发酵醪的整个过程，处于连续状态。目前，我国以粉质为原料连续发酵制酒精的场合，基本上采用此发酵方式。

（3）双流糖化连续发酵法

双流糖化和连续发酵的操作过程是将蒸煮醪按两种糖化方法进行：第一种方法，在 58~60℃条件下，糖化 50~60min；第二种方法，在真空状态及 60℃条件下，糖化 5~6min。糖化剂采用甘薯曲霉和拟内孢霉深层培养液，其用量为淀粉重量的 85%。其中 2/3 酶液加入第 1 种糖化方法的糖化器中，其余 1/3 加入第 2 糖化器内。第 1 种方法糖化的糖化器中的醪液流入主发酵罐内，从第 2 糖化器流出的糖化醪送入其他发酵罐内。

该工艺的酵母接种量约为主发酵容积的 25%。为防止杂菌污染，可加入 0.01% 的抗乳菌素。发酵至第 8、第 9 罐结束（每组 12 个罐），成熟发酵醪的酒精体积含量为 8.42%~8.76%，残糖为 0.22%~0.26%，其中可发酵性残糖仅为 0.1%。

4. 纤维质原料乙醇发酵

（1）分步糖化发酵

分步糖化发酵（separate enzymatic hydrolysis and fermentation，SHF），即将纤维素先用纤维素酶糖化产生还原糖，再经发酵微生物发酵生产乙醇的方法。从燃料乙醇生产的经济性考虑，其发酵后醪液中乙醇的浓度至少要超过 4%，采用蒸馏浓缩乙醇经济上才合算。而要达到 4% 的乙醇浓度，发酵底物糖浓度至少要大于 8%，这就意味着起始纤维质原料固体含量不能低于 20%。高固体底物酶水解虽然能够有效减少热量需求，提高反应装置容积产率。但对于大多数木质纤维素原料酶水解而言，由于原料水溶性较差，底物浓度较大易造成搅拌和传质阻力增大，使得纤维素酶和底物的接触不良。同时，高浓度底物水解，纤维质原料的酶解产物——纤维二糖和葡萄糖的积累会反馈抑制水解反应，致使酶反应速率下降。SHF 工艺中纤维二糖对纤维素酶的反馈抑制作用比葡萄糖更加强烈。因此，补加 β-葡萄糖苷酶促进纤维二糖转化为葡萄糖降低纤维二糖浓度，可以大大降低水解产物对纤维素酶活性的抑制作用。

（2）同步糖化发酵

同步糖化发酵（simultaneous saccharification and fermentation，SSF），最早由 Gauss 等在 1976 年提出。该工艺将酶水解糖化和微生物发酵两步反应结合起来，在同一个反应器中，以纤维素原料作为底物，同时加入纤维素酶复合物和酵母，伴随着纤维素酶水解作用产生葡萄糖，酵母利用葡萄糖发酵生成乙醇。SSF 工艺可有效解决分步糖化发酵方法中产物抑制的问题。纤维质原料在糖化过程中，产生的纤维二糖、葡萄糖会严重抑制纤维素酶的活性，进而会降低反应的速率。同步糖化发酵法能够将水解产生的葡萄糖通过酵母的作用迅速发酵为乙醇，从而降低对纤维素酶活性的抑制，加快反应的速率。同时，两步结合减少了反应器个数，节约反应时间，降低投资和操作成本，而乙醇的存在和较低的糖浓度也减少了杂菌污染的机会。但同步糖化方法也存在明显的缺陷，比如纤维素酶的最适酶解温度在 45～50℃，而酵母的最适宜发酵温度一般在 30～37℃，两者最适温度范围存在明显的差别。目前，SSF 工艺通常采用折中的温度 37℃。此种做法使两个过程都不能得到合适的温度，在一定程度上降低了水解和发酵的效果。因此，提高酵母的最适发酵温度成为解决这一问题的关键（高月淑等，2016）。

（3）非等温同时糖化发酵

在纤维素酶糖化过程中，纤维素酶的最适温度为 50℃ 左右，而酵母发酵的控制温度是 31～38℃。非等温同时糖化发酵法（nonisothermal simultaneous sac-charification and fermentation，NSSF）通过热交换控制，使糖化反应产物和初始底物进行热量交换，糖化产物温度降低进而进入酵母发酵阶段，初始底物则继续进行糖化反应。由此，NSSF 很好地解决了纤维素酶糖化与酵母发酵两个过程温度不协调的矛盾。

（4）联合生物加工

联合生物加工（consolidated bioprocessing，CBP），指纤维素酶生产、纤维素和半纤维素的水解以及水解产物的发酵都在单一的工艺流程中进行。该工艺通过把糖化和发酵结合到由微生物介导的同一反应体系中，使纤维质原料经过一个工艺环节就可以转变成为燃料乙醇，具有底物和原料的消耗少、一体化程度高等优点。生物质加工技术的趋势是增加工艺的联合以节省时间和原料。CBP 借助酶-微生物的协同作用，同时使用热稳定的微生物和（或）复合纤维素酶系统，使得水解率得到很大提高，从而降低反应器的体积以及设备投资。此外，相对于不能分解纤维素的微生物类群，那些能附着于纤维素上的微生物由于能水解纤维素获取能量而更具有竞争力。CBP 不需要专门的纤维素酶生产环节，能够实现更低的投入和更高的产出，代表了生物质加工技术的发展趋势（曲音波，2007）。

10.2 合成气乙醇发酵

合成气来自于煤、石油、生物质和有机废物的气化，是这些含碳物质部分氧化和高温分解的产物，主要成分为 CO、H_2 和 CO_2，还含有少量的 CH_4 和一些硫、氮的化合物。研究发现，合成气是一类丰富而廉价的生物加工原料，可通过厌氧发酵转化为各种有用的燃料和化学品，比如甲烷、乙酸、丁酸、乙醇和丁醇等。与合成气化学转化相比，生物转化具有以下几个优点：生物转化的反应条件温和；酶的专一性高，产物得率高，副产物少；生物转化不需要固定的 CO 和 H_2 比例；大部分的生物催化剂对合成气中的硫化物具有耐受性，减少了气体净化成本。气化过程可以消除原料之间的化学差异性，将一些有毒或难降解的有机物先转化为合成气，再发酵为其他有用的产品（徐惠娟等，2010）。

不少研究者认为，在生物质、废弃物和一些不能用于直接发酵的原料转化上，合成气发酵将发挥重要作用。譬如木质纤维素类生物质生产燃料乙醇。如果采用合成气发酵技术，先将全部生物质（包括木质素以及难降解部分）气化转化为合成气，再将合成气发酵为乙醇，就能避开木质纤维素酸、酶水解的技术障碍，克服传统生物转化过程中木质素不能被充分利用的缺陷。图 10-2 即为合成气发酵制乙醇的工艺流程（Abubackar et al.，2011）。

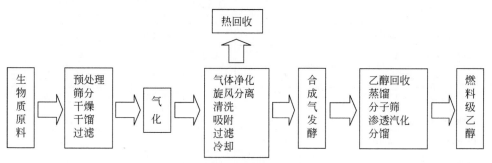

图 10-2　合成气发酵制乙醇的工艺流程

10. 2. 1　利用合成气产乙醇的微生物

能以合成气（CO、CO_2 和 H_2）作为唯一碳源和能源的微生物都是厌氧微生物，且多数为产乙酸菌，其主要的代谢产物是乙酸，而能够发酵合成气产乙醇的微生物菌株较少。目前报道的能利用合成气产有机酸和醇的微生物如表 10-2 所示，其中能够发酵合成气生成乙醇的微生物主要有 *Butyribacterium methylotrophicum*、*Clostridium ljungdahlii*、*Clostridium carboxidivorans* 和 *Clostridium autoethanogenum*。这些菌株利用 CO 或 H_2/CO_2 产乙醇或乙酸的化学计量式如下所示：

$$6CO+3H_2O \longrightarrow CH_3CH_2OH+4CO_2$$
$$2CO_2+6H_2 \longrightarrow CH_3CH_2OH+3H_2O$$
$$4CO+2H_2O \longrightarrow CH_3COOH+2CO_2$$
$$2CO_2+4H_2 \longrightarrow CH_3COOH+2H_2O$$

B. methylotrophicum 是 1980 年从下水道污泥中分离得到的一株厌氧菌，其野生型菌株不能利用 CO。20 世纪 90 年代初，经过驯化后得到 CO 型的突变株。该

突变株是代谢最多样的一株厌氧菌株，能够以 100% CO、H_2/CO_2、甲醇、甲酸和葡萄糖作为底物进行生长。当以 100% CO 为生长底物时，*B. methylotrophicum* 得到的最终产物有乙酸、丁酸、少量的乙醇和丁醇。pH 对产物的形成影响较大：当 pH 为 6.8 时，*B. methylotrophicum* 的发酵产物以乙酸为主，乙酸和丁酸的摩尔比为 32∶1；当 pH 为 6.0 时，乙酸和丁酸比为 1∶1，连续稳态发酵时得到相似结果，且产物中出现少量的乙醇和丁醇。如果连续发酵时采用细胞循环和气体循环，丁醇的浓度能达到 2.7g/L，成为最主要的发酵产物。

表 10-2　利用合成气产有机酸和醇的微生物

微生物	最适温度（℃）	最适 pH	倍增时间（h）	产物
Clostridium autoethanogenum	37	5.8~6.0	未报道	乙酸、乙醇
Clostridium ljungdahlii	37	6.0	3.8	乙酸、乙醇
Clostridium carboxidivorans	38	6.2	6.25	乙酸、乙醇、丁酸、丁醇
Butyribacterium methylotrophicum	37	6.0	12~20	乙酸、乙醇、丁酸、丁醇
Oxobacter pfennigii	36~38	7.3	13.9	乙酸、正丁酸
Peptostreptococcus productus	37	7.0	1.5	乙酸
Acetobacterium woodii	30	6.8	13	乙酸
Eubacterium limosum	38~39	7.0~7.2	7	乙酸
Methanosarcina acetivorans strain C2A	37	7.0	24	乙酸、甲酸、甲烷
Moorella thermoacetica（原 *Clostridium thermoaceticum*）	55	6.5~6.8	10	乙酸
Moorella thermoautotrophica（原 *Clostridium thermoautotrophicum*）	58	6.1	7	乙酸
Desulfotomaculum kuznetsovii	60	7.0	未报道	乙酸、H_2S
Desulfotomaculum thermobenzoicum subsp. *thermosyntrophicum*	55	7.0	未报道	乙酸、H_2S
Archaeoglobus fulgidus	83	6.4	未报道	乙酸、甲酸、H_2S

资料来源：Henstra et al.，2007

1987 年，美国 Arkansas 大学的 Barik 和 Harrison 从鸡粪中分离出 *C. ljungdahlii*。该菌是一株严格厌氧的革兰氏阳性细菌，细胞呈杆状，具周生鞭毛，具有运动性，包裹一层 0.1~0.2μm 厚的衣被，芽孢不常见（图 10-3）。*C. ljungdahlii* 是研究得较多的一株产乙醇菌，它既能以 CO、H_2/CO_2 为底物，也能以丙酮酸等有机化合物及简单的糖类为底物进行生长（表 10-3），其中果糖或 H_2/CO_2 是其生长的最佳底物。*C. ljungdahlii* 代谢合成气的主要产物为乙醇和乙酸，但研究结果不尽相同。

在最初的菌株分离实验中，以 CO 为底物得到的乙醇和乙酸浓度分别为 1.14g/L 和 4.62g/L；在连续通气（65% CO，24% H_2 和 11% CO_2）的批式培养中，乙醇浓度达到 7g/L，乙醇与乙酸的摩尔比为 9：1；如果在带细胞循环的连续搅拌罐式反应器（continuous stirred tank reactor，CSTR）中发酵，乙醇的浓度可高达 48g/L，相应的乙酸浓度只有 3g/L。由此可见，*C. ljungdahlii* 是一株很有潜力的利用合成气生产乙醇的菌株，改变反应条件能促进乙醇的生成。培养基中的酵母膏提供细胞生长所需的氮源，但高浓度的酵母膏不利于乙醇的生成；较低的 pH 值有利于乙醇合成。生长条件下（pH = 5.0 ~ 7.0），*C. ljungdahlii* 发酵合成气的主要产物为乙酸；非生长条件下（pH = 4.0 ~ 4.5，无酵母膏），乙醇成为主要产物。

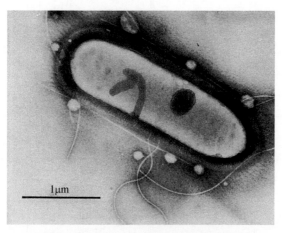

图 10-3　*C. ljungdahlii* 的透射电镜照片

资料来源：Tanner et al.，1993

C. carboxidivorans 是另一株具有选择性高产乙醇潜力的菌株，分离自农业污水池的沉积物，之前被称为 *Clostridium* strain P7，该菌株能以 CO、H_2/CO_2 为底物生长，代谢产物为乙酸、乙醇、丁酸和丁醇。*C. carboxidivorans* 为革兰氏阳性菌，杆状，直径 0.5μm，长度 3μm，经常是单个或成双出现，能游动，有鞭毛，很少能观察到芽孢，且芽孢通常位于细胞末端膨大处。生长于 CO 的 *C. carboxidivorans* 菌落为白色不透明，边缘呈叶状，培养 1 ~ 2 周后直径为 2 ~ 4mm。*C. carboxidivorans* 能够利用的底物包括 CO、H_2/CO_2、葡萄糖、半乳糖、果糖、木糖、甘露糖、纤维二糖、海藻糖、纤维素、淀粉、胶质、柠檬酸、甘油、乙醇、丙醇、异丙醇、丁醇、谷氨酸、天冬氨酸、丙氨酸、组氨酸、天冬酰胺、丝氨酸、甜菜碱、胆碱和丁香酸，而甲醇、甲酸、D-阿拉伯糖、岩藻糖、乳糖、蜜二糖、苦杏苷、葡萄糖酸、乳酸、苹果酸、精氨酸、谷氨酰胺和香草酸不支持

其生长。2002 年，Rajagopalan 等以人工混合气（25% CO、15% CO$_2$ 和 60% N$_2$）为底物，采用连续发酵方式，稳态时乙醇、丁醇和乙酸的表观得率（每消耗 1 摩尔 CO 生成的产物摩尔数）分别为 0.15，0.075 和 0.025，产物中未能检测到丁酸。2004 年，该研究组的 Datar 等以真正的合成气代替瓶装气体进行发酵，结果显示通入真正的合成气后 *Clostridium* strain P7 停止生长，但转换成纯净的瓶装气体后细胞又重新开始生长，而乙醇主要在细胞停止生长的阶段生成。因此，认为乙醇是非生长偶联型的产物。

表 10-3 *Clostridium ljungdahlii* 的底物利用情况

底物[a]	结果[b]	底物	结果
H$_2$/CO$_2$	+	核糖	+
CO	+	木糖	+
甲酸钠	+/-	葡萄糖	+[d]
甲醇	-	果糖	+
乙醇	+	半乳糖	-
丙酮酸钠	+	甘露糖	-
乳酸钠	-	山梨醇	-
甘油		蔗糖	-
柠檬酸钠		乳糖	-
琥珀酸钠		麦芽糖	-
富马酸钠	+	淀粉	-
苹果酸	-[c]	阿魏酸	-
赤藓糖	+	三甲氧基苯甲酸	-
苏糖	+	酪蛋白氨基酸	+/-
阿拉伯糖	+	丙氨酸	-

a 气体底物加到密封管的气相中，其他底物以 5g/L 的浓度加入含 1g/L 酵母膏的培养基中。接种量 2%，种子液为生长于果糖的细胞。不生长或很少生长的结果需要用生长于 H$_2$/CO$_2$ 的细胞接种验证

b 生长水平划分为以下几种（与对照相比较）：+，A$_{600}$>0.1；+/-，0.01≤A$_{600}$≤0.1；-，A$_{600}$<0.01。*C. ljungdahlii* 可以代谢苹果酸，使得培养基 pH 发生改变

c *C. ljungdahlii* 可以代谢苹果酸，使得培养基 pH 发生改变

d 原先生长于果糖或 H$_2$/CO$_2$ 的培养物在葡萄糖上生长时需要一定的适应期

资料来源：Tanner et al., 1993

C. autoethanogenum 是从兔粪中分离得到的一株革兰氏阳性严格厌氧菌，杆状，产芽孢，具周生鞭毛，能运动，细胞大小约为（0.5~0.6μm）×（2.1~9.1μm），长时间培养后可观察到几个细胞由荚膜包裹形成丝状，长达 42.5μm。

当生长培养基中含酵母膏时，细胞会产生颗粒（图 10-4）。该菌株可以利用 CO 和 H_2/CO_2，代谢产物主要为乙醇和乙酸，还可以利用木糖、阿拉伯糖、果糖、丙酮酸、L-谷氨酸及鼠李糖。德国微生物菌种保藏中心（Deutsche Sammlung von Mikroorganismen und Zellkulturen，DSMZ）推荐木糖为该菌株的最佳生长底物。菌株可在 pH 为 4.5~6.5、温度为 20~44℃ 时生长，最适的生长温度是 37℃，最适的 pH 范围是 5.8~6.0，氯霉素、青霉素、氨苄西林和四环素能抑制其生长。

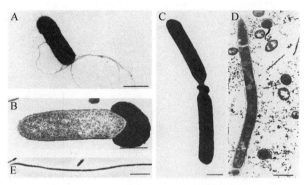

图 10-4 *Clostridium autoethanogenum* 模式菌株 JA1-1 的显微照片

A. 一个侧面有鞭毛的细胞电镜照片，bar=1.0μm。B. 一个带圆形颗粒的细胞电镜照片，该细胞生长于含酵母膏的培养基中，bar=0.5μm。C. 一个圆形颗粒位于两个相邻的细胞之间，bar=0.5μm。D. 几个细胞由荚膜包裹在一起形成丝状（培养 20 天后），bar=1.0μm。E. 荚膜包裹的丝状细胞的相差显微照片，bar=5.0μm

资料来源：Abrini et al.，1994

10.2.2 合成气乙醇发酵代谢途径

厌氧菌利用 CO、CO_2 和 H_2 发酵产生乙醇主要通过乙酰辅酶 A（acetyl-CoA）途径完成的，也称为 Wood-Ljungdahl 途径，以纪念 H. G. Wood 和 L. G. Ljungdahl 两位科学家在阐明该途径上所做的贡献。该途径包含两个分支：甲基分支和羧基分支，如图 10-5 所示。首先，二氧化碳通过甲酸脱氢酶的作用形成甲酸，然后与四氢叶酸结合形成甲酰四氢叶酸，接着在甲酰四氢叶酸环水解酶、亚甲基四氢叶酸脱氢酶、亚甲基四氢叶酸还原酶的逐一催化下转化为甲基四氢叶酸，甲基四氢叶酸在甲基转移酶的催化下将其甲基转移给类咕啉铁硫蛋白（corrinoid iron-sulfur protein，简称 CFeSP），形成甲基类咕啉铁硫蛋白；同时在羧基分支中，一分子的 CO_2 由 CO 脱氢酶/乙酰辅酶 A 合成酶催化还原为 CO；最后，在 CO 脱氢酶/乙酰辅酶 A 合成酶的作用下，来自甲基类咕啉铁硫蛋白的甲基与 CO、辅酶 A 结合生成乙酰辅酶 A（Abubackar et al.，2011）。乙酰辅酶 A 是物质和能量代谢的重要物质，通过合成代谢可转化为生物质。另一方面，在磷酸转乙酰酶和乙酸激酶的作用下，乙酰辅酶 A 转化成乙酸。乙酸进一步还原得到乙醇，或者乙酰辅酶 A 由乙醛脱氢酶催化生成乙醛，然后乙醛在乙醇脱氢酶作用下转化为乙醇。在整个 Wood-Ljungdahl 途径中，生成乙酸会产生一分子的 ATP，但合成甲酰四氢叶酸需要消耗一分子 ATP，因此净生成的 ATP 为零。

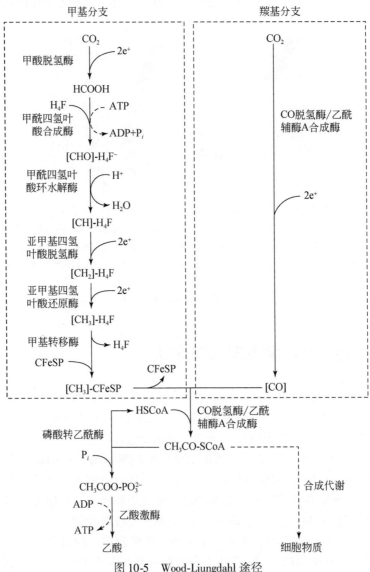

图 10-5 Wood-Ljungdahl 途径

H_4F，四氢叶酸；P_i，无机磷酸；CFeSP，类咕啉铁硫蛋白；HSCoA，辅酶 A

10.2.3　合成气发酵反应器

合成气发酵是一个多相的反应过程，包括气体底物、培养液和微生物细胞等气、液、固三相。气体底物需要经过多个步骤的传递才能到达细胞表面被微生物吸收利用，因而合成气发酵过程的限速步骤是气液传质，且由于 CO 和 H_2 在水中的溶解度低，该传质限制显得更为突出。因此，能够提供较高的气液传质速率是选择合成气发酵反应器的重要指标。

搅拌罐式反应器在实验室规模的合成气发酵中应用非常广泛，因为它可以获得较高的传质速率。反应器所带的搅拌桨可将大气泡打碎成小气泡，从而提高气液传质面积，而且小气泡上升慢，可以延长气液接触时间，这些都能促进传质。该反应器的 K_La 值（体积传质系数）与单位体积搅拌功率（P/V）和空塔气速（U_g）有关，提高 P/V 或 U_g 都能有效提高 K_La 值，但提高空塔气速会导致气体底物的转化率降低，所以通常采用高的单位体积搅拌功率来获得高 K_La 值。不过，搅拌功率增加意味着能耗增加，一定程度上限制了搅拌罐式反应器在工业规模上的应用。

柱式反应器，如滴流床和气升式反应器，不需要机械搅拌，因而比搅拌罐式反应器耗能少，在合适的操作条件下也能得到高的 K_La 值。滴流床反应器是一个填充床，细胞可固定在固体填充物上，气体连续通过，液体向下滴过填充物，气体流动方向可以向上（逆流）或向下（顺流），气液流速都较低。滴流床反应器可以获得较高的 K_La 值（表 10-4），但该反应器应用较少，一方面因为微生物的生长容易导致反应器堵塞，另一方面由于反应器混合性能不好，pH 不易控制。

表 10-4　合成气发酵的传质系数

反应器类型	微生物	原料	K_La（h^{-1}）
搅拌罐-200rpm	*Butyribacterium methylotrophicum*	CO	14.2
搅拌罐-300rpm	*C. ljungdahlii*	合成气	35（CO）
搅拌罐-200rpm（微泡通气）	*Butyribacterium methylotrophicum*	CO	90.6
滴流床	*C. ljungdahlii*	合成气	137（CO）

资料来源：Bredwell et al.，1999

对于受传质限制的合成气发酵而言，反应器型式很关键。图 10-6 为合成气发酵的两套实验装置，其中（a）使用的菌株是 *C. carboxidivorans*，气体底物为 N_2、CO_2 和 CO 的人工混合气，反应在一个连续的鼓泡柱式反应器中进行。该反应器由树脂玻璃制成，高 2 英尺（1 英尺 ≈ 0.305m），内径 4.5 英寸（1 英寸 ≈ 2.54cm），液相容积4.5L，上层气相容积1.7L，反应器底部有一块开孔（孔径4～6μm）的烧结玻璃盘用于鼓泡。反应器中液体以200～300mL/min的速度循环以强化混合，罐1和罐2为培养基加料罐，可交替使用。（b）为 *B. methylotrophicum* 发酵 CO 的实验装置，整套装置包含一个搅拌罐式反应器，一个过滤器和一个微泡生成器。整个过程为连续操作，过滤器用于回收细胞循环使用。该系统的特别之处在于采用微泡通气代替了传统的通气方式。微泡，也称为胶质气体泡沫，是平均直径在50μm左右的表面活性剂稳定的泡沫。相比于通常生物反应器中直径一般为 3～5mm 的气泡，微泡能提供更大的气液接触面积，有利于提高气液传质速率。从表10-4 可以看出，采用微泡通气后，CO 的 $K_L a$ 值提高近 6 倍。微泡生成器即产生微泡的装置，里面有一个以每分钟几千转高速旋转的转盘，与转盘相距几个毫米的是静止的挡板，在转盘与挡板之间产生一个局部的高剪切区，进入该区域的气泡会被破碎成更小的气泡，由于气泡被表面活性剂包裹，因而比较稳定，不容易产生气泡合并。生成的微泡（气体体积分数约为2/3）可用蠕动泵送入反应器。据估计，在 *B. methylotrophicum* 发酵过程中生成微泡所需的能耗约为 $0.01kW/m^3$，这个数值远远小于典型的通气搅拌罐式反应器的体积功率（大约为 $1kW/m^3$），原因在于形成微泡所需的高剪切力仅在体积相对较小的微泡生成器中使用。

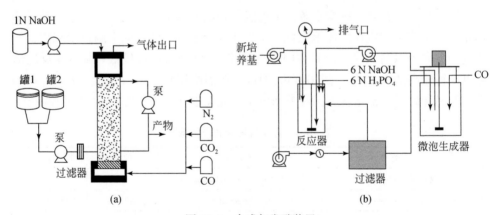

图 10-6　合成气发酵装置

　　另一个影响发酵转化率和产率的重要因素则是发酵工艺，可以从以下几个方面对发酵工艺进行改进：①采用气体循环以提高气体底物的转化率；②采用连续操作和细胞循环，由于反应器中的细胞浓度增大，产物浓度大大提高；③考虑到菌株生长和发酵条件不同，可采用两步 CSTR 发酵工艺，细胞生长和产物合成可在不同的反应器中进行。例如 *C. ljungdahlii* 发酵，使用两个反应器时的乙醇产率比只用一个反应器时提高了 30 倍。从表10-5 中可以看到不同反应器及工艺条件下乙醇产量的变化。此外，也可以对细胞进行固定化，或者在不影响菌株活性的情况下适当增加反应器的压力。

表 10-5　反应器型式及工艺条件对合成气乙醇发酵的影响

微生物	反应器及工艺	培养时间（h）	合成气组成（%）	pH	乙醇浓度（g/L）	乙醇/酸比值（mol/mol）
Clostridium ljungdahlii	带细胞循环的连续搅拌罐式反应器	560	$CO=55$，$H_2=20$，$CO_2=10$，$Ar=15$	4.5	48	21
	两个连续搅拌罐式反应器串联	384	$CO=55.25$，$H_2=18.11$，$CO_2=10.61$，$Ar=15.78$	4.0	~3	~1.5
Butyribacterium methylotrophicum	连续搅拌罐式反应器		$CO=100$	6[a]	0.056	0.131
	血清瓶分批发酵	144	$CO=35$，$H_2=40$，$CO_2=25$	7.3	0.02	0.018[b]
Clostridium carboxidivorans P7[T]	连续鼓泡柱式反应器	240	$CO=14.7$，$H_2=4.4$，$CO_2=16.5$，$N_2=56.8$[c]	6[d]	1.6	
	细胞培养瓶分批发酵	156	$CO=20$，$H_2=5$，$CO_2=15$，$N_2=60$[e]	5.7	0.337	0.392
Clostridium autoethanogenum	连续的改良反应器[f]	72	$CO=20$，$H_2=10$，$CO_2=20$，$N_2=50$	6	0.066[g]	0.062[g]

a pH=6 时其他产物：丁酸，乙酸和丁醇

b 其他产物：乙酸，丁酸和乳酸

c 其余组分为 $CH_2=4.2\%$，$C_2H_4=2.4\%$，$C_2H_6=0.8\%$

d 乙醇浓度为 1.6g/L 时的 pH

e 含 130ppm 的 NO

f 搅拌器改为连接有多孔不锈钢气体分布装置的不锈钢管

g 流速为 10mL/min

资料来源：Abubackar et al., 2011

10.3　丁醇发酵生产

丁醇发酵，又称丙酮-丁醇发酵，主要产物包括丁醇、丙酮和乙醇（含量约为 6:3:1），简称 ABE（acetone-butanol-ethanol）发酵。丁醇发酵工业具有悠久的历史，起源于 20 世纪早期并迅速发展，于 20 世纪 50 年代成为继乙醇发酵之后

的第二大发酵工业，大约2/3丁醇供应都来源于ABE发酵。从60年代开始，受石油化工行业的冲击而逐渐衰弱。到80年代，只剩亚洲部分工厂继续运行。进入21世纪，因石油资源短缺、石油价格飙升，ABE发酵再次成为人们关注的热点。

10.3.1　发酵法生产丁醇的优势

发酵法生产的丁醇可作为生物燃料替代汽油等石化能源，其优势体现在产品性能和生产方法两方面。

1. 丁醇的性能优势

丁醇是一种极具潜力的新型生物燃料，被称为第二代生物燃料。作为生物燃料，丁醇与其同系物及其他燃料物化和燃烧特性的比较见表10-6和表10-7（刘娅等，2008）。

表 10-6　甲醇、乙醇、丁醇、汽油和柴油基本物化特性

项目	密度[a] (kg/L)	沸点 (℃)	汽化热 (kJ/kg)	液态黏度[b] (Pa·s)	闪点 (℃)	辛烷值 (RO)	十六烷值 (CN)	Reid法蒸汽压[c] (kPa)
甲醇	0.7920	64.5	1088	0.61	11~12	106~115	3~5	31.69
乙醇	0.7893	78.4	854	1.20	13~14	约110	8	13.80
丁醇	0.8109	117.7	430	3.64	35~37	96	25	2.27
汽油	0.72~0.78	40~210	310~340	0.28~0.59	45~38	80~98	5~25	310.1
柴油	0.82~0.86	180~370	250~300	3.00~8.00	65~88	约20	45~65	1.86

a 20℃时的密度值

b 20℃时的液态黏度值

c 38℃时的 Reid 法蒸汽压值

表 10-7　甲醇、乙醇、正丙醇和正丁醇燃烧特性

项目	甲醇	乙醇	丙醇	正丁醇
低热值（MJ/Kg）	19.916	26.778	32.465	35.103
体积热值（MJ/L）	15.77	21.26	26.10	28.43
理论混合热值（MJ/Kg）	2.6599	2.6700	2.8561	2.8733
摩尔热值（MJ/mol）	638.2	1233.6	1951.0	2601.9
着火温度（℃）	470	434	425	385
与空气混合气着火界限（体积分数%）	6.0~36.5	3.5~18.0	2.3~12.5	1.4~11.2
与空气燃烧表观活化能（KJ/mol）	172.9	176.7	189.7	202.6

续表

项目	甲醇	乙醇	丙醇	正丁醇
辛烷值				
MON	91	92	约90	94
RON	106~115	100~112	98~104	95~100
十六烷值	3	8	10	12
与空气燃烧理论体积分数 F/(F+A)(%)	12.22	6.51	4.44	3.36
理论空燃比（kg/kg）	6.4988	9.0293	10.3788	11.2171
沸点	64.5	78.4	97.2	117.7
HLB	8.4	8.0	7.5	7.0
闪点（℃）				
开	15.6	17.5	22	37
闭	12	13	16	28.9
理论变更系数 μ	1.0613	1.0653	1.0667	1.0675

注：汽油的理论空燃比 A/F 为 14.6

2008年2月，在德国汉堡举行的生物燃料研讨会上，美国杜邦公司和英国石油公司联合宣布，经过12个月的测试，丁醇已被证明具有优越的性能，比乙醇有着更好的应用前景。和乙醇相比，丁醇在燃料性能和经济性方面具有以下优势。

1）丁醇具有较高的能量密度。丁醇分子结构中含有的碳原子数比乙醇多，单位体积能储存更多的能量。测试表明，丁醇能量密度接近汽油，而乙醇的能量密度比汽油低35%。与乙醇相比，每加仑（1加仑≈4.55L）可支持汽车多走30%路程。

2）丁醇与汽油的配伍性更好，能够与汽油达到更高的混合比。丁醇的挥发性是乙醇的1/6，汽油的1/13.5，与汽油混合对水的宽容度大，对潮湿和低水蒸气压力有更好的适应能力。与现有的生物燃料相比，生物丁醇与汽油的混合比更高，无需对车辆进行改造，就可以使用几乎100%浓度的丁醇。

3）丁醇更适合在现有的汽油供应和分销系统中应用。丁醇亲水性弱，与汽油以任意比例混合后蒸气压力低、腐蚀性小，可以通过管道输送实现便捷运输，能直接用现有加油站系统，无须改造。而乙醇容易腐蚀管线，必须使用汽车槽车、铁路贮罐车或驳船，以相对较小的数量运送，在分销终端与汽油调和。

2. 发酵法生产丁醇的优势

工业上生产丁醇的方法有三种：羰基合成法、醇醛缩合法和发酵法，其中羰基合成法和醇醛缩合法均属于化学合成法。而丁醇生物发酵一般是利用丙酮丁醇梭菌在严格厌氧条件下进行的。与化学合成法相比，发酵法具有以下优势（郑海洲等，2008）。

1）微生物发酵法一般以淀粉质、纸质浆液、糖蜜和野生植物为原料，原料来源广泛，工艺设备简单，设备投资较少。

2）发酵法生产条件温和，一般常温操作，不需贵重金属催化剂。

3）选择性好、安全性高、副产物少，易于分离纯化。

4）降低了对有限石化资源的消耗和依赖。

10.3.2　丁醇发酵微生物

1. 主要产丁醇菌

ABE 发酵工业中的菌种主要是梭状芽孢杆菌属（*Clostridium*）。丙酮丁醇产生菌均为杆状、产芽孢、周身鞭毛、具运动特征、革兰氏染色呈阳性，但生长后期转变为革兰氏染色呈阴性的典型厌氧菌。丙酮丁醇菌需要对氨基苯甲酸和生物素作为生长因子，具有宽的底物图谱，能够利用五碳糖、六碳糖及多糖。

传统的丁醇发酵中使用的工业菌种繁多，但其系统发育与分类一直模糊不清。近年来，通过系统学、基因组 DNA/DNA 杂交和 DNA 指纹图谱以及发酵性能等方面的比较研究，认为工业用的产溶剂梭菌归为四个菌种，分别是丙酮丁醇梭菌（*Clostridium acetobutylicum*）、拜氏梭菌（*Clostridium beijerinckii*）、糖丁酸梭菌（*Clostridium saccharobutylicum*）和糖乙酸多丁醇梭菌（*Clostridium saccharoper-butylacetonicum*）。所有原来的淀粉发酵型菌株归属于单独一个种，即丙酮丁醇梭菌。该类菌呈现较强的淀粉酶活性，适用于玉米和谷类等淀粉质原料的发酵，同时具有独特的系统发育特性，与其他三个种的亲缘关系较远。已被鉴定的糖质发酵菌株大多数属于拜氏梭菌。*Clostridium beijerinckii* BA101 具有较高的淀粉糖化能力，以葡萄糖或淀粉为原料发酵，丙酮、丁醇和乙醇总溶剂的质量浓度达到 18～33g/L。同时，该菌株具有较强的丁醇耐受能力，耐受丁醇达到 19g/L（Chen and Blaschele，1999；Parekh et al.，1999）。*C. beijerinckii* P260 可以直接利用小麦秸秆水解液进行丁醇发酵，发酵产量与纯糖相接近。江南大学以 *Clostridium saccharobutylicum* DSM 13864 为发酵菌种进行了发酵产丁醇研究，总溶剂最高产量 13.69g/L，其中丁醇为 8.36g/L（夏子义等，2013）。美国俄亥俄州立大学报道 *Clostridium acetobutylicum* JB200 产丁醇能力可以达到 20g/L（Lu et al.，2012）。常见的产丁醇菌还有 *Clostridium acetobutylicum* 824、*Clostridium aceto-*

butylicum NCIB 8052、*Clostridium beijerinckii* ATCC 55025 和 *Clostridium beijerinckii* ATCC BAA-117 等（华连滩等，2014）。这些菌种所产溶剂中丁醇、丙酮、乙醇三种组分的体积比均为 6：3：1。

2. ABE 代谢途径

ABE 发酵的代谢过程分为两个阶段：产酸期和产溶剂期，其代谢途径如图 10-7 所示。在产酸阶段，细胞处于对数生长期，菌株迅速生长，产生大量的 H_2 和 CO_2，乙酸和丁酸逐渐积累，pH 下降。当 pH 下降到一定值时，代谢转向产溶剂阶段，乙酸和丁酸被消耗，pH 回升。在溶剂产生后期，由于营养物质的缺乏及代谢产物的毒性作用，菌体逐渐衰亡，产生自溶现象或直接生产孢子。发酵逐渐由强至弱，最终达到静止结束。

（1）产酸期

葡萄糖是丙酮丁醇菌容易利用的糖类，经过糖酵解（EMP）途径产生丙酮酸。五碳糖也可以被丙酮丁醇菌利用，通过磷酸戊糖途径（HMP），转化为 6-磷酸果糖和 3-磷酸甘油醛，进入 EMP 途径。丙酮酸和 CoA 在丙酮酸–铁氧还蛋白氧化还原酶的作用下生成乙酰-CoA，同时产生 CO_2。铁氧还蛋白通过 NADH/NADPH 铁氧还蛋白氧化还原酶及氢酶和此过程耦合，调节细胞内电子的分配和 NAD 的氧化还原，同时产生 H_2（Jones and Woods，1986）。

乙酸和丁酸都由乙酰-CoA 转化而来。在乙酸的形成过程中，磷酸酰基转移酶催化乙酰-CoA 生成酰基磷酸酯，接着在乙酸激酶 AK 的催化下生成乙酸。丁酸的形成较复杂，乙酰-CoA 在硫激酶、3-羟基丁酰-CoA 脱氢酶、巴豆酶和丁酰-CoA 脱氢酶四种酶的催化下生成丁酰-CoA，然后经磷酸丁酰转移酶催化生成丁酰磷酸盐，最后丁酰磷酸盐经丁酸激酶去磷酸化，生成丁酸（Bennett and Rudolph，2005）。

（2）产溶剂期

溶剂产生的开始涉及碳代谢由产酸途径向产溶剂途径的转变。目前，这种转变机制尚未研究透彻。早期研究认为，这种转变和 pH 的降低以及酸的积累密不可分。在产酸期产生大量的有机酸，不利于细胞生长，所以产溶剂期的酸利用被认为是一种减毒作用。但是 pH 的降低以及酸的积累并不是产酸期向产溶剂期转变的必要条件（Jones and Woods，1986）。

乙酰乙酰-CoA：乙酸/丁酸：CoA 转移酶（简称 CoA 转移酶），是溶剂形成途径中的关键酶之一，有广泛的羧酸特异性，能催化乙酸或者丁酸的 CoA 转移反应。产酸阶段产生的乙酸和丁酸经过 CoA 转移酶的催化作用分别形成乙酰-CoA 和丁酰-CoA。乙酰-CoA 在硫激酶的作用下形成乙酰乙酰-CoA，乙酰乙酰-CoA 再经过乙酰乙酰-CoA 转移酶的催化作用转化为乙酰乙酸，乙酰乙酸脱羧形成丙酮。

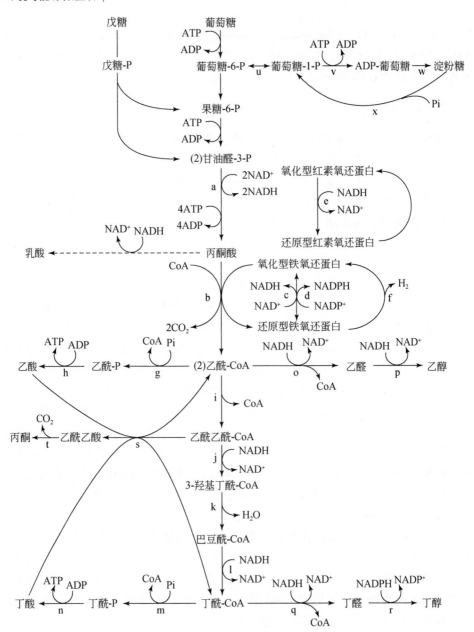

图 10-7　ABE 发酵代谢途径

酶代号：a—3-磷酸甘油醛脱氢酶；b—丙酮酸–铁氧还蛋白氧化还原酶；c—NADH-铁氧还蛋白氧化还原酶；d—NADPH-铁氧还蛋白氧化还原酶；e—NADH-红素氧还蛋白氧化还原酶；f—氢酶；g—磷酸酰基转移酶；h—乙酸激酶；i—硫激酶；j—3-羟基丁酰-CoA 脱氢酶；k—巴豆酸酶；l—丁酰-CoA 脱氢酶；m—磷酸丁酰转移酶；n—丁酸激酶；o—乙醛脱氢酶；p—乙醇脱氢酶；q—丁醛脱氢酶；r—丁醇脱氢酶；s—乙酰乙酰-CoA：乙酸/丁酸：CoA 转移酶；t—乙酰乙酸脱羧酶；u—葡萄糖磷酸变位酶；v—ADP-葡萄糖焦磷酸化酶；w—淀粉糖合成酶；x—淀粉糖磷酸化酶

资料来源：Jones and Woods，1986

丁酰-CoA 在丁醛脱氢酶和丁醇脱氢酶催化下，经过两步还原生成丁醇。乙酸和丁酸的重利用通过 CoA 转移酶直接和丙酮的产生相结合，因此在一般的间歇发酵中不可能只得到丁醇而不产生丙酮。

3. 产溶剂的关键酶

（1）丙酮合成中的关键酶

从乙酰乙酸-CoA 催化生成丙酮的代谢中，CoA 转移酶（CoAT）和乙酰乙酸脱羧酶发挥着重要作用，它们被认为是诱导溶剂产生的关键酶（Andersch et al.，1983）。CoA 转移酶由 α、β 亚基组成，结构为 $\alpha_2\beta_2$，2 亚基分子量因不同种而异，在丙酮丁醇梭菌 ATCC 824 中，2 亚基分子量分别为 22.7kDa 和 23.7kDa（Peterse et al.，1993）。ctf A、B 分别编码 CoA 转移酶 α、β 亚基，它们是 sol 操纵子的一部分。CoA 转移酶能够吸收发酵初期产生的乙酸和丁酸，以减少乙酸和丁酸对细胞的毒害作用。乙酰乙酸脱羧酶分子量 330kDa，由 12 个相同的亚基组成，每个亚基分子量为 28kDa，乙酰乙酸脱羧酶催化乙酰乙酸生成丙酮和 CO_2，最适 pH 为 6.0。

（2）丁醇合成中的关键酶

ABE 代谢途径中，从丁酰-CoA 生成丁醇，丁醇脱氢酶和醛/醇脱氢酶（AAD）起着重要作用。丁醇脱氢酶分子量为 82±2kDa，由 2 个同工酶（Ⅰ 和 Ⅱ）组成，分子量都为 42kDa，其中丁醇脱氢酶 Ⅰ 在丁醇形成较低浓度时发挥作用，醛/醇脱氢酶和丁醇脱氢酶 Ⅱ 在丁醇形成浓度较高时起作用，并且醛/醇脱氢酶促使初始溶剂的形成，而丁醇脱氢酶 Ⅱ 则使丁醇继续生成。丁醇脱氢酶 Ⅰ、Ⅱ 分别由 bdhA 和 bdhB 编码，它们的最适 pH 都是 5.5。醛/醇脱氢酶分子量大小为 96kDa，由基因 aad（也称 $adhE$）编码，其氨基酸序列与大肠杆菌醛/醇脱氢酶具有 56% 的同源性（何景昌等，2009）。

（3）乙醇合成中的关键酶

乙醇代谢合成过程中，从乙酰-CoA 生成乙醇，醛/醇脱氢酶和乙醇脱氢酶（ethanol dehydrogenase，EDH）起着重要作用。丙酮丁醇梭菌 DSM 792 中，EDH 由 1 个亚基组成，分子量大小为 44kDa，由基因 edh 编码。EDH 在较高 pH 下不稳定，最适 pH 在 7.8~8.5（何景昌等，2009）。

4. 丁醇发酵微生物的选育

（1）诱变育种

由于产物丁醇对细胞的毒性，直接从自然环境中筛选出来的丁醇发酵微生物的容积产量通常受到限制。所以，菌种改良的目标就是选育高丁醇耐受性、高丁醇比例的高产菌株。目前，诱变育种是 ABE 发酵中广泛应用的菌种选育手段。过氧化氢、萘啶酸、甲硝唑、甲基磺酸乙酯、N-甲基-N-硝基亚硝基胍和紫外辐射等均可作为诱导剂。

Annous 和 Blaschek（1991）利用 N-甲基-N-硝基亚硝基胍诱导出突变菌株 *Clostridium beijerinckii* BA101，它具有稳定性好、淀粉高分解率及高丁醇比率的特性，总溶剂质量浓度最大时可达到33g/L。在20L 的中试试验中，以5%葡萄糖和玉米浸渍液为培养基，利用改良菌株 *C. beijerinckii* BA101 生成丁醇、丙酮的质量浓度分别达到 16 和 7.5g/L，比野生型菌株 *C. beijerinckii* 80524 分别提高了88%和50%。

（2）原生质体融合

自20世纪80年代起，原生质体融合选育丙酮丁醇菌的相关研究开始兴起。1987 年，Reilly 和 Rogers（1987）研究了 *Clostridium acetobutylicum* 的原生质体的制备和再生。该研究在梭菌基本培养基中添加0.4%甘氨酸以利于菌体原生质体的制备，添加 Ca^{2+}、Mg^{2+} 以提高原生质体的稳定性，添加水解酪蛋白或者丙酮丁醇菌自溶物以提高再生率，为利用原生质体融合技术选育丙酮丁醇生产菌种奠定了一定的基础。

（3）基因工程菌的构建

丁醇的生物发酵有许多内在的限制因素，如低产物浓度、低生产率和低丁醇比率等。采用基因工程靶向技术构建新的菌株，可以显著提高原始菌株的性能。近些年来，涉及孢子形成、溶剂耐受性和胁迫抗性等影响溶剂产生的基因成为研究热点。其中，许多基因被克隆并在丙酮丁醇梭菌中高效表达，如编码 CoA 转移酶的基因 *ctf* A、B，编码乙酰乙酸脱羧酶的基因 *adc*，编码丁醇脱氢酶的基因 *bdh* 等（Mermelstein et al.，1993）。另外，许多研究者采用基因敲除方法，使编码乙酸、丁酸支路关键酶的基因或阻遏丙酮、丁醇合成的基因失活，以切断生成乙酸、丁酸的代谢支路或解除对丙酮、丁醇合成的阻遏。如编码丁酸激酶的基因 *buk*、溶剂抑制基因 *sol*R 等。随着基因高效表达和基因敲除系统的迅速发展，利用基因工程构建高产丙酮丁醇菌的研究引起了越来越多的关注。

在丙酮丁醇梭菌的发酵过程中，部分菌体会形成孢子，致使菌体浓度下降，对溶剂生产不利。*Spo*0A 基因有控制孢子形成和调控溶剂基因表达的作用。敲除 *Spo*0A 基因的菌株，丁醇和丙酮的产量会大幅下降；而过表达 *Spo*0A 基因的菌株，丁醇产量会有所提高，但也会加快孢子形成，说明 *Spo*0A 是控制溶剂产生和孢子形成的一个转录调控因子（Harriset al.，2002）。因而，可能存在一个平衡点，尽可能地提高丁醇产量。

为了提高发酵后丁醇/丙酮比率，使发酵利于向着更具吸引力的产物丁醇发展，可通过过度表达乙醇/乙醛脱氢酶，并利用反义 RNA 技术抑制乙酰-CoA 转移酶活性（CoAT）活性，下调乙酰辅酶 A 转移酶基因（*ctf*B）的表达，最终使得丁醇产量增加 2.8 倍（Tummala et al., 2003）。另外，在利用反义 RNA 技术抑制丙酮合成途径中酶的活性时发现，乙酰-CoA 是丙酮生物合成的限速酶，抑制乙酰-CoA 的活性可以显著地降低丙酮的生成量。

控制丁醇合成的酶由一系列基因调控，其调节过程相当复杂。虽然 DNA 重组技术近年已获得极大进步，但截至目前，尚未构建出适合工业化生成的高丁醇产量菌株。

10.3.3　ABE 发酵工艺

1. 分批发酵

传统的分批发酵是以玉米、木薯等淀粉质农副产品或甘蔗、甜菜等糖质产品作为原料，经预处理、水解等步骤得到糖化液，然后在产丁醇菌作用下，经发酵生产出丙酮、丁醇及乙醇总溶剂。以木质纤维为原料发酵产丁醇，其工艺路线包括以下步骤：①原料预处理和纤维素酶水解糖化；②糖化液经微生物发酵生成丁醇；③产品的蒸馏回收。

早在 20 世纪末，就有通过碱法对甘蔗渣、稻草和小麦秸秆等进行预处理，然后进行丁醇发酵的研究，得到的总溶剂质量浓度可达 13 ~ 18.1g/L。利用 SO_2 催化技术预处理松木或白杨木进行丁醇发酵，总溶剂质量浓度达到 17.6 ~ 24.6g/L，产量幅度提高显著。稻草酶法水解液（还原糖质量浓度为 42.8g/L）采用菌株 *C. acetobutylicum* C375 发酵，得到总溶剂质量浓度为 12.8g/L，其中丁醇体积分数为 65.8%。小麦秸秆经过稀酸预处理后再经纤维素酶水解，得到糖质量浓度为 60g/L 的糖化液。采用 *C. beijerinckii* P260 对其进行发酵，得到的总溶剂质量浓度为 25g/L，其中丁醇为 12g/L。分批发酵虽然工艺操作简单，比较容易解决杂菌污染和菌种退化等问题，对营养物利用率也较高，但其生长周期较长，人力与物力消耗较大，生成效率较低，不利于工业化生产（华连滩等，2014）。

2. 补料分批发酵

高浓度的底物（如葡萄糖）对丙酮丁醇梭菌有较强的抑制作用，在分批发酵工艺中，葡萄糖的质量浓度不超过 60g/L。为防止底物对生物体的毒害作用，采用补料分批发酵工艺，即以一定的稀释比率流加高浓度的底物，保持发酵液中的底物浓度不超过生物体的承受能力，这样不仅减小底物的抑制作用，同时还减少发酵液的体积。

3. 整合发酵

要想提高丁醇产量，在丁醇分批发酵中要解决两个主要问题：一是在发酵过程中的产物（丁醇等）对微生物细胞的毒性大而导致发酵产物对发酵过程的抑制；二是发酵菌种的延迟期较长导致丁醇的产率较低。为了解决以上两个问题，木质纤维丁醇发酵可采用萃取发酵、吸附发酵、同步糖化发酵和气提发酵等整合发酵技术，以期提高丁醇的产量以及设备的利用效率。表 10-8 比较了几种不同的发酵工艺（韩伟等，2013）。

表 10-8 不同发酵工艺比较

发酵方式	发酵工艺	菌株	葡萄糖 (g/L)	总溶剂量 (g/L)	溶剂得率	生产率 [g/(L·h)]
分批发酵	气提法	*C. beijerinckii* BA101	60	23.6	0.40	0.61
	渗透气化法	*C. beijerinckii* BA101	78	32.8	0.42	0.50
	液液萃取	*C. beijerinckii* BA101	110	33.6	0.31	—
补料分批发酵	气提法	*C. beijerinckii* BA101	500	233	0.47	1.16
	渗透气化法	*C. acetobutylicum*	470	155	0.31~0.35	0.13~0.26
	吸附法	*C. acetobutylicum*	190	59.8	0.32	1.33
连续发酵	气提法	*C. beijerinckii* BA101	1163	463	0.40	0.91

1）萃取发酵。是指采用萃取和发酵相结合的方法，使用萃取剂将代谢产物从发酵液中萃取出来，控制发酵液中发酵产物丁醇的浓度，使其小于丁醇菌生长的抑制浓度，从而达到减轻或消除发酵过程的产物对菌株代谢的抑制。以油醇和混合醇（油醇和硬脂醇的混合物）作为 ABE 发酵的萃取剂，当初始葡萄糖浓度为 110g/L 时，经丁醇菌发酵后折合水相总溶剂浓度达到 33.63g/L，葡萄糖的利用率为 98%（杨立荣等，1992）。以甲基化的天然棕榈油作为萃取剂进行丙酮丁醇萃取发酵，47% 左右的溶剂被萃取到棕榈油层中，葡萄糖的消耗率由 62% 提高到 83%，丁醇产量由 15.4g/L 提高到 20.9g/L（Ishizaki et al.，1999）。以生物柴油作为萃取剂，进行丙酮丁醇萃取发酵，丁醇产率达到 0.213g/(L·h)，比对照提高了 10.9%，总溶剂产量比对照提高 54.88%（胡翠英等，2007）。在萃取发酵产丁醇过程中，萃取剂的选择很关键。适宜的萃取剂应对菌株无毒，与水互不相溶，同时具有黏度较低、对 ABE 有较高的分配系数和较大的沸点差等特性。一种良好的萃取剂选择，可以大大降低丁醇的生产成本。

2）吸附发酵。主要是指在发酵的同时添加硅藻土、活性炭、聚乙烯吡咯烷酮（Polyvinylpyridine，PVP）等作为吸附剂，将发酵产生的丙酮-丁醇吸附，进一步促进发酵进程。硅藻土吸附丁醇浓度的范围较广，PVP 可以显著提高发酵过程的溶剂产量、产率、葡萄糖利用率等。吸附-发酵耦合工艺能够大大提高总溶剂的产量、产率及糖的利用率。与传统分批发酵相比，采用 PVP 吸附-发酵耦合工艺，总溶剂浓度及生产率分别提高 54% 和 130%，糖利用率达到 73.3g/L，较大幅度地提高了 ABE 产量（童灿灿等，2008）。总之，吸附法具有效率高、能耗低、溶剂产率高等特点，但由于吸附剂和溶剂之间有相互作用，并且吸附平衡关系多是非线性的，导致试验设计较复杂，工作量较大，不易实现流加操作。

3）气提发酵。是指在一定温度的稀释液中，以发酵过程中产生的 H_2 和 CO_2 或者惰性气体作为载气，使其在动力作用下进入发酵体系，溶液组分被气提到气相中，从而达到发酵产物的及时分离，然后在冷凝器内收集，气体可以重新回流到发酵液内，循环使用。该方法使发酵产物在发酵体系外积累，从而有效降低溶剂浓度过高对细胞造成的毒性，提高丁醇产量。气体的类型以及气体的浓度会影响气提效果和发酵过程。在间歇发酵中，气提发酵可以利用 199g/L 的葡萄糖，得到 69.7g/L 的总溶剂，远远高于非气提发酵（Qureshi and Blaschek，2001）。气提耦合发酵对培养基无毒害，不需要移出中间产物，能有效地降低产物抑制，适用于不同的底物和不同的发酵方式，适用范围较广。

4）同步糖化发酵。是指将糖化和发酵这两个不同的工艺过程在同一个生物反应器中同时进行。由于纤维水解产物纤维二糖对纤维素酶活性有抑制作用，葡萄糖对其也有轻微的抑制作用，所以要提高纤维素酶水解纤维素的效率，必须解除纤维素酶的反馈抑制。同步糖化发酵解决了这一问题，其特点是将纤维素酶对纤维素的水解和产丁醇菌发酵生成丁醇的过程在同一容器内连续进行。由于产丁醇菌的发酵，酶水解的产物葡萄糖等不断被利用，消除了葡萄糖浓度过高对纤维素的反馈抑制。同步糖化发酵具有以下优点：通过转化抑制纤维素酶活性的糖，提高了水解速度，降低了酶的用量；葡萄糖提前利用产丁醇，反应时间较短，丁醇产率高；酶解与发酵在同一生物反应器中进行，降低设备成本。此外，利用新型的蒸汽爆破玉米秸秆膜循环酶解耦合发酵系统进行丁醇发酵，每克纤维素和半纤维素产丁醇可达 0.14g，最大丁醇产率达到 0.31g/（L·h），纤维素和半纤维素的转化率分别为 72% 和 80%，单位纤维素酶所产生的丁醇达 3.9mg，是分步水解批次发酵的 1.5 倍（李冬敏和陈洪章，2007）。虽然同步糖化发酵过程优点很多，但是面临几个问题需要克服：水解和发酵温度之间的矛盾；产丁醇菌对丁醇的耐受性；丁醇等发酵产物对酶的抑制作用。上述问题的解决，可以从低温水解酶的选择、耐受性菌株的选育和发酵产物及时提取等方面入手。

5）渗透蒸发。是利用膜对液体混合物中组分的溶解与扩散性能不同，在膜两侧组分的蒸气分压差作用下，对液体混合物进行部分蒸发，从而实现其分离的一种膜分离技术。由于渗透蒸发的高分离效率和低能耗的特点，使得它在 ABE 发酵中有广阔的发展前景。渗透蒸发的关键是选择合适的膜，以期达到最佳的分离效果。膜可分为亲水膜和疏水膜，前者用于丁醇和水混合物的脱水，比传统的共沸精馏效率高，又节能、环保，包括聚乙烯醇、聚酰亚胺和 SiO_2 等；后者与发酵工艺相耦合，在线移出发酵产物，既降低了溶剂的抑制作用，又提高了发酵产率，包括聚二甲基硅氧烷、聚丙烯膜和聚四氟乙烯膜等。高渗透通量和高选择性是膜的关键，其次还要对膜组件和耦合工艺的参数进行设定、优化，提高膜效率，尽量减少膜污染现象，降低成本（韩伟等，2013）。

10.3.4　影响 ABE 发酵的因素

(1) 溶剂的毒性

由于以丁醇为首的溶剂产物对梭菌细胞的毒害作用，传统丙酮丁醇梭菌发酵生产的丁醇浓度难以超越 13~14g/L 这一阈值。溶剂产物的毒害作用主要表现为：增加细胞膜的流动性，破坏膜的代谢功能，抑制葡萄糖在膜间的运输；降低细胞膜上 ATP 酶的活性和细胞内 ATP 浓度；破坏跨膜 pH 梯度。当丁醇浓度为 12g/L 左右时，丙酮丁醇梭菌的正常代谢基本受到抑制；当浓度为 20g/L 以上时，细胞将不再生长。可见，提高梭菌对溶剂的耐受性或控制发酵罐中所产溶剂的浓度，无疑将会增加溶剂的产量。另外，高产量梭菌能够显著降低生产成本。有文献报道，如果将丁醇的浓度从 12g/L 提高至 19g/L，回收成本将减少一半（Niu et al.，2004）。丙酮丁醇梭菌是厌氧发酵菌，产能能力不足，不能有效地提供合成其他利于丁醇产生的代谢中间产物所需要的能量，在一定程度上制约了高产率的丙酮丁醇梭菌的发展。

(2) 总溶剂和丁醇的浓度

传统法生产丙酮丁醇，溶剂总浓度不大于 2%，即水分质量分数可达 98% 以上。如果利用常规的精馏方法提取溶剂，无疑将增加下游技术成本，加大产品分离成本占总成本的比例。在总溶剂产量不高的前提下，一般丁醇占总溶剂的比例为 60% 左右，乙醇占 10%，丙酮为 30%。总溶剂及其中的丁醇浓度低下，导致经济竞争力不足。

(3) 原料的选择

传统生物丁醇发酵采用糖蜜、玉米等粮食为原料。这些原料不但价格相对较高，还会造成与民争粮的现状，使得发酵原料成本过高。利用纤维质原料生产丙酮、丁醇，就可以解决生产原料成本过高的瓶颈问题。木质纤维素类生物质作为地球上含量最丰富、最廉价的可再生资源，包括农业生产的废弃物和剩余物（如农作物秸秆、谷壳、麸皮和蔗渣等）、林木（软木和硬木）及林业加工废弃物、草类等。将木质纤维素类生物质水解后，可生成葡萄糖、木糖、阿拉伯糖和半乳糖等成分，利用梭菌发酵即可制得丙酮、丁醇产品。

产丁醇菌不能直接利用麦麸、秸秆等富含纤维素、半纤维素的农业废弃物来发酵产丁醇。所以，木质纤维原料必须要经过物理法、化学法等预处理，进而利用纤维素酶水解成为富含单糖的糖化液，才能发酵产丁醇。糖化液中的单糖主要是己糖（葡萄糖和半乳糖等）和戊糖（木糖和阿拉伯糖等），有些糖化液甚至还要经过脱毒处理后才能进一步发酵。产乙醇菌主要利用六碳糖发酵产乙醇，而产丁醇梭菌既可以利用六碳糖又能利用五碳糖发酵产丁醇，在较大程度上提高了原料的利用率。木质纤维素类原料糖化液中除糖类外，还存在很多抑制菌体生长发育和发酵过程的化合物。糖化液中抑制物的种类及其含量与纤维原料的种类及预处理的方法密切相关，抑制物通常有酚类物质（香草醛、丁香醛）、酸类物质（甲酸、阿魏酸）以及有机或无机盐类（如乙酸钠、氯化钠和硫酸钠）等。研究发现（Ezeji et al., 2007；Nigam, 2001），1.5g/L 糠醛或 1.0g/L 羟甲基糠醛会较强地抑制酵母菌的生长及乙醇发酵，但是当糠醛或羟甲基糠醛的质量浓度达到 2.0g/L 时，*C. beijerinckii* BA101 发酵产丁醇的总溶剂产量比对照组分别提高了 6% 和 15%，表明发酵产丁醇菌株对糠醛和羟甲基糠醛具有一定的代谢作用。

在利用复杂碳源的过程中，微生物一般都存在葡萄糖阻遏效应，即速效碳源的快速利用对非速效碳源的代谢产生抑制作用。木质纤维原料水解液中存在的葡萄糖，在自身代谢的同时抑制了细胞对其他糖源（木糖、阿拉伯糖等五碳糖）的有效利用，在一定程度上降低了原料转化效率和发酵的经济性。甘蔗渣和水稻秸秆水解液在一定程度上抑制了 *C. saccharoperbutylacetonicum* 的生长（Soni et al., 1982）；玉米纤维水解液也对 *C. beijerinckii* BA101 的生长有抑制现象（Qureshi et al., 2008）。因此，解除产丁醇梭菌中的葡萄糖阻遏效应，实现其对戊糖和己糖的同等利用是木质纤维发酵产丁醇中所需要突破的重点。同样，对水解液进行脱毒处理也能有效提高丁醇的产量。不同的木质纤维原料采用不同的处理方式，发酵产丁醇的产率也有区别。因此，针对某一木质纤维原料，采用廉价的、简单可行的适宜处理条件，有利于减少抑制物，促进丁醇产量的提高及成本降低。

思 考 题

1. 酵母的生长和发酵是不是都必须在无氧途径下进行？请写出木糖发酵产乙醇的代谢途径。

2. 合成气平台和糖平台发酵产乙醇的菌种有哪些区别？

3. 厌氧菌利用合成气发酵乙醇的代谢途径是什么？

4. 合成气发酵反应器设计的关键在哪里？你能设计一个新的反应器吗？

5. 丙酮–丁醇发酵的代谢过程分为几个阶段？每个阶段的特点是什么？

6. 利用纤维素类物质作为原料生产丁醇有什么优势，存在什么问题？

参 考 文 献

高月淑, 许敬亮, 袁振宏, 等.2016. 木质纤维原料同步糖化发酵制取生物乙醇研究进展. 生物质化学工程, 50（3）：65-70.

韩伟, 张全, 佟明友, 等.2013. 对新一代生物燃料丁醇的概述. 安徽农业科学, 41（11）：4964-4966.

何景昌, 张正波, 裘娟萍.2009. 生物丁醇合成途径中关键酶及其基因的研究进展. 食品与发酵工业, 35（2）：116-120.

胡翠英, 堵益平, 杨影, 等.2007. 生物柴油偶联丙酮丁醇发酵的初步研究. 生物加工过程, 5（1）：27-32.

华连滩, 王义强, 彭牡丹, 等.2014. 生物发酵产丁醇研究进展. 微生物学通报, 41（1）：146-155.

黄俊, 吴仁智, 陆琦, 等.2018. 酿酒酵母木糖转运基因研究进展. 中国生物工程杂志, 38（2）：109-115.

李冬敏, 陈洪章.2007. 汽爆秸秆膜循环酶解耦合丙酮–丁醇发酵. 过程工程学报, 7（6）：1212-1216.

李云成, 孟凡冰, 苟敏, 等.2017. 基于木糖异构酶途径的木糖发酵酿酒酵母菌株构建研究进展. 生物技术通报, 33（10）：88-96.

刘贺, 朱家庆, 纵秋瑾, 等.2017. 生物质转化工程酿酒酵母的研究进展. 生物技术通报, 33（1）：93-98.

刘娅, 刘宏娟, 张建安, 等.2008. 新型生物燃料——丁醇的研究进展. 现代化工, 28（6）：28-33.

彭炳银, 陈晓, 沈煜, 等.2011. 不同启动子控制下木酮糖激酶的差异表达及其对酿酒酵母木糖代谢. 微生物学报, 51（7）：914-922.

曲音波.2007. 纤维素乙醇产业化. 化学进展, 19（7-8）：1098-1108.

童灿灿, 杨立荣, 吴坚平, 等.2008. 丙酮–丁醇发酵分离耦合技术的研究进展. 化工进展, 27（11）：1782-1788.

吴赫川, 马莹莹, 张宿义, 等.2015. 运动发酵单胞菌（Zymomonas mobilis）发酵乙醇的研究进展. 酿酒科技,（2）：94-99.

夏子义, 倪晔, 孙志浩, 等.2013. 利用 Clostridium saccharobutylicum DSM 13864 连续发酵生产丁醇. 化工进展, 32（1）：156-160.

徐惠娟, 许敬亮, 郭颖, 等.2010. 合成气厌氧发酵生产有机酸和醇的研究进展. 中国生物工程杂志, 30（3）：112-118.

杨立荣, 岑沛霖, 朱自强. 1992. 丙酮/丁醇间歇萃取发酵. 浙江大学学报, 26 (4): 388-398.

尤亮, 丁东栋, 崔志峰. 2016. 乙醇耐受性酿酒酵母菌株选育的研究进展. 工业微生物, 46 (3): 51-55.

郑海洲, 王志明, 韩柱, 等. 2008. 丁醇生物发酵的研究进展. 河北化工, 31 (12): 36-37.

Abrini J, Naveau H, Nyns E. 1994. *Clostridium autoethanogenum* sp. nov. , an anaerobic bacterium that produces ethanol from carbon monoxide. Archives of Microbiology, 161: 345-351.

Abubackar H N, Veiga M C, Kennes C. 2011. Biological conversion of carbon monoxide: rich syngas or waste gases to bioethanol. Biofuels, Bioproducts and Biorefining, 5 (1): 93-114.

Andersch W, Bahl H, Gottschalk G. 1983. Level of enzymes involved in acetate, butyrate, acetone and butanol fermentation by *Clostridium acetobutylicum*. Eur. J. Appl. Microbiol. Biotechnol. , 18 (6): 327-332.

Annous B A, Blaschek H P. 1991. Isolation and characterization of *Clostridium acetobutylicum* mutants with enhanced amylolytic activity. Appl. Environ. Microbiol. , 57 (9): 2544-2548.

Bennett G N, Rudolph F B. 1995. The central metabolic pathwya from acetyl-CoA to butyryl-CoA in *Clostridium acetobutylicum*. FEMS Microbiol Rev. , 17 (3): 241-249.

Bredwell M D, Srivastava P, Worden R M. 1999. Reactor design issues for synthesis-gas fermentations. Biotechnology Progress, 15 (5): 834-844.

Chen C K, Blaschek H P. 1999. Acetate enhances solvent production and prevents degeneration in *Clostridium beijerinckii* BA101. Applied Microbiology and Biotechnology, (52): 170-173.

Ezeji T, Qureshi N, Blaschek H P. 2007. Butanol production from agricultural residues: impact of degradation products on *Clostridium beijerinckii* growth and butanol fermentation. Biotechnology and Bioengineering, 97 (6): 1460-1469.

Harris L M, Welker N E, Papoutsakis E T. 2002. Northern, morphological, and fermentation analysis of *spo*0A inactivation and overexpression in *Clostridium acetobutylicum* ATCC 824. J. Bacteriol. , 184 (13): 3586-3597.

Henstra A M, Sipma J, Rinzema A, et al. 2007. Microbiology of synthesis gas fermentation for biofuel production. Current Opinion in Biotechnology, (18): 200-206.

Ishizaki A, Michiwaki S, Crabbe E, et al. 1999. Extractive acetone-butanol-ethanol fermentation using methylated crude palm oil as ectractant in batch culture of *Clostridium saccharoperbutylacetonicum* N1-4 (ATCC 13564) . J. Biiosci. Bioeng. , 87 (3): 352-356.

Jones D T, Woods D R. 1986. Acetone-butanol fermentation revisited. Microbiological Reviews, 50 (4): 484-524.

Kurylenko O, Semkiv M, Ruchala J, et al. 2016. New approaches for improving the production of the 1st and 2nd generation ethanol by yeast. Acta Biochimica Polonica, 63 (1): 31-38.

Lu C C, Zhao J B, Yang S T, et al. 2012. Fed-batch fermentation for n-butanol production from cassava bagasse hydrolysate in a fibrous bed bioreactor with continuous gas stripping. Bioresource Technology, 104: 380-387.

Mermelstein L D, Papoutsakis E T, Petersen D J, et al. 1993. Metabolic engineering of *Clostridium acetobutylicum* ATCC 824 for increased solvent production by enhancement of acetone formation enzyme activities using a synthetic acetone operon. Biotechnol. Bioeng. , 42 (9): 1053-1060.

Nigam J N. 2001. Ethanol production from wheat straw hemicellulose hydrolysate by *Pichia stipitis*. Journal of Biotechnology, 87 (1): 17-27.

Niu T, Chen L, Zhou Z. 2004. The characteristics of climate change over the Tibetan Plateau in the last 40 years and the detection of climatic jumps. Advances in Atmospheric Sciences, 21 (2): 193-203.

Parekh M, Formanek J, Blaschek H P. 1999. Pilot-scale production of butanol by *Clostridium beijerinckii* BA101 using a low cost fermentation medium based on corn steep water. Applied Microbiology and Biotechnology, (51): 152-157.

Petersen D J, Cary J W, Vanderley den J, et al. 1993. Sequence and arrangement of genes encoding enzymes of the acetone production pathway of *Clostridium acetobutylicum* ATCC 824. Gene, 123 (1): 93-97.

Qureshi N, Blaschek H P. 2001. Recvoery of butanol from fermentation broth by gas stripping. Renew. Energ. , 22 (4): 557-564.

Qureshi N, Ezeji T C, Ebener J, et al. 2008. Butanol production by *Clostridium beijerinckii*. Part Ⅰ: use of acid and enzyme hydrolyzed corn fiber. Bioresource Technlogy, 9 (13): 5915-5922.

Reilly P M, Rogers P. 1987. Regeneration of cells from protoplasts of *Clostridium acetobutylicum* B643. J. Ind. Microbiol. , 1 (5): 329-334.

Sharma N K, Behera S, Arora R, et al. 2018. Xylose transport in yeast for lignocellulosic ethanol production: Current status. Journal of Bioscience and Bioengineering, 125 (3): 259-267.

Soni B K, Das K, Ghose T K. 1982. Bioconversion of agro-wastes into acetone butanol. Biotechnology Letters, 4 (1): 19-22.

Tanner R S, Miller L M, Yang D. 1993. *Clostridium ljungdahlii* sp. nov. , an acetogenic species in clostridial rRNA homology group I. International Journal of Systematic Bacteriology, 43 (2): 232-236.

Tummala S B, Junne S G, Papoutsakis E T. 2003. Antisense RNA downregulation of coenzyme A transferase combined with alcohol-aldehyde dehydrogenase overexpression leads to predominantly alcohologenic *Clostridium acetobutylicum* fermentations. J Bacteriol. , 185 (12): 3644-3653.

第 11 章 | 产油脂及油脂转化微生物

生物柴油是以大豆和油菜籽等油料作物、油棕和黄连木等油料林木种子、微生物油脂以及动物油脂、餐饮废弃油等作为原料的清洁可再生能源，它是通过酯交换工艺制成的可代替石化柴油的再生性柴油燃料。微生物油脂又称为单细胞油脂，是指微生物在一定条件下，利用碳水化合物、碳氢化合物等作为碳源，在菌体内产生的大量油脂。如果油脂占细胞干重的比例达到 20% 以上，具有这样表现型的微生物称为产油微生物。产油微生物具有资源丰富、油脂含量较高和碳源利用谱较广等特点，开发潜力非常大，可能在生物柴油生产中发挥重要的作用。细菌、酵母、霉菌和微藻中都有能产生油脂的菌株。微生物体内的脂肪酶可以代替化学催化剂将油脂转化为生物柴油，获得高活力、耐受性强的脂肪酶是实现酶高效催化转化的关键所在。本章主要介绍产油微藻、产油真菌和产脂肪酶微生物。

11.1 产油微藻

11.1.1 产油微藻概述

微藻是指在显微镜下才能辨别其形态的微小藻类类群。通常认为，微藻是指含有叶绿素 a 并能进行光合作用的微生物的总称，即微藻可以利用阳光、水和 CO_2 合成自身所需要的物质，同时将光能转化为脂肪或淀粉等化合物的化学能，并释放出 O_2。微藻细胞微小，种类繁多，适应性强，几乎在任何有光和潮湿的地方都能生存。已知的微藻种属被分为 5 个门，分别为绿藻门、金藻门、甲藻门、红藻门和蓝藻门。门下设纲，主要为绿藻门的绿藻纲（Chlorophyceae），金藻门的金藻纲（Chrysophyceae）、硅藻纲（Bacillariophyceae）、定鞭金藻纲（Prymnesiophyceae），甲藻门的甲藻纲（Pyrrophyceae），红藻门的红藻纲（Rhodophyceae）和蓝藻门的蓝藻纲（Cyanophyceae）。根据微藻的生长环境，可分为水生微藻、陆生微藻和气生微藻三种生态类群。根据生活方式的不同，又可分为浮游微藻和底栖微藻两大生态类群。

微藻与各油料作物生产能力的比较见表 11-1。作为生物柴油的生产原料，微藻的主要优势（Hu et al., 2008；朱顺妮等，2011；Chisti, 2007）包括：①微藻生长速度快（有些藻的倍增时间只有几个小时），且许多微藻富含脂肪（20% ~ 50%），尤其能积累大量中性脂肪三酰甘油（triaclyglycerol，TAG），是生产生物柴油的主要原料；②微藻具有很高的光合产量，陆生植物的光合效率大概为 0.5%，而微藻能将 3% ~8% 的太阳能转化为生物质；③微藻能用海水培养，能耐受沙漠、干旱和半干旱等极端环境，不需要占用耕地，不会对粮食作物的生产构成威胁；④微藻能吸收并利用工农业生产中排放出的大量 CO_2 或从废水中取得氮、磷等，有利于改善环境；⑤尽管是在液体培养基中培养，但与传统的油料作物相比，微藻只需要较少的灌溉用水；⑥利用光生物反应器控制培养条件还能实现微藻的全年养殖和采收，不受外界环境和季节的影响。

表 11-1 中国生产生物柴油的主要原料比较

作物	油类产量（L/hm²）	所需土地面积（100 万 hm²*）	占现有土地的比例（%）
大豆	446	169	140
向日葵	952	80	66
油菜籽	1190	64	52.6
麻疯树	1892	39	32
椰子	2689	29	23.8
油棕	5950	14	11.4
微藻**	135000	0.56	0.46
微藻***	39300	1.95	1.65

*满足中国年消耗柴油量（约 1.2 亿 m³）50% 的供给，生物柴油转化率按 80% 计算，全国可用耕地面积按 1200 万 hm² 计算；**按含油占干重 70% 计算；***按含油占干重 20% 计算

利用微藻制备生物柴油的研究可追溯至 20 世纪 50 年代，麻省理工学院的研究人员首次利用烟道气进行微藻的高密度培养。1978 年，为了应对第一次能源危机，美国启动了"水生生物研究项目"（Aquatic Species Program，ASP），历经 18 年完成了高油藻种的筛选与改良、微藻户外大规模培养条件的优化、生物柴油的制备及成本分析，最终因微藻制油成本过高而未能实现产业化。1990 年，日本启动了"地球创新科技研究项目"（Research for Innovative Technology of the Earth，RITE），主要利用密闭光生物反应器进行 CO_2 的微藻生物固碳。由于反应器成本高昂，在 1999 年项目结束后，RITE 将研究重点转向了地质封存。进入 21 世纪后，随着能源和环境问题日益严峻，微藻生物柴油再次成为研究焦点。

表 11-2 列出了绿藻门、硅藻门、金藻门和裸藻门中部分微藻油脂含量。蓝藻大多不以油脂方式储存能量，很难在生物柴油合成上利用；而硅藻和绿藻中碳

则多以油脂的形式储存，是具产油潜力的主要藻种。需要指出的是，不同藻种，即使同一藻种的不同品系，其油脂含量也有很大差异，且不同培养条件对油脂含量的影响很大。

表 11-2　不同微藻的油脂含量范围

微藻	含油量（%干重）	微藻	含油量（%干重）
Bottyococcus braunii	57 ~ 64	*Nannochloropsis* sp.	20 ~ 48
Chlorella emersonii	29 ~ 63	*Neochloris oleoabundans*	35 ~ 54
Chlorella minutissima	31 ~ 57	*Nitzschia* sp.	45 ~ 47
Chlorella protothecoides	14 ~ 58	*Ochromonas danica*	39 ~ 71
Chlorella sorokiniana	20 ~ 22	*Phaeodactylum tricornutum*	20 ~ 30
Chlorella vulgaris	18 ~ 40	*Scenedesmus dimorphus*	16 ~ 40
Cylindrotheca sp.	16 ~ 37	*Schizochytrium* sp.	50 ~ 77
Isochrysis sp.	25 ~ 33	*Scotiella* sp.	16 ~ 35
Nannochloris sp.	20 ~ 35	*Tetraselmis sueica*	15 ~ 23

11. 1. 2　微藻光合作用与油脂生物合成

1. 微藻光合作用

微藻和高等植物都是光合自养生物，它们通过捕获和利用太阳能，将无机物（CO_2 和 H_2O）合成为有机物，并放出 O_2，即将太阳能转化为化学能并贮存在葡萄糖和其他有机分子中，这一过程称为光合作用。光合作用分为光反应和暗反应两大部分。前者需要光，涉及水的光解和光合磷酸化，后者不需要光，涉及 CO_2 的固定。暗反应需要光反应产生的能量来进行。

（1）光反应

光反应由两个光系统及电子传递链来完成。光系统 I 含有被称为"P_{700}"的高度特化的叶绿素 a 分子，它在红光区的 700nm 具有吸收高峰；光系统 II 则含有另一种被称为"P_{680}"高度特化的叶绿素 a 分子，它在红光区的 680nm 具有吸收高峰。P_{700} 和 P_{680} 又被称为光反应中心叶绿素分子，光反应中心除了 P_{700} 和 P_{680} 外，还有一些与这些色素分子结合的光反应中心蛋白。在两个光系统中，其他色素如叶绿素 b、类胡萝卜素等都作为天线色素吸收或捕获太阳能，并将太阳能传递给 P_{700} 和 P_{680}。光系统 I 和光系统 II 通过电子传递链相连接。

在类囊体膜上，光系统 I 和光系统 II 组成了非循环电子传递链（图 11-1）。

光系统 II 的反应中心 P_{680} 分子受光激发，放出的高能电子传递给原初电子受体，再沿线性的电子传递链经质体醌、细胞色素 b_6f 复合物和质体蓝素传递到 P_{700}。光系统 I 中 P_{700} 被光激发后，再将其高能电子贡献给原初电子受体，再传给铁氧还蛋白，在 $NADP^+$ 充足的情况下，在铁氧还蛋白 $NADP^+$ 还原酶参与下，将电子传递给最终电子受体 $NADP^+$，同时一个氢质子被结合形成还原型的 NADPH，NADPH 之后在暗反应中被用于固定 CO_2。

除了连接光系统 II 和光系统 I 的非循环电子传递链以外，在光系统 I 中，由 P_{700} 放出的高能电子还有另外一种循环电子传递链。即高能电子沿原初电子受体、铁氧还蛋白、细胞色素 b_6f 复合物、质体蓝素再回到 P_{700} 分子，使其还原到基态。循环电子传递链不会产生氧气，因为电子来源并非裂解水，最后会产出 ATP。

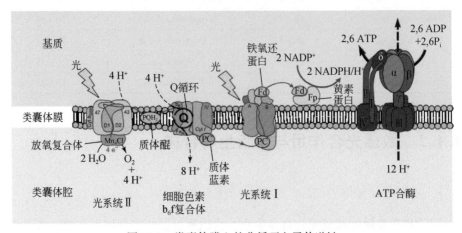

图 11-1　类囊体膜上的非循环电子传递链

（2）暗反应

在光反应的基础上，不需要光的暗反应利用光反应中产生的 ATP 和 NADPH 来还原 CO_2，即通过碳同化产生葡萄糖。总反应式为

$$6CO_2 + 18ATP + 12NADPH + 12H^+ \longrightarrow C_6H_{12}O_6 + 18ADP + 18Pi + 12NADP^+$$

暗反应是一种不断消耗 ATP 和 NADPH 并固定 CO_2 形成葡萄糖的循环反应，由于是美国科学家 Calvin 首次发现，又被称为 Calvin 循环（卡尔文循环），如图 11-2 所示。

Calvin 循环可分为三个阶段：羧化、还原和二磷酸核酮糖的再生。大部分植物会将吸收到的 1 分子 CO_2 通过 1,5-二磷酸核酮糖羧化酶的作用整合到 1 个五碳糖分子 1,5-二磷酸核酮糖的第二位碳原子上，此过程称为 CO_2 的固定。这一步反应的意义在于将惰性 CO_2 分子活化，使之能被还原。但这种六碳化合物极不稳定，会立刻分解为两分子的三碳化合物 3-磷酸甘油酸。后者被在光反应中生成的

NADPH 还原，此过程需要消耗 ATP，产物是 3-磷酸丙糖。经过一系列复杂的生化反应，一个碳原子将会被用于合成葡萄糖而离开循环。剩下的五个碳原子经一系列变化后，又生成一个 1,5-二磷酸核酮糖，循环重新开始。循环运行 6 次，生成一分子的葡萄糖。

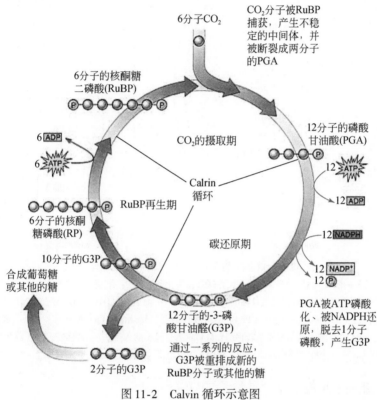

图 11-2　Calvin 循环示意图

2. 微藻油脂的生物合成

微藻细胞内的油脂可以分为极性脂肪和中性脂肪两大类。极性脂肪包括多种磷脂和糖脂，是构成各种细胞器膜及细胞质膜的主要成分。中性脂肪包括三酰甘油（TAG）、二酰甘油（diacylglycerol，DAG）和胆固醇等，通常是细胞在压力条件下（如缺氮、高光等）积累的产物，用于储存能量以便在条件适宜时重新支持细胞的生长和分裂。TAG 是中性脂肪的主要成分，也是生产生物柴油的主要原料。形成 TAG 的主要途径包括脂肪酸合成途径和 TAG 合成途径（即 Kennedy 途径）（朱顺妮等，2011），如图 11-3 所示。

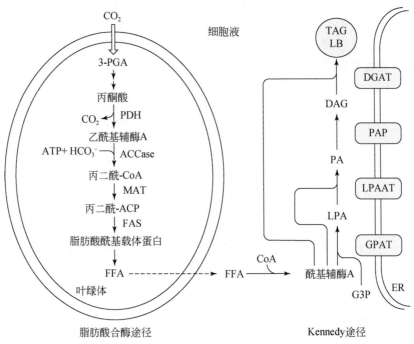

图 11-3　微藻脂肪 TAG 可能的生物合成代谢途径

3-PGA：3-磷酸甘油醛；ACCase：乙酰基辅酶 A 羧化酶；ACP：酰载体蛋白；CoA：辅酶 A；
DAG：二酰甘油；DGAT：二酰甘油酰基转移酶；ER：内质网；FAS：脂肪酸合酶；FFA：自
由脂肪酸；G3P：3-磷酸甘油；GPAT：3-磷酸甘油酰基转化酶；LB：脂肪体；LPA：溶血磷
脂酸；LPAAT：溶血磷脂酸酰基转移酶；MAT：丙二酰辅酶 A；ACP：转移酶；PA：磷脂酸；
PAP：磷脂酸磷酸酶；PDH：丙酮酸脱氢酶；TAG：三酰甘油

(1) 脂肪酸合成途径

CO_2 进入叶绿体后经过 Calvin 循环产生 3-磷酸甘油醛 （3-phosphoglycerate, 3-PGA），接着通过糖酵解途径形成丙酮酸 （pyruvate）。丙酮酸在丙酮酸脱氢酶 （pyruvate dehydrogenase, PDH） 的作用下释放 1 分子 CO_2 并生成乙酰辅酶 A （acetyl-CoA）。乙酰辅酶 A 转化为丙二酰辅酶 A （malonyl-CoA） 的这一过程被认为是脂肪酸合成的第一个关键反应，由乙酰辅酶 A 羧化酶 （acetyl CoA carboxylase, ACCase） 催化，该反应需要 ATP 和 CO_2 参与，反应产物丙二酰辅酶 A 是脂肪酸合成的中心碳供体。丙二酰基从 CoA 转移到蛋白辅因子酰基载体蛋白 （acyl carrier protein, ACP） 形成丙二酰-ACP （Malonyl-ACP）。ACP 是脂肪酸生物合成必需的辅因子，此后所有反应都需要它参与，直到脂肪酸准备形成各种甘油酯或者被运出叶绿体。Malonyl-ACP 在脂肪酸合酶 （fatty acid synthase, FAS） 作用下，经过一系列碳链加长和脱饱和反应形成以 C16 和 C18 为主的脂肪酸，作为合成细胞膜、细胞器膜以及 TAG 的前体物质。

·（2）Kennedy 途径

游离脂肪酸被运出叶绿体，在内质网（ER）上进行 Kennedy 途径组装形成 TAG。Kennedy 途径依赖于酰基辅酶 A，即 TAG 的形成需要酰基辅酶 A 的参与。在内质网（endoplasmic reticulum，ER）上，TAG 合成的第一步是 3-磷酸甘油（glycerol-3-phosphate，G3P）和 acyl-CoA 在甘油三磷酸酰基转移酶（glycerol-3-phosphate acyltransferase，GPAT）的作用下在 *sn*-1 位发生酯化反应生成溶血磷脂酸（lyso-phosphatidic acid，LPA），接着由溶血磷脂酸酰基转移酶（lyso-phosphatidic acid acyltransferase，LPAAT）在 *sn*-2 位发生酯化生成磷脂酸（phophatidic acid，PA）。在磷脂酸磷酸酶（phosphatidic acid phosphatase，PAP）催化下 PA 脱去磷酸形成二酰甘油（diacylglycerol，DAG），最后经二酰甘油酰基转移酶（diacylglycerol acyl transferase，DGAT）催化在 *sn*-3 位上酯化形成 TAG。TAG 最终以脂肪体（lipid body，LB）的形式储存在细胞内。

11.1.3 微藻的筛选和培养

1. 藻种筛选

产油微藻的筛选一般有两种途径，一种是从藻类保藏中心获得多株藻株，从中筛选出优良的产油藻株；另一种是从自然界分离纯化单种微藻，再进一步筛选获得产油藻株。目前，国际上的藻类保藏中心包括：美国得克萨斯大学藻种库（UTEX The Culture Collection of Algae）、加州科学院硅藻藻种库（The Diatom Collection of the California Academy of Sciences）、英国的藻类与原生生物种质库（Culture Collection of Alage and Protozoa）、法国 PCC 藻种库（The Pasteur Culture Collection of Cyanobacteria）、日本 NIES 藻种库（Microbial Culture Collection at National Institute for Environmental Studies）、加拿大微生物种质库（Canadian Center for the Culture of Microorganisms）和德国 CCAC 藻种库（Culture Collection of Algae at the University of Cologne）等。我国的藻类保藏中心主要有中国科学院水生生物研究所的淡水藻种库（Freshwater Algae Culture Collection）和中国科学院海洋研究所的海藻种质库（Marine Biological Culture Collection Center）。

从天然水域的混杂生物群中，用一定方法把所需藻类个体分离出来，获得纯种培养。这种方法称为藻种分离和纯化，又称纯培养法。真正的"纯种培养"是指在排除包括细菌在内的一切生物的条件下进行的培养。这是进行科学研究不可缺少的技术，而在生产性培养中不排除细菌的成为"单种培养"。分离和筛选微藻的目的是发现有潜力的藻种，并保存用于以后的研究和生产。由于事先并不知道什么样的藻适合大规模培养，因此采样的时候需注意空间的广度以及环境的多样性，例如不同温度、pH 和盐碱度。

(1) 藻种采集

首先要采集有需要分离藻类的水样，浮游藻类可以用浮游生物网 25#网或者采水器采集，附着生长的藻类可以从碎石、碎叶或者其他一些可能供藻类附着生长的植物上刮下来采集。很多藻类（尤其是鞭毛类的藻）会在很短的时间内死亡，故采集到的活体样品应在短期内观察分离。显微镜观察如发现需要分离的藻类数量较多时，可立即分离。若数量很少，可以先进行预培养，待其增多后再分离。用作预培养的培养液，可选择各类藻类通用的培养液配方，或者同时采用几种不同藻类的培养液分别培养。预培养液的浓度一般只有原配方的 1/2 或 1/4。如果已知要分离藻类的最适生长条件，应在其最适的光照和温度下培养。如果不知其最适生长条件，可在人为设定的条件下培养，以便适应应用时的特定环境。

(2) 藻种分离

1) 微吸管分离法。首先，将几滴稀释的藻液滴在载玻片上，在显微镜下观察，若有要分离的藻种，用微吸管吸出重新滴到另一个玻片上，显微镜检查水滴中是否只有一个藻细胞而无其他生物，如不是，再反复操作，直至一个水滴有一个藻细胞为止，达到单种分离的目的。然后，把含有一个藻细胞的水滴用培养液冲洗到试管中封口培养，试管有藻色后镜检，反复几次，即可得到单种分离的藻。该法的特点是易找到特定种类，所用的设备也较简单，但操作技术难度较大，往往吸取一个单细胞需要几次至十几次才能成功，且适于分离个体较大或丝状的藻类，如螺旋藻、骨条藻等，较小的藻类用此方法比较困难。

2) 水滴分离法。用微吸管吸取稀释适度藻液，滴到消毒过的载玻片上，每张载玻片上可以滴数滴，间隔一定距离，做直线排列。水滴大小以在低倍显微镜下一个视野能包括整个水滴为准。在显微镜下观察，如一滴水中只有一个目标藻细胞，无其他生物混杂，即用移液管吸取培养液把该水滴冲入试管中，试管口塞上棉塞，放在适宜的条件下培养。如未成功，需反复重做，直到达到目的。水滴分离法简便、易行，适宜分离已在培养液中占优势的种类。分离受少量生物污染培养液中的藻类多用此法。操作时要求细致、认真，使用工具及培养液经严格消毒。

3) 稀释分离法。首先，在第一个试管中加入要分离的藻液样品 10mL，其他试管中加入 5mL 培养液，从第一个试管中吸取 5mL 藻液样品加到第二支试管中，充分振荡摇匀，再用一支新的移液管从第二支试管中吸取 5mL 藻液加入第三支试管中，如前振荡，使均匀稀释，以后的试管依次采用同样的方法稀释，直到镜检最终一个样品至每滴稀释液中只有一个细胞为止，可以用这样的稀释藻液进行培养，如镜检到单种则表示分离成功。该分离法设备简单，操作简便，工作量小，但这种技术有很大的盲目性，分离的样品很可能来自两个或更多的细胞，分离的微藻单种不一定是目标种，但可能分离到其他种或新种，尤其对于从天然水域采取水样的初步分离非常合适，而且对于微藻的种类、大小没有限制。

4）平板分离法。该法的培养基制备和分离方法，与细菌平板分离法基本相通，只是培养基配方不同。也可将稀释藻液装入消毒过的小型喷雾器中，打开培养皿盖，把藻液喷射在培养基平面上，形成分布均匀的薄层水珠。接种后，盖上盖，放在适宜的光照和温度条件下培养。一般经过十余天，就可在培养基上发现互相隔离的藻类群落，经过镜检，寻找需要的纯藻群落，然后用消毒过的接种环移植到另一平板培养基培养，也可直接移植到装有培养液并经过灭菌的试管或小三角瓶中，进行培养。此分离法较烦琐，工作量大，但难度不大，而且可以看到是否污染杂菌，对于分离已污染杂菌培养液的藻类更适合。

5）流式细胞分选法。除了以上几种传统的分离方法之外，近年来随着流式细胞仪的发展，自动细胞分选成为一种新型的分离手段。它能根据每个细胞的光散射和荧光特征，将特定的细胞从群体中分选出来。当经荧光染色或标记的单细胞悬液放入样品管中，被高压压入流动室内。流动室内充满鞘液，在鞘液的包裹和推动下，细胞被排成单列，以一定速度从流动室喷口喷出。在流动室的喷口上配有一个超高频的压电晶体，充电后振动，使喷出的液流断裂为均匀的液滴，待测细胞就分散在这些液滴之中。将这些液滴充以正、负不同的电荷，当液滴流经过带有几千伏的偏转板时，在高压电场的作用下偏转，落入各自的收集容器中，没有充电的液滴落入中间的废液容器，从而实现细胞的分离（图 11-4）。流式细胞的分选精确度高达 99% 以上，速度快，效率高。目前先进的流式细胞仪的分选速度可达每秒 25 000 细胞单位以上。但该法需要依赖昂贵的设备，在使用上会受到一定限制。

在实际应用中，应根据微藻不同的种类，结合分离所需的条件和仪器设备情况，选择合适的分离方法，以达到分离单种的目的。在得到纯培养后，为了筛选出适合于规模化生产的产油微藻，需要进一步扩大培养，评价微藻产油率。产油率是指单位体积微藻培养液中每天的产油质量，是微藻生长速率与含油量的乘积，高产油率是提高微藻生物柴油效率与降低成本的必要条件。以高产油率为标准，产油微藻需满足两个基本要求：较高的含油量和较快的生长速率。此外，藻种还要具备一些其他优点，如耐高浓度 CO_2，温度、光照等适应范围广，抗逆性强等。

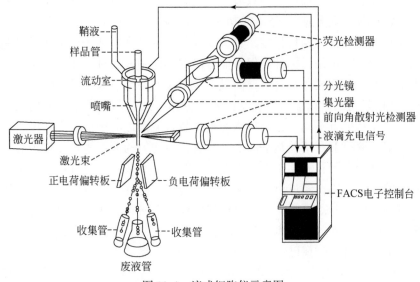

图 11-4 流式细胞仪示意图

2. 微藻培养

微藻的大规模培养是将微藻生物柴油推向商业化应用的前提，开发和研制新型高效的微藻培养系统并实现微藻的高密度培养，已成为微藻生物技术的重要组成部分。目前，藻类培养主要包括自养和异养两种方式，其中以自养为主，也有很多开展微藻异养培养的研究。光自养培养采用的反应器主要有两类，即开放式培养系统和密闭式光生物反应器。

（1）开放式培养系统

开放式培养系统是世界上最早也是最简单的微藻培养系统，最早出现于1950年，至今仍被广泛应用于大规模的微藻培养。开放池模拟微藻天然湖泊的生长环境，利用人工构建的敞开式、以太阳光作为能量来源的水面培养设施，其特点是建造及运行成本低。

目前，比较常用的是跑道式培养池。如图 11-5（a）所示，该系统一般是深 $15 \sim 30cm$ 的环形浅池，靠叶轮转动的方式使培养液混合、循环。在跑道式微藻养殖池的设计和操作中，搅拌对微藻充分接触阳光与 CO_2 起到关键作用。水流的速度要求能防止微藻沉到池底，一般 $10 \sim 20cm/s$ 的速度能有效防止细胞下沉，速度越高，效果越好；当速度大于 $30cm/s$ 时，整个系统消耗的能量过大，将会影响经济性（Sheehan et al., 1998）。国内外大规模商业化培养微藻的公司均采用该系统，例如 Cyanotech（美国）、Inner Mongolia Biological Engineering（中国）、

Nature Beta Technologies（以色列）、Earthrise Farms（美国）等都报道过以 β-胡萝卜素或者食品添加剂为主要产品的大规模跑道式微藻养殖池。在跑道池中，微藻细胞密度可达到 1g/L，产量一般为 10~25g/（m² d）（Lee，2001）。但是，由于季节性的阳光与温度的变化，年产量往往低于该值。

圆形循环培养池与跑道池的设计很相似。如图 11-5（b）所示，该池一般直径在 45m 以内，深 30~70cm，由中心轴引出的搅拌器驱动水流。这种类型的养殖池在规模上受到循环搅拌效率的限制，当旋转臂过长时（例如直径大于 50m），搅拌的效率就会降低。圆形循环培养池被普遍应用于东南亚的微藻养殖业。例如，台湾地区和日本应用大规模的圆形循环培养池养殖小球藻 *Chlorella* sp，生物质年产量达到几千万吨。

开放池虽然成本比较低，但存在产量低，容易产生杂菌污染的问题。而且占地面积大，细胞浓度低，后处理工作量大，容易受到周围环境的影响。

(a) 跑道式培养池   (b) 圆形循环培养池

图 11-5　跑道式培养池和圆形循环培养池

（a）引自 A. Ben-Amotz, National Institute of Oceanography, Israel；（b）引自台湾绿藻工业股份有限公司

（2）密闭式光生物反应器

相对开放式培养系统，生物反应器不直接暴露在空气中，而是覆盖一层透明材料或者由一些透明的管子构成，用减少光径和增大光照面积的方式来提高微藻光合作用效率，增加细胞密度。密闭式光生物反应器具有以下优点：藻类的培养条件、生长参数容易控制，培养环境稳定；容易控制污染，可以实现无菌培养；全年生产期较长，产率较高，能够获得较高的培养密度，能一定程度地降低采收成本。目前，光生物反应器主要采用管式或平板式。近年来，新开发的光生物反应器均以管式和板式光生物反应器为基础，如柱状气升式、搅拌罐式和浮式薄膜袋式等。

管式光生物反应器是密闭式生物反应器中应用较广泛的一种。如图 11-6（a）

所示，它由密闭管道光采集部分、循环动力泵系统、培养液混合与抽排气系统、控温系统等组成。微藻培养液在循环泵的动力驱动下，在密闭回路中循环流动。循环泵可以使用机械泵、空气升力泵、气动式隔膜泵等。为减小循环泵的机械剪切力对微藻细胞的损伤，空气升力泵和气动式隔膜泵是较理想的选择（Fernández et al., 2001）。密闭管道光采集部分的形式是多样的，既可以水平盘绕安装在基座上，也可以采用直立式成栅栏状安装，其主要目的是增大藻液的受光面积。管道的材质可以是玻璃或透明塑料管。为减少藻细胞在反应器管道内贴壁和残留，可以适当地调高藻液在管道内的流速；反应器的内壁尽量平滑，避免在缝隙中沉积，便于清洗。在密闭管道里，微藻通过光合作用产生 O_2。管道越长，生物量越大，溶解氧浓度越高。过高浓度的溶解氧会毒害微藻细胞，胁迫微藻生长。因此，反应器连续密闭管道长度建议不超过 80m（Molina, 2001）。此外，在光生物反应器循环流动时，藻液周期性地进入混合与抽排气装置中，以实现培养液的"气体交换"（溶解氧排出和 CO_2 补偿）。

平板式光生物反应器的研究略晚于管式反应器，具有光照比表面积大、光程短和占地面积小等优点。如图 11-6（b）所示，板式光生物反应器由厚度为 1～30cm 的长方形透明容器组成，一般采用利于光捕获的透明薄层材料，倾斜或者垂直放置，有较大的光照面积。与管式光生物反应器相比，板式光生物反应器的受光面积大，因此提升了光合效率；由于采用通风手段促进培养物的混合及湍流，对藻细胞的伤害较小；较低的溶解氧以及相对少的资金和维护成本。

与开放式培养系统相比，封闭式光生物反应器提高了微藻的密度和产率，简化了细胞的收获。然而，此类反应器的造价及运行成本较高，难以大规模应用，仅适于较少量的纯种微藻快速培养，例如，为大规模产油微藻的大池培养提供接种藻，或生产高附加值经济微藻。

(a) 管式光生物反应器　　　　　　　　　(b) 平板式光生物反应器

图 11-6　管式光生物反应器和平板式光生物反应器

资料来源：（a）引自 Alga Technologies, Israel 公司；（b）引自 Hu and Sommerfeld, 2008

(3) 异养高密度培养

自养微藻由于受到光照等因素的限制，生长速率和生物量都难以达到大肠杆菌、酵母等微生物的水平。异养培养微藻摒弃了对光照的依赖，生长速率和生物量都有很明显的提高。微藻的异养培养可以利用传统的微生物发酵系统，且该过程已有大量成熟的技术和经验供借鉴，所以微藻异养培养是提高微藻产量与产油效率的有效途径。在异养发酵模式中，微藻的生长更易于控制。同时，微藻密度的提高也大大降低了细胞收获的成本。葡萄糖和酵母粉广泛适用于大部分异养的微藻藻株，促进微藻在异养环境下生长，是微藻异养过程中最常用的有机碳源和氮源。据报道，小球藻 *Chlorella protothecoide* 经过两段式分批补料发酵，可获得最高255.3g/L的生物量，最大油含量可达58%。然而，葡萄糖和酵母粉的成本较高，在一定程度上限制了微藻生物柴油的发展，而且以葡萄糖和酵母粉为培养条件的微藻生物质生产将对食品资源产生负面影响，难以扩大生产规模。目前普遍用来生产二十碳五烯酸（eicosapentaenoic acid，EPA）和二十二碳六烯酸（docosahexaenoic acid，DHA）等高附加值脂肪酸。因此，寻找其他低成本、高效率且可持续利用的碳源和氮源至关重要。甘油是生物柴油提炼过程中最主要的副产品之一，由于甘油副产物提纯的成本远高于甘油本身的价值，因此甘油副产物很难被再次利用，而研究发现，微藻 *Schizochytrium limacinum* SR21 可以将粗甘油作为一种有效的有机碳源，将其吸收并转化为生物质和生物油，脂肪酸的产量可以达到9.9 ~ 11.1g/L，其中DHA占总脂肪酸的50%左右（Chi et al.，2007；Pyle et al.，2008）。另外，以甜高粱代替葡萄糖作为碳源培养 *Chlorella protothecoides*，能够有效地促进油脂的生产，降低生产生物柴油的成本（Gao et al.，2010）。

微藻培养方式的选择须综合考虑经济、环境等多种因素。微藻自养一般比异养的产油率低，但其碳源成本低，同时能固定CO_2，带来一定的环境效应。对于降低生产成本，目前普遍认为，将生产微藻能源与生物固碳相结合，尤其与脱除烟气CO_2相结合，对微藻进行综合利用是一条有效的途径。

11.1.4 提高微藻油脂合成的策略

1. 提高脂肪积累的生化调控

在适合的生长条件下，微藻体内脂肪的含量并不会很高；而当处于生长不利的条件下，微藻往往会启动脂肪的大量合成和积累反应。影响脂肪积累的因素包括营养成分（如氮、磷、铁）、培养条件（如pH、光照、温度）、生长阶段和培养方式等。

(1) 营养成分对微藻脂肪的影响

培养液的营养成分对微藻的脂肪含量影响很大。主要营养的胁迫使细胞分裂和增殖受到抑制，因此会引起代谢流向脂类合成方向转移，其他非脂类成分也会逐渐向脂类转化，使脂肪积累。目前普遍认为，缺氮是启动脂肪积累的营养限制因子，对许多藻种都有显著影响。尽管在缺氮的情况下，细胞的生长和细胞内各组分的合成受到抑制，但细胞内的脂肪可以保持较高水平。例如，*Neochloris oleoabundans* 在缺氮条件下能积累 35% ~ 54% 的脂肪，且 TAG 含量占总脂的 80%（Heijde，2001；Singh，2011）；*Chlorella vulgaris* 在高氮培养基中胞内油脂含量仅为 18%，而在低氮条件下油脂含量可达 40%（Illman et al.，2002）。

除了氮源外，磷源也影响油脂积累。磷是构成 DNA、RNA、ATP 及细胞膜的组成成分。磷的限制会使 *Monodus subterraneus* 体内脂肪增加。当磷的含量从 $175\mu m$ 下降到 $52.5\mu m$、$17.5\mu m$ 和 $0\mu M$ 时，细胞总脂会随之增加，特别是 TAG 含量显著增加。当磷源下降到 0，细胞内磷脂从占总脂的 8.3% 下降到 1.4%，而 TAG 含量从占总脂的 6.5% 增加到 39.3%（Khozin-Goldberg and Cohen，2006）。磷对细胞的能量生物转化相关过程（如光合磷酸化）非常重要，光合作用需要大量蛋白，蛋白合成需要富含磷的核糖体。因此，缺磷使细胞代谢倾向于脂肪合成有可能是由于光合作用受到严重影响。

硅是硅藻生长必不可少的营养元素，除了作为细胞壁的结构成分外，还参与光合色素、蛋白质、DNA 的合成和细胞分裂等多种代谢和生长过程。缺硅的 *Cyclotella cryptica* 细胞比不缺硅的细胞中性脂肪含量高，且饱和脂肪酸以及单不饱和脂肪酸的比例也相对较高。对 *C. cryptic* 同位素示踪实验表明，在硅胁迫 4 小时内，新同化的碳流向脂肪的比例增加两倍，而流向贮藏性碳水化合物的比例下降了 50%（Roessler，1988）。另外，脉冲追踪研究显示，硅不足条件下，还伴随着已有非脂类化合物转向油脂的现象。计算结果表明，在硅胁迫 12 小时内，*C. cryptic* 合成脂肪的 55% ~ 68% 来自从头合成，而其余的脂来自转化过程。

培养液中的微量元素也会对微藻脂肪含量和组成产生影响。例如，在培养基中添加 $FeCl_3$，能使 *Chlorella vulgaris* 的总脂含量提高至细胞干重的 56.6%，且对藻株生长影响不大（Liu et al.，2008）。

(2) 培养条件对微藻脂肪的影响

在一定程度上，微藻的培养条件（包括盐度、CO_2 浓度、pH、温度、盐度和光照强度等因素）影响着微藻的代谢能力。

在高盐培养条件下，*Dunaliella salina* 能增加 TAG 含量。当初始盐浓度从 0.5M 增加至 1M 时，含油量从 60% 增至 67%；而当初始盐浓度为 1M，并在对数中期或末期加入 0.5M 或 1M 盐时，含油量进一步增至 70%。然而，细胞对盐浓度具有一定的承受能力。当初始盐浓度高于 1.5M 时，会显著抑制细胞生长（Takagi and Yoshida，2006）。

CO_2 浓度也会影响微藻油脂的含量和组分。当 CO_2 含量占到空气总量的 1% 时，微藻的油脂产量就会有所增加。CO_2 浓度的增加还会导致不饱和脂肪酸（polyunsaturated fatty acid，PUFA）在真核藻细胞中含量的降低。高浓度 CO_2 作用下，脂肪合成增加，但后续的延伸及去饱和作用受到了抑制，导致饱和脂肪酸所占比例增加。

pH 会影响光合作用中 CO_2 的可用性，在呼吸作用中影响微藻对有机碳源的利用效率，并影响微藻对离子的吸收和利用，以及代谢产物的再利用和毒性。不同微藻生活的最佳 pH 不同，偏离最佳 pH，微藻的生长和体内有关代谢活动即受抑制。例如，碱性 pH 会引起 *Chlorella* sp. 中 TAG 的积累，同时会减少膜脂的种类；在较低 pH 时，南极冰藻细胞膜中的脂肪酸饱和度增加以降低膜脂的流动性。

在户外大规模培养微藻时，太阳辐射（温度和光照强度）对微藻的生化组分也有一定的影响。高温在增加蛋白质含量的同时，会降低某些藻中脂类和碳水化合物的含量；在低温条件下，许多微藻的 PUFA 含量有所增加，但同时会导致微藻生物量的降低。光强可以影响微藻的脂肪种类。通常，低光强会诱导形成极性脂肪，特别是与叶绿体相关膜脂的生成，而高光强会降低极性脂肪的含量并伴随中性脂肪的产生，增加 TAG 含量。此外，光强还能改变脂肪酸饱和度。以 *Nannochloropsis* 为例，在弱光条件下，其 EPA 含量大约稳定在总脂肪酸的 35% 左右；而在光饱和情况下，EPA 含量会降为原来的 1/3，同时饱和脂肪酸以及单不饱和脂肪酸含量比例有所增加（Fábregas et al.，2004）。

（3）生长阶段对微藻脂肪的影响

许多微藻在其生长稳定期有比较高的脂肪含量。例如，在 *Gymnodinium* sp. 中 TAG 含量由指数生长期的 8% 增加到稳定期的 30%。当生长阶段从指数期向稳定期转变时，饱和脂肪酸和单不饱和脂肪酸所占的比例增加，多不饱和脂肪酸比例降低（Mansour et al.，2003）。

（4）培养方式对微藻脂肪的影响

微藻的培养方式可分为自养型、异养型和兼养型三种，不同的培养方式会对微藻脂肪含量与组分产生较大影响。

2. 提高脂肪积累的基因工程调控

（1）增强脂肪酸合成途径

在脂肪酸生物合成途径中，ACCase 被认为是第一个关键限速酶，是脂肪酸生物合成调控的关键所在。早在 20 世纪八九十年代启动的"水生生物研究项目"中，美国科研人员就发现硅藻 *Cyclotella cryptica* 缺硅 4h 和 15h 后，体内 ACCase 的活性分别提高了 2 倍和 4 倍，促进了脂肪的积累（Roessler, 1988）。*C. cryptica* 的 ACCase 是一个四聚体蛋白，由 4 个相同的含生物素的亚基组成，每个亚基是具有生物素羧化酶和羧基转移酶 2 个结构域的多功能肽链，分子量约为 185kDa。该酶的特性与许多高等植物的 ACCase 相似，但在结构上与啤酒酵母更接近。人们试图通过提高 ACCase 的表达量来提高微藻的脂肪含量，但没有得到预想结果。在 *C. cryptica* 和 *N. saprophila* 体内超表达 ACCase 后，虽然该酶的活性提高了 2~3 倍，但可能因受到反馈抑制，酶活的增加被细胞内的其他代谢途经所抵消，没有观察明显的油脂积累（Dunahay et al., 1996）。

在脂肪酸合成途径中，FAS 催化脂肪酸碳链的加长，其中的 3-酮脂酰-ACP 合酶Ⅲ（KASⅢ）研究较多。在油菜籽中超表达 *E. coli* 的 KAS Ⅲ，可改变脂肪酸组成，C18：1 脂肪酸含量降低，而 C18：2 和 C18：3 含量增加。虽然脂肪酸生物合成的调控发生了变化，但是没有提高脂肪含量且严重影响了细胞的生长。

（2）增强 Kennedy 途径

Kennedy 途径直接参与 TAG 的合成反应，相对靠近目标产物。因此，该途径涉及的相关基因对于最终脂肪的形成非常重要。在植物油脂代谢 Kennedy 途径中，相关的关键限速酶主要包括 3-磷酸甘油脱氢酶（glycerol-3-phosphate dehydrogenase，G3PDH）、3-磷酸甘油酰基转移酶（glycerol-3-phosphate acyltransferase，GPAT）、LPAAT 和 DGAT。其中 DGAT 是催化 TAG 形成的最后一步，是 Kennedy 途径中活性最低的酶，被认为是 TAG 合成途径的瓶颈。其底物 DAG 既可以参与磷脂的合成又可以参与 TAG 的形成，而 DGAT 的超表达有可能使更多的 DAG 参与 TAG 合成。虽然这些酶的超表达能否提高微藻油脂的积累目前还不清楚，但是鉴于这些酶在植物（油菜、拟南芥、大豆和玉米等）中的超表达成功实现了脂肪含量的提高，若将其应用到微藻中，可能是一个突破口。下面就这几个关键酶分别阐述（冯国栋等，2012）。

G3PDH 催化 G3P 生成的反应如下所示。甘油代谢的基本过程是淀粉水解成葡萄糖，经 1,6-二磷酸果糖转化为磷酸二羟基丙酮（dihydroxyacetone phosphate，DHAP），接着生成 G3P，最后磷酸化酶脱磷酸生成甘油。其中，G3PDH 是这个代谢途径的限速酶，在烟酰胺腺嘌呤二核苷酸（还原态）NADH 的参与下催化 DHAP 向 G3P 转化，直接决定了葡萄糖分解代谢过程中向甘油合成方向的物质流分配量和甘油合成水平。

$$DHAP+NADH+H^+ \xrightarrow{G3PDH} G3P+NAD^+$$

过去为了提高生物体内油脂的合成，注意力往往集中在脂肪酸的合成上，而忽略了 G3P 供给在 TAG 合成过程中所扮演的重要角色。虽然从严格意义上讲，此步反应不属于 Kennedy 途径，但 G3P 作为重要的前体物质，其含量的多少直接关系到最终目标产物含量的多少。因此，将油脂代谢的前体合成有关基因进行过量表达，逐渐被认为是一条提高细胞含油量的有效方法。将来源于酵母细胞溶质，编码 G3PDH 的基因 gpd1，在种子特异 napin 启动子控制下转入油菜种子中，可使 G3PDH 的活性增加两倍，G3P 含量提高 3~4 倍，最终导致油脂含量提高了 40%。

GPAT 是甘油酯生物合成过程中的第一个酰基酯化酶，它催化脂肪酰基转移到 G3P 的 sn-1 位上，合成溶血磷脂酸。GPAT 酶对 C18：1 和 C16：0 两种脂肪酰基有选择性差异。此外，将来源于红花（safflower）中的质体 GPAT 基因和大肠杆菌中的 GPAT 基因导入到拟南芥中，发现油脂含量有所增加。

LPAAT 是甘油酯生物合成过程中的第二个酰基酯化酶，它催化脂肪酰基转移到溶血磷脂酸上，合成磷脂酸释放 CoA。通过 ^{14}C、^{3}H 同位素示踪发现，该酶在农艺植物 TAG 的组装过程中处于限速的瓶颈位置。LPAAT 活性的强弱影响脂类的合成，其活性的提高可减轻合成过程中反馈抑制作用。

DGAT 的主要作用是催化二酰甘油加上脂肪酸酰基生成三酰甘油，被认为是油脂生物合成途径的重要调节因子。根据其结构、细胞或亚细胞定位等的差异，DGAT 可分为四种类型：DGAT1、DGAT2、Cyto DGAT 和 WS/DGAT。DGAT1 和 DGAT2 蛋白主要结合在内质网膜上，是微粒体酶。DGAT1 是酰基辅酶 A 胆固醇酰基转移酶家族的成员之一，一般含有复杂的跨膜区，并具有同源二聚体和同源四聚体的结构。而 DGAT2 则属于 DGAT2 超家族，蛋白结构存在 1~2 个跨膜区。一般而言，DGAT2 更侧重于特殊脂肪酸的积累，而 DGAT1 具有更广泛的作用。Cyto DGAT 和 WS/DGAT 是近年发现的新类型，Cyto DGAT 是从花生未成熟种子子叶中克隆的一个与 TAG 合成相关的基因，与 DGAT1 和 DGAT2 基因家族的相似度不足 10%，该酶是一种可溶性蛋白，定位于细胞质中。WS/DGAT 是在 *Acinetobacter calcoaceticu* 中鉴定出的一种编码双功能酶的基因，它编码的蛋白既有蜡酯合成功能又具有 DGAT 功能，包含一个预测的跨膜区，与已知的蜡酯合成酶 DGAT1 和 DGAT2 都没有关系。

磷脂生物合成与 TAG 生物合成竞争一个共同的底物磷脂酸，磷脂酸如果转化为 CDP-甘油二酯则进入磷脂生物合成途径，如果转化为二酰甘油则进入 TAG 生物合成途径。高效表达 DGAT 也会促进磷脂酸进入 TAG 合成途径。

（3）调控 TAG 的旁路途径（alternative pathway）

细胞内脂肪代谢调控非常复杂，含有多种与 TAG 合成相关的途径，每种途径对最终 TAG 形成的贡献取决于环境或者培养条件。TAG 的形成除了

Kennedy 途径之外，还可以通过膜脂（磷脂或者糖脂）转化形成。在微藻快速生长阶段体内形成的 TAG 很少，脂肪的代谢主要集中在膜脂的合成，而在生长条件不适宜的时候光合膜快速降解，同时可能积累 TAG。在细菌、酵母和植物中都发现了一种不依赖于酰基辅酶 A（acyl-CoA）的 TAG 合成途径，即以磷脂作为酰基供体而 DAG 作为酰基受体，通过磷脂：二酰甘油酰基转移酶（phospholipid：diacylglycerol acyltransferase，PDAT）催化形成 TAG（图 11-7）。近来已发现 C. reinhardtii 的 PDAT 表现出多种催化功能，包括磷脂和 DAG 的转酰基作用、两分子 DAG 之间的转酰基作用，以及脂肪酶活性。在藻类中，叶绿体的类囊体是主要的细胞内膜，其膜脂组成主要是单半乳糖二酰甘油（约 50%），双半乳糖二酰甘油（约 20%），硫代奎诺糖二酰甘油（约 15%）和磷脂酰甘油（约 15%）。在压力条件下，叶绿体会发生降解，而大量的糖脂如何转化还不太清楚。

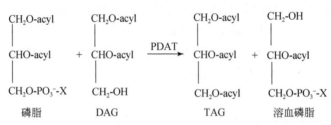

图 11-7　由 PDAT 催化生成 TAG 的旁路途径

（4）抑制脂肪合成的竞争途径

TAG 的形成除了受膜脂影响外，还受到其他储能产物的调控。脂肪和金藻昆布多糖（chrysolaminarin）是硅藻主要的储碳形式。有研究发现，缺硅后的 C. cryptica 中金藻昆布多糖合成酶活性下降了 31%，流向脂肪的碳从 27.6% 增至 54.1%，而流向金藻昆布多糖的碳从 21.6% 下降至 10.6%，表明金藻昆布多糖合成酶的抑制可能导致新碳向脂肪的分配（Roessler，1988）。

在藻细胞代谢网络中，淀粉与 TAG 拥有共同的前体物 3-PGA。植物和藻的淀粉合成途径如图 11-8 所示。淀粉合成的关键反应是由 ADP-葡萄糖焦磷酸化酶（ADP-glucose pyrophosphorylase，AGPase）将 1-磷酸葡萄糖和 ATP 催化转化成 ADP-葡萄糖和无机焦磷酸（pyrophosphoric acid，PPi），接着 ADP-葡萄糖被淀粉合成酶和分支酶用于延伸淀粉颗粒的葡聚糖链。在植物中，已发现淀粉和脂肪的合成途径存在相互关系。而在微藻中，也发现了不产淀粉的突变藻株 C. reinhardtii BAFJ5 在缺氮后 TAG 含量比野生型有明显增加。野生型 Chlamydomonas 通过高光缺氮诱导只积累 2% 的 TAG，但是阻断淀粉合成途径后，突变藻株 TAG 含量增加了 10 倍，达到干重的 20.5%（Li et al.，2010）。

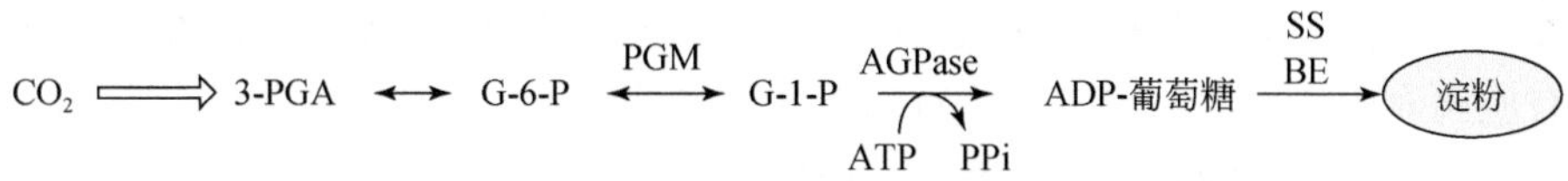

$$CO_2 \Longrightarrow 3\text{-}PGA \longleftrightarrow G\text{-}6\text{-}P \xrightarrow{PGM} G\text{-}1\text{-}P \xrightarrow[ATP\ PPi]{AGPase} ADP\text{-}葡萄糖 \xrightarrow[BE]{SS} 淀粉$$

图 11-8　淀粉的生物合成途径

G-6-P：葡萄糖-6-甘油；G-1-P：葡萄糖-1-甘油；PGM：磷酸葡萄糖变位酶；

SS：淀粉合成酶；BE：制动酶

(5) 抑制脂肪的分解代谢

目前，微藻还缺乏有效的同源重组。因此，通过随机突变或者 RNA 沉默来达到脂肪分解相关基因的失活，可能是一个提高脂肪积累的手段。β-氧化是真核生物中脂肪酸降解的主要代谢途径，它将 TAG 的前体物质脂肪酸用作特定生理条件下的细胞能量。若阻断这一途径，则可能会增加微藻中 TAG 的产生。在高等植物中，通过该方法能够使脂肪含量增加，但同时幼苗的发育也受到了抑制。许多微藻在白天积累 TAG，而在晚间消耗它以支持细胞内 ATP 需求和细胞分裂。因此，抑制 β-氧化会阻止晚间 TAG 的损失，但也极有可能使细胞生长减缓。所以，这一策略可能不利于户外开放池培养。但在光生物反应器中，可以通过外加碳源和连续光照使微藻细胞持续生长，具有一定的可行性。

3. 产油微藻的遗传转化

对于高产油转基因微藻的获得，不仅需要在理论上通过代谢网络分析得出相应的关键节点，而且需要在操作上具有可行性，即需要构建一整套完善的以微藻作为宿主细胞的遗传转化体系，将微藻进行转基因改造，从而提高油脂含量以及油脂产率。

微藻遗传转化的研究，主要包含遗传转化方法研究和筛选标记与启动子研究两方面的内容。遗传转化方法的研究，即通过物理、化学或者生物介导的方式将外源 DNA 导入微藻细胞体内；筛选标记与启动子的研究，即从分子水平考察，如何筛选得到成功的微藻转化子，以及如何使外源 DNA 在微藻细胞体内成功启动，以进一步实现转录和翻译。

(1) 遗传转化方法

目前，用于微藻遗传转化的方法主要有粒子轰击法、玻璃珠法、电穿孔法和农杆菌介导转化法（冯国栋等，2012）。

1）粒子轰击法（particle bombardment），又称高速粒子喷射技术（high-velocity particle microprojection）或基因枪轰击技术（gene gun bombardment），其基本原理是利用基因枪的火药爆炸、高压放电或高压气体作驱动力，将表面吸附基因的金属颗粒（金粒或钨粒），以一定的速度射进宿主细胞，由于小颗粒穿透力强，故不需除去细胞壁和细胞膜而进入基因组，从而实现稳定转化的目的。它具有应用面广、方法简单、转化时间短和重复性好等优点。已有报道将该方法用于莱茵衣藻（*C. reinhardtii*）、团藻（*Volvox carteri*）、小球藻（*Chlorella sorokiana*、*Chlorella ellipsoidea*、*Chlorella kessleri*）、雨生红球藻（*H. pluvialis*）、三角褐指藻（*P. tricornutum*）的核基因组及叶绿体基因组转化中。虽然其核基因组转化效率可能不高，但由于粒子轰击能使重组 DNA 同时通过细胞膜和叶绿体膜，其叶绿体基因组转化及整合的效率是比较高的。

2）玻璃珠法（glass beads method）是指细胞在含 DNA、聚乙二醇和玻璃珠的溶液中搅拌，可使 DNA 渗透进入细胞。这个方法已成功用于莱茵衣藻细胞壁缺失突变体以及酶解细胞壁后野生型衣藻细胞的转化。与粒子轰击法相比，玻璃珠法转化核基因组更加简单有效，由于不需要特别的仪器设备，因而也更加经济。但该法对受体类型较为苛刻，必须是无细胞壁的，因此使用受到限制。

3）电穿孔法（electroporation）是利用高压电脉冲的电击穿孔作用，将外源基因导入到宿主细胞的一种遗传转化方法。目前，电穿孔法已被报道用于杜氏盐藻（*D. salina*、*D. viridis*、*D. tertiolecta*）、莱茵衣藻（*C. reinhardtii*）、小球藻（*Chlorella*）、微绿球藻（*N. oculata*）等多种藻类进行外源基因的转化。预处理缓冲液、电击缓冲液、藻细胞的生长及浓度、外源基因的特性及浓度等都将影响电穿孔转化的效率。与玻璃珠法相比，电穿孔法的转化效率可以高出两个数量级甚至更多，并且使用的仪器也相对简单。

4）农杆菌介导转化法（*Agrobacterium tumefaciens*-mediated transformation）是另一种有效转化方法，之前主要运用在植物细胞的遗传转化中。农杆菌是一种天然的双元载体遗传转化体系，其中一个质粒带有 *vir* 基因，另一质粒带有改造过的 T-DNA 区域，用于携带外源基因，借助农杆菌的感染实现外源基因向宿主细胞的转移与整合。通过农杆菌介导转化法，已分别将 *uidA*（β-葡萄糖醛酸酶）、*gfp*（绿色荧光蛋白）和 *hpt*（潮霉素磷酸转移酶）报告基因转化到莱茵衣藻（*C. reinhardtii*）细胞中，其转化效率比玻璃珠法高出 50 倍。

（2）选择标记与启动子

1）选择标记。它相当于一个标签，让我们能够从成千上万个细胞中选出极少数符合要求的细胞，在基因工程操作中具有重要的作用。这类具有标签作用的基因就称为选择标记基因。它们并非一类特定的基因，只要能够充当标签的作用，使操作简单方便，都可以作为选择标记基因。目前，按照来源的不同，可以将微藻选择标记基因分为两大类。第一类是微藻自身的代谢相关基因，有些是将相应野生藻株基因作为选择标记，导入代谢缺陷的突变藻株，筛选能够在基础培养基中生长的转化子；还有一些是突变藻株对某些原本致死的化合物（如除草剂）产生抗性，将抗性基因用于遗传转化，只有转化成功的藻细胞才能在含有特殊化合物的培养基上生长。第二类是非微藻自身来源的基因，主要是抗生素抗性基因。利用抗生素抗性基因进行藻细胞转化，利用含有其对应抗生素的培养基筛选出转化成功的藻细胞。抗生素抗性基因和其对应的抗生素构成一个筛选体系。

2）启动子。是 DNA 分子上能与 RNA 聚合酶结合并形成转录起始复合体的区域，能通过与转录因子的结合，控制基因表达（转录）的起始时间和表达的程度。在微藻遗传转化过程中，启动子的性能与选择标记目标蛋白基因的高效表达有着紧密的联系。根据转化宿主的不同，可以将启动子分为外源性和内源性两大类。与外源启动子相比，在内源启动子或者与宿主亲缘相近的启动子作用下，选择标记与目标蛋白基因能够更好地得到表达。而采用高效启动子、增强子是提高外源基因在微藻中表达量的有效手段。一般认为，在微藻遗传转化中选取宿主细胞内高效表达基因所对应的内源启动子往往是比较有效的，这有赖于对微藻基因组水平、转录与翻译水平的深入了解。

一般来说，高产油转基因微藻的构建大致可以分为三个步骤。第一步为载体的构建，其中包括关键酶基因的选取、选择标记与启动子的筛选等。第二步为转化方法的选用，将目标基因以较低的拷贝数整合到核基因组中。第三步为转化结果分析，依次从 DNA、RNA 和蛋白质三个水平进行分析与验证，得到稳定的蛋白表达，进而考察微藻油脂含量的变化。

11.2 产油真菌

11.2.1 产油真菌概述

产油真菌包括产油酵母和产油霉菌。利用真菌生产油脂具有众多优点（墨玉欣和刘宏娟，2006）。首先，真菌细胞增殖速度快，培养所需原料来源丰富、价格低廉（如糖类、淀粉及食品和造纸工业产生的废弃物等），可以缓解植物油脂紧张及与粮食作物争夺土地的问题。其次，产油工艺可以实现大规模连续生产，有效降低生产成本；更为重要的是，真菌可以生产某些特定的功能性多不饱和脂肪酸（如 γ-亚麻酸和花生四烯酸），并且大部分产油真菌油脂的脂肪酸组成与植物油脂类似，均以 C16 和 C18 系列脂肪酸为主，能够代替植物油脂用于生产生物柴油，缓解能源短缺的问题。

目前，真菌中常见的产油酵母有浅白色隐球酵母、弯隐球酵母、斯达氏油脂酵母、苗芽丝孢酵母、产油油脂酵母、胶粘红酵母和类酵母红冬孢等。常见的产油霉菌包括土霉菌、紫癜麦角菌、高粱褐孢黑粉菌、高山被孢霉和深黄被孢霉等。

11.2.2　调控真菌油脂合成的策略

1. 真菌油脂合成的生化调控

真菌培养过程中碳氮比、碳源、氮源种类及其浓度、温度、培养时间、pH、氧气、微量元素和无机盐浓度等因素均能对油脂的积累产生影响（李魁等，1996；黄建忠等，1998；赵人峻，1995）。

(1) 碳源、氮源对真菌产油脂的影响

培养基中碳源充足而其他营养物质缺乏，是微生物高产油脂的一个重要因素。在此状态下，微生物可以将过量的糖类转化为脂类。目前在发酵工业中，生产可食用油脂的碳源主要包括葡萄糖、果糖、蔗糖和淀粉等。其中，葡萄糖是最常用、油脂产量较高的碳源。氮源的作用是促进细胞生长，其种类对油脂的积累具有一定影响。无机氮的使用有利于不饱和脂肪酸产生，有机氮的使用有利于细胞增殖。在缺氮条件下，可观察到细胞内油脂的积累。低碳氮比有利于生物量的提高，高碳氮比则促进油脂合成。

(2) 温度对真菌产油脂的影响

当菌株在低温生长时，不饱和脂肪酸及短链脂肪酸含量增加；当菌株在高温生长时，长链脂肪酸含量增加。这些变化是菌株对温度的适应性反应，以保证细胞膜的正常流动性。

(3) pH 对真菌产油脂的影响

不同种类的微生物，产油脂的最适 pH 不相同，酵母产油脂的最适 pH 为 $3.5 \sim 6.0$，霉菌的为中性至微碱性。构巢曲霉在 pH 范围为 $2.5 \sim 7.4$ 时，随 pH 上升，油酸含量增加。油脂酵母培养基的初始 pH 越接近中性，菌体在稳定期的油脂含量越高。

(4) 生长阶段和培养时间对真菌产油脂的影响

真菌细胞的油脂含量随其所处生长阶段的不同而有明显差异。例如，油脂酵母的油脂含量在对数期初期较少，在对数期末期开始明显增加，至稳定期初期达到最大值。培养时间的长短对油脂产量也有影响。培养时间太短，菌体生物量少而影响油脂产量；培养时间太长，细胞自溶，生成的油脂进入培养基中而难以收集，同样影响油脂产量。

(5) 通气量对真菌产油脂的影响

真菌产生油脂时，必须供给氧气，不饱和脂肪酸的合成同样需要氧气。在供氧不足时，产油真菌中 TAG 的合成受到明显的抑制，同时导致游离脂肪酸和磷脂大量积累。

(6) 无机盐对真菌产油脂的影响

适当添加无机盐和微量元素，可以提高真菌油脂合成速度和油脂产量。研究表明，在培养基中适当添加 Na、K、Mg 等元素，构巢曲霉的油脂含量可从 25% 提高至 50%；在培养基中适当添加 Fe、Zn^{2+} 离子，可加速真菌油脂合成速度，但添加量过大会明显抑制油脂合成。

2. 真菌油脂合成的代谢调控

本质上，真菌合成油脂的过程与动植物相类似。首先，乙酰辅酶 A 在乙酰辅酶 A 羧化酶的催化下发生羧化反应，生成丙二酸单酰辅酶 A。接着，乙酰辅酶 A 和丙二酸单酰辅酶 A 在 FAS 的催化下生成丁酰-ACP。丁酰-ACP 进入第二轮碳链延伸，延伸两个碳原子单元。以上过程多次循环，经过多次酰基链延长以及随后的去饱和反应，即形成完整的脂肪酸合成途径。在此过程中，有两个主要的催化酶，即乙酰 CoA 羧化酶和去饱和酶。

乙酰辅酶 A 羧化酶催化脂肪酸合成反应的第一步，是第一个限速酶。此酶是由多个亚基组成的复合酶，以生物素作为辅基，结构中存在多个活性位点，如乙酰辅酶 A 结合位点、ATP 结合位点和生物素结合位点等。因此，该酶能被乙酰辅酶 A、ATP 和生物素所激活。ADP 是该酶的竞争性抑制剂，抗生物素蛋白结合到生物素上可抑制该酶的活性，丙二酸单酰辅酶 A 对该酶起反馈抑制作用。此外，丙酮酸盐对该酶有较弱的激活作用，磷酸盐对该酶有较轻的抑制作用。去饱和酶是微生物通过氧化去饱和反应生成不饱和脂肪酸的关键酶。去饱和作用是由一个复杂的去饱和酶系来完成的。20 世纪 70 年代，研究人员在酵母微粒体中发现，去饱和酶系主要由 NADH-Cytb5 还原酶、Cytb5 和末端去饱和酶三种酶组成。NADH-Cytb5 还原酶是一种黄素蛋白，其催化电子从 NADH 传递至 Cytb5。Cytb5 再将电子传递给去饱和酶。去饱和酶是去饱和反应中产生不饱和脂肪酸的关键酶。

目前，对于产油酵母和产油霉菌以葡萄糖为碳源积累 TAG 的代谢途径，人们已经有较为深入的认识，图 11-9 简要阐明了在产油酵母中与 TAG 合成代谢调控有关的重要步骤（于泽权等，2018）。在培养基中可利用氮源耗尽且存在大量可利用碳源的情况下，产油微生物的 TAG 积累过程被激活。该过程涉及微生物代谢以及与代谢相关的一系列生理生化过程的变化。首先，当氮源缺乏时，产油微生物的 AMP 脱氨酶活性增加，AMP 脱氨酶催化 AMP 大量转化为肌苷一磷酸和氨，这是产油微生物对氮缺乏的一种应激反应。在产油酵母线粒体中，异柠檬酸脱氢酶的活性依赖于 AMP，AMP 浓度的降低会导致该酶的活性降低甚至丧失。

因此，异柠檬酸不能被转化为 α-酮戊二酸，三羧酸循环受到严重抑制，代谢途径发生改变。线粒体中积累的柠檬酸通过内膜上的苹果酸/柠檬酸转移酶系统进入胞质溶胶中，在 ATP：柠檬酸裂解酶的作用下生成乙酰辅酶 A 和草酰乙酸。然后，乙酰辅酶 A 在 FAS 的作用下生成脂肪酸。

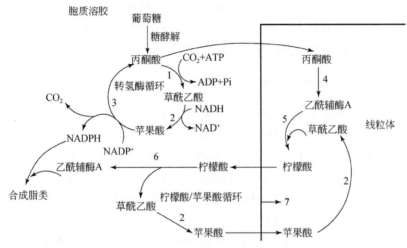

图 11-9　产油酵母中油脂代谢调控途径

同时，脂肪酸的合成需要大量的 NADPH 还原剂。在脂肪酸合成过程中，由 β-酮酰 ACP 还原酶和烯酰-ACP 还原酶催化的反应都需要 NADPH 的参与，合成一分子 C16 软脂酸需要消耗 14 分子的 NADPH。目前认为，NADPH 还原剂主要来自苹果酸酶催化的反应。苹果酸酶催化苹果酸和 $NADP^+$ 转化为丙酮酸、二氧化碳和 NADPH 的化学反应。在大多数产油真菌中都发现了苹果酸酶，苹果酸酶、ATP：柠檬酸裂解酶以及 FAS 三者构成了一个完整的代谢区室，允许乙酰辅酶 A 用于合成脂肪酸，然后脂肪酸与甘油发生反应生成 TAG。在一些不存在苹果酸酶的产油酵母（如 *Lipomyces* sp. 和 *Candida* sp.）中，可能由替代酶（如存在于细胞质中的异柠檬酸脱氢酶）生成 NADPH，用于脂肪酸合成。

总之，在脂肪酸合成过程中，乙酰辅酶 A 的生成和 NADPH 的产生是调控油脂合成的两个重要因素。任何有利于增加这两种物质产生的手段（如超量表达苹果酸酶基因以增加 NADPH 生成）都很有可能增加产油真菌油脂含量。

11.2.3　产油真菌选育

1. 菌种筛选

对产油真菌进行初步筛选的方法，主要包括苏丹黑染色法、尼罗红染色法以及在培养基中添加尼罗红进行筛选等方法（黄昌旭等，2016；Huang et al.，2009）。

苏丹黑染色法的操作步骤为：将细胞涂于载玻片上，用火焰固定，冷却后加上一滴苏丹黑染液，染色 15min 后，用 95% 乙醇脱色 3～5min，脱色重复 2 次，加盖玻片置于显微镜下观察。

尼罗红染色法的操作步骤为：将细胞涂于载玻片上，用火焰固定，冷却后加上一滴尼罗红工作液，加盖玻片，避光染色 5min，置于荧光显微镜 420～490nm 蓝光下观察。

在培养基中添加尼罗红进行筛选的操作步骤为：PYG 和 PDA 培养基灭菌后添加尼罗红，浓度达到 0.5μg/dm³ 倒平板，从斜面划线接种酵母和霉菌，并在各平板上分别接种指示菌。避光室温培养 3～4d 后，置于紫外灯（波长 280～300nm）下观测，若有荧光出现则为产油菌种，并可根据其表观荧光强度，与指示菌比较粗略确定在表观上产油较为显著的菌株。

菌株的遗传型对油脂积累具有重要的影响。因此，通过采用各种育种技术对菌株的遗传特性进行改造，对于选育高油脂含量的产油真菌具有重要的意义。菌种的选育既有常规的杂交育种和选择育种等方法，又有细胞融合、诱变育种、转基因育种等先进的现代育种技术。由于现代育种技术能够明显缩短育种时间，提高工作效率，因此重点介绍几种现代育种技术。

2. 诱变育种

诱变育种是指用物理、化学及生物因素诱导生物的遗传特性发生变异，再从变异群体中筛选出符合人们特定要求的菌株或个体，进而培育出新品种的一种育种方法。它是继杂交育种和选择育种之后发展起来的一项现代育种技术。常用的物理诱变因素有 α 射线、β 射线、γ 射线、X 射线、中子和其他粒子、紫外辐射以及微波辐射等。常用的化学诱变因素包括烷化剂和碱基类似物。其中，烷化剂含有活跃的烷基，能转移到电子密度较高的 DNA 分子中，置换其中的氢原子而使碱基发生改变。常用的有甲基磺酸乙酯、乙烯亚胺、亚硝基乙基脲烷、亚硝基甲基脲烷和硫酸二乙酯等。碱基类似物是一类与 DNA 碱基相类似的化合物，掺入 DNA 后，可使 DNA 复制发生碱基配对错误。常用的有 5-溴尿嘧啶、5-溴脱氧尿核苷等。常用的生物诱变因素有抗生素。如重氮丝氨酸、丝裂毒素 C 等，具有破坏 DNA 的能力，从而造成染色体断裂，遗传物质发生改变。

在进行诱变育种时，遵循如下原则有助于获得更好的实验结果。首先，尽量选择简便有效的诱变剂。其次，进行诱变的出发菌株性能要比较优良。再次，尽量处理单细胞（或单孢子）悬液，以避免嵌合体的出现。然后，通过预实验，筛选出能提高诱变率和促进有利变异的剂量。最后，充分利用复合诱变的协同效应。经过诱变处理后的细胞群体中，在能够存活的细胞中仅有较小比例的突变细胞，而且符合需求的突变细胞比例更小。因此，在诱变育种后期，筛选符合需求的突变菌株的工作量非常大。为了在较短时间内筛选出更多符合需求的突变细胞，需要采用科学的筛选方案和高效的筛选手段。在筛选高油脂含量的突变菌株时，常用的筛选指标有生长性能、外观、生物量、油脂含量等。

目前，诱变育种在产油真菌培育方面已取得较好成果。例如，以拉曼被孢霉SM541 为原始菌株，经过紫外线和氯化锂的复合诱变处理，得到突变菌株SM541.9，其生物量由 12.6g/L 提高到 28.8g/L，油脂含量由 5.8g/L 提高到 15.7g/L，传代试验表明，SM541.9 具有良好的遗传稳定性（杨革等，1998）。

3. 细胞融合育种

细胞融合育种是指通过人为手段使得两个不同的细胞在助融剂作用下，通过膜融合进而发生核融合和遗传重组，形成具有双亲遗传特性的杂种细胞的技术。细胞融合育种具有以下特点：第一，油脂产量属于数量性状，一般受到多基因共同控制，通过基因工程手段进行多个基因的同时转移难度比较大，而细胞融合为多基因控制性状的遗传改良提供了途径；第二，可以突破杂交过程中两个亲本必须是同一物种的限制，为远缘物种间的遗传物质交换提供了有效途径；第三，融合产生的杂种细胞含有来自双亲的核外遗传系统，双亲的叶绿体、线粒体 DNA亦可发生重组，从而产生新的核外遗传系统。

细胞融合育种有制备原生质体、诱导细胞融合、筛选杂种细胞和鉴定杂种细胞等步骤。细胞融合的方法有仙台病毒法、化学融合法、电融合法、物理融合法和激光融合法等方法。常用的方法有化学融合法和电融合法。

1）化学融合法使用盐类（如硝酸钠和硝酸钙）和多聚物（如聚乙二醇和聚乙烯醇）等化学试剂来处理细胞使之发生融合。常用的聚乙二醇法具有重复性好、细胞融合率高等优点。但是，聚乙二醇法对细胞有一定毒性，其分子量、处理时间及诱导液浓度等均不易掌握。

2）电融合法的原理是强电场在短时间内使得细胞膜发生可逆性的电击穿，导致细胞膜通透性增强，当这种作用发生在相邻细胞的接触区时，就会产生细胞融合。与化学融合法比较，电融合法具有无毒、融合效率高、操作简单等优点，然而，电融合法获得的融合子不易成活，且仪器价格昂贵。因此，其应用不如化学融合法普遍。获得融合细胞后，可以利用表现型、细胞学、同工酶以及分子生物学等方法来鉴定其是否为阳性融合子。

4. 基因工程育种

基因工程育种是在分子水平上对基因进行操作的复杂技术。该技术是在克隆到目的基因后，将目的基因通过体外重组形成重组 DNA 分子，然后将其导入受体细胞内进行复制和表达，从而获得新物种的一种崭新技术。基因工程育种技术由于周期短、定向性强等优势，在现代育种技术中具有重要的现实意义（郭小宇等，2013）。目前，产油真菌的基因工程育种研究在进行中，该育种方式在提高真菌油脂产量方面具有巨大的潜力。

11.3 产脂肪酶微生物

11.3.1 产脂肪酶微生物概述

微生物脂肪酶种类多（蔡海莺等，2018），具有比动植物脂肪酶更广的 pH 适应性、作用温度范围及对底物专一性。并且，微生物分泌的脂肪酶多为产物，便于进行工业化生产，更容易获得高纯度制剂。此外，微生物脂肪酶对理论研究及实际应用也有极高的重要性（杨媛和张剑，2017）。因此，有关微生物脂肪酶研究和应用进展相当迅速（智倩等，2013）。

据统计，目前大约有2%的微生物产脂肪酶，包括65个属的微生物，其中细菌28个属，放线菌4个属，酵母菌10个属，其他真菌23个属（张瑞，2015）。实际上，脂肪酶在微生物界的分布远不止这个数目，目前已经报道的高产脂肪酶菌种有：黏质色杆菌（*Chromobacterium vircosium* var. *paralipolyticum*）、解酪素小球菌（*Micrococcus caseolylicus*）、还原硝酸假单胞杆菌（*Pseccd. nitroreduccs*）、产碱杆菌（*Alcaligenes*）、脂肪嗜热芽孢杆菌（*B. stearotheromophilus*）、柱状假丝酵母（*Candida cyliudracea*）、解脂拟酵母（*Saccharomycopsis lipolytiea*）、解脂假丝酵母（*Candida lipoliticn*）、硫球曲（*Asp. luchucnsis*）、黑曲霉、德式根霉、无根根霉（*Rh. arrhizus*）、白地霉（*Geotrichum cardidum*）、解脂毛霉（*Mucor lipolyticus*）以及绳状青霉（*Penicillium funiculosum*）、纯黄丝衣霉（*Byssochlamys fulva*）、茄病镰刀霉（*Fusarium salani*）和镰刀霉（*Fusarium oxysporum*）等。需要指出的是，并不是所有的脂肪酶都可以用来制备生物柴油，而且不同脂肪酶其催化生物柴油的能力也不同（王昌梅等，2011）。表 11-3 列出了几种可以用来催化制备生物柴油的代表性脂肪酶。大体上，*Candida antarctica* 脂肪酶 B、*Rhizopus oryzae* 脂肪酶、*Pseudomonas cepacia* 脂肪酶、*Mucor miehei* 脂肪酶和 *Thermomyces lanuginosus* 脂肪酶等是比较理想的生物柴油生产用物质，其催化的转酯反应脂肪酸甲酯得率一般为 70% ～ 100%。特别地，*C. antarctica* 脂肪酶 B 具有广谱的底物接受性，*P. cepacia* 脂肪酶具有优良的甲醇耐受性，*R. oryzae* 脂肪酶具有较高的水含量耐受性，因而在生物柴油生产中得到了最为广泛的应用。

表 11-3　催化生物柴油常用脂肪酶

脂肪酶	油品	脂肪量	温度（℃）	时间（h）	产量（%）
Burkholderias cepacia	脂肪油	10wt%	50	48	96
Pseudomonas cepacia	大豆油	30wt%	35	1	63
Chromobacterium viscosum	麻风树油	10wt%	40	8	92
Candidaantarctica	大豆油	4wt%	30	3.5	97
Cryptococcus spp. *S-2*	米糠油	2000U	30	120	80.2
Candida sp. 99-125	废油	20wt%	40	30	92
Rhizopus oryzae	大豆油	67IU/g	35	72	90
mucor miehei	葵花籽油	8wt%	50	7	83

11.3.2　产脂肪酶微生物分类

微生物脂肪酶按来源可以分为三类：细菌脂肪酶、真菌脂肪酶和酵母脂肪酶。

1. 细菌脂肪酶

细菌脂肪酶分子量一般保持在几万道尔顿（Da）以上，大多数是胞外酶，且大多数呈碱性。通过对脂肪酶辅助基因产物的氨基酸序列进行对比，发现其有较高的同源性，脂肪酶活性中心保守序列为 Gly-X-Ser-Y-Gly。GenBank 中的细菌脂肪酶基因序列，最多来自于假单胞菌属，其次来自于伯克霍尔德菌、芽孢杆菌属及其他一些细菌等（查代明和闫云君，2015）。

细菌脂肪酶的发酵生产主要受温度、pH、碳氮源、脂类物质、无机盐、搅拌和溶氧浓度等因子的影响。细菌脂肪酶的生产培养基一般是由有机氮源和油脂性的碳源组成，如油、脂肪酸、甘油和吐温等（Gupta et al., 2004）。通常，脂肪酶生产的温度范围为 20~45℃，诱导时间从几小时到 3~4d 不等，大多数集中在 72~92h。目前，一些菌属的野生菌或重组菌株得到了商业开发（Javed et al., 2017），其中最重要的是无色杆菌（*Achromobacter*）、产碱杆菌属（*Alcaligenes*）、节细菌属（*Arthrobacter*）、芽孢杆菌属（*Bacillus*）、伯克霍尔德菌（*Burkholderia*）、色杆菌（*Chromobacterium*）和假单胞菌属（*Pseudomonas*）。同时，产脂肪酶细菌还有 *Acinetobacter radioresisten*、*Pseudomonas* sp.、*Pseudomonas aeruginosa*、*Bacillus stearothermophilu*、*Burkholderia cepacia*、*Burkholderia multivorans*、*Serratia rubidaea*、

| 342 |

Bacillus sp. 、*Bacilluscoagulans* 和 *Bacillus subtilis* 等（Tapizquent et al., 2017）。

2. 真菌脂肪酶

真菌脂肪酶对温度和 pH 耐受性强且稳定，在许多有机溶剂中都具有活性，分离提取成本低。自 1950 年开始，真菌脂肪酶的研究得到了发展迅速。国内外已报道了数十种真菌脂肪酶的基因序列，其中有些基因之间也具有很高的同源性（Singh and Mukhopadhyay, 2012），例如 *Geotrichum* 和 *Galactomyces* 各菌株分别具有编码同源性很高的 Lipase Ⅰ 和 Lipase Ⅱ 的不同脂肪酶基因，而 *Candida cylindracea* 具有 5 个不同的脂肪酶基因，编码同源性在 80% 以上的 5 个脂肪酶，该现象被称为脂肪酶基因的多态性。目前，商业化的真菌脂肪酶比较多，主要有黑曲霉（*Aspergillus niger*）、米曲霉（*Thermomyces lanuginosus*）、高温毛壳霉（*Humicolalanuginosa*）、米赫毛霉（*Mucor miehei*）、少根根霉（*Rhizopus arrhizus*）、德氏根霉（*Rhizopus delemar*）、日本根霉（*Rhizopus japonicus*）、雪白根霉（*Rhizopusniveus*）、米根霉（*Rhizopus oryzae*）、皱褶假丝酵母（*Candida rugosa*）、南极假丝酵母（*Candida antarctica*）和柱状假丝酵母（*Candida cylindracea*）等（Kotogán et al., 2018）。

3. 酵母脂肪酶

酵母菌具有安全、易生长、易操作且适合进行高密度发酵等特点（宋欣等，1999）。已报道的能产生脂肪酶的酵母包括白假丝酵母、南极假丝酵母、皱褶假丝酵母、乳酸克鲁维酵母、解脂耶氏酵母、欧诺比假丝酵母、近平滑假丝酵母和畸形假丝酵母等。其中，南极假丝酵母是研究较为广泛的一类微生物。大多数酵母脂肪酶是分泌到胞外的单一性糖基化蛋白，分子量大小为 33 ~ 65kDa。有些酵母能产生多种脂肪酶，如皱褶假丝酵母、白假丝酵母和解脂耶氏酵母。

11.3.3 脂肪酶催化油脂转化机理

多数脂肪酶都是以甘露糖为主的糖蛋白，其糖基部分约占分子量的 2% ~ 5%（罗文等，2007）。尽管不同来源的脂肪酶具有不同种类的氨基酸组成，但由于进化过程的保守性和生物的同源性，其催化中心拥有相同或相似的特征区，一级结构中都含有一个-Gly-X_1-Ser-X_2-Gly-五肽保守序列。脂肪酶的催化活性中心多是由丝氨酸（Ser）-组氨酸（His）-天冬氨酸（Asp）构成的催化三联体，三个氨基酸以高度保守的几何取向位于中央疏水的 β-折叠一侧的"环"中，并被两个可移动的外表面相对亲水 α 螺旋构成的"盖子"所围绕（徐静等，2009）。当脂肪酶未与底物接触时，"盖子"会盖住"环"中的活性催化部位，从而对三联体催化活性中心起到保护作用。而当脂肪酶与油–水界面相接触时，由于外表面相对亲水 α 螺旋与油–水界面发生缔合作用，使酶的构象发生变化，覆盖活性中心的 α 螺旋会发生移动，"盖子"打开，活性部位得以暴露（吕鹏梅等，2006）。此时，底物就容易进入疏水性的通道而与活性部位结合，催化三联体上的三个氨基酸开始相互作用使得活性部位形成活性氧区，活性 O 原子开始攻击底物，通过亲核加成反应形成酶–底物复合物（李远锋等，2018）。随后，脂肪酶 N 端氨基中的质子转移至底物上的 O 原子开始断裂。至此，脂肪酸结合到了酶分子上，甘油三酯转化为甘油二酯，甘油的一个游离-OH 基团随即形成（Zhang and Ding，2017）。紧接着，甲醇上的 CH_3O-基团被加成到酶–脂肪酸底物复合物中的 C＝O 基团上，形成过渡态中间产物酰基化的酶–醇复合物，最后通过质子转移，从酶分子上脱离下来生成生物柴油。

脂肪酶的空间结构具有高度的相似性，所有的脂肪酶都属于 α/β 型水解酶家族。但是，由于来源不同，其结构的差异使它们对不同底物的特异性也不同。脂肪酶的底物特异性具体包括脂肪酸特异性、位置特异性和立体特异性（麻梅梅等，2018；江传欢等，2018）。

（1）脂肪酸特异性

脂肪酸特异性是指脂肪酶对底物油脂中具有不同的链长、不同饱和度及不同双键位置的脂肪酸表现出的特殊反应性。不同来源的脂肪酶水解甘油三酯的脂肪酸特异性有很大差异。例如，圆弧青霉（*penicilliu cyclopium*）脂肪酶对脂肪酸链长在 C8 以下的底物油脂具有较高的催化活性；黑曲霉（*Aspergillus nige*）脂肪酶最适合 C8～C12 中等链长脂肪酸；白地霉（*Geotrichum candidum*）脂肪酶对油酸甘油酯表现出强的特异性，对底物中不饱和脂肪酸的双键位置也呈现不同特异水解活性差异；猪葡萄球菌 *Staphylococcus hyicus* 脂肪酶偏爱磷脂为底物，也可以水解脂肪酸链长短不一的各种油脂；金黄色葡萄球菌 *Staphylococclus aureus* 脂肪酶专一作用于短链脂肪酸所形成的三酰甘油，中、长链脂肪酸形成的三酰甘油以及磷脂很难被水解；来源于沙门柏干酪青霉 *pencillium camembertii* U2150 和米曲霉 *Aspergillus oryzae* 的脂肪酶仅作用于单酰或二酰甘油，对三酰甘油完全不起催化作用，但它与三酰甘油脂肪酶（triaeylglyeerollipase）一起使用时，能协助或加速三脂酰甘油的彻底水解。

（2）位置特异性

底物廿三酯含有 3 个酯键，可以水解的位置有 3 个。而脂肪酶位置特异性就是指酶对底物廿三酯中 1（或 3）和 2-位置酯键的识别和水解的反应性差异。根据水解位置不同，脂肪酶位置特异性可分为只水解 1 和 3-号位酯键的 α 型脂肪酶、只水解 2-号位酯键的 β 型脂肪酶和可水解所有位置酯键的 αβ 型脂肪酶。大多数脂肪酶属于 α 型脂肪酶，如来源于黑曲霉、根霉、铜绿假单胞菌的脂肪酶；牛奶脂蛋白脂肪酶（纯酶）和人的脂蛋白脂肪酶只能选择性地水解 1,3-位置酯键，对 2-位置酯键没有作用。但在 α 型催化反应过程中，2-位置酰基一般存在速度较慢的非酶催化的酰基迁移至 1（或 3）-位酯键，进而可以继续从 1,3-位置酯键上将脂肪酸水解下来，此时 α 型脂肪酶水解转化为 αβ 型脂肪酶水解，属于这类的酶有荧光假单胞菌脂肪酶、假丝酵母脂肪酶、无根根霉脂肪酶和白地霉脂肪酶等。另外，*Geotrichum* sp. 的脂肪酶和大鼠脂肪组织的脂蛋白脂肪酶只能水解 2-位置酯键，而无 1,3-位置特异性，属于 β 型脂肪酶。

（3）立体特异性

立体特异性是指酶对底物甘油三酯中立体对映结构的 1,3-位置酯键的识别和选择性水解差异。例如，荧光假单胞菌脂肪酶催化拆分外消旋化合物的反应具较高的立体选择性，可以选择性水解 1 和 3 位置二酰基甘油，但水解 2、3 位置二酰基甘油比水解其对映体速度快得多。

11.3.4 产脂肪酶菌种选育

1. 菌种筛选

脂肪酶产生菌主要从自然界中寻找，其筛选方法一般包括样品采集、分离富集培养、平板初筛（观察变色圈大小）和摇瓶复筛（Shahinyan et al., 2017；苗长林等，2014；宋欣等，2002；王沙莉等，2016；王乐等，2017；王蕾等，2017；徐伟芳等，2017）。

（1）样品采集

采集的样品针对以植物油、动物脂肪或煎炸油等为碳源的微生物，并且该菌对营养成分要求低，能产生脂肪酶使油类物质水解或发生转酯反应。因此，菌株可从两方面采集：对于催化转化植物油的菌种，大多从富含这类油脂的土壤中采集，如种植大豆、油菜土壤里；对于催化转化动植物废油的菌种，可从食堂、厨房、油厂附近富含地沟油的土壤中采集。

（2）分离富集培养

一般采用稀释平板分离法进行初筛。具体操作步骤为：取 1g 采集样品装于有玻璃珠的 49mL 无菌水三角瓶中，以 160r/min 的转速振摇 30min，用滤纸过滤到无菌空三角瓶中，制得悬液。然后依次梯度稀释至 10^{-4}，在无菌条件下，取 0.5mL 稀释液涂布于固体培养基上，倒置于培养箱中富集培养。

（3）平板初筛

在脂肪酶产生菌的筛选分离过程中，常采用含有橄榄油与指示剂如罗丹明B、溴甲酚紫和维多利亚蓝等作为标记的琼脂平板，依据酶催化水解产生变色圈的先后和变色圈直径与菌落直径的比值，分离筛选出脂肪酶活性高且产酶周期短的菌株，将这些单菌落接种于斜面培养基中培养，用于进行复筛。

（4）摇瓶复筛

挑取斜面孢子接种到种子培养基中，160r/min摇床培养，再将种子液按2%接种量接种到发酵培养基中（250mL三角瓶中发酵液装液量为50mL），发酵培养72h，将发酵液离心，测定上清液的酶活性，并根据酶活力的大小确定所需产酶菌株。

2. 诱变育种

诱变育种除能提高脂肪酶的产量外，还能改进产品的质量、扩大品种和简化生产工艺。诱变育种主要是利用突变的分子机理，从中选择理化性能稳定、正变产量高的遗传品种。到目前为止，以紫外线、亚硝酸、亚硝基胍、甲基亚硝基脲、氮芥、环氧乙烷、甲基硫酸己酯、硫酸二乙酯和快中子等理化因子作为诱变剂，利用低温、溴化乙啶、胆盐、制霉菌素、克霉唑、琥珀酸钠、柠檬酸钠、丁酸、己酸和三丁酸甘油酯等作为正突变筛选剂的诱变策略，已成功应用于扩展青霉、黑曲霉、假单胞菌和酵母等多种产脂肪酶菌株的诱变筛选（魏计东等，2018；郭晓军等，2015；苗长林等；2013）。

3. 基因工程改造

通常情况下，常规育种方法难以满足工业化生产的需要。通过基因工程手段克隆脂肪酶基因，并研究其基因表达调控，可以大幅提高脂肪酶的产量。大肠杆菌表达系统、酵母表达系统和曲霉表达系统是应用最为广泛的三种异源表达系统，许多脂肪酶基因均在这些表达系统中实现了大量表达。采用分子伴侣基因与脂肪酶基因共表达、分泌蛋白基因与脂肪酶基因共表达和构建蛋白酶缺陷突变菌株，也能不同程度上提高脂肪酶的产量和稳定性（王建荣等，2016；罗文等，2016；苗长林等，2013；苗长林等，2013）。

11.3.5　产脂肪酶菌株发酵

菌株发酵水平的高低除了和菌株的原始生理特性以及菌种的遗传改良有关以外，还受到酶培养基组成（包括碳源、氮源、添加剂、诱导剂、pH）的显著影响（严晓云等，2019；Yew et al.，2017；Venkata et al.，1993）。

（1）碳源

由于脂肪酶产生菌和酶的特性不一，培养基配比和培养条件各不相同。碳源是影响酶产量的主要因素。常见的碳源包括可溶性淀粉、玉米粉、葡萄糖、果糖、糊精、糖蜜、麦麸和小麦粉等。其中，糖类使细胞生长良好，但酶产量较低；长链的不饱和脂肪酸酯和三油酸甘油酯碳源有助于提高脂肪酶产量。速效碳源如葡萄糖、蔗糖、麦芽糖等有利于细菌脂肪酶的形成，而缓效碳源如玉米粉和小麦粉等则有利于真菌脂肪酶的形成。当培养基中含有单糖、双糖和甘油时，能抑制脂肪酶产生；在含有葡萄糖培养基上，脂肪酶仅产生在葡萄糖从培养基中耗尽之后，但少量葡萄糖可在微生物生长初期促进菌体生长。

（2）氮源

氮源主要包括豆饼粉、蛋白胨、酵母膏、酪蛋白水解物、玉米浆等有机氮源，以及硫酸铵、硝酸铵、尿素等无机氮源。氮源对许多微生物的脂肪酶发酵有较大的影响。其中，酵母提取物和蛋白胨等有利于细菌脂肪酶的形成，$(NH_4)_2SO_4$ 和 NH_4NO_3 等无机氮源对细菌脂肪酶的形成有抑制作用，有机氮源和无机氮源的复合物比单一无机氮或有机氮更有利于真菌脂肪酶的发酵生产。

（3）诱导剂

大多数脂肪酶属于诱导型酶，脂肪酶产生菌只有在诱导剂的诱导下，才会分泌表达。不同的菌株所受到的诱导情况不尽相同，某一物质对这种菌株的脂肪酶合成起诱导作用，而对另一菌株可能起抑制作用，所以必须针对具体的菌株进行试验，以确定最佳培养基配方及发酵工艺条件。产脂肪酶的诱导物包括甘油三酯、长链脂肪酸、脂肪酸酯以及表面活性剂，其中橄榄油常被用作产脂肪酶发酵的诱导物。

（4）pH

在发酵过程中，由于微生物的活动以及有机酸（如乳酸、丙酮酸或乙酸）的积累，pH 是变化的。pH 的变化会影响菌体细胞膜电荷状况，引起膜渗透性的变化，影响菌体对营养基质的吸收和代谢产物的分泌，从而影响菌的生长和脂肪酶的合成。对于大多数微生物发酵液，起始 pH 在 7.0 左右为最佳的产酶条件，如 *Bacillus* sp.，*Acinetobacter* sp.，*Burkholderia* sp.。例外地，*Burkholderia sp. SYBC LiP-Y* 菌株的最适 pH 为 10.0；耐受有机溶剂的洋葱伯克霍尔德菌 ZYB002 的最适 pH 为 8.0。因此，必须掌握发酵过程中 pH 变化的规律，及时监控使其处于生产的最佳状态。

思 考 题

1. 产油微藻的筛选原则有哪些？有几种分离方法？各方法的主要特点是

什么？

　　2. 简述微藻油脂的生物合成途径。哪些因素影响微藻的油脂合成？

　　3. 微藻培养系统有哪些？比较它们的优缺点。

　　4. 产油真菌的发酵过程受到哪些因素的影响？每种因素如何影响油脂的积累？

　　5. 进行产油真菌诱变育种时，为了获得更好的效果，需要遵循哪些原则？

　　6. 简述产油真菌在氮缺乏时油脂积累被激活的生理生化变化过程。

　　7. 简述脂肪酶的脂肪酶催化机制。

　　8. 简述不同来源脂肪酶的特异性。

参 考 文 献

蔡海莺，王珍珍，张婷，等 . 2018. 微生物脂肪酶资源挖掘研究进展 . 食品科学，39（7）：
　　329-337.

陈芳，石红璆，查代明，等 . 2018. 酸碱耐受低温碱性脂肪酶产酶条件优化及其酶学性质 . 湖
　　南农业科学，（11）：1-6，9.

邓永平，辛嘉英，刘晓兰，等 . 2015. 微生物发酵产脂肪酶的研究进展 . 饲料研究，（12）：
　　6-10.

冯国栋，程丽华，徐新华，等 . 2012. 微藻高油脂化基因工程研究策略 . 化学进展，24（7）：
　　1413-1426.

郭小宇，杨兰，李宪臻，等 . 2013. 提高微生物油脂生产能力的研究进展，40（12）：
　　2295-2305.

郭晓军，郭威，袁洪水，等 . 2015. 一株饲用产脂肪酶芽孢杆菌的筛选及其紫外诱变育种 . 中
　　国饲料，（12）：27-29.

黄昌旭，黄翔玲，骆祝华 . 2016. 普里兹湾沉积物样品产油真菌筛选及胞内脂肪酸成分分析 .
　　应用海洋学报，（2）：157-165.

黄建忠，施巧琴，周晓兰，等 . 1998. 深黄被孢霉高产脂变株的选育及其发酵的研究 . 微生物
　　学通报，25（4）：187-190.

江传欢，徐岩，喻晓蔚 . 2018. 理性设计提高华根霉脂肪酶对不饱和长链脂肪酸的底物特异性
　　及其在大豆油水解中的应用 . 中国油脂，43（10）：121-128.

李魁，徐玉民，吴平格，等 . 1996. 真菌油脂的合成条件及预处理方法 . 中国油脂，（6）：3-5.

李远锋，张锟，韩双艳，等 . 2018. 黑曲霉表面展示南极假丝酵母脂肪酶 B 催化仲醇动力学拆
　　分 . 化学与生物工程，35（5）：53-58.

吕鹏梅，袁振宏，马隆龙，等 . 2006. 酶法制备生物柴油的动力学及其影响因素 . 现代化工，
　　26（z2）：19-22，24.

罗文，王治元，苗长林，等 . 2016. 米黑根毛霉脂肪酶在毕赤酵母中的高效表达及酶学性质研
　　究 . 林产化学与工业，（1）：135-140.

罗文，袁振宏，谭天伟，等 . 2007. 酶促合成生物柴油反应动力学 . 石油化工，36（12）：

1277-1281.

麻梅梅，张涛，刘睿杰，等.2018. 裂殖壶菌脂肪酶基因克隆及底物特异性研究. 中国油脂，
　　43（10）：129-133.

苗长林，罗文，刘姝娜，等.2013. 米黑根毛霉脂肪酶基因的克隆、表达及活性分析. 生物技
　　术通报，（6）：122-127.

苗长林，罗文，吕鹏梅，等.2013. 米黑根毛霉脂肪酶基因密码子优化及重叠延伸 PCR 合成.
　　安徽农业科学，41（1）：47-48，112.

苗长林，罗文，吕鹏梅，等.2013. 脂肪酶产生菌微波-亚硝基胍复合诱变及培养条件优化. 林
　　产化学与工业，33（5）：30-34.

苗长林，罗文，吕鹏梅，等.2014. 脂肪酶产生菌种的筛选鉴定及产酶条件优化. 太阳能学报，
　　35（9）：1708-1714.

墨玉欣，刘宏娟.2006. 微生物发酵制备油脂的研究. 可再生能源，6（130）：24-32.

宋欣，曲音波，叶寒青，等.1999. 具脂肪酶和酯酶活性酵母菌的选育和酶学性质初步研究.
　　应用与环境生物学报，5（6）：628.

宋欣，魏留梅，刘瑞田，等.2002. 脂肪酶高产菌株选育和菌种库的建立. 微生物学通报，
　　29（1）：6-10.

王昌梅，张无敌，陈玉保，等.2011. 脂肪酶法制备生物柴油的研究现状及展望. 石油化工，
　　40（8）：907-911.

王建荣，刘丹妮，夏雨，等.2016. 密码子优化及透明颤菌血红蛋白共表达提高耐热脂肪酶在
　　毕赤酵母的表达. 食品科学，37（19）：135-140.

王乐，刘松，尹艳丽，等.2017. 一株酸性脂肪酶高产菌株的筛选与鉴定. 食品安全质量检测
　　学报，8（12）：4509-4515.

王蕾，张培玉，李江.2017. 热泉菌 *Bacillus* sp. BI-3 产高温脂肪酶的发酵条件优化. 中国油脂，
　　42（1）：104-108.

王沙莉，朱胜杰，夏海锋.2016. 脂肪酶生产菌株的筛选及其发酵条件优化. 食品与生物技术
　　学报，35（6）：648-656.

魏计东，于爽，张庆芳，等.2018. 海洋低温脂肪酶菌株的筛选鉴定、诱变育种及酶学性质研
　　究. 江苏农业科学，46（15）：195-200.

徐静，徐晓明，高素君，等.2009. 酶法制备生物柴油的酯交换反应动力学. 厦门大学学报
　　（自然科学版），48（2）：232-235.

徐伟芳，黄涛杨，周敏，等.2017. 一株脂肪酶产生菌的筛选鉴定及其酶学性质研究. 西南大
　　学学报（自然科学版），39（5）：62-69.

严晓云，石红璆，查代明，等.2019. 耐有机溶剂低温碱性脂肪酶产酶条件优化及其酶学性质.
　　安徽农业科学，47（3）：76-81，149.

杨革，王玉萍，李翔太，等.1998. 花生四烯酸高产突变株的选育及其发酵调控，（1）：86-90.

杨嫒，张剑.2017. 微生物脂肪酶的性质及应用研究. 中国洗涤用品工业，（4）：47-54.

于泽权，孟莉，张慧敏，等.2018. 弯曲隐球酵母 N-11 合成微生物油脂的代谢调控研究. 中国
　　油脂，43（5）：100-103.

查代明，闫云君.2015. 细菌脂肪酶基因表达调控的研究进展. 微生物学报，55（11）：
    1378-1384.

张瑞.2015. 微生物脂肪酶基因表达调控蛋白的研究技术进展. 武汉工程大学学报，37（3）：
    20-24.

赵人峻，严虹，郑幼霞.1995. 影响被孢霉产生含 γ-亚麻酸油脂的几种因素. 生物工程学报，
    11（4）：361-365.

智倩，王彪，薛永常.2013. 微生物脂肪酶的研究进展. 安徽农业科学，41（4）：1453-1455.

朱顺妮，王忠铭，尚常花，等.2011. 微藻脂肪合成与代谢调控. 化学进展，23（10）：
    2169-2176.

Acién Fernández F G，Fernández Sevilla J M，Sánchez Pérez J A，et al.2001. Airlift-driven external-
    loop tubular photobioreactors for outdoor production of microalgae：assessment of design and per-
    formance. Chemical Engineering Science，56（8）：2721-2732.

Chi Z，Pyle D，Wen Z，et al.2007. A laboratory study of producing docosahexaenoic acid from
    biodiesel-waste glycerol by microalgal fermentation. Process Biochemistry，42（11）：1537-1545.

Chisti Y. 2007. Biodiesel from microalgae. Biotechnology Advances，25（3）：294-306.

Dunahay T G，Jarvis E E，Dais S S，et al.1996. Manipulation of microalgal lipid production using
    genetic engineering. Applied Biochemistry and Biotechnology，57（1）：223-231.

Fábregas J，Maseda A，Domínguez A，et al.2004. The cell composition of Nannochloropsis
    sp. changes under different irradiances in semicontinuous culture. World Journal of Microbiology and
    Biotechnology，20（1）：31-35.

Gao C，Zhai Y，Ding Y，et al.2010. Application of sweet sorghum for biodiesel production by
    heterotrophic microalga Chlorella protothecoides. Applied Energy，87（3）：756-761.

Ghidossi T，Marison I，Devery R，et al.2017. Characterization and optimization of a fermentation
    process for the production of high cell densities and lipids using heterotrophic cultivation of *chlorella
    protothecoides*. Industrial Biotechnology，13（5）：253-259.

Gupta R，Gupta N，Rathi P. 2004. Bacterial lipases：an overview of production，purification and bio-
    chemical properties. Appl. Microbiol. Biotechnol，64（6）：763-781.

Heijde M，Bowler C. 2001. Genomics of Algae. Encyclopedia of Life Sciences. London：John Wiley &
    Sons.

Hu Q，Sommerfeld M，Jarvis E，et al.2008. Microalgal triacylglycerols as feedstocks for biofuel
    production：perspectives and advances. The Plant Journal，54（4）：621-639.

Huang G H，Chen G，Chen F. 2009. Rapid screening method for lipid production in alga based on
    Nile red fluorescence. Biomass and Bioenergy，33（10）：1386-1392.

Illman A M，Scragg A H，Shales S W. 2000. Increase in Chlorella strains calorific values when grown
    in low nitrogen medium. Enzyme and Microbial Technology，27（8）：631-635.

Javed S，Azeem F，Hussain S，et al.2017. Bacterial lipases：A review on purification and character-
    ization. Progress in Biophysics and Molecular Biology，（132）：23-34.

Khozin-Goldberg，I. and Z. Cohen. 2006. The effect of phosphate starvation on the lipid and fatty acid composition of the fresh water eustigmatophyte Monodus subterraneus. Phytochemistry, 67 (7): 696-701.

Kotogán A, Carolina Z, Kecskeméti A, et al. 2018. An organic solvent-tolerant lipase with both hydrolytic and synthetic activities from the oleaginous fungus *Mortierella echinosphaera*. International Journal of Molecular Sciences, 19 (4): 1129-1132.

Lee Y K. 2001. Microalgal mass culture systems and methods: Their limitation and potential. Journal of Applied Phycology, 13 (4): 307-315.

Li Y, Han D, Hu G, et al. 2010. Chlamydomonas starchless mutant defective in ADP-glucose pyrophosphorylase hyper-accumulates triacylglycerol. Metabolic Engineering, 12 (4): 387-391.

Liu Z Y, Wang G C, Zhou B C. 2008. Effect of iron on growth and lipid accumulation in Chlorella vulgaris. Bioresource Technology, 99 (11): 4717-4722.

Mansour M P, Volkman J K, Blackburn S I. 2003. The effect of growth phase on the lipid class, fatty acid and sterol composition in the marine dinoflagellate, *Gymnodinium* sp. in batch culture. Phytochemistry, (63): 145-153.

Molina E, Fernández J, Acién F, et al. 2001. Tubular photobioreactor design for algal cultures. Journal of Biotechnology, 92 (2): 113-131.

Pyle D J, Garcia R A, Wen Z. 2008. Producing docosahexaenoic acid (DHA) -rich algae from biodiesel-derived crude glycerol: effects of impurities on DHA production and algal biomass composition. Journal of Agricultural and Food Chemistry, 56 (11): 3933-3939.

Roessler P G. 1988. Changes in the Activities of Various Lipid and Carbohydrate Biosynthetic-Enzymes in the Diatom Cyclotella-Cryptica in Response to Silicon Deficiency. Archives of Biochemistry and Biophysics, 267 (2): 521-528.

Roessler P G. 1988. Effects of silicon deficiency on lipid composition and metabolism in the diatom Cyclotella Cryptica. Journal of Phycology, 24 (3): 394-400.

Shahinyan G, Margaryan A, Panosyan H, et al. 2017. Identification and sequence analyses of novel lipase encoding novel *Thermophillic bacilli* isolated from Armenian geothermal springs. BMC Microbiology, 17 (1): 103.

Sheehan J, Dunahay T, Benemann J, et al. 1998. A Look Back at the US Department of Energy's Aquatic Species Program: Biodiesel from Algae. San Fransico: Golden.

Singh A K, Mukhopadhyay M. 2012. Overview of Fungal Lipase: A Review. Applied Biochemistry and Biotechnology, 166 (2): 486-520.

Singh A, Nigam P S, Murphy J D. 2011. Mechanism and challenges in commercialisation of algal biofuels. Bioresource Technology, 102 (1): 26-34.

Takagi M, Yoshida T. 2006. Effect of salt concentration on intracellular accumulation of lipids and triacylglyceride in marine microalgae Dunaliella cells. Journal of Bioscience and Bioengineering, 101 (3): 223-226.

Tapizquent M, Fernández M, Barreto G, et al. 2017. Zymography detection of a bacterial extracellular thermoalkaline esterase/lipase activity. Methods Mol Biol, (6): 295-300.

Venkata Rao P, Jayaraman K, Lakshmanan C M. 1993. Production of lipase by *Candida rugosa* in solid state fermentation. 2: Medium optimization and effect of aeration. Process Biochemistry, 28 (6): 391-395.

Yew K, Kwan W, Lisa O. 2017. One-step partially purified lipases (ScLipA and ScLipB) from *Schizophyllum commune* UTARA1 obtained via solid state fermentation and their applications. Molecules, 22 (12): 2106-2108.

Zhang L, Ding Y. 2005. The relation between lipase thermostability and dynamics of hydrogen bond and hydrogen bond network based on long time molecular dynamics simulation. Protein & Peptide Letters, 24 (7): 643-648.

第12章 产甲烷微生物

产甲烷菌广泛存在于缺乏 O_2、NO_3^-、SO_4^{2-} 和 Fe^{3+} 等电子受体的环境中，在与氧气隔绝的环境几乎都有甲烷细菌生长，如海底沉积物、淡水沉积物、稻田土壤、动物消化道、（极端）地热环境等自然生境以及厌氧消化反应器中。产甲烷菌适宜生长的氧化还原电位在 −300mV 以下。大多数产甲烷菌生长的最适 pH 在中性范围，在厌氧消化反应器中，当 pH 低于 6.0 时沼气发酵会完全停止。少数产甲烷菌能够在偏酸性（pH 为 5~6）或偏碱性（pH 为 8~9）条件下产甲烷。从长期处于 2℃ 的海洋沉积物到温度高达 100℃ 以上的地热区均有产甲烷菌。根据最适生长温度不同，产甲烷菌分为专性嗜冷、耐冷、嗜温、中度嗜热和极端嗜热产甲烷菌。从淡水到高盐环境，几乎都能发现产甲烷菌的存在。本章主要介绍产甲烷菌的分类、代谢以及代表菌种。

12.1 产甲烷微生物分类

沼气发酵又称厌氧消化，是指在没有溶解氧、硝酸盐和硫酸盐等电子受体存在的条件下，微生物将有机质（糖、淀粉、纤维素、蛋白质、脂肪和氨基酸等）进行分解并转化为甲烷、二氧化碳和微生物细胞等的过程。在沼气发酵过程中，甲烷的形成由一群生理上高度专化的古细菌——产甲烷菌（methanogens）完成，它们是厌氧消化过程食物链中的最后一组成员，属于广古菌门（Euryarchaeota）。目前描述产甲烷菌种的常用标准包括纯培养、形态学、革兰氏染色、电子显微镜、溶解性、运动性、菌落形态特性、营养型特征、抗原指纹图谱、终产物、生长速率、生长条件（培养基、温度、pH 和 NaCl）、DNA 中的 G+C 含量、脂质分析、聚胺分布、核酸分子杂交、16S rRNA 序列和序列分析。《伯杰系统细菌学手册》第 9 版将近年来的研究成果进行了总结和肯定，并建立了以系统发育为主的产甲烷菌最新分类系统。本章以 LPSN 网站的分类为基础，同时参考 NCBI taxonomy，以及最新的文献报道，将产甲烷菌分为了 6 纲 8 目 16 科 39 属，如图 12-1，其中甲烷杆菌目、甲烷球菌目、甲烷微菌目、甲烷八叠球菌目、甲烷火菌目等是认识较早、报道较多的产甲烷菌（张小元等，2016；李煜珊等，2014；Liu，2010；Whitman et al.，2006）。目前分离鉴定的产甲烷菌已有 200 多种。

甲烷微菌纲 (Methanomicrobia)

- 甲烷微菌目 (Methanomicrobiales)
  - 甲烷微菌科 (Methanomicrobiaceae)
    - 甲烷囊菌属 (Methanoculleus) receptaculi、thermophilicum、submarinus、chikugoensis、palmolei、marisnigri、bourgense、thermophilus、olentangyi
    - 甲烷泡菌属 (Methanofollis) liminatans、formosanus、aquaemaris、tationis、ethanolicus
    - 产甲烷菌属 (Methanogenium) frigidum、boonei、cariaci、organophilum、marinum、wolfei、thermophilum
    - 甲烷叶状菌属 (Methanolacinia) paynteri
    - 甲烷微菌属 (Methanomicrobium) mobile
    - 甲烷盘菌属 (Methanoplanus) petrolearius、endosymbiosus、limicola
  - 甲烷粒菌科 (Methanocorpusculaceae)
    - 甲烷粒菌属 (Methanocorpusculum) parvum、aggregans、bavaricum、labreanum、sinense
  - 甲烷螺菌科 (Methanospirillaceae)
    - 甲烷螺菌属 (Methanospirillum) hungatei
  - 未定科
    - 甲烷钙菌属 (Methanocalculus) taiwanensis、pumilus、halotolerans、chunghsingensis
    - 甲烷绳菌属 (Methanolinea) mesophila、tarda
- 甲烷胞菌目 (Methanocellales)
  - 甲烷胞菌科 (Methanocellaceae)
    - 甲烷胞菌属 (Methanocella) paludicola、conradii、arvoryzae
  - (Methanoflorentaceae)
    - Methanoflorens stordalenmirensis
- 甲烷/八叠球菌目 (Methanosarcinales)
  - 甲烷/八叠球菌科 (Methanosarcinaceae)
    - 盐甲烷球菌属 (Halomethanococcus) doii
    - 甲烷微球菌属 (Methanimicrococcus) blatticola
    - 甲烷类球菌属 (Methanococcoides) burtonii、alaskense、methylutens
    - 甲烷盐菌属 (Methanohalobium) evestigatum
    - 甲烷嗜盐菌属 (Methanohalophilus) Mahii、halophilus、portucalensis、oregonense
    - 甲烷叶菌属 (Methanolobus) tindarus、bombayensis、oregonensis、taylorii、vulcani、zinderi、profundi
    - 甲烷食甲基菌属 (Methanomethylovorans) thermophila、hollandica、victoriae
    - 甲烷咸菌属 (Methanosalsum) zhilinae
    - 甲烷八叠球菌属 (Methanosarcina) barkeri、acetivorans、siciliae、thermophila、mazeii、vacuolata、baltica、lacustris、semesi
  - 甲烷鬃菌科 (Methanosaetaceae)
    - 甲烷鬃菌属 (Methanosaeta) harundinacea、thermophila、concilii
    - 甲烷发菌属 (Methanothrix) soehngenii
  - 甲烷热球菌科 (Methermicoccaceae)
    - 甲烷热球菌属 (Methermicoccus) shengliensis

- 甲烷杆菌纲 (Methanobacteria)
  - 甲烷杆菌目 (Methanobacteriales)
    - 甲烷杆菌科 (Methanobacteriaceae)
      - 甲烷杆菌属 (*Methanobacterium*)：*Formicicum*、*Alcaliphilum*、*Bryantii*、*Congolense*、*Espanolae*、*Ivanovii*、*Oryzae*、*Palustre*、*Subterraneum*、*Uliginosum*、*beijingense*、*Aarhusense*
      - 甲烷短杆菌属 (*Methanobrevibacter*)：*Acididurans*、*Cuticularis*、*Curvatus*、*Filiformis*、*Gottschalkii*、*Thaueri*、*Woesei*、*Wolinii*、*Oralis*、*Smithii*、*Arboriphilus*、*Ruminantium*、*Ollegae*、*Millera*
      - 甲烷球形菌属 (*Methanosphaera*)：*cuniculi*、*stadtmanae*
      - 甲烷嗜热杆菌属 (*Methanothermobacter*)：*thermoautotrophicus*、*mautotrophicus*、*marburgensis*、*tenebrarum*、*crinale*、*thermoflexus*、*wolfeii*
    - 甲烷热菌科 (Methanothermaceae)
      - 甲烷嗜热菌属 (*Methanothermus*)：*fervidus*、*sociabilis*
- 甲烷球菌纲 (Methanococci)
  - 甲烷球菌目 (Methanococcales)
    - 甲烷球菌科 (Methanococcaceae)
      - 甲烷球菌属 (*Methanococcus*)：*aeolicus*、*vannielii*、*voltae*、*maripaludis*
      - 甲烷热球菌属 (*Methanothermococcus*)：*thermolithotrophicus*、*okinawensis*
    - 甲烷暖球菌科 (Methanocaldococcaceae)
      - 甲烷暖球菌属 (*Methanocaldococcus*)：*indicus*、*fervens*、*vulcanius*、*infernus*、*jannaschii*
      - 甲烷炎菌属 (*Methanotorris*)：*igneus*、*formicicus*
- 甲烷火菌纲 (Methanopyri)
  - 甲烷火菌目 (Methanopyrales)
    - 甲烷火菌科 (Methanopyraceae)
      - 甲烷火菌属 (*Methanopyrus*)：*kandleri*
- 热源体纲 (Thermoplasmata)
  - (Methanomassiliicoccales)
    - (Methanomassiliicoccaceae)
      - (*Methanomassiliicoccus*)：*intestinalis*、*luminyensis*
      - (*Methanomethylophilus*)：*alvus*
      - (*Methanoplasma*)：*termitum*
      - (*Methanogranum*)：*caenicola*
- (Candidatus Methanofastidiosa)
  - (WCHA1-57)
    - 未定科
      - (*Candidatus Methanofastidiosum*)：*methylthiophilus*

图 12-1　甲烷菌分类

（1）甲烷杆菌目

甲烷杆菌目通常是氢营养型产甲烷菌，利用 H_2 还原 CO_2 生产甲烷。一些菌种也可利用甲酸、一氧化碳或醇类作为 CO_2 还原的电子供体。

（2）甲烷球菌目

甲烷球菌目为不规则的球形，可通过极性丛生的鞭毛进行运动。除甲烷暖球菌属不可利用甲酸外，其余都可以利用 H_2 和甲酸作电子供体。Se 通常可刺激菌株的生长。

（3）甲烷微菌目

可利用 H_2、甲酸、醇类作为电子供体。形态多样，包括球状、杆状和带外壳的杆状。除了产甲烷菌属中的 *M. marinum*、*M. frigidum* 和 *M. boonei* 为嗜冷菌外，其余大多数为中温产甲烷菌。

（4）甲烷八叠球菌目

Boone 等人提出将所有的乙酸营养型（acetotrophic）和甲基营养型（methylotrophic）产甲烷菌重新分类成 2 科，甲烷八叠球菌科和甲烷鬃菌科。将所有的专性乙酸营养型产甲烷菌分类到甲烷鬃菌科，模式菌为 *M. concilii*，革兰氏染色呈阴性，无运动性，不产生芽孢，乙酸是产甲烷的唯一碳源。

（5）甲烷火菌目

目前仅含有 *M. kandler*，目前已知的唯一可在 110℃ 的条件下转化产甲烷的产甲烷菌种，为仅利用 H_2 还原 CO_2 产 CH_4 的专性化能无机自养型产甲烷菌。胺和硫化物可分别用作氮源和硫源。细胞通过极生鞭毛运动。生长温度为 84～110℃，适宜生长温度为 98℃。生长 pH 范围为 5.5～7.0，适宜 pH 为 6.5。生长的 NaCl 浓度为 0.2%～4%，适宜生长的 NaCl 浓度为 2.0%。DNA 的 G＋C 含量为 60mol%。

（6）甲烷胞菌目

甲烷胞菌目是 Sakai 等在水稻田中分离的一种新的产甲烷菌，这类产甲烷菌在水稻土产甲烷中起重要作用，属于严格的氢营养型产甲烷菌（Sakai et al.,2010；Sakai et al., 2008；Mondav et al., 2014）。

（7）Methanomassiliicoccales 目

Methanomassiliicoccales 是近来发现的第七目产甲烷菌，属于热源体纲（Thermoplasmata），该菌的代谢特点是氢依赖专性甲基营养型，与甲醇营养型产甲烷途径不同，必须依赖氢气还原甲醇产甲烷（Borrel et al., 2012；Sprenger et al.,2000；Dridi et al., 2012；Borrel et al., 2013；Paul et al., 2012）。

（8）WCHA1-57 目

WCHA1-57 还未定名，它属于最新发现的第六纲产甲烷菌 Candidatus Methanofastidiosa, 目前已经分离鉴定的唯一菌为 Candidatus Methanofastidiosum methyl-thiophilus, 该菌的代谢特点是严格甲基硫醇还原型产甲烷, 不能利用乙酸、H_2 + CO_2 和甲醇产甲烷 (Nobu et al., 2016)。

12.2 产甲烷微生物代谢

12.2.1 甲烷形成代谢途径

根据利用的底物不同, 甲烷形成代谢途径主要包括二氧化碳还原型或氢营养型、甲基营养型和乙酸分解型或乙酸营养型三种类型 (Liu et al., 2008;)。另外, 在甲基营养型产甲烷途径的基础上, 由于某些功能基因的缺失, 产甲烷菌又衍生出氢依赖专性甲基营养型 (Borrel et al., 2013) 和严格甲基硫醇还原型产甲烷途径 (Nobu et al., 2016)。

第一类, 二氧化碳还原型或氢营养型 (hydrogenotrophic methanogenesis)。该类型的能量来源 (电子供体) 是 H_2、甲酸或醇类, 电子受体是 CO_2, CO_2 被还原形成 CH_4。绝大部分产甲烷菌具有利用 H_2 还原 CO_2 形成 CH_4 的能力, 其中大部分同时具有利用甲酸产甲烷的能力。甲酸首先在甲酸脱氢酶作用下生成 CO_2, 然后再进入 CO_2 还原途径生成甲烷。少数产甲烷菌能利用 CO 同时作为电子供体、电子受体和能量来源进行生长和产甲烷代谢, 在一氧化碳脱氢酶 (CO dehydrogenase, CODH) 作用下, CO 首先被氧化生成 CO_2, 然后再进入 CO_2 还原途径生成甲烷。当以 CO 作为生长底物时, 产甲烷菌生长非常缓慢。一些产甲烷菌还能利用低碳醇类作为电子供体, 氧化仲醇成酮或氧化伯醇成羧酸, 但甲烷仍来源于 CO_2 还原途径。CO_2 还原是特定生境 (例如瘤胃) 中的主要甲烷来源。在其他生境 (如淡水湖沉积物和生物反应器中), 只有 1/3 的甲烷来源于 CO_2 还原。该反应对于维持较低的氢和甲酸浓度以及促进种间氢转移非常重要。

第二类, 甲基营养型 (methyltrophic methanogenesis)。该类型的能量来源、电子供体和电子受体均来源于含甲基一碳化合物。一部分底物分子被氧化为 CO_2, 剩下底物分子中的甲基作为电子受体, 直接被还原为甲烷。甲基营养型产甲烷菌能够利用甲醇和甲胺, 少数还可以利用二甲基硫和甲烷硫醇等甲基硫化物作为产甲烷底物, 但不能作为生长底物。甲基营养型产甲烷菌主要从属于甲烷八叠球菌科的甲烷八叠球菌属、拟甲烷球菌属、甲烷叶菌属、甲烷嗜盐菌属。在含甲基一碳化合物比较丰富的地方, 利用一碳化合物产甲烷非常普遍。在海洋沉积物中, 甲胺, 特别是三甲胺, 是甲基化的氨基化合物 (如胆碱、甜菜碱或三甲胺氧化物）的厌氧降解产物。在哺乳动物肠道内，胶质的甲氧基可通过厌氧代谢转变为甲醇，但它不是厌氧生境中产 CH_4 的主要前体物。在厌氧环境中，二甲基硫也比较普遍，可能来源于甲硫氨酸和作为渗透调节剂的硫代甜菜碱。但它们是较次要的甲烷前体物，因为不是所有的甲基营养型产甲烷细菌都能利用甲基硫化物。

第三类，乙酸分解型或乙酸营养型（aceticlasic methanogenesis）。乙酸是主要的甲烷来源，在许多生境中都能够作为重要的 CH_4 前体物。但能分解代谢乙酸的产甲烷菌仅局限于甲烷八叠球菌属（*Methanosarcina*）和甲烷鬃菌科（*Methanosaetaceae*），其中，甲烷八叠球菌属生长较快，而且菌体产量较高，并能利用几种不同的基质，包括带甲基的化合物，有时也可利用 H_2+CO_2。乙酸存在于很多生境中（尤其是沼气反应器中），它是不产甲烷细菌群厌氧分解各种复杂有机物的重要中间产物。早在 1977 年就有研究指出，在淡水污泥中或在厌氧污泥发酵中乙酸所产 CH_4 可占 CH_4 总量的 70%。实际上，产甲烷菌对乙酸的生长速度比对 H_2+CO_2、甲醇或甲胺的生长速度较慢。当环境中有辅基质如甲醇存在时乙酸代谢发生巨大变化，甲基碳的流向也会发生改变。

第一类：

$$CO_2+4H_2 \longrightarrow CH_4+2H_2O \qquad \Delta G^{0'}=-135.6\text{kJ/mol}$$

$$4HCOOH \longrightarrow CH_4+3CO_2+2H_2O \qquad \Delta G^{0'}=-130.1\text{kJ/mol}$$

$$4CH_3CHOHCH_3+CO_2 \longrightarrow CH_4+4CH_3COCH_3+2H_2O^a \qquad \Delta G^{0'}=-36.5\text{kJ/mol}$$

$$2CH_3CH_2OH+CO_2 \longrightarrow CH_4+2CH_3COOH^b \qquad \Delta G^{0'}=-116.3\text{kJ/mol}$$

$$4CO+2H_2O \longrightarrow CH_4+3CO_2 \qquad \Delta G^{0'}=-211.0\text{kJ/mol}$$

$$CO+3H_2 \longrightarrow CH_4+H_2O \qquad \Delta G^{0'}=-151.0\text{kJ/mol}$$

第二类：

$$4CH_3OH \longrightarrow 3CH_4+CO_2+H_2O \qquad \Delta G^{0'}=-104.9\text{kJ/mol}$$

$$CH_3OH+H_2 \longrightarrow CH_4+H_2O \qquad \Delta G^{0'}=-112.5\text{kJ/mol}$$

$$4CH_3NH_2+2H_2O \longrightarrow 3CH_4+CO_2+4NH_3 \qquad \Delta G^{0'}=-75.0\text{kJ/mol}$$

$$2(CH_3)_2NH+2H_2O \longrightarrow 3CH_4+CO_2+2NH_3 \qquad \Delta G^{0'}=-73.2\text{kJ/mol}$$

$$4(CH_3)_2N+6H_2O \longrightarrow 9CH_4+3CO_2+4NH_3 \qquad \Delta G^{0'}=-74.3\text{kJ/mol}$$

$$4(CH_3)_2S+2H_2O \longrightarrow 3CH_4+CO_2+2H_2S \qquad \Delta G^{0'}=-73.8\text{kJ/mol}$$

第三类：

$$CH_3OOH \longrightarrow CH_4+CO_2 \qquad \Delta G^{0'}=-31\text{kJ/mol}$$

a 其他仲醇包括2-丁醇、1,3-丁二醇和环戊醇；

b 其他仲醇包括正丙醇和正丁醇

1. 产甲烷代谢的辅酶

在甲烷形成过程中，有几种独特的辅酶参与，其结构见图12-2。

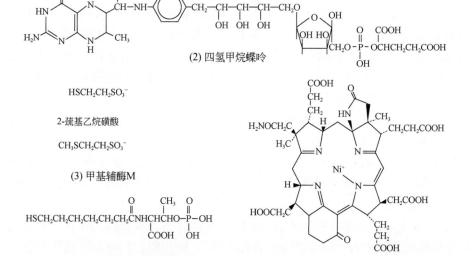

(1) 甲烷呋喃

(2) 四氢甲烷蝶呤

2-巯基乙烷磺酸

(3) 甲基辅酶M

(4) 7-巯基庚酰基丝氨酸磷酸

(5) 辅酶 F_{430}

(6) 还态态辅酶 $F_{420}H_2$

图 12-2　参与产甲烷代谢的主要辅酶结构

资料来源：Whitman et al.，2006

1）甲烷呋喃 (methanofuran，MFR)，又称二氧化碳还原因子 (CO_2 reduction factor，CDR)，它参与二氧化碳还原型甲烷形成反应的第一步，作为第一个甲酰

基载体参与 CO_2 激活并形成第一个稳定的 CO_2 还原产物—甲酰基甲烷呋喃（CHO-MFR），甲酰基与呋喃的氨基酸侧链结合。在所有的产甲烷菌中均发现 MFR，含量为每千克细胞干物质 $0.5 \sim 2.5mg$，至少有 5 种不同的存在形式；在其他不产甲烷的古细菌以及真细菌中，均未发现 MFR。

2）四氢甲烷蝶呤（tetrahydromethanopterin，H_4MPT），在结构与功能上与叶酸相似，且其生物合成途径与真细菌中的四氢叶酸合成途径相似。最早于 1978 年作为黄色荧光化合物而被认识。它作为第二个一碳载体，参与甲酰基（CHO）还原为甲基（CH_3）。

3）2-巯基乙烷磺酸（2-mercaptoethanesulfonic acid），又称为辅酶 M（HS-CoM），作为最后一个一碳载体，首先形成甲基辅酶 M（CH_3-S-CoM），并在甲基辅酶 M 还原酶催化作用下将甲基转化为甲烷。由于在所有的产甲烷菌中均发现辅酶 M，因此它可以作为不同生境中产甲烷菌定性分析的敏感生物标记。辅酶 M 的化学结构虽然简单，但在产甲烷反应中具有高度专一性。它的许多结构类似物均无生物活性，其中的溴乙烷磺酸是产甲烷抑制剂。

4）7-巯基庚酰基丝氨酸磷酸（7-mercaptoheptanoyl threonine phosphate），又称为辅酶 B（HS-CoB），在结构上与泛酸相似，它参与甲烷形成的最后一步，是甲基辅酶 M 还原的直接电子供体，参与甲烷形成过程中的产能步骤。HS-CoB 很可能由 α-酮戊二酸经 α-酮–酸链延长而得到，与真细菌中赖氨酸的氨基己二酸生物合成途径相似。

5）辅酶 F_{430}，一种黄色、可溶、含四吡咯结构和金属镍的化合物，紧紧地与甲基还原酶系统中的 C 亚基相连，作用与辅酶 M 相似，参与产甲烷的最后一个步骤。F_{430} 的吸收光谱为 430nm，不发荧光。

6）辅酶 F_{420}，一种黄素衍生物——脱氮黄素，结构类似于黄素辅酶，氧化态 F_{420} 的吸收光谱为 420nm，可产生蓝绿色荧光，产甲烷菌自发荧光主要就是因为存在高含量的辅酶 F_{420}，还原态的 $F_{420}H_2$ 无荧光。辅酶 F_{420} 广泛存在于产甲烷菌中，在少数其他类型微生物中也能发现低含量的辅酶 F_{420}。生理功能是通过氧化态与还原态的转变作为双电子载体参与双电子转移反应以及接受和提供氢离子，功能类似于 NADH，但其氧化还原势较低（$-340 \sim -360mV$）。在产甲烷菌中，F_{420} 可作为氢化酶、甲酸脱氢酶、CODH、$NADP^+$ 还原酶、丙酮酸合成酶和 α-酮戊二酸合成酶等不同酶的辅酶。

除以上特别的辅酶，产甲烷菌还含有许多维生素，如硫胺素、核黄素、吡哆醇、类咕啉、生物素、烟酸、泛酸、咽酰胺腺嘌呤二核苷酸磷酸（nicotinamide adenine dinucleotide phosphate，NADP）。在甲烷杆菌属中，黄素是氢化酶、NADH 还原酶、甲酸脱氢酶、甲基还原酶系统的电子载体。许多产甲烷菌中含有大量的类咕啉，作为甲基载体参与甲烷合成。相反，叶酸在产甲烷菌中不存在或存在量很少，此时甲烷蝶呤代替叶酸作为甲基载体。产甲烷菌中也含有铁氧化还原蛋白、硫氧还蛋白、细胞色素 b 和 c。铁氧化还原蛋白大量存在于乙酸营养型产甲烷菌中与 CODH 结合，细胞色素在甲醇、甲胺和乙酸合成甲烷过程中作为电子载体，硫氧还蛋白的功能目前还不是十分清楚，这些蛋白在底物歧化过程中参与底物氧化。

2. 二氧化碳还原型产甲烷

二氧化碳还原型产甲烷途径见图 12-3，各步骤反应式及参与的酶见表 12-1。

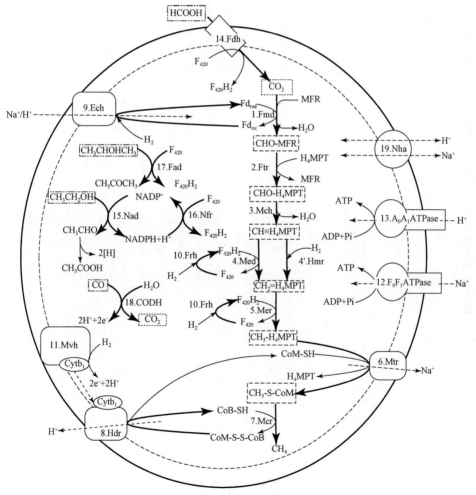

图 12-3　二氧化碳还原型产甲烷途径

表12-1 二氧化碳还原型产甲烷途径中各步骤反应式及参与的酶

反应步骤	反应式	$\Delta G°$ (kJ/mol)	酶
1	$CO_2+H_2+MF \longleftrightarrow HCO-MF+H_2O$	+16	甲酰基甲烷呋喃脱氢酶 (formyl-MFR dehydrogenase, Fmd)
2	$HCO-MF+H_4MPT \longleftrightarrow HCO-H_4MPT+MF$	-5	甲酰基甲烷呋喃:H_4MPT 甲酰基转移酶 (formyl-methanofuran: H_4 MPT formyltransferase, Ftr)
3	$HCO-H_4MPT+H^+ \longleftrightarrow CH\equiv H_4MPT+H_2O$	-2	N^5, N^{10}-次甲基-H_4MPT 环化水解酶 (methenyl-H_4 MPT cyclohydrolase, Mch)
4	$CH\equiv H_4MPT^++F_{420}H_2 \longleftrightarrow CH_2=H_4MPT+F_{420}+H^+$	+6.5	N^5, N^{10}-亚甲基-H_4MPT 脱氢酶 (methylene-H_4 MPT dehydrogenase, Med)
4′	$CH\equiv H_4MPT^++H_2 \longrightarrow CH_2=H_4MPT+H^+$	-5.5	依赖 H_2 的亚甲基-H_4MPT 脱氢酶 (H_2-dependent methylene-H4MPT reductase, Fmr)
5	$CH_2=H_4MPT+F_{420}H_2 \longleftrightarrow CH_3-H_4MPT+F_{420}$	-5	亚甲基-H_4MPT 还原酶 (methylene-H_4 MPT reductase, Mer)
6	$CH_3-H_4MPT+HS-CoM \longleftrightarrow CH_3-S-CoM+H_4MPT$	-29	甲基-H_4MPT:辅酶M甲基转移酶 (methyl-H_4MPT: HS-CoM methyltransferase, Mtr)
7	$CH_3-S-CoM+HS-HTP \longleftrightarrow CH_4+CoM-S-S-HTP$	-43	甲基辅酶M还原酶 (methyl CoM reductase, Mcr)
8	$CoM-S-S-HTP+H_2 \longleftrightarrow HS-CoM+HS-HTP$	-42	异二硫化物还原酶 (heterodisulfide reductase, Hdr)
9	$H_2+Fd_{ox} \longleftrightarrow Fd_{red}$		能量转化氢化酶 (energy converting hydrogenase, Ech)
10	$H_2+F_{420} \longleftrightarrow F_{420}H_2$		$F_{420}H_2$氢化酶 (F_{420} H_2 hydrogenases, Frh)
11	$H_2 \longleftrightarrow 2H^++2e^-$	-13.5	甲基紫精还原氢化酶 (methyl viologen-reducing hydrogenase, Mvh)
12, 13	$ADP+Pi \longleftrightarrow ATP$		F_0F_1 ATP合酶 (F_0F_1 ATPase), A_0A_1 ATP 合酶 (A_0A_1 ATPase)
14	$HCOOH+F_{420} \longleftrightarrow F_{420}H_2+CO_2$		甲酸脱氢酶 (formate dehydrogenase, Fdh)
15	$CH_3CH_2OH+NADP^+ \longleftrightarrow CH_3CHO+NADPH+H^+$		依赖NADP的醇脱氢酶 (NADP-dependent alcohol dehydrogenase, Nad)
16	$NADPH+H^++F_{420} \longleftrightarrow F_{420}H_2+NADP^+$		依赖NADPH的 F_{420} 还原酶 (NADPH-dependent F_{420} reductase, Nfr)
17	$CH_3CHOHCH_3+F_{420} \longleftrightarrow CH_3COCH_3+F_{420}H_2$		依赖 F_{420} 的仲醇脱氢酶 (F_{420}-dependent secondary alcohol dehydrogenases, Fad)
18	$CO+H_2O \longleftrightarrow CO_2+2H^++2e^-$		一氧化碳脱氢酶 (CO dehydrogenase, CODH)
19	$Na^+_{(out)}+H^+_{(in)} \longleftrightarrow Na^+_{(in)}+H^+_{(out)}$		Na/H 逆向转运体 (Na/H-antiporter, Nha)

二氧化碳还原型产甲烷途径始于 CO_2 与 MFR 结合形成 N-羧基甲烷呋喃，并被膜结合的甲酰基甲烷呋喃脱氢酶（Fmd）还原为甲酰基甲烷呋喃（CHO-MFR），直接电子供体是还原态的铁氧还蛋白（Fd_{red}）。随后，甲酰基转移到四氢甲烷蝶呤（H_4MPT），并依次经由 N^5, N^{10}-次甲基-H_4MPT（$CH \equiv H_4MPT$）和 N^5, N^{10}-亚甲基-H_4MPT（$CH_2 = H_4MPT$）两个中间体被还原为 N^5-甲基-H_4MPT（CH_3-H_4MPT），参与催化的酶依次为甲酰基甲烷呋喃：H_4MPT 甲酰基转移酶（Ftr）、N^5, N^{10}-次甲基-H_4MPT 环化水解酶（Mch）、N^5, N^{10}-亚甲基-H_4MPT 脱氢酶（Med）、N^5, N^{10}-亚甲基-H_4MPT 还原酶（Mer），均为细胞质酶，直接电子供体为双电子载体——还原态辅酶 F_{420}（$F_{420}H_2$）。在 CO_2 还原途径的下一步，CH_3-H_4MPT 上的甲基转移给辅酶 M（HS-CoM），生成甲基辅酶 M（CH_3-S-CoM），这是一个放能反应，由膜结合的甲基-H_4MPT：辅酶 M 甲基转移酶（Mtr）催化完成。随后的还原性脱甲基产甲烷反应由甲基辅酶 M 还原酶（Mcr）和异二硫化物还原酶（Hdr）催化，甲烷形成的直接电子供体为辅酶 B（HS-CoB）。Mcr 催化甲基辅酶 M 和 HS-CoB 形成异二硫化物（CoM-S-S-CoB）并释放甲烷，Hdr 催化还原 CoM-S-S-CoB 重新产生 HS-CoM 和 HS-CoB（步骤 1～8）。

整个甲烷形成过程的还原力由三种氢化酶催化利用 H_2 产生：①膜结合的能量转化氢化酶（Ech）催化利用 H_2 将 Fd_{ox} 还原为 Fd_{red}，用于还原 CO_2 形成 CHO-MFR，该反应是一个依赖于离子梯度的耗能反应；②可溶性 $F_{420}H_2$ 氢化酶（Frh）催化利用 H_2 还原 F_{420} 再生 $F_{420}H_2$，用于将次甲基-H_4MPT 还原为甲基-H_4MPT；③膜结合的甲基紫精还原氢化酶（Mvh）催化利用 H_2 产生还原力 $2H^+ + 2e^-$，电子通过细胞色素 b_1（Cyt b_1）传递到异二硫化物还原酶（Hdr）上用于还原 CoM-S-S-CoB（步骤 9～11）。第 1 步 CO_2 激活的详细过程尚未完全清楚，为消耗 ATP 的反应过程，能量来源于第 6 步。Mtr 可被 Na^+ 激活，并作为 Na^+ 泵将 Na^+ 从膜内转移到膜外形成跨膜电化学 Na^+ 梯度，该梯度驱动 ATP 合酶合成 ATP（步骤 12、13）。

当以甲酸作为产甲烷底物时，首先通过甲酸脱氢酶（Fdh）催化生成 CO_2 和 $F_{420}H_2$（步骤 14），然后进入 CO_2 还原途径生成甲烷。该酶已从 *Mb. formicicum* 和 *Mc. vannielii* 中分离出。从 *Mc. vannielii* 中分离出两种 Fdh，其中一种是存在于利用含硒培养基生长的细胞中，分子量较大的含硒酶复合物，由 100kDa 的含硒胱氨酸亚基、105kDa 的含钼亚基和［Fe-S］中心组成。在不含硒培养基中，缓慢生长的细胞只含有另一种含 Mo 和［Fe-S］中心的 Fdh，由 60kDa 和 33kDa 的两个亚基组成。从 *Mb. formicicum* 中分离出的一种 Fdh 由 2 个亚基组成，表观分子量为 85kDa 和 53kDa 并以 $\alpha_1\beta_1$ 形式构建，每 mol 酶含有 2mol 锌、21～24mol 铁、25～29mol 酸不稳定硫、11mol FAD 和 1mol 含钼辅因子，该酶不含有硒胱氨酸。

一些氢营养型产甲烷菌还能够利用醇类作为产甲烷底物。以乙醇为例的伯醇，通过依赖 NADP 的醇脱氢酶（Nad）被氧化为乙酸，并获得还原力 NADPH+ H^+，在依赖 NADPH 的 F_{420} 还原酶（Nfr）的催化下用于还原 F_{420} 生成 $F_{420}H_2$（步骤 15、16）。以异丙醇为例的仲醇，通过依赖 F_{420} 的仲醇脱氢酶（Fad）被氧化为酮类，同时获得 $F_{420}H_2$（步骤 17）。与利用 H_2 相比，利用醇类进行生长时非常缓慢。尽管如此，对于不能利用有机化合物的大部分产甲烷菌，这是一个很重要的例外。然而，即便这类产甲烷菌能够利用醇类底物，该底物的氧化也是不完全的，甲烷仍然来源于 CO_2 还原，只是为甲烷形成提供了还原力。

少数产甲烷菌（如 *Methanothermobacter thermoautotrophicus* 和 *Methanosarcina barkeri*）能够利用 CO 作为唯一底物产甲烷（有 H_2O 参与）。首先，通过 CODH 催化生成 CO_2 和 $2H^++2e^-$（步骤 18），然后，再进入 CO_2 还原途径生成甲烷。$2H^++2e^-$ 通过细胞色素传递到其他氧化还原酶系统的辅酶或其他电子受体上。产甲烷菌中的 CODH 是一种分子量为 220kDa 的蛋白，由 90kDa 和 20kDa 的两个亚基组成 $\alpha_2\beta_2$ 结构。该酶存在镍和大量的 Fe-S 簇。源自不同产甲烷菌的 CODH 对电子受体的专一性有所不同。巴氏甲烷八叠球菌和万氏甲烷球菌中的 CODH 能够还原黄素腺嘌呤二核苷酸（flavin adenine dinucletide，FAD）和黄素单核苷酸（flavin mononucleotide，FMN），但还原 F_{420} 时却出现抑制。索氏甲烷杆菌的 CODH 能够还原 F_{420}，并且还原 FAD 和 FMN 的速率低于还原 F_{420}。

3. 甲基营养型产甲烷

可以利用甲醇或甲胺为唯一底物的仅限于甲烷八叠球菌科（Methanosarcinaceae）。只有 H_2 存在时，甲烷杆菌科（Methanobacteriaceae）中的甲烷球形菌属（*Methanosphaera*）才可以利用含甲基的化合物。甲烷八叠球菌属的大部分既可以利用甲基化合物，也可以利用 H_2+CO_2，但甲烷叶菌属、甲烷类球菌属和只在甲基化合物上生长，称为专性甲基营养型产甲烷菌。*Methanolobus siciliae* 和甲烷嗜盐菌属的一些产甲烷菌还可以利用二甲基硫化物为产甲烷基质。下面以甲醇为例，介绍甲基营养型产甲烷代谢途径。产甲烷菌依赖不同的电子供体进行两种甲基营养型产甲烷代谢。

1）当不存在 H_2，以甲醇为唯一产甲烷底物时，产甲烷菌只能通过氧化一部分甲基使还原型的电子载体再生。一般情况下，3mol 的甲基被还原为 CH_4，1mol 的甲基被氧化为 CO_2，同时获得产甲烷所需的还原力。产甲烷过程包含甲基的转移以及随后的氧化分支和还原分支。反应过程见图 12-4，各步骤反应式及参与的酶见表 12-2。

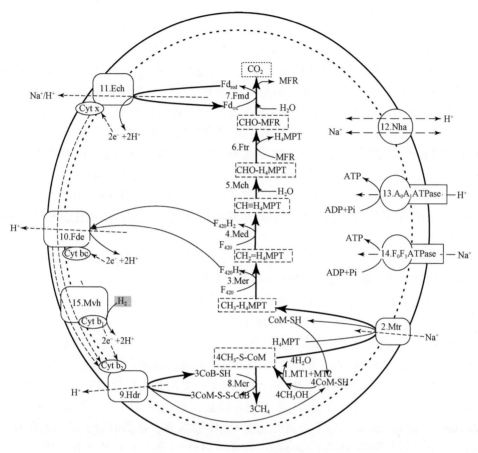

图 12-4　甲基营养型产甲烷途径

甲基转移。在甲醇：辅酶 M 甲基转移酶（MT1+MT2）的催化下，甲基转移给 HS-CoM 形成 CH_3-S-CoM（步骤 1）。实际上，该复合酶包含两个酶。首先，在甲醇：钴胺素-5-羟基苯并咪唑甲基转移酶（methanol：cobalamin（B_{12}）-5-hydroxy-benzimidazole（HBI）methyltransferase，MT1）的催化下，甲基转移到 MT1 中的 B_{12}-HBI 辅基上形成甲基钴胺素；然后，在甲基钴胺素：HS-CoM 甲基转移酶（methylcobalamin-5-hydroxybenzimidazole（CH_3-B_{12}-HBI）：HS-CoM methyltransferase，MT2）作用下，再将甲基从 CH_3-B_{12}-HBI 转移到 HS-CoM 上形成 CH_3-S-CoM。MT1 已从 *Ms. barkeri* 中分离得到，该酶对氧敏感，分子量为 122kDa，由分子量分别为 34kDa 和 53kDa 的 2 个亚基组成 $\alpha_2\beta$ 结构，每 mol 酶含有 3.4mol 的 B_{12}-HBI。在催化过程中，MT1 中钴胺素所含钴为 Co（Ⅰ）态，作为良好的亲核试剂接受甲基生成 CH_3-Co（Ⅲ）。当 Co（Ⅰ）被氧化为 Co（Ⅱ）态时，该酶为无催化活性。而当 Co

（Ⅱ）再次被还原为 Co（Ⅰ）态时，该酶被再活化，再活化过程由一个需要 H_2、氢化酶、铁氧化还原蛋白和大量 ATP 的酶系统完成。MT2 已从 *Ms. barkeri* 中分离，该酶对氧不敏感。当以三甲胺为生长基质时，*Ms. barkeri* 中出现特有的甲基转移酶。

氧化分支。甲基氧化为 CO_2 的过程与 CO_2 还原为甲基的过程恰好相反，但参与的酶是一样的，这些酶催化可逆反应（步骤 2~7）。在甲基-H4MPT：辅酶 M 甲基转移酶（Mtr）的催化下，CH3-S-CoM 将甲基首先转移给 H_4MPT。标准状态下这是一个吸能反应，并且需要钠离子的跨膜电化学梯度。甲基-H_4MPT 氧化为 CO_2 的过程经由亚甲基-H_4MPT、次甲基-H_4MPT、甲酰基-H_4MPT 和甲酰基-MFR 等中间体，分别在亚甲基-H_4MPT 还原酶（Mer）、亚甲基-H_4MPT 脱氢酶（Med）、次甲基-H_4MPT 环化水解酶（Mch）和甲烷呋喃：H_4MPT 甲酰基转移酶（Ftr）、甲酰基甲烷呋喃脱氢酶（Fmd）的催化下完成，同时在氧化过程中生成 $F_{420}H_2$。

还原分支。在甲基辅酶 M 还原酶（Mcr）的催化作用下，CH_3-S-CoM 和 HS-CoB 共同形成异二硫化物（CoM-S-S-CoB）并释放甲烷（步骤 8）。CoM-S-S-CoB 的还原分别依赖于 $F_{420}H_2$ 和甲酰基甲烷呋喃脱氢酶的电子受体。

首先，氧化分支产生的 $F_{420}H_2$ 被 $F_{420}H_2$ 脱氢酶（Fde）氧化生成 $2H^+ + 2e^-$（步骤 10）；其次，电子由膜结合电子转运系统转移给异二硫化物还原酶（Hdr）来催化还原 CoM-S-S-CoB（步骤 9）。*Methanosarcina strain* G61 反向小泡的实验证实，依赖 $F_{420}H_2$ 的 CoM-S-S-CoB 还原可以产生一个跨膜电化学 H^+ 梯度，该 H^+ 梯度驱动膜结合的 ATP 合酶生成 ATP。目前，已在专性甲基营养产甲烷菌 *Methanolobus tindarius* 的膜上分离纯化出 $F_{420}H_2$ 脱氢酶，该酶的分子量为 120kDa，由 5 个分子量分别为 45kDa、40kDa、22kDa、18kDa 和 17kDa 的多肽组成，含有 16mol［Fe-S］。目前，电子从 $F_{420}H_2$ 到 CoM-S-S-CoB 的转移途径及电子载体还未确定。对 *Methanosarcina* 膜的研究表明，在膜上存在一个或几个细胞色素，参与电子从 $F_{420}H_2$ 到 CoM-S-S-HTP 的转移过程。该产甲烷菌的膜含有两类 *b*-型和两种 *c*-型细胞色素，*b*-型细胞色素的中点电位分别为 $-135mV$ 和 $-240mV$，而 *c*-型细胞色素的中点电位分别为 $-140mV$ 和 $-230mV$。在已分离到的膜中添加 $F_{420}H_2$，能够导致细胞色素迅速还原。反之，添加 CoM-S-S-HTP，会导致细胞色素迅速氧化。

甲酰基甲烷呋喃脱氢酶的电子受体以及伴随的能量转化目前尚不完全清楚，但可以假设这个电子转移与能量守恒有关。可能的直接电子受体为 Fd_{ox}，其接受电子后形成 Fd_{red}，随后在膜结合的能量转化氢化酶（Ech）催化作用下生成还原力 $2H^+ + 2e^-$（步骤 11）。在此过程中，形成跨膜电化学 Na^+/H^+ 梯度，并利用该梯度驱动 ATP 合酶合成 ATP（步骤 13、14）。电子通过未知的细胞色素（Cyt x）转移到异二硫化物还原酶（Hdr）上，用于还原 CoM-S-S-CoB。

表12-2 甲基营养型产甲烷途径中各步骤反应式及参与的酶

反应步骤	反应式	$\Delta G^{\circ\prime}$ (kJ/mol)	酶
1	$CH_3-OH+HS-CoM \longrightarrow CH_3-S-CoM+H_2O$	-27.5	甲醇：辅酶M甲基转移酶（methanol：HS-CoM methyltransferase，MT1+MT2）
2	$CH_3-S-CoM+H_4MPT \longrightarrow HS-CoM+CH_3-H_4MPT$	+30	甲基-H4MPT：辅酶M甲基转移酶（methyl-H$_4$MPT：HS-CoM methyltransferase，Mtr）
3	$CH_3-H_4MPT+F_{420} \longrightarrow CH_2=H_4MPT+F_{420}H_2$	+6.2	亚甲基-H$_4$MPT还原酶（Methylene-H$_4$MPT reductase，Mer）
4	$CH_2=H_4MPT+F_{420} \longrightarrow CH\equiv H_4MPT+F_{42}OH_2$	-5.5	N^5，N^{10}-亚甲基-H$_4$MPT脱氢酶（methylene-H$_4$MPT dehydrogenase，Med）
5	$CH\equiv H_4MPT+H_2O \longrightarrow CHO-H_4MPT$	+4.6	N^5，N^{10}-次甲基-H$_4$MPT环化水解酶（Methenyl-H$_4$MPT cyclohydrolase，Mch）
6	$CHO-H_4MPT+MFR \longrightarrow CHO-MFR+H_4MPT$	+4.4	甲酰基甲烷呋喃：H$_4$MPT甲酰基转移酶（Formyl-methanofuran：H$_4$MPT formyltransferase，Ftr）
7	$CHO-MFR+H_2O+Fd_{ox} \longrightarrow CO_2+MFR+Fd_{red}$	-16	甲酰基甲烷呋喃脱氢酶（formyl-MFR dehydrogenase，Fmd）
8	$CH_3-S-CoM+HS-CoB \longrightarrow CoM-S-S-CoB+CH_4$	-45	甲基辅酶M还原酶（methyl CoM reductase，Mcr）
9	$CoM-S-S-CoB+2H^++2e^- \longrightarrow HS-CoM+HS-CoB$	-40	异二硫化物还原酶（heterodisulfide reductase，Hdr）
10	$F_{420}H_2 \longrightarrow F_{420}+2H^++2e^-$		F$_{420}$脱氢酶（F$_{420}$ H$_2$ dehydrogenases，Fde）
11	$Fd_{red} \longrightarrow Fd_{ox}+2H^++2e^-$		能量转化氢化酶（energy converting hydrogenase，Ech）
12	$Na^+_{(out)}+H^+_{(in)} \longrightarrow Na^+_{(in)}+H^+_{(out)}$		Na/H逆向转运体（Na/H-antiporter，Nha）
13，14	$ADP+Pi \longrightarrow ATP$		F$_0$F$_1$ ATP合酶（F$_0$F$_1$ ATPase）A$_0$A$_1$ ATP合酶（A$_0$A$_1$ ATPase）
15	$H_2 \longrightarrow 2H^++2e^-$		甲基紫精还原氢化酶（methyl viologen-reducing hydrogenase，Mvh）

2) 当存在 H_2 时，还原力不需要通过氧化甲基获得。膜结合的甲基紫精还原氢化酶（Mvh）催化利用 H_2 产生 $2H^+ + 2e^-$，电子通过细胞色素 b_1（$Cytb_1$）传递到异二硫化物还原酶（Hdr）上，用于还原 CoM-S-S-CoB。同时，依赖 H_2 的 CoM-S-S-CoB 还原反应产生一个跨膜电化学 H^+ 梯度，该 H^+ 梯度驱动膜结合的 ATP 合酶生成 ATP。

4. 乙酸分解型产甲烷

尽管乙酸是产甲烷的重要前体物质，但仅有少数产甲烷菌种可利用乙酸作产甲烷基质。这些菌种主要是甲烷八叠球菌属 *Methanosarcina* 和甲烷鬃菌科 *Methanosaetaceae*。这两类菌的主要区别在于，*Methanosarcina* 可以利用除乙酸之外的 $H_2 + CO_2$、甲醇和甲胺为产甲烷底物，而 *Methanosaetaceae* 只能利用乙酸，为专性乙酸营养型产甲烷菌。此外，这两种微生物也显示出对乙酸的不同亲和力。这些差异极大地影响了两种微生物在给定环境中的优势分布，由于 *Methanosaetaceae* 对乙酸有较高的亲和力，在乙酸浓度小于 1mM 时 *Methanothrix* 为优势乙酸营养菌，若乙酸浓度较高则有利于 *Methanosarcina* 的快速生长。

乙酸分解型产甲烷途径见图 12-5，涉及的反应及酶见表 12-3。

乙酸活化。产甲烷菌利用乙酸首先是乙酸活化形成乙酰辅酶 A。*Methanosarcina* 和 *Methanosaetaceae* 利用不同的方法活化乙酸（Smith and Methanosaeta，2007）。*Methanosarcina* 利用乙酸激酶（Ack）和磷酸转乙酰酶（Pta）（步骤 1、2），而 *Methanosaetaceae* 利用乙酰辅酶 A 合成酶（ACS）（步骤 3）。从 *Ms. Thermophila* 已经分离纯化到 Ack 和 Pta，并从 *Methanothrix soehngenii* 和 *Methanosaeta concilii* 分离纯化到 ACS。这三种酶都是可溶性的，对氧不敏感。来源于 *Ms. Thermophila* 的 Ack 由两个分子量都为 53kDa 的相同亚基组成，对于 ATP 的米氏常数（K_m）为 2.8mM。从 *Ms. Thermophila* 纯化的 Pta 含有 1 个分子量为 42kDa 的多肽，并且 K^+ 和铵离子可极大地刺激该酶活性。辅酶 A 和乙酰磷酸的 K_m 分别为 $91\mu M$ 和 $165\mu M$。来源于 *Mtx. soehngenii* 的 ACS 含有分子量为 73kDa 的相同亚基，对辅酶 A 的 Km 为 $48\mu m$。

乙酰辅酶 A 的断裂。乙酰辅酶 A 的 C-C 和 C-S 键断裂由 CODH 催化，断裂后生成甲基、羰基和 S-CoA（步骤 4），且这些基团物质都暂时与该酶的相关部位结合。目前已从 *Methanosarcina* 和 *Methanosaeta* 属的产甲烷菌中分离到 CODH，并进行表征。来源于 *Msr. thermophila* 和 *Msr. Barkeri* 的 CODH 是一个含有 5 个亚基（α、β、γ、δ、ε）的复合体，α 和 ε 亚基组成镍铁硫蛋白（Nickel Fe-S protein，Ni/Fe-S）、γ 和 δ 亚基组成类咕啉铁硫蛋白（corrinoid Fe-S protein，Co/Fe-S）。β 亚基含有一个 "A" 簇，它可能是乙酰辅酶 A 断裂或合成的结合位点。来源于

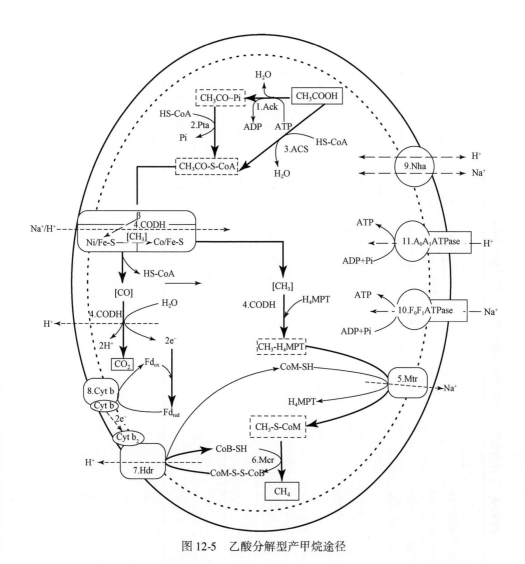

图 12-5　乙酸分解型产甲烷途径

Msr. Barkeri 的 Ni/Fe-S 晶体结构显示 α 亚基含有一个假立方烷结构的 Ni-3Fe-4S 簇，Ni 和外源 Fe 在 C-S 键断裂时其活化作用。ε 亚基的结构分析显示其可能是辅酶 FAD 的结合位点，这与来源于 *Msr. Barkeri* 的 Ni/Fe-S 成分还原 FAD 的作用一致。此外，该 FAD 结合位点位于与 α 亚基中的 4Fe-4S 簇相邻的位置。据此，可认为 ε 亚基具有使电子从 [4Fe-4S] 簇到 FAD 迁移的功能。CODH 的 Ni/Fe-S 催化乙酰辅酶 A 的 C-C 和 C-S 键断裂，甲基和羧基结合到金属中心的活性位点上，HS-CoA 则结合到 Ni/Fe-S 的其他位点上然后被释放出来。来源于 *Methanosarcina* 属的 Co/Fe-S 含有类咕啉辅因子，类咕啉 (I) 接受来自于 Ni/Fe-S 金属中心活性位

表 12-3　乙酸分解型产甲烷途径中各步骤反应式及参与的酶

反应步骤	反应式	ΔG° (kJ/mol)	酶
1	$CH_3COOH+ATP \longrightarrow CH_3CO-Pi+ADP+H_2O$	+35.7	乙酸激酶（acetate kinase, Ack）
2	$CH_3CO \sim Pi+HS-CoA \longrightarrow CH_3CO-S-CoA+Pi$		磷酸转乙酰酶（phosphotransacetylase, Pta）
3	$CH_3COOH+HS-CoA \longrightarrow CH_3CO-S-CoA+H_2O$	+35.7	乙酰辅酶 A 合成酶（acetyl-CoA synthetase, ACS）
4	$CH_3CO-S-CoA+H_4MPT+H_2O \rightarrow CH_3-H_4MPT+CO_2+HS-CoA+2H^++2e^-$	+41.3	一氧化碳脱氢酶（CO dehydrogenase, CODH）
5	$CH_3-H_4MPT+HS-CoM \rightarrow CH_3-S-CoM+H_4MPT$	-30	甲基-H_4MPT：辅酶 M 甲基转移酶（methyl-H_4MPT：HS-CoM methyl-transferase, Mtr）
6	$CH_3-S-CoM+HS-CoB \rightarrow CoM-S-S-CoB+CH_4$	-45	甲基辅酶 M 还原酶（methyl CoM reductase, Mcr）
7	$CoM-S-S-CoB+2H^++2e^- \rightarrow HS-CoM+HS-CoB$	-40	异二硫化物还原酶（heterodisulfide reductase, Hdr）
8	$Fd_{red}+Cyt\ b \longrightarrow Fd_{ox}+Cyt\ b-2e^-$	/	细胞色素 b 复合体（cytochrome b complex, Cyt b）
9	$Na^+_{(out)}+H^+_{(in)} \longrightarrow Na^+_{(in)}+H^+_{(out)}$	/	Na/H 逆向转运体（Na/H-antiporter, Nha）
10, 11	$ADP+Pi \longrightarrow ATP$	/	F_0F_1 ATP 合酶（F_0F_1 ATPase）和 A_0A_1 ATP 合酶（A_0A_1 ATPase）

点上的甲基形成甲基类咕啉（Ⅲ），并在 Co/Fe-S 的催化下将甲基转移给 H_4MPT 形成 CH_3-H_4MPT，同时，类咕啉（Ⅰ）得到再生。Co/Fe-S 含有 ［4Fe-4S］簇，并作为直接电子供体。

甲烷形成：从 CH_3-H_4MPT 到 CH_4 的过程与其他类型的产甲烷途径相同（步骤 5～7）。所需的还原力来自于［CO］。Ni/Fe-S 不仅催化乙酰辅酶 A 的断裂，同时催化［CO］到 CO_2 的氧化，并释放 CO_2。该过程产生的电子先后经过 Fd、未知的细胞色素 b 传递到异二硫化物还原酶（Hdr）上用于还原 CoM-S-S-CoB（步骤 4 和 8）。

能量转化：乙酰辅酶 A 的断裂是一个吸能反应，但目前对这个反应的驱动力还不清楚。推测该反应仍然是一个依赖于 Na^+ 或 H^+ 梯度的耗能反应，而该离子梯度与甲基-H_4MPT：辅酶 M 甲基转移酶（Mtr）催化的产能反应（步骤 5）和［CO］被氧化为 CO_2 过程产生的电子传递有关（步骤 4 和 8），它们分别产生相反的跨膜 Na^+ 或 H^+ 梯度，用于合成 ATP（步骤 10、11）。

12.2.2　生物合成代谢途径

无论是从 CO_2 合成还是通过乙酸的活化，乙酰辅酶 A 是用于合成重要细胞成分的中间代谢产物，所有产甲烷菌细胞合成的直接前体物质均为乙酰辅酶 A，其合成途径见图 12-6。CODH 催化的反应是可逆反应，除了在乙酸营养型产甲烷菌中催化乙酰辅酶 A 断裂外，在其他厌氧菌中能够催化利用 CoA-SH、甲基、CO_2 和电子产生乙酰辅酶 A。目前，已检验的所有产甲烷菌都可以通过乙酰辅酶 A 合成丙酮酸。通过基本的生物化学反应由乙酰辅酶 A、丙酮酸和 CO_2 合成一些主要的中间体（图 12-7）。产甲烷菌用于生长的能量来源于底物转化为甲烷的过程，它只能伴随产甲烷过程进行生长。

己糖是合成细胞壁成分和储备物质的基本单元。在甲烷杆菌目和甲烷八叠球菌属中，己糖分别是假肽聚糖和杂多糖合成的前体物质。在甲烷叶菌属、甲烷八叠球菌属和甲烷丝菌属中，糖原作为细胞的储备物质，合成前体仍然为己糖。在已检验的所有产甲烷菌中，己糖来源于磷酸烯醇丙酮酸，再通过葡糖异生转化为葡萄糖。磷酸烯醇丙酮酸通过磷酸烯醇丙酮酸合成酶催化由 ATP 和丙酮酸合成，在 *Mb. thermoautotrophicum* 中已分离纯化到这种酶。戊糖用于核苷酸的合成。在甲烷杆菌属中，戊糖主要由转酮酶和转醛酶催化甘油醛-3-磷酸和果糖 1,6-二磷酸反应生成，在甲烷螺菌属中戊糖则主要来源于 6-磷酸葡糖酸的氧化脱羧。目前已知的产甲烷菌无法代谢外源性糖，对于储存的多糖如何被利用目前还了解甚少。*Methanosarcina thermophila* 在乙酸缺乏时可将贮存的糖原转化为少量的乙酸。

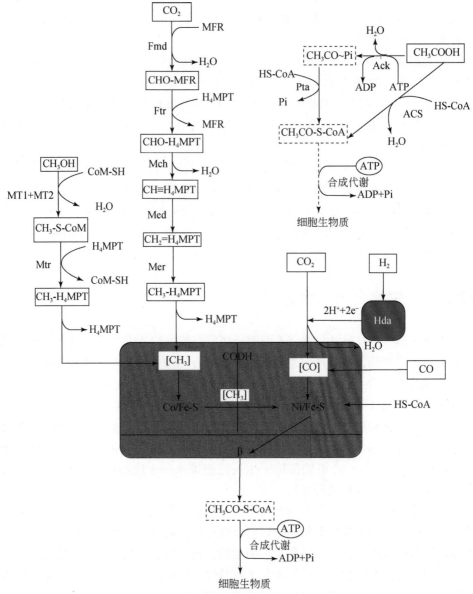

图 12-6 产甲烷菌的乙酰辅酶 A 合成途径

而 *Methanolobus* 可转化贮存的糖原产生甲烷。

产甲烷菌中氨基酸合成和其他非产甲烷菌中的氨基酸合成途径相似。值得注意的是，一些氨基酸前体物质的合成途径随着产甲烷菌种的不同而有所变化（图 12-7）。在 TCA 循环中，可用作氨基酸合成前体物的中间介体（如草酰乙

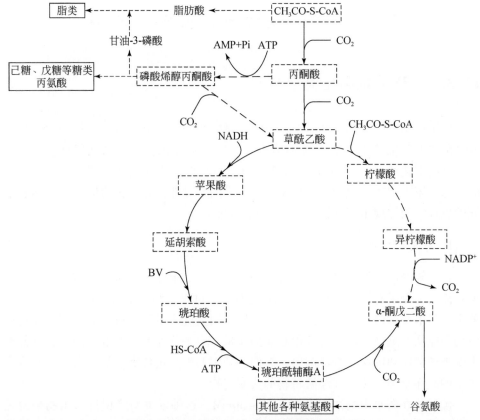

图 12-7　乙酰辅酶 A 合成其他细胞物质的途径

酸和 α-酮戊二酸）主要通过两种不同途径合成。在 *Ms. barkeri* 和 *Mc. maripaludis* 中，草酰乙酸通过丙酮酸羧化合成；在 *Mb. thermoautotrophicum* 中，草酰乙酸通过磷酸烯醇丙酮酸羧化合成。甲烷八叠球菌科通过氧化途径生成 α-酮戊二酸，而甲烷螺菌属（*Methanospirillum*）、甲烷球菌属（*Methanococcus*）和甲烷杆菌属（*Methanobacterium*）则通过还原途径生成 α-酮戊二酸。在 *Mb. Thermoautotrophicum*、*Msp. Hungatei*、*Mc. voltae* 和 *Mc. maripaludis* 中，缺少异柠檬酸脱氢酶，利用 TCA 的还原方向，以草酰乙酸为前体物，经苹果酸、延胡索酸、琥珀酸和琥珀酰辅酶 A 合成 α-酮戊二酸。在 *Mb. barkeri* 和 *Msa. concilii* 中，缺少 α-酮戊二酸脱氢酶，利用 TCA 的氧化方向，通过草酰乙酸和乙酰辅酶 A 合成 α-酮戊二酸，该反应由柠檬酸合酶、顺乌头酸酶和异柠檬酸脱氢酶催化。

12.3 产甲烷微生物生态与环境

12.3.1 产甲烷菌生态多样性

产甲烷菌广泛存在于缺乏 O_2、NO_3^-、SO_4^{2-} 和 Fe^{3+} 等电子受体的环境中，在与氧气隔绝的环境几乎都有甲烷细菌生长，如海底沉积物、淡水沉积物、稻田土壤、动物消化道、（极端）地热环境等自然生境以及厌氧消化反应器中。在不同的生态环境下，产甲烷菌的群落组成有较大的差异性，并且其代谢方式也随着不同的微环境而体现出多样性（Liu et al.，2008）。

1. 海底沉积物

在已知的产甲烷菌中，大约有 1/3 的类群来源于海洋。氢营养型和甲基营养型是海底大分子有机质生物降解产甲烷的主要过程。利用 H_2+CO_2 的产甲烷菌类群主要是甲烷球菌目和甲烷微菌目，它们利用氢气或甲酸进行产能代谢，此类产甲烷菌能从产氢微生物那里获得必需的能量。甲基营养型产甲烷菌的主要类群有甲烷类球菌属和甲烷八叠球菌属，它们所利用的甲基化合物一般来自于海底沉积物中的海洋细菌、藻类和浮游植物的代谢产物。

硫酸盐在海水中的浓度大约为 20~30mM，这种浓度对产甲烷微生物来说是一种较适宜的底物浓度。海洋底部还存在大量的硫酸盐还原菌，它们和产甲烷菌相互竞争核心代谢底物，如氢气和醋酸盐等。在美国南卡罗纳州的 Cape 海底沉积物中，氢气主要是被硫酸盐还原菌所利用，氢气的浓度分压大约维持在 0.1~0.3Pa，而该浓度已经低于海底沉积物中氢营养产甲烷菌的最低可用浓度。因此，在硫酸盐还原菌落聚集的沉积物上层，产甲烷菌的种类和菌落数量是相对有限的。在一些富含有机物的沉积物中，硫酸盐浓度随深度的增加而降低。因此，在沉积物底部的硫酸盐还原菌生长受限，使得产甲烷菌成为优势菌。二甲硫醚和三甲胺分别来源于二甲基亚砜丙酸盐和甜菜碱，这些化合物并不能直接有效地被硫酸盐还原菌所利用，相反却是这类菌的"非竞争性"代谢底物。由于此类硫酸盐还原菌的"非竞争性"底物的存在，使得专性的甲基营养产甲烷菌得以出现在不同深度的沉积物中。

2. 淡水沉积物

相对于海洋的高盐环境，淡水里的盐离子浓度较低。在淡水沉积物中，硫酸

盐的浓度只有 $100 \sim 200 \mu M$，硫酸盐还原菌不会和产甲烷菌竞争代谢底物，产甲烷菌能大量生长繁殖。由于在淡水环境中乙酸盐含量相对较高，其中的乙酸营养型产甲烷菌占了产甲烷菌的 70%，而氢营养型产甲烷菌只占不到 30%。一般在淡水沉积物中，产甲烷菌的主要类群是乙酸营养的甲烷鬃菌科，同时还有一些氢营养的甲烷微菌科和甲烷杆菌科。

在淡水沉积物中，产甲烷菌的生态分布具有一些独特规律。第一，氢营养产甲烷菌在低 pH 淡水环境中不易生长繁殖，只有乙酸营养型产甲烷菌的分布。酸性环境适宜同型产乙酸菌的生长，从而使得大部分 CO_2 转化为乙酸而非甲烷。第二，随着淡水环境里温度的降低，氢营养产甲烷菌和乙酸营养产甲烷菌的生长繁殖均受到抑制。这主要由于同型产乙酸菌的最适生长温度较低，且绝大多数产氢细菌在低温环境里生长受限，从而使得氢营养产甲烷菌的代谢底物——H_2 供应不足。第三，氢营养型产甲烷菌的丰度以及活性会随着淡水沉积物的不同深度而发生改变。例如，在德国 Dagow 湖底沉积物的表面，由二氧化碳还原产生的甲烷量占总甲烷产量的 22%，而在 18cm 深处则为 38%。第四，淡水环境中产甲烷菌类群的分布随着季节的变化而变化。例如，在富营养化的湖底，冬季沉积物中产甲烷菌的类型比夏季的多，其优势菌为甲烷微菌目。

3. 稻田土壤

稻田土壤是生物合成甲烷的一个主要场所。在稻田中，O_2、NO_3^-、Fe^{3+} 和 SO_4^{2-} 被迅速地消耗，产生大量的 CO_2，为产甲烷菌的生长和繁殖创造了有利条件。甲烷的生成是其微环境中主要的生化过程，光合作用固定的碳素大约有 3% ~ 6% 被转化为甲烷。然而，与海底或淡水沉积物相比，稻田的氧气分压相对较大，并且相对干燥。所以，相对于其他生境的产甲烷菌，稻田的产甲烷菌有较强的氧气耐受性和抗旱能力。稻田中的产甲烷菌类群主要有甲烷微菌科、甲烷杆菌科和甲烷八叠球菌科，它们利用的底物主要为 H_2+CO_2 和乙酸。

稻田里产甲烷菌的生长和代谢也具有一定的规律性。第一，产甲烷菌的群落组成能保持相对恒定，但氢营养型产甲烷菌在发生洪水后就会占主要优势。第二，稻田里的产甲烷菌群落结构和散土里的产甲烷菌群落结构不一样。作为主要的稻田产甲烷菌类群，不可培养的水稻丛产甲烷菌群（Rice Cluster I）的产甲烷底物主要是 H_2+CO_2。在其他的散土中，乙酸营养型产甲烷菌是主要的类群。第三，氢营养产甲烷菌的种群数量随着温度的升高而增大。第四，生境中相对高的磷酸盐浓度对乙酸营养产甲烷菌有抑制效应。

4. 动物消化道

在动物消化道中，由于营养物质较丰富并且具备厌氧环境，故存在类群较丰富的产甲烷菌。如在人类的肠道中，产甲烷菌的类群主要是氢营养产甲烷菌，它们利用的底物主要是 H_2+CO_2。从人类粪便中分离到 *Methanobrevibacter smithii* 和 *Methanosphaera stadtmanae*，其中 *M. smithii* 是人类肠道中的优势菌种，其总数在肠道厌氧菌总数中占了大约 10%。以上两种产甲烷菌都能编码一种膜黏附蛋白，使其能适应肠道这种较特殊的生态环境。

食草动物利用其瘤胃中的各种微生物来分解木质纤维素等难分解的有机质，产生氢气、短链脂肪酸和甲烷等小分子产物。研究发现，不同的反刍动物每天的甲烷产量是不同的，如成年母牛每天能产生大约 200L 甲烷，而成年绵羊每日的甲烷产生量大约是 50L。在反刍动物的瘤胃中，产甲烷菌具有类群多样性，氢营养产甲烷菌是产甲烷菌群的优势菌，其数量的变化主要受到动物饮食结构的影响。

5. 地热环境

在地热或地矿等极端环境中，均存在着大量能适应极端高温、高压的产甲烷菌。以往研究发现，大部分嗜热产甲烷菌是从温泉中分离到的。温泉中地质来源的 H_2+CO_2 可作为产甲烷菌的产甲烷底物。从冰岛温泉中分离出来的甲烷嗜热菌（*Methanothermus* sp.）可在 97℃ 的高温条件下生成甲烷。除陆地温泉中存在嗜热产甲烷菌外，近年在深海底热泉环境中也发现多种产甲烷菌类群，它们不但能耐高温，而且能耐高压。例如，从加利福尼亚湾 Guaymas 盆地热液喷口沉积物中分离出来的坎氏甲烷火菌（*Methanopyrus kandleri*），其生存环境的水深约为 2000m（压力相当于 20.265MPa），水温高达 110℃，以氢为电子供体进行化能自养。

6. 厌氧消化反应器

目前，厌氧消化反应器被广泛用来处理各种有机废弃物，同时获得清洁能源——沼气。在这种非自然环境中，不仅存在产甲烷菌，还存在大量其他不产甲烷菌。对于大部分有机废弃物的厌氧沼气发酵，产甲烷是限速步骤。高活性的产甲烷菌是高效率厌氧消化的保证，同时也可以避免积累氢气和挥发性脂肪酸。当然，这一限速步骤也容易受到菌体活性、pH 和化学抑制剂等多种因素的影响。

在厌氧消化反应器中，乙酸是主要的产甲烷底物，约 2/3 的甲烷来源于乙酸。在厌氧消化反应器中，一般只有一类乙酸营养型产甲烷菌，根据原料或反应器类型的不同，通常为甲烷八叠球菌属或甲烷鬃菌属。甲烷鬃菌属具有较慢的生长速率和较高的乙酸亲和力。这两类乙酸营养型产甲烷菌的相对丰度不仅与乙酸浓度有关，还与进料速率有关。在进料速率较高的反应器（如上流式厌氧污泥床），甲烷鬃菌属占主要地位；而甲烷八叠球菌属对剪切力或环境波动比较敏感，它们主要在固定床反应器或连续搅拌反应器中占优势（Gerardi，2003）。

在厌氧消化反应器中，氢分压范围为 2 ~ 1200Pa。较低的氢分压说明反应器中存在有效的氢营养型产甲烷菌，且厌氧发酵系统较为稳定。较高的氢分压（> 10Pa）可能会抑制厌氧消化，并形成乳酸、乙醇、丙酸和丁酸等物质的积累。因此，对于维持良好的厌氧消化反应器性能，有效的种间氢转移极为重要。颗粒污泥的形成有助于种间氢转移，在颗粒污泥内部，产氢菌和氢消耗菌的空间距离非常近。在产甲烷反应器中，大部分氢营养型产甲烷菌属于甲烷微菌目和甲烷杆菌目。

温度和 pH 是影响厌氧消化产甲烷的两个主要因素。高温厌氧消化（50 ~ 60℃）用来提高反应速率缩短停留时间，在高温厌氧消化系统中，主要的氢营养型产甲烷菌包括 *M. thermoautotrophicus* 和 *Methanoculleus thermophilicum*，乙酸营养型产甲烷菌包括 *Methanosarcina thermophila* 和嗜热的甲烷鬃菌科。乙酸营养型产甲烷菌一般不能在高于 65℃ 的环境中生长。目前，大部分产甲烷菌只能在中性或微碱性（pH 为 6.5 ~ 8.5）条件下才具有较佳活性，然而，提高厌氧消化反应器的有机负荷，挥发性脂肪酸浓度会升高进而降低 pH。

12.3.2 环境因子

1. 氧化还原电位

产甲烷菌适宜生长的氧化还原电位（oxidation-reduction potential，ORP）低于$-300mV$，在此 ORP 下，O_2 的理论浓度为 10^{-56}g 分子/L。因此，在良好的产甲烷生境中 O_2 是不存在的。在不分层的湖水或河流中，由于氧的扩散，一般不存在产甲烷菌。在 20℃ 条件下，某些地下水环境中的饱和氧浓度仅为 0.3mM，且少量有机污染物的氧化造成缺氧环境，使得产甲烷菌能在这种环境中生长。

在自然生态环境中或厌氧反应器内，由于存在兼性的水解产酸发酵细菌，不仅可将 O_2 消耗殆尽，并且可产生大量的还原性物质，使环境 ORP 下降，为产甲烷菌的生长代谢创造厌氧条件。在厌氧污泥的微生态颗粒中，产甲烷菌存在于颗粒内部，处于水解产酸菌及胶体物质的包围之中，因而容易得到较低 ORP 的保护。

2. 酸碱度

大多数产甲烷菌生长的最适 pH 在中性范围。例如，甲酸甲烷杆菌最适生长pH 为 6.6 ~ 7.8，史氏甲烷短杆菌最适 pH 为 6.9 ~ 7.4，巴氏甲烷八叠球菌最适

pH 为 6.7~7.2，索氏甲烷丝菌最适 pH 为 7.4~7.8。在厌氧反应器中，当 pH 低于 6.0 时，沼气发酵会完全停止。

狭义上，将最适生长 pH 在 3.0 以下的微生物称为极端嗜酸微生物，而最适生长 pH 为 3.0~5.0 的微生物称为中度嗜酸微生物。鉴于目前关于嗜酸产甲烷菌的研究并未见之于极端酸性环境，且在废弃物厌氧消化处理过程中 pH 也未达到极端酸性范围。从应用角度出发，本书将最适生长 pH 低于 6.0 的产甲烷菌归为嗜酸产甲烷菌，而将能在 pH 低于 6.0 条件下生长代谢并具有产甲烷活性的产甲烷菌称为耐酸产甲烷菌。嗜酸产甲烷菌和耐酸产甲烷菌被期待用于提高厌氧消化稳定性。在酸性条件下，通过该类产甲烷菌具有的高效产甲烷能力，可以降低挥发性脂肪酸和氢气的积累，避免厌氧消化反应器在高有机负荷条件下可能出现的抑制。

嗜酸产甲烷菌富集培养以及分离鉴定的报道集中于 2000 年以后，迄今已报道过的嗜酸产甲烷菌及其代谢特征见表 12-4。除表中所列的 5 株嗜酸产甲烷菌外，还有一些学者得到了嗜酸产甲烷菌的富集培养物，但往往在进一步转接纯化过程中遇到问题。有的产甲烷菌生存于极端 pH 环境中，如泥炭沼泽的 pH 为 4.0 或以下，其中的微生物（最适 pH 为 5~6）却仍能显示出较明显的产甲烷活性。从泥炭沼泽中分离到的一株氢营养型产甲烷细菌（很可能是甲烷杆菌），能够在 pH 为 5.0 的条件下生长，甚至 pH 降至 3.0 时还能产生一些甲烷。使用放射性示踪元素研究沼泽沉积物（pH 为 4.9）的碳原子流向证明，这些沉积物的 pH 低至 4.0 时，氢营养型和乙酸营养型产甲烷作用仍在发生。

在中性自然环境中，乙酸营养型产甲烷菌对甲烷量的贡献率约为 70%，氢营养型产甲烷菌的贡献率约为 30%。其他酸性或贫营养沼泽地甲烷排放的相关研究表明，随着 pH 的降低，产甲烷的途径由乙酸营养型向氢营养型转变。在酸性自然环境中，氢营养型产甲烷菌的作用远远大于其在中性环境中的作用。

自然界还存在一些偏碱性的产甲烷细菌（表 12-5），如嗜热碱甲烷杆菌（*Methanobacterium thermoalcaliphicum*），其最适生长 pH 为 8.0，而在 pH 为 9.0 时也能生长。许多高盐生境呈碱性，如从埃及某碱性高盐湖中分离到的织里甲烷嗜盐菌（*Methanohalophilus zhilinae*）的最适生长 pH 为 9.2。

3. 温度

较为公认的沼气发酵温度可分为三个范围：≤25℃ 时称为低温发酵，26~40℃ 时称为中温发酵，50~65℃ 时称为高温发酵。值得注意的是，45℃ 左右的温度对沼气发酵来说是很不利的，它既不属于中温范围，也不属于高温范围，在该范围内的沼气发酵效率较低，在实际应用中应避免使厌氧反应器在此温度范围内运行。

表 12-4 分离得到的嗜酸或耐酸产甲烷菌纯培养物的基本特征

名称	分离时间	分离地点	形态特征	利用底物	pH 范围	pH 最适
Methanobacterium espanolae sp. nov.	1990	造纸厂废水处理污泥	单个生长，杆菌，革兰氏阳性，长 6.0 μm，直径 0.8 μm	H_2+CO_2 0~25 mmol/L 乙酸促进生长	4.3~7.7	5.5~6.0
Methanobrevibacter acididurans sp. nov.	2002	酒糟废水处理污泥	短杆，革兰氏阳性，直径 0.3~0.5 μm	H_2+CO_2	5.0~7.5	6.0
Methanoregula boonei	2006	泥潭沼泽	细长杆菌，长 0.8~3.0 μm，直径 0.2~0.3 μm	H_2+CO_2	4.0~5.8	5.0
Methanobacterium strain	2007	泥炭沼泽	长杆状菌，单个或多个共生长，不规则缠绕	H_2+CO_2，甲酸	3.8~6.0	5.5~6.0
Methanosphaerula palustris	2008	中营养沼泽	球型菌，直径 0.5~0.8 μm，对生，革兰氏阳性，有多条鞭毛，发强蓝荧光	H_2+CO_2，低浓度甲酸	4.8~6.5	5.3~5.5

资料来源：Patel et al.，1990；Savant et al.，2002；Cadillo-Quiroz et al.，2009；Bräuer et al.，2011

表 12-5　嗜碱耐碱产甲烷菌的基本特征

菌种名称	生长利用底物	生长 pH 范围	最适生长 pH
Methanobacterium thermoalcaliphilum	$H_2 + CO_2$	6.5 ~ 10.0	7.5 ~ 8.5
Methanobacterium alcaliphilum	$H_2 + CO_2$		8.1 ~ 9.1
Methanohalophilus zhilinae	甲基化合物		9.2
Methanohalophilus oregonense	甲基化合物	7.6 ~ 9.4	8.6
Methanobacterium thermoflexum	$H_2 + CO_2$		7.9 ~ 8.2
Methanolobus taylorii	甲基化合物	6.8 ~ 9.0	8.0
Methanobacterium subterraneurn	$H_2 + CO_2$	6.5 ~ 9.2	7.8 ~ 8.8
Methanosarcina alcaliphilum NY-728	三类	6.5 ~ 10.0	8.1 ~ 8.7
Methanosarcina alcaliphilum LN-1	三类	6.5 ~ 9.5	9.0

资料来源：Kotelnikova et al., 1993；Worakit et al., 1986；Oremland et al., 1994；Mathrani et al., 1990；Liu et al., 1990；Kotelnikova et al., 1998；Blotevogel et al., 1985；Nakatsugawa et al., 1994

　　微生物学中的温度划分与沼气发酵的温度划分略有区别。在微生物学中，根据微生物的基本生长温度即最低（T_{min}）、最适（T_{opt}）和最高（T_{max}）而形成分类系统。在 Stanier 等所著《微生物世界》一书中，所列生长温度跨度在 -5 ~ 22℃者为嗜冷菌（psychrophiles），跨度在 10 ~ 47℃者为中温菌（mesophiles），跨度在 40 ~ 80℃者为高温菌（thermophiles）。然而，不同的人或著作中对以上温度界限也存在不同。实际上，温度界限的划分不影响产甲烷菌的应用研究。在本书中，将最适生长温度≤25℃的称为嗜冷产甲烷菌，最适生长温度介于 26 ~ 50℃的称为嗜温产甲烷菌，最适生长温度>50℃的称为嗜热产甲烷菌。

　　实际上，产甲烷菌广泛分布于各种温度的生境中，从长期处于 2℃的海洋沉积物到温度高达 100℃以上的地热区，均分离到多种多样的嗜冷、嗜温和嗜热产甲烷菌。一般来讲，嗜热产甲烷菌比嗜温产甲烷菌的生长速度更快，如沃氏甲烷球菌在 37℃条件下利用 $H_2 + CO_2$ 生长的倍增时间接近 2h，而热自养甲烷球菌在 65℃下的倍增时间约 1h，詹氏甲烷球菌在 85℃无机盐培养基中生长的倍增时间小于 30min。嗜热乙酸营养型产甲烷菌的生长速率也高于相应的嗜温乙酸营养型产甲烷菌。

（1）嗜温产甲烷菌

　　中温沼气发酵是应用较多的发酵方式，其中最常见的发酵温度为 35 ~ 38℃。在此温度范围内，嗜温产甲烷菌起主要的产甲烷作用。嗜温产甲烷菌广泛分布于瘤胃和中温厌氧消化反应器中，是常见的产甲烷菌类型。

（2）嗜热产甲烷菌

　　嗜热产甲烷菌又可细分为中度嗜热产甲烷菌（最适生长温度为 50 ~ 80℃）和极端嗜热产甲烷菌（最适生长温度高于 80℃）（表 12-6）。目前，还未分离到属

表 12-6 嗜热产甲烷菌的部分特性

菌名	营养类型	分离来源	最适温度（℃）	最适 pH
中度嗜热产甲烷菌				
Methanobacterium strain CB12	H_2+CO_2，甲酸	中温沼气池	56	7.4
Methanobacterium strainFTF	H_2+CO_2，甲酸	高温沼气池	55	7.5
Methanobacterium thermoaggregans	专性自养，H_2+CO_2	牛粪	65	7.0～7.5
Methanobacterium thermoalcalphilum	专性自养，H_2+CO_2	沼气池	60	7.5～8.5
Methanobacterium thermoautotrophicum	专性自养，H_2+CO_2	污泥、温湿区域	65～75	7.2～7.6
Methanobacterium thermoformicium	H_2+CO_2，甲酸	高温粪便沼气池	55	7～8
Methanobacterium wolfei	专性自养，H_2+CO_2	污泥和河流沉积物	55～65	7.0～7.5
Methanococcus thermolithotrophus	H_2+CO_2，甲酸，4% NaCl	地热区海底沉积物	65	7.0
Methanogenium frittonii	H_2+CO_2，甲酸	淡水沉积物	57	7.0～7.5
Methanogenium thermophilicum	H_2+CO_2，甲酸，0.2M NaCl	核电厂海水冷却管道	55	7.0
产甲烷菌 UCLA Methanogenium strain UCLA	H_2+CO_2，甲酸	厌氧污泥消化器	55～60	7.2
Methanosarcina strain CHTI55	乙酸，甲醇，甲胺	高温沼气池	57	6.8
Methanosarcina thermophila	H_2+CO_2，乙酸、甲醇、甲胺、三甲胺	高温沼气池	50	6～7
Methanothrix thermoacetophila	未确定	温泉	62	未报道
极端嗜热产甲烷菌				
Methanopyrus kandleri AV19	专性自养，H_2+CO_2，2% NaCl	浅海地热沉积物	98	未报道
Methanothermus feridus	专性自养，H_2+CO_2	冰岛的温泉	83	6.5
Methnothermus sociabilis	专性自养，H_2+CO_2	陆地硫矿污泥	88	6.5
Methanococcus strain AG86	专性自养，H_2+CO_2，3% NaCl	热水管道	85	6.5
Methanococcus igneus	专性自养，H_2+CO_2，1.8% NaCl	海底热水口	88	5.7
詹氏甲烷球菌 Methanococcus jannaschii	专性自养，H_2+CO_2，2～3% NaCl	海底火山口附近	85	6.0

于甲烷微球菌目的极端嗜热产甲烷细菌，特别是自从将乙酸营养型产甲烷菌归属于甲烷微球菌目之后，利用乙酸产甲烷作用的温度上限仅为70℃。

一种生物要适应高温条件，必须保证其体内的大分子物质（蛋白质、核酸和类脂化合物等）能在高温下维持结构和功能。迄今为止，尚无证据表明极端嗜热产甲烷菌的蛋白质中具有新型氨基酸。然而，一些嗜热产甲烷细菌中，含有高浓度的新型代谢产物——环-2,3-二磷酸甘油酸盐（cyclic 2,3-diphosphoglycerate，cDPG）。如热自养甲烷杆菌，细胞质中 cDPG 浓度约 65mM，炽热甲烷嗜热菌细胞内 cDPG 浓度约 0.3M，坎氏甲烷嗜热菌细胞内 cDPG 浓度为 1.1M。产甲烷菌还能产生一种"热休克蛋白"（heat shock proteins）来适应增高的温度。而且有些极端嗜热产甲烷菌，则可产生 Chaperonin-like 蛋白质，以维持蛋白质的稳定性（Kim and Kim，2010）。

一般认为，高温使双链 DNA 变成单链的 DNA，而且 DNA 中 G+C 碱基对含量高可以提高 DNA 的变性温度。因此，人们会期望嗜热细菌中的 DNA 具有较高的 G+C 比值。实际上，炽热甲烷嗜热菌 DNA 的 G+C 比值只有33%左右。环-2,3-二磷酸甘油酸钾对 DNA 的稳定性起一定作用，同时，还具有一种类似组蛋白（Histone-like）的蛋白质非专一性地与 DNA 结合，可能对炽热甲烷嗜热菌 DNA 的稳定性有作用。在极端嗜热古细菌中，还发现了一种新的 DNA 局部异构酶（topoisomerase），称之为逆促旋酶（reverse gyrase）。研究者们推测，这种酶使 DNA 产生一种正的超螺旋作用，使更为紧密的螺旋化 DNA 具有更高的稳定性（Lopez-Garcia and Forterre，2000）。

产甲烷菌和其他古细菌都有以醚键相连接类异戊二烯酯，因为只有古细菌才能够在90℃以上温度下生长，而且只有这些酯才可能在如此高温下保持细胞膜的完整性。许多嗜热产甲烷细菌都具有末端基团以尾-尾共价键相连接的酯，从而形成跨细胞膜的单个跨膜含有的四醚键分子。据此可认为，含有这种酯的细胞膜会更稳定。詹氏甲烷球菌细胞膜含有的四醚键分子与二醚键分子的比率，在75℃下生长比45℃下生长更高一些。意外的是，在100℃以上生长的 *Methanopyrus kandleri* 却不存在任何四醚键酯类分子。

（3）嗜冷产甲烷菌

地球生物圈绝大部分（约为75%）属于低温环境，嗜冷产甲烷菌对自然界甲烷排放的贡献不可忽视。有关嗜冷产甲烷菌的研究起步较晚，直到1992年，第一株嗜冷产甲烷菌才得以分离培养。但近年来相关研究发展迅速，相继从低温厌氧自然环境和厌氧反应器中分离出嗜冷产甲烷菌，其生理特性得到初步认识（表12-7）。

表 12-7 已命名的嗜冷产甲烷菌及其基本特征

菌种	分离时间（年）	分离地点	外形特征	G+C（%）	利用底物	最大比生长速率（d⁻¹）	温度（℃）		pH		Na⁺浓度（mM）	
							范围	最适	范围	最适	范围	最适
Methanococcoides burtonii	1992	Ace湖，南极洲	不规则球状、单体或成对，有鞭毛能运动，0.8～1.8μm，革兰氏染色时细胞会溶解	39.6	甲胺、甲醇	0.72	-2.5～29.5	23.4	6.7～8.3	7.7	100～600	200
Methanogenium frigidum	1997	Ace湖，南极洲	不规则球状、单体，无鞭毛不运动，1.2～2.5μm，革兰氏阴性	/	H$_2$+CO$_2$、甲酸	0.24	-11.9～18.2	14.8	6.3～8.0	7.5～7.9	100～850	350～600
Methanosarcina lacustris	2001	Soppen湖，瑞士	不规则球状、不运动，聚合体，1.5～3.5，革兰氏阳性	43.4	H$_2$+CO$_2$、甲胺、甲醇	0.34	1～35	25	4.5～8.5	7.0	/	/
Methanogenium marinum	2002	Skan海湾、阿拉斯加	不规则球状、有鞭毛不运动，单体，1.0～1.2μm，革兰氏阴性	/	H$_2$+CO$_2$、甲酸	0.60	5～28	25	5.5～7.5	6.0	250～1250	400～900
Methanosarcina baltica	2002	Gotland深处、波罗的海	不规则球状、有鞭毛，成对或四联体，1.5～3.0μm	/	甲醇、甲胺、乙酸	0.29	-22.3～27	25	4.9～8.5	6.5	170～1200	300～650

续表

菌种	分离时间（年）	分离地点	外形特征	G+C（%）	利用底物	最大比生长速率（d⁻¹）	温度（℃）		pH		Na⁺浓度（mM）	
							范围	最适	范围	最适	范围	最适
Methanococcoides alaskense	2005	Skan 海湾，阿拉斯加	不规则球状，有菌毛，无鞭毛不运动，1.5～2.0μm，单体，革兰氏阴性		三甲胺	0.25	−2.3～30.6	23.6	6.3～7.7	7.5	100～700	300～400
Methanogenium boonei	2007	Skan 海湾，阿拉斯加	不规则球状，单体，不运动，1.0～2.5μm	49.7	H_2+CO_2，甲酸	0.72	−5～25.6	19.4	6.4～7.8	7.6	100～800	300
Methanolobus psychrophilus	2008	若尔盖草原，青藏高原	椭圆，有鞭毛，有胶囊状物质包裹，松散的聚合体，1.0～2.5μm	44.9	甲醇，甲胺，甲基硫化物	1.5	0～25	18	6.0～8.0	7.0～7.2	10～800	200～250

嗜冷产甲烷菌又可细分为专性嗜冷菌和耐冷菌。专性嗜冷菌的 T_{max} ≤20℃，T_{opt} ≤15℃，0℃可生长繁殖；耐冷菌的 T_{max} >20℃，T_{opt} >15℃，在 0 ~ 5℃可生长繁殖。专性嗜冷菌只能在较窄的温度范围内生长，而耐冷菌则能在较宽温度范围内生长。目前，8 种已命名的嗜冷产甲烷菌均分离自永久性低温自然环境（表 12-7）。除 *M. lacustris* 以外，其他 7 种均具有嗜盐性。它们多以甲基类物质作为底物，不与硫酸盐还原菌竞争底物，在盐度大的环境中更具优势。在不同的海域中均分离到 *M. baltica*，在日本海域中也曾检测到与 *M. burtonii* 序列相似性达 98.18% 的产甲烷菌。只有 *M. baltica* 可以利用乙酸作为底物，而 *M. lacustris* 是甲烷八叠球菌属中少数不能利用乙酸作为底物的菌种之一。

除了已命名并全面描述的嗜冷产甲烷菌，研究者在很多低温环境中都曾分离产甲烷菌纯菌种。早在 1991 年，在莫斯科附近的沼泽中得到 *Methanosarcina strain* Z-7289，其 T_{opt} 为 15℃，生长温度为 5 ~ 28℃。在苔原沼泽地、被污染的池塘及粪便低温发酵物中，分离到了 9 株分别属于 *Methanosarcina*、*Methanocorpusculum* 和 *Methanomethylovorans* 的产甲烷菌，这些菌种均可在 5℃以下生长，其中 3 株的 T_{opt} 为 25℃。Nozhevnikova 等研究了苔原湿地、湖底沉积物、低温粪便发酵物以及低温运行的 EGSB 反应器等多种低温环境中的厌氧微生物，分离出 12 种在 8℃以下均可生长的产甲烷菌，其中大部分菌种的 T_{opt} 为 25℃左右。

嗜冷产甲烷菌能够在较低温度下具有较高的活性，是因为其在长期的进化过程中形成了一系列独特的适冷机制，主要涉及细胞膜、嗜冷酶、tRNA 及冷激蛋白。

细胞膜脂肪酸组成对低温环境的适应机制表现为：不饱和脂肪酸及支链脂肪酸的比例有所增加，而碳链长度有所降低。通过这种改变，降低脂类的熔点，从而保证细胞膜在低温下保持良好的流动性。现已证实，*M. burtonii* 的细胞膜中含有较大比例的不饱和脂肪酸。

嗜冷酶对低温环境的适应机制表现为：氢键和盐桥的数量有所增加，芳香环之间的相互作用有所减弱，极性氨基酸残基含量的相对增加及非极性氨基酸残基含量的相对降低。通过这种改变，酶的疏水性减弱，亲水性增强，这使得酶与溶剂的相互作用增强，接触反应的效率增加。因此，酶在低温下容易被底物诱导产生催化作用。研究表明，与嗜温、嗜热产甲烷菌相比，*M. burtonii* 和 *M. frigiidum* 含有更高浓度的极性氨基酸（如谷氨酸和苏氨酸）及更低浓度的非极性氨基酸（亮氨酸）(Saunders et al., 2003)。

与极端嗜热产甲烷菌依赖 G+C 含量的提高以增加 tRNA 的稳定性不同，由于一定含量的 G+C 对于 tRNA 维持基本的稳定性是必须的，嗜冷产甲烷菌不能通过降低 G+C 含量以提高 tRNA 的流动性，这就要求嗜冷产甲烷菌必须通过其他途径来改善 tRNA 的流动性。研究发现，*M. burtonii* 中 G+C 的含量与嗜温、嗜热产甲烷菌相比并没有减少，但在 tRNA 转录后结合的二氢脲嘧啶含量远远高于其他古细菌。因此，这可能是嗜冷产甲烷菌改善 tRNA 局部构象从而增加 tRNA 流动性的关键之一（Noon et al., 2003）。

嗜冷产甲烷菌在温度突然降低时，会诱导冷激蛋白的高表达。有研究者已在 *M. frigidum* 中鉴定出 1 种冷激蛋白（cold shock protein），而在 *M. burtonii* 中鉴定了两个冷激蛋白折叠。可以推测，冷激蛋白在嗜冷产甲烷菌的适冷机制中发挥着重要作用（Noon et al., 2003）。

4. 盐度

从淡水到高盐环境，几乎都能发现产甲烷细菌的存在。典型的淡水产甲烷菌需要的钠至少为 1mM，因为产甲烷作用的生物能（力）学包括了一个向内的钠泵。尽管有多种多样的淡水产甲烷菌和海洋产甲烷菌，但已知的极端嗜盐产甲烷菌却不多，这类极端嗜盐产甲烷菌都是甲基营养型产甲烷菌，属于甲烷八叠球菌科。已有详细描述的嗜盐产甲烷菌主要在甲烷嗜盐菌属。马氏甲烷嗜盐菌（*Methanohalophilus mahii*）能够在盐浓度高达 3M 的条件下良好生长。高盐环境中的甲基营养型产甲烷菌能够进行厌氧分解作用，是因为嗜盐菌中含有极其丰富的渗透防护剂（如甜菜碱）。

和其他生物一样，产甲烷细菌对盐环境的适应性是通过细胞质内累积了亲和性溶质，使细胞内外的渗透性达到平衡。海洋产甲烷细菌热自养甲烷热球菌（*Methanococcus thermolithotrophicus*），检测发现 β-谷氨酸与 α-谷氨酸同时存在。在嗜热甲烷八叠球菌、卡里亚萨产甲烷菌（*Methanogenium cariaci*）、甲烷嗜盐菌属和德尔塔甲烷球菌（*Methanococcus deltae*）中还检测出一种新的代谢产物——N-乙酰-β-赖氨酸。在低渗透性下，α-谷氨酸是主要的细胞质溶质，但在较高的盐度下，N-乙酰-β-赖氨酸在细胞质中的浓度接近 0.6M。已有的研究还发现，产甲烷细菌在生长培养基中生长时，还会累积甜菜碱。细胞生长于含有酵母膏的培养基时，检测出甜菜碱，甜菜碱或甜菜碱的前体物很可能来自酵母膏。在马氏甲烷嗜盐菌中，同时检测出 N、N-二甲基甘氨酸和甜菜碱。嗜热甲烷八叠球菌和卡里亚萨产甲烷菌的细胞在含有甜菜碱的培养基中生长时，并不能合成 N-乙酰-β-赖氨酸，说明一定存在着遗传学或生物化学机理调节者它的合成。

思 考 题

1. 在沼气发酵系统中，NO_3^-、SO_4^{2-}、Fe^{3+} 的存在对产甲烷有什么影响？

2. 用于沼气发酵的接种物来源有哪些？

3. 产甲烷菌的甲烷形成途径与生物合成途径存在什么联系？

4. 嗜酸、嗜热、嗜冷等极端产甲烷菌具有何种应用意义？

参 考 文 献

李煜珊, 李耀明, 欧阳志云 . 2014. 产甲烷微生物研究概况 . 环境科学, 35 (5)：2025-2030.

张小元, 李香真, 李家宝 . 2016. 微生物互营产甲烷研究进展 . 应用与环境生物学报,
  22 (1)：156-66.

Blotevogel K H, Fischer U, Mocha M, et al. 1994. Methanobacterium thermoalcaliphilum spec. nov.,
  a new moderately alkaliphilic and thermophilic autotrophic methanogen. Arch Microbiol, （142）:
  211-217.

Borrel G, Harris H M B, Parisot N, et al. 2013. Genome Sequence of "Candidatus
  Methanomassiliicoccus intestinalis" Issoire-Mx1, a Third Thermoplasmatales-Related Methanogenic
  Archaeon from Human Feces. Genome Announcements, 1 (4), e00453-13：1-2.

Borrel G, Harris H M B, Tottey W, et al. 2012. Genome Sequence of "Candidatus
  Methanomethylophilus alvus" Mx1201, a Methanogenic Archaeon from the Human Gut Belonging to
  a Seventh Order of Methanogens. J Bacteriol, (194)：6944-6945.

Borrel G, O'Toole P W, Harris H M, et al. 2013. Phylogenomic data support a seventh order of Meth-
  ylotrophic methanogens and provide insights into the evolution of Methanogenesis. Genome Biol
  Evol., (5)：1769-1780.

Bräuer S L, Cadillo-Quiroz H, Ward R J, et al. 2011. Methanoregula boonei gen. nov., sp. nov., an
  acidiphilic methanogen isolated from an acidic peat bog. Int J Syst Evol Micr., (61)：45-52.

Cadillo-Quiroz H, Yavitt J B, Zinder S H. 2009. Methanosphaerula palustris gen. nov., sp. nov., a
  hydrogenotrophic methanogen isolated from a minerotrophic fen peatland. Int J Syst Evol Micr.,
  (59)：928-935.

Dridi B, Fardeau M-L, Ollivier B, et al. 2012. Methanomassiliicoccus luminyensis gen. nov., sp. nov., a
  methanogenic archaeon isolated from human faeces. Int J Syst Evol Micr, (62)：1902-1907.

Gerardi M H. 2003. The Microbiology of Anaerobic Digesters. Hoboken：John Wiley & Sons.

Kim Y M, Kim D. 2010. Characterization of novel thermostable dextranase from Thermotoga lettingae
  TMO. Appl Microbiol Biot, (85)：581-587.

Kotelnikova S V, Obraztsova A Y, Gongadze G M. 1993. Methanobacterium thermoflexum sp. nov. and
  Methanobacterium defluvii sp. nov., Thermophilic Rod-Shaped Methanogens Isolated from Anaerobic
  Digestor Sludge. Syst Appl Microbiol, (16)：427-435.

Kotelnikova S, Macario A J L, Pedersen K. 1998. Methanobacterium subterraneum sp. nov., a new
  alkaliphilic, eurythermic and halotolerant methanogen isolated from deep granitic groundwater. Int J
  Syst Bacteriol, (48)：357-367.

Liu Y C, Whitman W B. 2008. Metabolic, phylogenetic, and ecological diversity of the methanogenic archaea. Incredible Anaerobes: From Physiology to Genomics to Fuels; (1125): 171-189.

Liu Y, Boone D R, Choy C. 1990. Methanohalophilus-Oregonense Sp-Nov, a Methylotrophic Methanogen from an Alkaline, Saline Aquifer. Int J Syst Bacteriol, (40): 111-116.

Liu Y. 2010. Taxonomy of Methanogens. //Timmis K N. 2010. Handbook of Hydrocarbon and Lipid Microbiology. Berlin, Heidelberg: Springer Berlin Heidelberg: 547-558.

Lopez-Garcia P, Forterre P. 2000. DNA topology and the thermal stress response, a tale from mesophiles and hyperthermophiles. Bioessays, (22): 738-746.

Mathrani I M, Boone D R, Mah R A. 1988. Methanohalophilus-Zhilinae Sp-Nov, an Alkaliphilic, Halophilic, Methylotrophic Methanogen. Int J Syst Bacteriol, (38): 139-142.

Mondav R, Woodcroft B J, Kim E H, et al. 2014. Discovery of a novel methanogen prevalent in thawing permafrost. Nat Commun, (5): 3212.

Nakatsugawa N, Horikoshi K. 1989. Alkalophilic, methanogenic bacteria and fermentation method for the fast production of methane. Tokyo: EU Research Development Corporation of Japan.

Nobu M K, Narihiro T, Kuroda K, et al. 2016. Chasing the elusive Euryarchaeota class WSA2: genomes reveal a uniquely fastidious methyl-reducing methanogen. Isme J. , (10): 2478-2487.

Noon K R, Guymon R, Crain P F, et al. 2003. Influence of temperature on tRNA modification in Archaea: Methanococcoides burtonii (optimum growth temperature [T-opt], 23 degrees C) and Stetteria hydrogenophila (T-opt, T-95 degrees C) . J Bacteriol. , (185): 5483-5490.

Oremland R S, Boone D R. 1994. Methanolobus Taylorii Sp-Nov, a New Methylotrophic, Estuarine Methanogen. Int J Syst Bacteriol, 44: 573-575.

Patel G B, Sprott G D, Fein J E. 1990. Isolation and Characterization of Methanobacterium-Espanolae Sp-Nov, a Mesophilic, Moderately Acidiphilic Methanogen. Int J Syst Bacteriol, (40): 12-8.

Paul K, Nonoh J O, Mikulski L, et al. 2012. "Methanoplasmatales," Thermoplasmatales-Related Archaea in Termite Guts and Other Environments, Are the Seventh Order of Methanogens. Appl Environ Microb. , (78): 8245-8253.

Sakai S, Conrad R, Liesack W, et al. 2010. Methanocella arvoryzae sp. nov. , a hydrogenotrophic methanogen isolated from rice field soil. Int J Syst Evol Micr, (60): 2918-2923.

Sakai S, Imachi H, Hanada S, et al. 2008. Methanocella paludicola gen. nov. , sp. nov. , a methane-producing archaeon, the first isolate of the lineage ' Rice Cluster I ', and proposal of the new archaeal order Methanocellales ord. nov. Int J Syst Evol Micr, (58): 929-936.

Saunders N F W, Thomas T, Curmi P M G, et al. 2003. Mechanisms of thermal adaptation revealed from the genomes of the Antarctic Archaea Methanogenium frigidum and Methanococcoides burtonii. Genome Res. , (13): 1580-1588.

Savant D V, Shouche Y S, Prakash S, et al. 2002. Methanobrevibacter acididurans sp nov. , a novel methanogen from a sour anaerobic digester. Int J Syst Evol Micr. , (52): 1081-1087.

Smith K S, Methanosaeta I C. 2007. the forgotten methanogen? Trends Microbiol, (15): 150-155.

Sprenger W W, Van Belzen M C, Rosenberg J, et al. 2000. Methanomicrococcus blatticola gen. nov. , sp. nov. , a methanol-and methylamine-reducing methanogen from the hindgut of the cockroach Periplaneta americana. Int J Syst Evol Micr, 50: 1989-1999.

Tokyo: MITSUBISHI Electric Corporation.

Whitman W B, Bowen T L, Boone D R. 2006. The Methanogenic Bacteria. (1): 165-207.

Worakit S, Boone D R, Mah R A. 1986. Methanobacterium alcaliphilum sp. nov., an H2-Utilizing Methanogen That Grows at High pH Values. Int J Syst Bacteriol, 36: 380-382.

第 13 章　生物制氢微生物

　　工业革命以来，化石能源的过度开采和利用正持续造成能源短缺和生态环境破坏等问题。因此，迫切需要开发新型的清洁可再生能源。在众多新型能源中，氢能在利用过程中只产生水，不产生任何破坏生态环境的物质，因此被认为是一种理想的可再生燃料。许多国家都已把氢能作为未来能源加紧研发。制氢方式主要包括电解水制氢、重整制氢和生物制氢。其中，电解水制氢需要消耗大量电能，重整制氢则一般以煤、石油及天然气等化石能源为基本原料。与电解水制氢和重整制氢相比，生物制氢的产气条件温和，通常在常温常压下进行，除能够提供清洁能源外，还能处理有机废物，具有双向清洁的作用，应用前景广阔。本章从微生物学的角度出发，介绍了生物产氢的分子基础以及生物制氢过程所涉及的微生物，重点梳理了产氢微生物的分类、产氢机理、影响因素和产氢工艺等，最后对生物制氢的应用前景进行了展望。

13.1　生物产氢的分子基础

　　生物产氢过程依赖于产氢酶。常见的产氢酶包括固氮酶和氢化酶（或氢酶），这些酶一般含有作为活性位点的金属原子簇，能够催化质子还原成氢气的反应（Hallenbeck and Benemann，2002；杜明等，2009）：

$$2H^+ + 2e^- \longrightarrow H_2$$

13.1.1　固氮酶

　　固氮酶是一种能够将氮气分子还原成氨的酶，存在于蓝细菌和光合细菌等原核微生物中，由钼铁蛋白和铁蛋白组成。其中，钼铁蛋白中含有两种金属原子簇，即 M 簇和 P 簇。M 簇通常称为铁钼因子，是固氮酶的活性中心；P 簇由两个4Fe4S 组成，负责传递电子（Hallenbeck and Benemann，2002）。固氮酶利用MgATP（2ATP/e⁻）和由铁氧还原蛋白（ferredoxin，Fd）或黄素氧原蛋白（flavodoxin，Fld）传递的电子对底物进行还原（Hallenbeck and Benemann，2002）。在没有其他底物的条件下，固氮酶能够将质子还原成氢气。

13.1.2 氢化酶

氢化酶是自然界中厌氧微生物体内一种常见的金属酶。根据催化特性的不同，氢化酶可分为吸收氢化酶（或吸氢酶）、放氢酶和可逆氢化酶（或双向氢酶）。吸收氢化酶催化吸氢反应，放氢酶催化放氢反应，可逆氢化酶根据细胞生理条件的不同而催化吸氢或放氢反应（杜明等，2009；Frey，2002）。根据活性中心所含金属的不同，氢化酶又可分为镍铁氢化酶和唯铁氢化酶（Fontecilla-Camps，2007）。镍铁氢化酶由大小不同的两个亚基组成，其活性中心位于大亚基上，具有连接到铁原子上的两个 CN 分子和一个 CO 分子，小亚基上具有 [Fe-S] 簇（Hallenbeck and Benemann，2002；Fontecilla-Camps et al.，2007）。镍铁氢化酶多存在于细菌中，迄今为止已有多种细菌的镍铁氢化酶的晶体结构被解析，这些氢化酶的蛋白结构具有很高的相似性，而活性中心镍、铁二原子非蛋白配体存在结构差异（杜明等，2009；Fontecilla-Camps et al.，2007）。唯铁氢化酶的活性中心是两个 Fe 原子组成的双金属中心，每个铁原子上连有两个 CN 分子和三个 CO 分子，活性中心通过 Fe 上的一个硫代半胱氨酸近端的 [4Fe-4S] 簇连接在酶分子上（Hallenbeck and Benemann，2002；Fontecilla-Camps et al.，2007）。

13.2 光合自养微生物

光合自养产氢微生物是指能够在光的作用下利用无机物（CO_2 和 H_2O 等）合成有机化合物（$C_6H_{12}O_6$），并释放 H_2 的光合自养微生物。常见的光合自养产氢微生物主要包括真核藻类和蓝细菌两大类。

13.2.1 真核藻类产氢

1. 产氢真核藻类

一些真核藻类既能在厌氧的条件下吸收 H_2 固定 CO_2，又能在光照的条件下放出 H_2。目前已报道的能够进行光合产氢的真核藻类涵盖了绿藻（green algae）、红藻（red algae）和褐藻（brown algae）。其中，绿藻是主要的产氢真核藻类，包括绿藻纲（Chlorophyceae）的团藻目（Volvocales）和绿球藻目（Chlorococcales）的衣藻属（*Chlamydomonas*）、扁藻属（*Platymonas*）、栅藻属（*Scenedesmus*）、小球藻属（*Chlorella*）和绿球藻属（*Chlorococcum*）等（Hankamer and Kruse，

2006）。产氢的红藻和褐藻相对较少。

2. 真核藻类产氢机制

真核藻类产氢有两种基本方式：一种是在厌氧条件下由可逆氢化酶催化产氢，该过程直接与 CO_2 固定过程竞争经光系统 II（PS II）光解水产生的电子，称为直接生物光解水产氢；另一种是在特殊条件下，分解经 CO_2 固定形成的内源性底物产生电子，经光系统 I（PS I）传递到氢化酶还原质子产氢，称为间接生物光解水产氢（Benemann，1996）。

（1）直接生物光解水产氢

在真核藻类叶绿体类囊体膜上存在一种可逆氢化酶，通过非血红素铁硫蛋白（Fe-S）和铁氧还蛋白与光合传递链相连，它可能对光合传递链的电子流起到调配作用（Hallenbeck and Benemann，2002；杜明等，2009；Frey，2002）。在特殊条件下（如厌氧环境或较低的 pH），或当光合传递链上的电子过剩时，过多的电子就会传到可逆氢化酶的反应中心，最终催化还原基质中的质子为分子 H_2，从而消除了积累的电子对细胞机体产生的伤害，而且该过程不需要额外的 ATP，其能量直接来源于光系统，H_2 来源于水的直接光解（图13-1），其反应如下：

$$2H_2O \xrightarrow{\text{光能}} 2H_2+O_2$$

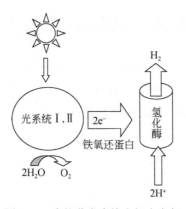

图 13-1　真核藻类直接光解水产氢

真核藻类直接生物光解水产氢的缺陷在于，氧气与氢气同时产生。而氧气是氢化酶的强抑制剂，其不仅抑制氢化酶本身的活性，而且抑制氢化酶基因的表达（Happe and Kaminski，2002）。因此，要设法降低反应系统中的氧气浓度才能进行持续产氢。在实验中可以通过加快气体扩散或是充入惰性气体的方法来降低反应系统中的氧气浓度，但由于抽气过程极为耗能，这在实践中较难实行；利用可

再生的 O_2 吸附剂也可降低反应系统中 O_2 的浓度，但由于其成本较高也不适用于大规模应用。

（2）间接生物光解水产氢

在特殊条件下，内源性底物分解代谢得到电子，莱茵衣藻类囊体膜上的 NAD（P）H-质体醌氧化还原复合酶系催化电子注入 PS Ⅱ 和 PS Ⅰ 间的质体醌池中，并经细胞色素 b_6/f 复合体和质体蓝素传递到 PS Ⅰ，然后再传递给 Fe-S 蛋白和铁氧还蛋白，最终经可逆氢化酶催化合成 H_2（图 13-2）。

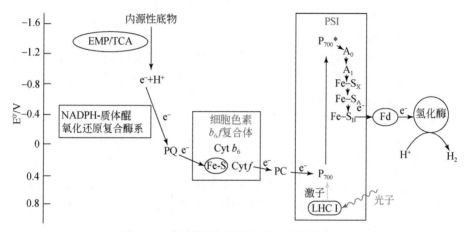

图 13-2　真核藻类间接产氢的电子传递过程

3. 真核藻类产氢的影响因素

（1）硫

培养基中的硫在光合细胞中可用来控制 H_2 的生产。研究表明，在绿藻培养液中，采取限量补充硫的方法比完全去除硫可以使细胞具有更高的 H_2 产量（Tsygankov et al.，2006；Skjanes et al.，2008；Tolstygina et al.，2009）。去除培养基中的硫大多采用离心法，但这种方法会造成较大的浪费，并且耗时多，成本也较高，不利于大规模绿藻制氢。采用稀释法剥夺硫可以使氢气生产更加便宜、省时，也可减少其他微生物对藻类的污染。

（2）内源性底物

间接生物光解水产氢不仅与光系统 Ⅱ（PS Ⅱ）的活性有关，而且还和糖、淀粉、蛋白质等内源性底物有关。中间代谢物葡萄糖和乙酸可能通过呼吸作用为产氢过程提供电子，例如，*P. subcordiformis* 在异养生长时需要葡萄糖（Xie et al.，2001），而 *C. reinhardtii* 需要乙酸（Kim et al.，2006）。淀粉的代谢也是一个重要的影响因素，淀粉的降解可能影响细胞内 NAD（P）H 和（或）质体醌

（plastoquinone，PQ）的氧化水平，这两者直接或者间接地影响氢化酶基因的表达（Kruse and Hankamer，2010）。因此，硫剥夺后的最初 24h 一般需要增加细胞内淀粉的含量。

（3）Fe^{2+} 和 CO_2

当藻类生长在大气 CO_2 条件下，Fe^{2+} 没达到饱和，但在 3%（体积比）CO_2 条件下培养时，Fe^{2+} 达到饱和，绿藻中 H_2 的厌氧生成速率是在大气 CO_2 条件下的 3 倍。这表明细胞内的 Fe^{2+} 离子数量、CO_2 浓度和厌氧条件三者有着紧密的联系（Semin et al.，2003）。

（4）NaCl 浓度

细胞在产氢的同时会合成自身生长所需的 ATP。NaCl 浓度是影响 ATP 消耗的重要因素，也对绿藻产氢具有影响。有研究报道，绿藻产 H_2 的最适盐度为 10mM NaCl（Zhang and Melis，2002）。

（5）氧气浓度

氢化酶对氧气非常敏感，当氧分压达到 2% 时，氢化酶将失去活力。对此，有三种解决方案：①在反应器中充入惰性气体以稀释氧的浓度。②利用分子生物学手段获取耐氧突变体，阻碍氧气接近绿藻 Fe-氢化酶催化位点。③无硫调控部分抑制 PS II 活性，形成细胞内生理上的厌氧状态，从而诱导氢化酶表达。

（6）光照强度

光照强度对真核藻类制氢起着重要的作用。以莱茵衣藻为例，剥夺硫以后的完全产氢所需光照强度范围为 $60 \sim 200\mu E/(m^2 s)$，在接近 $200\mu E/(m^2 s)$ 的光照强度下，产氢量随光照强度的增加而增加。当达到 $200\mu E/(m^2 s)$ 光照强度时，氢气生成量最大化至 $60\mu E/(m^2 s)$ 光照强度下的 2.6 倍。但是，当达到 $300\mu E/(m^2 s)$ 光照强度时，氢气的生成量急剧下降（Kim et al.，2006）。

（7）pH

质子是氢化酶催化反应的底物或产物，从反应方程式来看，较低的 pH 有利于氢化酶催化放氢，较高的 pH 有利于氢化酶催化吸氢。但有些氢化酶则不表现这一规律，其催化吸氢的最佳环境为酸性。pH 还影响电子载体的等电点、活性中心的氧化状态和活性中心功能基团的解离等。当 pH 从 5 升高到 8 时，亚心型扁藻（*Platymonas subcordiformis*）的氢气产量增加 14 倍，但当 pH 超过 8 时，氢气的产量急剧下降。对于莱茵绿藻，当硫被剥夺后，pH 为 7.7 时氢气的产率最大，当低于 6.5 和高于 8.2 时产率减少（Guan et al.，2004）。

（8）抑制剂

化合物 3-（3,4-dichloropHenyl）-1,1-dimethylurea（DCMU）能够专一性地抑制 PS II 的活性（Abeles，1964）。在缺氧且无光源的环境下，若先将 DCMU 加入

莱茵衣藻中培养一段时间，待衣藻通过呼吸作用将水中溶氧消耗完毕后，再进行光照培养，不需要再移除培养基中含硫营养物即可产生氢气。

4. 真核藻类制氢工艺

为了将 O_2 和 H_2 的产生过程在时间和（或）空间上分离以避免 O_2 对氢化酶的抑制，产生了"两步法"产氢（Kim et al.，2006），即间接生物光解水产氢：第一阶段在有氧环境中完成，真核藻类通过正常的光合作用（PS II 和 PS I 均参与）固定 CO_2，合成含氢细胞物质，同时释放出氧气；第二阶段在无氧条件下完成，这些细胞物质会通过糖酵解（EMP）和三羧酸循环（TCA）产生电子，电子通过质体醌 PQ、细胞色素 b_6/f 复合体和质体蓝素（plastocyanin）传递到 PS I，再由氢化酶的直接电子供体（铁氧还蛋白）传递给氢化酶产氢，细胞物质的酵解过程伴随着 CO_2 的产生（图 13-3），其反应如下：

$$12H_2O+6CO_2 \xrightarrow{光能} C_6H_{12}O_6（细胞物质）+6O_2 \qquad 第一阶段$$

$$C_6H_{12}O_6（细胞物质）+12H_2O \xrightarrow{光能} 6CO_2+12H_2 \qquad 第二阶段$$

$$12H_2O \xrightarrow{光能} 6O_2+12H_2 \qquad 总反应$$

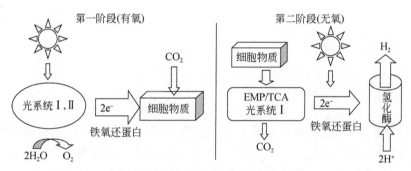

图 13-3 真核藻类间接生物光解水产氢

第二阶段的培养通常在缺乏硫的培养基中进行。以莱茵衣藻为例，当藻种置于缺乏硫的培养基，即使在光照条件下，光合产 O_2 和 CO_2 固定的速率在 24h 内急剧下降。原因在于，PS II 的 D1 蛋白需要经常置换，而无机硫的缺乏阻碍了 D1 蛋白的生物合成，该多肽链由许多含硫氨基酸组成，例如半胱氨酸和甲硫氨酸。当光合分解水产氧能力急剧下降后，线粒体上的呼吸作用仍在继续。此时，光合作用释放的氧气的量低于呼吸作用消耗的氧气的量，培养基逐渐形成厌氧状态。在没有氧作为最终电子受体的情况下，EMP 和 TCA 途径产生的电子传递给氢化酶。在氢化酶催化下，电子结合质子产生 H_2。

典型的间接生物光解水制氢工艺大致分为三个步骤（图13-4）。首先，在开放的含硫培养池内进行藻类培养，光合作用生成大量的碳水化合物贮存于细胞体内；其次，在沉淀池收集这些细胞；再次，在密闭的厌氧池进行糖的分解代谢并产氢，直到绿藻耗尽细胞内物质。之后，在培养基中及时补充一定量无机硫使其恢复正常的光合作用，经过一段时间的 CO_2 固定后，又进行下一个循环。然而，该工艺成本较高，仅反应器花费就过半，目前仅限于实验室研究。

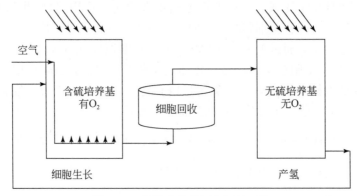

图 13-4　间接生物光解水制氢工艺

13.2.2　蓝细菌产氢

1. 产氢蓝细菌

蓝细菌（又名蓝藻或蓝绿藻）是一类能够进行光合作用的原核微生物。这类微生物进化历史悠久，含有叶绿素 a 但不含叶绿体。蓝细菌光合作用的过程和机理与高等植物类似，可利用光能产生 O_2 并通过固定 CO_2 来合成有机物。

自 Benemann 等于 1974 年发现了 *Anabaena cylindrica* 在光照、氩气环境中的放氢现象开始（Benemann and Weare, 1974），蓝藻产氢方面的研究便日益受到大家的关注。能够产氢的蓝细菌分为丝状异形胞蓝细菌、丝状非异形胞蓝细菌和单细胞不固氮蓝细菌等三大类，具体包括鱼腥蓝细菌属（*Anabaena*），如满江红鱼腥藻（*Anabaena azollae*）、多变鱼腥蓝细菌（*A. variabilis*）和柱胞鱼腥蓝细菌（*A. cylindrica*）；念珠蓝细菌属（*Nostoc*），如灰色念珠藻（*Nostoc muscorum*）和海绵状念珠蓝细菌（*Nostoc spongiaeforme*）；聚球蓝细菌属（*Synechococcus*），如 *Synechococcus elongatus*；颤蓝细菌属（*Oscillatora*），如沼泽颤蓝细菌（*Oscillatora limnetica*），集胞蓝细菌属（*Synechocystis*）；以及其他蓝细菌，如佛氏绿胶蓝细菌

（*Chlorogloea fritschii*）、层理鞭枝蓝细菌（*Mastigocladus laminosus*）、繁育拟韦斯蓝细菌（*Westiellopsis prolifica*）（Dutta D et al.，2005）。深入的研究主要针对少数 *Anabaena* 属和 *Nostoc* 属的异形胞蓝细菌，如 *A. cylindrica*、*A. variabilis* 和 *Nostoc* PCC 73102，以及个别 *Synechococcus* 属和 *Synechocystis* 属的蓝细菌。

2. 蓝细菌产氢机制

与真核藻类相似，蓝细菌也有 PS I 和 PS II，蓝细菌产 H_2 所需的质子和电子也可来源于 H_2O 的光解，但蓝细菌除了具有氢化酶还存在固氮酶。实际上，参与蓝细菌氢代谢的酶包括固氮酶、吸收氢化酶和可逆氢化酶。含异形胞丝状固氮蓝细菌的放氢作用同时与固氮酶、吸收氢化酶和可逆氢化酶有关；而单细胞非固氮蓝细菌的放氢作用主要由可逆氢化酶负责（Dutta D et al.，2005）。

（1）固氮酶产氢

蓝细菌通过固氮酶进行间接生物光解水产氢。O_2 是固氮酶的强抑制剂，但蓝细菌已经进化形成了完善的固氮酶抗 O_2 保护机制。为了避免光合放 O_2 对产 H_2 的抑制，可选择在空间上或时间上将光合放 O_2 与产 H_2 过程分离开。

（2）氢化酶产氢

钝顶螺旋藻（*Spirulina platensis*）等可在厌氧条件下通过可逆氢化酶产氢（Aoyama et al.，1997）。实际上，在黑暗厌氧条件下，既有可能是固氮酶催化产氢，也有可能是可逆氢化酶催化产氢，但氢化酶的产氢速率远低于固氮酶产氢速率。

3. 蓝细菌产氢的影响因素

蓝细菌产氢需要适宜的环境条件，包括光强、温度、盐度、pH、气氛、培养条件和培养基等。对于固氮酶介导的放氢，由于固氮酶活性需要比最佳生长要求更高的饱和光强，适当提高光强往往可以增大产氢。而温度、盐度、pH 条件对不同的蓝细菌有不同的最佳值。其他主要影响因素如下：

（1）硫

研究表明，蓝细菌在缺硫条件下的产氢速率会有大幅提高，这一现象与细胞内碳水化合物的分解以及 NAD（P）H 的产生有关（Antal and Lindblad，2005）。

（2）气氛条件

对于异形胞蓝细菌，N_2 和 O_2 是固氮酶放氢的抑制剂，且吸收氢化酶会消耗固氮酶放出的 H_2，O_2 则会导致可逆氢化酶失活，并促进氧氢反应（耗氢过程），因此，蓝细菌在同时含有 N_2 和 O_2 的气氛条件下几乎不产氢（Lambert and Smith，1997；Fay，1992）。蓝细菌放氢一般在氩气环境中进行，或在氮气中补充固氮酶和吸收氢化酶的竞争性气体抑制剂（CO 和 C_2H_2）的条件下进行。

（3）细胞固定化

固定化培养可以保护蓝细菌细胞及其酶的活性，降低其因受环境条件干扰而导致的失活，从而提高其产氢的速率和稳定性。蓝细菌固定化培养最常用的载体包括琼脂凝胶、藻酸盐凝胶、聚氨酯泡沫和聚乙烯泡沫。

（4）培养基

由于蓝细菌的净放氢是固氮酶产氢和吸收氢化酶吸氢的结果，因此提高固氮酶活性或抑制吸收氢化酶活性都有利于产氢的增加。钴、铜、钼、锌、镍等微量元素都会影响蓝细菌产氢（Dutta et al., 2005）。含钒不含钼的培养条件可以诱导放氢效率更高的钒固氮酶的表达，从而产生更多的氢气（Kars et al., 2006）。在培养基中提高镁离子浓度和添加果糖，*Nostoc* sp. ARM 411 的异形胞形成频率可以提高 3 倍，其固氮酶活性和产氢能力也相应提高。蓝细菌吸收氢化酶辅基中包含金属元素 Ni，Ni 不仅直接作用于酶，而且也参与对其编码基因的转录调控（Dawar et al., 1999）。

4. 蓝细菌制氢工艺

蓝细菌产氢在光生物反应器中的放大是其走向工业化应用的必要环节。简易高效的光生物反应器的设计是蓝细菌产氢研究的一个重要方面，光生物反应器产氢特征的研究可为蓝细菌大规模产氢提供依据。蓝细菌产氢光生物反应器主要采用管式光生物反应器，少数采用柱式光生物反应器。

13.3　光合细菌

光合细菌是自然界中普遍存在的具有原始光能合成体系的一类原核微生物的总称。光合细菌以光作为能源，在厌氧光照或好氧黑暗条件下利用有机物作为碳源进行较原始的光合磷酸化作用，反应过程不放氧。

光合细菌能够在光照条件下或黑暗条件下进行产氢。能够产氢的光合细菌包括紫色硫细菌、紫色非硫细菌和绿色硫细菌，其中几乎所有的紫色非硫细菌均可产氢（Basak and Das, 2007）。光合细菌有多种代谢模式，包括有氧呼吸、无氧呼吸、厌氧发酵和光能自养（表 13-1），但厌氧光能异养是最佳的产氢模式，同时也是最佳的生长模式（Gest, 1951）。另外，光合细菌厌氧光能异养的产氢效率远高于其在黑暗厌氧条件下的产氢效率。因此，在利用光合细菌产氢时，应控制好产氢条件，避免产氢系统转变为不产氢模式或耗氢模式。

表 13-1 光合细菌的不同生长模式

生长模式	碳源	能源	产氢情况
厌氧光能异养	有机碳	光能	最适生长模式，最佳产氢模式
厌氧光能自养	CO_2	光能	缺乏有机碳源时的生长模式，消耗氢
好氧化能异养（有氧呼吸）	有机碳	有机碳	在有氧条件下；不产氢
厌氧化能异养（无氧呼吸）	有机碳	有机碳	在厌氧、低光强条件下；需要 O_2 以外的其他电子受体（如 N_2）；不产氢
厌氧暗发酵	有机碳	有机碳	在厌氧黑暗条件下；具有一定的产氢能力

13.3.1　光发酵产氢

1. 光发酵产氢机制

在光照厌氧缺氮条件下，光合细菌能够以乙酸、乳酸、苹果酸、丁酸、琥珀酸、延胡索酸、谷氨酰胺和葡萄糖等为底物生成氢气，甚至醇类、多糖（如淀粉）、氨基酸和芳香族化合物也可以作为产氢底物（Das and Veziroğlu，2001）。

醋酸：$C_2H_4O_2 + 2H_2O \longrightarrow 2CO_2 + 4H_2$

丁酸：$C_4H_8O_2 + 6H_2O \longrightarrow 4CO_2 + 10H_2$

乳酸：$C_3H_6O_3 + 3H_2O \longrightarrow 3CO_2 + 6H_2$

琥珀酸：$C_4H_6O_4 + 4H_2O \longrightarrow 4CO_2 + 7H_2$

延胡索酸：$C_4H_4O_4 + 4H_2O \longrightarrow 4CO_2 + 6H_2$

苹果酸：$C_4H_6O_5 + 3H_2O \longrightarrow 4CO_2 + 6H_2$

谷氨酰胺：$C_5H_9NO_4 + 6H_2O \longrightarrow 5CO_2 + NH_3 + 9H_2$

葡萄糖：$C_6H_{12}O_6 + 2H_2O \longrightarrow 6CO_2 + 12H_2$

光合细菌的光合产氢途径见图 13-5，由固氮酶催化进行，产氢过程需要提供 ATP 和还原力（$H^+ + e^-$）。与蓝细菌和真核藻类不同，厌氧光营养细菌没有 PS Ⅱ，不能利用水作为电子供体，需要还原势能低于水的电子供体，光合作用仅提供 ATP。在循环光合电子传递过程中，电子经过细胞色素 bc_1 复合体时产生质子梯度，ATP 合酶利用该质子梯度产生固氮产氢所需的 ATP。外源性有机物通过 EMP、TCA 等有机碳代谢途径生成质子、电子和 CO_2，电子通过逆电子流传递到给铁氧还蛋白，铁氧还蛋白则又将电子传给固氮酶。伴随固氮产生的氢则被吸收氢化酶重新吸收利用产生还原力和 ATP。当以产氢为目的时，需要限制 N_2 的存在。另外，通过抑制吸收氢化酶的基因表达或活性表达，也能够有效提高氢气产率。

与蓝细菌相似，当存在 NH_4^+ 时，光合细菌会丧失固氮和产氢能力（Zhu et al.，2001）。NH_4^+ 在谷氨酰胺合成酶的催化下与谷氨酸反应生成谷氨酰胺，谷氨酰胺与谷氨酰胺合成酶调节基因的产物（一种蛋白质）结合，导致后者的构型发生变化，并结合到谷氨酰胺合成酶的操纵基因上，阻止谷氨酰胺合成酶结构基因的转录，谷氨酰胺合成酶不能合成。此时，由于无谷氨酰胺合成酶，催化固氮酶合成的 RNA 聚合酶不能转录固氮酶的结构基因，固氮酶不能合成。

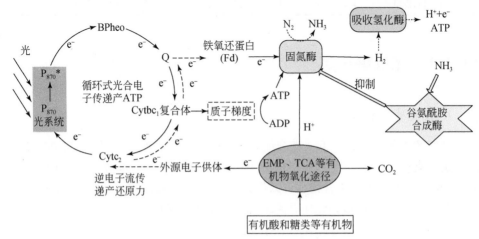

图 13-5　光合细菌的光合产氢途径

2. 光发酵产氢的影响因素

（1）光照

光源类型、光照强度等均会影响光合细菌产氢活性，且光照强度对光转化效率影响比光源类型的影响大。对 *Rb. sphaeroides* O. U. 001 菌株产氢量与光照强度的研究表明，产氢量随光照强度的增加而增大，在 4000lx 时达到最大值，此后产氢量不再随光照强度而变化（Cai et al.，2012）。

（2）温度

温度对细胞的生长和细胞内进行的各种生化反应和代谢都有很大影响，不同光合细菌生长和代谢产氢的最佳温度也不尽相同，光合细菌在 $10 \sim 45℃$ 范围内均可生长繁殖，但光合产氢最佳温度为 $30 \sim 40℃$。

（3）pH

一般来讲，光合细菌产氢的最适宜 pH 在 7 左右。当以醋酸、丙酸和丁酸为基质时，pH 为 $7.29 \sim 7.31$ 最佳（Androga et al.，2014）。

（4）接种浓度及菌龄

通常来说，产氢培养液中菌体浓度越高产氢速率越大。但是，过高的菌体浓度会产生遮光。

（5）底物

不同的菌株有自己的偏好底物，同一底物的不同浓度也会影响产氢。因此，通过多种菌株混合使用，可以提高多组分有机废水的氢产量。

（6）细胞固定化

细胞固定化为微生物提供一种相对稳定的生长环境，能够防止渗透压对细胞的危害，也有利于生物催化剂的连续使用，简化培养液与生物催化剂的分离步骤，同时对抑制作用也有一定的缓解。光合细菌常用的固定化材料有海藻酸钠、琼脂、聚乙烯醇和多孔玻璃等。相比于海藻酸盐和聚乙烯醇，琼脂无毒、成本低、化学性质稳定、固定化过程简单，但物理强度低、易破裂、基质和光通透性较差。多孔玻璃透光性好、机械强度高，但吸附细菌能力较差。

13.3.2 暗发酵产氢

某些光合细菌不仅具有光合放氢能力，而且在厌氧黑暗条件下，也能利用葡萄糖和有机酸（包括甲酸）厌氧发酵产生 H_2 和 CO_2。暗发酵产氢由可逆氢化酶而非固氮酶催化，这种产氢机制可能与发酵型产氢细菌相似。

13.3.3 光合细菌制氢工艺

根据光合细菌的特性，光合细菌早年多用于有机废水的处理，先后成功地对粪尿和食品、淀粉、皮革及豆制品加工的废水进行处理，并建立了一批日处理几十、几百乃至几千吨高浓度有机废水的大、中型实用系统，有的已运转 10 多年，效果良好（尚东，2001）。近年来，科研人员已经对光合细菌产氢与废水处理相结合的工艺进行了更加深入的研究，固定化技术、连续培养技术以及混合培养技术均已在光合细菌制氢中得以应用（Tsygankov et al., 1994；Tsygankov et al., 1998；Yokoi et al., 2013）。

13.4 发酵型微生物

发酵型产氢微生物是一类在厌氧代谢中产生氢的微生物。这类微生物能够通过厌氧发酵作用逐步分解有机底物，并在此过程中产生分子氢。发酵型产氢微生物可利用有机废水、有机固体废弃物以及植物等作为底物进行发酵产氢；产氢稳定性好，反应器设计、操作及管理简单方便。

目前，针对发酵型产氢微生物的研究主要集中在五个方面。①分离和筛选高效产氢菌种。②微生物固定化技术的应用。为提高生物产氢效率，实现生物制氢技术的规模化生产，对微生物载体和包埋等微生物固定化技术在发酵产氢中的应用进行研究。③适宜底物的研究。④环境因素对产氢的影响。主要研究温度、pH、氧化还原电位和金属离子对产氢的影响。⑤混合菌种产氢技术。

13.4.1　发酵型微生物产氢

自然环境中能够通过发酵方式产氢的微生物种类繁多，包括专性厌氧的异养微生物、兼性厌氧菌和需氧菌。研究利用较多的主要集中在前两类，包括丁酸梭菌（*Clostridium butyricum*）、巴氏梭菌（*C. pasteurianum*）、产气肠杆菌（*Enterobacter aerogenes*）和阴沟肠杆菌（*Enterobacter cloacae*）等发酵型微生物（Yokoi et al.，2013；Brosseau and Zajic，1982；Fabiano and Perego，2002；Kumar and Das，2000）。

1. 专性厌氧微生物

（1）梭菌属（*Clostridium*）
梭菌是厌氧发酵产氢所采用的主要菌株。通常说的梭菌是一大类细菌的总称，能够厌氧发酵产氢的主要是梭菌属（*Clostridium*），它是梭菌纲（Clostridia）梭菌目（Clostridiales）梭菌科（Clostridiaceae）下的一个成员，广泛存在于土壤、下水道污泥、人和动物的肠道等环境中，对环境条件有很强的耐受力。这类细菌能够产生芽孢，又称梭状芽孢杆菌属。由于大多数梭状芽孢杆菌自身能合成纤维素酶类，所以利用梭菌发酵生物质产氢的同时，还能进行生物质的水解反应，便于产氢和生物质水解在同一个反应器中进行。

（2）甲基营养菌（*Methylotrophs*）
甲基营养菌，又称甲基利用菌，是一类能够利用一碳化合物（如甲烷、甲醇、甲醛、甲酸和甲基胺类等）作为碳源和能源进行生长的细菌。甲基营养菌产氢是由可溶性的甲酸脱氢化酶和可逆氢化酶催化完成的。

（3）瘤胃细菌（*Rumen bacteria*）
毛螺旋菌科（Lachnospiraceae）瘤胃球菌属（*Ruminococcus*）的瘤胃球菌 *Ruminococcus albus* 是一种较常见的能够水解纤维素，并利用碳水化合物代谢产生乙酸、乙醇、甲酸、CO_2 和 H_2 的瘤胃细菌。

（4） 嗜热微生物 （Thermophiles）

嗜热微生物是一类能够在高温条件下 （41 ~ 122℃） 生长的微生物，其中大部分嗜热微生物属于古细菌 （Archaea）。热球菌 （*Pyrococcus furiosus*） 是最早发现能够产氢的极端嗜热菌，其最佳生长温度为 100℃，能够利用碳水化合物或缩氨酸生成有机酸、CO_2 和 H_2 （Silva et al.，2000）。许多嗜热微生物能够分解纤维素产 H_2，包括 *Anaerocellum* 属、热解纤维素果汁杆菌属 （*Caldicellulosiruptor*）、梭菌属 （*Clostridium*） 中的高温菌、栖热粪杆菌属 （*Coprothermobacter*）、网络球杆菌属 （*Dictyoglomus*）、高温小杆菌属 （*Fervidobacterium*）、*Spirocheta* 属、热球菌属 （*Pyrococcus*）、醋微菌属 （*Acetomicrobium*）、产醋酸栖热菌属 （*Acetothermus*）、热袍菌属 （*Thermotoga*） 和高温厌氧芽孢杆菌属 （*Thermoanaerobacter*）（Pawar and Van Niel，2013）。

2. 兼性厌氧菌

能够产氢的兼性厌氧菌主要集中在肠杆菌科 （Enterobacteriaceae），包括肠杆菌属 （*Enterobacter*）、埃希氏菌属 （*Escherichia*） 及柠檬酸杆菌属 （*Citrobacter*） 等 （Seol et al.，2008）。其中，埃希氏菌属的大肠杆菌 （*Escherichia coli*）、肠杆菌属的产气肠杆菌 （*Enterobacter aerogenes*） 和阴沟肠杆菌 （*E. cloacae*） 是研究利用最多的兼性厌氧产氢细菌。

（1） 埃希氏菌属 （*Escherichia*）

大肠杆菌 （*Escherichia coli*） 是早已被证实的在缺氧条件下能够利用甲酸产 H_2 和 CO_2 的埃希氏菌。大肠杆菌也能利用碳水化合物产氢，如葡萄糖、果糖、甘露糖、乳糖、半乳糖、阿拉伯糖、甘油和甘露醇，前三者厌氧降解的氢气产率和甲酸的氢气产率相似，后面几种底物的氢气产率相对较低。

（2） 肠杆菌属 （*Enterobacter*）

肠杆菌属 （*Enterobacter*） 以及肠内细菌科 （Enterobacteriaceae） 的其他细菌产氢具有细胞生长速率快、碳源利用广泛的优点，而且肠杆菌属不受较高氢气分压的抑制。但是，氢气产率通常低于专性厌氧菌 （如梭菌） 的氢气产率。

为了提高产氢速率，研究人员分别构建出 *E. aerogenes* 和 *E. cloacae* 的突变株。这两个突变株通过阻断其他耗氢的代谢途径，例如产醇和产大分子有机酸途径，实现产氢过程的增强。*E. aerogenes* 双突变株的代谢过程仅产生少量乙醇和丁二醇，主要产物为有机酸，产氢速率和氢气产率比原始菌株提高了 1 倍 （Mahyudin et al.，1997）。同样，对 *E. cloacae* 进行双突变改造后，通过阻断乙醇、丁二醇、乳酸和丁酸等醇类和大分子有机酸的形成，氢气产率可提高 1.5 倍 （Fang and Liu，2002）。

3. 需氧菌

（1）产碱杆菌属（*Alcaligenes*）

某些产碱杆菌能够利用 H_2 和 CO_2 分别作为唯一能源和碳源进行自养生长代谢，同时也能够进行异养生长，例如真养产碱杆菌（*Alcaligenes eutrophus*）能够利用葡萄糖酸或果糖进行异养生长，但是一旦置于厌氧条件下，该菌能够利用有机底物进行产氢（Kuhn et al.，1984）。*A. eutrophus* 含有可溶性的可逆氢化酶，当以 H_2 和 CO_2 为底物进行生长时，能够利用 H_2 直接还原 NAD^+，在无氧条件下胞内的还原力（NADH）过剩时，该酶则通过放氢的方式消耗过剩的还原力。例如，*A. eutrophus* 可通过甲酸裂解的可逆反应产氢（Alexander et al.，1982）：

$$HCOOH \leftrightarrow H_2 + CO_2$$

然而，在甲酸降解过程中，较高的甲酸浓度（>0.5M）反而会对产氢反应形成底物抑制（Alexander et al.，1982）。

（2）芽孢杆菌属（*Bacillus*）

芽孢杆菌科（Bacillaceae）的杆状菌属（*Bacillus*）也常用于产氢发酵的研究。地衣芽孢杆菌（*Bacillus licheniformis*）是典型的产氢芽孢杆菌，其能够以生物废弃物作为底物进行发酵产氢（Kalia et al.，1994）。

13.4.2 发酵型微生物产氢机制

微生物的产氢过程与能量代谢和电子流是紧密相关的。对于好氧代谢，氧气作为最终电子受体来接受底物氧化所释放的电子；对于厌氧代谢，能够接受电子的最终电子受体包括硝酸盐、硫酸盐、二氧化碳和延胡索酸等。当缺乏上述电子受体时，微生物体内会产生过剩电子。此时，微生物在氢化酶的催化作用下还原质子产氢是一种消耗过剩电子的较佳选择。发酵型产氢微生物主要有以下三种产氢途径：丙酮酸脱羧途径、甲酸裂解途径和 $NADH/NAD^+$ 平衡调节途径（任南琪等，2002）。

1. 丙酮酸脱羧途径

丙酮酸脱羧途径主要存在于专性厌氧菌，例如梭菌。主要参与产氢的酶包括：丙酮酸-铁氧还蛋白氧化还原酶（pyruvate：ferredoxin oxidoreductase，PFOR）、NADH-铁氧还蛋白氧化还原酶（NFOR）、氢化酶。由于缺乏参与氧化磷酸化的细胞色素系统，ATP 来自于底物水平磷酸化。

以葡萄糖为例的梭菌丙酮酸脱羧产氢途径见图 13-6。1mol 葡萄糖通过糖酵

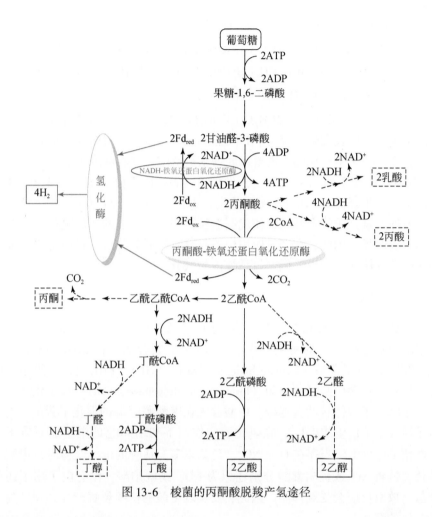

图 13-6　梭菌的丙酮酸脱羧产氢途径

解途径生成 2mol 丙酮酸、2mol ATP 和 2mol NADH，其中，2mol NADH 在 NFOR
的催化下生成 2mol 还原型铁氧还蛋白（Fd_{red}）；丙酮酸在 PFOR 的催化下生成
2mol 还原型铁氧还蛋白（Fd_{red}）、2mol 乙酰 CoA 和 2mol CO_2；上述共 4mol Fd_{red}
在氢化酶的催化下生成 4mol H_2，而 2mol 乙酰 CoA 在磷酸转乙酰酶和乙酸激酶的
相继催化下生成 2mol 乙酸，至此，每 1mol 葡萄糖生成 2mol 乙酸、2mol CO_2 和
4mol H_2。因此，4mol H_2/mol 葡萄糖是理论最大产氢率，称为"Thauer"极限。
部分专性厌氧菌会产生乙酰乙酰 CoA，并被 2mol NADH 还原为丁酰 CoA，随即在
磷酸转丁酰酶和丁酸激酶的作用下生成丁酸，相应的氢气产率仅为 2mol/mol 葡
萄糖。实际上，绝大部分专性厌氧菌的副产物为乙酸和丁酸。有的梭菌在某种条
件下还会代谢生成乙醇、丙酸，甚至还有丁醇、丙酮和乳酸等。

$$C_6H_{12}O_6 + 2H_2O \longrightarrow 2CH_3COOH + 2CO_2 + 4H_2 \quad \Delta G^{0'} = -184kJ/mol$$

$$C_6H_{12}O_6 \longrightarrow CH_3CH_2CH_2COOH + 2CO_2 + 2H_2 \quad \Delta G^{0'} = -257kJ/mol$$

$$4C_6H_{12}O_6 \longrightarrow 3CH_3CH_2CH_2COOH + 2CH_3COOH + 8CO_2 + 8H_2$$

$$C_6H_{12}O_6 \longrightarrow 2CH_3CH_2OH + 2CO_2$$

$$C_6H_{12}O_6 + 2H_2 \longrightarrow 2CH_3CH_2COOH + 2H_2O \quad \Delta G^{0'} = -357kJ/mol$$

细菌生长期以及发酵系统的 pH 和氢分压均会影响代谢途径,从而影响氢气产率。在细菌处于生长期时,需要以底物水平磷酸化产乙酸或丁酸的方式来获得 ATP,随着乙酸和丁酸的继续产生,发酵系统的 pH 下降和氢分压上升。此时,为了避免进一步降低 pH 而抑制细胞代谢,细菌会转变产乙酸和丁酸途径为产醇途径。另外,氢分压的上升也促使代谢途径转变为不产氢的产醇途径,甚至是耗氢的产丙酸途径。因此,在产氢应用中需要及时降低氢分压。目前主要有抽真空法和充惰性气体法,用以降低产氢系统内的氢分压。

2. 甲酸裂解途径

甲酸裂解途径(图 13-7)主要存在于甲基营养菌、兼性厌氧菌和需氧菌中。参与甲酸裂解途径产氢的酶主要为丙酮酸–甲酸裂合酶(pyruvate formate lyase,PFL)和甲酸–氢裂合酶(formate hydrogen lyase,FHL)。FHL 是一个膜结合的多酶复合体系,包含甲酸脱氢化酶(formate dehydrogenase,FDH)和氢化酶,并通过一个中间电子载体将两者连接。甲酸首先在甲酸脱氢酶的催化下脱除 CO_2,并将电子转移给 Fd_{ox} 生成 Fd_{red},在氢化酶的作用下利用 Fd_{red} 的电子还原质子产生氢,并使 Fd_{ox} 再生。当存在 O_2、NO_3^-、延胡索酸等适合的电子受体时,甲酸通过电子传递链将 NO_3^- 或延胡索酸分别还原为 NO_2^- 或琥珀酸,没有电子用于还原质子产氢,放氢反应会受到抑制。因此,要实现甲酸的持续裂解产氢必须避免其他电子受体的存在。

FHL 催化的是一个可逆反应($HCOOH \leftrightarrow H_2 + CO_2$),通常只有在甲酸浓度足够高的酸性条件下,FHL 才能催化甲酸产生 H_2 和 CO_2。甲酸不仅可以来自于 PFL 催化丙酮酸降解产生,也可以直接从外界加入。在酸性条件下,乳酸脱氢化酶也会被激活,使糖酵解产物中存有乳酸,相应地减少丙酮酸的量,进而降低氢气产量。另外,糖酵解的其他产物(如乙醇、丁二醇)也会降低氢气产量。因此,对于持甲酸裂解途径产氢的微生物,可以通过阻断产乳酸、乙醇、丁二醇等途径提高氢气产率。

3. NADH/NAD$^+$ 平衡调节产氢

NADH/NAD$^+$ 平衡调节是微生物实现氧化还原平衡的自我调节机制。在糖酵

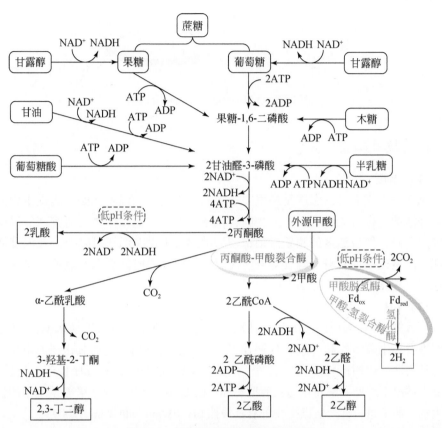

图 13-7 肠杆菌的甲酸裂解产氢途径

解产酸的过程中，经 EMP 途径产生的 NADH 一般均可通过产丁酸、丙酸、乙醇或乳酸等代谢途径被重新氧化形成 NAD^+，从而保证 NADH 和 NAD^+ 的平衡。但当 NADH 的氧化过程慢于形成过程时，为避免 NADH 的积累，生物机体则会采取其他调控机制，如在可逆氢化酶的作用下以释放 H_2 的形式保持体内的 $NADH/NAD^+$ 平衡（图 13-8）（任南琪等，2002）。从下面的反应方程式可以看出，酸性条件下有助于放氢。

$$NADH + H^+ \longrightarrow NAD^+ + H_2 \qquad \Delta G^{0'} = -21.8 kJ/mol$$

13.4.3　发酵型微生物产氢的影响因素

发酵型微生物产氢是一个复杂的生化过程，受到环境和生物等关键因素的影响。

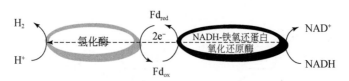

图 13-8　NADH/NAD⁺平衡调节产氢

1. 环境因素

(1) 温度

对于微生物而言，温度是最重要的影响因素之一。温度不但影响微生物的各项生理活动，也可能影响发酵产物的转化率。不同产氢微生物的适宜产氢温度存在较大差异，但对温度的频繁波动都较为敏感。无论升温还是降温，在温度波动初期，产氢速率均有较大幅度降低。在温度稳定一段时间后，产氢速率又逐渐趋于稳定（Wang and Wan，2009）。

(2) pH

环境中的 pH 对微生物的生命活动影响很大。对于产氢微生物来说，pH 会影响细胞内氢化酶活性和（或）代谢途径，另外还会影响细胞的氧化还原电位、基质可利用性、代谢产物及其形态等。例如，糖蜜发酵过程中，pH 低于一定值后，发酵类型由丁酸型发酵转化为乙醇型发酵；改变 pH 会影响混合培养系统中的优势微生物。通常每一种产氢微生物都有其最佳 pH（Wang and Wan，2009）。

(3) 铁

由于铁是氢化酶的重要组分，因此亚铁铁离子浓度对产氢至关重要。当系统中铁元素较少时，氢化酶体内的活性下降，从而影响产氢量（Wang and Wan，2009）。

(4) 氮和磷

氮是蛋白质、核酸和酶的重要组成元素，对产氢细菌的生长至关重要。因此，产氢过程中需要将氮元素控制在合适的浓度。磷不仅是重要的营养元素，还有较强的缓冲能力（Wang and Wan，2009）。在适当的浓度范围内，提高磷酸盐的浓度有助于发酵产氢，但更高浓度的磷酸盐会使产氢量降低（Lay et al.，2005；Bisaillon et al.，2006）。

2. 生物因素

(1) 发酵底物

底物是一种非常重要的生物因子，它包括底物种类和底物数量两方面的影响。首先，不同的底物种类其发酵产氢途径有所不同。通常结构简单、分子量小的化合物可直接被微生物利用转化为氢，而复杂的大分子则先被分解成小分子，然后才能被微生物转化为氢。碳水化合物比蛋白质、脂肪更易被利用。其次，底物浓度对发酵产氢也有一定影响。在底物充足时，底物数量不会构成产氢的限制性因子；但在底物缺乏时，将会引起种内竞争，主要包括争夺竞争（contest competition）和分摊竞争（scramble competition），竞争的存在会影响产气效率（Wang and Wan，2009）。

（2）发酵产物

微生物的发酵产物本身是重要的生物因子，特别是生化反应中的发酵末端产物、$NADH/NAD^+$值及 ATP 产量这三要素。这三种生物因子往往引起微生物的生理代谢自发调节，并通过发酵途径及发酵末端产物产率调节以实现发酵过程的正常进行。另外，氢的产生是细菌将铁氧还蛋白和携带氢的辅酶再氧化的一种过程。气相中如果积累了较高浓度的氢，则必然使液相中氢浓度升高，不利于在氧化过程的进行，从而是产氢过程受到抑制。

（3）微生物存在形式

生化反应体系中的微生物通常有游离悬浮态和附着固定态两种存在方式。一些研究表明，固定化系统可以保持更高的生物量，相比悬浮系统其产氢效果更好（Li and Fang，2007）。

13.4.4　混合菌种发酵制氢

厌氧梭菌是极具潜力的厌氧发酵产氢细菌，其氢气产率高于其他类型的细菌。但是，该菌严格厌氧，对氧的存在极为敏感，即使在氧浓度极低的条件下也不能存活。而兼性厌氧菌对 O_2 有一定的耐受性，而且这类细菌的生长还会迅速消耗氧气使反应器形成厌氧环境。利用专性厌氧菌和兼性厌氧菌混合发酵产氢是规模化应用的较好选择。另外，对于有些有机废弃物本身就含有丰富的土著微生物，如果采用纯培养则需要进行原料灭菌，增加成本，此时可选用天然厌氧活性污泥作为产氢接种物进行混合培养，能够大大降低运行成本。

在天然的厌氧活性污泥中，除了存在产氢微生物，还存在不产氢的乳酸菌（*Lactobacillus*）、氢营养型产甲烷细菌（*hydrogenotrophic methanogens*）、同型产乙酸细菌（*homoacetogenic bacteria*）、硫酸盐还原菌（*sulfate reducing bacteria*）和硝酸盐还原菌（*nitrate reducing bacteria*），这些细菌有的会抑制产氢，有的会消耗氢。例如，乳酸菌会通过分泌细菌素来抑制氢气的产生，而其他一些细菌则消耗 H_2 进行产甲烷、产乙酸、硝酸盐还原和硫酸盐还原（图 13-9）。对于批式发酵产氢，通常采取接种物预处理的方式来抑制上述不产氢和耗氢细菌，而对于连续厌氧发酵产氢，通常采用动力学控制来实现产氢。

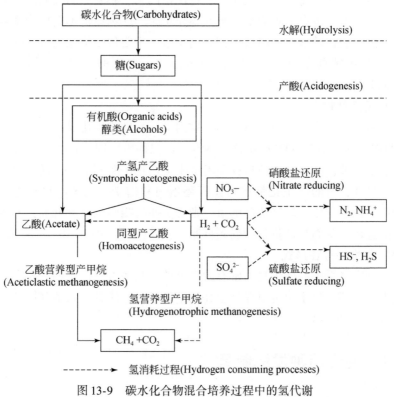

图 13-9　碳水化合物混合培养过程中的氢代谢

1. 接种物预处理

根据产氢细菌和耗氢细菌的生物学差异性，接种物预处理包括以下三种。

(1) 物理化学预处理

梭菌属在遭受到环境压力（如极端温度、强酸强碱、辐射等）时，能够形成芽孢进入休眠状态而存活，而其他细菌（如氢营养型产甲烷菌）不能形成芽孢，当遭受细菌压力时这类细菌会受到抑制或被杀死。通常采用的预处理方法有热处理和酸/碱处理等。

热处理是最常见有效的预处理方法，将接种物在 65 ~ 100℃ 条件下进行 10min ~ 10h 的热处理，可有效地杀灭不产氢细菌和产甲烷古细菌（Wang and Yin，2017）。酸/碱处理就是将接种物置于强酸性（pH 为 3）或碱性（pH 为 10）的状态下保留产氢细菌芽孢的方法（Wang and Yin，2017）。

（2）添加产甲烷古细菌抑制剂

能抑制产甲烷古细菌活性的抑制剂包括溴尿嘧啶酸（bromoethanesulfonic acid，BESA）、氯仿和脂肪酸等。其中，BESA 是产甲烷古细菌特有的甲基辅酶 M（CH_3-CoM）的类似物，可阻碍甲基辅酶 M 产生的甲烷，对所有的产甲烷古细菌均有效（Wang and Yin，2017）。氯仿可在乙酰辅酶 A（CoA）分解路径中有效地阻碍乙酸产甲烷和硫酸盐的还原（Wang and Yin，2017）。长链脂肪酸可通过破坏细胞膜和代谢酶的功能来抑制耗氢微生物的生长（Ray et al.，2009）。

（3）好氧曝气处理

由于氢营养型产甲烷菌是专性厌氧菌，利用空气曝气可以抑制或杀死产甲烷菌。通常地，曝气条件分为连续曝气和重复曝气，曝气时间从 30 分钟到 4 天不等（Wang and Yin，2017）。

2. 动力学控制

接种物预处理通常适用于小规模的批式发酵。对于大规模的连续发酵，尤其处理复杂有机废弃物时，原料本身就携带有大量的土著耗氢细菌，此时不仅需要对接种物进行处理，还需要消耗大量的能量或是化学试剂对原料进行预处理。因此，对于实际应用中的连续发酵，一般通过动力学控制来抑制发酵系统中的产甲烷菌生长和代谢。所谓动力学控制，主要是通过控制厌氧发酵系统的酸性条件或较短的水力停留时间，达到抑制产甲烷菌生长繁殖的目的。

1）酸性条件。产甲烷菌通常生长在一个较窄的 pH 范围内（6.5~7.8）。在保持较高的反应器有机负荷条件下，产氢副产物有机酸的积累必然会导致 pH 降低，当 pH 低于产甲烷菌的耐受临界水平，产甲烷作用就会停止，此时，H_2 和 CO_2 成为主要的气体产物。因此，低 pH（<6.0）对连续产氢非常有效。对于甲酸/氢裂合酶催化的甲酸与氢的平衡反应如下：

$$H_2O+HCO_3^- \longrightarrow HCOO^- + H_2 + CO_2 \quad \Delta G^{0'} = 1.3 kJ/mol$$

$$H_2CO_3 \longrightarrow H^+ + HCO_3^-$$

该反应的化学平衡方程为

$$\frac{[HCOO^-]}{H_{2aq}} = \frac{KK_{CO_2}pCO_2K_A}{K_{H_2}} \times 10^{pH}$$

其中，K_{H_2} 为 H_2 的亨利常数，K 为平衡常数（35℃时为 1.31），K_{CO_2} 为 CO_2 的亨利常数，K_A 为碳酸的一级离解常数。从式中可以得出，甲酸和氢的比例与 pH 成指数关系。因此，在酸性条件下更有助于产氢。

2）较短的水力停留时间。水力停留时间（HRT）定义为反应器体积与单位时间内进料体积的比值，是稀释率（D）的倒数。只有生长速率大于稀释率

($\mu_{max} > D$）的微生物能够停留在反应器里面。虽然在一定范围内 HRT 越长氢气产量越高（Yu et al., 2002），但是由于产甲烷菌的比生长速率远远小于产氢细菌的比生长速率，较短的 HRT（或较高的稀释率）能够让产甲烷菌完全"洗出"。

13.5 生物制氢的应用前景

自 20 世纪 70 年代世界性能源危机爆发以来，生物制氢技术作为可持续发展战略的重要课题，成为各国国家的战略性发展目标。例如，在 90 年代早期，德国、日本和美国等国家就针对藻类光合制氢这一领域制定了生物制氢研究与发展计划，并基于此开展了大量基础研究工作；加拿大为实现其"洁净氢能源"开发计划，目前已建成每天生产 10t 液态氢的"产氢微藻农场"。由于各种微生物制氢方式都有各自的优缺点（表 13-2），近年来国内外各种生物制氢技术的研究呈现齐头并进的特点。

表 13-2 生物产氢类型及优缺点

微生物	优点	缺点	代表种
绿藻	利用水为底物产氢；太阳能转化效率高，是绿色植物的 10 倍	产氢需要光能，光合反应器成本较高，副产物 O_2 对产氢体系有抑制作用	斜生栅藻（*Scenedesmus obliquus*）莱茵衣藻（*Chlamydomonas reinhardtii*）*Chlamydomonas moewusii*
蓝细菌	利用水为底物产氢，固氮酶主要催化产氢	产氢需要光能，光合反应器成本较高，副产物 O_2 对固氮酶有不可逆抑制作用	多变鱼腥蓝细菌（*Anabaena wariabilis*）海绵状念珠蓝细菌（*Nostoc spongiaeforme*）繁育拟韦斯蓝细菌（*Westiellopsis prolifica*）
光合细菌	能将产氢与废水处理耦合起来；能利用较宽频谱的太阳光；反应不产 O_2，避免了 O_2 对固氮酶的抑制	产氢需要光能，光合反应器成本较高	球形红细菌（*Rhodobacter sphaeroides*）荚膜红细菌（*Rhodoseudomnas capsulata*）胶质红假单胞菌（*Rhodopseudomonas gelatinosa*）深红红螺菌（*Rhodospirillum rubrum*）
发酵型微生物	能将产氢与废弃物处理耦合起来；广泛利用各种碳源，如糖类、纤维素、淀粉等；可昼夜持续产氢；多为无氧发酵，无须供氧	能源回收不彻底，产生乙酸、丁酸、丙酸和乙醇等副产物，发酵液需进一步利用以最大限度回收能量	丁酸梭状芽孢杆菌（*Clostridium butyricum*）巴氏梭状芽孢杆菌（*Clostridium pasteurianum*）产气肠杆菌（*Enterobacter aerogenes*）阴沟肠杆菌（*Enterobacter cloacaecae*）黄色醋微菌（*Acetomicrobium flavidum*）

蓝细菌能够将太阳能转化为氢能而实现直接光解水放氢，且其生长营养需求低，只需 CO_2 和 N_2（分别作为碳源和氮源）、水（电子和氢供体）、简单的无机盐和光（能源）。但蓝细菌产氢尚未达到实际应用的要求，光能转化效率小于1%。光合细菌可以在厌氧缺氮条件下利用有机物产氢，产生的氢气纯度和产氢效率均高于绿藻和蓝细菌。与蓝细菌相比，光合细菌具有较高的转化效率，并且能结合废水处理又能利用太阳能。因此，自 1949 年 Gest 首次发现光合细菌产氢以来，日本、美国、欧洲和中国等国家对其进行了大量的研究，主要集中在高活性产氢菌株的筛选或选育、优化和控制环境条件以提高产氢量（Gest and Kamen, 1949）。目前，多数研究还基本处于实验室或中试水平。从 20 世纪 20 年代人们注意到发酵型微生物厌氧产氢以来，关于厌氧发酵产氢的研究已经有近 90 年的历史。与光合产氢相比，发酵产氢技术具有一定的优越性，主要体现在以下五个方面：①具有较高的产氢速率，为光合产氢速率的 100 倍。②由于在厌氧条件下完成，且发酵过程不产生分子氧，产氢过程不存在氧抑制。③利用有机底物厌氧分解制氢，不需要光源。④不但可以实现昼夜持续稳定产氢，而且反应器设计、操作及运行管理简便。⑤可利用的有机物范围广，包括各种有机废水、有机固体废物、藻类和植物等。因此，在各种生物制氢方法中，发酵型微生物产氢更具有发展潜力。其中，混合微生物制氢更具优势。混合菌群不但来源广泛，而且其可利用的底物也比较广泛，可以同时实现产能和除废的双重目的，因此其在生物制氢领域具有巨大的潜力。然而，发酵型微生物产氢的能源回收效率较低，产氢的同时伴随乙酸、丙酸、丁酸和乙醇等有机酸或醇副产物生成，不能将有机质完全转化为氢。为提高能源回收效率，可以采用以下组合系统进一步利用有机酸或醇类副产物。

1）发酵型微生物与光合细菌混合培养制氢。发酵型微生物具有较强的降解大分子的能力，而光合细菌分解大分子的能力较弱，但能有效地借助光能利用发酵型微生物代谢生成的小分子有机酸或醇类副产物进行光合产氢，将两种微生物进行混合培养，有利于提高底物的利用和产氢效率，例如 *Rhodobacter sphaeroides* 和 *Clostridiun butyricum* 的混合培养制氢。

2）厌氧发酵-光合发酵组合系统制氢。由于发酵型微生物和光合细菌的最佳生长和产氢条件存在差异性，因此可以将两种微生物产氢作用分别在不同的反应器中完成，使各自的发酵系统处于最佳产氢发酵条件下。

3）氢-甲烷两相厌氧发酵系统。实际上该系统正是源于有机废弃物甲烷化发酵的生物学原理，通过动力学（pH 和停留时间）分别控制产氢和产甲烷的条件，实现能源回收最大化的氢-甲烷联产系统。由于发酵产氢的最适底物为碳水化合物，蛋白质和脂类的产氢能力极低，因此对于同时包含以上三类物质的有机废弃物而言，氢-甲烷两相厌氧发酵系统是最佳选择，因为在产甲烷过程中，不仅能够利用乙酸、丙酸、丁酸、乙醇等有机酸或醇类，还能利用未被产氢细菌利用的蛋白质和脂类物质。

4）厌氧发酵制氢-微生物燃料电池组合系统。微生物燃料电池能够利用乙酸、丁酸等发酵产氢副产物进行产电，进一步提高能源回收效率，但是微生物燃料电池目前仍然处于前期的实验室研究阶段。

从长远来看，将生物制氢与其他技术相结合是制氢工业发展的新方向。氢气作为环境友好的可再生燃料，在国民经济的各个方面都有着重要的应用，各个国家的用氢量也呈逐年递增的趋势。生物制氢技术发展前景广阔，其开发与推广将带来显著的经济效益和环保效益。

思 考 题

1. 产氢酶包括哪些种类？
2. 产氢微生物包括哪些种类？分别利用哪种产氢酶？
3. 为什么绿藻产氢需要使用"两步法"？
4. 蓝细菌产氢有哪些影响因素？
5. $NADH/NAD^+$ 在发酵型微生物产氢中有何作用？
6. 对于大规模连续发酵，如何控制使产氢菌成为优势菌种？

参 考 文 献

杜明，任南琪，张璐，等 . 2009. 氢化酶结构研究进展 . 生物信息学，7（4）：323-325.

任南琪，李建政，林明，等 . 2002. 产酸发酵细菌产氢机理探探 . 太阳能学报，23（1）：124-128.

尚东 . 2001. 利用光合细菌处理高浓度有机废水 . 中国环保产业，（6）：37-39.

Abeles F B. 1964. Cell-free hydrogenase from Chlamydomonas. Plant Physiology, (39): 169-176.

Alexander M K, Barbara N A, Stephen E Z. 1982. Enzymatic synthesis of formic acid from H_2 and CO_2 and production of hydrogen from formic acid. Biotechnology and Bioengineering, (24): 25-36.

Androga D D, Sevinc P, Koku H, et al. 2014. Optimization of temperature and light intensity for improved photofermentative hydrogen production using Rhodobacter capsulatus DSM 1710. International Journal of Hydrogen Energy, 39 (6): 2472-2480.

Antal T K, Lindblad P. 2005. Production of H_2 by sulphur-deprived cells of the unicellular cyanobacteria Gloeocapsa alpicola and Synechocystis sp. PCC 6803 during dark incubation with methane or at various extracellular pH. Journal of Applied Microbiology, (98): 114-120.

Aoyama K, Uemura I, Miyake J, et al. 1997. Fermentative metabolism to produce hydrogen gas and organic compounds in a Cyanobacterium, Spirulina platensis. Journal of Fermentation and Bioengineering, (83): 17-20.

Basak N, Das D. 2007. The prospect of purple non-sulfur (PNS) photosynthetic bacteria for hydrogen production: the present state of the art. World Journal of Microbiology and Biotechnology, (23): 31-42.

Benemann J R, Weare N M. 1974. Hydrogen evolution by nitrogen-fixing Anabaena cylindrica cultures. Science, 184 (4133): 174-175.

Benemann J. 1996. Hydrogen biotechnology: progress and prospects. Nature Biotechnology, 14 (9): 1101-1103.

Bisaillon A, Turcot J, Hallenbeck P C. 2006. The effect of nutrient limitation on hydrogen production by batch cultures of Escherichia coli. International Journal of Hydrogen Energy, (31): 1504-1508.

Brosseau J D, Zajic J E. 1982. Hydrogen-gas production with Citrobacter intermedim and Clostridium pasteurianum. Journal of Chemical Technology and Biotechnology, 32 (3): 496-502.

Cai J, Wang G, Pan G. 2012. Hydrogen production from butyrate by a marine mixed phototrophic bacterial consort. International Journal of Hydrogen Energy, 37 (5): 4057-4067.

Das D, Veziroğlu T. 2001. Hydrogen production by biological processes: a survey of literature. International Journal of Hydrogen Energy, 26 (1): 13-28.

Dawar S, Mohanty P, Behera B K. 1999. Sustainable hydrogen production in the Cyanobacterium Nostoc sp. ARM 411 grown in fructose-and magnesium sulphate-enriched culture. World Journal of Microbiology and Biotechnology, (15): 329-332.

Dutta D, De D, Chaudhuri S, 2005. Hydrogen production by Cyanobacteria. Microbial Cell Factories, (4): 36.

Fabiano B, Perego P. 2002. Thermodynamic study and optimization of hydrogen production by Enterobacter aerogenes. International Journal of Hydrogen Energy, 27 (2): 149-156.

Fang H H P, Liu H. 2002. Effect of pH on hydrogen production from glucose by a mixed culture. Bioresource Technology, (82): 87-93.

Fay P. 1992. Oxygen relations of nitrogen fixation in cyanobacteria. Microbiology and Molecular Biology Reviews, (56): 340-373.

Fontecilla-Camps J C, Volbeda A, Cavazza C, et al. 2007. Structure/function relationships of [NiFe] -and [FeFe] -hydrogenases. Chemical Reviews, 107 (10): 4273-4303.

Frey M. 2002. Hydrogenases: Hydrogen-activating enzymes. Chembiochem, 3 (2-3): 153-160.

Gest H, Kamen M D. 1949. Photoproduction of Molecular Hydrogen by Rhodospirillum rubrum. Science, 109 (2840): 558-559.

Gest H. 1951. Metabolic patterns in photosynthetic bacteria. Bacteriological Reviews, (15): 183-210.

Guan Y, Deng M, Yu X, et al. 2004. Two-stage photo-biological production of hydrogen by marine green alga Platymonas subcordiformis. Biochemical Engineering Journal, 19 (1): 69-73.

Hallenbeck P C, Benemann J R. 2002. Biological hydrogen production; fundamentals and limiting processes. International Journal of Hydrogen Energy, (27): 1185-1193.

Hankamer B, Kruse O. 2006. Photosynthetic hydrogen production. The United States, US20060166343A1.

Happe T, Kaminski A. 2002. Differential regulation of the Fe hydrogenase during anaerobic adaptation in the green alga Chlamydomonas reinhardtii. European Journal of Biochemistry, (269): 1022-1032.

Kalia V C, Jain S R, Kumar A, Joshi A P. 1994. Fermentation of biowaste to H2 by Bacillus licheni-formis. World Journal of Microbiology & Biotechnology, (10): 224-227.

Kars G, Gündüz U, Yücel M, et al. 2006. Hydrogen production and transcriptional analysis of nifD, nifK and hupS genes in Rhodobacter sphaeroides O. U. 001 grown in media with different concentrations of molybdenum and iron. International Journal of Hydrogen Energy, 31 (11): 1536-1544.

Kim J P, Kang C D, Park T H, et al. 2006. Enhanced hydrogen production by controlling light intensity in sulfur-deprived Chlamydomonas reinhardtii culture. International Journal of Hydrogen Energy, 31 (11): 1585-1590.

Kim M S, Baek J S, Yun Y S, et al. 2006. Hydrogen production from Chlamydomonas reinhardtii biomass using a two-step conversion process: Anaerobic conversion and photosynthetic fermentation. International Journal of Hydrogen Energy, 31 (6): 812-816.

Kruse O, Hankamer B. 2010. Microalgal hydrogen production. Current Opinion in Biotechnology, 21 (3): 238-243.

Kuhn M, Steinbüchel A, Schlegel H G. 1984. Hydrogen evolution by strictly aerobic hydrogen bacteria under anaerobic conditions. Journal of Bacteriology, 159 (2): 633-639.

Kumar N, Das D. 2000. Enhancement of hydrogen production by Enterobacter cloacae IIT-BT 08. Process Chemistry, 35 (6): 589-593.

Lambert G R, Smith G D. 1977. Hydrogen formation by marine Blue-green algae. FEBS Letters, (83): 159-162.

Lay J J, Fan K S, Hwang J I, et al. 2005. Factors affecting hydrogen production from food wastes by Clostridium-rich composts. International Journal of Hydrogen Energy, (131): 595-602.

Li C L, Fang H H P. 2007. Fermentative hydrogen production from wastewater and solid wastes by mixed cultures. Critical Reviews in Environmental Science and Technology, (37): 1-39.

Mahyudin A R, Furutani Y, Nakashimada Y, et al. 1997. Enhanced hydrogen production in altered mixed acid fermentation of glucose by Enterobacter aerogenes. Journal of Fermentation and Bioengineering, 83 (4): 358-363.

Pawar S S, Van Niel E W J. 2013. Thermophilic biohydrogen production: how far are we? Applied Microbiology and Biotechnology, 97 (18): 7999-8009.

Ray S, Saady N, Lalman J. 2009. Diverting electron fluxes to hydrogen in mixed anaerobic communities fed with glucose and unsaturated C18 long chain fatty acids. Journal of Environmental Engineering, 136 (6): 568-575.

Semin B K, Davletshina L N, Novakova A A, et al. 2003. Accumulation of ferrous iron in Chlamydomonas reinhardtii. Influence of CO_2 and anaerobic induction of the reversible hydrogenase. Plant Physiology, (131): 1756-1764.

Seol E, Kim S, Raj S M, et al. 2008. Comparison of hydrogen-production capability of four different Enterobacteriaceae strains under growing and non-growing conditions. International Journal of

Hydrogen Energy, 33 (19): 5169-5175.

Silva P J, Van den Ban E C D, Wassink H, et al. 2000. Enzymes of hydrogen metabolism in Pyrococcus furiosus. The FEBS Journal, 267 (22): 6541-6551.

Skjanes K, Knutsen G, Källqvist Torsten, et al. 2008. H-2 production from marine and freshwater species of green algae during sulfur deprivation and considerations for bioreactor design. International Journal of Hydrogen Energy, 33 (2): 511-521.

Tolstygina I V, Antal T K, Kosourov S N, et al. 2009. Hydrogen production by photoautotrophic sulfur-deprived Chlamydomonas reinhardtii pre-grown and incubated under high light. Biotechnology and Bioengineering, 102 (4): 1055-1061.

Tsygankov A A, Fedorov A S, Laurinavichene T V, et al. 1998. Actual and potential rates of hydrogen photoproduction by continuous culture of the Purple non-sulphur bacterium Rhodobacter capsulatus. Applied Microbiology and Biotechnology, (49): 102-107.

Tsygankov A A, Hirata Y, Miyake M, et al. 1994. Photobioreactor with photosynthetic bacteria immobilized on porous glass for hydrogen photoproduction. Journal of Fermentation and Bioengineering, (77): 575-578.

Tsygankov A A, Kosourov S N, Tolstygina I V, et al. 2006. Hydrogen production by sulfur-deprived Chlamydomonas reinhardtii under photoautotrophic conditions. International Journal of Hydrogen Energy, 31 (11): 1574-1584.

Wang J, Wan W. 2009. Factors influencing fermentative hydrogen production: A review. International Journal of Hydrogen Energy, 34 (2): 799-811.

Wang J, Yin Y. 2017. Principle and application of different pretreatment methods for enriching hydrogen-producing bacteria from mixed cultures. International Journal of Hydrogen Energy, 42 (8): 4804-4823.

Xie J, Zhang Y, Li Y, Wang Y. 2001. Mixotrophic cultivation of Platymonas subcordiformis. Journal of Applied Phycology, (13): 343-347.

Yokoi H, Mori S, Hirose J, et al. 2013. H_2 production from starch by a mixed culture of Clostridium butyricum and Rhodobacter sp. M-19. Biotechnology Letters, (20): 890-895.

Yu H, Zhu Z, Hu W, et al. 2002. Hydrogen production from rice winery wastewater in an upflow anaerobic reactor by using mixed anaerobic cultures. International Journal of Hydrogen Energy, (27): 1359-1365.

Zhang L, Melis A. 2002. Probing green algal hydrogen production. Philosophical Transactions of the Royal Society of London. Series B, Biological sciences, 357 (1426): 1499-1509.

Zhu H, Wakayama T, Asada Y, et al. 2001. Miyake J. Hydrogen production by four cultures with participation by anoxygenic phototrophic bacterium and anaerobic bacterium in the presence of NH_4^+. International Journal of Hydrogen Energy, 26: 1149-1154.

第14章 生物电化学系统

生物电化学系统（bioelectrochemical system，BES）是一种有效回收能源（电能、氢气和甲烷等）和资源（重金属等）的新兴技术，受到全世界的普遍关注，展现出巨大的、广阔的发展潜力。该概念是近年来提出的，生物电能和生物电子是其技术发展的早期概念基础。微生物燃料电池（microbial fuel cell，MFC）是该领域中发展最早也是最为人熟悉的一个方面，在此基础上发展出微生物电解池（microbial electrolysis cell，MEC）、微生物脱盐电池（microbial desalination cell，MDC）等，而且仍在不断发展新的功能和技术，如难降解有机物定向转化、生物传感器和物质合成等。本章主要介绍微生物在 BES 产能过程中的机理机制、微生物代谢产电过程以及 BES 构建材料。

14.1 生物电化学系统的基本概念

BES 以产电菌为生物催化剂，分别在阳极和阴极板上发生氧化和还原反应，包括 MFC、MEC 和 MDC 等技术（Korneel Rabaey 等，2011）。具体地，MFC 是将化学能转变为电能的反应装置。近来，研究者发现 MFC 系统能够产生更多形式的能量，并不仅以电能作为唯一产物。如果在 MFC 两端施加电压，在阴极会产生氢气，该系统被称为 MEC。MDC 同时具备产电和盐溶液淡化的功能。MDC 内部产生的电流使脱盐室中的离子产生定向移动，阳离子通过阳离子交换膜向阴极转移，阴离子通过阴离子交换膜向阳极转移，在脱盐室内达到盐溶液淡化的目的。

在环境领域中，BES 中的微生物统指系统中可以利用并承担一定生态功能的所有微生物。随着这一研究领域的迅速崛起，出现了大量用来描述此项技术、工艺以及相关微生物的专业术语。BES 多种多样的应用形式与新产品、新工艺紧密相联系。这些新产品、新工艺多出现在生物精炼工业和废水处理领域。

14.1.1 微生物与电流

电子流动是微生物新陈代谢的固有特征。微生物将电子从电子供体（低电势）传递给电子受体（高电势）。理论上，微生物的能量增益 ΔG（kJ/mol）与电子供体与受体间的电势差直接相关：

$$\Delta G = -nFE_{emf}$$

其中，n 表示反应中电子转移的数量，F 表示法拉第常数（96 485C/mol），E_{emf} 表示电子供体与受体间的电势差（V）。显然，不能进行电子传递的电子会造成能量增益的减少。

在其能力范围之内，微生物会通过选择电势最高且可用的电子受体来获取最大的能量增益。在微生物环境中，可溶电子受体通常会首先被消耗殆尽。之后，微生物可进行发酵作用或者利用非可溶的电子受体。对于后者而言，微生物要将电子导出胞外以完成还原反应。这个过程称作胞外电子传递（extracellular electron transfer，EET）（Hernandez and Newman，2001）。EET 过程在自然界中普遍存在，其中大部分含铁和锰氧化物的矿物质都通过该方式被还原。在 BES 中，阳极充当不溶的电子受体。

同理，微生物也会在它们的能力范围内，通过选择电势最低且可用的电子供体，来使能量增益最大化，这样使得新陈代谢更容易进行。与电子受体一样，可溶的电子供体通常也会首先消耗殆尽，之后微生物会通过 EET 过程来氧化非可溶的电子供体。因此，EET 作用与电子进入和泵出细胞均有关。

近几年，学者们提出了几种 EET 机制（Gilberto et al.，2018），其分类如下。

1）直接电子传递（direct electron transfer，DET），这需要膜束缚性（或附属性）酶复合物参与，也可能是具有导电性的纤毛或者类似纤毛结构的物质起作用。

2）间接电子传递（indirect electron transfer，IET），有机或者无机的可溶性化合物在胞内被还原或者被氧化，随后扩散到不可溶的电子受体/供体。例如，有机物的中介体包括绿脓菌素和腐殖酸；非有机物的中介体包括硫化物和氢。

针对希瓦菌属（*Shewanella*）和地杆菌属（*Geobacter*）两种典型微生物，大量的研究已经对 DET 和 IET 传递途径进行了深入阐述，并尝试将这种新陈代谢过程进行工程化。此外，通过对阳极和/或阴极混合菌群的研究发现，混菌微生物群落其具有高度的复杂性（周密，2014）。即使是一个简单的氧化过程，也可能由几种不同微生物构建的食物网来完成。该现象暗示着微生物间可能通过相互作用共同驱动着电子流动。因此，需要进一步研究微生物之间的相互作用，阐明纯菌与混菌之间可能存在的电子流动能力差别。

14.1.2 BES 微生物群落

(1) 阳极群落

阳极的生物膜是一个复杂的食物网，它将电化学活性菌（electrochemically active bacteria，EAB）、发酵微生物、古细菌（Archaea）和产甲烷菌联系起来。很多学者分析 BES 阳极和阴极的微生物群落，已发现了其高度的生物多样性。几乎遍及所有细菌门的微生物都可以进行或参加 EET 过程，尤其是变形杆菌门（Proteobacteria）和硬壁菌门（Firmicutes）在 BES 阳极中的丰度较高（蒋沁芮等，2018；Liu et al.，2014）。地杆菌属的 *Geobacter sulfurreducens* 和希瓦氏菌属的 *Shewanella oneidensis* MR-1 是研究最为广泛的微生物（Snider et al.，2012；Wang et al.，2013）。近几年，人们分离出了大量其他种类的微生物，并且获得了越来越多的涉及代谢过程和/或基因组的信息。较为典型的例子包括绿脓假单胞菌 *Pseudomonas aeruginosa*、沼泽红假单胞菌 *Rhodopseudomonas palustris*、梭菌属的 *Clostridium acetobuty licum* 和 *Thermincola* sp.（Venkataraman et al.，2010）。

值得注意的是，虽然表面上看来阳极的还原反应与金属的还原反应是一致的，但是事实并非如此。例如，暗杆菌属的 *Pelobacter carbinolicus* 虽能还原三价铁，但是不能还原阳极（Lovley et al.，1995；Richter et al.，2007）。造成该现象的微生物生理学、热力学或化学条件（例如有无硫化物存在）差异，还有待于进一步探究。针对微生物群落特别是古细菌存在及其活性的研究是十分必要的。

(2) 阴极群落

相对于阳极微生物群落的深入分析，阴极生物催化却在近年才开始研究。在阴极生物膜微生物群落中，拟杆菌门（Bacteroidetes，如鞘氨醇杆菌属 *Sphingobacterium*）和变形杆菌门（Proteobacteria，如不动细菌属 *Acinetobacter*）是氧气生物催化反应的关键作用微生物，地杆菌属的 *Geobacter metallireducens* 可以利用阴极作为电子供体（Gregory et al.，2004），并且将硝酸盐还原为亚硝酸盐，或是将延胡索酸盐还原为琥珀酸盐。

14.1.3 从微生物代谢到电流产生

BES 将阳极的氧化过程和阴极的还原过程结合在一起，该系统对电子供体和电子受体的选择都有着高度的灵活性（图 14-1）。EET 将微生物新陈代谢与电极反应联系起来，该过程伴随着微生物与电极之间的电子传递，从而在电路中形成电流。在 MFC 中，阳极被微生物还原到一个低电势，阴极则维持在一个较高的电势，在 MFC 两端形成的电势差可以用以下公式表示：

$$E_{cell} = E_{emf} - (\sum \eta_a + | \sum \eta_c | + IR_\Omega)$$

其中，E_{cell} 为电池有效电压，$\sum \eta_a + | \sum \eta_c |$ 是与电极极化有关的损失电势，IR_Ω 为与电化学系统内阻热损耗有关的损失电压。有许多方法可以确定每一项对损失的贡献率。

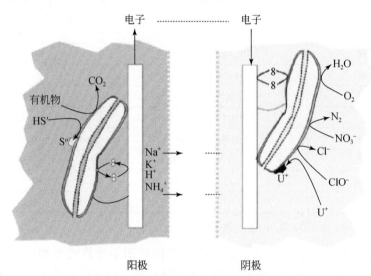

图 14-1　BES 中的阳极氧化和阴极还原反应

14.1.4　测量指标和性能评价

许多测量指标可以描述 BES 的性能。我们可以把性能指标归类为基于效率的或者基于速率的。评价这些指标可以通过一系列（电）化学技术来实现。

1. 电势测量

氧化还原电对的电势可以通过能斯特方程来推测。能斯特方程指示出影响电势的主要因素，包括氧化型物质和还原型物质的活性以及溶液的 pH。但是，由于在溶液和电极之间存在电势损失，溶液的电势并不与电极电势相吻合，这个损失的大小主要取决于动力学。同理，几类氧化活性物质（或还原活性物质）可能同时在溶液中存在，使得电势计算起来很复杂。大多数时候，电极电势不能被精确预测而必须进行测量。

通常，阳极和（或）阴极电势需要通过与参比电极对照测得的。正规（或标准）氢电极（normal hydrogen electrode，NHE 或 standard hydrogen electrode，SHE）被用作标准参比电极。由于标准氢电极操作复杂，可采用其他不同形式的参比电极进行测定（表 14-1）。需要注意的是，参比电极的电势值依据温度和盐度变化，需要根据标准电极对参比电极进行校正。

表 14-1　常用参比电极及其电势（$T=25℃$）　　　　　　（单位：V）

常用名称	电极	参比电极电势 E_{ref}
标准氢电极（NHE）[a]	H_2/H^+	0.0
标准甘汞电极（SCE）	$Hg/Hg_2Cl_2/$饱和 KCl	+0.241
甘汞	$Hg/Hg_2Cl_2/$1M KCl	+0.28
硫酸汞	$Hg/Hg_2SO_4/$饱和 K_2SO_4	+0.64
	$Hg/Hg_2SO_4/$0.5M H_2SO_4	+0.68
氧化汞	$Hg/HgO/$1M NaOH	+0.098
氯化银	$Ag^+/AgCl/$饱和 KCl	+0.197
硫酸铜	$Cu^+/$饱和 $CuSO_4$	+0.316
锌/海水	$Zn/$海水	−0.800

a 除非特殊说明，本书均采用 NHE 作为参比电极

在确定电势和测定电流后，这些必要数据可用于计算效率和速率。对 BES 性能参数表述时，十分有必要区别开性能参数是基于体积还是基于表面积进行的计算。从工程角度来看，基于反应体积计算功率和电流是更有意义的。实际上，基于阳极体积（如单位阳极体积功率）或者基于总反应体积（单位体积反应器功率）这两种方式均被广泛使用，具体如何选择则取决于研究者的目的。从电化学和电催化角度来看，基于电极或者膜表面积来计算功率和电流更加合理，因为这样表述提供了催化效果本身的信息。无论何种方式表述，最根本的一点是提供的信息能够满足读者进行其他表述方式计算的要求。

2. 基于速率的性能评价指标

（1）功率

在描述 MFC 时，功率是最常用的评价指标。正如前面所说，功率可以基于容积和表面积来描述。净功率指 MFC 输出的功率减去输入到操作 MFC 所需要的能量。在 MEC 中，电压附加在系统上，因此净功率是用于驱动反应进行和运行 MEC 所输入的能量之和。

（2）电流

电流是描述转化速率时的重要参数。对 BES 来说，只要生成了产物，电流

就直接与产物生成数量相关。研究表明，电流还与有机负荷率直接相关。从工程角度，反应器单位体积电流可能是最能提供有用信息的特性参数，尽管目前还未被广泛采用。

(3) 有机负荷率

在环境工程领域，有机负荷率表示在一定时间内，单位反应器体积所能转化的有机物的量。在污水领域中，BES 达到足够的有机负荷率是很重要的，这与反应器的规模和占地直接相关。这个参数有两种表达方式，即容积负荷率［kg COD/（$m^3 \cdot$ d）］或污泥负荷速率［kg COD/（kg 生物催化剂·d）］。

(4) 产物形成

产物形成的速率（例如在阴极）不仅反映了 BES 中电子的传递速率，还反映了产物的转化效率。此外，产物类型对于分析反应的进行程度和 BES 性能也十分重要。

3. 基于效率的性能评价指标

(1) 库仑效率

也称作电荷传递效率。对阳极来说，这一值表示电子以电流的形式从电子供体上导出的相对数量。对阴极来说，这一值表示相对于阴极提供的电子而言，有多少电子最终成为还原产物。总库仑效率可以定义为，产生还原产物的电子量与消耗电子供体量的比值。

(2) 能量效率

与库仑效率相似，能量效率是能量在系统中的输出值与输入值之比。它包括了反应过程中产生和消耗的电子，以及与产能相关的电子数量。

(3) 去除效能

以污水处理或者生物修复作为目标的 BES 工艺，则目标物的总去除效率是一个重要参数。去除效率与系统的出水浓度直接相关。而出水浓度正是污水处理最重要的一个指标。去除率与库仑效率联合表征电子在电极与电子受体、电极与电子供体之间的传递效率。特别地，去除率越高，去除速率会越低，这是因为在低底物浓度时受到动力学速率的限制。

14.2　生物电化学系统的过程

14.2.1　阳极氧化

BES 的首要应用是有机物的阳极氧化。实际上，微生物首次被证明具有直接电子传递而产电的能力，便是以有机碳作为底物。有机物阳极氧化必然关联相应的阴极还原过程，包括氧还原（MFC）、产氢（MEC）以及其他还原过程（BES）等。废水、生活固体废弃物和农业废物中含有丰富的有机物，它们可以作为规模化 BES 底物，被微生物氧化，用来产能。据估计，氧化生活污水中的有机物所产生的能量相当于居民所用电能的 10%（全球平均值）。因此，MFC 作为一种新型的产能系统备受关注。在此应用中，产电是首要目标，它往往需要处理或纯化有机物源。特别是把该技术应用于污水处理，是目前研究最多的，也是将来迈向全面实施规模的最先进的技术。作为一种污水处理技术，MFC 与现有的工艺之间存在竞争，尤其是活性污泥法和厌氧消化法（anaerobic digestion，AD）。虽然 MFC 工艺的基建成本较高，但仍有很大吸引力，因为它有很多优于 AD 法之处，比如出水水质更好、可以处理稀释进水、不需要加热、不需要气体处理，可以将化学能一步转化为电能等。图 14-2 为 MFC 氧化有机物的机理示意图。

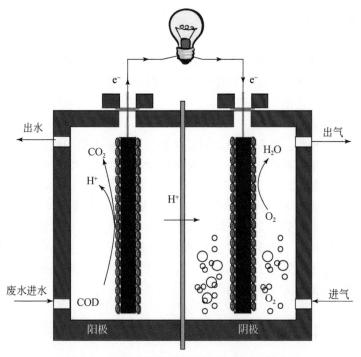

图 14-2　微生物燃料电池处理废水示意图

生物阳极的微生物群落可以将有机物完全氧化生成 CO_2，底物能量转化成等值的电能，以阳极电流的形式表现出来，如果用葡萄糖作为电子供体，反应方程

式为

$$C_6H_{12}O_6+6H_2O \longrightarrow 6CO_2+24H^++24e^-$$

能够通过这个过程被氧化的底物是非常广泛的，因此具有这些功能的微生物在多样性上也十分丰富。单一底物研究表明，微生物在纯培养或混合培养条件下可以完全氧化乙酸、丙酸、丁酸、戊酸、葡萄糖、乳酸、木糖、甲酸和乙醇，库仑效率可达 100%，电流密度高达 $0.6mA/cm^2$。这些有机物在废水和污水中十分常见，它们很易被生物降解，但废水中也含有一系列难生物降解物质。当 MFC 技术应用于实际废水时，由于难降解有机物很难被微生物利用产生电流，导致 MFC 的库仑效率降低。实际上，MFC 阳极处理实际废水的 COD 去除率可以达到 90%，表明反应器中能够发生大分子有机物的水解现象。对于 MFC 中不能被水解的大分子有机物，可完全类似地先经过厌氧消化处理。

1. 呼吸作用下氧化生成二氧化碳

在混菌条件下，有机底物可以参与多种生物反应。根据电子受体的不同，这些反应可以分为两类：呼吸和发酵。如果电子受体是细胞外的，这种新陈代谢叫作呼吸作用。如果电子受体是细胞内的，这种新陈代谢叫作发酵作用。

直接阳极氧化是一种形式的呼吸作用，非溶解性电极为中间电子受体。这种产能机制与氧呼吸或硝酸盐等呼吸作用的机制一样，产生 H_2O、CO_2 和 ATP。与其他呼吸形式一样，阳极氧化经过三羧酸（TCA）循环（图 14-3）和膜界面电子传递链。乙酸、丁酸和甲醇经过一步或两步酶促反应后，以丙酮酸或乙酰辅酶 A 的形式进入 TCA 循环，每步反应受一种酶催化。阳极微生物能够利用这些物质作为电子供体。相反，葡萄糖经过十步酶促反应达到乙酰辅酶 A，中间需要参与更多的酶促反应，称为糖酵解。发酵细菌可以更高效地利用有机物进行糖酵解。因此，发酵细菌会与阳极微生物竞争碳水化合物的底物。据研究，在纯培养条件下，葡萄糖主要被阳极直接氧化，在混合培养条件下，大部分葡萄糖被发酵。

细菌在 TCA 循环中生成 NADH、NADPH 和 $FADH_2$，这是电子传递链的起点。之后，电子经过黄素蛋白、铁硫蛋白、醌和一系列细胞色素类进行传递。电子传递链产生透过膜的质子推动力，10 个质子被推进细胞质时，就会传递 2 个电子（由 NADH 产生的）。质子传递不是一个持续的过程，而是阶越式的。事实上，仅有三步被证明与质子的产生有关：复合物 I，III 和 IV。前 4 个质子是由跨膜蛋白复合物 I 运载，可以完成电子从 NADH 的第一步传递，来形成黄素蛋白（氢原子载体）和铁硫蛋白（电子载体）。另外 4 个 H^+ 由复合物 III 传递，形成细胞色素 b，铁硫蛋白和细胞色素 C_1。这一复杂的氧化和还原醌的反应，使醌类可

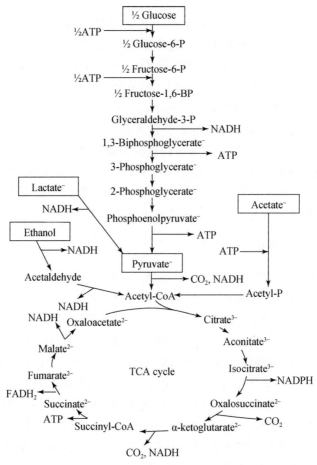

图 14-3 一些有机底物的呼吸氧化机制

以扩散通过细胞质膜，产生质子推动力（Q 循环）。复合物Ⅳ用来运载最后两个由细胞色素氧化酶蛋白产生的质子。

质子推动力通过跨膜 ATP 合成酶促进 ATP 生成，质子回到细胞质时产生电化学电势，这一过程叫作氧化磷酸化。产生 1 个 ATP 需要 3 个质子。由于这些数字都是近似的，对反应机理也不是完全清楚，通常认为原核生物每个 NADH 可产生 3 个 ATP。这一比例被称作呼吸速率，其实际值要小于这一理论值，因为质子推动力会被其他细胞活动消耗，比如细胞运动和溶质运移，以及电子传递链中的一些特殊传递方式。

如前所述，电子向阳极传递的最后一步可以直接通过细胞色素和导电性菌毛（纳米导线）来完成，或者通过溶解性的内源氧化还原介体。后者根据氧化还原电位的不同，可以进入电子传递链的不同阶段。核黄素（及其衍生物 FAD 和 FMN）是一种常见的细菌分泌黄素蛋白，在电势–200mV 左右可以传递电子。苯醌是可溶性的细胞分泌物，它可以在较高的电势下传递电子：2-氨基-3-羧基-1,4-萘醌（2-amino-3-carboxy-l, 4-naphthoquinone，ACNQ，$E^0{}' = -71mV$）和 1,4-二羟基-2-萘甲酸（1,4-dihydroxy-2-naphthoic acid，DHNA，$E^0{}' = +300mV$）都是常见的细胞分泌的苯醌类物质。此外，吩嗪类物质如绿脓菌素也可以作为内源性氧化还原电子梭，其标准氧化还原电势大约–100mV。当细菌与电极之间建立电接触时，电子的传递不能完全通过电子传递链来进行。如果溶液中的电位太低，达不到溶解性中介体或者细胞色素用于最终电子传递的电位，电极便不能从电子传递链进一步接受电子。由于电子传递到电极的传递链被中断，ATP 的最大产生量即被降低。当不同的电子载体用于最终电子传递时，ATP 的最大理论产值存在差异（表14-2）。这里产生的 ATP 是基于热动力势能值（即与 NADH 和最终电子载体之间的氧化还原电位成比例）和电子传递链每一步产生的质子数（图14-4）。例如，如果用细胞色素 C 作为电子传递的最终物质，复合物Ⅰ和复合物Ⅲ的转换过程共有 10 个质子参与，理论上可以获得其中的 8 个；如果用苯醌作为电子传递的中介，10 个质子中只有 4 个通过复合物Ⅰ发生转变。

由于 ATP 是通过 ATP 合成酶合成的，该酶的量与反应中质子数量成比例，故 ATP 的生成也与质子数成比例。细菌生长的能力受胞内 ATP 量的影响。因此，细菌的生长由电子传递机制决定。细菌利用何种化合物作为胞外电子传递介体由阳极电势决定。例如，如果阳极电势低于–200mV，细胞色素和苯醌就不能被用于最终电子传递。最终，每当量的电子被氧化可以生成对应的 ATP 量，阳极电势通过限制 ATP 的生成来影响细菌生长。在乙酸盐的培养基中混合培养，当阳极电势从–20mV 降低至–220mV 时，细菌生长速率由 30% 下降到 0%。

表 14-2   阳极呼吸反应终端电子传递过程中的 ATP 生成量

终端电子载体	氧化还原电势 E^0（mV）	质子分泌 H^+/NADH[a]	ATP 产量（基于 E）（ATP/NADH）	ATP 产量（基于 H^+）（ATP/NADH）	ATP 产量[b]（基于 E）（ATP/葡萄糖）
细胞色素 a3（充分呼吸）	+385	10	3.0	3.0	38
细胞色素 c	+250	8	2.4	2.4	31
醌（ACNQ）	–71	4	1.1	1.2	16
维生素 b2	–220	0	0.4	0.0	8
NADH	–320	0	0.0	0.0	3

a 根据已知的质子泵和 Q 循环，每个 NADH 产生的理论质子的数量；

b 葡萄糖的 ATP 产量，包括糖酵解产生的 2 个 ATP 和 TCA 循环产生的 1 个 ATP

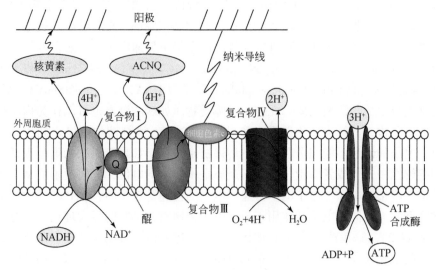

图 14-4　呼吸电子传递链

含有黄素蛋白和铁硫蛋白的跨膜复合物 I 把 NADH 氧化成 NAD$^+$。氧化 1mol NADH 伴随产生 4mol H$^+$。核黄素及其衍生物有可能释放到外周胞质中，以便将电子直接传递到阳极。电子传递到醌，苯醌被还原成对苯二酚；细胞分泌出可溶性的醌，例如 ACNQ，来进行直接电子传递。电子从对苯二酚传递到含有细胞色素 b、铁硫蛋白和细胞色素 c$_1$ 的复合物 III，伴随 4mol H$^+$ 转移到了细胞膜外。电子流动到可能与电极直接附着或者通过纳米导线连接的细胞色素 c。电子传递到复合物 IV（细胞色素 aa$_3$ 氧化酶）再生成 2mol 质子。质子通过 ATP 合成重新进入细胞质。细胞质中，3mol 质子生成 1mol ATP

2. 微生物燃料电池阳极的发酵

发酵反应是指微生物在没有电子受体的情况下产生 ATP。首先，底物被氧化成中间代谢产物，然后中间代谢产物再转化成发酵产物，同时产生能量（Herbert et al.，1997）。由于 MFC 的阳极是厌氧的，且溶解性电子受体不足，所以在这种环境下，非常容易发生发酵反应。虽然 MFC 的阳极可以作为胞外非溶解性电子受体，但并不是所有的细菌都可以直接利用阳极作为电子受体，而且发酵反应比呼吸反应的底物转化率高很多，这就使发酵过程在阳极环境中极具竞争性。一些常见的葡萄糖发酵反应如图 14-5 所示。

产生还原副产物要消耗糖酵解过程中产生的还原能，表明葡萄糖氧化生成丙酮酸的过程中每生成一个 NADH，等量的 NAD$^+$ 就要被丙酮酸还原成乙醇、丁酸和 2,3-丁二醇等产物。另外，NADH 可能通过 NADH 脱氢酶或铁氧化还原蛋白酶途径（分别为图 14-5 中的步骤 5 和步骤 8），被直接二次氧化，生成氢气。由于缺少高电势的电子受体，发酵过程与大部分呼吸过程相比，产生的能量非常有

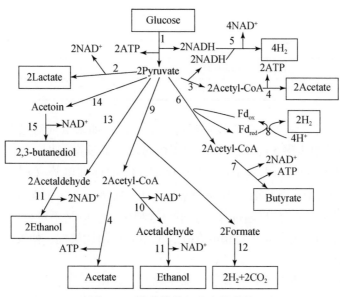

图 14-5　葡萄糖的一些发酵途径

除了有乙酸或丁酸生成，ATP 的唯一来源是糖酵解。酶催化的反应包括：1 糖酵解；2 乳酸脱氢酶；3 丙酮酸脱氢酶；4 2 步酶促反应：醋酸激酶和磷酸转移酶；5 NADH 脱氢酶；6 丙酮酸铁氧还蛋白还原酶；7 6 步酶促反应生成丁酸，其中包括产生 1 个 ATP；8 氢；9 丙酮酸生成酶；10 乙醛脱氢酶；11 乙醇脱氢酶；12 甲酸氢酶；13 丙酮酸脱羧酶；14 3 步酶促反应生成乙酰甲基甲醇（2-羟基-3-丁酮）；15 2,3 丁二醇脱氢酶

限。表 14-3 列出了一些发酵反应的化学计量式、净吉布斯自由能和 ATP 产量，每个葡萄糖的产酸发酵过程能产生 4 个 ATP，好氧呼吸过程可以产生 38 个 ATP。其他发酵反应（如纯乳酸发酵）每利用一个葡萄糖仅能生成 2 个 ATP。因此，发酵菌需要更高的底物转化率，产生足够 ATP 来保证自身生长，这样发酵细菌就会与呼吸细菌竞争发酵底物。发酵细菌之所以对底物具有较高的转化率，是因为这些细菌体的糖酵解酶具有很高的表达，并通过底物特定磷酸转移酶的表达，提高了底物向细胞内的传递速率。

表 14-3　常见细菌发酵和古细菌甲烷发酵的反应化学计量式、吉布斯自由能和 ATP 产量

发酵	化学计量式	ΔG^0（kJ/mol）	ATP/葡萄糖
纯乳酸	葡萄糖→2 乳酸+2H$^+$	−197	2
乙醇	葡萄糖→2 乙醇+2CO$_2$	−235	2
产乙酸	葡萄糖+2H$_2$O→2 乙酸+2CO$_2$+4H$_2$+2H$^+$	−216	4
丁二醇	葡萄糖→丁二醇+2CO$_2$+H$_2$	−194	2

发酵	化学计量式	ΔG^0 （kJ/mol）	ATP/葡萄糖
丁酸	葡萄糖→丁酸+2CO$_2$+2H$_2$+H$^+$	−264	3
乙酸产甲烷	乙酸+H$^+$→CH$_4$+CO$_2$	−36	
氢营养菌	4H$_2$+CO$_2$→CH$_4$+2H$_2$O	−131	

当发生产氢反应（如在产酸发酵过程中）时，如果氢气通过 NADH 脱氢酶生成（图 14-5 中步骤 5），则氢气的积累极易使发酵过程停止，这是因为 NAD$^+$/NADH 的标准电势（$E^{0'} = +320\text{mV}$）比 H$^+$/H$_2$ 的标准电势（$E^{0'} = -414\text{mV}$）高。细菌体内 NAD$^+$/NADH 的比例通常接近 1。从热动力学角度分析，氢气分压的上限大约为 60Pa。如果超过这一上限，这种生物反应是不可行的，在混菌中，有氢营养微生物，尤其是甲烷菌的存在，能有效地消耗氢气，使发酵过程进行下去（张放，2013）。

在纯培养条件下或不存在氢营养微生物时，细菌会进行其他代谢途径。丙酮酸可以通过铁氧化还原途径直接产生氢气（图 14-5 步骤 8），由于铁氧化还原酶的电势为 −410mV，所以这一步不受热动力学的严格限制，氢气分压可以达到 30 000Pa。但在这种发酵途径中，每个葡萄糖仅能产生 2 个 ATP，而 NADH 途径每个葡萄糖可产生 4 个 ATP。此外，铁氧化还原途径不消耗 NADH，会产生丁酸或甲醇等其他还原发酵产物，用来平衡 NADH。

当阳极极化或有其他胞外电子受体存在时，细菌可以采取其他途径来处理额外的还原当量。有研究发现，*Propionibacterium freudenreichii* 能够产生和分泌可溶性醌，直接完成胞外电子传递过程（Moscoviz et al., 2017）。这种特异性发酵相当于图 14-5 中的步骤 5。不同的是，步骤 5 是阳极代替 H$^+$ 作为中间电子受体。鉴于这种情况，在 MFC 阳极生物膜中，发酵微生物发挥着重要的作用：为碳水化合物提供氧化途径；产生发酵副产物，作为嗜阳极呼吸菌的代谢底物；分泌氧化还原活性化合物，使生物膜呈现出完整的电化学活性。

3. 发酵微生物与嗜阳极微生物的共生作用

在阳极的混菌生物膜上，呼吸和发酵微生物不可避免地竞争利用底物，并存在共生关系和生物电化学作用。大量的研究揭示了阳极生物膜的复杂食物网（图 14-6）。

发酵细菌对碳水化合物有很强的竞争性。约有 60% ~90% 的糖类被转化成发酵产物，而不是转化成电能，乙酸发酵的 ATP 产量最高（表 14-3），也最为普遍，乙酸为主要发酵产物，在阳极电位较低（<−100mV）或有机负荷较高

［>3kg COD/（m³·d）］时，丙酸和丁酸也是主要的代谢产物（Wood et al.，1991）。在阳极的混菌生物膜中，丁酸发酵和乙醇发酵很少发生。所有的发酵产物都可以作为阳极菌呼吸利用的底物，大部分碳水化合物先被阳极混合微生物发酵，然后再产生电能，所以发酵–产电是一个完整的过程。发酵反应对阳极过程并无有害影响。事实上，发酵反应可以把碳水化合物快速地转化成理想的阳极底物。最终，所有碳水化合物的还原产物都被传递到阳极用于生物膜的富集。

在产生挥发酸的同时，由于所有的发酵反应也产生一定量的氢气，所以氢气的去向问题值得探讨。实际上，某些嗜阳极细菌能够利用氢气产生电流，有些生物膜氧化氢气产电的效率可以达到15%，这种现象被称作种间氢转移。

此外，某些发酵微生物可以不利用氢，而是通过溶解性氧化还原介体（如对苯二酚），将电子直接传递到电极。在混合阳极群落中，溶解性介体也可被其他嗜阳极菌作为电子供体，介体可以插入到电子传递链中，产生质子推动力，阳极是终端电子受体。发酵菌体的纳米导线和导电菌毛也可直接将电子传递到电极或嗜阳极细菌。

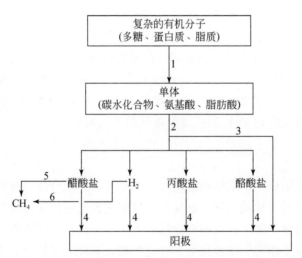

图 14-6 微生物燃料电池阳极微生物群落食物网

有机分子聚合物如多聚糖、蛋白质和脂类被发酵细菌水解成碳水化合物、氨基酸和脂肪酸1，再将这些小分子有机物转化成乙酸、戊酸和丙酸2，然后通过氧化还原介体向阳极释放氢分子或电子3。呼吸细菌可能参与第3步，平衡发酵细菌释放的氧化还原介体和阳极之间的电位差。嗜阳极菌将发酵产物进行呼吸氧化：氧化产物是 CO_2 和电子4。产甲烷菌可以摄取氢气和乙酸，通过产酸菌5和氢营养菌6产甲烷菌生成 CH_4

4. 产甲烷菌对发酵产物的竞争性利用

产甲烷过程是一种古细菌特有的生物反应，可以将底物转化成 CH_4。产甲烷菌能利用的底物种类很少（Deppenmeier et al., 1999）。在 MFC 的阳极，产甲烷菌只可以利用乙酸（嗜乙酸产甲烷菌）和氢气（嗜氢气产甲烷菌），在有乙酸或氢气存在的严格厌氧环境中，产甲烷菌就一定会增长。因此，在 MFC 的阳极群落中可以分离出产甲烷菌。产甲烷菌在电极上将底物转化成甲烷，导致 MFC 不可逆的库仑损失。产甲烷菌和嗜阳极菌利用相同的底物，它们之间不可避免地存在竞争。产甲烷菌不像嗜阳极菌那样依附电极，可以在距离阳极很远的地方生存，比嗜阳极菌更有优势。当系统长期运行时，MFC 阳极生物膜的不同位置会产生甲烷。在最佳的负载条件下（进水 COD 可以被现有的生物完全转化），MFC 进水中 15%~25% 葡萄糖被转化成甲烷。在这种条件下，嗜氢气产甲烷菌占优势，嗜乙酸产甲烷菌生长非常缓慢。只有底物过量时，即有机负载远远超过最佳负载时，长期运行的 MFC 中会有嗜乙酸产甲烷菌大量生长。嗜乙酸产甲烷菌与嗜氢气产甲烷菌不同，它们的出现取决于阳极电势。当电势达到 −150mV 时，阳极 50% 以上的葡萄糖被转化成甲烷。

MFC 阳极唯一的库仑损失就是产生了甲烷，这种现象非常普遍且无法避免。大部分嗜阳极微生物是兼性微生物（由于他们依靠呼吸电子传递链生长），不受氧气影响。一些发酵细菌是耐氧的，短时间的有氧条件有利于发酵细菌电化学活性的提高。而产甲烷菌是严格厌氧菌，即使接触到少量的氧气，也会快速死亡。因此，将阳极定期暴露在空气中一段时间，可以抑制产甲烷菌的生长。然而，如果生物膜太厚，氧气不能接触到生物膜的底层，则底层的产甲烷菌还会继续生长。此时，可以采取对 MFC 阳极频繁曝气的方法来解决问题。

5. 发酵产物的电催化氧化

在混菌生物阳极上，发酵和氧化发生的位置可以被分开。这种情况下，可以用化学催化剂代替生物催化剂，加快氧化反应进程。阳极涂层可以渗透过发酵产物，但不能透过微生物。通过阳极涂层的方法，可以将发酵和氧化反应分开。以固定化产氢培养基作为生物催化剂，经过生物发酵反应，复杂有机物被转化为简单的高能产物（如氢气、甲醇或甲酸）；以铂作为电催化剂，能够将发酵产物作为二次能源，直接氧化产生电能。在首例利用发酵产物产电的实验中，采用外面覆盖一层导电聚合物（如聚苯胺或其氟化合物）的夹层电极，可以有效地防止铂电极被毒化而失活。这种电极的电流密度可达 $1.5mA/cm^2$，极大地提高了 MFC 产电性能，且生物发酵和电化学（非生物）氧化过程的分离可以遏制甲烷生成。

此外，在 MFC 中直接利用异养微生物、光合异养微生物，甚至是纯光合微生物降解复杂的碳水化合物（如淀粉和纤维素），亦可实现产电。发酵产物的电催化不仅显示出氢氧化的稳定活性，也表明甲酸（$1.9mA/cm^2$）和乳酸具有良好的氧化活性。

14.2.2 阴极反应

随着 BES 阳极技术的不断进步，阴极技术的发展也变得十分迫切。起初，研究人员忽略了对阴极的研究，而现在则越来越清晰地认识到阴极反应是 BES 的重要瓶颈。表 14-4 列出了 BES 中的常见阴极反应。

理论上，阴极可以发生一系列的反应。但对 BES 的最初研究中，只考虑了能够产电的阴极反应（如 MFC 应用）。实验室的阴极系统很容易控制，例如可以加入广泛使用的铁氰化物（III/II）（铁/氰化钾），但这种系统并不能长久维持，需要定期补充添加物。普遍认为，氧化还原反应（oxygen reduction reaction，ORR）是 MFC 中切实与产电相关的阴极反应。

表 14-4　生物电化学系统中的阴极反应

阴极反应	条件	E^0（V）（pH=7）
微生物燃料电池		
氧气/水	理论值	+0.82
氧气/水	实际值（开路）	+0.51
铁氰化物（III/II）（铁/氰化钾）	溶解态（1:1）	+0.36
微生物电解池		
$2H^+/H_2$	理论值	−0.41
$2H^+/H_2$	实际值（开路）	−0.41

2003 年，人们发现当在阴极用析氢反应（hydrogen evolution reaction，HER）代替 ORR 时，MFC 就转变成了 MEC。在 MEC 中，阳极有机物氧化反应与 HER 反应在同一装置中成对发生，这比早期将传统电解工艺与 MFC 耦合的概念更具优势。MEC 所需的能量（约 $1\sim2kW\cdot h/m^3\ H_2$）比电解水产氢所需能量（约 $4\sim5kW\cdot h/m^3\ H_2$）少得多，且 MEC 的制氢转化率比发酵反应高。因此，MEC 极有可能成为未来的产氢装置，但实现这一目标还需要更具成本效益的 HER 阴极。

理论上，ORR 的氧化还原电势为 0.81V（pH 为 7，氧分压为 0.2Pa）。但在传统的电化学催化条件下，开路电势通常小于 0.51V。这是因为电极表面形成了一种混合电势，并且在 MFC 中实际的电荷流动还会造成几百毫伏的电压损失。类似地，HER 也存在较大的损失。当 pH 为 7 时，在低电流密度下几乎可以达到

HER 的理论氧化还原电势-0.41V。但在 MECs 实际运行过程中，HER 反应也会产生几百毫伏的电压损失。

由于 ORR 和 HER 都是消耗质子的反应（或产生氢氧根的反应），所以这些反应的氧化还原电位与电解液和电极表面的 pH 直接相关。因此，pH 的微小变化就会对这些反应造成强烈的扰动。pH 对 BES 的阴极反应（如 HER 和 ORR）的影响主要有以下两点。

1）阴极室碱度的增大会造成阴极电位更负；

2）电流密度较高时，电极/电解质溶液表面的 pH 梯度会使阴极电位更负。

这两种影响会造成电池电压大幅度下降，因此会影响整个 BES 的性能。

近年来，发展了以重金属为末端电子受体利用 BES 还原和回收重金属的技术，包括金、银、铜等重金属在内的众多重金属可以实现回收利用，并在小试和中试阶段得到实践。

1. 氧化还原反应

在 MFC 中，ORR 无疑是最佳的阴极反应。氧气可直接获取并取之不尽，加之真正的氧化还原电势和还原产物（水）的无害性，构成了此元素作为 MFC 的氧化剂的三大优势。

对传统的化学燃料电池而言，阴极反应往往是限制化学燃料电池性能的重要因素。因此，在保证低成本、阴极材料长期稳定的条件下，改善 ORR 阴极的性能成为化学燃料电池最重要的研究方向之一。MFC 的电流和输出功率比化学燃料电池低几个数量级，起初认为它不存在上述化学燃料电池同样的问题。事实上，MFC 的阴极 ORR 反应条件与理想条件偏差较大，且与传统的化学燃料电池条件差别也很大。MFC 的阴极需要适宜的温度、较低的电解质浓度、中性 pH 等条件，这些成为影响其阴极性能的热力学和动力学限制因素。

在催化性能良好的体系中，ORR 通常是一种直接的 4 电子反应。

酸性条件下，

$$O_2+4e^-+4H^+ \longrightarrow 2H_2O$$

或碱性条件下，

$$O_2+4e^-+2H_2O \longrightarrow 4OH^-$$

或者，ORR 可以分解成以过氧化氢为中间产物的两个连续的两电子反应。以下为同样以碳作为阴极材料时的典型反应机制。

酸性条件下，

$$步骤 1：O_2+2e^-+2H^+ \longrightarrow H_2O_2$$

$$步骤 2：H_2O_2+2e^-+2H^+ \longrightarrow 2H_2O$$

或碱性条件下，

$$步骤1：O_2+2e^-+H_2O \longrightarrow HO_2^-+OH^-$$
$$步骤2：HO_2^-+2e^-+H_2O \longrightarrow 3OH^-$$

ORR 的反应机理取决于几个参数，如电极材料的性质、pH 和电流密度。ORR 主要分为三个步骤，每个步骤都可能是限速反应：①氧分子在电极表面最适反应位点的初始化学吸附；②氧分子的解离；③电子传递。

在未经修饰的电极材料（如碳或不锈钢）上，ORR 只能在很高的过电位条件下进行。因此，利用纯碳电极作为阴极材料获得的电流密度非常低。有效避免碳电极极化的方法是扩大活性电极表面积（如采用填充的颗粒阴极，可以有效降低表面电流密度，并避免极化）。此外，研究人员经常观察到，碳阴极 MFC（如深海底燃料电池）的性能会随时间不断提高，这是因为依附电极生存的细菌可以促进电化学氧化还原反应（刘媛媛，2013）。

2. 氧还原催化剂

（1）铂

众所周知，铂是良好的氧化还原催化剂，是化学燃料电池和微生物燃料电池研究中经常用到的一种基准物质。但是，鉴于它越来越高的价格和用于 BES 时产生的低电流密度两个缺点，利用铂做催化剂既不经济也不合理。

若要降低铂阴极成本，首先是尽可能地降低阴极表面铂的负载量。实验研究发现，MFC 系统的内阻对整个燃料电池的性能起到决定性作用，减少阴极铂的负载量不会显著影响电极性能。然而，减少铂的负载量仍不能避免铂在浑浊的含菌生物环境中易于毒化（不可逆）的问题。此外，需要寻找一种替代的非贵金属催化剂。碳化钨是在 20 世纪 60 年代末发现的一种廉价又有效的电催化剂，具有良好的电催化氧化活性，有望代替铂催化剂。

（2）基于大环过渡态金属的催化剂

开发燃料电池氧化还原电催化剂是一个很重要的研究方向，人们不懈地寻找廉价的非贵金属材料。过渡金属卟啉和酞菁分子具有平面结构，四个氮原子对称围绕在金属离子周围，形成常见的过渡金属 N_4 大环。在惰性环境中，对卟啉进行热裂解处理（从 450℃逐渐升温至 900℃）使其沉积在碳载体上，可以提高过渡金属卟啉的稳定性和电化学活性。利用仿生学方法将经过热解处理的亚铁和钴的酞菁和卟啉化合物引入 MFC 后，系统表现出很好的 ORR 性能，而且比铂便宜得多。

如何提高催化剂的长期稳定性是需要研究的主要问题之一，尤其是电极的制造工艺（如电极黏合剂和催化剂负载量等）、过渡金属（催化中心）从催化剂中浸出、过渡金属被 H_2O_2 氧化降解及氧化还原反应会产生中间产物等问题亟待解决。对于后一个问题，采用 MnO_x 是一个可行的解决方法。金属氧化物可以提高过氧化氢的分解速率（即提高催化剂的使用寿命），还能增加每个氧分子还原需利用的平均电子数。

3. MFC 阴极构型

（1）液体阴极

液体阴极通常用于典型的双极室 MFC（通常为 H-型）系统中。这种 MFC 的阴阳两极均浸没在液体电解液中，允许临时使用铁氰化钾等阴极物质。系统由隔膜隔开，易于控制，适用于实验研究。但是，液体阴极的主要瓶颈是氧气溶解度较低（25℃时，氧气在水中溶解度为 6mg/ L），导致溶液中可供利用的氧气较少，极大地限制了阴极性能。曾有人提议采用加压等方法来解决这个问题，但需要增加额外的耗能（降低整体效率）和更加复杂的 MFC 设计。

（2）空气阴极

空气阴极的概念在 20 世纪 80 年代末提出，通常用于单室电池。在这种系统中，阴极催化剂与空气直接接触，不存在氧化剂的限制。但是，ORR 依赖于离子迁移到电极或远离电极的能力，阴极表面要时刻保持一个含水层。ORR 反应本身可以生成水。由于阴阳两个极室之间存在水力学压力梯度，所以大量的水会通过隔膜。尤其在无膜系统中，比如阴阳两极之间只有一个 J-布隔膜，水的渗透量更大。水从阳极室向阴极室渗透的过程也伴随着有机物的交换，导致阴极性能的大幅度下降。与此同时，相较于双室电池而言，氧气向阳极室的扩散也是单室电池的库伦效率受到限制的一个重要因素。

空气阴极与液体阴极基本相同，限制因素也很相似，只是电解质的单位时间输出量不同。但空气阴极中的氧气可以迅速传递到反应点，不需要像液体阴极那样采用机械方法（搅拌，曝气）加强传质。

14.3 生物电化学系统中的材料

14.3.1 MFC 电极材料

电极表面积和材料成本是 MFC 反应器设计最重要的方面。电极的比表面积指单位体积反应器中电极的总面积（m^2/m^3）。增加电极的堆积密度是设计 MFC 时要重点考虑的因素。用于实际废水处理的 MFC 反应器的体积非常大，需要我们开发廉价的电极材料，才能应用于大规模工程中。

1. 阳极材料

通常，MFC 的阳极和阴极采用同种材料作为电极基体。常用的材料包括碳纸、碳布、碳毡、石墨颗粒和网状玻璃碳。碳布、碳纸和碳毡能够以各种填充密度填于反应器中，通常比表面积为 $10 \sim 300 m^2/m^3$。石墨颗粒间必须相互接触，且多孔介质固有的孔隙度要小。一般颗粒物的孔隙度在 $30\% \sim 50\%$。MFC 中颗粒石墨阳极（直径为 $1.5 \sim 5.5 mm$）的比表面积大约为 $817 \sim 2720 m^2/m^3$。在废水处理中，微生物会附着生长在电极或颗粒表面，因此用颗粒做电极存在堵塞的问题。所以，长期运行时保持高的孔隙度至关重要。网状玻璃碳是一种脆性电极材料，尽管如此，它有较高的比表面积和导电率。MFC 中网状玻璃碳的比表面积范围从 $51 m^2/m^3$ 到 $6100 m^2/m^3$。与碳布和碳纸相比，网状玻璃碳具有高达约 97% 的孔隙度。

石墨纤维刷电极是另一种可同时获得高度多孔性和高表面积、又不失脆性的材料。石墨纤维刷可以通过普通的商业设备大量制造，极易生产。将石墨纤维通过双股金属丝绞成刷子，能够制成电极材料。在实验室中，通常用惰性钛丝绑石墨纤维刷。在使用除了金属钛以外的材料时要注意，该种材料要有好的抗腐蚀性能，而且价格要比钛低廉。铜是一种导电性能好且价格低廉的材料，但易腐蚀，溶解的铜离子还会对微生物有毒害作用。石墨纤维刷的多孔性和密度是可变的，它的表面积没有碳布大，但孔隙度非常高（$95\% \sim 98\%$）。需要注意的是，两者表面积的计算方法有所不同。碳布面积按投影计算，刷子比表面积应该按其周围液体体积来计算。长期以来，人们所担心电极的生物堵塞现象，在石墨刷阳极MFC 中尚未见报道。

2. 阴极材料

MFC 设计中最具挑战的部分就是阴极。空气阴极 MFC 中，阴极必须要能接受三种物质，即空气中的氧气，水中的质子和电路中的电子。在接触水有催化剂的一面，空气阴极 MFC 采用碳纸或碳布作阴极材料，以此提高氧气的还原速率。当催化剂涂在电极接触空气的一侧时，阴极的性能会下降。

（1）平板阴极

测试不同底物或材料的 MFC 性能时，平板阴极是一种很好的电极材料。但不论用何种材料做阴极，都需要将催化剂固定到阴极表面，这时就需要导电黏合物，如 Nafion 或 PTFE（poly tetra fluoroethylene，聚四氟乙烯）。制作 Pt 催化电极时，先将催化剂 Pt/C（10wt%）与黏合物（如 5% Nafion 或 2% PTFE）预混合后，涂在碳布上。如果使用 Nafion，可在室温下经过 24h 自然晾干；如使用 PTFE，需要在 350℃下经过 0.5h 烘干。人们发现，Nafion 效果好于 PTFE，但价格比较贵。因此，在选择黏合物时应权衡考虑其性能与价格。当 Pt 的含量超过 $0.1 \sim 2mg\ Pt/cm^2$ 范围时，无论用 Nafion 还是 PTFE 作为黏合物，对 MFC 的性能不产生明显影响。

与 Pt 相比，选择其他的催化剂也可达到相近的效果。用钴四甲基苯基卟啉 (Co tetramethoxyphenylporphyrin，CoTMPP) 作催化剂，用计时电位分析法得出其性能优于 Pt。在 MFC 实验中，如果催化剂含量为 $0.5mg/cm^2$ 时，CoTMPP 与 Pt 的催化效果一样。如果降低催化剂含量则会影响反应器性能。用 Fe (II) 酞菁染料 (Fe phthalocyanine，FePc) 做催化剂，可得到与 Pt 相近的实验结果，电流密度大于 $0.2mA/cm^2$。

另外，提高阴极表面积，也会增加 MFC 产电功率（除非阳极面积远远小于阴极面积）。例如，在反应器另一侧也装上一片阴极使阴极面积加倍，那么功率密度会从 $300W/m^3$ 增加到 $600W/m^3$。

(2) 管状阴极

但是由于反应器体积有限，阴极的面积也受限制。要获得最大的阴极面积，可通过将阴极完全包裹住反应器，形成管状阴极的方式实现。"管状"意味着一种新的结构形式。阴极的形状可以是圆形、长方形、甚至形成录音带的形状。管式阴极是指一系列的电极，如可以将电刷阳极和管状阴极结合插进一个固定的容器内形成 MFC。因此，通过改变管状阴极（单位容器体积的管状阴极的面积）的比表面积来提高反应器性能是可行的。

采用混合聚酯纤维载聚砜制成的吸水管状超滤膜，可以制成与阳极分离的管状阴极系统。为使管体导电，管状阴极表面涂有导电涂料，内壁负载 CoTMPP 作为催化剂。在配置两个管状阴极的 MFC 中，阴极比表面积为 $93m^2/m^3$，体积功率密度为 $18W/m^3$，库仑效率为 70% ~74%。由于涂料的电导率低于碳布或者金属，超滤膜的内阻较大，需要扩大管状阴极的表面积来抵消其自身的低效率。此外，需要寻找其他可以作为 MFC 管状阴极的材料。

(3) 碳刷阴极

如果将溶解氧作为阴极电子受体（如海洋中沉积物 MFC），那么可使用高表面积的碳刷阴极。例如，将阳极置于沉积物中，碳刷阴极在上层水体中，可以为海上运输提供动力能源。

14.3.2 分隔材料

1. 膜

氢氧燃料电池中，膜的主要作用是将质子从被氧化的气相（H_2）传递到氧化气相（O_2）。Nafion 等材料可以使质子传递过程更容易，膜的另一个作用是防止两种气体混合产生爆炸。在 MFC 中，膜通常被用作分隔物，防止液体中被细菌利用的有机物接触到阴极。

膜选择的原则是能对所研究的带电物质具有选择性。质子由阳极细菌产生，经过质子传递膜（proton exchange membrane，PEM），在阴极通过氧气或质子还原被消耗。化学阳离子（如 K^+、Na^+、Ca^{2+} 和 Mg^{2+}）的浓度要远远高于 H^+，它们更容易穿过阳离子交换膜（cation exchange membrane，CEM），造成电极间 pH 不均衡。在双室 MFC 的阴极室中，阳离子浓度随着时间的延续增加，质子被不断消耗，引起阴极液 pH 上升、阴极电位下降，进而导致 MFC 功率不可逆地降低。相反，阳极电位没有受到太大影响。

膜不仅可交换带电物质，还能渗透氧和其他化学物质。以典型的 Nafion（厚 0.19mm）、CEM（厚 0.46mm）和 AEM（anion exchange membrane，厚 0.46mm）为例，乙酸盐在这些膜中的质量传递系数分别为 4.3×10^{-8} cm/s、1.4×10^{-8} cm/s 和 5.5×10^{-8} cm/s，扩散系数分别为 0.82×10^{-9} cm/s、0.66×10^{-9} cm/s 和 2.6×10^{-9} cm^2/s；溶解氧在其中的质量传递系数分别为 1.3×10^{-4} cm/s、0.94×10^{-4} cm/s 和 0.94×10^{-4} cm/s，扩散系数分别为 2.4×10^{-6} cm/s、4.3×10^{-6} cm/s 和 4.3×10^{-6} cm^2/s。虽然通过膜的化学损失比较低，但是底物的损失与膜面积的大小和反应时间的长短显著相关。双极膜还具有同时传递水分子和解离出离子的功能。当电流通过双极膜 MFC 系统时，水分子分解为 H^+ 和 OH^-，完成电荷平衡。但是，双极膜会造成极化现象，也不能有效地防止两极室内 pH 的突变。

当质子不能顺畅地穿过阳离子交换膜时，需要选择其他的方法来平衡系统两室之间的 pH。缓冲液能够传递带负电荷的离子，是一种平衡电荷和两室间 pH 的可行方法。在碳酸盐和磷酸盐缓冲液中，阴离子浓度明显高于质子浓度，能够优先穿过 AEM，很容易地在两室间传递。在空气阴极 MFC 中，当其他条件都相同时，使用 AEM 的产电功率要大于 Nafion 膜和 CEM。

2. 分隔物

传统方法中，采取了另一种不同的分隔物，即 J-cloth（通常用作厨房擦拭布），覆盖在阴极上来分隔电池两极室。J-cloth 具有稳定的液压渗透性，可减少氧气向阳极扩散，将阳极置于阴极附近又避免暴露在有氧的环境中。在 MFC 中使用 J-cloth 时，单位面积电极的产电功率与单位体积容器产生的功率之间有一定的平衡关系，但影响机理还需进一步探究。

在不同构型的 MFC 反应器中，已报道的分隔物还包括微滤膜（孔径 0.1μm）、超滤膜（截留分子量分别为 500Da、1000Da 和 3000Da）和表面修饰不锈钢板等材料。

14.4　生物电化学系统未来发展的展望

在基础理论水平上，人们才仅仅掌握了 BES 微生物生理学特征的一点皮毛。针对胞外电子转移，尤其是阴极上的电子转移过程，非常有可能发现大量预想不到的电极反应。针对从实际出发的挑战性问题，更有待于我们进行积极探索。例如，筛选和富集嗜酸或嗜碱的电活性微生物，使其能在阳极 pH 很低或阴极 pH 很高的情况下良好地发挥作用。从这个角度看，真菌因其非常高的酸碱耐受能力，应再次受到关注。细菌因其遗传上的可改造性，有望通过直接的遗传改造实现有价值的代谢过程（Deanda et al., 1996；Diekert et al., 1978；Huang et al., 2009；Tashiro et al., 2004），如化学制品的生物生产。反过来，当阳极或阴极存在着特有的质子产生和消耗过程时，化学制品的生物生产会有助于 BES 系统更有效地运行。

在 BES 基础理论研究仍需继续进行的背景下，该技术应该重视实际应用和工程开发。目前，BES 的效率很大程度上取决于反应器设计。诸多实验已经证明，许多重要瓶颈都来源于系统设计问题。另外，一系列有关设备和过程控制方面的因素值得研究。

鉴于近年 BES 和 MFC 文章的大量涌现，科学地评估哪些方面的研究已经较为完善，哪些方面仍存在空白是非常有价值的。从实践角度，最近几年的研究已经有大量的关键性创新和突破（白宝生，2018；王亚等，2017；刘充等，2015；付进南等，2015；Wang et al., 2016；毛艳萍等，2010；熊晓敏等，2017；郑艳等，2018），主要包括：

1）采用较低成本的材料作为电极和膜，如石墨毡或者石墨颗粒，碳纤维刷或者新型阳离子交换膜。

2）开发带有金属催化剂的开放式空气阴极，甚至是生物催化的开放式空气阴极。

3）开发和改进以制取氢气为目的的 MEC 工艺。

4）开发出可以获取更高电压的堆叠式 MFC 工艺。

5）发现 BES 系统阴极（通常是生物阴极）的反硝化过程。

6）证实阳极上的硫化物可以定向氧化成单质硫。

7）实现 MFC 阴极上的部分重金属回收。

由于存在着较高的成本/效益比，人们对未来 MFC 的发展前景有些负面评价。但总体上，BES 的未来却是前所未有的光明，特别是生物修复和生物产品生产两个方面。

一方面，一些特定的生物修复工艺（如脱氮或除硫、生物电化学氧化或还原反应去除难降解化学物质等），通常比传统或者替代性技术（如需要大量共基质的厌氧处理和高级氧化过程等）成本低廉，在合理应用的基础上，具有良好的应用前景。

另一方面，化学品生产是 BES 系统最有希望的应用领域。其中，废水作为自由的电子来源，可在阴极实现特定化学品（如金属还原产物）的生物生产。该应用领域不仅具有很大的可选范围，还能够在短期和中期内实现可观的投资回报。最重要的是，此类应用一般可以用分阶段的方式实现，对现有废水处理过程没有或只有极小的影响，实施障碍较少。

总之，无论从科学角度还是工程应用前景来看，BES 都可以用来构建一系列非常新颖而有意义的工艺，为我们提供了诸多可替代的解决方案，而且将来还能开发出新的反应过程和应用技术。

思 考 题

1. 简述以下概念：生物电化学系统、微生物燃料电池和微生物电解池，并探讨它们的联系和区别？

2. 简述生物电化学系统的测量指标和性能评价？

3. 列举发生在阳极和阴极的反应？

4. 探讨生物电化学系统中各种材料的优劣？

参 考 文 献

白宝生 . 2018. 有机/无机过渡金属化合物作为锂离子电池负极材料的研究 . 天津：天津理工大学硕士学位论文 .

付进南，王晓慧，海热提，等 . 2015. A2/O 耦合 MFC 工艺的启动及 C/N 对其产电性能的影响 . 环境工程学报，9（11）：5369-5375.

蒋沁芮，杨暖，吴亭亭，等 . 2018. 生物电化学脱氮技术研究进展 . 应用与环境生物学报，24（2）：408-414.

刘充，刘文宗，王爱杰 . 2015. 微生物电解池阳极生物膜功能菌群构建及群落特征分析 . 微生物学通报，42（5）：845-852.

刘媛媛. 2013. 碳纤维阴极及金属阳极在海底沉积型燃料电池中的应用研究. 青岛：中国海洋大学硕士学位论文.

毛艳萍，蔡兰坤，张乐华，等. 2010. 微生物燃料电池处理模拟含硫废水的初步研究. 水处理技术，36（2）：105-108.

王亚，来庆学，朱军杰，等. 2017. 金属–空气电池阴极双功能催化剂研究进展. 化学研究，28（1）：1-18.

熊晓敏，吴夏芫，贾红华，等. 2017. 利用含 Cu（Ⅱ）废水强化微生物燃料电池处理含 Cr（Ⅵ）废水. 环境科学，38（10）：4262-4270.

张放. 2013. 混合菌群厌氧发酵的代谢模型及其过程控制. 合肥：中国科学技术大学博士学位论文.

郑艳，印霞棐，李秀芬，等. 2018. 双室 MFC 回收尾矿中铁离子的产电性能研究. 水处理技术，44（10）：63-66.

周密. 2014. 基于混合菌群的微生物电化学系统转化甘油为 1,3-丙二醇的性能研究. 大连：大连理工大学博士学位论文.

Deanda K, Zhang M, Eddy C, et al. 1996. Development of an arabinose-fermenting Zymomonas mobilis strain by metabolic pathway engineering. Applied and Environmental Microbiology, 62（12）：4465-4470.

Deppenmeier U, Lienard T, Gottschalk G. 1999. Novel reactions involved in energy conservation by methanogenic archaea. FEBS Letters, （457）：291-297.

Diekert G B, Thauer R K. 1978. Carbon monoxide oxidation by Clostridium thermoaceticum and Clostridium formicoaceticum. Journal of Bacteriology. （136）：597-606.

Gilberto M, Andreia F S, Luciana P, et al. 2018. Methane Production and Conductive Materials：A Critical Review. Environmental Science & Technology, 52（18）：10241-10253.

Gregory K B, Bond D R, Lovley D R. 2004. Graphite electrodes as electron donors for anaerobic respiration. Environmental microbiology, 6（6）：596-604.

Herbert D, Walker K A, Price L J, et al. 1997. Acetyl-CoA carboxylase-a graminicide target site. Pesticide Science, 50（1）：67-71.

Hernandez M E, Newman D K. 2001. Extracellular electron transfer. Cellular and Molecular Life Sciences CMLS, 58（11）：1562-1571.

Huang C F, Lin T H, Guo G L, et al. 2009. Enhanced ethanol production by fermentation of rice straw hydrolysate without detoxification using a newly adapted strain of Pichia stipitis. Bioresource Technology, 100（17）：3914-3920.

Korneel Rabaey 等. 2011. 生物电化学系统. 王爱杰，任南琪，陶虎春译. 北京：科学出版社.

Liu D, Lei L, Yang B, et al. 2013. Direct electron transfer from electrode to electrochemically active bacteria in a bioelectrochemical dechlorination system. Bioresource Technology, 148（Complete）：9-14.

Lovley D R, Phillips E J, Lonergan D J, et al. 1995. Fe（Ⅲ）and S^0 reduction by *Pelobacter carbinolicus.* Appl Environ Microbiol, 61 (6): 2132-2138.

Moscoviz R, Flayac C, Quéméner E D-L, et al. 2017. Revealing extracellular electron transfer mediated parasitism: energetic considerations. Scientific Reports, 7 (1), 7766: 1-9.

Richter H, Lanthier M, Nevin K P, et al. 2007. Lack of Electricity Production by Pelobacter carbinolicus Indicates that the Capacity for Fe (Ⅲ) Oxide Reduction Does Not Necessarily Confer Electron Transfer Ability to Fuel Cell Anodes. Applied and Environmental Microbiology, 73 (16): 5347-5353.

Snider R M, Strycharz-Glaven S M, Tsoi S D, et al. 2012. Long-range electron transport in *Geobacter sulfurreducens* biofilms is redox gradient-driven. Proceedings of the National Academy of Sciences, 109 (38): 15467-15472.

Tashiro Y, Takeda K, Kobayashi G, et al. 2004. High butanol production by Clostridium saccharoper-butylacetonicum N1-4 in fed-batch culture with pH-Stat continuous butyric acid and glucose feeding method. Journal of Bioscience and Bioengineering, 98 (4): 263-268.

Venkataraman A, Rosenbaum M, Arends J, et al. 2010. Quorum sensing regulates electric current generation of *Pseudomonas aeruginosa* PA14 in bioelectrochemical systems. Electrochemistry Communications, 12 (3): 459-462.

Wang X, Gao N, Zhou Q. 2013. Concentration responses of toxicity sensor with *Shewanella oneidensis* MR-1 growing in bioelectrochemical systems. Biosensors and Bioelectronics, (43) (Complete): 264-267.

Wang X, Li J, Wang Z, et al. 2016. Increasing the recovery of heavy metal ions using two microbial fuel cells operating in parallel with no power output. Environ Sci Pollut Res Int, 23 (20): 20368-20377.

Wood H G, Ljungdahl L G. 1991. Autotrophic character of acetogenic bacteria//Shively J M, Barton L L. 1991. Variations in Autotrophic Life. SanDiego, CA: Academic Press.

第 15 章 | 微生物学实验基础

显微技术、灭菌与消毒技术、纯种分离技术和微生物培养技术是微生物学的四项基本技术，是微生物研究工作者所必须掌握的重要实验技术。本章将简要介绍这些基础的微生物学实验技术。

15.1 显 微 技 术

显微技术（microtechnque）由显微镜使用技术与显微镜样品制备技术组成。由于微生物个体微小，肉眼难以看见，必须借助显微技术才能观察到微生物的个体形态和内部结构。因此，显微技术是从事微生物研究工作者不可缺少的基本技术。现代的显微技术不再仅仅是对微小物体的形态、结构的观察，而且已经进一步发展到可以对物体的组成成分进行定性和定量测定，特别是与计算机技术结合而出现的图像分析、模拟仿真等技术，这为微生物的研究工作提供了更为有力的技术支持。

显微镜是指将微小不可见或难见物品之影像放大，而能被肉眼或其他成像仪器观察的工具。除放大作用外，决定显微镜观察效果的还有分辨率和反差两个重要因素。分辨率是指能辨别两点之间最小距离的能力，反差是指样品区别于背景的程度，两者均与显微镜的基本结构有关。显微镜可分为光学显微镜和非光学显微镜两大类（图15-1）：光学显微镜包括普通光学显微镜、相显微镜、微分干涉差显微镜、暗视野显微镜和荧光显微镜等不同类型；非光学显微镜包括扫描电子显微镜（scanning electron microscope，SEM）、透射电子显微镜（transmission electron microscope，TEM）、扫描隧道显微镜（scanning tunneling microscope，STM）和原子力显微镜（atomic force microscope，AFM）等（郑国锠，1978）。

样品制备是显微技术的另一个重要环节。在使用显微镜观察样品时，一般需要根据所用显微镜的使用特点采取相应的制样方法，同时也应考虑被观察样品的特点，尽可能地使样品的生理结构保持稳定，并通过各种方法提高反差，从而获得最佳的观察效果。本节将对几种常用的显微镜及其制样方法进行简要的介绍。

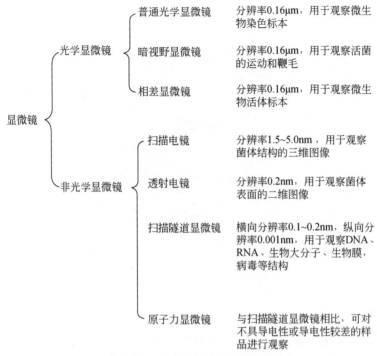

图 15-1　常用显微镜分类及用途

15.1.1　光学显微镜

从 17 世纪第一台显微镜问世至今，光学显微镜在微生物研究领域一直发挥着重要的作用。尽管光学显微镜的分辨率与电子显微镜相比存在明显不足，但由于光学显微镜操作相对简单、制样方法成熟、检测迅速，且在多数情况下观察效果足以达到实验要求，因此，光学显微镜仍是当前每个微生物实验室所必需的基本仪器（李家森和张启军，2002）。

1. 普通光学显微镜

普通光学显微镜（图 15-2）是由机械系统和光学系统两大部分组成。机械系统包括镜座、镜台、镜臂、载物台、物镜转换器和调焦螺旋等基本部件，能够保证光学系统准确配置和灵活调控。光学系统主要包括目镜、物镜、聚光镜和反光镜等，较好的光学显微镜还配有光源。光学系统是显微镜的核心部分，直接影响着显微镜的功能。一般的显微镜可配置多种可互换的光学组件，通过这些组件的变换可改变显微镜的功能，如明视野、暗视野、相差等。

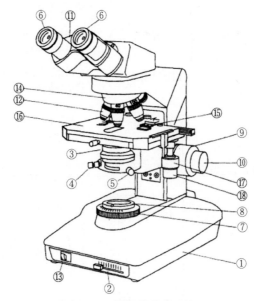

图 15-2　普通光学显微镜

①底座；②亮度控制；③聚光镜；④光圈；⑤聚光镜中心旋钮；⑥目镜；⑦视野光圈；⑧视野透镜；
⑨粗聚焦；⑩细聚焦；⑪瞳距调节；⑫物镜；⑬电源；⑭物镜转换器；⑮玻片支架；⑯载物台；
⑰、⑱载物台平移旋钮

　　普遍使用的光学显微镜由目镜和物镜两组透镜系统来放大成像，故又被称为复式显微镜。由反光镜反射的外部入射的光线或者由内光源发射的光线，经聚光器汇聚在被观察的样品上，使样品得到足够照明。由样品反射或折射出的光线进入物镜，样品经物镜在目镜焦平面附近成倒立放大实像，实像再经目镜成正立放大虚像，则通过显微镜人眼所观察到的是样品倒立放大的虚像。样品经显微镜放大的倍数是物镜放大倍数和目镜放大倍数的乘积。

　　从物理学角度看，光学显微镜的分辨率受光的干涉现象及物镜性能限制，可表示为

$$R = \frac{0.5\lambda}{n \cdot \sin\theta}$$

式中，R 为分辨率（鉴别限度）；λ 为所用光源波长；θ 为物镜镜口角的半数，取决于物镜的直径和工作距离（图 15-3（a））；n 为玻片与物镜间介质的折射率，在使用显微镜观察时可根据物镜的不同特性选用不同的介质（图 15-3（b）），香柏油（$n=1.515$）或石蜡油（$n=1.52$）。目前的技术条件下，普通光学显微镜的最小分辨率为 $0.16\mu m$。人眼的正常分辨能力为 $0.25mm$ 左右，因此光学显微镜

有效的最高放大倍数只能达到 1000 ~ 1500 倍。在此基础上进一步提高光学显微镜的放大能力并不能改善观察效果。

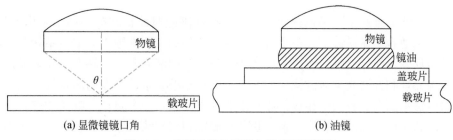

(a) 显微镜镜口角　　　　　　　　　　　　(b) 油镜

图 15-3　普通光学显微镜分辨率限制因素

2. 暗视野显微镜

暗视野显微镜中使用特殊的暗视野聚光镜可实现斜射照明。与普通光学显微镜不同，给样品照明的光不会直接进入物镜，只有经样品反射或折射后的照明光进入物镜。因此，整个视野是暗的，而样品是明亮的，增大了样品与背景之间的反差，可清晰地观察到在普通光学显微镜中不易看清的微小颗粒。在微生物研究中，常用暗视野显微镜来观察活菌的运动或鞭毛等。

要使暗视野显微镜获得良好的观察效果，应注意以下几方面。

1）不能有光线直射进入物镜，应选用有开口光圈的油镜。

2）要用较强的光源，一般是使用强光源显微镜灯。

3）光线的焦点应正好落在被检物上，这要对暗视野聚光镜进行中心调节和调焦，同时要求使用的载玻片不可太厚，通常为 1.0 ~ 1.2mm，盖玻片厚度不要超过 0.17mm。

4）玻片清洁，无油污、划痕，使用高倍物镜时，聚光镜和载玻片间要加镜油。

3. 荧光显微镜

化合物（荧光物质）经特定波长的入射光（通常是紫外线或 X 射线）照射，吸收光能后物质转为激发态，并立即退激发出出射光（波长长于入射光，通常在可见光范围），而且一旦入射光停止，出射光一般也会随之消失，这种现象称为荧光现象。荧光显微镜利用这一原理，将所观察的样品用荧光物质标记，然后被置于紫外光下照射，发荧光的物体会在黑暗的背景下表现为光亮的有色物体。由于不同荧光物质的激发波长范围不同，因此同一样品可以同时用两种以上的荧光物质标记，它们在荧光显微镜下经过一定波长的紫外光激发发射出不同颜色的荧光。荧光显微镜在免疫学、分子生物学中应用较为普遍。

4. 相差显微镜

微生物活细胞多是无色透明的，光通过活细胞时波长和振幅都不发生变化，因此在普通光学显微镜下，整个视野亮度是均匀的，活细胞内的细微结构与细胞质基质反差不明显而难以看清，使用相差显微镜则能克服这一缺点。相差显微镜的成像原理和普通光学显微镜相似，不同的是相差显微镜有专用的相聚光镜；物镜的内焦平面上装有一个相板，相板上有一层金属及一个暗环；以及能够调节环状光阑和相板共轴的合轴调整镜。相差显微镜利用环状光栅和相板，使通过细胞的光形成直射光和衍射光，两者波长相同相位相差 π/2（即 1/4 波长）发生干涉现象，从而增加细胞内细微结构与细胞质基质之间的亮度差，有利于细微结构的观察。相差显微镜可分为正反差（样品比背景暗）和负反差（样品比背景亮）两类，其中正反差特别适用于观察活细胞内部的细微结构。

5. 光学显微镜制样

光学显微镜的两种最基本的使用方法是：染色观察和活体观察。

微生物菌体大多无色透明，在普通光学显微镜下，细胞体液及结构的折光率与其背景相差很小，因此要在光学显微镜下观察其细致的形态和主要结构，一般需要对样品进行染色，从而借助颜色的反衬作用提高观察样品不同部位的反差。染色前必须先对涂在载玻片上的样品进行固定，固定不仅可以杀死菌体并使菌体黏附于载玻片上，还可以增加菌体对染料的亲和力。常用的固定方法有加热法和化学法两种。需要注意的是，固定操作时应尽量保持细胞原有的形态、防止细胞膨胀或收缩。染色根据方法和染料等的不同可分为很多类，如革兰氏染色、芽孢染色、抗酸性染色和亚甲基蓝染色等。

活体观察可采用压滴法、悬滴法及菌丝埋片法等在普通光学显微镜、暗视野显微镜或相差显微镜下对微生物进行直接观察，这样可以避免一般染色制样时的固定作用对微生物细胞结构的破坏，并可以用于专门研究微生物的运动能力、摄食特性及生长过程中的形态变化。压滴法是将菌悬液滴于载玻片上，加盖盖玻片后立即进行显微镜观察。悬滴法是在盖玻片中央滴加小滴菌悬液后，反转置于特制的凹载玻片上进行显微镜观察，为防止液滴蒸发变干，一般还在盖玻片四周加封凡士林。菌丝埋片法是将无菌小块玻璃纸铺于平板表面，涂布放线菌或霉菌孢子悬液，经培养取下玻璃纸置于载玻片上，用显微镜对菌丝的形态进行观察。

15.1.2　电子显微镜

受光的干涉现象限制，在光学显微镜下无法看清小于 0.16μm 的细微结构，这些结构称为亚显微结构或超微结构。要看清这些结构须选择波长更短的光源，以提高显微镜的分辨率。早在 20 世纪初，科学家就已经开始尝试用波长更短的电磁波取代可见光来放大成像，以制造出分辨率较高的显微镜。1933 年，德国人 E. Ruska 制造出了第一台以电子束为"光源"的显微镜——电子显微镜（黄孝瑛，1991）。随后电子显微技术得到了较快地发展，应用也越来越广泛，在近几十年中电子显微镜对包括微生物学在内的许多学科的进步起到了重要的推进作用。目前，电子显微镜主要用于研究生物大分子结构、生物膜、动植物细胞、微生物细胞以及病毒的超微结构，按照性能不同可将电子显微镜分为扫描电子显微镜（SEM）和透射电子显微镜（TEM）两大类。

由于光源不同，电子显微镜与光学显微镜之间的差异主要体现在以下几方面。

1）电子显微镜镜筒中要求高度真空，以避免电子在运行中与游离的气体分子发生碰撞而偏转，导致物象散乱不清。

2）电子显微镜是通过控制电磁圈来使电子束（即"光线"）汇聚、聚焦。

3）人肉眼看不到电子像，需要用荧光屏来显示或者感光胶片记录样品所成的像。

1. 扫描电镜

SEM 是 1965 年发明的较现代的细胞生物学研究工具，与光学显微镜及透射电镜不同，SEM 主要是利用二次电子信号成像来观察样品的表面形态，其工作原理类似于电传真照片。电子枪发出的电子束被电磁场汇聚成极细的电子"探针"并在样品表面进行"扫描"，"探针"扫到的样品表面会放出二次电子（还有一些其他信号，如特征性 X 射线谱线、阴极荧光、背散射电子、俄歇电子等），其产生量与电子束的入射角度有关（即与样品表面的立体形貌有关）。二次电子由探测器收集，被闪烁器转换为光信号，再经光电倍增管和放大器变成电压信号来控制荧光屏上另一个同步扫描的电子束的强度。在样品上产生二次电子多的地方，在荧光屏上相应的部位越亮，从而得到一幅放大的样品立体影像。SEM 主要用于观察样品的表面结构，由于电子束孔径角极小，成像的景深较大，像具有很强的立体感。

2. 透射电镜

TEM 的工作原理与光学显微镜相似，入射电子束穿过样品后在电磁场作用下发生偏转、汇聚成像，电磁场的作用与光学显微镜的玻璃透镜相似（图 15-4）。电子束的波长与加速电压的平方根成正比，加速电压越大，电子束的波长越短。理论上，电子束的波长最小可达 0.005nm。因此，透射电镜的分辨能力要远高于光学显微镜，其分辨率可达到 0.1~0.2nm，放大倍数可达 100 万倍。由于电子穿透能力较弱，故要求样品较薄（一般厚度不超过 100nm）。透射电镜成像的景深较小，一般只能观察样品表面的二维图像。

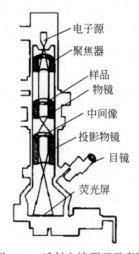

电子源
聚焦器
样品
物镜
中间像
投影物镜
目镜
荧光屏

图 15-4   透射电镜原理示意图

3. 电子显微镜制样

生物样品在进行电镜观察前需进行固定和干燥，以免在高度真空的测试条件下样品失去原有的空间构型。另外，由于构成生物样品的主要元素对电子的散射和吸收的能力比较弱，在制样时一般都需要采用重金属盐染色或喷镀来提高细胞在电镜下的反差，从而形成明暗清晰的电子图像。

SEM 要求样品干燥，并且表面能够导电。但大多数生物材料含有较多水分、表面不导电，所以观察前必须进行前处理，除去水分，并对表面喷镀金属导电层。在前处理过程中，使样品保持不变形的最为关键的步骤是干燥。常用的干燥方法有自然干燥、真空干燥、冷冻干燥和临界点干燥等。其中，临界点干燥的效果最好，使样品在没有表面张力的条件下干燥，可最大限度地保持样品的形态。

电子的穿透能力有限，因此 TEM 采用覆盖有支持膜的载网来承载被观察的样品。最常用的载网是铜网，也可用不锈钢、金、银、镍等其他材料制备的载网。而支持膜可用塑料膜、碳膜或金属膜。此外，尽管微生物个体极其微小，但除病毒外一般电子都难以穿透微生物个体，因此要使用 TEM 看清细胞内的细微结构，需要采用超薄切片技术将样品制成厚度小于 100nm 的超薄切片。

15.1.3 扫描隧道显微镜与原子力显微镜

在光学显微镜和电子显微镜结构和性能得到不断完善的同时，基于其他原理的各种显微镜也不断问世，20 世纪 80 年代出现了利用量子力学中隧道效应的扫描隧道显微镜（STM），使人们认识微观世界的能力得到了进一步提高。

STM 有一个极细的探针，其针尖顶部通常只有一个原子。测量时针尖推进到距样品表面约 1nm 处进行扫描，这样针尖顶部可以接触到样品表面原子的电子云，但又不致损坏样品，此时在探针与样品之间加零点几伏的电压，即有纳安培级的隧道电流产生。隧道电流对针尖与样品表面原子之间的距离极为敏感，当距离发生一个原子大小的改变（约 0.3nm）时，电流大小将改变 1000 倍。利用电子学反馈控制系统保持探针扫描时电流恒定或高度恒定，就可以通过记录电压或电流的变化来了解样品表面的形貌（图 15-5）。

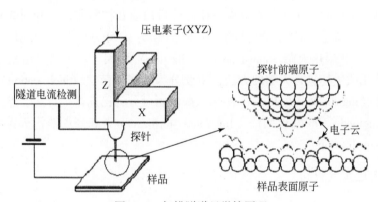

图 15-5　扫描隧道显微镜原理

原子力显微镜（AFM）是在扫描隧道显微镜基础上发展出的另一种扫描探针式显微镜，也是利用探针对样品表面进行恒定高度扫描，但原子力显微镜不是通过隧道电流，而是通过激光装置来监测探针随样品表面的升降变化，进而获取样品表面形貌信息。因此，相比于 STM，AFM 可以对不具导电性或导电性差的样品进行观察。

15.2　灭菌与消毒技术

　　微生物在自然界中分布广泛，为保证生产和科学实验以及外科手术不受污染，灭菌（sterilization）和消毒（disinfection）技术至关重要。能够杀死无芽孢病原菌而不损害饮料营养价值和风味的巴氏灭菌法（pasteurization）和用石炭酸消毒手术器械、喷洒手术室的"李斯特外科消毒法"是众所周知的消毒、灭菌方法，这两者曾经创造了巨额财富、拯救了亿万人的生命，并且沿用至今（Arunrat et al., 2011；张越巍，2010）。现代物理和化学灭菌技术是在人们对有害微生物的控制活动中逐步建立和发展起来的，过去使用的许多方法现在仍是无菌技术（aseptic technique）的重要组成部分。实际操作中应根据微生物的特点、待灭菌材料的特性以及相关要求来选择适当的灭菌方法，微生物的灭菌方法很多，一般分为加热、照射、过滤和使用化学药品等方法。本节主要对常用的高压蒸汽灭菌法、干热灭菌法、紫外线灭菌法、过滤除菌法等进行简要介绍。

15.2.1　加热灭菌

　　加热灭菌法的原理是：在高温下使菌体蛋白质和核酸变性、凝固或破坏关键酶的活性，从而达到灭菌的目的。根据加热方式可分为干热灭菌（dry heat sterilization）和湿热灭菌（moist heat sterilization）两大类。干热灭菌是指在干燥环境中杀死微生物进行灭菌的方法，主要分为灼烧灭菌法（incineration）和热空气灭菌法（hot air sterilization）。湿热灭菌法则可分为巴斯德消毒法、煮沸消毒法（boiling method）、间歇灭菌法（fractional sterilization）和高压蒸汽灭菌法（high pressure sterilization）等。

　　1. 高压蒸汽灭菌

　　高压蒸汽灭菌是微生物学实验、发酵工业生产以及外科手术器械等方面最为常用、有效的灭菌方法。一般的培养基、玻璃器皿、无菌水、无菌缓冲液、金属用具、传染性标本等都可以采用此方法进行灭菌。待灭菌物品中微生物种类、数量与灭菌效果直接相关：对于试管、锥形瓶及中小容量的培养基等，当灭菌器内压力为 0.1MPa，蒸汽温度为 121℃时，一般维持 20min 左右的灭菌时间（从达到所要求的温度时开始计时），即可杀死一切微生物和孢子；大容量固体培养基由于传热较慢，在同样的温度、压力条件下，灭菌时间适当延长至 30min；天然培养基含有较多的微生物和芽孢，灭菌时间一般要比合成培养基长。

常用的高压蒸汽灭菌器有手动式和全自动式两类（任苏杭，2007）。手动式高压蒸汽灭菌器（图 15-6）是一个耐压密闭的金属锅，热源可以用电源、煤气或蒸汽。灭菌锅上装有温度计和压力表来显示锅内的温度和压力。灭菌锅还有排气口和安全阀，当压力超过一定限度时，安全阀会自动打开以排出多余蒸汽。全自动高压灭菌器（图 15-7）具有自动补水系统、排气系统和特殊的安全装置，灭菌过程全程自动，无须专人监管，并且可通过控制面板来设定多种灭菌及保温程序。

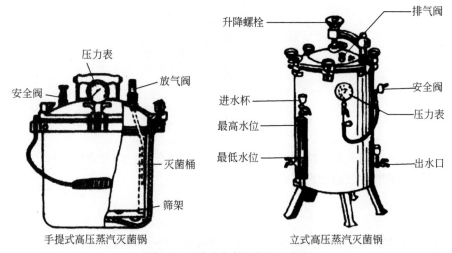

图 15-6　手动式高压蒸汽灭菌器

在使用高压蒸汽对培养基进行灭菌时，应注意高温同时会对培养基产生不利影响，主要体现在以下几个方面。

1）天然培养基在加热的过程中可能会沉淀出大分子多肽聚合物，培养基中的钙、镁、铁等阳离子会与可溶性磷酸盐形成共沉淀，以及其他可能生成沉淀的反应。

2）淀粉、蔗糖等易水解的营养成分被分解，葡萄糖在磷酸盐的作用下转变成酮糖类物质，以及其他营养成分损失。

3）葡萄糖、蛋白胨、磷酸盐在 121℃灭菌 15min 以上时，会产生对微生物生长有抑制作用的物质。

4）灭菌后，培养基 pH 下降 0.2~0.3。

5）冷凝水进入，培养基浓度下降。

以上不利影响可采用低压灭菌方法减轻。例如，在 112℃下对葡萄糖溶液灭菌 30min，既可以防止葡萄糖发生反应也可达到良好的灭菌效果；或者采用将培

图 15-7   全自动式高压蒸汽灭菌器

养基几种组分分别灭菌，使用前再进行无菌混合的方法，如对含钙、镁、铁等阳离子溶液与磷酸盐溶液分别灭菌后再将其混合。

2. 干热灭菌

灼烧灭菌法是指利用火焰直接将微生物烧死。尽管灼烧法灭菌迅速彻底，但有可能要焚毁物体，应用范围比较有限。此方法主要用在实验室接种操作中，对接种环、试管口、锥形瓶口、移液管和滴管外部灭菌等；还可用于污染物、剧毒物、实验动物尸体等灭菌。此外，在使用灼烧法对金属镊子、玻璃涂棒、小刀、载玻片、盖玻片灭菌时，应先将其浸泡在 75% 酒精溶液中，用时取出迅速通过火焰灭菌。

热空气灭菌法是另外一种常用的干热灭菌法，实验室通常使用恒温控制的鼓风干燥箱（图 15-8）作为热空气灭菌器。此方法常用于对空的玻璃器皿、金属用具及其他耐高温的物品（陶瓷培养皿、菌种保藏用沙土管、石蜡油、碳酸钙等）进行灭菌。热空气灭菌法的优点在于可以被灭菌的器皿保持干燥，但不能对带有胶皮、塑料的物品以及液体、固体培养基进行灭菌（周建华等，2004）。

15.2.2   紫外线灭菌

紫外线（ultraviolet ray，UV）照射可引起微生物细胞同一条 DNA 链上相邻的胸腺嘧啶间形成二聚体及胞嘧啶水合物，抑制 DNA 的正常复制从而达到杀菌

图 15-8　干燥灭菌器（数显电热鼓风干燥箱）

的效果。紫外线杀菌能力最强的波长是 $256 \sim 266nm$，此范围是核酸对紫外线的最大吸收峰波段。另外，空气中的氧气在紫外线的照射下发生反应产生臭氧（O_3），水在紫外线照射下生成过氧化氢（H_2O_2），O_3 和 H_2O_2 均有较强的氧化性也可以起到杀菌效果。由于可见光能激活微生物体内的光修复酶，使形成的胸腺嘧啶二聚体拆开后复原，因此利用紫外线灭菌时，应注意关闭室内的日光灯及钨丝灯，尽量避免灭菌区域被可见光照射。

紫外灭菌灯是最常用的紫外灭菌器，其紫外光波长为 $253.7nm$，距离被照射物体不超过 $1.2m$ 时具有强效、稳定的灭菌效果。紫外线穿透能力较差，一般只适用于对接种室、超净工作台、无菌培养室、手术室等处的空气和物体表面进行灭菌。需要注意的是，紫外线辐射会严重灼烧眼结膜、损伤视神经，对皮肤也有刺激作用，所以不能直视开着的紫外灯或在开着的紫外灯下工作。

15.2.3　液体过滤除菌

液体过滤除菌（filtration）是利用孔径比一般微生物（如细菌直径约 $0.5\mu m$，长度 $0.5 \sim 5\mu m$）小的滤膜将液体中的微生物除去。由于不经过高温加热或射线照射，此方法适用于对小体积不稳定液体（如血清、酶、毒素等）或各种易被破坏的培养基成分（如尿素、碳酸氢钠、维生素、抗生素、氨基酸等）进行灭菌（赵武奇等，2006）。

可用于过滤除菌的微孔滤膜材料包括醋酸纤维素滤膜、硝酸纤维素滤膜、混合纤维素滤膜、聚偏二氟乙烯滤膜、聚四氟乙烯滤膜和尼龙滤膜等，其中前三种滤膜可作为缓冲液、血清、培养基等过滤除菌的理想用膜。孔径为 $0.22\mu m$ 的微孔滤膜可除去一般的细菌，大于 $0.22\mu m$ 则极有可能达不到除菌效果，而孔径为 $0.1\mu m$ 的滤膜则可去除支原体。

实验室使用的过滤除菌器主要有：一次性针头式滤膜过滤器［图 15-9（a）］、杯式过滤器［图 15-9（b）］、筒式过滤器和不锈钢过滤器等。其中，一次性过滤器由于不需要更换滤膜和清洗滤器，因此是过滤小量样品的首选方法。

 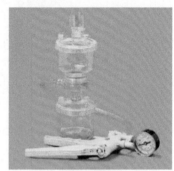

(a) 一次性针头式滤菌器 　　　　　　　　(b) 杯式滤菌器

图 15-9　滤膜滤菌器

15.3　微生物的纯化、分离及培养

为了生产和科学研究的需要，往往需从自然界中混杂的微生物群体中分离出具有特殊功能的纯种微生物。一些被其他微生物污染的菌株，在长期培养或生产过程中丧失原有优良性状的菌株以及经过诱变或遗传改变后的突变菌株、重组菌株需要进行分离和纯化。在此情况下，均需用到微生物的纯种分离技术和培养技术。

纯种分离技术是微生物学中重要的基本技术之一。微生物的培养是指在人工条件下，为目标微生物提供生长所必需的营养物质，排除其他微生物干扰，使微生物菌体数量增长或得到其代谢产物的过程（隋聪颖，2008；李长春，2006）。本节主要介绍微生物培养基的基本配制方法、接种方式及常见的微生物的分离、纯化方法。

15.3.1　培养基的配制

培养基（culture medium）是指一种由人工配制的适合微生物进行新陈代谢、生长繁殖及表达特定代谢产物的混合养料。微生物的种类繁多，生长繁殖的培养基包含了微生物必需的营养成分，碳源、氮源、能源、水、无机盐和营养因子。

培养基根据物理状态的不同，可以分为固体培养基、半固体培养基和液体培养基三种。固体与半固体培养基是在液体培养基的基础上添加不同剂量的凝固剂，实验中常用的凝固剂有琼脂、明胶和硅胶。液体培养基主要应用于微生物的大规模营养繁殖，液体状态下流动中的营养物质能被微生物更快吸收，有利于微生物的繁殖、代谢及积累代谢产物，如工业发酵中的发酵罐中。半固体培养基中含有少量的凝固剂，如在液体培养基中加入 0.2% ~0.8% 琼脂即可制成半固体培养基，主要用于厌氧细菌的培养，检查细菌的运动性，鉴定菌种以及菌种的保存。

培养基根据营养物质的来源，可以分为天然培养基、合成培养基和半合成培养基。天然培养基是指从动植物中提取分离含有丰富营养物质的天然有机物配制而成的培养基，其营养物质来源丰富、配制方便、适用于大规模的培养微生物所用，但无法确定其培养基的组分。合成培养基是使用成分确定的化学试剂与蒸馏水配制而成的培养基，其培养基组分确定，一般用于微生物的营养、代谢、遗传、鉴定等定量要求较高的研究。但对于营养需求复杂的微生物来说，合成培养基不足以满足微生物生长繁殖的全部条件，需要加入一定量的天然培养基，这就是半合成培养基。半合成培养基的用途最为广泛，大多数微生物都能在半合成培养基上生长繁殖，如常见的用来培养大肠杆菌的 LB（Luria-Bertani）培养基，其中包含了天然酵母提取物、蛋白胨和化学试剂 NaCl。

培养基按照其使用方式可分为基础培养基、营养培养基、鉴别培养基和选择培养基。基础培养基中包含了一般细菌生长繁殖所需的基本营养物质。在基础培养基上，加入某些特殊的营养物质用来满足某些特殊的微生物需要，即可配成营养培养基。在基础培养基中加入某些特定的化学试剂，可以与此培养基上微生物所生产的代谢产物发生明显的特征反应，用于不同类型微生物的快速鉴定。利用微生物对某些化学试剂的敏感性差异，在培养基中加入化学试剂，抑制非必需的微生物生长，促进所需微生物的生长，从而达到分离鉴别某种微生物的目的，此为选择培养基。

微生物只有在所需营养物质浓度适宜时才能良好的进行代谢繁殖，由于微生物的种类繁杂多样，营养类型复杂，生长繁殖的环境又各不相同，因此需要根据不同微生物的特点及实验目的来配制合适的培养基。此外，酸碱度是影响微生物生长外部环境的重要因素。针对不同的微生物，需要用不同的缓冲剂来调整培养基的 pH，使其在比较恒定的 pH 条件下生长繁殖。

15.3.2　接种技术

接种（inoculation）是将微生物在无菌操作的条件下，移植到已灭菌并适宜其生长繁殖的培养基中，是微生物学实验及研究中的一项最为基本的操作。接种过程中必须严格进行无菌操作，如果操作中不小心造成污染，就会影响实验结果。一般接种是在无菌室内、超净台中的火焰旁或实验室的火焰旁进行，方便随时进行灼烧灭菌。超净工作台是为实验室工作提供无菌操作环境的设施，以免实验受到外部环境的影响，特别是空气中存活微生物的干扰。根据实验目的及培养方式的不同，可以采用不同的接种工具和接种方法，常用的方法有斜面接种（inoculation on agar slant）、液体接种（broth transfer）、穿刺接种（stab inoculation）和平板接种（inoculation on agar plate）等。接种可以应用于微生物的菌种分离纯化、分类鉴别、繁殖扩增等实验方法。根据接种的方法不同，选用不同的接种工具，常见的接种工具有接种棒、接种针、接种环、接种饼、接种刀、接种铲和移液管（图15-10）。

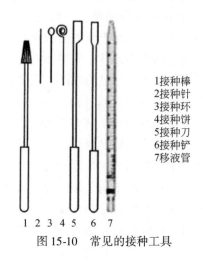

1接种棒
2接种针
3接种环
4接种饼
5接种刀
6接种铲
7移液管

1 2 3 4 5　6　7

图15-10　常见的接种工具

1. 斜面接种

纯种微生物在实验过程中需要长期保证其稳定的性状，这就需要经常更换其生长繁殖所需的培养基，斜面接种是一种基础的用来保存菌种性状的接种技术。斜面接种是把已经生长完毕的纯种微生物从一个培养基移植到另一个斜面培养基的接种方式，主要是用于纯种菌种的保存。斜面接种的培养基一般为试管固体培养基，培养基形态固定，菌种可在培养基上稳定生长，利于长时间的保存菌种的优良性状。如大肠杆菌在斜面接种后，能维持稳定性状达一年以上而不需要重新接种。斜面接种通常使用接种针或接种环，以试管斜面培养基相互进行接种为例，其接种过程如下。

1）灭菌。使用火焰对接种针或者接种环进行灼烧灭菌，拔去试管培养基的棉塞，将试管口转动通过火焰数次进行灭菌。

2）接种工具冷却。接种工具伸入含有纯种微生物培养基试管内，在管壁或未生长菌体的培养基表面冷却。

3）取菌。使用冷却后的接种工具在培养基上挑去少许菌体。

4）划线。取菌后的接种工具迅速移动到待接种培养基试管内，在培养基上轻轻划线，完成移植。

5）灭菌保存。接种完毕后的试管管口转动通过火焰数次，对管口的微生物进行灭菌后，塞上棉塞，完成接种。

6）在适当的温度条件下恒温培育，直至菌落发育完毕。

不同种类的微生物划线方式不同，细菌和放线菌通常采用密波状蜿蜒划线法，从培养基斜面底部到中央划一条直线，再自下到上密波状划线，可以充分地利用培养基的表面积，获得大量菌种。真菌由于生长速度较细菌相比较为缓慢，一般使用点接法，直接把菌体点在培养基中央，接种后的菌落呈扩散型增长。

2. 液体接种

液体接种是运用接种工具，将微生物移植到液体培养基的接种技术，通常使用两种方式：①由斜面培养基接入液体培养基。此方法可以用于观察微生物的生长特性。②由液体培养基接种液体培养基。菌种为液体时，细菌处于生长发育的旺盛状态，活力强、繁殖快可迅速产生大量菌体。液体接种多用于菌种的大规模扩增繁殖，其接种方法与斜面接种基本相同，液体培养液接种液体培养基时要使用移液管进行操作。

3. 穿刺接种

穿刺接种是将纯种微生物接种到固体或半固体培养基深层的接种方法，只适用于细菌和酵母菌。穿刺接种的接种工具是接种针，用接种针蘸取菌种后，自培养基表面中央刺入底部，但不穿透培养基，然后沿穿刺线缓慢抽出接种针。接种后的菌种常作为保存菌种的一种方式，同时也是检验菌种运动能力的一种方法，如具有鞭毛的细菌可以沿穿刺线向周围扩散生长。

4. 平板接种

平板接种就是将菌种接种到平板培养基上，主要用于观察菌落特征、分离纯化菌种和平板活菌计数，包括划线接种、涂布接种、点接接种和倾注接种。其中，划线接种和涂布接种主要用于细菌的纯化分离，在微生物的纯化分离中详细介绍。点接接种是把微生物点接到平板培养基上的不同位置，培养后各种微生物会生长发育成不同的菌落，根据菌落的大小、形状、光泽、质地、颜色、透明度等识别鉴定菌种。

15.3.3 微生物的纯种分离

纯种分离技术是微生物学中重要的基本技术之一。自然界的微生物总是以杂居的方式生存，如土壤、空气和水中都分布着种类繁多的微生物，从混杂的微生物群体中获得单一菌株纯培养的方法称为分离（isolation）。纯种（纯培养，pure cultivation）是指一株菌种或一个培养物中所有的细胞或孢子都是由一个细胞分裂、繁殖而产生的后代，获得纯种需严格按照无菌技术进行操作。

微生物的纯化分离分为两大类，即在菌落层面上分离纯化与在细胞层面上分离纯化（图 15-11）（Annous and Blaschek，1991；Singh et al.，2005）。其中，平板划线法和平板涂布法是最基础和常用的纯化分离法，操作简单、纯化分离效果良好且适用于绝大多数种类的微生物。下面简单介绍几种常用的方法。

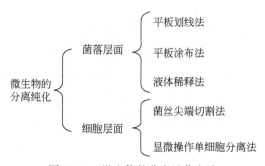

图 15-11　微生物的分离纯化方法

1. 平板划线法

平板划线法是通过稀释杂菌样品中的微生物，使单个微生物在平板培养基上单菌落生长，从而达到分离微生物的一种方法。平板划线法的核心在于高度稀释分散包含微生物的液体，由接种环蘸取菌液，在平板培养基表面进行划线（图 15-12），采用平行划线、蜿蜒划线、扇形划线等方式，密集的含菌样品经多次划线后稀释，逐步形成独立分布的单个细胞，经培养后形成单个菌落。

平板划线法可以使用鉴别培养基，在培养基中加入某种化学试剂，使难以区分的微生物经培养后呈现明显的区别，更容易地分离出目标纯化菌种。经过划线分离培养后，生长在平板上的单个菌落不一定是纯种菌落，需要在显微镜下检测其个体形态特征后才能确定，有些微生物的纯种分离需要经过一系列的分离纯化过程和多种特征鉴定才能完成。该方法操作简便，多用于细菌的纯化分离。

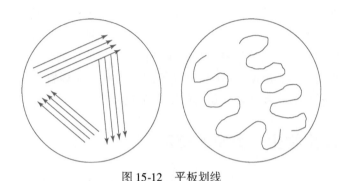

图 15-12　平板划线

2. 平板涂布法

平板涂布法是将待分离微生物进行一系列的梯度稀释后，把不同稀释梯度的菌液均匀涂布到平板培养基表面。在稀释度足够的情况下，聚集在一起的微生物将被分散成单个细胞，经培养后，在平板培养基的表面会形成独立的单个纯种菌落。平板涂布法可以计算样品中的含菌数，通过计算样品的稀释倍数与培养基上的菌落个数，可以得出未稀释样品中包含有多少个细菌。该法主要适用于放线菌和细菌的纯化分离。

在分离新菌种时，通常要反复多次、使用多种分离纯化法才能获得纯种菌种。纯种菌种一般保存在恒温培养箱中，使用时要注意对环境中的其他微生物进行消毒，以保证纯种菌种的优良性状。

3. 液体稀释法

将待分离材料进行一系列的梯度稀释，然后进行培养，如果稀释得当，最后培养得到的单个菌落便有可能从一个细胞发育而来。挑取此单个菌落重复操作数次，便可以得到纯培养。该方法既可定性，又可定量，用途十分广泛。

4. 显微操作单细胞分离法

显微操作单细胞分离法是在显微镜下通过操作分离出单个细胞或单个细菌的方法。将待分离材料进行稀释后，用显微挑取器分离单独的细胞来进行培养，从而获得纯培养。此方法的分离难度与细胞大小成反比，对实验设备要求较高，技术不易掌握，仅局限于高度专业化的研究。

5. 菌丝尖端切割法

菌丝尖端切割法适用于丝状真菌。丝状真菌菌落会形成分枝繁茂的菌丝体，切去菌落边缘的菌丝尖端，移植到适宜的培养基后，就可以获得纯种个体。这种方法对于不形成孢子的丝状真菌更加有效，还能去除被污染的细菌。

分离纯化微生物时，首先要考察所要纯化微生物所处的自然环境，因为微生物的生长繁殖受营养、温度、pH 和氧气等因素影响，所以首先要考虑所需微生物的特性，选择合适培养基以及适合的分离纯化方法。

15.3.4 微生物生长繁殖的测定

在微生物的生长繁殖过程中，微生物个体的细胞体积和重量变化非常不容易被察觉。通常情况下，常以细胞数量的增加数或者以细胞群体重量的增加，作为微生物生长繁殖的指标。也就是说，要研究微生物的生长繁殖和发育过程，必须要从微生物的群体生长方面着手进行。微生物生长繁殖的测定指标主要包括：微生物的数量、质量、次级代谢产物和细胞物质成分等。

1. 微生物数量的测定

（1）直接计数法

直接计数法，又叫全数测定法。在微生物数量的测定结果中，既包括了活菌数目，又包括死菌数目。直接计数法测定微生物数量的方法有以下几种。

1）比浊法。该方法依据菌体在生长繁殖的过程中可以使培养液产生浑浊现象，而培养液中的菌体数量与培养液的浑浊程度成正比这一原理。在实际操作过程中，可以使用比浊计或者分光光度计测定培养液的浊度。培养液中菌体浓度可用光密度值或者透光率表示，再由细菌数量的标准曲线直接求出菌体数量。当然，也可以将含有未知菌体浓度的培养液与标准比色管相比较，进而求出菌体数量。标准比色管常使用不同浓度的硫酸钡溶液配制而成。

2）计数器直接计数法。该方法比较常用，操作简单方便易行，测定速度比较快，通常用于原生动物、真菌、藻类、细菌（需要先进行染色操作）等的菌体计数。在计数过程中，用特制的细菌计数器（或者血球计数器）在显微镜下直接进行计数，通过多次计数取平均值的方法推测获得菌体数量。

3）涂片染色计数。该方法在计数之前，需要先对菌体进行着色，然后取一定体积的细菌悬液，在显微镜下计数，通过多次计数不同视野中菌体数量取平均值获得大体的菌体数量。

（2）间接计数法

间接计数法，又叫作活菌计数法。该方法的计数结果中只包括活的细菌。因此，用这种方法测得菌体数量低于实际的菌体数量。

1）平板菌落计数法。在计数之前，需要先将菌悬液适当地梯度稀释到一定程度后，再将固体培养基置于适宜条件下培养一段时间，根据培养基表面出现的菌落数目，可以计算原菌悬液中的细菌数量。

2）薄膜过滤计数法。该方法通常用于测定数量大、菌体浓度很低的菌悬液。测定过程中，先将待测定的菌悬液通过薄膜过滤，然后将薄膜与被过滤到薄膜上的细菌一起放到培养基上，在适宜条件下进行培养。根据在培养基表面上形成的菌落数，可以计算出待测菌悬液中的菌体数量。该方法常用于测定空气或者水中的微生物数量，如自来水中的大肠杆菌数量的测定。

2. 微生物细胞物质量的测定

微生物细胞物质量的测定指标主要包括 DNA 含量、细胞干重、细胞总含氮量以及呼吸强度、耗氧量、酶活性、生物热等（它们都与其群体的规模成正相关）。下面将就这几个主要方面做出简单的介绍。

（1）DNA 含量的测定

DNA 是生物体内普遍存在的物质，在微生物的生长繁殖和发育等过程中有十分重要的作用。在一定程度上，对于 DNA 含量的测定能够反映微生物的生长繁殖。此外，DNA 含量在某一种微生物细胞内比较稳定，通过测定 DNA 的含量，还可以推算出微生物的数量。

组成核酸分子的碱基均具有一定的吸收紫外线特性，核酸的最大吸收波长是 260nm，这个物理特性为测定核酸溶液浓度提供了基础。使用分光光度法，在波长 260nm 紫外线下测定双链 DNA 溶液吸光度，可以得到 DNA 的含量。

（2）细胞干重的测定

在测定细胞干重的过程中，多数先采用过滤或者离心的方法将菌体从菌悬液中分离出来，然后洗净、烘干，称重，获得单位体积菌悬液中的细胞干重。通常情况下，细胞干重是湿重的 20% ~25%。因此，可以得出下列关系：1/1000g 干菌体 = 4/1000 ~5/1000g 湿菌体 =（4 ~5）×10^9 个菌体。但是应当注意，这种方法只适用于菌体浓度较高的样品，而且在测定过程中，对样品有较高的要求，即样品中必须不含菌体以外的其他物质。

（3）细胞总含氮量的测定

该方法的主要依据：蛋白质是细胞组成的主要物质，并且含量比较稳定，而 N 又是蛋白质的必须组成元素。细胞总含氮量的测定是一个非常复杂的过程。在测定过程中，先从一定量培养物中分离出细菌，洗涤，这一操作的目的是去除培养基中的含氮物质，然后用凯氏定氮法测定含氮量。该方法只能测定细胞浓度较高的样品，测得的是原生含氮量。生物学研究得知，一般细菌的含氮量约为细胞原生质干重的14%。由此可以推断出总含氮量与细胞蛋白质有以下关系：蛋白质含量＝总含氮量×0.0625。

15.3.5　微生物的培养

1. 分批培养和连续培养

（1）分批培养

在一定体积的液体培养基中，接种少量细菌并且在保证一定的温度、pH、溶解氧等条件下进行培养，然后出现了细菌的数量由少到多达到最多，又由多到少的变化过程。这一培养过程就叫作分批培养。

分批培养过程中，由于微生物在一个固定体积容器的培养基中生长繁殖，受到培养基的营养物质含量以及各种环境因素的限制，并且在生长繁殖代谢过程中产生了一些抑制性物质，这些物质的不断积累，必定会对酶产生反馈抑制和阻遏作用，导致微生物在生长繁殖之初的指数增长发生一定变化，生长繁殖的速度也逐渐降低。相应的规律，将会在下文中纯培养的生长曲线一部分进行详细介绍。

（2）连续培养

连续培养则是在一个固定容积培养基的反应器中，以一定的速度不断地加入新的培养基，同时又以相同的速度流出菌体和代谢产物等培养物，使得微生物在一个相对稳定平衡但又时刻处于动态的系统中生长繁殖。这一培养方法克服了分批培养的缺点。

通常，连续培养包括恒浊和恒化连续培养两种方法。

恒浊连续培养通过不断调节流速而使细菌培养液浊度保持恒定。一般用于菌体以及与菌体生长平行的代谢产物生产的发酵工业。该方法在恒浊器中进行，具有以下优点：缩短发酵周期，提高设备利用率；便于自动控制；降低动力消耗及体力劳动强度；产品质量较稳定。但是，却有容易受到杂菌污染和菌种退化的缺点。

恒化连续培养是一种常用的连续培养方法，使培养液流速保持不变，并使微生物始终在低于其最高生长速率下进行生长繁殖。这种方法具有很大的优势和应用领域，既可以应用于自然条件下微生物体系研究的实验模型，又可以作为废水生物处理研究的实验模型。该方法在恒化器（或叫作恒化培养箱）中进行，培养过程中，通过调节限制性底物的浓度或者培养基流出的速度，可以控制微生物的生长速度，操作过程简单方便易行。

综上所述，连续培养不但克服了分批培养的缺点，还具有以下的优点：首先，连续培养可以通过调节限制性底物或者培养基的加入与流出，人为地控制微生物的生长速度，并能使微生物长时间停留在对数增长期。菌体的生理生化特性比较一致，因而能为微生物生理学、遗传学和生态学的研究提供初始原材料。其次，连续培养过程中，影响微生物生长繁殖的很多因素，如温度，pH，溶解氧等，能够从系统的外部进行调节控制，使得操作简单方便易行，生产工艺得以实现自动化。然后，连续培养使得微生物一直保持在对数增长期，处于生长旺盛状态，能够连续不断的获得菌体和产物，提高了生产工艺的可靠性和效率。

但是，由于多种原因，高效可靠的连续培养并未能得到很好的应用和推广。

2. 细菌纯培养的生长曲线

通过细菌的分配培养，可以得到细菌纯培养的生长曲线。将少量经过纯培养获得的细菌接种到经过灭菌处理的液体培养基中，在适宜的温度、pH 等条件下进行培养，定时取样测定样品中的细菌数量，然后以细菌数目的对数值作为纵坐标，以培养时间作为横坐标，绘制得到的曲线即为细菌纯培养的生长曲线。

通常，将细菌纯培养的生长曲线分为迟缓期、对数期、稳定期和衰亡期四个时期。

（1）迟缓期

将菌种接种到经过灭菌处理的液体培养基中后，细菌并非立刻开始生长繁殖，而是需要一段的时间进行调整适应环境，合成多种酶和多种细胞成分，为接下来的菌体的生长繁殖做物质积累。在迟缓期阶段，菌体细胞的代谢能力很强，蛋白质和 RNA 等基础物质大量合成，合成代谢活跃，核糖体、酶类和 ATP 的合成加快，易产生诱导酶的菌体数目不增加或很少增加，群体生长速度接近于零。但是，菌体的体积却显著增大，细胞形态变大或增长。例如，在迟缓期末，巨大芽孢杆菌细胞的平均长度比刚接种时长 6 倍。一般来说，处于迟缓期的细菌细胞体积最大，对外界不良条件反应敏感。

影响迟缓期的长短的因素主要包括菌种、接种龄和接种量培养基成分等。在生产实践中，经常通过遗传学方法改变菌种的遗传特性使迟缓期缩短。此外，利用对数生长期的细胞作为种子，尽量使接种前后所使用的培养基组成不要相差太大，或者适当扩大接种量，都可以有效地缩短菌种生长的迟缓期。

（2）对数期

对数期，又称对数增长期、指数增长期。在对数期，细菌细胞以最大的速率生长和分裂，细菌数量呈对数增加，细菌内各成分按比例有规律地增加，表现为平衡生长。这一时期的微生物特点是：细菌个体形态、化学组成和生理特性等均较为一致；代谢旺盛、生长迅速，生长速度达到高峰，代时稳定。这一时期的细胞是作为研究工作的理想材料，也常在生产上用作种子，使微生物发酵的迟缓期缩短，提高经济效益。

描述对数期的重要参数包括倍增时间、世代时间和生长速度。其中，生长速度是指单位时间内的世代数；倍增时间是指细菌数量增倍所需的时间；世代时间，简称为代时，即每个细菌分裂繁殖一代所需的时间。代时由遗传性决定，不同菌种对数期的代时不同，同一菌种的代时也不尽一致。影响微生物代时的因素有：菌种，不同的微生物及微生物的不同菌株代时不同；营养成分，在营养丰富的培养基中生长代时短；营养物浓度，在一定范围内，生长速率与营养物浓度呈正比；温度，在一定范围，生长速率与培养温度呈正相关。

（3）稳定期

稳定期，又叫作稳定生长期，恒定期或最高生长期。在分批培养的过程中，由于反应器的容积和营养物质等有限，微生物的生长繁殖不断地消耗营养物质，同时，各种各样的代谢产物（包括某些毒性代谢产物）不断积累，使得细菌的分裂能力和速度下降，代时延长，细菌细胞的代谢活力下降，以及各种环境因素的变化使得细菌逐渐不能够适应。在稳定期，细菌群体中细菌的繁殖速度与死亡速度几乎相等，细菌群体数目整体保持不变，活菌数目最高且保持稳定。

稳定期的细菌能够产生很多代谢产物。在稳定期，细胞开始积累体内贮藏物质，如糖原、淀粉粒和聚–β-羟丁酸等；菌胶团细菌开始产生荚膜形成菌胶团；芽孢细菌开始产生芽孢。工业生产上为了延长稳定生长期，常通过补充营养物质（补料）或取走代谢产物、调节 pH、调节温度、对好氧菌增加通气、搅拌或振荡等措施，以获得更多的菌体物质或积累更多的代谢产物。

（4）衰亡期

营养物质耗尽和有毒有害代谢产物的大量积累，使得环境不利于细菌的生长繁殖，菌体的死亡速率超过新生速率，活菌数目迅速减少，整个群体呈现出负增长。衰亡期的细菌代谢活性急剧降低，细胞形状和大小基本不一致，悬殊比较大，产生大量畸形细胞，细菌衰老并出现自溶，产生或释放出一些产物，细菌主要依赖于内源呼吸获得少量能量。此外，有些革兰氏染色反应阳性菌变成阴性反应菌。

以上即为细菌纯培养生长曲线的一些基本规律。该生长曲线反映了一种微生物在一定环境条件下的生长繁殖和死亡规律，不但是营养和环境影响的理论研究指标，而且还是调控微生物生长繁殖和发育的基本依据，指导微生物的工业生产实践。

3. 同步生长

同步培养（synchronous culture），是使群体中细胞处于一致，生长发育均处于同一阶段，即大多数细胞能同时进行生长或分裂的培养方法。

同步生长，又叫同步分裂，以同步培养方法使群体细胞能处于同一生长阶段，并同时进行分裂的生长。通过同步培养方法获得的细胞，被称为同步细胞或同步培养物。在任何时刻，通过同步培养获得的产物都处在细胞周期的同一时期，彼此的生理生化特征、形态特征都保持一致，因此是微生物细胞学、生理生化研究和生物学研究很好的材料。

目前，常用的同步培养方法有筛选法和诱导法。筛选法，又叫选择法，属于机械方法，包括密度梯度离心方法、过滤分离法和硝酸纤维素滤膜法。诱导法属于通过调整生理条件以达到同步的方法，主要是通过控制温度、pH 和营养物质等环境条件，相应的常用方法包括温度调整法、营养物质条件调整法和接种稳定期培养物的培养法。

思 考 题

1. 如何根据所观察微生物的大小，选择不同的显微镜进行有效的观察？
2. 灭菌在微生物学实验步骤中有何重要意义？
3. 接种过程中，如何从头到尾贯彻无菌操作？
4. 细菌生长发育时，各个阶段的特点是什么？

参 考 文 献

黄孝瑛．1991．电子显微镜技术与物理学和材料科学．现代物理知识，1991（3）：18-20.

李长春．2006．碱性脂肪酶高产菌株 Serratia sp. SL-11 的筛选及酶的分离纯化与部分性质研究．重庆：西南大学硕士学位论文.

李家森，张启军．2002．光学显微镜的分类及其应用// 广西光学学会．2002．2002 年学术年会论文集.

任苏杭．2007．常用压力蒸汽灭菌器与快速压力蒸汽灭菌器灭菌效果的比较．中国医院协会医院感染管理专业委员会．北京：中国医院协会全国医院感染管理学术年会.

隋聪颖．2008．产脂肪酶木霉的分离筛选鉴定及酶学性质研究．哈尔滨：东北农业大学硕士学位论文.

张越巍．2010．改变世界的一次外科手术—纪念防腐外科之父李斯特．中国护理管理，10（2）：54-54.

赵武奇，仇农学，郭善广．2006．苹果汁金属膜和纸板过滤除菌效果比较．农业工程学报，22（12）：248-250.

郑国锠．1978．生物显微技术．北京：人民教育出版社.

周建华，赵春晖，赵春燕．2004．干热灭菌及其在制药工业中的应用．安徽医药，8（4）：304-305.

Annous B A, Blaschek H P. 1991. Isolation and characterization of Clostridium acetobutylicum mutants with enhanced amylolytic activity. Appl. Environ. Microbiol. , 57 (9): 2544-2548.

Arunrat K, Siripongvutikorn S, Thongraung C. 2011. Total Phenolic Content and Antioxidative Activity in Seasoning Protein Hydrolysate as Affected by Pasteurization and Storage. Journal of Food Science & Engineering, (4): 252-255.

Singh N, Kendall M M, Liu Y T, et al. 2005. Isolation and characterization of methylotrophic methanogens from anoxic marine sediments in Skan Bay, Alaska: description of Methanococcoides alaskense sp nov. , and emended description of Methanosarcina baltica. International Journal of Systematic and Evolutionary Microbiology, (55): 2531-2538.